EUL VERLAG

Rechnungslegung und Wirtschaftsprüfung

Herausgegeben von Prof. (em.) Dr. Dr. h. c. Jörg Baetge, Münster, Prof. Dr. Hans-Jürgen Kirsch, Hannover, und Dr. Stefan Thiele, Münster

Band 2
Matthias Dohrn
Entscheidungsrelevanz des Fair Value-Accounting am Beispiel von IAS 39 und IAS 40
Lohmar – Köln 2004 • 318 S. • € 49,- (D) • ISBN 3-89936-232-2

Band 3
Jörn Wirth
Auslösung der Ad-hoc-Publizität auf der Basis des Economic Value Added
Lohmar – Köln 2004 • 322 S. • € 52,- (D) • ISBN 3-89936-237-3

Band 4
Andreas Tschöpel
Risikoberücksichtigung bei Grenzpreisbestimmungen im Rahmen der Unternehmensbewertung
Lohmar – Köln 2004 • 336 S. • € 52,- (D) • ISBN 3-89936-238-1

Band 5
Jens Lindemann
Rechnungslegung und Kapitalmarkt – Eine theoretische und empirische Analyse
Lohmar – Köln 2004 • 452 S. • € 59,- (D) • ISBN 3-89936-301-9

Reihe: Rechnungslegung und Wirtschaftsprüfung · Band 5

Herausgegeben von Prof. (em.) Dr. Dr. h. c. Jörg Baetge, Münster, Prof. Dr. Hans-Jürgen Kirsch, Hannover, und Dr. Stefan Thiele, Münster

Dr. Jens Lindemann

Rechnungslegung und Kapitalmarkt

Eine theoretische und empirische Analyse

Mit einem Geleitwort von Prof. Dr. Martin Glaum,
Justus-Liebig-Universität Gießen

EUL VERLAG

Bibliographische Information der Deutschen Bibliothek

Die Deutsche Bibliothek verzeichnet diese Publikation in der Deutschen Nationalbibliographie; detaillierte bibliographische Daten sind im Internet über <http://dnb.ddb.de> abrufbar.

Dissertation, Justus-Liebig-Universität Gießen, Fachbereich Wirtschaftswissenschaften, 2004

ISBN 3-89936-301-9
1. Auflage Dezember 2004

Printed in Germany

JOSEF EUL VERLAG GmbH
Brandsberg 6
D-53797 Lohmar
Tel.: +49 (0) 22 05 / 90 10 6-6
Fax: +49 (0) 22 05 / 90 10 6-88
http://www.eul-verlag.de
info@eul-verlag.de

Bei der Herstellung unserer Bücher möchten wir die Umwelt schonen. Dieses Buch ist daher auf säurefreiem, 100% chlorfrei gebleichtem, alterungsbeständigem Papier nach DIN 6738 gedruckt.

Geleitwort

Die Frage, wie Informationen am Kapitalmarkt verarbeitet werden, ist theoretisch von großem Interesse und zugleich praktisch sehr bedeutsam. Investoren können dann gute Anlageentscheidungen treffen, wenn die Preise die jeweils verfügbaren Informationen über erwartete Cash Flows und ihre Risiken möglichst schnell und unverzerrt widerspiegeln, wenn die Märkte also einen hohen Grad an Informationseffizienz aufweisen. Auch Entscheidungsträger in Unternehmen können nur unter dieser Bedingung Kapitalmarktdaten sinnvoll nutzen, um ihre Kapitalkosten abzuleiten und auf diese Weise wertsteigernde Investitionsentscheidungen zu treffen. Eine schnelle, friktionsfreie und unverzerrte Verarbeitung von Informationen am Kapitalmarkt trägt auf diese Weise zur Allokationseffizienz und damit zur optimalen Verwendung von Ressourcen in einer Volkswirtschaft bei.

Welche Rolle Jahresabschlussinformationen für die Preisbildung an Kapitalmärkten spielen, wird in der wissenschaftlichen Literatur seit langem intensiv diskutiert. Dabei wird unter anderem untersucht, in welchem Maße Aktienkurse auf die Veröffentlichung bestimmter Jahresabschlussinformationen reagieren, inwieweit man mit Hilfe solcher Informationen Marktpreise und -renditen erklären kann und welche Relevanz einzelnen Jahresabschlusspositionen, unterschiedlichen Bilanzierungsmethoden oder verschiedenen Rechnungslegungsstandards zukommt.

Herr Lindemann setzt sich in seiner Dissertation zunächst grundlegend mit den Fragen der Informationsverarbeitung durch die Teilnehmer am Kapitalmarkt und mit dem Problem der Kapitalmarktrelevanz von Rechnungslegungsinformationen auseinander. In weiterführenden Abschnitten der Arbeit geht er auf zwei Bereiche ein, die in der Literatur seit einigen Jahren besondere Beachtung erlangt haben. Er geht erstens der Frage nach, in welcher Weise Jahresabschlussinformationen von den Unternehmensführungen durch Bilanzpolitik bewusst gestaltet werden, um bestimmte Ziele zu erreichen. Zweitens untersucht er, wie Analysten mit Hilfe von Jahresabschlussinformationen sowie sonstigen Informationen künftige Unternehmensgewinne schätzen. Zu beiden Bereichen hat er umfangreiche empirische Untersuchungen vorgenommen.

Die Arbeit bewegt sich theoretisch und methodisch auf einem hohen Niveau. Sie stellt den Stand der bisherigen theoretischen und empirischen Forschung im Gebiet der kapitalmarktorientierten Rechnungslegung systematisch dar, und sie enthält eigene, innovative empirische Arbeiten zu aktuellen Forschungsfragen. Der Verfasser ist darüber hinaus in der

Lage, die ökonomischen Sachverhalte und Ergebnisse verständlich darzustellen und kritisch zu beurteilen. Die Arbeit leistet daher einen wichtigen Beitrag zur betriebswirtschaftlichen Forschung. Ich wünsche Ihr die gebührende Aufmerksamkeit.

Gießen, November 2004 Martin Glaum

Vorwort

Die vorliegende Arbeit entstand während meiner Tätigkeit als wissenschaftlicher Mitarbeiter am Lehrstuhl für Internationales Management, Rechnungslegung und Wirtschaftsprüfung an der Justus-Liebig-Universität Gießen. Sie wurde im Oktober 2004 vom Fachbereich Wirtschaftswissenschaften der Justus-Liebig-Universität Gießen als Dissertation angenommen. An dieser Stelle möchte ich all jenen danken, die mich bei dieser Arbeit unterstützt haben.

Meinem Doktorvater, Herrn Prof. Dr. Martin Glaum, danke ich sehr herzlich für die engagierte wissenschaftliche Betreuung der Arbeit. Seine kritischen Anmerkungen und Ratschläge haben wesentlich zum Gelingen dieser Arbeit beigetragen. Als sehr anregend habe ich es empfunden, dass er mir die Möglichkeit eingeräumt hat, an wissenschaftlichen Tagungen teilzunehmen und einen mehrwöchigen Praxisaufenthalt bei der DG Bank zu absolvieren. Bei Frau Prof. Dr. Barbara E. Weißenberger möchte ich mich für die Übernahme des Zweitgutachtens bedanken.

Meinen Kolleginnen und Kollegen am Lehrstuhl möchte ich meinen herzlichen Dank für ihre Unterstützung, ihre Diskussionsbereitschaft und die gute Arbeitsatmosphäre aussprechen. Sehr hilfreich waren auch die konstruktiven Anregungen in den Doktorandenseminaren. Mein Dank gilt außerdem den wissenschaftlichen Hilfskräften, die mich vor allem bei der Beschaffung von Literatur intensiv unterstützt haben. Herrn Dr. Karl Lichtblau bin ich sehr dankbar für seine Hilfe bei der empirischen Untersuchung zur Bilanzpolitik, insbesondere auch für die Beschaffung der benötigten Daten. Mein Dank gilt ebenfalls Herrn Dr. Michael Kuhlen, der mit seinen Anregungen zu den statistischen Methoden einen wichtigen Beitrag zum Gelingen dieser Untersuchung geleistet hat. Herrn Dr. Holger Schwesig möchte ich für wertvolle Einblicke in die Arbeitsweise von Aktienanalysten und die Unterstützung bei der Beschaffung von Daten herzlich danken.

Gießen, den 5.10.2004 Jens Lindemann

Inhaltsverzeichnis

Seite

Abkürzungsverzeichnis

a. F.	alte(r) Fassung
AktG	Aktiengesetz
a. M.	am Main
Amex	American Stock Exchange
APB	Accounting Principles Board
API	abnormaler Performance-Index
Bio & Med Tech	Biotechnologie und Medizintechnik
BörsG	Börsengesetz
BörsZulV	Verordnung über die Zulassung von Wertpapieren zum amtlichen Markt an einer Wertpapierbörse (Börsenzulassungs-Verordnung)
CAPM	Capital Asset Pricing Model
CAR	kumulierte abnormale Rendite
CEO	Chief Executive Officer
CFO	Chief Financial Officer
CIFAR	Center for International Financial Analysis and Research
DAI	Deutsches Aktieninstitut
Dax	Deutscher Aktienindex
DIRK	Deutscher Investor Relations Kreis
DIS	Disclosure Compliance Index
DM	Deutsche Mark
DRS	Deutscher Rechnungslegungs Standard
DRSC	Deutsches Rechnungslegungs Standards Committee
DTB	Deutsche Terminbörse
Dtschld.	Deutschland
DVFA	Deutsche Vereinigung für Finanzanalyse und Asset Management
EBIT	Earnings before Interest and Taxes
EBITDA	Earnings before Interest, Taxes, Depreciation and Amortization
EMU	Europäische Währungsunion
EPS	Ergebnis je Aktie
ERC	Earnings Response Coefficient
EU	Europäische Union
EV	Enterprise Value
EZB	Europäische Zentralbank
F+E	Forschung und Entwicklung

FASB	Financial Accounting Standards Board
FAZ	Frankfurter Allgemeine Zeitung
Fifo	first in – first out
FWB	Frankfurter Wertpapierbörse
GuV	Gewinn- und Verlustrechnung
HGB	Handelsgesetzbuch
i. d. R.	in der Regel
i. V. m.	in Verbindung mit
IAS	International Accounting Standard(s)
IASB	International Accounting Standards Board
IASC	International Accounting Standards Committee
I/B/E/S	Institutional Brokers Estimates System
IFRS	International Financial Reporting Standard(s)
IRC	Internal Revenue Code
IT	Informationstechnologie
KBV	Kurs-Buchwert-Verhältnis
KCV	Kurs-Cash-Flow-Verhältnis
KGV	Kurs-Gewinn-Verhältnis
Lifo	last in – first out
NASD	National Association of Securities Dealers
NASDAQ	National Association of Securities Dealers Automated Quotation System
Nemax	Neuer-Markt-Index
NYSE	New York Stock Exchange
o. V.	ohne Verfasser
Para.	Paragraph
P/B	Price-to-Book Value Ratio
P/E	Price-Earnings Ratio
PEAD	Post-Earnings-Announcement Drift
Rn.	Randnummer
ROE	Return on Equity
S.	Seite
SEC	Securities and Exchange Commission
SFAC	Statement of Financial Accounting Concepts
SFAS	Statement of Financial Accounting Standards
SG	Schmalenbach-Gesellschaft für Betriebswirtschaft

Std. abw.	Standardabweichung
UK	Großbritannien
US	Vereinigte Staaten (von Amerika)
US-$	US-Dollar
USA	Vereinigte Staaten von Amerika
US-GAAP	United States Generally Accepted Accounting Principles
Vol.	Volume
WACC	Weighted Average Cost of Capital
WpHG	Gesetz über den Wertpapierhandel (Wertpapierhandelsgesetz)

Abbildungsverzeichnis

Tabellenverzeichnis

1 Einleitung

1.1 Problemstellung

Investoren benötigen Informationen, um Anlageentscheidungen treffen zu können. Einen Teil der Informationen stellt das externe Rechnungswesen der Unternehmen bereit. Investoren analysieren die Daten der Rechnungslegung und Informationen aus weiteren Quellen. Darauf aufbauend bilden Investoren Erwartungen über die zukünftige Geschäftsentwicklung und schätzen den Wert von Unternehmen. Sind Investoren der Meinung, dass ein Unternehmen am Kapitalmarkt unterbewertet ist, werden sie Aktien des Unternehmens kaufen. Im umgekehrten Fall verkaufen Investoren die Aktien.

Die Beziehung zwischen Rechnungslegung und Kapitalmarkt ist in den letzten Jahren von mehreren Entwicklungen beeinflusst worden. Investoren haben die Vorteile der internationalen Diversifikation erkannt und richten ihre Portfolios zunehmend international aus.[1] Die Heterogenität nationaler Rechnungslegungssysteme erschwert Investoren allerdings die Analyse von Abschlussinformationen und erhöht die Unsicherheit bei internationalen Wertpapiertransaktionen.[2] Investoren fordern von Unternehmen folglich international vergleichbare Rechnungslegungsinformationen. Unternehmen stehen untereinander im Wettbewerb um das Kapital der Anleger und sind daher mehr und mehr bereit, der Forderung der Anleger nachzukommen und Abschlüsse nach international anerkannten Vorschriften zu erstellen. Zudem verlangen Börsen als Voraussetzung für ein Listing teilweise, dass Unternehmen nach bestimmten international anerkannten Standards bilanzieren. Die fortschreitende Globalisierung der Kapitalmärkte hat also den Druck auf deutsche Unternehmen erhöht, Informationsbedürfnisse der Anleger besser zu befriedigen und international vergleichbare Rechnungslegungsinformationen zu veröffentlichen.[3] Auch der Gesetzgeber treibt die Anwendung internationaler Standards der Rechnungslegung weiter voran. Ab dem Jahr 2005 müssen kapitalmarktorientierte Unternehmen aus EU-Ländern Abschlüsse gemäß internationalen Rechnungslegungsstandards (IAS/IFRS) erstellen.[4]

Der Einfluss des Kapitalmarktes auf die Verbreitung international anerkannter Rechnungslegungsstandards erscheint grundsätzlich begrüßenswert. Stärker anlegerorientierte und

---

1 Vgl. Bank for International Settlements (1999).
2 Vgl. Stubenrath (2001), S. 90 ff. u. S. 105 ff.
3 Vgl. Glaum (2001), S. 127 f.
4 Vgl. Verordnung (EG) Nr. 1606/2002; Verordnung (EG) Nr. 1725/2003.

international vergleichbare Rechnungslegungsinformationen verheißen ceteris paribus eine geringere Unsicherheit der Anleger und niedrigere Eigenkapitalkosten der Unternehmen.[5] Vom Kapitalmarkt gehen aber auch andere Wirkungen auf die Rechnungslegung aus, die zumindest auf den ersten Blick als eher schädlich zu bezeichnen sind. Investoren und auch andere Stakeholder machen Entscheidungen über Wertpapierkäufe bzw. über Transaktionen mit Unternehmen unter anderem von Rechnungslegungsinformationen der Unternehmen abhängig. Daraus entstehen für die Manager der Unternehmen Anreize, den Ausweis von Rechnungslegungsinformationen so zu beeinflussen, dass die Erwartungen von Investoren und weiteren Stakeholdern erfüllt werden. Erwartungen der Kapitalmarktteilnehmer spiegeln sich z. B. in den Prognosen von Wertpapieranalysten für das Ergebnis je Aktie wider. Verfehlen Unternehmen diese Benchmark, können negative Wirkungen auf den Aktienkurs beobachtet werden. Niedrigere Kurse bedeuten höhere Kapitalkosten für die Unternehmen und im Falle einer kursabhängigen Entlohnung auch ein niedrigeres Einkommen für die Manager. Der Gedanke liegt nahe, dass Manager in den Unternehmen bilanzpolitische Maßnahmen einsetzen, um Erwartungen von Investoren bezüglich des ausgewiesenen Ergebnisses zu erfüllen und Investoren auf diese Weise gezielt in die Irre führen. Vor allem in den USA wird beklagt, der Druck der Kapitalmärkte habe in den letzten Jahren zugenommen und Unternehmen setzten immer häufiger bilanzpolitische Mittel ein, um den Erwartungen der Anleger zu entsprechen.[6] Die Auswüchse dieser Entwicklung zeigten sich in Skandalen wie bei Enron und WorldCom.

Bilanzpolitische Maßnahmen können es Investoren erschweren, die tatsächliche wirtschaftliche Lage eines Unternehmens zu erkennen. Daneben kann die Übermittlung von Unternehmensinformationen an Investoren auch durch das Verhalten von Aktienanalysten beeinträchtigt werden. Analysten sind Intermediäre, die Informationen sammeln, verarbeiten und als Research-Berichte, Anlageempfehlungen sowie Ergebnis- und Kursprognosen an Investoren weitergeben. Auch für Analysten stellt die Rechnungslegung der Unternehmen eine wichtige Informationsquelle dar. Jedoch ist keineswegs sichergestellt, dass Analysten Rechnungslegungsinformationen kritisch und objektiv auswerten. Denn die Finanzdienstleister, bei denen Analysten angestellt sind, haben Interesse an einer guten Beziehung zum Management der Unternehmen. Optimistisches Research erhöht die Chancen, Aufträ-

---

5 Allerdings stehen diesen Vorteilen auch Kosten der Unternehmen für die Umstellung auf die internationalen Standards gegenüber. Zur Umstellung auf internationale Standards vgl. Weißenberger/Stahl/Vorstius (2004); Heintges (2003); Theile (2003). Auch für Anleger können sich Kosten für das Erlernen der neuen Vorschriften ergeben.

6 Vgl. z. B. Collingwood (2001); Brown/Higgins (2001).

ge der Unternehmen im Investment Banking zu erhalten. Auch wenn sich Investoren im Regelfall bewusst sind, dass Analysten Anreizen zu optimistischen Schätzungen ausgesetzt sein können, lässt sich im Einzelfall nur schwer einschätzen, wie stark ein Bericht, eine Empfehlung oder eine Prognose durch den Optimismus des Analysten geprägt ist. Umso stärker sich Anleger unkritisch auf Analysten verlassen, desto größer ist die Gefahr von Fehlinvestitionen. Es verwundert also nicht, dass Analysten in der Presse häufig übertriebener Optimismus vorgeworfen wird. In den USA wurden gegen einst bewunderte „Star-Analysten“ und große Investment-Häuser Gerichtsverfahren wegen unlauterer Research-Praktiken geführt.[7] Mittlerweile sind in den USA neue Vorschriften erlassen worden, die Interessenkonflikte der Analysten entschärfen und zu mehr Objektivität des Research beitragen sollen.[8] Auch in Deutschland wird seit einiger Zeit darüber diskutiert, die Arbeit von Analysten stärker zu regulieren.[9] Eine objektivere Research-Arbeit der Analysten könnte dazu beitragen, dass sich Informationen aus der Rechnungslegung der Unternehmen und aus anderen Quellen besser in Kursen widerspiegeln.

Die aufgezeigten Entwicklungen sind in zahlreichen Studien von der Forschung aufgegriffen worden. Die Literatur zur Kapitalmarktrelevanz der Rechnungslegung untersucht die Beziehung zwischen Rechnungslegungsdaten und Kursen sowie anderen Kapitalmarktdaten. Ein stark ausgeprägter Zusammenhang zwischen Daten der Rechnungslegung und des Kapitalmarktes ist ein Zeichen dafür, dass Rechnungslegungsdaten relevant und zuverlässig sind. Ein Vergleich der Kapitalmarktrelevanz von Rechnungslegungsinformationen gemäß US-GAAP oder IAS mit der Kapitalmarktrelevanz entsprechender Daten gemäß einem nationalen Rechnungslegungssystem kann Hinweise darauf liefern, welches Rechnungslegungssystem aus Anlegersicht vorzuziehen ist. Dabei ist allerdings zu beachten, dass die Beziehung zwischen Daten der Rechnungslegung und des Kapitalmarktes nicht nur von der Art des Rechnungslegungssystems, sondern auch von den nationalen institutionellen Umfeldern der Unternehmen beeinflusst werden kann. Weitere interessante Aufschlüsse liefern Studien zur Veränderung der Kapitalmarktrelevanz von Rechnungslegungsdaten im Zeitablauf. Die Beschleunigung des wirtschaftlichen Wandels, der technische Fortschritt, die wachsende Verbreitung von Dienstleistungsunternehmen und die zunehmende Bedeutung des immateriellen Vermögens der Unternehmen stellen neue Heraus-

---

7 Vgl. Zeise (2003); o. V. (2003c); o. V. (2002c); Volkery (2002).

8 Vgl. SEC (2003a): SEC Release No. 34-48252, File No. SR-NASD-2002-154, SR-NYSE-2002-49; SEC (2003b): SEC Release Nos. 33-8193, 34-47384, File No. S7-30-02; NASD (2002): NASD Rule 2711; NYSE (2002): NYSE Rule 472.

9 Vgl. o. V. (2003a), S. 23.

forderungen an die Rechnungslegung. Aus der Veränderung der Kapitalmarktrelevanz im Zeitablauf ergeben sich Anzeichen dafür, ob Rechnungslegungsdaten den Wert von Unternehmen in den letzten Jahren besser oder schlechter wiedergegeben haben als in früheren Jahrzehnten.[10]

Auch zur Bilanzpolitik von Unternehmen gibt es eine reichhaltige Literatur. Die empirische Erforschung der Bilanzpolitik von Unternehmen hat in den letzten zehn bis fünfzehn Jahren enorm an Bedeutung gewonnen. Zur Messung bilanzpolitischer Einflüsse sind unterschiedliche Ansätze entwickelt worden. Ein grundlegendes Problem aller Ansätze besteht darin, dass auch ex post nicht genau beobachtet werden kann, wie bilanzpolitisch unbeeinflusste Rechnungslegungsdaten ausgesehen hätten.[11] Die Untersuchungsansätze beruhen auf Annahmen über bilanzpolitisch unbeeinflusste Rechnungslegungsdaten und ermitteln die Stärke des bilanzpolitischen Einflusses als Abweichung von den tatsächlich ausgewiesenen Daten. Ein Teil der empirischen Studien untersucht, ob Unternehmen mittels bilanzpolitischer Maßnahmen den Ausweis eines Ergebnisses unterhalb markanter kapitalmarktrelevanter Schwellenwerte wie den Ergebnisprognosen der Analysten vermeiden. Andere Studien befassen sich mit der bilanzpolitischen Glättung des Ergebnisausweises im Zeitablauf und mit Bilanzpolitik im Vorfeld von Wertpapieremissionen sowie Unternehmensakquisitionen. Bisher gibt es nur verhältnismäßig wenige Studien, die das Ausmaß bilanzpolitischer Aktivitäten von Unternehmen international vergleichen. Die Stärke bilanzpolitischer Einflüsse hängt einerseits von den Anreizen ab, die vom Umfeld der Unternehmen, also z. B. vom Kapitalmarkt, ausgehen. Andererseits bestimmt das Rechnungslegungssystem, wie viele Wahlrechte und Ermessensspielräume den Bilanzerstellern gewährt werden. Aufsichtsbehörden sowie Kontroll- und Sanktionsmechanismen können die Bilanzpolitik der Unternehmen ebenfalls beeinflussen.[12]

Die Erforschung des Verhaltens von Analysten hat bereits eine recht lange Tradition. Empirische Studien befassen sich häufig mit der Genauigkeit und der Verzerrung von Ergebnisprognosen der Analysten. Der Einfluss der Qualität und der Quantität von Rechnungslegungsinformationen auf die Prognosen wurde in den letzten Jahren von mehreren Studien thematisiert. Die Studien verwenden meistens Indizes für die Qualität oder die Quantität

10 Empirische Untersuchungen zur Kapitalmarktrelevanz von Rechnungslegungsinformationen sind Gegenstand von Abschnitt 3.4.1 der vorliegenden Arbeit.

11 Vgl. Healy/Wahlen (1999), S. 370.

12 Zum so genannten Enforcement von Rechnungslegungsnormen vgl. Böcking (2003); Lenz/Bauer (2002); Arbeitskreis Externe Unternehmensrechnung der Schmalenbach-Gesellschaft für Betriebswirtschaft (2004).

von Rechnungslegungsinformationen. Einige internationale Untersuchungen messen Eigenschaften nationaler Rechnungslegungssysteme und analysieren deren Einfluss auf die Genauigkeit von Ergebnisschätzungen. Weitere Studien konzentrieren sich auf die Segmentberichterstattung der Unternehmen. Segmentinformationen werden von Analysten als besonders hilfreich bei der Ergebnisprognose bezeichnet. Empirische Studien untersuchen beispielsweise, ob Analysten Unternehmensgewinne nach der Einführung neuer Vorschriften für die Segmentberichterstattung genauer prognostizieren können.

Die große Mehrheit der Studien zum Themenbereich Rechnungslegung und Kapitalmarkt bezieht sich auf die USA. Auch die vorliegende Arbeit befasst sich überwiegend mit US-amerikanischen Untersuchungen. Eine Auseinandersetzung mit der US-amerikanischen Literatur erscheint auch aus deutscher Sicht interessant. Denn die zunehmende Verbreitung von IAS und US-GAAP bei deutschen Unternehmen bedeutet eine Annäherung an die angloamerikanische Rechnungslegung. Zudem lässt sich vermuten, dass im Zuge der Globalisierung die Bedeutung der Wertpapiermärkte für die Finanzierung deutscher Unternehmen weiter steigen wird. Somit kann in Deutschland also eine Entwicklung in Richtung auf US-amerikanische Verhältnisse erwartet werden.[13] Neben den US-amerikanischen Studien werden in der vorliegenden Arbeit auch eine Reihe von Untersuchungen dargestellt, die sich auf Deutschland beziehen oder internationale Vergleiche vornehmen.

Ein Ziel der vorliegenden Arbeit ist es, die wesentlichen Ergebnisse von empirischen und theoretischen Studien zu den angesprochenen Themengebieten vorzustellen. So soll geklärt werden, welche Beziehungen zwischen Rechnungslegungsdaten und Kapitalmarktdaten bestehen. Außerdem sollen die Wechselwirkungen zwischen der Bilanzpolitik von Unternehmen und dem Kapitalmarkt dargestellt werden. Darüber hinaus sollen die Genauigkeit und die Verzerrung der Ergebnisprognosen von Analysten thematisiert werden. Insbesondere soll erörtert werden, wie Quantität und Qualität von Rechnungslegungsinformationen Ergebnisschätzungen beeinflussen. Schließlich sollen zwei eigene empirische Untersuchungen neue Erkenntnisse liefern. Eine Untersuchung bezieht sich auf deutsche und US-amerikanische Unternehmen, während sich die andere Untersuchung ausschließlich auf deutsche Unternehmen konzentriert. In beiden Untersuchungen werden Fragen aufgegriffen, die in der aktuellen Literatur intensiv diskutiert werden und bisher noch nicht abschließend geklärt sind. Eine Untersuchung dient dem Vergleich bilanzpolitischer Ergebnisbeeinflussung in Deutschland und den USA. Die andere Untersuchung soll die Frage

---

[13] Vgl. Glaum (2001), S. 130.

klären, ob Analysten Ergebnisse von Unternehmen am Neuen Markt exakter schätzen, wenn die Unternehmen die Vorschriften zur Offenlegung von Rechnungslegungsinformationen nach IAS und US-GAAP genauer befolgen.

1.2 Gang der Arbeit

Thema der vorliegenden Arbeit ist die Beziehung zwischen Rechnungslegungsinformationen und dem Kapitalmarkt. Kapitel 2 behandelt die Informationsverarbeitung am Kapitalmarkt. Zunächst wird das grundlegende theoretische Konzept der Informationseffizienz dargestellt. Anschließend wird in Abschnitt 2.2 näher auf Gruppen von Kapitalmarktteilnehmern und ihren Umgang mit Informationen eingegangen.

Kapitel 3 ist der Fundamentalanalyse und der Kapitalmarktrelevanz von Rechnungslegungsinformationen gewidmet. Nach einigen allgemeinen Ausführungen zur Fundamentalanalyse werden verbreitete fundamentalanalytische Bewertungsmethoden dargestellt. Ein besonderes Augenmerk wird dabei auf die Verwendung von Rechnungslegungsinformationen für Zwecke der Bewertung gerichtet. Der darauf folgende Abschnitt dient dazu, den Begriff der Kapitalmarktrelevanz zu klären und unterschiedliche Ansätze zur Messung der Kapitalmarktrelevanz von Rechnungslegungsinformationen darzustellen. Anschließend werden in Abschnitt 3.4 Ergebnisse empirischer Studien zur Kapitalmarktrelevanz von Rechnungslegungsinformationen präsentiert. Zunächst werden zwei mittlerweile als Klassiker zu bezeichnende Studien vorgestellt, in denen die Kapitalmarktrelevanz von Rechnungslegungsinformationen erstmals eingehend untersucht wurde (Ball/Brown, 1968; Beaver, 1968). Danach wird aufgezeigt, wie sich die Kapitalmarktrelevanz von Rechnungslegungsinformationen im Zeitablauf entwickelt hat und wie sich die Kapitalmarktrelevanz von Rechnungslegungsdaten nach verschiedenen nationalen Vorschriften unterscheidet. Abschließend werden Ursachen dafür erörtert, dass empirische Studien nur auf eine verhältnismäßig geringe Kapitalmarktrelevanz von Rechnungslegungsinformationen hindeuten.

Kapitel 4 der vorliegenden Arbeit beschäftigt sich mit dem Thema Bilanzpolitik. Besondere Berücksichtigung finden Wechselwirkungen zwischen der Bilanzpolitik von Unternehmen und dem Kapitalmarkt. Das Kapitel beginnt mit grundlegenden Ausführungen zum Begriff sowie zu Zielen und Instrumenten der Bilanzpolitik. Anschließend werden agency-theoretische, transaktionskostentheoretische und verhaltenswissenschaftliche Erklärungsansätze zur kapitalmarktorientierten Bilanzpolitik erläutert. Auf die Theorie folgt eine Beschreibung der empirischen Methoden zur Untersuchung kapitalmarktorientierter Bilanzpolitik. Die beiden bedeutendsten Verfahren werden vorgestellt und kritisch kommentiert. Im Anschluss daran werden Ergebnisse empirischer Studien zur kapitalmarktorientierten Bilanzpolitik dargestellt. Den Abschluss des vierten Kapitels bildet eine empirische Untersuchung. Die Studie konzentriert sich auf bilanzpolitische Maßnahmen, mit denen Unternehmen einen Ergebnisausweis unterhalb bestimmter markanter Schwellenwerte vermeiden. In der Untersuchung wird ein Vergleich der schwellenwertorientierten Bilanzpolitik deutscher und US-amerikanischer Unternehmen vorgenommen.

Kapitel 5 befasst sich mit den Ergebnisschätzungen von Analysten. Zunächst werden die Resultate von Studien zur Genauigkeit und zur Verzerrung von Prognosen der Analysten dargestellt. Mögliche Ursachen für ungenaue und verzerrte Prognosen werden diskutiert. Darauf folgend werden die Ergebnisse von Studien präsentiert, die den Einfluss der Qualität und der Quantität von Rechnungslegungsinformationen auf die Genauigkeit der Schätzungen von Analysten untersuchen. Das fünfte Kapitel endet mit einer empirischen Untersuchung zu Unternehmen des Neuen Marktes. Die Studie untersucht, ob Analysten Ergebnisse genauer prognostizieren, wenn Unternehmen die Vorschriften zur Offenlegung von Rechnungslegungsinformationen nach IAS und US-GAAP befolgen.

Im sechsten Kapitel werden schließlich die Ergebnisse der vorliegenden Arbeit zusammengefasst. Außerdem wird ein kurzer Ausblick auf die Zukunft gegeben.

2 Informationsverarbeitung am Kapitalmarkt

2.1 Das Konzept der Informationseffizienz

2.1.1 Kapitalmarkt und Informationseffizienz

Kapitalmärkte[14] sind wichtig für die Wohlfahrt von Volkswirtschaften. Denn dort entscheiden Kapitalgeber darüber, welchen Nachfragern sie Kapital zur Verfügung stellen. Daraus wiederum ergibt sich, welche Geschäftsmodelle Unternehmen verwirklichen können, wo Arbeitsplätze entstehen und letztlich auch wie eine Wirtschaft wächst.

In einer Volkswirtschaft verteilt sich das Kapitalangebot auf sehr viele Haushalte, denen eine geringere Anzahl von kapitalsuchenden Unternehmen gegenübersteht. Gemessen an den Ersparnissen einzelner Haushalte ist der Finanzierungsbedarf von Unternehmen sehr groß. Der Kapitalmarkt übernimmt die Aufgabe, die kleinen Sparbeträge der Vielzahl von Haushalten der verhältnismäßig hohen Kapitalnachfrage einzelner Unternehmen zuzuordnen.[15] Für ein Individuum in einem Haushalt bedeutet die Investition von Ersparnissen einen Verzicht auf sicheren Konsum in der Gegenwart und die Hoffnung auf einen höheren Konsum in der Zukunft. In einem neoklassischen Modellrahmen ergibt sich die Höhe des Kapitalangebots der privaten Haushalte aus der nutzenmaximierenden Aufteilung der Haushaltseinkommen auf Gegenwarts- und Zukunftskonsum.[16]

Unternehmen beschaffen sich Kapital für Investitionen entweder auf dem Wege der Außen- oder der Innenfinanzierung.[17] Die Außenfinanzierung ist dadurch gekennzeichnet, dass Unternehmen Finanzierungstitel ausgeben, die den Investoren Ansprüche auf zukünftige Zahlungen gewähren. Der Wert eines Finanzierungstitels wird durch die Höhe, die zeitliche Verteilung und die Risikobehaftetheit der zukünftigen Zahlungen bestimmt. Da diese Größen wiederum von der zukünftigen Vermögens-, Finanz- und Ertragslage eines Unternehmens abhängen, interessieren sich Anleger für alle Informationen, die eine bessere Einschätzung der zukünftigen Lage des Unternehmens ermöglichen.

---

14 Sofern nicht ausdrücklich andere Aussagen gemacht werden, beziehen sich in den folgenden Kapiteln die Ausführungen zum Kapitalmarkt auf Aktienbörsen. Aktienbörsen machen zwar nur einen Teil des Kapitalmarktes aus, sind aber von besonderer Bedeutung, da sich auch andere Marktbereiche an Aktienkursen und -renditen orientieren. Aktienbörsen üben die Funktion einer Preisführerschaft für andere Bereiche der Finanzierung mit Beteiligungskapital aus. Vgl. Loistl (1991), S. 27.

15 Vgl. Loistl (1991), S. 30; zu den Funktionen von Kapitalmärkten vgl. auch Tobin (1984).

16 Vgl. Ohlson (1987), S. 8 ff.

17 Vgl. Perridon/Steiner (2002), S. 355 f.

Wichtige Informationsquellen für Investoren sind das Unternehmen selbst, Studien von Analysten, die Wirtschaftspresse sowie die Jahres-, Halbjahres- und Quartalsabschlüsse der Unternehmen.[18] Informationen können die Einschätzungen von Investoren über die Wahrscheinlichkeitsverteilung zukünftiger Zahlungen aus Finanzierungstiteln verändern. Somit beeinflussen Informationen die Preise von Finanzierungstiteln und die Entscheidungen der Haushalte darüber, wie sie ihr Einkommen auf gegenwärtigen und zukünftigen Konsum aufteilen und in welche Anlagen sie investieren.[19] Diese Wirkung von Informationen wird auch als „pre-decision role“ von Informationen bezeichnet. Dagegen besteht die „post-decision role“ von Informationen in der Kontrolle bereits getroffener Anlageentscheidungen. Beispielsweise können Rechnungslegungsinformationen Anlegern Aufschluss über die Erfolgswirkung von Ereignissen aus dem letzten Geschäftsjahr liefern.[20]

Nicht alle Informationen sind für Anleger ohne weiteres verfügbar. Typischerweise haben Manager bessere Informationen über Unternehmen als außenstehende Investoren: Informationen über Unternehmen sind asymmetrisch zwischen Managern und Investoren verteilt.[21] Investoren können zwar Informationen von den Investor-Relations-Abteilungen und anderen Managern der Unternehmen erfragen. Jedoch können sich die Anleger nicht sicher darüber sein, dass Informationen aus der Hand von Unternehmensvertretern objektiv sind. Denn Manager haben Anreize, ihr Unternehmen und dessen Zukunft übertrieben positiv darzustellen. Optimistische Einschätzungen lassen die eigene Managementleistung in besonders gutem Licht erscheinen, können den Aktienkurs beflügeln und auch zu günstigeren Konditionen für die Finanzierung mit Fremdkapital beitragen.[22] Aus hohen Aktienkursen ergeben sich für die Unternehmen günstige Möglichkeiten zur Finanzierung mit Eigenkapital und im Fall aktienbasierter Entlohnungssysteme auch höhere Gehälter für die Manager.

---

18 Vgl. zu den Informationsquellen und ihrer relativen Bedeutung für Investoren und Analysten auch Abschnitt 2.2 dieser Arbeit.

19 Vgl. Ohlson (1987), S. 102.

20 Vgl. Hartmann-Wendels (1991), S. 46 f. Rechnungslegungsinformationen können sowohl eine „pre-decision role“ als auch eine „post-decision role“ erfüllen. Für diese beiden Funktionen von Rechnungslegungsinformationen sind in der US-amerikanischen Rechnungslegung die Begriffe „predictive value“ und „feedback value“ üblich. Vgl. FASB (1980), SFAC No. 2, Para. 51. In den IAS werden die Ausdrücke “predictive role” und “confirmatory role” verwendet. Vgl. IASB (2001), Para. 26 u. 27.

21 Vgl. Schmidt/Terberger (1996), S. 387 f.

22 Dem Optimismus sind allerdings Grenzen gesetzt. Wenn Investoren Informationen als starke Übertreibungen oder als Falschmeldungen erkennen, können fallende Kurse und möglicherweise sogar ein dauerhafter Vertrauensverlust bei den Anlegern die Folgen sein. Daher wird von Investor-Relations-Verantwortlichen immer wieder betont, dass die Kommunikation mit den Anlegern glaubwürdig sein sollte und auch in Krisenzeiten kontinuierlich fortgesetzt werden sollte. Vgl. z. B. Harenberg (2000), S. 108 f.; Schneider (2003), S. 113.

Für einen funktionsfähigen Kapitalmarkt sind glaubwürdige Informationen von entscheidender Bedeutung. Ohne aussagekräftige und zuverlässige Informationen kann ein Prozess adverser Selektion einsetzen. Im Laufe eines solchen Prozesses verlassen Unternehmen mit guten Ertragsaussichten nach und nach den Kapitalmarkt und die durchschnittliche Ertragskraft der verbleibenden Unternehmen verschlechtert sich fortlaufend. Im Extremfall kommt es zum vollständigen Zusammenbruch des Kapitalmarktes.[23]

Die Ursache der adversen Selektion liegt darin, dass Anleger ohne glaubwürdige Informationen „gute" und „schlechte" Investitionsmöglichkeiten nicht mehr voneinander unterscheiden können. Unternehmen unterschiedlicher Ertragskraft und Risikoklassen werden daher zu einem Durchschnittsniveau bewertet. Unternehmen mit guten Ertragsaussichten werden unterbewertet und Unternehmen mit schlechten Ertragsaussichten werden überbewertet. Unterbewertete Unternehmen finden am Kapitalmarkt relativ unattraktive Finanzierungskonditionen vor und decken ihren Kapitalbedarf folglich soweit wie möglich durch Innenfinanzierung. Demgegenüber werden überbewertete Unternehmen benötigtes Kapital vorzugsweise auf dem Wege der Außenfinanzierung aufbringen. Dadurch steigt der Anteil der überbewerteten Unternehmen mit relativ schlechten Ertragsaussichten an der gesamten Kapitalnachfrage. Rationale Investoren erkennen die Anreize für die Unternehmen und wissen daher, dass Unternehmen am Kapitalmarkt durchschnittlich zu hoch bewertet sind. Folglich nehmen rationale Investoren einen entsprechenden Bewertungsabschlag vor. Dadurch kommt es zu einer Unterbewertung weiterer Unternehmen, die sich daraufhin ebenfalls vom Kapitalmarkt zurückziehen und soweit wie möglich auf die Innenfinanzierung ausweichen. Schließlich verbleiben nur noch die Unternehmen mit den schlechtesten Ertragsaussichten am Kapitalmarkt und die Investoren verlieren das Vertrauen in den Kapitalmarkt vollständig.

Solch eine Extremsituation ist allerdings unwahrscheinlich. Unterbewertete Unternehmen haben nämlich einen Anreiz, ihre tatsächliche Qualität den Anlegern gegenüber glaubhaft zu demonstrieren. Diese Unternehmen werden also vermutlich Mechanismen fördern oder sogar entwickeln, mit deren Hilfe Investoren zuverlässig informiert werden können. Ein solcher Mechanismus kann beispielsweise in gesetzlichen Anforderungen zur externen Rechnungslegung bestehen.[24]

---

[23] Vgl. hierzu und im Folgenden Hartmann-Wendels (1991), S. 133 f.; Palepu/Healy/Bernard (2000), Kap. 1, S. 2 f.; vgl. allgemein zur Theorie der adversen Selektion Akerlof (1970); Milde (1988).

[24] Vgl. auch Schmidt (1982), S. 742 f. u. S. 746 f.

Als ein Mechanismus mit einem ähnlichen Ziel kann die Tätigkeit von Intermediären angesehen werden. Informationsintermediäre wie Analysten, Wirtschaftsprüfer, Rating-Agenturen und Wirtschaftsjournalisten sind unabhängiger als die Manager eines Unternehmens[25] und können Investitionsmöglichkeiten und dahinterstehende Geschäftsmodelle daher glaubwürdiger beurteilen.[26] Zwar stehen Intermediäre genauso wie die privaten Haushalte grundsätzlich vor dem Problem, dass Informationen zwischen ihnen und Unternehmensvertretern asymmetrisch zu ihren Ungunsten verteilt sind. Jedoch verfügen Intermediäre über ein besseres Know-how und auch über höhere materielle Ressourcen zur Unternehmensanalyse als private Haushalte. Zudem können Intermediäre Größenvorteile bei der Analyse von Anlagemöglichkeiten realisieren.[27] Unternehmen sind außerdem besonders stark daran interessiert, Intermediäre mit Informationen zu versorgen und ein langfristig gutes Verhältnis zu den Intermediären aufzubauen, da Anlageempfehlungen von Intermediären Kurse stärker beeinflussen können als die Kauf- und Verkaufsentscheidungen eines einzelnen Haushalts.[28]

Das externe Rechnungswesen der Unternehmen ist nicht nur für Investoren, sondern auch für Intermediäre eine wichtige Informationsquelle.[29] Eigenschaften nationaler Rechnungslegungssysteme wie beispielsweise die Höhe des Offenlegungsumfangs, die Zahl von Bilanzierungs- und Bewertungswahlrechten und die konzeptionellen Leitlinien der Bilanzierung beeinflussen daher die Fähigkeit von Intermediären und Investoren zur Beurteilung von Investitionsmöglichkeiten[30] und somit auch die Qualität und Menge an Informationen, die in die Kursbildung auf dem Kapitalmarkt eingehen.[31]

---

[25] Völlig unabhängig sind Intermediäre allerdings auch nicht, da Intermediäre häufig an guten langfristigen Geschäftsbeziehungen zu den Unternehmen interessiert sind (beispielsweise um von Unternehmen mit aktuellen Informationen versorgt zu werden oder um lukrative Aufträge von den Unternehmen zu erhalten). Vgl. dazu in Bezug auf Analysten auch die Abschnitte 2.2.2 und 5.1.2.1 dieser Arbeit.

[26] Vgl. Healy/Palepu/Bernard (2000), Kap. 1, S. 3; siehe auch Franke/Hax (1999), S. 445 f.

[27] Vgl. Franke/Hax (1999), S. 446. Dabei kommt Intermediären zugute, dass Informationen sich anders als viele andere Güter nicht abnutzen, wenn sie von einer großen Zahl von Personen mehrfach verwendet werden. Einschränkend gilt allerdings, dass der Wert einer Information für ein Individuum mit der Anzahl der Nutzer sinken kann, da auf Grundlage allgemein bekannter Informationen auf informationseffizienten Kapitalmärkten keine abnormalen Gewinne erzielt werden können. Vgl. auch Mackaay (1990). Zu Größenvorteilen vgl. beispielsweise Schumann/Meyer/Ströbele (1999), S. 140 ff.

[28] Zu der Kurswirkung von Anlageempfehlungen vgl. für die USA beispielsweise Stickel (1995); Ho/Harris (1998); Desai/Liang/Singh (2000); Hirschey/Richardson/Scholz (2000); Francis/Schipper/Vincent (2002a); für Deutschland vgl. Röckemann (1994); Gerke/Oerke (1998).

[29] Vgl. Palepu/Healy/Bernard (2000), Kap. 1, S. 3 ff.

[30] Vgl. dazu genauer die Abschnitte 5.1.3 und 5.2 dieser Arbeit.

[31] Diese Argumentation geht davon aus, dass sich Rechnungslegungsinformationen nicht vollständig durch Informationen aus anderen Quellen substituieren lassen.

Theoretisch lässt sich das Ergebnis der Informationsverarbeitung auf einem perfekt funktionierenden Kapitalmarkt anhand des Konzepts der Informationseffizienz beschreiben. Als informationseffizient wird ein Kapitalmarkt gemäß der gängigen Definition von Fama (1970) dann bezeichnet, wenn die Kurse jederzeit alle verfügbaren Informationen vollständig widerspiegeln.[32] Auf einem informationseffizienten Markt verarbeiten die Marktteilnehmer neue Informationen unverzüglich in korrekter Art und Weise. Änderungen der Kurse können sich nur aus neuen Informationen ergeben, die sich nicht auf Grundlage von Informationen prognostizieren lassen, die vom aktuellen Kurs bereits reflektiert werden.

Üblicherweise werden drei Stufen der Informationseffizienz unterschieden.[33] Das Abgrenzungskriterium für die verschiedenen Stufen der Informationseffizienz ist die Informationsmenge, die in die Preisbildung auf dem Kapitalmarkt eingeht. Auf höheren Stufen der Informationseffizienz spiegeln Kurse jeweils auch sämtliche Informationen wider, die für schwächere Formen der Informationseffizienz relevant sind. Die verschiedenen Stufen der Informationseffizienz umfassen also die jeweils schwächeren Formen der Informationseffizienz (vgl. Abbildung 1).

Abbildung 1: Stufen der Informationseffizienz

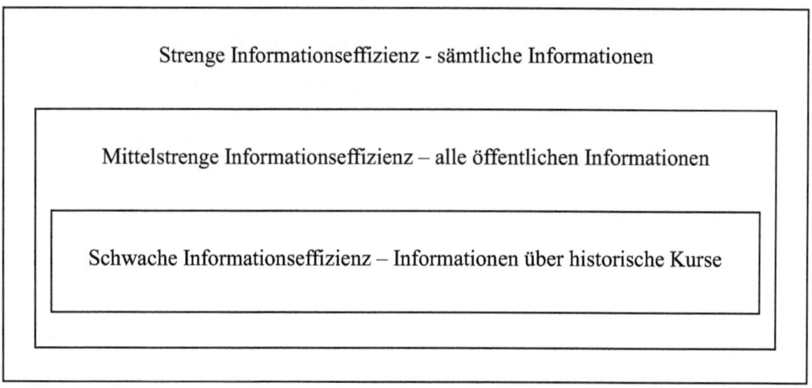

Quelle: Steiner/Bruns (2000), S. 41; Haugen (1997), S. 643.

Auf schwach informationseffizienten Märkten reflektieren aktuelle Preise sämtliche Informationen über Kursverläufe der Vergangenheit. Anleger können also auf Grundlage einer

---

32 Vgl. Fama (1970), S. 383.

33 Zu den Formen der Informationseffizienz vgl. Fama (1970); Glaum (1994), S. 70 – 71, sowie die dort zitierte Literatur; Glaum (1996), S. 240; Brealy/Myers (2000), S. 358.

Analyse von historischen Börsendaten wie Kursen und Aktienumsätzen keine anhaltend überdurchschnittlichen Renditen[34] erzielen.

Auf der nächsthöheren Stufe der Informationseffizienz (mittelstrenge Form) verarbeitet der Kapitalmarkt alle öffentlich zugänglichen Informationen. Außer historischen Kursen gehören auf einem mittelstreng informationseffizienten Markt beispielsweise auch Nachrichten aus der Wirtschaftspresse und Daten der externen Rechnungslegung zur relevanten Informationsmenge. Auf Basis einer Auswertung dieser Informationen können Investoren daher weder Kursprognosen ableiten noch dauerhaft überdurchschnittliche Anlagegewinne erwirtschaften.

Auf streng informationseffizienten Märkten ist es auch Insidern nicht möglich, den Markt dauerhaft zu schlagen. Denn auf solchen Märkten gehen sämtliche vorhandenen Informationen in die Preisbildung ein. Darunter fallen auch Informationen, die nur Insidern zugänglich sind.

Das Konzept der Informationseffizienz ist ein theoretisches Referenzmodell. Inwieweit die Annahme der Informationseffizienz eine brauchbare Annäherung an reale Marktverhältnisse darstellt, wird anhand empirischer Tests untersucht.[35]

2.1.2 Annahmen des Konzepts der Informationseffizienz über die Suche und Verarbeitung von Informationen

Gemäß dem Konzept der Informationseffizienz sorgen der Wettbewerb rationaler gewinnmaximierender Investoren und nahezu kostenlos erhältliche Informationen dafür, dass Kurse neue Informationen ohne Verzögerung widerspiegeln.[36] Damit ist jedoch noch nicht geklärt, von wem Kapitalmarktteilnehmer Informationen beziehen und an wen Marktteilnehmer Informationen weitergeben. Es wird nicht ausdrücklich betrachtet, welche Rolle Analysten, Portfoliomanager, Unternehmensvertreter und andere Gruppen von Marktteilnehmern bei der Verarbeitung von Informationen spielen.[37] Ziele und Anreize für die verschiedenen Marktteilnehmer werden nicht näher untersucht. Das Konzept der Informati-

[34] Renditen werden in diesem Zusammenhang als überdurchschnittlich bezeichnet, wenn sie oberhalb der risikoangepassten Verzinsung liegen. Zu solchen abnormalen Renditen vgl. beispielsweise Brealy/Myers (2000), S. 370 ff.

[35] Vgl. Bruns (1994), S. 13 f. Zu empirischen Untersuchungen zur Informationseffizienz vgl. Abschnitt 2.1.5 dieser Arbeit.

[36] Vgl. Fama (1965), S. 36 ff.

[37] In der Literatur wird für den Informationsaustausch zwischen Unternehmen, Analysten, Fondsmanagern und anderen Marktteilnehmern von manchen Autoren der Begriff Markt für Informationen verwendet. Vgl. beispielsweise Gonedes (1976); Reuter (1980); Barker (1998).

onseffizienz vernachlässigt, dass der Austausch von Informationen zwischen den Marktteilnehmern möglicherweise ineffizient oder fehlerhaft ist. Dadurch könnte ein Teil der vorhandenen wertrelevanten Informationen nur in verzerrter Form oder überhaupt nicht bei den Investoren ankommen. In einem solchen Fall besteht die Gefahr, dass Investoren ihren Kauf- und Verkaufsentscheidungen verzerrte Informationen zugrunde legen und sich Kurse von fundamental gerechtfertigten Werten entfernen.[38]

Im Folgenden soll geklärt werden, welche impliziten Annahmen das Konzept der Informationseffizienz über die Informationsverarbeitung durch Kapitalmarktteilnehmer enthält.[39] Die folgende Darstellung geht von homogenen Erwartungen aus. Alle Marktteilnehmer haben einen gleich hohen Informationsstand, aus dem sie identische Erwartungen über die Verteilung zukünftiger Renditen der Investitionsobjekte ableiten. Für Transaktionen auf dem Kapitalmarkt und für die Beschaffung von Informationen mögen keine Kosten anfallen.[40] Alle Marktteilnehmer seien Preisnehmer. Das Kapitalmarktgleichgewicht stelle sich nach einem Prozess des Tâtonnement[41] mit Recontracting[42] ein.

I_t sei die gesamte zum Zeitpunkt t verfügbare Informationsmenge. Dann gilt:

$$I_t \supseteq I_{t-1} \supseteq \dots \supseteq I_{t-s} \qquad \text{für alle } s > 0.$$

I_t enthält sämtliche Informationen über Gegenwart und Vergangenheit des ökonomischen Systems einschließlich der Informationen über Struktur und Funktionsweise des Systems. Bei Informationseffizienz muss für alle gehandelten Marktobjekte j gelten:

$$F_m\left(\pi_{jt+1} \middle| I_t^m\right) = F_m\left(\pi_{jt+1} \middle| I_t\right) = F\left(\pi_{jt+1} \middle| I_t\right)$$

---

38 Vgl. Barker (1998), S. 3 f.

39 Vgl. zu den folgenden Ausführungen Gonedes (1976), S. 612 ff.

40 Die Annahme kostenloser Informationen soll hier zunächst aufrechterhalten bleiben. In Abschnitt 2.1.4.2 wird der Einfluss von Informationskosten auf die Informationseffizienz von Märkten genauer untersucht.

41 Die Vorstellung eines Ausgleichs von Angebot und Nachfrage gemäß einem Prozess des Tâtonnement (Herantasten) geht auf Walras zurück. Ein Auktionator ruft so lange Preise aus und ermittelt die dazugehörigen Kauf- und Verkaufsaufträge, bis Angebot und Nachfrage übereinstimmen. Erst nach Ende des Auktionsprozesses findet ein Austausch der Güter zum Gleichgewichtspreis statt. Vgl. Schumann/Meyer/Ströbele (1999), S. 212. Die Annahme des Tâtonnement wird dann wichtig, wenn die Darstellung auf den Fall heterogener Erwartungen erweitert wird. Im Gegensatz zu Modellen mit streng rationaler Erwartungsbildung wird beim walrasianischen Tâtonnement davon ausgegangen, dass Marktteilnehmer nicht versuchen, Informationen über das Wissen anderer Marktteilnehmer aus dem Preis abzuleiten. Vgl. Grossman (1981), S. 545 ff.

42 Recontracting beschreibt die Möglichkeit einzelner Anbieter und Nachfrager, von einmal gegebenen Kauf- bzw. Verkaufsaufträgen zurückzutreten, falls sich im weiteren Verlauf einer Auktion noch günstigere Kauf- bzw. Verkaufsmöglichkeiten ergeben. Vgl. Schumann/Meyer/Ströbele (1999), S. 212 f.

mit F_m als der vom Markt geschätzten Verteilung der Werte $\pi_{j,t+1}$ der Investitionsobjekte j für den Zeitpunkt $t+1$ und mit F als der entsprechenden Verteilung der Werte, die in korrekter Art und Weise aus I abgeleitet wird; d. h. F ist die Verteilung, die sämtliche Implikationen von I für $\pi_{j,t+1}$ berücksichtigt.

Bei Informationseffizienz müssen also zwei Bedingungen bezüglich der Informationsverarbeitung erfüllt sein:

1. Die Marktteilnehmer treffen Kauf- und Verkaufsentscheidungen auf Grundlage aller Informationen.
2. Der Markt verarbeitet die Informationen in der richtigen Art und Weise. Die vom Markt geschätzte Verteilung der Werte der Investitionsobjekte entspricht folglich der Verteilung, die durch die Informationsmenge I tatsächlich impliziert wird.

Sofern empirische Studien dem Konzept der Informationseffizienz des Kapitalmarktes zu widersprechen scheinen, kann eine mögliche Ursache also darin liegen, dass Investoren am Kapitalmarkt nicht alle Informationen in unverzerrter Form vorliegen. Eine umfassende Versorgung von Investoren mit relevanten und objektiven Informationen kann aus mehreren Gründen bezweifelt werden. Unternehmensvertreter haben Anreize, ihre wirtschaftliche Lage besonders positiv darzustellen. Ebenfalls Anlass zu Optimismus besteht für Analysten. Positive Empfehlungen der Analysten helfen Investmentbanken, Aufträge der Unternehmen im Bereich Corporate Finance zu akquirieren.[43] Investoren müssen die Anreize von Analysten und Unternehmensvertretern korrekt berücksichtigen, um Informationen richtig interpretieren zu können.

Zudem hat das Gut Information spezielle Eigenschaften, die einer effizienten Beschaffung im Wege stehen können. So ist der Wert einer Information[44] für Anleger erst bekannt, nachdem die Information beschafft worden ist.[45] Anleger können also nicht ohne weiteres

43 Vgl. dazu genauer die Abschnitte 2.2.2 und 5.1.2.1 dieser Arbeit.

44 Der Wert einer Information für ein Individuum ergibt sich aus der Differenz des Nutzens der Ressourcenallokation des Individuums nach Informationsbeschaffung und –verarbeitung und des Nutzens der Ressourcenallokation, die sich ohne Berücksichtigung der Information ergeben hätte. Vgl. ähnlich Hartmann-Wendels (1991), S. 48.

45 Vgl. Arrow (1962). Dagegen können Wirtschaftssubjekte vergleichsweise sicher abschätzen, welcher Nutzen mit dem Kauf gewöhnlicher Verbrauchs- und Gebrauchsgüter verbunden sein wird. Nelson unterscheidet Suchgüter und Erfahrungsgüter. Die Qualität von Suchgütern lässt sich vor dem Kauf ohne großen Aufwand feststellen (z.B. durch das Anprobieren von Kleidungsstücken). Die Qualität von Erfahrungsgütern lässt sich einfacher aus dem Kauf und Verbrauch ähnlicher Güter in der Vergangenheit ableiten (z. B. Konsum von Lebensmitteln). Vgl. Nelson (1970). Außer Such- und Erfahrungsqualitäten von Gütern berücksichtigen Darby und Karni in ihrem Ansatz auch Vertrauensqualitäten von Gütern (beispielsweise bei einer Operation in einem Krankenhaus). Vgl. Darby/Karni (1973).

davon ausgehen, dass der Grenznutzen der Informationsbeschaffung abnimmt. Die zuletzt beschaffte oder eine nicht mehr beschaffte Information können einen höheren Nutzen als die zuerst beschafften Informationen haben. Dieser Umstand wird relevant, wenn die Annahme kostenloser Informationen aufgegeben wird. Dann können Individuen die Beschaffung von Informationen nicht gemäß dem üblichen Marginalkalkül optimieren, sondern müssen weitere Faktoren wie die Reputation einer Informationsquelle berücksichtigen oder sich an möglichst unabhängige Informationsintermediäre wenden, um den Nutzen der Informationsbeschaffung im Voraus abschätzen zu können. Auch Erfahrungen aus Anlageentscheidungen in der Vergangenheit können Investoren helfen festzulegen, in welchem Umfang sie Informationen beschaffen wollen.

Außerdem haben Informationen am Kapitalmarkt zum Teil den Charakter eines öffentlichen Gutes. Zwar besteht grundsätzlich Rivalität in der Nutzung der Informationen, da der erste oder einzige Besitzer einer Information möglicherweise eine überlegene Handelsstrategie auf Grundlage dieser Information umsetzen könnte. Auch Exkludierbarkeit kann bei Informationen prinzipiell durch Geheimhaltung erreicht werden.[46] Tatsächlich sind aber viele Informationen für einen Großteil der Marktteilnehmer zum gleichen Zeitpunkt verfügbar. Beispielsweise sorgen Investor-Relations-Abteilungen der Unternehmen und Analysten für eine weite Verbreitung von Informationen, und rechtliche Regelungen wirken dem Entstehen von Insiderwissen entgegen. Außerdem spiegeln sich Informationen durch Wertpapierkäufe und –verkäufe informierter Investoren in den Kursen wider. Die Informationen werden so auch für nicht informierte Investoren teilweise beobachtbar. Sofern Informationen nicht kostenlos erhältlich sind, können solche externen Effekte der Informationssuche die Anstrengungen einzelner Marktteilnehmer bei der Beschaffung von Informationen dämpfen.[47] Für einzelne Anleger sind die Anreize zur Suche von Informationen umso geringer, je besser Kurse am Kapitalmarkt die vorhandenen wertrelevanten Informationen widerspiegeln.[48]

Schließlich lässt sich auch fragen, ob eine allumfassende Versorgung von Investoren mit Informationen überhaupt wünschenswert ist. Es erscheint realitätsnäher, begrenzte statt

---

46 Vgl. Mackaay (1990). Allerdings lässt sich die Geheimhaltung häufig nicht problemlos durchhalten. Das gilt vor allem dann, wenn viele Personen im Besitz der Information sind und weitere Individuen exkludiert werden sollen. Vgl. ebenda. Darüber hinaus hängt die Exkludierbarkeit auch davon ab, ob es Marktteilnehmern möglich ist, aus Kauf- und Verkaufsentscheidungen anderer Marktteilnehmer Rückschlüsse auf deren Informationsstand zu ziehen. Vgl. dazu auch Abschnitt 2.1.4.1 dieser Arbeit.

47 Vgl. Schmidt (1982), S. 740 f.

48 Vgl. dazu ausführlicher Abschnitt 2.1.4 dieser Arbeit.

vollkommene Rationalität der Marktteilnehmer zu unterstellen.[49] Ein „Information Overload“ könnte begrenzt rationalen Marktteilnehmern Anlageentscheidungen erschweren.

Welche und wie viele wertrelevante Informationen Investoren tatsächlich erhalten und ihren Anlageentscheidungen zugrunde legen, lässt sich letztlich am besten durch eine direkte Befragung oder Beobachtung der Marktteilnehmer klären. In Abschnitt 2.2 dieser Arbeit wird die Rolle der verschiedenen Gruppen von Marktteilnehmern bei der Informationsverarbeitung am Kapitalmarkt dargestellt. Dort werden auch Ergebnisse von Befragungen von Analysten und Investoren zur Suche, Verarbeitung und Weitergabe von Informationen zusammengefasst.

2.1.3 Zusammenhänge zwischen Informationseffizienz und anderen Formen der Effizienz

Kapitalmärkte werden nicht nur im Hinblick auf ihre Informationseffizienz beurteilt. Operative Effizienz und Allokationseffizienz sind weitere Formen der Effizienz von Kapitalmärkten.[50] Auch wenn in diesem Kapitel das Hauptaugenmerk der Informationsverarbeitung der Marktteilnehmer und der Informationseffizienz des Kapitalmarktes gilt, sind operative Effizienz und Allokationseffizienz hier dennoch von Interesse. Denn zwischen den drei Effizienzformen bestehen komplementäre und hierarchische Beziehungen. Operative Effizienz ist eine notwendige, aber nicht hinreichende Vorraussetzung für Informationseffizienz, die wiederum eine notwendige, aber nicht hinreichende Bedingung für Allokationseffizienz ist.[51]

Die operative Effizienz eines Marktes, auch Verfahrenseffizienz genannt, ist umso höher, je weniger Reibungsverluste durch marktorganisationsbestimmte Kosten auftreten.[52] Solche Kosten treten bei Investoren, Emittenten von Wertpapieren, Banken, Börsen und Aufsichtsbehörden auf und umfassen unter anderem Kosten für die Annahme, Weiterleitung und Ausführung von Kauf- und Verkaufsaufträgen sowie Kosten der Suche und Verarbeitung von Informationen durch Investoren und andere Marktteilnehmer.[53] Auf einem frikti-

---

[49] Vgl. Conlisk (1996).

[50] Manchmal wird auch noch zwischen Bewertungseffizienz und Informationseffizienz unterschieden. Demnach bezeichnet Bewertungseffizienz die Gleichheit von Marktpreisen und Fundamentalwerten, während Informationseffizienz schon dann gegeben ist, wenn Kurse ohne Verzögerung auf neue Informationen in der Art reagieren, dass keine systematischen Überrenditen erzielt werden können. Vgl. Bienert (1996), S. 24; Tobin (1984), S. 2 u. S. 5 ff.

[51] Vgl. Bienert (1996), S. 31 f.

[52] Vgl. Schmidt (1983), S. 188 f.

[53] Vgl. derselbe (1988), S. 7 ff.; Reuter (1980), S. 3 ff.

onsarmen Finanzmarkt müssen Anleger nur geringe Gebühren zahlen und können zu geringen Kosten über relevante Informationen verfügen. Je effizienter ein Markt organisiert ist, desto unbeschränkter können Anleger vorhandene Informationen in Kauf- und Verkaufsaufträge umsetzen. Ein friktionsarmer Markt ist eine Grundvoraussetzung für einen hohen Grad an Informationseffizienz. [54]

Allokationseffizienz ist erreicht, wenn Ersparnisse in möglichst produktive Investitionen gelenkt werden.[55] Allerdings gibt es nicht nur einen einzigen eindeutig allokationseffizienten Zustand, da zukünftige Erträge von Investitionen unsicher sind und individuelle Präferenzen für Investitionsmöglichkeiten nicht widerspruchsfrei zu einer gesamtwirtschaftlichen Präferenzordnung zusammengefasst werden können.[56] Mangels eines besseren Kriteriums wird eine Zuordnung von Ersparnissen zu Investitionen dann als allokationseffizient bezeichnet, wenn sie pareto-optimal ist.[57] Eine Allokation ist pareto-optimal, wenn es keine andere Allokation gibt, die mindestens einen Marktteilnehmer besser stellt, ohne mindestens einen anderen Marktteilnehmer schlechter zu stellen.[58] Ein Nachteil des Pareto-Kriteriums liegt darin, dass nicht in allen Fällen eindeutig entschieden werden kann, welcher von zwei oder mehreren Zuständen vorzuziehen ist.[59]

Dass Informationseffizienz nicht automatisch mit Allokationseffizienz des Aktienmarktes einhergeht, zeigen Dow/Gorton (1997) im Rahmen eines theoretischen Modells genauer. Kurse haben außer bei Aktienemissionen[60] keinen direkten Einfluss auf die Allokation von Kapital. Entscheidungen über die Zuordnung finanzieller Mittel zu Investitionsprojekten treffen Manager in den Unternehmen. Manager können darüber hinaus beeinflussen, wann, auf welchem Weg und in welcher Höhe ein Unternehmen Kapital beschafft. Damit Manager die Präferenzen der Aktionäre berücksichtigen und über Investitionsprojekte im Sinne der Aktionäre entscheiden, müssen Managern entsprechende Anreize gegeben werden. Dow/Gorton schlagen vor, den Agency-Konflikt durch eine aktienkursbasierte Entlohnung der Manager zu lösen. Dabei spielen gemäß Dow/Gorton zwei Eigenschaften informationseffizienter Kurse eine entscheidende Rolle. Einerseits können Kurse dazu dienen, bereits getroffene Investitionsentscheidungen von Managern rückblickend zu beurteilen. An-

[54] Vgl. Bienert (1996), S. 31; auch Schmidt (1983), S. 188.
[55] Vgl. Loistl (1991), S. 30.
[56] Vgl. Arrow (1963).
[57] Vgl. Bienert (1996), S. 15.
[58] Vgl. zum Pareto-Kriterium beispielsweise Fritsch/Wein/Ewers (1996), S. 14 ff.
[59] Vgl. Mishan (1973).
[60] Allerdings ergeben sich für Manager auch nach Aktienemissionen Spielräume bei der endgültigen Zuordnung von Kapital zu Investitionsprojekten.

dererseits können Kurse vorausschauende Informationen über mögliche Investitionsprojekte in der Zukunft enthalten. Die aktienkursbasierte Entlohnung soll neben der rückblickenden Kontrolle von Managern auch dazu beitragen, dass Manager private Informationen der Anleger über profitable Investitionsmöglichkeiten der Unternehmen aus den Kursen ableiten. Dazu muss die Annahme getroffen werden, dass Anleger in manchen Bereichen besser über Investitionsmöglichkeiten informiert sind als die Manager in den Unternehmen selbst.[61] Gleichzeitig können gemäß dem Modell von Dow/Gorton Manager gegenüber Anlegern über Informationsvorsprünge im Hinblick auf andere Aspekte von Investitionsprojekten verfügen.

Das Modell von Dow/Gorton verdeutlicht, dass auf einem Sekundärmarkt Kurse die Allokation von Kapital nicht direkt beeinflussen[62] und daher ein weiterer Mechanismus nötig wird, damit sich Entscheidungsträger in den Unternehmen gründlich informieren und Entscheidungen über Investitionsprojekte gemäß den Präferenzen der Anleger treffen. Dass eine aktienkursbasierte Entlohnung ein dafür ausreichendes Mittel ist, muss allerdings in Frage gestellt werden. Im Regelfall verfolgen Unternehmen eine Vielzahl von Investitionsprojekten und haben zahlreiche Möglichkeiten für zukünftige Investitionen. Bei mehreren Investitionsprojekten und Investitionsmöglichkeiten können dem Kurs Informationen über jedes aktuelle und zukünftig mögliche Projekt nicht einzeln entnommen werden. Zudem gibt es keinen messbaren und ursächlichen Zusammenhang zwischen der Leistung eines einzelnen Managers und dem Aktienkurs. Weiterhin werden Kurse auch durch die Entwicklung von Zinsen, Wechselkursen, Branchenkonjunkturen und anderen Faktoren beeinflusst, die nicht von der Leistung und den Entscheidungen der Manager abhängen. Unverdiente Belohnungen und Bestrafungen von Managern können bei kursgebundener Entlohnung die Folge sein.[63] Es ist unklar, wie ein Kurs gleichzeitig der Kontrolle laufender Projekte und der Übertragung von Informationen über zukünftig mögliche Investitionsprojekte dienen soll. Ein steigender Kurs kann sowohl eine positive Beurteilung eines laufenden Projekts als auch einen Hinweis auf eine profitable Investitionsmöglichkeit enthalten. Außerdem könnte ein steigender Kurs auch auf eine günstige Entwicklung der angesproche-

---

[61] Diese Annahme ist untypisch. Üblicherweise wird angenommen, dass Informationen zwischen Managern und Investoren asymmetrisch zugunsten der Manager verteilt sind. Dow/Gorton weisen in diesem Zusammenhang darauf hin, dass Tobin's q ähnlich wie ihr eigenes Modell nahe legt, Entscheidungen über das Volumen neuer Investitionen aus dem Aktienkurs abzuleiten. Vgl. Dow/Gorton (1997), S. 1091.

[62] Allerdings ergeben sich aus der Informationsverarbeitung am Sekundärmarkt Rückwirkungen auf den Primärmarkt. Positive Informationen und eine günstige Kursentwicklung erleichtern es Unternehmen, neues Kapital aufzunehmen. Vgl. Franke/Hax (1999), S. 355 f. u. S. 407 f.

[63] Vgl. Paul (1992); Baums (1996), S. 9 ff.; Knirsch/Schiller (2000).

nen exogenen Einflussfaktoren zurückzuführen sein. Eine kursbasierte Entlohnung kann also nur eingeschränkt dazu beitragen, dass Manager Anstrengungen unternehmen, um Kapital möglichst effizient gemäß den Präferenzen der Investoren zu verwenden. Zusammenfassend lässt sich sagen, dass Aktienkurse mit der Vielzahl von Aufgaben überfordert sind, die sie im Modell von Dow/Gorton lösen sollen.

Möglicherweise können andere Anreizmechanismen besser zu einer effizienten Allokation von Kapital beitragen.[64] So könnten Manager durch die Angst vor einer Unternehmensübernahme diszipliniert werden. Voraussetzungen dafür sind, dass der Kapitalmarkt einen hohen Grad an Informationseffizienz aufweist und nicht nur einvernehmliche, sondern auch feindliche Unternehmensübernahmen möglich sind. Wenn Manager ein Unternehmen nicht im Sinne der Aktionäre führen, ist der Aktienkurs dieses Unternehmens auf einem informationseffizienten Kapitalmarkt verhältnismäßig niedrig. Für andere Unternehmen und große Finanzinvestoren ergibt sich so eine günstige Gelegenheit, das niedrig bewertete Unternehmen notfalls auch gegen den Willen des Managements zu übernehmen. Anschließend wird der Wert des übernommenen Unternehmens durch eine neue und bessere Strategie gesteigert. Das Management wird ausgetauscht, unrentable Unternehmensbereiche werden verkauft und Kosten werden gesenkt. In diesem Sinne erfüllt der Kapitalmarkt eine „Governance-Funktion“ und trägt als ein Markt für Unternehmenskontrolle zur effizienten Allokation von Kapital bei.[65]

---

[64] Dow/Gorton sind der Meinung, dass auch Banken eine effiziente Allokation von Kapital durchsetzen könnten, indem sie Manager kontrollieren und mit zusätzlichen Informationen versorgen. Vgl. Dow/Gorton (1997), S. 1110 ff.

[65] Zum Markt für Unternehmenskontrolle vgl. Hommel (1998); Glaum/Lindemann (2002), S. 282 f.; Baums (2000), S. 13 f.; Bittlingmayer (1998); Jensen (1991); Jensen/Ruback (1983); Manne (1965).

2.1.4 Theoretisch begründete Zweifel am Konzept der Informationseffizienz

2.1.4.1 Streng rationale Erwartungsbildung als Handelshindernis und „Noise" in Kursen

Intuitiv erscheint es einleuchtend, dass sich für einen Kapitalmarktteilnehmer überdurchschnittliche Gewinnmöglichkeiten ergeben, wenn er besser als andere Marktteilnehmer informiert ist. So sollte es für einen Investor auf einem mittelstreng informationseffizienten Kapitalmarkt möglich sein, von privaten, nicht öffentlich zugänglichen Informationen zu profitieren. Diese Schlussfolgerung beruht auf der Annahme, dass die private Information des besser Informierten den anderen Marktteilnehmern erst dann bekannt wird und in die Kurse eingeht, nachdem der besser Informierte auf Grundlage der privaten Information bereits Wertpapiere gekauft oder verkauft hat.

Bei streng rationaler Erwartungsbildung kann ein besser informierter Investor unter bestimmten Umständen jedoch keine positiven abnormalen Renditen erzielen.[66] Ein besser informierter Investor wird versuchen, seinen überlegenen Informationsstand durch Käufe und Verkäufe von Wertpapieren auszunutzen. Damit der Investor handeln kann, muss es andere Marktteilnehmer geben, die entsprechende Wertpapiertransaktionen akzeptieren. Streng rationale Marktteilnehmer leiten jedoch Informationen aus dem Verhalten anderer Marktteilnehmer ab. Dabei gehen Marktteilnehmer davon aus, dass auch alle anderen Marktteilnehmer ihre Entscheidungen streng rational treffen. Der Transaktionswunsch des Investors mit der privaten Information verrät allen streng rationalen Marktteilnehmern, dass der transaktionsbereite Investor besser informiert ist. Streng rationale Marktteilnehmer erkennen, dass es ungünstig für sie ist, mit dem besser informierten Investor zu handeln. Daher findet der besser informierte Investor keinen Transaktionspartner. Der Transaktionswunsch des Investors hält so lange an, bis seine private Information vollständig in die Kurse eingegangen ist. Dadurch passen sich die Kurse an, ohne dass Marktteilnehmer mit Wertpapieren handeln. Somit kann der besser informierte Investor von seiner privaten Information nicht profitieren.

Dieses „No Trade"-Ergebnis von Milgrom/Stokey (1982) scheint im Widerspruch zu den hohen Handelsvolumina zu stehen, die täglich auf realen Kapitalmärkten beobachtet werden können. Allerdings gilt das „No Trade"-Theorem nur unter bestimmten Annahmen, die

66 Vgl. hierzu und im Folgenden Milgrom/Stokey (1982); Kreps (1988), S. 118; von Heyl (1995), S. 45 ff.

insgesamt gesehen nicht sehr realitätsnah sind. Die wichtigste Annahme ist die bereits genannte streng rationale Erwartungsbildung der Marktteilnehmer. Milgrom/Stokey nehmen außerdem an, dass in der Ausgangssituation Wertpapiere unter den Kapitalmarktteilnehmern pareto-optimal verteilt sind.[67] Alle Marktteilnehmer sind risikoavers und haben identische Erwartungen. Aus den genannten Annahmen folgt, dass private Informationen die einzig denkbare Ursache für einen Handelswunsch eines Marktteilnehmers sind. Die Annahme streng rationaler Erwartungsbildung beinhaltet, dass Marktteilnehmer Informationen aus dem Verhalten der anderen Marktteilnehmer ableiten können.[68] Ohne solch ein rückschließendes Verhalten der Marktteilnehmer könnten private Informationen Handel auslösen. Dann würden die Marktteilnehmer nicht erkennen, dass der Transaktionswunsch eines besser informierten Investors auf private Informationen zurückzuführen ist. Alle Marktteilnehmer würden von ihrem gegebenen Informationsstand ausgehen und den Handel mit dem besser informierten Investor für vorteilhaft halten.[69]

Das „No Trade"-Theorem stellt einen theoretischen Extremfall dar. Eine übliche realitätsnähere Annahme als streng rationale Erwartungsbildung sämtlicher Marktteilnehmer besteht darin, dass nicht alle Investoren auf Basis der verfügbaren Informationen streng rationale Erwartungen bilden und dementsprechend am Kapitalmarkt handeln. So genannte Noise Trader verhalten sich bewusst oder unbewusst irrational. Beispielweise folgen solche Investoren unkritisch den Anweisungen von Börsen-Gurus, zeigen Überreaktionen auf bestimmte Informationen, extrapolieren Kursentwicklungen aus der Vergangenheit in die Zukunft oder handeln auf Basis von irrelevanten oder bereits „eingepreisten" Informationen.[70] Daneben kann es auch noch liquiditätsorientierte Händler geben, die Angebot und Nachfrage nach Wertpapieren beeinflussen, indem sie Wertpapiere in Cash oder umgekehrt Cash in Wertpapiere umwandeln.[71]

---

67 Vgl. zur Definition der Pareto-Optimalität den vorangehenden Abschnitt 2.1.3.

68 Um diesen Zusammenhang genauer zu erläutern, verwenden Milgrom/Stokey das Konzept des Common Knowledge (Allgemeinwissen). Durch die Transaktionsbereitschaft des informierten Investors wird es zum Common Knowledge, dass der transaktionsbereite Investor über private Informationen verfügt. Ein Ereignis oder eine Information A ist Common Knowledge für eine Gruppe von Marktteilnehmern, wenn jeder A kennt. Außerdem weiß jeder, dass jeder A kennt. Jeder weiß, dass jeder weiß, dass jeder A kennt. Diese Reihe des gegenseitigen Wissens vom Wissen des anderen setzt sich bis ins Unendliche fort, wenn A Common Knowledge ist. Ein Ereignis oder eine Information kann also beispielsweise dann zum Common Knowledge zweier Personen werden, wenn beide Personen das Ereignis oder die Information beobachten und jeweils zusätzlich registrieren, dass auch die andere Person das Ereignis oder die Information beobachtet. Zum Common Knowledge vgl. Lewis (1969); Aumann (1976); Milgrom (1981); Sapusek (1998), S. 130 ff.; Vanderschraaf (2001); Sunder (2001).

69 Vgl. dazu das Beispiel bei von Heyl (1995), S. 45 ff.

70 Vgl. Shleifer/Summers (1990), S. 19 f. u. 23 f.

71 Vgl. Bagehot (1971), S. 13.

Noise Trader und liquiditätsorientierte Händler verursachen Noise. Kurse spiegeln nicht nur Informationen wider, sondern enthalten auch die Störgröße Noise. Einerseits führt Noise zwar dazu, dass Kurse den fundamentalen Wert von Unternehmen weniger gut abbilden können. Andererseits aber werden Kapitalmärkte durch Noise erst funktionsfähig.[72] Noise tarnt die Wertpapiertransaktionen von Investoren, die im Besitz privater Informationen sind. Marktteilnehmer können sich nicht sicher sein, ob Nachfrage und Angebot eines Investors auf überlegenen Informationen oder einem anderen Handelsmotiv beruhen. Uninformierte Marktteilnehmer können private Informationen also zumindest nicht vollständig aus Kursänderungen ableiten. Daher können Investoren von privaten Informationen profitieren. Für einen Investor hängt der Wert einer privaten Information davon ab, wie gut er seine Transaktionen hinter Noise verbergen kann.[73] Noise ermöglicht Wertpapiertransaktionen informierter Investoren und bietet rationalen Investoren Anreize zur Beschaffung von Informationen, da überlegene Informationen in profitable Wertpapiertransaktionen umgesetzt werden können. Die Liquidität des Kapitalmarktes verbessert sich, da sowohl informationsbasierte als auch nicht informationsbasierte Wertpapiertransaktionen mit dem Umfang des Noise Trading zunehmen.[74] Somit kann Noise auch erklären, warum Handelsvolumina auf realen Kapitalmärkten so hoch sind.

Durch Noise Trading kann sich der Kurs vom fundamentalen Wert einer Aktie entfernen. Wenn Einflüsse des Noise Trading auf die Kurse unsystematisch sind und sich im Durchschnitt ausgleichen, weichen Kurse nicht systematisch von den Fundamentalwerten ab. Allerdings wirken psychologische Einflüsse häufig in ähnlicher Weise auf eine Vielzahl von Marktteilnehmern, so dass systematische Einflüsse nicht grundsätzlich ausgeschlossen werden können. Rationale Arbitrageure gleichen solche Wirkungen nicht vollständig aus,

---

72 Vgl. Black (1986), S. 530.

73 Vgl. Kreps (1988), S. 118 f.

74 Vgl. Black (1986), S. 531 f.; Grossman/Stiglitz (1980), S. 402 f.; Kyle (1985), S. 1326. Noise trägt also auch zur operativen Effizienz von Kapitalmärkten bei. Vgl. zur operativen Effizienz den vorangehenden Abschnitt 2.1.3.

da Arbitrageversuche nicht risikolos sind.[75] Wenn Noise Trader vermeintlichen Trends folgen und demnach bei steigenden Kursen kaufen und bei fallenden Kursen verkaufen (Positive Feedback Trading), kann es für rationale Investoren unter Umständen sogar profitabel sein, zu einem frühen Zeitpunkt das Verhalten der Noise Trader nachzuahmen, so dass sich die Kurse noch weiter von ihren Fundamentalwerten entfernen. Möglichst bevor die Kurse sich wieder ihren Fundamentalwerten annähern, verkaufen rationale Investoren dann die vorher gekauften Aktien und kaufen vorher verkaufte Aktien.[76]

Das Risiko der Arbitrageversuche ist auch ein Grund dafür, dass Noise Trader beim Handel mit rationalen Investoren nicht zwangsläufig anhaltende Verluste machen und aus dem Markt getrieben werden. Da rationale Investoren aufgrund von Handelsrisiken Kurseinflüsse des Noise Trading nicht vollständig eliminieren, verbleibt ein Kursrisiko, das durch zumindest teilweise unvorhersehbare Handlungen der Noise Trader bedingt ist. Dieses Noise-Trader-Risiko ist nicht diversifizierbar und muss daher im Marktgleichgewicht durch eine Risikoprämie kompensiert werden. Wenn Noise Trader einen hohen Anteil von Aktien mit hohem Noise-Trader-Risiko halten, sind sie zwar einerseits der Gefahr starker Verluste ausgesetzt, haben aber andererseits auch die Chance, überdurchschnittliche Gewinne zu erzielen.[77] Sind Noise-Trader eine Zeit lang erfolgreich, ahmen andere unkritische Anleger die Strategien der Noise Trader möglicherweise nach, da sie nicht erkennen, dass Noise Trader Glück gehabt haben und nicht nur die Renditen, sondern auch die Risiken der Noise Trader hoch gewesen sind. Noise Trader könnten sich außerdem durch anfängliche Erfolge bestätigt fühlen und in der Folge noch aggressiver handeln. Dadurch könnte der Einfluss von Noise Tradern und ihren Nachahmern auf die Entwicklung von Wertpapierkursen im Zeitablauf sogar zunehmen.[78]

---

[75] Vgl. Shleifer/Summers (1990), S. 21 ff.; Shleifer (2000), S. 12 ff. Arbitrageure sind dem Risiko ausgesetzt, dass sich der Fundamentalwert von Wertpapieren anders entwickelt als erwartet. Z. B. unterliegt der Terminverkauf einer für überbewertet gehaltenen Aktie dem Risiko, dass der fundamentale Wert der Aktie aufgrund unerwarteter positiver Neuigkeiten zunimmt. Hat der rationale Investor versucht, sich durch den Kauf anderer nicht für überbewertet gehaltener Aktien beispielsweise der gleichen Branche abzusichern, verbleibt das Risiko, dass sich die Kurse dieser Aktien schlechter als erwartet entwickeln. Bei endlichem Planungshorizont des Arbitrageurs besteht ein weiteres Risiko darin, dass in dem Beispiel die Überbewertung oder in anderen Fällen eine Unterbewertung zunehmen und länger anhalten könnten als vom Arbitrageur erwartet. Ein zusätzliches Hindernis für eine wirksame Arbitrage könnte darin bestehen, dass Arbitrageure Differenzen zwischen Kurs und Fundamentalwert häufig nicht zuverlässig genug erkennen können. Vgl. Shleifer/Summers (1990), S. 21 f.; Shleifer (2000), S. 13 ff. und ausführlicher Chapters 2, 3 u. 4.

[76] Vgl. De Long/Shleifer/Summers/Waldmann (1990); Shleifer (2000), S. 154 ff.

[77] Vgl. Cuthbertson (1996), S. 177. Vgl. zu ähnlichen Argumenten Shleifer (2000), S. 16.

[78] Vgl. Shleifer/Summers (1990), S. 25

Vieles spricht also dafür, dass Kurse durch Noise Trading beeinflusst werden. Auch der folgende Abschnitt der vorliegenden Arbeit zeigt, dass Noise eine entscheidende Rolle für die Funktionsfähigkeit des Kapitalmarkts spielt.

2.1.4.2 Informationskosten als Hindernis für die Informationseffizienz von Kapitalmärkten

Das Konzept der Informationseffizienz in der Form von Fama (1970) ist eher statistischer als ökonomischer Natur. Im Mittelpunkt des Interesses steht die Korrelation von Informationsmengen und Kursen und nicht der Vergleich des Nutzens von Informationen mit den Kosten der Informationsbeschaffung und -verarbeitung.[79] Im Folgenden soll die Annahme kostenloser Informationen zugunsten einer realitätsnäheren Sicht aufgegeben werden. In der Praxis wenden Analysten sowie institutionelle und private Anleger erhebliche Mittel auf, um Informationen zu beschaffen und zu verarbeiten. Erst bei Annahme nicht kostenloser Informationen kann die Existenz von Informationsintermediären überhaupt erklärt werden. Bei kostenfreien Informationen wäre jeder einzelne Anleger vollständig und unverzüglich über alle Investitionsmöglichkeiten informiert und bräuchte keine Unterstützung von Spezialisten.

Trotz der Besonderheiten des Gutes Information bestimmen Kosten-Nutzen-Überlegungen die Informationsmenge, die Investoren ihren Anlageentscheidungen zugrunde legen, wenn das Sammeln und Analysieren von Informationen Kosten verursacht. Damit stellt sich die Frage, ob Märkte auch im Fall nicht kostenloser Informationen informationseffizient sind und Kurse jederzeit alle verfügbaren Informationen vollständig widerspiegeln.

Bei nicht kostenfrei erhältlichen Informationen und rationaler Erwartungsbildung der Marktteilnehmer kommt es zu einer Situation, die als Informationsparadoxon bezeichnet wird. Auf einem informationseffizienten Markt spiegeln Kurse unverzüglich alle verfügbaren Informationen wider, so dass Anleger keine systematischen Überrenditen erzielen können. Für Anleger lohnt es sich dann nicht, Zeit und Mühen aufzuwenden, um Informationen zu sammeln und auszuwerten. Denn sämtliche Informationen lassen sich kostenlos direkt aus dem Kurs ablesen. Daher beschließt jeder Anleger für sich, keine Informationen zu beschaffen und sich ausschließlich an den Kursen zu orientieren. Wenn aber niemand mehr Informationen sucht und auswertet, können Kurse keine Informationen reflektieren.

---

[79] Vgl. Ball (1990), hier zitiert nach Barker (1998), S. 4.

Dann erscheint es jedem einzelnen Anleger als vorteilhaft, sich zu informieren.[80] Wenn sich aber alle Marktteilnehmer informieren, entsteht wieder die Ausgangssituation eines informationseffizienten Marktes, auf dem die Suche von Informationen nicht belohnt wird. Informationseffizienz und Anreize zur Informationssuche stehen in einer konfliktären Beziehung zueinander. Beides gleichzeitig ist nicht möglich.[81]

Voraussetzung für Informationseffizienz im Sinne von Fama (1970) ist also, dass Informationen kostenlos verfügbar sind. Mit Informationskosten vereinbar ist dagegen die realitätsnähere Effizienzhypothese von Jensen (1978) und Fama (1991), nach der Kurse nicht sämtliche Informationen widerspiegeln. Informationen gehen nur dann in die Kursbildung ein, wenn der Grenznutzen dieser Informationen in Form von Handelsgewinnen größer ist als die Grenzkosten der Informationsbeschaffung.[82] In ähnlicher Weise formuliert Roll (1994): „The efficient market equilibrium is an absence of a marginal incentive to study, analyze, or spend on information."[83]

Im Modell von Grossman/Stiglitz (1980) sorgt Noise dafür, dass Kurse nicht jederzeit sämtliche Informationen exakt widerspiegeln. Noise verhindert, dass Marktteilnehmer Informationen vollständig aus Kursen ableiten können. Anleger können zwischen zwei Strategien der Informationsverarbeitung wählen. Entweder nehmen die Anleger Kosten auf sich und beschaffen kursrelevante Informationen oder sie beschränken sich darauf, Informationen aus Kursen abzuleiten. Für einen informierten Investor ergeben sich der Vorteil vergleichsweise genauer Informationen und der Nachteil der Informationskosten. Umgekehrt hat ein uninformierter Investor den Nachteil ungenauerer Informationen und einen Kostenvorteil. Im Gleichgewicht stimmen der erwartete Nutzen eines informierten Anlegers und der erwartete Nutzen eines uninformierten Anlegers überein, so dass kein Anleger seine Strategie der Informationsverarbeitung ändert.[84] Das Modell von Grossman/Stiglitz soll hier in seinen Grundzügen kurz dargestellt werden.

Auf dem Markt werden zwei Anlagegüter gehandelt: Ein Wertpapier mit einer sicheren Rendite und ein risikobehaftetes Wertpapier mit einer Rendite $u = \theta + \varepsilon$.[85] Die informierten

80 Allerdings dürfen die Kosten der Beschaffung und Auswertung von Informationen nicht höher als die abnormalen Gewinne aus einer informationsbasierten Anlagestrategie auf einem nicht informationseffizienten Markt sein. Sonst lohnt es sich in keinem Fall, Informationen zu beschaffen und auszuwerten.

81 Vgl. Grossman/Stiglitz (1976); Grossman/Stiglitz (1980); Grossman (1976), S. 574.

82 Allerdings können Marktteilnehmer den Nutzen einer Information höchstens schätzen, bevor sie die Information nicht beschafft und ausgewertet haben. Vgl. dazu auch Abschnitt 2.1.2.

83 Roll (1994), S. 72.

84 Im Gleichgewicht sind Nutzen und Kosten der Informationsbeschaffung also gleich groß.

85 θ und ε sind zwei normalverteilte Zufallsvariablen. Der Erwartungswert von ε ist null.

Investoren beobachten die Zufallsvariable θ zu Kosten in Höhe von c; die Zufallsvariable ε ist nicht mit θ korreliert und kann weder von informierten noch von uninformierten Marktteilnehmern beobachtet werden. Das Angebot des risikobehafteten Wertpapiers wird mit x bezeichnet und kann von uninformierten Investoren nicht beobachtet werden. x ist die Quelle von Noise im Modell. λ bezeichnet den Anteil der informierten Investoren an der Gesamtzahl der Investoren.

Mit Hilfe von Budgetgleichung und Nutzenfunktion lässt sich die Nachfragefunktion der informierten Investoren für das risikobehaftete Wertpapier ermitteln, indem unter Voraussetzung der Kenntnis von θ der erwartete Nutzen aus dem Vermögen am Ende der betrachteten Periode maximiert wird. Analog dazu wird die Nachfrage der uninformierten Investoren unter Voraussetzung der Kenntnis des Kurses des risikobehafteten Wertpapiers ermittelt. Uninformierte Investoren können θ auf Grundlage ihrer Erfahrungen teilweise aus dem Kurs ableiten.[86] Für einen gegebenen Anteil informierter Investoren λ ergibt sich aus den Nachfragefunktionen der informierten und der uninformierten Investoren und dem Angebot x ein Gleichgewichtspreis, so dass sich Nachfrage und Angebot für das risikobehaftete Wertpapier entsprechen.

Damit ist allerdings noch kein langfristiges und umfassendes Gleichgewicht erreicht. Solange die erwarteten Nutzen von informierten und uninformierten Investoren nicht gleich groß sind, werden weitere Investoren entweder c zahlen oder die Zahlung von c einstellen, bis die erwarteten Nutzen aus beiden Strategien der Informationsverarbeitung gleich hoch sind und sich der Anteil der informierten Investoren an der Gesamtzahl der Investoren λ nicht mehr ändert. Dann ergibt sich eine Kombination aus Kurs des risikobehafteten Wertpapiers und λ, die einem allgemeinen umfassenden Gleichgewicht entspricht. Die Bedingung für ein solches Gleichgewicht lautet für $0 \leq \lambda \leq 1$:

$$\frac{E[V(W_I^\lambda)]}{E[V(W_U^\lambda)]} = e^{ac} \sqrt{\frac{Var(u^*|\theta)}{Var(u^*|w_\lambda)}} = 1$$

mit V = Nutzen, a = absolute Risikoaversion, W = Vermögen eines informierten (I) bzw. uninformierten (U) Investors bei gegebenem λ und w_λ = von uninformierten Investoren aus dem Preis abgeleitetes Signal über θ. * bezeichnet eine Zufallsvariable. $Var(u^*|\theta)$ ist ein

86 Uninformierte Investoren lernen aus der gemeinsamen Verteilung von u und dem Kurs des risikobehafteten Wertpapiers aus der Vergangenheit. Der Noise verhindert, dass uninformierte Investoren λ vollständig aus dem Kurs ableiten können.

Ausdruck für die Qualität der Information der informierten Investoren über die Rendite des risikobehafteten Wertpapiers; $Var(u^*|w_\lambda)$ kann als Qualität der aus dem Preis abgeleiteten Information der uninformierten Investoren über die Rendite des risikobehafteten Wertpapiers interpretiert werden. Das Gleichgewicht wird also durch die Kosten der Informationsbeschaffung c, die Risikoaversion a und das Verhältnis der Informationsstände von informierten und uninformierten Investoren bestimmt.

Auf einem gemäß Fama (1970) informationseffizienten Markt kann es für Kosten der Informationsbeschaffung $c > 0$ kein allgemeines Gleichgewicht der eben beschriebenen Art geben. Damit der Kurs des risikobehafteten Wertpapiers die Information θ vollständig reflektiert, muss entweder $Var(x) = 0$ oder $Var(\varepsilon) = 0$ gelten.

Im Fall von $Var(x) = 0$ gibt es keinen Noise im Markt. Ohne Noise legt der Preis sämtliche Informationen der informierten Investoren gegenüber uninformierten Investoren offen. Alle Investoren sind also gleich gut über die Rendite u informiert, obwohl nicht alle Investoren c gezahlt haben. Der Nutzen eines informierten Investors ist geringer als der Nutzen eines uninformierten Investors. Daher stoppen sämtliche Investoren die Zahlung von c. Es existiert folglich kein Gleichgewicht mit $\lambda > 0$. Wenn jedoch niemand mehr c zahlt und θ beobachtet, lassen sich aus dem Preis keine Informationen mehr ableiten, so dass für uninformierte Anleger wieder Anreize bestehen, zu informierten Investoren zu werden und so ihr Anlagerisiko zu verringern.[87]

Ebenso existiert kein Gleichgewicht für den Fall, dass $Var(\varepsilon) = 0$. In diesem Fall können sich Investoren durch die Zahlung von c vollständig über die Rendite u des risikobehafteten Wertpapiers informieren. Dadurch reagiert die Nachfrage der informierten Investoren auf θ sofort wie im Fall vollständiger Sicherheit, so dass die Änderung des Marktpreises θ gegenüber uninformierten Investoren offen legt. Wie im ersten Fall ist in einer solchen Situation der Nutzen der uninformierten Investoren größer als der Nutzen der informierten Investoren. Es gibt also kein Gleichgewicht mit $\lambda > 0$. Wenn niemand mehr informiert ist, bestehen für jeden einzelnen Investoren aber wieder Anreize zur Informationsbeschaffung.

Das Modell von Grossman/Stiglitz unterstreicht also, dass bei nicht kostenlos erhältlichen Informationen ein gewisses Ausmaß an Noise unbedingt nötig ist, damit Kapitalmärkte funktionsfähig bleiben.

---

87 Im Modell besteht der Anreiz genau dann, wenn $e^{ac} < (1 + n)^{0,5}$ mit $n = \mathrm{Var}(\theta) / Var(\varepsilon)$. Beispielsweise dürfen die Kosten der Informationsbeschaffung also nicht zu hoch sein.

Zweifel an der Bedeutung des Modells von Grossman/Stiglitz äußern Neumann/Klein (1982). Um das Informationsparadoxon aufzulösen, grenzen Neumann/Klein Informationsmengen anders als Fama (1970) nach dem Kriterium der Grenzkosten der Informationsbeschaffung ab. Drei Informationsmengen lassen sich unterscheiden. Zentral veröffentlichte Informationen sind für alle Marktteilnehmer zu Grenzkosten von nahezu null verfügbar. Für dezentral veröffentlichte Informationen fallen Grenzkosten an, die größer als null sind. Zu dieser Informationsmenge gehören beispielsweise Neuigkeiten, die noch nicht über Massenmedien verbreitet worden sind. Auf vorübergehend monopolisierte Informationen kann nicht zugegriffen werden. Die Grenzkosten der Beschaffung solcher Informationen sind also unendlich hoch.

Nach Neumann/Klein sind Märkte informationseffizient, wenn sämtliche zentral und dezentral veröffentlichten Informationen in den Kursen vollständig verarbeitet sind.[88] Es wird angenommen, dass im Zeitablauf ständig neue vorübergehend monopolisierte Informationen entstehen, die noch nicht vollständig in den Marktpreis eingegangen sind. Vorübergehend monopolisierte Informationen bieten also Spekulationschancen, die ein Marktteilnehmer aber nur dann ausnutzen kann, wenn er alle relevanten zentral und dezentral veröffentlichten Informationen kennt. Erst auf Grundlage aller zentral und dezentral veröffentlichten Informationen kann der Einfluss vorübergehend monopolisierter Informationen auf die Kurse eingeschätzt werden. Daher wenden rationale Marktteilnehmer Kosten zur Beschaffung auch solcher Informationen auf, die bei Informationseffizienz schon im Preis enthalten sind. Somit wird das Informationsparadoxon nicht relevant.[89]

Die Argumentation von Neumann/Klein muss aber selbst kritisch gesehen werden. Für einen spekulationswilligen Investor kann es sehr teuer sein, alle dezentral veröffentlichten Informationen zu erheben. Möglicherweise übersteigen die Kosten der Informationsbeschaffung den realisierbaren Spekulationsgewinn.[90] Erschwerend kommt für Spekulanten hinzu, dass vor der Beschaffung der zentral und dezentral veröffentlichten Informationen die Preisänderungsimplikationen der vorübergehend monopolisierten Informationen nicht bekannt sind. Die Höhe von Spekulationsgewinnen kann also erst dann eingeschätzt werden, nachdem bereits die Kosten für die Beschaffung der dezentral veröffentlichten Informationen angefallen sind. Außerdem müssen Spekulanten unter Umständen damit rechnen,

88 Eine schwächere Form der Informationseffizienz verlangt nur, dass alle zentral veröffentlichten Informationen im Kurs enthalten sind. Vgl. Neumann/Klein (1982), S. 171.

89 Vgl. Neumann/Klein (1982), S. 170 ff.

90 Vgl. Schildbach (1986), S. 27 f.

dass ihre Transaktionsbereitschaft von anderen Marktteilnehmern beobachtet und auf das Vorliegen zusätzlicher Informationen zurückgeführt wird. Dadurch könnten Spekulationsgewinne zumindest teilweise zunichte gemacht werden.

2.1.5 Empirische Untersuchungen zur Informationseffizienz von Kapitalmärkten

2.1.5.1 Effizienztests und Annahmen über die Preisbildung

Zur Überprüfung der Informationseffizienz von Kapitalmärkten wurde seit den 60er Jahren eine Vielzahl empirischer Untersuchungen durchgeführt, von denen sich der Großteil auf den US-amerikanischen Aktienmarkt bezieht. Die hohe Zahl von Studien ist vor allem mit der zentralen Bedeutung des Konzepts der Informationseffizienz für die moderne Kapitalmarkttheorie zu erklären. Insbesondere trägt die halbstrenge Informationseffizienz zur Bildung homogener Erwartungen der Anleger bei. Homogene Erwartungen gehören zu den grundlegenden Annahmen von Modellen und Theorien wie beispielsweise dem Capital Asset Pricing Model (CAPM) und der Arbitrage Pricing Theory (APT).[91] Rückschlüsse über die Informationseffizienz von Kapitalmärkten lassen sich auch aus manchen Studien ziehen, die ursprünglich nicht mit dem Ziel durchgeführt wurden, die Informationseffizienz von Kapitalmärkten zu überprüfen. So können sich z. B. aus Untersuchungen zu Methoden der technischen Aktienanalyse und aus Studien zur Kapitalmarktrelevanz von Rechnungslegungsdaten als Beiprodukt auch Erkenntnisse über die Informationseffizienz der betrachteten Märkte ergeben.[92]

Tests der Informationseffizienz werden oft nach der Stufe der Informationseffizienz differenziert, die empirisch überprüft werden soll. Es lassen sich also Tests auf schwache, mittelstrenge und strenge Informationseffizienz unterscheiden.[93] Ausgangspunkt der Tests ist die Informationsmenge, die gemäß der zu überprüfenden Stufe der Informationseffizienz in den Kursen enthalten sein müsste. Für die Gültigkeit der Informationseffizienz ist zu zeigen, dass sich durch Analyse dieser Informationsmenge keine Prognosen stellen lassen, auf

91 Vgl. Steiner/Bruns (2000), S. 43.

92 Vgl. Möller (1985), S. 513. Ein Beispiel dafür ist die Untersuchung von Ball/Brown (1968) zur Kurswirkung von Gewinnveröffentlichungen, die erste Hinweise auf eine nicht vollkommen effiziente Verarbeitung von Rechnungslegungsinformationen, den so genannten Post-earnings-announcement-drift, gab. Vgl. zu Ball/Brown (1968) und weiteren Untersuchungen Abschnitt 3.4 dieser Arbeit. Allerdings besteht bei diesen wie auch allen anderen Studien das Problem verbundener Hypothesen, das charakteristisch für Tests der Informationseffizienz ist. Aussagen über die Informationseffizienz lassen sich nicht unabhängig von Annahmen über die Preisbildung auf dem Kapitalmarkt überprüfen. Vgl. dazu genauer im Folgenden.

93 Vgl. Fama (1970); Sapusek (1998), S. 199 ff.

deren Grundlage überdurchschnittliche Gewinne auf Aktienmärkten erzielt werden können. Überdurchschnittliche Gewinne dürfen sich nur dann ergeben, wenn nicht in dieser Informationsmenge enthaltene Informationen zusätzlich ausgewertet werden.

Dass auf Grundlage der testrelevanten Informationsmenge keine überdurchschnittlich gewinnbringenden Prognosen möglich sind, kann auch formal dargestellt werden. Dazu wird angenommen, dass sich der Preis eines Wertpapiers als rationale Erwartung eines Wertes ausdrücken lässt, die aus der relevanten Informationsmenge abgeleitet wird (mit P = Preis, I = Informationsmenge, π = Wert):[94]

$$P_t = E\left[\pi \mid I_t\right] \text{ und } P_{t+1} = E\left[\pi \mid I_{t+1}\right]$$

Für den Erwartungswert der Preisänderung ergibt sich:

$$E\left[P_{t+1} - P_t \mid I_t\right] = E\left[\left[E\left[\pi \mid I_{t+1}\right] - E\left[\pi \mid I_t\right]\right] \mid I_t\right] = 0$$

da $I_t \subset I_{t+1}$, so dass $E\left[E\left[\pi \mid I_{t+1}\right] \mid I_t\right] = E\left[\pi \mid I_t\right]$.

Die Informationsmenge zum Zeitpunkt $t+1$ umfasst sämtliche Informationen, die in t vorhanden waren, und einige Informationen, die in t noch nicht vorlagen. Die beste Prognose, die mit Hilfe der in t vorhandenen Informationen gestellt werden kann, ist die Prognose der Prognose, die auf Grundlage der umfangreicheren Informationsmenge in $t+1$ abgegeben würde. Dies ist das so genannte „Law of Iterated Expectations". Aus diesem Gesetz folgt, dass vom Zeitpunkt t aus gesehen zukünftige Preisänderungen auf Basis der in t vorhandenen Informationen nicht vorhergesagt werden können.[95] Tests auf Informationseffizienz haben das Ziel, diesen Zusammenhang für die Informationsmengen zu überprüfen, die für die jeweils untersuchte Stufe der Informationseffizienz relevant sind.

Das Hauptproblem bei Tests der Informationseffizienz von Märkten besteht darin, dass die Informationseffizienz nicht isoliert überprüft werden kann. Ob Anlagestrategien auf Basis bestimmter Informationen Überrenditen erzielen können, lässt sich nur abhängig von einer Annahme über die Höhe erwarteter normaler Renditen beantworten. Um erwartete Renditen zu erklären, stehen mehrere theoretische Preisbildungsmodelle zur Auswahl. Aussagen empirischer Tests über die Informationseffizienz eines Marktes hängen davon ab, ob das gewählte theoretische Modell die Preisbildung am Markt zutreffend abbildet. Daher stellen

[94] Vgl. Campbell/Lo/MacKinlay (1997), S. 23 f.
[95] Vgl. ebenda, S. 24.

Tests der Informationseffizienz gleichzeitig immer auch Tests des zugrunde liegenden Modells der Preisbildung dar. Empirische Ergebnisse der Tests können nicht mit Sicherheit auf Informationseffizienz oder Informationsineffizienz zurückgeführt werden, sondern können auch in einer fehlerhaften Annahme über das Modell der Preisbildung begründet liegen. Dieses so genannte Problem der verbundenen Hypothesen besteht bei der Überprüfung aller Stufen der Informationseffizienz.[96]

Tests der schwachen Informationseffizienz überprüfen häufig, ob Preise einem Random Walk folgen. Kann die Random-Walk-Hypothese bestätigt werden, folgt daraus die schwache Informationseffizienz des Kapitalmarktes. Die Preisbildung gemäß einem Random Walk kann mit dem wiederholten Werfen einer Münze verglichen werden. Beispielsweise könnte sich der Kurs eines Wertpapiers bei Kopf um 4% erhöhen und bei Zahl um 3% verringern. Der Preis würde dann einem Random Walk mit einem positiven Drift von 0,5% (= 0,5 (4% - 3%)) pro Wiederholung des Münzwurfs folgen. Der Drift stellt die erwartete Preisänderung dar. Unerwartete Preisänderungen sind unabhängig voneinander und können nicht mit Hilfe von Informationen über Preise aus der Vergangenheit prognostiziert werden.[97]

Die Random-Walk-Hypothese ist in der Literatur in unterschiedlicher Weise formuliert worden.[98] Eine Form des Random Walk geht davon aus, dass die unerwarteten Preisänderungen ε_t unabhängig und identisch verteilt sind (independent and identically distributed = IID). Der Preis P_t bildet sich gemäß folgender Gleichung:

$$P_t = P_{t-1} + \mu + \varepsilon_t, \qquad \varepsilon_t \sim \quad IID(0, \sigma^2)$$

mit μ als Drift bzw. der erwarteten Preisänderung.[99] Der Mittelwert von ε_t beträgt null und die Varianz von ε_t ist σ^2. Zur Vereinfachung der Berechnungen wird oft zusätzlich angenommen, dass ε_t normalverteilt ist. Für längere Zeiträume ist die Annahme identisch verteilter ε_t nicht plausibel, da sich sowohl ökonomische als auch nicht ökonomische Rahmenbedingungen mit Einfluss auf die Preisbildung im Zeitablauf verändern. Daher wird bei der zweiten Form des Random Walk die Annahme identisch verteilter ε_t aufgegeben

96 Vgl. Fama (1970), S. 413 f.; Fama (1991), S.1575 f.; Möller (1985), S. 504.

97 Vgl. Brealy/Myers (2000), S. 354 f. Häufig wird ein Random Walk auch mit den unvorhersehbaren und zufälligen Bewegungen eines Betrunkenen verglichen. Vgl. Dimson/Mussavian (1998), S. 92 f.

98 Zu den Formen der Random-Walk-Hypothese vgl. Campbell/Lo/MacKinlay (1997), S. 31 ff.

99 Gemäß der orthodoxen Form der Random-Walk-Hypothese ergibt sich der zukünftige Preis als Summe des aktuellen Preises und der normalverteilten Zufallsvariablen ε. Unrealistischerweise berücksichtigt die orthodoxe Definition des Random Walk also keinen Drift, der der risikoadäquaten Verzinsung des eingesetzten Kapitals entspricht. Vgl. Steiner/Bruns (2000), S. 208 f.

und nur noch von Unabhängigkeit der ε_t ausgegangen (independent but not identically distributed = INID). Diese zweite Definition enthält die erste dargestellte Form des Random Walk als Spezialfall. Eine dritte, noch allgemeinere Fassung der Random-Walk-Hypothese gibt die Annahme der Unabhängigkeit der ε_t zugunsten der Annahme unkorrelierter ε_t auf. Statt Unabhängigkeit gilt also nur noch $Cov[\varepsilon_t, \varepsilon_{t-k}] = 0$ für alle $k \neq 0$.[100] Bei Tests der Random-Walk-Hypothese kann es wichtig sein, die Höhe des Drift μ korrekt zu berücksichtigen, damit ein Drift nicht fälschlicherweise als Prognostizierbarkeit der Kurse fehlinterpretiert wird.

Das Marktmodell und das Capital Asset Pricing Model (CAPM) sind populäre Modelle zur Schätzung erwarteter Renditen.[101] Die erwartete Rendite eines Wertpapiers ist gemäß dem Marktmodell eine lineare Funktion der erwarteten Rendite des Marktportfolios. Laut CAPM entspricht die erwartete Rendite der Verzinsung eines risikofreien Wertpapiers zuzüglich einer Prämie für das nicht diversifizierbare Risiko. Diese Modelle werden oft für Tests der mittelstrengen Informationseffizienz herangezogen. In so genannten Ereignisstudien werden abnormale Kurswirkungen auf Ereignisse als Differenz zwischen tatsächlichen und erwarteten Renditen gemessen. Solche Studien zeigen, ob Kurse sofort oder erst mit Verzögerungen auf neue Informationen reagieren.[102]

Aussagen über die Informationseffizienz von Märkten werden nicht nur durch das Problem verbundener Hypothesen erschwert. Eine weitere Schwierigkeit besteht darin, nicht nur Aussagen über die statistische, sondern auch über die ökonomische Signifikanz von Testergebnissen zu machen. Ein statistisch signifikanter Zusammenhang kann im Widerspruch zur Informationseffizienz von Kapitalmärkten stehen, ohne wirtschaftlich von großer Bedeutung zu sein. Erst wenn ein Zusammenhang für profitable Anlagestrategien genutzt werden kann, besteht ein auch ökonomisch signifikanter Widerspruch zur Informationseffizienz. Eine Anlagestrategie ist nur dann profitabel, wenn die abnormalen Handelsgewinne größer als die Transaktionskosten für die Umsetzung der Strategie sind.[103] Weiterhin ist es wichtig zu klären, ob Abweichungen realer Märkte vom theoretischen Konzept der Informationseffizienz beständig sind. Ändern sich die Zusammenhänge im Zeitablauf deutlich, können ex ante i. d. R. keine zuverlässigen Anweisungen für profitable Handelsstrate-

[100] Vgl. Campbell/Lo/MacKinlay (1997), S. 31 ff.
[101] Zu diesen beiden Modellen vgl. beispielsweise Steiner/Bruns (2000), S. 21 ff. u. S. 37 ff.
[102] Zu Ereignisstudien vgl. genauer Abschnitt 3.3.3.1 dieser Arbeit.
[103] Vgl. Wallmeier (2001), Sp. 1794; Krämer (2001), Sp. 1273.

gien mehr gegeben werden.[104] Die Unterscheidung zwischen statistischer und ökonomischer Signifikanz berücksichtigt, dass die Definition der Informationseffizienz nach Fama (1970) ein theoretischer Grenzfall ist. Allein schon die oben erörterten Überlegungen von Grossman/Stiglitz (1980) und andere Studien zum Noise Trading zeigen, dass Kapitalmärkte ohne ein Mindestmaß an Ineffizienz nicht funktionsfähig sind. Daher erscheint es sinnvoll, von unterschiedlichen Graden der Informationseffizienz zu sprechen und beispielsweise die relative Informationseffizienz verschiedener Wertpapierbörsen zu vergleichen.[105]

Rubinstein (2001) unterscheidet drei Effizienzgrade von Märkten. Maximal rationale Märkte entsprechen dem theoretischen Grenzfall, in dem alle Investoren rational sind. Dagegen bilden sich auf rationalen Märkte Kurse nur so, *als ob* alle Anleger rational wären. Irrationale Verhaltensweisen einzelner Anleger gleichen sich aus und werden daher in den Kursen nicht sichtbar. Minimal rationale Märkte kommen der Realität möglicherweise am nächsten. Auf solchen Märkten bilden sich Kurse zwar nicht so, als ob alle Marktteilnehmer rational wären. Trotzdem bestehen aber keine Möglichkeiten, Ineffizienzen auszunutzen. Die Ineffizienzen sind ökonomisch nicht signifikant.

2.1.5.2 Ausgewählte Untersuchungsmethoden und Ergebnisse empirischer Studien

Um die Informationseffizienz von Kapitalmärkten zu untersuchen, gibt es eine Vielzahl von Untersuchungsansätzen. Im Folgenden sollen einige Ansätze und Ergebnisse von empirischen Studien vorgestellt werden.[106] Der Schwerpunkt liegt dabei auf Tests der schwachen Informationseffizienz. Außerdem wird kurz das Konzept der Variance-Bounds-Tests zur Überprüfung der mittelstrengen Informationseffizienz dargestellt.[107] Auf Tests der

---

104 Vgl. Glaum (1994), S. 72; Timmermann/Granger (2004).

105 Vgl. Campbell/Lo/MacKinlay (1997), S. 24; Steiner/Bruns (2000), S. 47.

106 Überblicksdarstellungen zu den Ergebnissen empirischer Untersuchungen der Informationseffizienz finden sich u. a. bei Fama (1991); LeRoy (1989); May (1991); Dimson/Mussavian (1998); Sapusek (1998); Sattler (1999); Krämer (2001); Wallmeier (2001); Schremper (2002). Kritische Darstellungen finden sich in Haugen (1999); Shleifer (2000). Einen Überblick über Ergebnisse für den deutschen Kapitalmarkt geben Reuter (1980), S. 80 ff.; Möller (1985); Klein (1999), S. 128 ff.

107 Die Methode der Ereignisstudien und Ergebnisse einiger empirischer Untersuchungen werden in den Abschnitten 3.3.3.1 und 3.4 dieser Arbeit dargestellt. Häufig werden Ereignisstudien nicht mit der Absicht durchgeführt, die Informationseffizienz des Kapitalmarktes zu überprüfen. Meistens wird die Gültigkeit der Informationseffizienz vorausgesetzt, um anschließend Aussagen über die Richtung und Intensität von Kursreaktionen auf neue Informationen zu machen. Solche Ereignisstudien können aber uminterpretiert werden, um die Informationseffizienz eines Marktes zu beurteilen. Dazu müssen die untersuchten Ereignisse eindeutig kursrelevant sein, so dass abnormale Kursänderungen Aufschluss darüber geben können, ob die Informationen über die Ereignisse vom Markt ohne Verzögerung verarbeitet werden. Vgl. Möller (1985), S. 513.

strengen Informationseffizienz soll nicht genauer eingegangen werden. Es besteht weitgehende Einigkeit darin, dass sich Insiderinformationen ausnutzen lassen, um überdurchschnittliche Renditen zu erzielen, und Aktienmärkte demnach nicht streng informationseffizient sind. Häufig lassen sich schon vor der öffentlichen Bekanntgabe von kursrelevanten Ereignissen wie beispielsweise Übernahmen oder Kapitalerhöhungen signifikante abnormale Kurs- und Aktienumsatzänderungen messen. Das könnte ein Hinweis darauf sein, dass Insider ihr Wissen schon vor dem offiziellen Veröffentlichungszeitpunkt dieses Ereignisses einzusetzen, um überdurchschnittliche Gewinne zu realisieren.[108] Grundsätzlich kann die strenge Form der Informationseffizienzhypothese empirisch aber nur schwer überprüft werden, da sich Insiderinformationen auf Wertpapiermärkten selten zuverlässig identifizieren lassen. Strenge Informationseffizienz wird so oft eher aus Plausibilitätsgründen abgelehnt.[109]

Filterregeln

Umstrittener als die strenge Informationseffizienz ist die Frage, ob Kapitalmärkte schwach und mittelstreng informationseffizient sind. Tests der schwachen Informationseffizienz können unter anderem auf Filterregeln beruhen.[110] Filterregeln sind Vorschriften, die automatisch Käufe und Verkäufe von Aktien auslösen, wenn sich der Kurs um einen bestimmten Prozentsatz, nämlich den Filter, verändert hat. Eine typische Filterregel lautet folgendermaßen: Wenn der Preis eines Wertpapiers um mindestens y% gestiegen ist, wird das Wertpapier gekauft. Anschließend wird das Wertpapier solange gehalten, bis der Kurs vom vorangehenden Höchstkurs aus um mindestens y% wieder gefallen ist. Dann wird das Wertpapier verkauft. Außerdem wird eine Short-Position eingegangen, die solange gehalten wird, bis der Kurs vom vorangehenden Tiefstkurs aus um mindestens y% wieder gestiegen ist. Dann wird die Short-Position glattgestellt und das Wertpapier wird wieder gekauft. Ein y%-Filter berücksichtigt also nur Kursveränderungen, die stärker als y% sind, und vernachlässigt alle schwächeren Kursbewegungen. Diese Handelsregel wird über einen vorher festgelegten Zeitraum hinweg ausgeführt.[111] Anschließend wird die Performance der Filterregel mit einer Buy-and-Hold-Strategie verglichen, bei der die Aktie zu Beginn des festgelegten Zeitraums gekauft und am Ende wieder verkauft wird. Filterregeln liegt

108 Vgl. Steiner/Bruns (2000), S. 43 f.; Schmidt/Wulff (1993), S. 67; Dimson/Mussavian (1998), S. 95.
109 Vgl. Glaum (1994), S. 71. Zu einer Übersicht über empirische Studien zur strengen Informationseffizienz vgl. Fama (1991), S. 1603 ff.
110 Vgl. Campbell/Lo/MacKinlay (1997), S. 42.
111 Vgl. Fama (1970), S. 394 f.

die Annahme zugrunde, dass signifikante Kursänderungen in eine Richtung eine gewisse Zeit lang anhalten, bis es wieder zu einer deutlichen, anhaltenden Kursentwicklung in die Gegenrichtung kommt. Aus dieser Annahme folgt die Abhängigkeit aufeinanderfolgender Kurse.[112]

Erste Studien auf Basis von Filterregeln stammen von Alexander (1961, 1964) und Fama/ Blume (1966). Diese Studien kommen zu dem Ergebnis, dass die Wahl sehr kleiner Filter eine durchschnittliche Outperformance gegenüber der Buy-and-Hold-Strategie ermöglicht. Nach Berücksichtigung auch nur geringer Transaktionskosten sind Filterregeln der Buy-and-Hold-Strategie allerdings nicht mehr überlegen. Es besteht keine ökonomisch signifikante Ineffizienz. Insgesamt gesehen sprechen die Untersuchungen von Alexander (1961, 1964) und Fama/Blume (1966) also für die Gültigkeit der schwachen Informationseffizienz.[113] Klein (1999) vergleicht die Renditen von 3%- und 5%-Filterstrategien mit einer Buy-and-Hold-Strategie für den deutschen Aktienmarkt im Zeitraum von 1975 bis 1997. Bei einem 3%-Filter ist die Filterstrategie für neun von sechzehn untersuchten Branchen überlegen. Die 5%-Filterstrategie schneidet für sechs der sechzehn Branchen besser ab als die Buy-and-Hold-Strategie. Nach Berücksichtigung von Transaktionskosten sind mit Ausnahme einer 5%-Filterstrategie für die Maschinenbauindustrie die Filterregeln allerdings für alle Branchen der Buy-and-Hold-Strategie unterlegen.[114]

Methoden der technischen Wertpapieranalyse

Ähnlich wie mit Hilfe von Filterregeln kann auch durch einen Performancevergleich von anderen Handelsstrategien der technischen Aktienanalyse mit einer Buy-and-Hold-Strategie geprüft werden, ob ein Kapitalmarkt schwach informationseffizient ist. Die bereits angeführte Untersuchung von Klein (1999) kommt sowohl für den deutschen Aktienmarkt[115] insgesamt als auch für Teilbranchen zu dem Ergebnis, dass sich mit verschiedenen Methoden der technischen Aktienanalyse zum Teil signifikant höhere Renditen als mit einer Buy-and-Hold-Strategie erzielen lassen. Nach Berücksichtigung von Transaktionskosten ist die technische Analyse allerdings nur noch in wenigen Fällen für einzelne Branchen und Teil-

112 Vgl. Stephan (1998), S. 316.
113 Vgl. dazu auch Fama (1970), S. 395 f.; Fama (1965), S. 81 ff.
114 Vgl. Klein (1999), S. 170 ff.
115 In der Studie wird der deutsche Aktienmarkt durch den Composite Dax repräsentiert. Dieser Index umfasst alle im amtlichen Handel an der Frankfurter Wertpapierbörse notierten deutschen Aktien.

perioden überlegen.[116] Für den Optionsmarkt der Deutschen Terminbörse (DTB) testet Stephan (1998), ob mit Hilfe der Methode gleitender Durchschnitte oder Point & Figure-Charts höhere Renditen als mit einer passiven Halteposition erzielt werden können. Die Methode der gleitenden Durchschnitte führt zu Kaufs- bzw. Verkaufsempfehlungen, wenn der aktuelle Kurs die Kurve der gleitenden Durchschnitte einer vorher festgelegten Zahl von Handelstagen nach oben bzw. nach unten durchbricht.[117] Point & Figure-Charts stellen eine Vereinfachung gegenüber gewöhnlichen Liniencharts dar. Durch die Beschränkung auf wesentliche Kursänderungen eines bestimmten Ausmaßes soll es einfacher werden, Trends zu erkennen, aus denen Kauf- und Verkaufssignale abgeleitet werden können.[118] Stephan stellt fest, dass im Durchschnitt weder mit der Methode gleitender Durchschnitte noch mit Hilfe von Point & Figure-Charts höhere Gewinne als mit einer Buy-and-Hold-Strategie erzielt werden. Dieses Ergebnis spricht für die schwache Informationseffizienz des Optionsmarktes der DTB.[119]

Runs-Tests

Zur Überprüfung der schwachen Informationseffizienz eignen sich außerdem so genannte Runs-Tests. Ein Run besteht aus aufeinander folgenden, gleichgerichteten Kursänderungen. Steht ein „+“ für einen Kurszuwachs und ein „-“ für einen sinkenden Kurs, kann sich beispielsweise „+ + - - - + - + + + “ als eine Reihe von Kursänderungen ergeben. In diesem Fall lassen sich drei positive Runs der Länge zwei, eins und drei sowie zwei negative Runs der Länge drei und eins beobachten. Unter den Annahmen der Random-Walk-Hypothese lässt sich die theoretisch zu erwartende Anzahl von Runs ermitteln, die vor allem von der Stärke des angenommenen Drifts und der Standardabweichung der unerwarteten Preisänderungen ε_t abhängig ist. Die Anzahl der Runs in der untersuchten Stichprobe wird auf statistisch signifikante Abweichungen von der theoretisch erwarteten Zahl von Runs überprüft.[120] Klein (1999) untersucht die Informationseffizienz des deutschen Aktienmarktes im Zeitraum von 1975 bis 1997 anhand von Runs-Tests. Für den Composite Dax und die meisten Branchenindizes wird die stochastische Unabhängigkeit der Kursentwicklung abgelehnt. Nur für den Dax 30 sowie für drei von sechzehn Branchen wird die Hypothese einer

---

116 Vgl. dazu die Übersichtsdarstellungen in Klein (1999), S. 177 ff. Allerdings muss die Effizienzhypothese deutlich häufiger abgelehnt werden, wenn geringere Kosten als 1,15% pro Transaktion unterstellt werden. Vgl. ebenda, S. 238.

117 Vgl. beispielsweise Hielscher (1999), S. 187 ff.

118 Vgl. beispielsweise ebenda, S. 183 ff.

119 Vgl. Stephan (1998), S. 322 ff. u. S. 326 f.

120 Vgl. Campbell/Lo/MacKinlay (1997), S. 38 ff.; Fama (1965), S. 74 ff.

stochastisch unabhängigen Kursentwicklung nicht zurückgewiesen. Ergebnisse für einzelne Teilperioden deuten allerdings darauf hin, dass sich der Effizienzgrad des deutschen Aktienmarktes im Zeitablauf verbessert hat.[121]

Autokorrelation von Aktienrenditen

Aussagen über die schwache Informationseffizienz lassen sich auch aus Untersuchungen der Autokorrelation von Kursänderungen gewinnen. Solche Untersuchungen überprüfen die oben dargestellte dritte Form der Random-Walk-Hypothese. Die Nullhypothese dieser Tests postuliert, dass Aktienrenditen nicht autokorreliert sind.[122] Mehrere Studien weisen diese Hypothese signifikant zurück. Campbell/Lo/MacKinlay (1997) ermitteln einen signifikant positiven Autokorrelationskoeffizienten erster Ordnung von 35% für den gleichgewichteten Index täglicher Renditen von US-amerikanischen Aktien für den Zeitraum von Juli 1962 bis Dezember 1994. Für wöchentliche und monatliche Renditen ergeben sich ebenfalls signifikant positive Autokorrelationen.[123] Drei- bis Zwölf-Monatsrenditen US-amerikanischer Aktien sind laut der Studie von Jegadeesh/Titman (1993) im untersuchten Zeitraum von 1965 bis 1989 ebenfalls positiv korreliert. Positive abnormale Renditen können erzielt werden, wenn Aktien mit besonders niedrigen Renditen über die letzten Monate verkauft und Aktien mit besonders hohen Renditen über die letzten Monate gekauft werden. Allerdings wird ein Teil dieser positiven abnormalen Renditen wieder zunichte gemacht, wenn die Handelsstrategie länger als ein Jahr verfolgt wird. Dann ergeben sich negative abnormale Renditen für das Handelsportfolio. Jegadeesh/Titman nennen Positive Feedback Trading als eine mögliche Erklärung für ihre Ergebnisse. Zu einem ähnlichen Ergebnis kommen De Bondt/Thaler (1985) für drei- bis fünfjährige Renditen von Aktien, die zwischen 1926 und 1982 an der New York Stock Exchange (NYSE) gelistet waren. Portfolios von Aktien mit sehr niedrigen Renditen in den vorangehenden drei bis fünf Jahren erzielen hohe abnormale Renditen in den drei bis fünf Jahren danach. Umgekehrt erweisen sich die Outperformer der Vergangenheit als die Underperformer der Zukunft. De Bondt/Thaler (1985) führen ihr Ergebnis auf Überreaktionen der Marktteilnehmer zurück,

---

[121] Vgl. Klein (1999), S. 183 ff.

[122] Vgl. dazu auch Fama (1965), S. 68 ff. Neben Autokorrelationskoeffizienten eignen sich auch andere Kennzahlen wie z. B. Variance Ratios für Tests der dritten Form der Random-Walk-Hypothese. Zur Berechnung einer Variance Ratio wird die Varianz der Rendite für k Perioden durch das Produkt von der Varianz einperiodiger Renditen und k dividiert. Die Random-Walk-Hypothese wird nicht zurückgewiesen, wenn die Variance Ratio für kein k signifikant von eins abweicht. Der Wert eins für die Variance Ratio lässt sich daraus herleiten, dass bei Gültigkeit der Random-Walk-Hypothese die Varianz der ε eine lineare Funktion des Zeitintervalls t ist. Vgl. Campbell/Lo/MacKinlay (1997), S. 48 ff.; LeRoy (1989), S. 1602.

[123] Vgl. Campbell/Lo/MacKinlay (1997), S. 66 f.

die aktuelle Informationen über- und ältere Informationen untergewichten. Die vermutete Überreaktion ist für die Underperformer der Vergangenheit stärker ausgeprägt als für die Outperformer der Vergangenheit. Übereinstimmend mit den angeführten Studien kommen Poterba/Summers (1988) für die USA, Deutschland und eine Reihe weiterer Länder zu dem Resultat, dass monatliche Renditen positiv und mehrjährige Renditen negativ autokorreliert sind. Dieses Verhalten der Renditen wird auch als Mean Reversion bezeichnet.[124]

Für Deutschland ergibt sich ein ähnliches Bild wie für die USA. Schiereck/Weber (1995) untersuchen 357 deutsche, amtlich an der Frankfurter Wertpapierbörse gehandelte Aktien für die Jahre 1961 bis 1991 und stellen fest, dass drei- bis zwölfmonatige Aktienrenditen positiv und fünfjährige Aktienrenditen negativ autokorreliert sind. Überrenditen lassen sich über einen relativ kurzen Zeithorizont von drei bis zwölf Monaten erzielen, wenn die Outperformer der letzten drei bis zwölf Monate gekauft und die Underperformer verkauft werden. Über einen längeren Anlagezeitraum von fünf Jahren lassen sich Überrenditen mit einer antizyklischen Strategie realisieren, gemäß der die Verliereraktien der Vergangenheit gekauft und die Gewinneraktien der Vergangenheit verkauft werden. Für tägliche Renditen deutscher Aktien ergeben sich bei Betrachtung einer genügend großen Stichprobe von 7.500 oder mehr Beobachtungen zwar signifikant von null verschiedene, aber nur sehr niedrige Autokorrelationskoeffizienten erster Ordnung.[125] Krämer (1999) untersucht das gemeinsame Zeitreihenverhalten der Aktienkurse von Bayer, BASF und Hoechst für den Zeitraum von 1960 bis 1991 und kommt zu dem Ergebnis, dass zwischen den Kursen Beziehungen bestehen, die sich im Widerspruch zur schwachen Informationseffizienz möglicherweise für profitable Handelsstrategien ausnutzen lassen.

Variance-Bounds-Tests

Aussagen über die mittelstrenge Informationseffizienz von Kapitalmärkten lassen sich aus den bereits erwähnten Ereignisstudien ableiten. Diese Studien werden in Kapitel 3 dieser Arbeit bei den Ausführungen zur Kapitalmarktrelevanz von Rechnungslegungsinformationen genauer dargestellt. Um die mittelstrenge Informationseffizienz von Kapitalmärkten zu untersuchen, werden oft auch Variance-Bounds-Tests eingesetzt. Diese Tests prüfen, ob die Volatilität der Kurse durch fundamentale Daten gerechtfertigt oder übertrieben hoch ist.

[124] Zu Kritik am methodischen Vorgehen der Studie von Poterba/Summers vgl. Campbell/Lo/MacKinlay (1997), S. 79 f.; Cuthbertson (1996), S. 125.

[125] Vgl. Krämer (2001), Sp. 1271. Deutlich stärkere Korrelationen bestehen zwischen Montagsrenditen einiger deutscher Blue-Chip-Aktien sowie des Dax und Marktrenditen der Vorwoche. Daraus können allerdings nur dann profitable Handelsstrategien abgeleitet werden, wenn keine Transaktionskosten anfallen. Vgl. Krämer (1998).

Beispielsweise lassen sich extreme Kursstürze wie am „Black Monday“ im Oktober 1987 kaum durch neue Informationen über Fundamentaldaten erklären. Variance-Bounds-Tests untersuchen den Zusammenhang zwischen der Volatilität von Kursen und Fundamentaldaten allerdings nicht nur für kurze Perioden starker Kursbewegungen, sondern für längere Zeiträume. Die Tests bauen auf der wahrscheinlichkeitstheoretischen Erkenntnis auf, dass der bedingte Erwartungswert einer Zufallsvariablen keine größere Varianz aufweisen kann als die Zufallsvariable selbst. Für die Tests wird der Aktienkurs bei vollständiger Voraussicht, der so genannte ex post rationale Kurs, als Zufallsvariable betrachtet. Der ex post rationale Kurs errechnet sich als Barwert zukünftiger Dividendenzahlungen. Der Erwartungswert des ex post rationalen Kurses entspricht auf einem informationseffizienten Kapitalmarkt dem Kurs. Dieser Erwartungswert ist auf die verfügbare Informationsmenge bedingt. Somit stellt auf einem mittelstreng informationseffizienten Markt die Volatilität des ex post rationalen Kurses die obere Grenze für die Volatilität des Aktienkurses dar.[126] Die Methode der Variance-Bounds-Tests wurde seit den ersten Studien von LeRoy/Porter (1981) und Shiller (1981a, 1981b) stetig weiterentwickelt. Die Tests der so genannten ersten Generation kommen zu dem Schluss, dass die Volatilität der Aktienkurse deutlich höher ist als die Volatilität, die auf einem informationseffizienten Aktienmarkt mit der Volatilität der Dividenden vereinbar ist. Allerdings arbeiten diese Tests mit problematischen Annahmen. Die Ergebnisse der Studien können daher vermutlich eher auf eine Verletzung der Annahmen und nicht auf die Ineffizienz der untersuchten Kapitalmärkte zurückgeführt werden.[127] Neuere Untersuchungen modifizieren die älteren Tests und vermeiden die problematischen Annahmen zum Teil. Im Gegensatz zu Tests der ersten Generation weisen einige dieser Studien die Informationseffizienzhypothese nicht mehr zurück.[128] Beispielsweise untersuchen Amano/Wirjanto (1998) US-amerikanische Kurse für den Zeitraum von 1889 bis 1985 und können keinen Widerspruch zur Informationseffizienz des Aktienmarktes entdecken. Allerdings ist die Debatte über Variance-Bounds-Tests noch nicht abschlie-

---

[126] Vgl. LeRoy (1989), S. 1595 ff.; Cochrane (1992), S. 244; Krämer (2001), Sp. 1271 f.; Wallmeier (2001), Sp. 1800 f.; Sapusek (1998), S. 55 ff. Krämer übt grundsätzliche Kritik am Konzept der Variance-Bounds-Tests. Bei unverändertem ex post rationalen Kurs könnten starke Kursausschläge in einem effizienten Markt auf rationale Weise dadurch entstehen, dass neue Informationen nur nach und nach bekannt werden. Vgl. Krämer (2001), Sp. 1272.

[127] Vgl. Amano/Wirjanto (1998); Krämer (2001), Sp. 1272; Cuthbertson (1996), S. 141 ff.

[128] Vgl. auch Cochrane (1992); Ackert/Smith (1993).

ßend geklärt und die Ergebnisse der Tests zur Informationseffizienz von Kapitalmärkten bleiben weiter umstritten.[129]

Empirische Studien haben die Informationseffizienz von Kapitalmärkten nicht immer bestätigt. Eine große Zahl von Untersuchungen hat statistisch signifikante Zusammenhänge aufgezeigt, die mit dem ursprünglichen Konzept der Informationseffizienz von Fama (1970) unvereinbar sind. Auch der theoretische Ansatz des Noise Trading spricht für Ineffizienzen und bietet sogar Erklärungen dafür an, dass sich Kurse über einen längeren Zeitraum deutlich von fundamentalen Werten entfernen können. Dennoch gibt es nur wenig Anzeichen dafür, dass sich Ineffizienzen durch praktisch umsetzbare Anlagestrategien gewinnbringend ausnutzen lassen. Auch wenn sich Effizienzgrade einzelner Kapitalmärkte vermutlich unterscheiden, können Kapitalmärkte in den entwickelten Ländern i. d. R. wohl als minimal rational im Sinne von Rubinstein (2001) bezeichnet werden. Dazu passt auch die Aussage von Roll (1994) über Abweichungen vom Idealbild der Informationseffizienz: „Many of these effects are surprisingly strong in the reported empirical work, but I have never yet found one that worked in practice, in the sense that it returned more after cost than a buy-and-hold strategy."[130]

---

[129] Vgl. Lee (2001), S. 241; Dimson/Mussavian (1998), S. 98; Cuthbertson (1996), S. 152; Wallmeier (2001), Sp. 1801.

[130] Roll (1994), S. 71.

2.2 Verarbeitung von Informationen durch die Kapitalmarktteilnehmer

Der folgende Abschnitt befasst sich mit verschiedenen Gruppen von Kapitalmarktteilnehmern und zeigt, wie Marktteilnehmer Informationen beschaffen, analysieren und weitergeben. Diese Tätigkeiten sind sowohl für einen hohen Grad an Informationseffizienz als auch für die Allokationseffizienz des Kapitalmarktes von herausragender Bedeutung.

Die wichtigsten Marktteilnehmer sind Portfoliomanager der institutionellen Investoren, private Anleger, Analysten und Investor-Relations-Manager sowie Mitglieder der Unternehmensleitung (insbesondere der Vorstandsvorsitzende und der Finanzvorstand). Die Vertreter der Unternehmen versorgen Investoren und Analysten mit Informationen über die Unternehmen. Dazu gehören auch Rechnungslegungsinformationen aus Geschäftsberichten und die Bekanntgabe von Quartals-, Halbjahres- und Jahresergebnissen.[131] Analysten verarbeiten Informationen von den Unternehmen und aus weiteren Quellen zu Anlagestudien für die Investoren. Einen wesentlichen Teil der Research-Berichte von Analysten machen die Analyse von Rechnungslegungsdaten und die Prognose des Ergebnisses je Aktie sowie gewöhnlich auch weiterer Größen des externen Rechnungswesens aus. Investoren erhalten Informationen über Unternehmen sowohl direkt von Vertretern des Unternehmens als auch auf indirektem Wege von den Analysten. Abbildung 2 gibt einen Überblick über die Informationsströme zwischen den wichtigsten Marktteilnehmern.

Die Darstellung der Informationsverarbeitung im folgenden Abschnitt konzentriert sich nicht allein auf Rechnungslegungsdaten, sondern bezieht alle Arten von Informationen ein, um die relative Bedeutung unterschiedlicher Arten und Quellen von Informationen für die Marktteilnehmer aufzeigen zu können. Die Beschreibung der allgemeinen Informationsverarbeitung bildet die Grundlage für die anderen Kapitel dieser Arbeit, die sich spezieller mit Rechnungslegungsinformationen beschäftigen.

---

131 Das externe Rechnungswesen gehört i. d. R. nicht direkt in den Verantwortungsbereich der Investor Relations. Insofern stellen Abteilungen für Rechnungswesen eine unternehmensinterne Informationsquelle für die Investor-Relations-Manager der Unternehmen dar. Eine weitere wichtige Informationsquelle im Unternehmen für Investor-Relations-Manager sind die Mitglieder der Unternehmensleitung.

Abbildung 2: Informationsströme zwischen Kapitalmarktteilnehmern

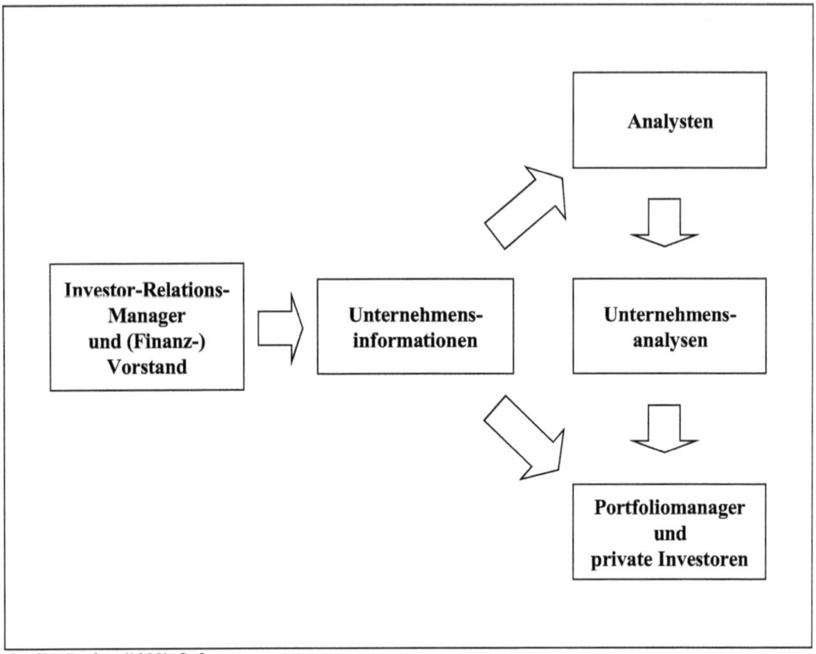

Quelle: Barker (1998), S. 5.

2.2.1 Investor Relations der Unternehmen

2.2.1.1 Begriff und Ziele der Investor Relations

Investor Relations bezeichnen die planvolle und zielgerichtete Kommunikation eines börsennotierten Unternehmens mit der so genannten Financial Community.[132] Dazu gehören im Wesentlichen institutionelle Investoren, Analysten, Privatanleger, Wirtschaftsjournalisten und Rating-Agenturen. Unternehmen befriedigen Informationsbedürfnisse der Financial Community mit Hilfe so genannter Kommunikationsinstrumente, die im folgenden Abschnitt dieser Arbeit genauer dargestellt werden. Investor-Relations-Maßnahmen der Unternehmen zielen sowohl auf aktuelle als auch auf potentielle Investoren.[133]

---

[132] Vgl. Achleitner/Bassen (2001), S. 7; Diehl/Loistl/Rehkugler (2001), S. 1; Link (1991), S. 315; Bittner (1996), S. 6.

[133] Vgl. Serfling/Großkopff/Röder (1998), S. 273.

Investor Relations können als der kommunikationspolitische Teil des Aktienmarketings[134] verstanden werden.[135] Das Aktienmarketing umfasst außer den Investor Relations auch produktpolitische Entscheidungen z. B. über die Ausgabe von Stamm- oder Vorzugsaktien, preispolitische Entscheidungen z. B. über die Höhe des Emissionskurses und distributionspolitische Entscheidungen z. B. über die Wahl eines Börsensegments und eines Börsenplatzes.[136]

Im traditionell eher bankendominierten deutschen Finanzsystem haben Investor Relations keine lange Tradition.[137] Erst in den letzten Jahren haben der internationale Wettbewerb der Unternehmen um das Kapital der Investoren und eine zunehmende Shareholder-Value-Orientierung deutscher Unternehmen zu einer Aufwertung der Investor Relations in den Unternehmen geführt. In der Untersuchung von Serfling/Großkopff/Röder (1998) äußerten 79% von 41 befragten Unternehmen des Deutschen Investor Relations Kreises (DIRK)[138] die Meinung, dass das Budget für Investor Relations zunehmen wird. Der Bedeutungszuwachs wird auch in der organisatorischen Einordnung der Investor Relations deutlich. In der Untersuchung von Glaum (1998) gaben 73% von 66 großen deutschen Aktiengesellschaften an, ihre Investor Relations in einer eigenständigen Abteilung zusammengefasst zu haben. Nur 18 Unternehmen (27%) hatten keine Investor-Relations-Abteilung.[139] Zu einem ähnlichen Ergebnis kommen Serfling/Großkopff/Röder. 77% der befragten Unternehmen hatten eine Investor-Relations-Abteilung. Die Hälfte dieser Abteilungen wurde erst nach 1993 gegründet.[140] Laut einer Studie der Beratungsgesellschaft Citigate Dewe Rogerson verfügten am Ende des Jahres 2001 alle Dax-30-Unternehmen, alle M-Dax-Unternehmen, fast alle Nemax-50-Unternehmen und 20% der S-Dax-Unternehmen über eine eigene Investor-Relations-Abteilung. Drei Viertel aller Dax-Unternehmen lassen sich zusätzlich von einer oder mehreren Investor-Relations-Agenturen unterstützen.[141]

Die meisten Investor-Relations-Abteilungen sind entweder direkt dem Vorstand, insbesondere dem Finanzvorstand, untergeordnet oder aber in einen Bereich wie Finanzen oder Öf-

---

[134] Aktienmarketing und Fremdkapitalmarketing sind die zwei Teilbereiche des Finanzmarketings. Vgl. Link (1991), S. 7 f.

[135] Vgl. Bittner (1996), S. 6.

[136] Vgl. Link (1991), S. 170 ff.

[137] Vgl. Diehl/Loistl/Rehkugler (2001), S. 2.

[138] Der Deutsche Investor Relations Kreis ist 1990 als informelle Gesprächsrunde von Investor-Relations-Beauftragten einiger großer deutscher Unternehmen entstanden. Die Zahl der Mitgliedsunternehmen liegt bei circa 220. Dazu gehören auch fast alle Aktiengesellschaften aus dem Dax. Vgl. DIRK (2003).

[139] Vgl. Glaum (1998), S. 49.

[140] Vgl. Serfling/Großkopff/Röder (1998), S. 278 f. Ähnliche Ergebnisse liefert auch die Untersuchung von Günther/Otterbein (1996), die 21 Mitglieder des Deutschen Investor Relations Kreises (DIRK) befragten.

[141] Vgl. o. V. (2002a), S. 22.

fentlichkeitsarbeit eingebunden.[142] 94% der von Serfling/Großkopff/Röder befragten Unternehmen betrachten die vorstandsnahe Anbindung der Investor-Relations-Abteilung als sehr wichtig für eine wirksame Kommunikation mit den Investoren. Die Nähe zum Vorstand sorgt dafür, dass Investor-Relations-Mitarbeiter schnell und umfassend informiert werden. Dadurch wird auch auf das Bedürfnis der Investoren eingegangen, Informationen auf möglichst direktem Wege von den wichtigsten Entscheidern im Unternehmen zu bekommen. Wenn Informationen nur mit Verzögerung oder in zu geringem Umfang vom Vorstand an die Investor-Relations-Abteilung weitergegeben werden, besteht die Gefahr, dass Informationen und Gerüchte auf anderem Wege unkontrolliert an Kapitalmarktteilnehmer gelangen. Nicht nur eine schnelle und umfassende Weitergabe zukunftsbezogener Informationen an die Financial Community, sondern auch ein reibungsloser Informationsfluss innerhalb des Unternehmens sind also wichtige Erfolgsfaktoren der Investor Relations.[143] Mitarbeiter des Unternehmens sollten darum für den Shareholder-Value-Gedanken sensibilisiert werden, damit sie relevante Informationen aus ihrem Geschäftsbereich möglichst schnell an Vorstand und Investor-Relations-Abteilung weiterleiten.[144]

Das oberste Ziel von Investor-Relations-Maßnahmen ist ein angemessener Aktienkurs, der die tatsächliche Ertragskraft und das Risiko eines Unternehmens widerspiegelt. Nicht nur eine Unterbewertung, sondern auch eine Überbewertung der Aktie soll verhindert werden. Vermutlich erkennen Kapitalmarktteilnehmer früher oder später die tatsächliche Ertragskraft und das tatsächliche Risiko zu hoch bewerteter Aktien, so dass Überbewertungen nicht langfristig bestehen bleiben. Sofern eine Investor-Relations-Abteilung eine Überbewertung künstlich aufrechterhält, indem sie wesentliche Informationen zurückhält oder sogar verfälscht, könnten Investoren ihr Vertrauen gegenüber der Investor-Relations-Abteilung verlieren. Fühlen sich Analysten und Investoren getäuscht, besteht die Gefahr, dass Analysten das Unternehmen von ihrer Beobachtungsliste streichen und Investoren auf Aktien anderer Unternehmen der gleichen Branche ausweichen. Das Ziel einer angemessenen Bewertung der Aktie ist also vereinbar mit dem Ziel eines langfristig maximalen Kurses.[145] Im wesentlichen soll dieses Ziel durch umfassende und genaue Information der Investoren erreicht werden. Besser informierte Anleger können die zukünftigen Gewinne eines Unternehmens genauer schätzen, so dass Fehlbewertungen mit größerer Wahrschein-

---

142 Vgl. Serfling/Großkopff/Röder (1998), S. 278 f.; Glaum (1998), S. 49.
143 Vgl. Serfling/Großkopff/Röder (1998), S. 274 u. S. 279 f.
144 Vgl. Bittner (1996), S. 11.
145 Vgl. Achleitner/Bassen (2001), S. 7 f.; Steiner/Hesselmann (2001), S. 101; Serfling/Großkopff/Röder (1998), S. 273.

lichkeit vermieden werden. Ein höherer Informationsstand der Investoren führt i. d. R. auch zu einem geringeren Bewertungsabschlag für das Risiko des Unternehmens.[146]

In der Literatur werden eine Reihe weiterer untergeordneter Ziele der Investor Relations genannt, die entweder dem finanzwirtschaftlichen oder dem kommunikationspolitischen Bereich zugeordnet werden können. Zu den finanzwirtschaftlichen Zielen gehören die Senkung der Volatilität des Aktienkurses, die Verringerung der Eigenkapitalkosten, der Schutz vor feindlichen Übernahmen und die Erleichterung eigener Akquisitionen sowie die Verbreiterung und die Internationalisierung der Aktionärsstruktur. Kommunikationspolitische Investor-Relations-Ziele sind der Aufbau von Vertrauen bei der Financial Community, die Erhöhung des Bekanntheitsgrades und die Verbesserung des Images.[147]

Die genannten Unterziele sind nicht unabhängig voneinander, sondern stehen häufig in einer komplementären Beziehung zueinander. Das Ziel der Senkung der Volatilität des Aktienkurses ist eng mit den Zielen Verringerung der Eigenkapitalkosten, Verbreiterung der Aktionärsstruktur und Aufbau von Vertrauen verbunden. Eine niedrigere Volatilität des Kurses führt zu einem geringeren Bewertungsabschlag für das Risiko eines Unternehmens. Damit können neue Aktien zu einem höheren Kurs emittiert werden und die Eigenkapitalkosten sinken (unter der Annahme einer gleichbleibenden Dividende). Ein breit gestreuter Aktienbesitz macht den Kurs weniger abhängig von Kauf- und Verkaufsentscheidungen einzelner bedeutender Investoren und führt so zu geringeren Kursschwankungen. Eine niedrige Volatilität des Aktienkurses zeigt eine stetige Entwicklung des Unternehmenswertes an und erhöht so tendenziell das Vertrauen der Investoren in die Unternehmensführung.[148]

Ein höherer Bekanntheitsgrad und ein besseres Image des Unternehmens machen eine Aktie für neue Investoren interessant und tragen so zu einer Verbreiterung und Internationalisierung der Aktionärsbasis bei. Vor allem für Börsenneulinge und für Unternehmen mit relativ unbekannten Endprodukten können ein höherer Bekanntheitsgrad und eine gute „Story“ ein besonders wichtiges Investor-Relations-Ziel darstellen. Als neue Investoren

---

146 Vgl. Glaum (1998), S. 46.

147 Vgl. hierzu und zu der folgenden Beschreibung der Investor-Relations-Ziele Achleitner/Bassen (2001), S. 7 ff.; Kirchhoff (2001), S. 28 ff.; Serfling/Großkopff/Röder (1998), S. 273 ff.; Günther/Otterbein (1996), S. 397 ff.; Bittner (1996), S. 10 ff.; Link (1991), S. 133 ff. In der Literatur werden zusätzlich zu den oben aufgeführten Zielen auch noch weitere weniger wichtige Unterziele genannt, die zudem nicht immer überschneidungsfrei definiert sind.

148 Außerdem erfordert der Aufbau eines Vertrauensverhältnisses zu den Anlegern die kontinuierliche und umfassende Versorgung der Investoren mit qualitativ hochwertigen Informationen. Die Kontinuität der Informationsbereitstellung sollte sich auch auf Krisenzeiten erstrecken.

sind für Unternehmen vor allem institutionelle Anleger interessant, die über hohe Anlagevolumina verfügen. Außerdem sind institutionelle Investoren i. d. R. besser als private Investoren in der Lage, ein Unternehmen angemessen zu bewerten. Ein hoher Anteil institutioneller Investoren kann also auch zum Oberziel einer angemessenen Bewertung beitragen. Um die Aktionärsbasis zu internationalisieren, müssen die besonderen Informationsbedürfnisse ausländischer Anleger beachtet werden. Ausländische Investoren sind oft nicht mit der deutschen Rechnungslegung vertraut und bevorzugen darum Rechnungslegungsinformationen gemäß internationalen Vorschriften. Zudem sind Anleger aus angloamerikanischen Ländern an detailliertere Informationen insbesondere auch im Hinblick auf die verschiedenen Segmente eines Unternehmens gewöhnt als dies nach deutschem Recht vorgeschrieben ist.[149]

Soweit Unternehmen Unterbewertungen am Aktienmarkt vermeiden können, sinkt die Gefahr einer feindlichen Übernahme. Gleichzeitig ergeben sich günstigere Bedingungen für eigene Unternehmenskäufe, bei denen Aktien als Akquisitionswährung eingesetzt werden können.

2.2.1.2 Instrumente der Investor Relations

Die Instrumente der Investor Relations werden oft in persönliche Maßnahmen, unpersönliche Maßnahmen und unterstützende Maßnahmen unterteilt.[150] Tabelle 1 gibt einen allgemeinen Überblick über Maßnahmen der Investor Relations.

Im Gegensatz zu Kleinaktionären werden institutionelle Anleger aufgrund der hohen Anlagevolumina meistens individuell durch persönliche Investor-Relations-Maßnahmen wie Analystenkonferenzen, Road Shows und Einzel- oder Gruppengespräche betreut. Persönliche Investor-Relations-Maßnahmen haben wichtige Funktionen. Einerseits können Analysten und Anleger einen persönlichen Eindruck vom Unternehmen und vor allem auch vom Management gewinnen. Andererseits können Manager und Investor-Relations-Mitarbeiter des Unternehmens etwaige falsche Vorstellungen der Analysten und Investoren über das Unternehmen korrigieren.

[149] Seit 1998 besteht nach § 297 Abs. 1 Satz 2 HGB auch für alle deutschen börsennotierten Konzernunternehmen eine Pflicht zur Segmentberichterstattung. 1999 wurde vom Deutschen Standardisierungsrat außerdem DRS 3 zur Segmentberichterstattung verabschiedet. Vgl. DRSC (1999), DRS 3. Segmentinformationen offen legen müssen ebenfalls deutsche börsennotierte Unternehmen, die gemäß § 292 a HGB nach US-GAAP oder IAS bilanzieren. Allerdings veröffentlichen viele deutsche Unternehmen noch nicht einmal die von den Standards geforderten Mindestangaben zu ihren Segmenten. Vgl. Feldkämper (2003).

[150] Vgl. Link (1991), S. 318 f.; Bittner (1996), S. 14; Schulz (1999), S. 118.

Tabelle 1: Maßnahmen der Investor Relations

Persönliche Maßnahmen	• Hauptversammlung • Road Shows[151] • Einzel- und Gruppengespräche mit Analysten und institutionellen Investoren • (DVFA-)Analystenkonferenzen • Pressekonferenzen • Betriebsbesichtigungen
Unpersönliche Maßnahmen	• Geschäftsberichte • Zwischenberichte • Weitere Publikationen wie z. B. Factbooks,[151] Aktionärsbriefe und –zeitungen,[151] Presseinformationen • Finanz- und Imageanzeigen[151] • Fernsehen/Radio/Kino/Internet
Unterstützende Maßnahmen	• Videofilme • Gewinnspiele • Warenproben und "Give-Aways"

Quellen: Link (1993), S. 129; Schulz (1999), S. 119 ff.; Kirchhoff (2001), S. 42 ff.

In vielen Fällen erläutern Analysten und Investoren vorläufige Versionen ihrer Prognosen und Studien gegenüber den Investor-Relations-Mitarbeitern des Unternehmens.[152] Dadurch erhalten die Investor-Relations-Manager die Gelegenheit, falsche Annahmen von Analysten und Investoren zu verbessern und beispielsweise genauer zu erläutern, warum eine bestimmte Aufwandsposition in der Gewinn- und Verlustrechnung im letzten Quartal ge-

[151] Mit so genannten Road Shows besuchen Unternehmensvertreter i. d. R. ein- bis zweimal pro Jahr wichtige Finanzplätze und stellen das Unternehmen Analysten und institutionellen Investoren vor. In Factbooks werden kurz und prägnant wesentliche Informationen über ein Unternehmen zusammengefasst. Aktionärsbriefe informieren vor allem über außergewöhnliche Ereignisse wie z. B. Akquisitionen. Dagegen erscheinen Aktionärszeitungen in regelmäßigen Abständen mit aktuellen Informationen. Finanzanzeigen sind beispielsweise Einladungen zu Hauptversammlungen, Bilanzanzeigen oder Anzeigen mit Kapitalmarktinformationen. Vgl. Kirchhoff (2001), S. 45, 47 f. u. 50.

[152] Allerdings wird diese Praxis durch neuere rechtliche Vorschriften sowohl in Deutschland als auch in den USA eingeschränkt. Zu den neuen Regelungen vgl. Abschnitt 2.2.2.3 dieser Arbeit.

stiegen ist und in den nächsten Quartalen wieder sinken wird. Mitarbeiter der Investor-Relations-Abteilung erhalten einen Eindruck von der Erwartungshaltung der Analysten und Investoren. Auf Grundlage dieses Wissens können Investor-Relations-Manager so genanntes Expectations Management betreiben; d. h. sie können die Erwartungen der anderen Kapitalmarktteilnehmer gezielt beeinflussen.[153]

Während Unternehmen mit einigen der Investor-Relations-Maßnahmen Kapitalmarktteilnehmern auf freiwilliger Basis Informationen bereitstellen, sind andere Maßnahmen der laufenden Kapitalmarktkommunikation wie Geschäftsberichte, Zwischenberichte und Hauptversammlungen durch gesetzliche Vorschriften motiviert. Für deutsche Kapitalgesellschaften finden sich Vorschriften zur Offenlegung von Jahresabschluss, Lagebericht, Bericht des Aufsichtsrats sowie Gewinnverwendungsvorschlag und -beschluss in § 325 ff. HGB. Form und Inhalt der Unterlagen bei Offenlegung, Veröffentlichung und Vervielfältigung sind in § 328 HGB geregelt. Veröffentlichungspflicht und Inhalt von Zwischenberichten werden in § 40 BörsG und § 53 - § 62 BörsZulV festgelegt. § 118 ff. AktG enthält Bestimmungen zur Hauptversammlung von Aktiengesellschaften. § 131 Abs. 1 AktG gibt jedem Aktionär in der Hauptversammlung das Recht auf Auskunft über Angelegenheiten der Gesellschaft, die zur sachgemäßen Beurteilung von Tagesordnungspunkten erforderlich sind.[154] § 131 Abs. 4 AktG legt fest, dass jeder Aktionär auf Verlangen solche Informationen in der Hauptversammlung erhält, die anderen Aktionären außerhalb der Hauptversammlung gegeben wurden. Diese gesetzlich festgelegte Gleichberechtigung der Anleger ist praktisch jedoch kaum herzustellen. Kleinaktionäre wissen nicht, worüber Analysten und institutionelle Investoren beispielsweise in Einzelgesprächen (so genannten One-on-one) Informationen und Erläuterungen erhalten haben. Daher können Kleinaktionäre solche Auskünfte auch nicht auf der Hauptversammlung einfordern.[155]

Neben gesetzlichen Vorschriften müssen Unternehmen häufig zusätzliche Informationsanforderungen der Börsen erfüllen. Beispielsweise mussten Unternehmen des Neuen Marktes die Vorschriften eines Regelwerkes der Deutschen Börse befolgen und waren dadurch unter anderem verpflichtet, nach internationalen Rechnungslegungsvorschriften zu bilanzieren, Quartals- und Jahresabschlüsse innerhalb von zwei bzw. drei Monaten nach Ende des

153 Vgl. Janßen (2001), S. 568.

154 § 131 Abs. 3 AktG schränkt das Auskunftsrecht des Aktionärs wieder ein. Der Vorstand darf die Auskunft unter bestimmten Bedingungen verweigern; so z. B. wenn das Unternehmen nach vernünftiger kaufmännischer Beurteilung durch die Erteilung der Auskunft nicht unerheblich benachteiligt würde.

155 Vgl. Schulz (1999), S. 113.

Quartals bzw. des Geschäftsjahres zu veröffentlichen sowie mindestens eine Analystenveranstaltung pro Jahr abzuhalten.[156]

Insbesondere bei persönlichen Investor-Relations-Maßnahmen besteht die Gefahr, insiderrechtliche Regelungen und Vorschriften zur Ad-hoc-Publizität zu verletzen. Gemäß § 15 WpHG muss ein Emittent von im Inland börsennotierten Wertpapieren unverzüglich Tatsachen veröffentlichen, die wegen ihrer Auswirkungen auf die Vermögens- oder Finanzlage oder auf den allgemeinen Geschäftsverlauf des Emittenten den Kurs des Wertpapiers erheblich beeinflussen können. Diese Vorschrift zur Ad-hoc-Publizität kann als eine insiderrechtliche Präventivmaßnahme angesehen werden, da nach der unverzüglichen Veröffentlichung einer kursrelevanten Tatsache keine Möglichkeit mehr zum Insiderhandeln besteht.[157] Von besonderer Bedeutung für die Investor-Relations-Arbeit sind auch die Vorschriften in § 14 Abs. 1 Ziffer 2 und 3 WpHG. Einem Insider[158] ist es verboten, jemand anderem nicht öffentlich bekannte, kursrelevante Tatsachen unbefugt mitzuteilen oder zugänglich zu machen. Außerdem darf ein Insider auf Grundlage seiner Kenntnisse keine Kauf- oder Verkaufsempfehlungen für Insiderpapiere geben.

Insiderregelungen dienen nicht nur dem Anlegerschutz, sondern bieten dem Management eines Unternehmens auch Rückzugsmöglichkeiten bei insistierenden Fragen von Analysten, Investoren und Journalisten.[159] In den USA verlangt die neue Regulation on Selective Disclosure and Insider Trading („Regulation Fair Disclosure“, „Reg FD“), dass wesentliche Informationen nicht mehr selektiv an einzelne Marktteilnehmer wie besonders wichtige Analysten oder institutionelle Investoren weitergegeben werden dürfen. Die allgemeine Öffentlichkeit muss zur gleichen Zeit wie alle anderen Marktteilnehmer Zugang zu solchen wesentlichen Informationen bekommen.[160]

---

156 Vgl. FWB (2001).

157 Vgl. Zitzmann/Taubert (2001), S. 80. Zu einer Übersicht über die gewöhnlich von § 15 WpHG erfassten Tatsachen vgl. ebenda, S. 82. Als Faustregel gilt, dass eine neue Tatsache dann kursrelevant ist, wenn sie einen rational handelnden Investor veranlassen könnte, das Wertpapier zu kaufen oder zu verkaufen. Vgl. Leis (2001), S. 335. Die Ad-hoc-Publizität ist in der Vergangenheit vor allem von vielen am Neuen Markt notierten Unternehmen missbraucht worden. Ad-hoc-Meldungen waren oft zu unpräzise und zu umfangreich und enthielten statt Tatsachen oft nur Pläne und Absichten. In der Praxis wird dann von „Ad-hoc-Schrott“ gesprochen. Vgl. Dreyling (2001), S. 377.

158 § 13 WpHG definiert die Begriffe Insider und Insidertatsache. Zu den Insidertatsachen gehören grundsätzlich alle nicht öffentlich bekannten, kursrelevanten Informationen. Dazu gehören auch Prognosen, Meinungen und Werturteile. Vgl. Schneider/Burgard (2001), S. 357 ff. § 12 WpHG legt den Begriff Insiderpapier inhaltlich genau fest. Straf- und Bußgeldvorschriften für Verstöße gegen §§ 14, 15 WpHG finden sich in §§ 38, 39 WpHG.

159 Vgl. Schneider/Burgard (2001), S. 355 f.

160 Vgl. o. V. (2000b), S. 19; Baccardax (2001), S. 16.

Für die Investor-Relations-Arbeit von Unternehmen ist außerdem das Verbot der Kurs- und Marktpreismanipulation in § 39 Abs. 1 Nr. 1, 2 i. V. m. § 20a WpHG von Bedeutung. Demnach ist es untersagt, falsche Informationen zu verbreiten oder Informationen entgegen rechtlichen Verpflichtungen zu verschweigen, um auf diese Weise Kurse zu beeinflussen.

2.2.2 Analysten

2.2.2.1 Arten von Analysten

Aktienanalysten arbeiten meistens für Banken, institutionelle Anleger oder Brokerhäuser. Sie beschaffen, analysieren und verbreiten Informationen, die für Kapitalanlageentscheidungen von Investoren relevant sind. Häufig werden Sell-Side-Analysten und Buy-Side-Analysten unterschieden. Buy-Side-Analysten sind bei institutionellen Investoren angestellt und versorgen die hauseigenen Portfoliomanager mit Aktienanalysen, wohingegen Sell-Side-Analysten ihre Studien Portfoliomanagern von anderen Kapitalanlagegesellschaften anbieten oder an die Vermögensberater und die Sales-Abteilung des eigenen Hauses weiterleiten.[161] Sell-Side-Analysten sind stärker spezialisiert und konzentrieren sich auf eine geringere Zahl von Unternehmen als Buy-Side-Analysten. Daher nutzen Buy-Side-Analysten Studien von Sell-Side-Analysten auch als Input für eigene Analysen. In Universalbanken können Buy-Side-Analysten und Sell-Side-Analysten für das gleiche Haus tätig sein.[162] Im Folgenden soll das Hauptaugenmerk auf der Arbeit der Sell-Side-Analysten liegen.

Nach der verwendeten Analysemethode können technische Analysten und Anhänger der fundamentalen Aktienanalyse unterschieden werden. Die fundamentale Aktienanalyse verwendet unternehmensbezogene, branchenbezogene und gesamtwirtschaftliche Daten, mit deren Hilfe der so genannte innere Wert einer Aktie ermittelt wird, um den der Aktienkurs annahmegemäß längerfristig schwankt.[163] Dagegen versuchen technische Analysten, durch Beobachtung der Kursentwicklung möglichst schnell Trends und Trendunterbrechungen zu erkennen.[164] In der Praxis ist die fundamentale Analyse wesentlich weiter verbreitet als die technische Analyse.[165] Des Weiteren können von den typischen Aktienanaly-

161 Vgl. z. B. Diehl (2001), S. 403; Schipper (1991), S. 106.
162 Vgl. Bittner (1996), S. 24 f.
163 Vgl. Hielscher (1999), S. 48 f. Zur Fundamentalanalyse vgl. genauer die Abschnitte 3.1 und 3.2 dieser Arbeit.
164 Vgl. ebenda, S. 174.
165 Vgl. Kames (2000), S. 52.

sten, die eine bestimmte Zahl von einzelnen Unternehmen beobachten („covern“), auch strategische Analysten unterschieden werden, die sich mit der Frage des Über- oder Untergewichtens von bestimmten Branchen und Ländern sowie mit dem Zeitpunkt und der Höhe von Engagements am Aktienmarkt befassen und sich dabei stärker an branchenbezogenen und makroökonomischen Daten orientieren.

2.2.2.2 Research-Arbeit der Analysten

Ein wesentliches Ergebnis der Arbeit von Sell-Side-Analysten sind Anlagestudien, die Investoren empfehlen, bestimmte Wertpapiere zu kaufen, zu verkaufen oder zu halten. Anlagestudien können sich auf einzelne Unternehmen oder ganze Branchen beziehen. In der Regel enthalten die Studien eine Beschreibung des Unternehmens und einen Ausblick auf die Geschäftsentwicklung, die für die nahe Zukunft erwartet wird. Außerdem wird in den Studien beurteilt, ob die aktuelle Bewertung einer Aktie am Kapitalmarkt ungerechtfertigt hoch oder niedrig ist. Auf dem Titelblatt der Studien werden Prognosen für den Kurs und für wesentliche Kennzahlen des Rechnungswesens (Umsatz, Ergebnis je Aktie)[166] sowie ein zusammenfassendes Anlageurteil aufgeführt. Meistens lauten die Anlageurteile nicht einfach „Kaufen“, „Verkaufen“ oder „Halten“, sondern werden feiner abgestuft (z. B. „Buy“, „Strong Buy“, „Accumulate“, „Overweight“ etc.). Das Verwenden einer Systematik mit mehr als drei Stufen wird allerdings als verwirrende Scheingenauigkeit kritisiert.[167]

Investoren zahlen meistens nicht auf direktem Wege für die Research-Berichte von Sell-Side-Analysten. Stattdessen erfolgen so genannte Soft-Dollar Payments. Als Gegenleistung für Research-Berichte und weitere Dienstleistungen der Analysten wickeln institutionelle Investoren Wertpapiertransaktionen über die Bank des Analysten ab, die dadurch Kommissionseinnahmen erzielt.[168] Irvine (2001) untersucht die 100 größten an der Toronto Stock Exchange[169] gelisteten Unternehmen im Zeitraum September 1993 bis August 1994 und stellt fest, dass Brokerage-Häuser einen größeren Handelsumsatz und einen höheren Marktanteil bei den Aktien erreichen, die sich auf der Coverage-Liste der Analysten des Brokerage-Hauses befinden. Durchschnittlich liegt der Marktanteil eines Brokerage-Hauses für Aktien auf der Coverage-Liste um 3,8% höher als für andere Aktien.

---

166 Zu Ergebnisprognosen der Analysten vgl. genauer Kapitel 5 dieser Arbeit.

167 So ergab die Untersuchung einer Stichprobe von Anlageurteilen, dass durch das Befolgen von eingeschränkten Kaufempfehlungen eine höhere Rendite als durch das Befolgen uneingeschränkter Kaufempfehlungen erzielt werden konnte. Vgl. o. V. (2000a), S. 186; vgl. auch o. V. (2002b), S. 25.

168 Vgl. Conrad/Johnson/Wahal (2001); Healy/Palepu (2003), S. 80; Hetzer/Palan/Seeger (2001a).

169 Anders als für die Toronto Stock Exchange liegen für die NYSE und die NASDAQ keine Daten zu den Umsätzen einzelner Brokerage-Häuser mit einzelnen Aktien vor. Vgl. Irvine (2001), S. 210.

Banken bieten Research ihrer Analysten allerdings nicht nur an, um höhere Kommissionseinnahmen zu erzielen. Analysten helfen darüber hinaus auch, die Dienstleistungen von Banken im Bereich Corporate Finance zu vermarkten. Die Reputation des Analystenteams einer Bank ist für Unternehmen ein wesentliches Kriterium bei der Wahl einer Underwriter-Bank für Aktienemissionen. Aus Sicht der Unternehmen stellen angesehene Analysten die Garanten dafür dar, dass Aktienemissionen durch das Research der Analysten die Aufmerksamkeit der Investoren auf sich ziehen.[170] Die wichtigste Finanzierungsquelle für die meisten Research-Abteilungen von Banken sind interne Zahlungen aus dem Underwriting-Geschäft der Banken.[171]

Mögliche Einnahmen der Banken aus dem Handel mit Wertpapieren und aus dem Bereich Corporate Finance haben einen Einfluss darauf, welche Aktien Analysten in ihre Coverage aufnehmen.[172] Chung (2000) untersucht Coverage-Entscheidungen US-amerikanischer Analysten im Zeitraum von 1985 bis 1996 und kommt zu dem Ergebnis, dass Analysten Aktien mit hohem Handelsvolumen und daher potentiell hohen Kommissionseinnahmen sowie Aktien mit einem Rating von Standard and Poor's bevorzugen. Ein Rating von B oder darüber zieht besonders viele Analysten an. Eine Heraufstufung erhöht die Coverage eines Unternehmens und eine Herabstufung macht ein Unternehmen entsprechend unattraktiver. Analysten folgen damit der Präferenz von institutionellen Investoren, die bei Investitionen in Aktien mit gutem Rating leichter nachweisen können, dass sie ihrer Sorgfaltspflicht nachgekommen sind.[173] Barth/Kasznik/McNichols (2001) untersuchen US-amerikanische Unternehmen im Zeitraum von 1983 bis 1994 und kommen zu dem Ergebnis, dass die Coverage von Unternehmen mit hohem immateriellen Vermögen besonders hoch ist. Bei solchen Unternehmen ist die Unsicherheit von Investoren vermutlich relativ groß. Das Research der Analysten stößt daher auf eine starke Nachfrage der Anleger und ist besonders gut geeignet, Kommissionseinnahmen zu erzielen. Während Analysten für Aktien mit hohen Umsätzen, gutem Rating und hohem immateriellem Vermögen umfangreiche Anlageinformationen bereitstellen, besteht bei Aktien mit kleinerer Aktionärsbasis

[170] Vgl. Michaely/Womack (1999), S. 654 f.

[171] Die Bedeutung von Kommissionen als Gegenleistung für das Research der Analysten hat in den USA nachgelassen, nachdem 1975 das traditionelle System fixer Kommissionen abgeschafft wurde. In der Folge hat intensiver Wettbewerb dazu geführt, dass die Höhe der Kommissionen stark gesunken ist. Vgl. Healy/Palepu (2003), S. 80.

[172] Vgl. Achleitner/Bassen/Pietzsch (2001), S. 51.

[173] Vgl. Chung (2000).

die Gefahr, dass es zu einer Unterproduktion von Anlageinformationen mit möglicherweise negativen Auswirkungen auf die Informationseffizienz des Kapitalmarkts kommt.[174]

Je weniger Unternehmen auf der Coverage-Liste eines Analysten stehen, desto sorgfältiger kann ein Analyst die einzelnen Unternehmen beobachten. Die Spezialisierung der Analysten trägt zu den Kostenvorteilen von Analysten gegenüber solchen Investoren bei, die Informationen über eine Vielzahl von Unternehmen selber beschaffen und auswerten. Laut der Befragung von Bittner (1996) unter 90 deutschen Analysten liegt die durchschnittliche Zahl der beobachteten Unternehmen pro Analyst mit 37 höher als in den USA, wo Analysten durchschnittlich für 15 bis 20 Unternehmen zuständig sind. Somit haben Analysten vermutlich nicht genügend Zeit, alle Werte intensiv zu beobachten und müssen sich für einige Unternehmen auf Sekundärresearch beschränken.[175] Der Zeitdruck auf die Analysten hat in den letzten Jahren noch zugenommen.[176]

Um Anlagestudien erstellen zu können, müssen Analysten zunächst Informationen beschaffen. Die wichtigsten Informationen erhalten Analysten von den Unternehmen selbst. Analysten sind eine besonders bedeutende Zielgruppe für die Investor-Relations-Maßnahmen der Unternehmen,[177] da sie ihre Anlageempfehlungen entweder als Sell-Side-Analysten an viele Investoren oder als Buy-Side-Analysten auf direktem Wege an die Portfoliomanager der institutionellen Investoren weiterleiten, die über die Anlage hoher Kapitalvolumina entscheiden. Untersuchungen zur Bedeutung verschiedener Informationsquellen für Analysten kommen übereinstimmend zu dem Ergebnis, dass der persönliche Kontakt mit möglichst hochrangigen Unternehmensvertretern besonders wichtig für Analysten ist. Eine Befragung von 84 deutschen Analysten durch Schulz (1999) zeigt, dass Analysten Gespräche mit Vorstandsmitgliedern als wichtigste Informationsquelle ansehen. Treffen mit Investor-Relations-Managern und Telefonkonferenzen werden von 97 % bzw. 94 % als wichtige oder sehr wichtige Informationsquelle bezeichnet und belegen Platz vier und fünf hinter der Bekanntgabe von Zwischenergebnissen und Quartalsergebnissen sowie Unternehmensmitteilungen, aber noch vor einer Vielzahl weiterer Informationsquellen wie z. B. Finanzdiensten, Geschäftsberichten, Aktionärsbriefen, Pressekonferenzen und der Finanz-

[174] Vgl. Rapp (1995), S. 35 f.
[175] Vgl. Bittner (1996), S. 25; vgl. auch Schipper (1991), S. 112.
[176] Vgl. Hetzer/Seeger (2000), S. 176.
[177] Vgl. Diehl/Loistl/Rehkugler (1998), S. 7 f.

presse.[178] Die hohe Bedeutung von Zwischenergebnissen, Quartalsergebnissen und Unternehmensmitteilungen lässt sich durch die Zeitnähe der Informationen erklären, die es ermöglicht, eigene Einschätzungen und Prognosen zu aktualisieren.[179] Diese Informationen erleichtern es, die Nachhaltigkeit der Ergebnisentwicklung von Unternehmen einzuschätzen.

Die Befragungen von 140 angesehenen US-amerikanischen Sell-Side-Analysten durch Epstein/Palepu (1999) und von 42 britischen Analysten durch Barker (1998) bestätigen, dass der direkte Kontakt mit dem Unternehmen die wichtigste Informationsquelle für Analysten darstellt.[180] In der US-amerikanischen Untersuchung wurden Analystentreffen und Geschäftsberichte als zweit- und drittwichtigste Quelle genannt.[181] Ähnlich belegen Analystentreffen und die Bekanntgabe von Unternehmensergebnissen in der britischen Studie die Plätze zwei und drei. Als Ursachen für die Wichtigkeit des persönlichen Kontakts zu Unternehmensvertretern werden die Aktualität der Informationen und die Möglichkeit zu gezielten Fragen genannt. Außerdem heben Analysten hervor, dass der direkte Kontakt die Erörterung von strategie- und zukunftsbezogenen Fragen erlaubt und die Chance eröffnet, einen Wettbewerbsvorteil gegenüber konkurrierenden Analysten zu erlangen.[182] Zu diesen Aussagen passt das Ergebnis von Schulz, dass Analysten und Investoren Informationen über die Managementqualität und über die langfristige Strategie eines Unternehmens, also am besten im direkten Gespräch erfahrbare Informationen, noch vor der Segmentberichterstattung als die am dringendsten benötigten Informationen bezeichnen.[183] Allerdings kommt die Untersuchung von Pike/Meerjanssen/Chadwick (1993) bei einer Befragung von 47 deutschen Analysten im Gegensatz zu Schulz zu dem Ergebnis, dass Diskussionen mit Unternehmensvertretern hinter Analystentreffen und Geschäftsberichten nur den dritten Rang einnehmen. Die gleiche Studie bestätigt für 92 befragte britische Analysten, dass

[178] Achleitner/Bassen/Pietzsch/Wichels (2002) kommen ebenfalls zu dem Ergebnis, dass persönliche Kontakte zum Unternehmen für Analysten sehr wichtig sind. Auch Quartalsberichte werden in dieser Studie von Analysten als eine besonders bedeutende Informationsquelle eingestuft. Vgl. Achleitner/Bassen/Pietzsch/Wichels (2002), S. 36.

[179] Vgl. Schulz (1999), S. 192 ff.

[180] Vgl. Epstein/Palepu (1999), S. 49; Barker (1998), S. 11.

[181] Vgl. Epstein/Palepu (1999), S. 49.

[182] Vgl. Barker (1998), S. 10 ff.

[183] Vgl. Schulz (1999), S. 200. In der Studie von Epstein/Palepu wünschen sich 85% von 140 befragten US-amerikanischen Analysten, mehr Informationen über die Strategie, die Geschäftsrisiken, die Flexibilität und die Liquidität der Unternehmen zu erhalten. Vgl. Epstein/Palepu (1999), S. 50.

Diskussionen mit Unternehmensvertretern wichtiger als andere Informationsquellen sind.[184]

Auf die Informationsbeschaffung folgt die Analyse der Informationen. Analysten fassen ihre Informationen in Research-Berichten zusammen und verdichten die Informationen zu Anlageempfehlungen, Kurszielen sowie Prognosen von Rechnungslegungsgrößen. Die Analyse der Informationen lässt sich in vier Schritte untergliedern.[185] Am Anfang steht eine hauptsächlich qualitative Branchenanalyse und die Beurteilung der Geschäftsstrategie eines Unternehmens. Anschließend überprüfen Analysten auf Basis ihres detaillierten Wissens über Branchen und Unternehmen, wie gut Rechnungslegungsdaten die wirtschaftliche Realität eines Unternehmens abbilden. Wirkungen bilanzpolitischer Maßnahmen werden soweit wie möglich aufgedeckt, und Rechnungslegungsdaten werden um außergewöhnliche und verzerrende Einflüsse bereinigt. Im dritten Schritt werden die aktuelle und die vergangene Performance eines Unternehmens unter anderem anhand von Kennzahlen- und Cash-Flow-Analysen untersucht. Wichtig ist dabei die Frage, wie nachhaltig die Performance eines Unternehmens ist. Schließlich werden aufbauend auf den drei vorangehenden Analyseschritten wichtige Rechnungslegungsdaten wie Gewinn und Umsatz oder vollständige Gewinn- und Verlustrechnungen prognostiziert. Anhand der geschätzten Daten und der gesammelten Informationen kann das Unternehmen bewertet werden.

In den letzten Jahrzehnten haben sich die Anforderungen an Analysten parallel zur Globalisierung der Finanz- und Gütermärkte gewandelt. Um Unternehmen vergleichen zu können, die ihre Bilanzen nach unterschiedlichen nationalen oder internationalen Rechnungslegungsvorschriften erstellen, müssen Analysten diese Vorschriften kennen und wissen, wie Rechnungslegungsdaten für internationale Vergleiche angepasst werden können. Insbesondere auf Branchen spezialisierte Analysten müssen internationale Vergleiche von Unternehmen vornehmen.

Zum Umgang mit internationalen Unterschieden in der Rechnungslegung befragten Miles/ Nobes (1998) siebzehn Analysten und Fondsmanager aus London. Drei der Befragten erkannten, dass Rechnungslegungsdaten für internationale Vergleiche angepasst werden müssen. Allerdings passte nur ein Analyst ausländische Rechnungslegungsdaten in größerem Umfang an britische Vorschriften an. Zwei andere Analysten machten die Goodwillab-

---

[184] Vgl. Pike/Meerjanssen/Chadwick (1993), S. 496. Die unterschiedlichen Ergebnisse für deutsche Analysten deuten möglicherweise auf ein im Zeitablauf verändertes Verhalten der deutschen Analysten hin.

[185] Vgl. dazu Palepu/Healy/Bernard (2000), Kap. 1, S. 7 ff.

schreibungen rückgängig. Zwei Analysten und ein Fondsmanager nutzten für Anpassungen entweder Daten aus Überleitungsrechnungen nach IAS bzw. US-GAAP oder das DVFA-Ergebnis bei deutschen Unternehmen. Elf der siebzehn Befragten nahmen überhaupt keine Anpassungen vor. Trotzdem verließen sich fast alle Fondsmanager auf die Analysten und nahmen in den meisten Fällen fälschlicherweise an, dass Analysten die notwendigen Anpassungen in ihren Studien schon vorgenommen hätten. Die Kenntnisse der Befragten über die britischen und US-amerikanischen Bilanzierungsvorschriften zur Behandlung des Goodwill waren noch relativ gut. Entsprechendes Wissen über deutsche, französische und japanische Vorschriften war aber deutlich weniger weit verbreitet. Kenntnisse über Methoden der Vorratsbewertung und über die Bilanzierung von latenten Steuern waren kaum vorhanden. Insgesamt stellen Miles/Nobes einen deutlichen Mangel an Wissen über internationale Rechnungslegungsunterschiede fest. Da unterschiedliche Bilanzierungsvorschriften zum Goodwill, zur Vorratsbewertung und zu latenten Steuern einen substantiellen Einfluss auf die Höhe des ausgewiesenen Ergebnisses haben können, kann das mangelnde Wissen von Analysten möglicherweise zu falschen Anlageurteilen und schlechten Prognosen führen.[186]

Die Qualität der Arbeit von Analysten ist also nicht über jeden Zweifel erhaben. Sofern Analysten Informationen aber korrekt verarbeiten und weitergeben, stiftet die Arbeit der Analysten nicht nur einen individuellen Nutzen für die Investoren, sondern darüber hinaus auch einen sozialen Nutzen. Das Research der Analysten könnte dann zu einem höheren Grad der Informationseffizienz von Märkten und zum Monitoring von Managern in den Unternehmen beitragen. Die Ergebnisse von Hong/Lim/Stein (2000) sprechen für eine positiven Einfluss der Arbeit von Analysten auf die Informationseffizienz von Kapitalmärkten. Hong/Lim/Stein untersuchen US-amerikanische Aktien im Zeitraum von 1980 bis 1996 und kommen zu dem Ergebnis, dass Momentum-Strategien, also der Kauf von Gewinneraktien und der Verkauf von Verliereraktien,[187] höhere Renditen für Aktien mit niedriger Analysten-Coverage erzielen. Der Einfluss der Analysten-Coverage ist für Verlierer-Aktien deutlich stärker ausgeprägt als für Gewinner-Aktien. Schlechte Unternehmensnachrichten scheinen demnach besonders langsam in die Kurse von Aktien mit niedriger Coverage einzugehen. Elgers/Lo/Pfeiffer (2001) untersuchen US-amerikanische Unternehmen im Zeitraum von 1982 bis 1998 und ermitteln eine verzögerte Kursreaktion auf Ergebnispro-

186 Vgl. Miles/Nobes (1998), S. 313 ff.

187 Vgl. dazu Jegadeesh/Titman (1993) und Abschnitt 2.1.5.2 dieser Arbeit.

gnosen von Analysten. Die Verzögerung ist ausgeprägter für Unternehmen mit niedriger Analysten-Coverage.

Die Research-Arbeit von Analysten stellt eine Form des Monitoring von Managern durch Spezialisten dar und kann daher unter Umständen dazu beitragen, Konflikte zwischen Managern und Aktionären eines Unternehmens zu entschärfen.[188] Manager verfolgen persönliche Ziele, die nicht immer mit der Maximierung des Shareholder Value vereinbar sind. Es besteht die Gefahr, dass sich Manager auf Kosten des Unternehmens und damit der Aktionäre unangemessene Vorteile verschaffen. Analysten erschweren Managern ein solches Verhalten, indem sie Investoren über die Handlungen der Manager informieren. Moyer/Chatfield/Sisneros (1989) untersuchen Ergebnisprognosen von Analysten aus dem Jahr 1985 für Unternehmen des Standard and Poor's 500 Index und finden Hinweise auf eine Monitoring-Funktion von Analysten. Je niedriger der Anteil von Unternehmensinsidern am Aktienbesitz ist,[189] desto höher ist die Zahl der Analysten, die Research über ein Unternehmen anbieten. Bei niedrigem Anteilsbesitz der Manager sind Eigentum und Kontrolle eines Unternehmens vergleichsweise strikt getrennt und die Notwendigkeit für ein Monitoring von Managern ist besonders groß. Die Ergebnisse von Doukas/Kim/Pantzalis (2000) für US-amerikanische Unternehmen im Zeitraum von 1988 bis 1994 deuten ebenfalls auf eine Monitoring-Funktion von Analysten hin.[190] Der Einfluss des Anteils von Unternehmensinsidern am Aktienbesitz wird in der Studie bestätigt. Auch wenn die empirischen Studien für eine Monitoring-Funktion von Analysten sprechen, kann dieser Überwachungsmechanismus dennoch nur als eingeschränkt wirksam bezeichnet werden. Analysten können Manager nur indirekt mit Hilfe kritischer Research-Berichte sanktionieren. Zuverlässigere Instrumente zur Disziplinierung von Managern stehen den Analysten nicht zur Verfügung.[191] Des Weiteren können Analysten Anreize haben, kritische Äußerungen in Research-Berichten zu vermeiden. Diese Anreize sollen im folgenden Abschnitt der vorliegenden Arbeit genauer beschrieben werden.

---

188 Vgl. Jensen/Meckling (1976), S. 354 f.

189 Moyer/Chatfield/Sisneros untersuchen auch den Einfluss weiterer Stellvertretervariablen für die Nachfrage nach einem Monitoring durch Analysten auf die Coverage. Die Ergebnisse deuten ebenfalls auf eine Monitoring-Funktion der Analysten hin.

190 Weitere Anzeichen für eine Monitoring-Funktion von Analysten ergeben sich aus den Ergebnissen von Chung/Jo (1996).

191 Vgl. Achleitner/Bassen/Pietzsch (2001), S. 49.

2.2.2.3 Interessenkonflikte der Analysten

Neben den bereits genannten Punkten gibt es noch weitere Gründe für Kritik an den Analysten. Bemängelt wird vor allem, dass Analysten zu optimistisch seien. Auf „Verkaufen" lauten nach Angaben von Thomson Financial/First Call nur 1,8% von fast 25.000 erfassten Analystenempfehlungen, die in der Datenbank des Unternehmens seit 1976 für die USA erfasst worden sind.[192] Bei der Investmentbank Dresdner Kleinwort Wasserstein waren laut einer hauseigenen Untersuchung im Juni 2000 56% der Anlageurteile positiv, 35% neutral und 8% negativ.[193] Übertriebener Optimismus gefährdet die Reputation und die Glaubwürdigkeit der Analysten. Es entstehen ernsthafte Zweifel daran, dass Analysten Investoren optimal mit Informationen versorgen und in bestmöglicher Weise zum Monitoring von Managern und zu einem hohen Grad der Informationseffizienz von Kapitalmärkten beitragen.

Anreize für Analysten

Die Ursache für die geringe Zahl von negativen Studien wird häufig in Interessenkonflikten der Analysten gesehen. Analysten verfolgen nicht notwendigerweise ausschließlich die Interessen der Investoren, sondern auch oder sogar vor allem ihre eigenen Ziele. Anreize zu optimistischem Research können aus der Bezahlung von Analysten resultieren. Die Entlohnung eines Analysten hängt neben seiner Reputation[194] nämlich wesentlich von dem Beitrag ab, den der Analyst zu Umsatz und Gewinn seines Analyseinstitutes in anderen Geschäftsfeldern leistet.[195]

Analysten können ihr Einkommen wesentlich verbessern, wenn sie zu einem höheren Umsatz des Bereichs Corporate Finance ihrer Investmentbank beitragen. Beispielweise kann eine Bank ihre Chancen erhöhen, Underwriter für eine Aktienemission zu werden, wenn sie angesehene Analysten beschäftigt, die ein Unternehmen nach der Emission in ihre Coverage aufnehmen können und durch Research-Berichte bekannter machen. Dementsprechend lautet ein weit verbreiteter Vorwurf, Analysten seien nur Erfüllungsgehilfen der Banken, die auf der Suche nach lukrativen Aufträgen für das Investment Banking sind.

---

192 Vgl. o. V. (2002b), S. 26.

193 Vgl. Lange (2002).

194 Zum Aufbau von Reputation und zu Entlohnungsverträgen, die die Glaubwürdigkeit von Analysten fördern, vgl. Hax (1998). Zur Glaubwürdigkeit von Analysten vgl. auch Cote (2000).

195 Vgl. Dugar/Nathan (1995), S. 134; Michaely/Womack (1999), S. 654; Achleitner/Bassen/Pietzsch (2001), S. 52. Allerdings sehen neue US-amerikanische Regelungen vor, dass das Gehalt von Analysten nicht mehr an den Erfolg des Finanzinstituts im Investment Banking oder in anderen Geschäftsfeldern gekoppelt werden darf. Vgl. dazu genauer im Folgenden.

Positive Studien der Analysten würden als Türöffner bei den Unternehmen genutzt. Verkaufsstudien sind von den Analysten einer Bank dann nicht zu erwarten, wenn die Bank sich gleichzeitig um ein Mandat für eine lohnende Transaktion wie einen Börsengang oder eine Übernahme bei dem Unternehmen bemüht. Auch im Anschluss an solche Transaktionen begleiten Analysten die Aktien dieser Unternehmen in der Regel mit positiven Studien. Positive Berichte und Prognosen verbessern außerdem die Aussichten einer Investmentbank, Folgeaufträge zu bekommen.[196]

In der Presse wird sogar von Fällen berichtet, in denen Analysten wegen einer Verkaufsempfehlung ihre Arbeitsstelle verloren oder zumindest gefährdet haben.[197] Staranalysten wird vorgeworfen, die Internet-Euphorie angeheizt zu haben, um Investmentbanken höhere Gewinne aus den Börsengängen von Internetunternehmen zu sichern.[198] Aktien seien Anlegern zum Kauf empfohlen worden, obwohl die Papiere bankintern gleichzeitig als nicht kaufenswert eingestuft worden waren.[199] Nach einer Untersuchung der US-amerikanischen Wertpapieraufsichtsbehörde Securities and Exchange Commission (SEC) ist es an der Wall Street nicht unüblich, dass Analysten Aktien eines Unternehmens vor einem Börsengang kaufen und anschließend positive Studien zu diesen Aktien verfassen. Einige Analysten erzielten in den Jahren 1999 und 2000 sogar hohe Gewinne, indem sie rechtzeitig High-Tech-Aktien verkauften, für die sie öffentlich noch Kaufempfehlungen abgegeben hatten.[200] Sofern die Bezahlung der Analysten von der Höhe der Kommissionseinnahmen abhängt, besteht ein zusätzlicher Anreiz zu gemäßigt optimistischen Research-Berichten. Denn Kommissionseinnahmen können besser über Kaufstudien generiert werden.[201] Gleichzeitig dürfen Studien aber auch nicht so übertrieben positiv sein, dass Anleger ihr Vertrauen in die Analysten vollends verlieren.

Neben dem Umsatz im Bereich Corporate Finance ist die Reputation die zweite wichtige Determinante der Bezahlung von Analysten. Förderlich für die Reputation eines Analysten sind gute Platzierungen in öffentlichen Rankings. In den USA wird das Ranking des Magazins *Institutional Investor* besonders stark beachtet.[202] Das Ranking basiert auf Interviews unter Fondsmanagern und anderen Abnehmern der Research-Arbeit von Sell-Side-Analys-

---

[196] Vgl. Michaely/Womack (1999), S. 653 ff.; Dugar/Nathan (1995), S. 132 ff.; Lin/McNichols (1998), S. 105 f.; Teo (2000); o. V. (2001a), S. 27; o. V. (2001b), S. 25.

[197] Vgl. Hetzer/Palan/Seeger (2001a); dieselben (2001b); o. V. (2002b), S. 25.

[198] Vgl. Hirn (2001).

[199] Vgl. o. V. (2002c).

[200] Vgl. o. V. (2001b), S. 25.

[201] Vgl. Lin/McNichols (1998), S. 106; De Bondt/Thaler (1990), S. 55.

[202] Auch im Internet finden sich Rankings von Analysten. Siehe z. B. Starmine.com.

ten. Die Befragten beurteilen Ergebnisschätzungen, Aktienempfehlungen, Research-Berichte und weitere Serviceleistungen von Analysten.[203] Für seine Reputation muss ein Analyst möglichst informative Research-Berichte, profitable Aktienempfehlungen und genaue Ergebnisschätzungen veröffentlichen. Damit gerät der Analyst in eine schwierige Lage. Optimistisches Research fördert den Umsatz im Bereich Corporate Finance, schädigt aber möglicherweise die Reputation des Analysten.

Außer Unternehmen und Investmentbanken können auch die Portfoliomanager der institutionellen Anleger an optimistischem Research interessiert sein. Analysten können der Performance der Portfolios institutioneller Investoren schaden, wenn sie solche Wertpapiere herunterstufen, von denen institutionelle Investoren eine große Menge in ihrem Portfolio halten. Daher üben institutionelle Investoren Druck auf Analysten aus, um pessimistische Anlagestudien zu verhindern. In den USA können institutionelle Investoren kritische Analysten mit negativen Beurteilungen bei der jährlichen Umfrage des Magazins *Institutional Investor* bestrafen. Daraus ergeben sich negative Konsequenzen für Reputation und Einkommen der Analysten. Institutionelle Investoren können außerdem drohen, ihre Wertpapiertransaktionen nicht mehr über die Bank des Analysten abzuwickeln, so dass die Kommissionseinnahmen der Bank sinken.[204] In ähnlicher Weise bestehen Anreize zu optimistischem Research, wenn die Bank des Analysten oder der Analyst selbst Aktien der untersuchten Unternehmen in ihren Portfolios halten.[205]

Aus Sicht der Analysten spricht noch ein weiteres Argument für optimistisches Research. Analysten sind auf ein gutes Verhältnis zu Managern und Investor-Relations-Mitarbeitern der Unternehmen angewiesen. Manager des Unternehmens sind die wichtigste Informationsquelle für Analysten. Positive Anlagestudien helfen, einen privilegierten Zugang zu Informationen über Unternehmen zu erhalten und dadurch gegenüber konkurrierenden Analysten Wettbewerbsvorteile zu erlangen.[206] Gute Informationen vom Management eines Unternehmens ermöglichen es Analysten, aussagekräftige Research-Berichte zu erstellen. Vom Optimismus der Analysten geht neben einem direkten schädlichen Einfluss also

---

203 Vgl. Stickel (1992), S. 1811 f.; Hong/Kubik/Solomon (2000), S. 122; Leone/Wu (2002), S. 1 f.

204 Vgl. Boni/Womack (2002b), S. 110 f.; dieselben (2002a), S. 4; Boni/Giorgio/Masci (2002), S. 7.

205 Vgl. Boni/Womack (2002b), S. 107 f. u. S. 111.

206 Trotz Regulation FD versorgen Manager manche Analysten bevorzugt mit Informationen. Mit der wachsenden Verbreitung aktienbasierter Entlohnungsformen nimmt der Druck der Manager auf Analysten sogar noch zu. Vgl. Boni/Womack (2002b), S. 108 f. Ein Beispiel für die hier beschriebene Praxis von Unternehmen ist der Fall Enron. Das Unternehmen hatte gedroht, kritische Analysten von Informationsveranstaltungen auszuschließen. Ein weiterer Grund für die vielen Kaufempfehlungen von Analysten zur Enron-Aktie lag vermutlich darin, dass Enron einige der größten Banken mit Finanzdienstleistungen beauftragt hatte. Vgl. Boni/Giorgio/Masci (2002), S. 7 ff.

auch eine indirekte positive Wirkung auf die Qualität des Research aus. Der Nettoeffekt kann positiv oder negativ sein. Optimismus kann den Nutzen der Research-Arbeit von Analysten also unter Umständen erhöhen.[207]

Analysten führen noch ein weiteres Argument zu ihrer Verteidigung an. Sie versuchen die geringe Zahl von Verkaufsempfehlungen dadurch zu erklären, dass vor allem über solche Unternehmen Anlagestudien verfasst werden, die von Analysten von vornherein positiv beurteilt werden. Nach einer oder mehreren Verkaufsstudien hingegen streichen Analysten die entsprechende Aktie häufig aus ihrer Coverage.[208]

Für institutionelle Anleger stellen beschönigende Anlageurteile ohnehin kein größeres Problem dar. Professionelle Investoren kennen die Anreize für Analysten recht genau und können die optimistische Tendenz der Analysten daher besser einschätzen als private Anleger. Institutionelle Investoren interpretieren die Einstufung „Halten“ oder eine Zurückstufung von „Kaufen“ auf „Akkumulieren“ oft als Verkaufsempfehlung und orientieren sich insgesamt stärker an Veränderungen der Anlageempfehlungen als an dem Niveau der Anlageurteile.[209] Außerdem messen institutionelle Anleger dem Anlageurteil der Analysten insgesamt gesehen nur eine relativ geringe Bedeutung bei und legen stattdessen größeren Wert auf eine qualifizierte Analyse der Unternehmen in den Anlagestudien.[210]

Eine von der Universität Halle durchgeführte Untersuchung der Anlageurteile von Analysten für deutsche Unternehmen bestätigt, dass das bloße Befolgen der Kauf- und Verkaufsempfehlungen der Analysten nicht immer eine besonders günstige Anlagestrategie ist. Zwar schnitten die zwischen Januar 2000 und Ende September 2000 abgegebenen Analystenempfehlungen aller Bankhäuser besser ab als die jeweils zugehörigen Indizes Dax 30, Stoxx 50 und Nemax 50. Trotzdem hatte das Befolgen der Analystenempfehlungen am Neuen Markt nur eine negative jährliche Rendite von -31,7% zur Folge. Durch eine Orientierung an den Analystenempfehlungen konnten bei den deutschen Standardwerten des Dax 30 durchschnittlich nur 2% und bei den europäischen Standardwerten des Stoxx 50 6,8%

---

207 Vgl. Lim (2001); Francis/Philbrick (1993); Das/Levine/Sivaramakrishnan (1998).

208 Vgl. o. V. (2001a), S. 27; McNichols/O'Brien (1997).

209 Boni/Womack (2003) vergleichen für die USA über den Zeitraum von 1996 bis 2001 die Profitabilität einer Handelsstrategie, die sich an Kaufempfehlungen orientiert, mit der Profitabilität einer Strategie, die Herauf- und Herabstufungen als Kauf- bzw. Verkaufssignale interpretiert. Die zweite Strategie ist der ersten für den Gesamtzeitraum und für die Zeit des allgemeinen Abwärtstrends ab dem Beginn des Jahres 2000 überlegen. Allerdings schneidet die erste Strategie in der ersten Teilperiode von 1996 bis zum ersten Quartal des Jahres 2000 besser ab. Vgl. Boni/Womack (2003), S. 26 f.

210 Vgl. o. V. (2002b), S. 25; Boni/Womack (2002a), S. 3 f.

erzielt werden.[211] In anderen Jahren schnitten die Analysten nicht immer besser ab als die Vergleichsindizes. Teilweise hätten Anleger deutliche Verluste erlitten, wenn sie den Ratschlägen der Analysten gefolgt wären.[212]

Für die USA kommen Barber/Lehavy/McNichols/Trueman (2001, 2003) zu dem Ergebnis, dass in den Zeiträumen von 1986 bis 1996 und von 1996 bis 1999 bei Vernachlässigung von Transaktionskosten positive abnormale Renditen mit Hilfe von Anlagestrategien möglich waren, die sich an den Kauf- und Verkaufsempfehlungen der Analysten orientieren. Für die Jahre 2000 und 2001 ergibt sich allerdings ein völlig anderes Bild. Besonders stark empfohlene Aktien erzielten im Durchschnitt negative abnormale Renditen und Aktien mit den ungünstigsten Anlageurteilen verzeichneten positive abnormale Renditen. Die Studien für Deutschland und die USA zeigen, dass es für Anleger nicht in allen Fällen günstig ist, den Anlageempfehlungen von Analysten unkritisch zu folgen. Inwieweit sich die Anlageempfehlungen verbessern würden, wenn Analysten keinen Interessenkonflikten und keinen Anreizen zu optimistischem Research ausgesetzt wären, ist jedoch unklar.

Maßnahmen zur Vermeidung von Interessenkonflikten

Um Interessenkollisionen zwischen Aktien-Research und anderen Bankgeschäften zu entschärfen, haben Banken so genannte Chinese Walls innerhalb ihrer Häuser eingeführt, die Informationsströme zwischen Research-Abteilungen und anderen Bereichen der Banken abschneiden sollen.[213] Außerdem überwachen Compliance-Abteilungen der Banken Wertpapiertransaktionen und Telefongespräche der Analysten.

Als Reaktion auf die anhaltenden Vorwürfe gegenüber Analysten ist in Deutschland im Rahmen des vierten Finanzmarktförderungsgesetzes § 34b WpHG eingeführt worden.[214] Die Vorschrift verlangt, mögliche Interessenkonflikte in der Wertpapieranalyse offen zu legen. Eine Offenlegungspflicht besteht in drei Fällen: 1. Das Wertpapierdienstleistungsunternehmen hält eine Beteiligung von 1% oder darüber am Grundkapital des analysierten Unternehmens. 2. Das Wertpapierdienstleistungsunternehmen hat als Mitglied eines Konsortiums an der Emission von Wertpapieren des analysierten Unternehmens mitgewirkt.

---

211 Vgl. o. V. (2001c), (2001d), (2001e).

212 Vgl. Hetzer/Seeger (2000), S. 176 ff.; Hetzer/Palan (2003).

213 Lehar/Randl (2001) kommen allerdings zu dem Schluss, dass Chinese Walls in deutschen Universalbanken durchlässig sind. Analysten geben genauere Ergebnisprognosen ab, wenn ihre Banken Beteiligungen an den beobachteten Unternehmen halten.

214 Die Bundesanstalt für Finanzdienstleistungsaufsicht (BaFin) hat eine Bekanntmachung zur Auslegung einzelner Begriffe des § 34b WpHG veröffentlicht und die Vorschriften des § 34 WpHG dadurch konkretisiert. Vgl. BaFin (2003).

3. Das Wertpapierdienstleistungsunternehmen hat mit einem analysierten Unternehmen einen Vertrag geschlossen, auf Grund dessen es die analysierten Wertpapiere an der Börse oder am Markt betreut.[215] Außerdem soll gemäß einem Verordnungsentwurf des Bundesfinanzministeriums zur Konkretisierung des ebenfalls neu eingeführten § 20a WpHG das Verbot der Kurs- und Marktpreismanipulation beinhalten, dass Analysten keine Gerüchte und irreführende Anlageempfehlungen mit dem Ziel der Kursbeeinflussung verbreiten dürfen.[216]

Darüber hinaus hat die berufsständische Organisation Deutsche Vereinigung für Finanzanalyse und Asset Management (DVFA) einen neuen Verhaltenskodex für Analysten als freiwillige Selbstverpflichtung eingeführt. Der DVFA-Kodex für Finanzanalyse sieht ebenfalls Offenlegungspflichten zu möglichen Interessenkonflikten vor. So sind wirtschaftliche Verbindungen eines Analysten oder seines Research-Hauses zu den beobachteten Unternehmen offen zu legen. Außerdem ist Analysten der Handel mit Aktien untersagt, zu denen sie Anlagestudien schreiben. Weiterhin dürfen Analysten den beobachteten Unternehmen gegenüber keine Zusagen für positive Studien geben und keine Vergütungen von den beobachteten Unternehmen annehmen. Research-Berichte eines Analysten sollen vor ihrer Veröffentlichung von einem anderen Analysten gegengelesen werden.[217]

Zudem sieht der Maßnahmenkatalog der Bundesregierung zur Stärkung der Unternehmensintegrität und des Anlegerschutzes vor, die Wohlverhaltens- und Compliance-Regelungen für Finanzanalysten weiterzuentwickeln und auszudehnen.[218] Im deutschen Finanzministerium wird im Rahmen des Finanzmarktförderungsplans 2006 darüber nachgedacht, eine strikte Trennung von Research und Investment Banking in Deutschland durchzusetzen.[219]

In den USA enthält der Sarbanes-Oxley Act of 2002 einige Regelungen, die dazu dienen sollen, die angesprochenen Interessenkonflikte zu entschärfen. Als Ziel wird formuliert: „to improve the objectivity of research and provide investors with more useful and reliable

---

[215] Im Auftrag des Wirtschaftsministeriums haben von Rosen/Gerke (2001) einen Kodex für anlegergerechte Kapitalmarktkommunikation erstellt. Dieser Vorschlag sieht ähnliche Regeln auf Basis einer freiwilligen Selbstverpflichtung vor. Der Kodex bezieht sich nicht nur auf Analysten, sondern auch auf andere Kapitalmarktkommunikatoren wie Börseninformationsdienste und Journalisten. Allerdings ist der Versuch gescheitert, den Kodex auf Basis freiwilliger Verpflichtungen umzusetzen. Zum Kodex für anlegergerechte Kapitalmarktkommunikation vgl. Gerke/von Rosen (2001).

[216] Diese Vorschrift ist im Verordnungsentwurf des Bundesfinanzministeriums zur Konkretisierung des Verbots der Kurs- und Marktpreismanipulation in § 20a WpHG vorgesehen. Der Entwurf soll noch im Jahr 2003 vom Bundesrat beschlossen werden. Vgl. dazu Bundesfinanzministerium (2003); Reents (2003).

[217] Vgl. DVFA (2003).

[218] Vgl. Bundesregierung (2003); Seibert (2003).

[219] Vgl. o. V. (2003a), S. 23.

information".[220] Die SEC hat einige Vorgaben des Gesetzes konkret in der Regulation Analyst Certification (oder kürzer: Regulation AC) umgesetzt. Analysten müssen in den Research-Berichten erklären, dass der Inhalt der Berichte ihre tatsächliche persönliche Meinung widerspiegelt. Außerdem müssen Research-Berichte Angaben darüber enthalten, ob und gegebenenfalls wie die Bezahlung des Analysten von den Empfehlungen und Ausführungen im Bericht abhängt.[221] Darüber hinaus hat die SEC neue bzw. veränderte Regeln der National Association of Securities Dealers (NASD) und der New York Stock Exchange (NYSE) genehmigt. Diese Regeln verbieten es unter anderem, die Bezahlung von Analysten an Geschäfte im Investment Banking zu binden und günstiges Research anzubieten, um Aufträge von Unternehmen für das Investment Banking zu erhalten.[222] Darüber hinaus arbeitet in den USA die Standesorganisation Association of Investment Management and Research (AIMR) an einem neuen Berufskodex für Analysten, den so genannten Research Objectivity Standards.[223]

Die neuen US-amerikanischen Regelungen werden scharf kritisiert. Sollte eine strikte Trennung von Research und Investment Banking in der Praxis tatsächlich durchzusetzen sein,[224] können Interessenkonflikte der Analysten zwar vermutlich entschärft werden. Dafür entfällt durch das so genannte Unbundling von Research und Investment Banking aber die wesentliche Finanzierungsquelle für die Analyseabteilungen der Finanzhäuser. Es wird als nahezu sicher angesehen, dass Research-Häuser die Anzahl ihrer Analysten reduzieren werden. Anzahl und Qualität der Research-Berichte könnten sinken. Analysten werden vermutlich einige Unternehmen aus ihrer Coverage streichen.[225] Unternehmen ohne Coverage werden möglicherweise weniger objektives, werbeähnliches Research einkaufen, um von Investoren weiterhin wahrgenommen zu werden. Das Einkommen der Analysten könnte sinken. Dadurch könnte die Attraktivität der Research-Arbeit für besonders qualifizierte

220 Sarbanes-Oxley Act of 2002, Title V, Sec. 501 (a).

221 Vgl. SEC (2003b): SEC Release Nos. 33-8193, 34-47384, File No. S7-30-02.

222 Vgl. ebenda; SEC (2003a): SEC Release No. 34-48252, File No. SR-NASD-2002-154, SR-NYSE-2002-49; NASD (2002): NASD Rule 2711; NYSE (2002): NYSE Rule 472.

223 Vgl. AIMR (2003).

224 Im Jahr 2001 befragte Analysten äußerten Zweifel daran, dass die Bereiche tatsächlich getrennt werden können. Selbst wenn die Bezahlung der Analysten vom Umsatz im Investment Banking entkoppelt wird, bleiben Anreize zu optimistischem Research zumindest aus Sicht der Banken grundsätzlich bestehen. Es erscheint fragwürdig, ob sich einzelne Analysten als Angestellte der Bank dem entziehen können. Außerdem können Unternehmen auch auf anderem Wege Druck auf Analysten ausüben, damit Research-Berichte positiv ausfallen. Vgl. Boni/Womack (2002a), S. 12 f.

225 Die Förderung unabhängiger Research-Unternehmen wird als ein möglicher Lösungsweg diskutiert. Die Mehrheit der institutionellen Anleger scheint bereit zu sein, für unabhängiges Research zu zahlen. Allerdings ist unklar, wie hoch die Zahlungsbereitschaft ist und ob unabhängige Research-Unternehmen eine ausreichend hohe Entlohnung bieten können, um für gute Analysten attraktiv zu sein. Vgl. Boni/Womack (2002b), S. 120 f.

Hochschulabgänger und andere mögliche Bewerber für eine Analystentätigkeit abnehmen. Schlechteres Personal würde schlechtere Arbeit leisten. Aus diesem Schreckensszenario folgt nicht nur eine schlechtere Informationsversorgung von Investoren, sondern auch, dass die sozial wertvollen Funktionen von Analysten, nämlich die Förderung der Informationseffizienz von Kapitalmärkten und das Monitoring der Manager in den Unternehmen, beeinträchtigt werden.[226] Darüber hinaus wird an den neuen US-amerikanischen Vorschriften bemängelt, dass Manager der Unternehmen nicht effektiv daran gehindert werden, bevorzugt mit solchen Analysten zu kommunizieren, die dem Unternehmen wohlgesonnen sind und optimistisches Research verbreiten.[227]

2.2.3 Portfoliomanager institutioneller Investoren

Portfoliomanager arbeiten für institutionelle Investoren und treffen im Rahmen vorgegebener Richtlinien Kapitalanlageentscheidungen. Zur Gruppe der institutionellen Investoren werden Investmentfonds, Pensionsfonds, Versicherungen sowie Pensions- und Unterstützungskassen gerechnet. In Deutschland unterliegen institutionelle Investoren gesetzlichen Vorschriften wie dem Gesetz über Kapitalanlagegesellschaften oder dem Versicherungsaufsichtsgesetz. Diese Gesetze dienen dem Schutz der Anleger und Versicherten, die den institutionellen Investoren finanzielle Mittel zur professionellen Anlage überlassen haben. Vorteile der institutionellen Investoren gegenüber privaten Anlegern bestehen in besseren Möglichkeiten zur Risikostreuung, geringeren Informations- und Transaktionskosten und der größeren Professionalität der Entscheidungsfindung.[228] Ein weiterer Unterschied zu privaten Anlegern liegt in dem hohen Performancedruck, dem institutionelle Investoren ausgesetzt sind. Der Anlageerfolg der Portfoliomanager wird sowohl unternehmensintern als auch von Instituten und Fachzeitschriften anhand von Vergleichsmaßstäben wie der Entwicklung von Aktienindizes, der Leistung anderer Portfoliomanager oder den absoluten erzielten Renditen beurteilt. Die erreichte Performance hat Einfluss auf die Karriere und die Bezahlung des Portfoliomanagers sowie die Höhe der Mittel, die dem Portfoliomanager zur Verfügung gestellt werden.[229]

---

226 Vgl. Boni/Womack (2003), S. 28 f.; Healy/Palepu (2003), S. 80; o. V. (2002d), S. 26.

227 Vgl. Boni/Womack (2003), S. 28; dieselben (2002a), S. 11.

228 Vgl. Behrenwaldt (2001), S. 422 f.; vgl. auch Oehler (1995), S. 5.

229 Vgl. Arnswald (2001), S. 25; Kames (2000), S. 23 f. Bei circa 61% der deutschen Aktienfondsmanager macht die erfolgsabhängige Bonuszahlung mehr als 20% des Grundgehalts aus, bei 11% liegt der Anteil des Bonus sogar bei mehr als 60% des Grundgehalts. Vgl. Arnswald (2001), S. 25.

Die Messung der Performance von Portfoliomanagern kann zu so genanntem Benchmark-Denken führen. Wird ein Portfoliomanager beispielsweise an der Entwicklung eines Aktienindexes gemessen, wird er bei seinen Anlageentscheidungen unter Umständen nur in sehr geringem Maße von der Indexzusammensetzung abweichen. Außerdem kann der Performancedruck auf Portfoliomanager zu einer starken Orientierung an den Anlageentscheidungen anderer Portfoliomanager führen. Bei schlechten Ergebnissen kann ein Portfoliomanager dann versuchen, sich mit dem Hinweis auf die ebenfalls schwache Performance seiner Konkurrenten zu rechtfertigen.[230]

Das Anlagevermögen der institutionellen Investoren lag im Juni 2000 in Deutschland bei circa 1,5 Billionen Euro und weltweit bei circa 31 Billionen Euro.[231] Während der Anteil inländischer institutioneller Investoren am gesamten Aktienbesitz in den USA bei circa 50% liegt, befinden sich in Deutschland nur circa 25% des Aktienbesitzes in den Händen inländischer institutioneller Investoren.[232] US-amerikanische öffentliche Pensionsfonds nutzen ihre sehr hohen Anlagevolumina, um Strategien und Entscheidungen von solchen Unternehmen zu beeinflussen, die die Renditeerwartungen der Investoren nicht erfüllen. Dieser so genannte „Shareholder Activism“ soll dazu beitragen, die Performance der Unternehmen zu steigern. In Deutschland versuchen bislang nur wenige institutionelle Investoren einen deutlichen Einfluss auf die Geschäftspolitik von Unternehmen auszuüben.[233]

Informationen für Anlageentscheidungen erhalten Portfoliomanager sowohl direkt von den Unternehmen als auch indirekt über die Analysten. Laut der Befragung von Barker (1998) ist die Mehrheit der interviewten britischen Analysten der Meinung, dass die qualifizierte Analyse einzelner Unternehmen und Branchen sowie die Ergebnisse ihrer primären Research-Tätigkeiten den größten Nutzen ihrer Dienstleistungen für Portfoliomanager und andere Investoren darstellen. Genaue Ergebnisschätzungen sehen Analysten seltener als einen besonders wichtigen Teil ihrer Arbeit an.[234] Übereinstimmend damit betrachten auch die in der gleichen Untersuchung befragten britischen Fondsmanager die qualifizierte Analyse von Unternehmen und Branchen sowie Research-Berichte mit neuen Ideen und Anregungen als die wichtigsten Ergebnisse der Arbeit von Analysten. Besonders geschätzt werden Studien, die die Sensitivität der Bewertung von Unternehmen im Hinblick auf unterschiedliche Szenarien untersuchen. Als relativ unwichtig werden Anlageurteile und die

230 Vgl. Dette (1998), S. 91 f.
231 Vgl. Behrenwaldt (2001), S. 423 f.
232 Vgl. DAI (2001), 08.1-3-b und 08. 7 USA e.
233 Vgl. Schulz (1999), S. 166 ff.
234 Vgl. Barker (1998), S. 9 f.

Genauigkeit der Ergebnisschätzungen von Analysten angesehen. Fondsmanager verlassen sich nicht vollständig auf die Arbeit der Analysten, sondern betonen eigene analytische Fähigkeiten und ihre Entscheidungsautonomie. So betrachten Fondsmanager auch für sich selbst den direkten Kontakt mit den Managern von Unternehmen als wichtigste Informationsquelle; Analysten werden erst an vierter Stelle noch nach Geschäftsberichten und Zwischenberichten genannt. Fondsmanager schätzen für einzelne Branchen einige wenige Analysten als sehr gut ein und betrachten die anderen Analysten als höchstens mittelmäßig. Typischerweise stehen Fondsmanager mit zwei oder drei Analysten für eine Branche in regelmäßigem Kontakt. Der Einfluss dieser Analysten auf die Entscheidungen der Fondsmanager ist vermutlich relativ groß. Als Nachteil der Arbeit von Analysten nehmen Fondsmanager wahr, dass die Anlagestudien der Analysten öffentlich verfügbar sind und somit kaum dazu beitragen können, einen Informationsvorteil gegenüber anderen Fondsmanagern zu erlangen. Anlagestudien von Analysten sind für Fondsmanager ein Indikator der durchschnittlichen Marktbewertung von Unternehmen und ermöglichen es Fondsmanagern zu überprüfen, ob sie über Informationen verfügen, die noch nicht im Aktienkurs enthalten sind und daher zu einer Outperformance gegenüber dem Markt genutzt werden können.[235]

Die Befragung von 92 Portfoliomanagern, Analysten und Händlern der Buy-Side durch Boni/Womack (2002a) zeigt, dass in den USA ähnlich wie in Großbritannien Research-Berichte einen wertvolleren Input für die Buy-Side darstellen als die Anlageempfehlungen der Sell-Side-Analysten. Als noch hilfreicher als die Anlagestudien betrachten Investment Manager der Buy-Side Diskussionen mit Sell-Side-Analysten über die beobachteten Unternehmen. Neben dem direkten Gedankenaustausch werden auch Kontakte der Sell-Side-Analysten zu Managern der Unternehmen als nützlich angesehen. Sell-Side-Analysten können ihre guten Verbindungen nutzen, um für Investment Manager der Buy-Side Treffen mit Vertretern der Unternehmen zu arrangieren.[236]

Für Deutschland ergibt sich ein in Teilen etwas anderes Bild als in der Studie von Barker für Großbritannien. Anlagestudien über branchengleiche Unternehmen werden laut Schulz (1999) von 97% der institutionellen Investoren als wichtig oder sehr wichtig eingestuft. Sie rangieren damit als zweitwichtigste Informationsquelle der institutionellen Investoren hinter Finanzdiensten wie z. B. Reuters, aber noch vor Gesprächen mit Vorstandsmitgliedern,

---

[235] Vgl. ebenda, S. 13 ff.

[236] Vgl. Boni/Womack (2002a), S. 3 f.

deren Bedeutung ungefähr so hoch wie die der Studien von Sell-Side-Analysten und auch der Bekanntgabe von Quartals- und Zwischenergebnissen eingeschätzt wird. Treffen mit Investor-Relations-Managern werden als weniger wichtig betrachtet und gelten als ähnlich bedeutende Informationsquelle wie Buy-Side-Analysten.

Deutsche institutionelle Investoren scheinen sich also etwas stärker als ihre britischen Kollegen auf die Anlagestudien von Analysten zu verlassen und nutzen seltener den direkten Kontakt zu Unternehmen, um Informationen zu beschaffen.[237] Dadurch haben in Deutschland Analysten vermutlich einen etwas stärkeren Einfluss auf die Anlageentscheidungen von institutionellen Investoren als in Großbritannien. Eine Befragung von 275 deutschen Aktienfondsmanagern durch Arnswald (2001) bestätigt die hohe Bedeutung von Gesprächen mit Unternehmensvertretern einerseits und auf Branchen spezialisierten Analysten andererseits. Außerdem wird der Meinungsaustausch innerhalb der Gruppe der Fondsmanager selbst als eine wichtige Informationsquelle bezeichnet.[238]

Ebenso wie Analysten werden Portfoliomanager bei ihren Entscheidungen mit dem Problem konfrontiert, dass Unternehmen aus verschiedenen Ländern unterschiedliche Rechnungslegungsstandards anwenden.[239] Da viele Portfoliomanager nicht über genügend Kenntnisse und Zeit verfügen, um Rechnungslegungsdaten aus unterschiedlichen Ländern selbst zu analysieren und anzupassen, bietet es sich an, auf das Know-how von Analysten zurückzugreifen, die auf bestimmte Länder spezialisiert sind.[240] Eine weitere Möglichkeit besteht darin, zusätzliche Informationen aus Gesprächen mit Unternehmensvertretern zu gewinnen, um Rechnungslegungsinformationen entweder zu substituieren oder besser interpretieren zu können. Darüber hinaus kann die Heterogenität der Rechnungslegung Investoren auch zu einer Veränderung ihrer Anlagestrategie veranlassen. Bei nur geringen Kenntnissen der Rechnungslegung eines Landes können Investoren zu einer passiven, indexorientierten Anlagestrategie übergehen, wenn sie das Land nicht völlig meiden wollen.[241] In der Studie von Miles/Nobes (1998) gaben neun von siebzehn britischen Fondsmanagern und Analysten an, dass internationale Unterschiede der Rechnungslegung ihre

237 Vgl. Schulz (1999), S. 193 f.

238 Vgl. Arnswald (2001), S. 10.

239 Vgl. Glaum/Mandler (1996), S. 50 ff.; Bhushan/Lessard (1992); Choi/Levich (1990).

240 Allerdings ist für Portfoliomanager damit die Gefahr verbunden, sich auf Analysten zu verlassen, die sich ebenfalls nicht besonders gut mit Rechnungslegungsvorschriften auskennen. Vgl. dazu genauer Abschnitt 2.2.2.2 dieser Arbeit.

241 Vgl. Stubenrath (2001), S. 112 ff.

Kapitalmarktentscheidungen beeinflussen.[242] Von diesen neun vermeiden oder reduzieren drei der Befragten Aktienkäufe, wenn sie Rechnungslegungsinformationen nicht genau verstehen.[243] Zu ähnlichen Ergebnissen kommen auch die Studien von Choi/Levich (1990) und Bhushan/Lessard (1992).

2.2.4 Private Anleger

Am Ende des Jahres 2001 betrug das Geldvermögen der privaten Haushalte (inklusive der privaten Organisationen ohne Erwerbszweck) in Deutschland 3.667,5 Mrd. Euro. Davon entfielen 347,3 Mrd. Euro (9,5%) auf Aktien, 136,8 Mrd. Euro (3,7%) auf sonstige Beteiligungen und 429,4 Mrd. Euro (11,7%) auf Investmentzertifikate. Den größten Anteil am Geldvermögen der privaten Haushalte hatten Bargeld und Einlagen mit 1262,4 Mrd. Euro (34,4%) noch vor den Geldanlagen bei Versicherungen in Höhe von 879,5 Mrd. Euro (24,0%).[244] Wichtige Anlageziele privater Haushalte sind zukünftiger Konsum und Vorsorge für das Alter sowie für etwaige Notfälle.[245]

In Deutschland lag der Anteil privater Haushalte am Aktienbesitz am Ende des Jahres 2001 bei 15,3% und war damit gegenüber den Vorjahren rückläufig.[246] Die Zahl der privaten Aktionäre in Deutschland ist gegenüber dem Höchststand von 6,2 Mio. im Jahr 2000 ebenfalls gesunken und betrug im zweiten Halbjahr 2002 bei wieder leicht ansteigender Tendenz 5,3 Mio. Dies entspricht einem Anteil von 8,3% an der deutschen Bevölkerung. Rechnet man zu der Zahl der direkten Aktionäre noch die Zahl der Fondsbesitzer, also der indirekten Aktionäre, hinzu, ergibt sich eine Gesamtzahl von 11,5 Mio. deutschen Aktienanlegern. 17,9% der Deutschen besitzen somit direkt oder indirekt Aktien. Die Zahl der direkten Aktionäre ist seit 1988 um 66,4% gestiegen. Bei den Fondsbesitzern liegt die Zunahme gegenüber dem Jahr 1997[247] sogar bei 262%. Der Anteil der Aktionäre und der Fondsbesitzer an der Gesamtbevölkerung ist in den alten Bundesländern höher als in den neuen Bundesländern.[248]

---

[242] Von den acht Befragten, die ihre Entscheidungen von internationalen Unterschieden nicht beeinflusst sahen, waren zwei auf ein Land spezialisiert. Drei weitere verließen sich auf die Studien von Sell-Side-Analysten, vgl. Miles/Nobes (1998), S. 315.

[243] Ein Fondsmanager vermied Engagements in deutschen Wertpapieren aufgrund des als mangelhaft wahrgenommenen deutschen Rechnungslegungssystems. Vgl. Miles/Nobes (1998), S. 318.

[244] Vgl. Deutsche Bundesbank (2002), S. 27.

[245] Vgl. Stüfe (1999), S. 9 f.

[246] Vgl. ebenda, S. 91.

[247] Angaben zu früheren Jahren liegen nicht vor.

[248] Vgl. DAI (2003).

Diese Zahlen zeigen, dass sich die Aktienkultur in Deutschland in den vergangenen Jahren sehr positiv entwickelt hat. Im Vergleich mit anderen Ländern ist sie aber weiterhin nur schwach verwurzelt. In Ländern wie den USA, Großbritannien und Schweden liegt der Anteil der Aktionäre an der Gesamtbevölkerung bei einem Viertel oder darüber.[249] Das Interesse der Deutschen an der Anlageform Aktie hat 1996 mit dem Börsengang der Telekom und später mit den steigenden Kursen am Neuen Markt und in anderen Börsensegmenten deutlich zugenommen, danach aber bei fallenden Kursen wieder stark abgenommen. Bilanzskandale, Betrugsfälle und Fehlverhalten von Analysten trugen ebenfalls zu einem Vertrauensverlust der privaten Anleger gegenüber der Aktienanlage bei. Eher förderlich für das Interesse privater Anleger an Aktien dürften die Diskussion um die Altersvorsorge und die zunehmende Zahl hoher Erbschaften in Deutschland sein.[250] Direct Brokerage und die Möglichkeit der Informationssuche im Internet tragen zudem zu einer Senkung der Transaktionskosten für private Anleger bei. Häufig motiviert auch der Besitz von Belegschaftsaktien zum Kauf weiterer Aktien.[251]

Allerdings erhöht die Globalisierung der Kapitalmärkte tendenziell die Komplexität einer Anlage in Aktien. Diese Entwicklung dürfte private Anleger eher von einer direkten Anlage in Aktien abhalten und auf Fondsanteile ausweichen lassen. Denn private Anleger verfügen i. d. R. über weniger Know-how und über weniger Ressourcen zur Aktienanalyse als institutionelle Investoren. Private Anleger wissen auch weniger über die Anreizsituation der Analysten und neigen daher stärker dazu, Anlageempfehlungen der Analysten wörtlich zunehmen.[252] Geringere Kenntnisse über die externe Rechnungslegung erschweren privaten Anlegern die korrekte Interpretation von Rechnungslegungsinformationen der Unternehmen. Entscheidungen privater Anleger gelten als weniger rational und als stärker emotional gefärbt.[253]

Es kommt hinzu, dass die Investor-Relations-Abteilungen der Unternehmen verhältnismäßig geringe Anstrengungen unternehmen, um private Anleger gründlich zu informieren.[254] Denn private Anleger sind eine große und heterogene Gruppe von Individuen mit jeweils nur vergleichsweise geringen Anlagebeträgen und daher mit Investor-Relations-Maßnah-

[249] Vgl. Mildenberger (2002); Nix (2000), S. 41.
[250] Vgl. DAI (1999), S. 6; von Rosen (2001).
[251] Vgl. DAI (2003).
[252] Vgl. Boni/Womack (2002b), S. 94.
[253] Vgl. Oehler (1995), S. 5.
[254] Vgl. Hocker (2001), S. 455.

men nur relativ schwierig und unter hohen Kosten zu erreichen.[255] Allerdings helfen das Internet und Call-Center den Unternehmen, die Kosten der Kommunikation zu senken.[256] Darüber hinaus könnte eine größere Verbreitung von Namensaktien in Deutschland Unternehmen die Kontaktaufnahme mit privaten Anlegern erleichtern.[257] Aufgrund der genannten Schwierigkeiten haben schriftliche Informationen wie Geschäftsberichte, Broschüren und Finanzanzeigen eine besondere Bedeutung für die Kommunikation der Unternehmen mit privaten Anlegern. Möglichkeiten zu direkten Fragen bieten sich privaten Anlegern nur relativ selten bei Hauptversammlungen und Unternehmenspräsentationen, die sich teilweise auch an private Anleger richten.[258]

Oehler (1995) untersucht das Verhalten privater Anleger anhand einer Befragung von 823 Studenten der Fernuniversität Hagen. Die Befragung bezieht sich nicht allein auf eine Anlage in Aktien, sondern allgemein auf die Anlage des Vermögens privater Haushalte und Einzelpersonen. Die Untersuchungsteilnehmer nennen am häufigsten Printmedien, elektronische Medien und Finanzintermediäre wie Banken und Versicherungen als Informationsquellen für ihre Anlageentscheidungen. Auch der Familien- und Bekanntenkreis und Informationsmaterial der Unternehmen wie z. B. Jahresabschlüsse spielen eine bedeutende Rolle als Informationsquelle für Privatanleger. Anleger mit einem überdurchschnittlichen Anteil von Aktien und Investmentfonds in ihren Portfolios verwenden häufiger die Unternehmen selbst als Informationsquelle und haben ein höheres monatliches Nettoeinkommen als Anleger mit einem überdurchschnittlichen Anteil von Spareinlagen in ihren Portfolios. Ein überdurchschnittlicher Aktienanteil im Portfolio fällt außerdem mit einer überdurchschnittlich starken subjektiven Kontrollüberzeugung[259] der Anleger zusammen. Die Aktionäre unter den privaten Anlegern nehmen tendenziell weniger Beratung von Banken und anderen Finanzintermediären in Anspruch.[260] An die Befragung schließt Oehler eine experimentelle Untersuchung zum Verhalten privater Anleger auf Aktienmärkten an. In den Experimenten zeigen die Probanden Verhaltensweisen, die bei Rationalität aller Marktteil-

---

[255] Vgl. Kirchhoff (2001), S. 38. Teilweise werden aber auch Vorteile einer Kommunikation mit privaten Anlegern genannt. So wird privaten Anlegern eine verhältnismäßig hohe Loyalität in Krisenzeiten zugeschrieben. Im Gegensatz zu institutionellen Investoren sind private Anleger keinem externen Performancedruck ausgesetzt und können Aktien daher auch bei schlechter Kursentwicklung relativ lange halten. Daraus ergeben sich positive Wirkungen auf den Aktienkurs. Vgl. ebenda, S. 39 f.; auch Hocker (2001), S. 456.

[256] Vgl. Hocker (2001), S. 457.

[257] Vgl. Nix (2000), S. 41.

[258] Vgl. Schmidt (2000), S. 54 ff.

[259] Die privaten Aktionäre sind also besonders stark davon überzeugt, dass sie selbst Kontrolle über ihren Anlageerfolg ausüben können, indem sie die „richtigen" Wertpapiere kaufen bzw. verkaufen.

[260] Vgl. Oehler (1995), S. 157 ff., S. 160 ff. u. S. 194 ff.

nehmer auf einem informationseffizienten Markt nicht zu erwarten wären und sich eher verhaltenswissenschaftlich erklären lassen. Unter anderem scheinen private Anleger Kurse aus der Vergangenheit als Referenzpunkte für die Bewertung von Aktien zu verwenden. Außerdem versuchen die privaten Anleger, Trends aus der vergangenen Kursentwicklung abzuleiten. Das Anlageverhalten lässt sich als Feedback Trading charakterisieren.[261]

Stüfe (1999) führt eine schriftliche Befragung von 535 Privatanlegern mit einem Geldvermögen von mindestens 50.000 DM durch. Die Anleger gehören zum Kundenkreis von vier deutschen Kreditinstituten. Es lassen sich deutliche Unterschiede in der Intensität beobachten, mit der sich private Anleger informieren. Personenunabhängige Informationsquellen wie Printmedien, Online-Medien und Fernsehen werden besonders stark von solchen Privatanlegern genutzt, die sich sehr intensiv informieren. Diese Anlegergruppe hält einen überdurchschnittlich hohen Anteil von Aktien in ihren Portfolios. Die Beratung durch Banken dagegen bevorzugen Anleger, die mäßig intensiv Informationen suchen. Persönliche Kontakte zu Freunden, Bekannten und nicht bankenabhängigen Beratern sind verhältnismäßig wichtig für Privatanleger, die sich nur wenig informieren. Für diese Anlegergruppe spielt die Bankberatung ebenfalls eine relativ bedeutende Rolle.[262] Für die Zukunft können Stüfe (1999) zufolge zwei gegenläufige Informationsverhaltenstrends erwartet werden. Ein Teil der privaten Anleger wird auf die zunehmende Komplexität der Anlageentscheidungen mit einer intensiveren Informationssuche reagieren. Diese Anleger profitieren dabei vom technischen Fortschnitt bei den Informations- und Kommunikationstechnologien, die Privatanlegern eine immer umfassendere und bequemere Beschaffung von Informationen ermöglichen. Andere Anleger hingegen werden aus Zeitmangel und anderen Gründen Entscheidungen über die Anlage ihres Vermögens zunehmend an Experten delegieren.[263]

261 Vgl. ebenda, S. 269 ff. u. S. 297 ff.
262 Vgl. Stüfe (1999), S. 72 ff.
263 Vgl. ebenda, S.151 ff.

2.3 Zusammenfassung

Funktionierende Kapitalmärkte sind wichtig für die Wohlfahrt einer Volkswirtschaft. Damit Ersparnisse in möglichst produktive Verwendungen gelenkt werden können, müssen Marktteilnehmer über zuverlässige und aussagekräftige Informationen verfügen. Einen Teil der benötigten Informationen stellen Unternehmen über die externe Rechnungslegung und über Investor-Relations-Maßnahmen bereit. Außerdem verbreiten Intermediäre wie z. B. Finanzanalysten Informationen in verdichteter Form.

Kapitalmärkte werden gemäß Fama (1970) als informationseffizient bezeichnet, wenn Kurse zu jedem Zeitpunkt sämtliche verfügbaren Informationen widerspiegeln. Eine Voraussetzung für informationseffiziente Märkte besteht darin, dass Marktteilnehmer ihren Kauf- und Verkaufsentscheidungen alle relevanten Informationen zugrunde legen. An einer umfassenden Versorgung der Marktteilnehmer mit objektiven Informationen bestehen jedoch Zweifel, da sowohl Unternehmensvertreter als auch Analysten in vielen Fällen Anreize haben, optimistisch verzerrte Informationen weiterzugeben.

Zudem wird das Konzept der Informationseffizienz aus theoretischer Sicht kritisch hinterfragt. Bei streng rationaler Erwartungsbildung können Anleger private Informationen auf mittelstreng informationseffizienten Märkten unter bestimmten Bedingungen nicht profitabel nutzen, da sich Kurse an private Informationen anpassen, ohne dass es zu Wertpapiertransaktionen kommt. Dieses theoretische „No Trade"-Ergebnis steht im Widerspruch zu den hohen real beobachtbaren Handelsvolumina auf Kapitalmärkten. Die Annahme strenger Rationalität erscheint jedoch eher realitätsfern. Wenn nicht alle Marktteilnehmer rational handeln, spiegeln Kurse nicht nur Informationen, sondern auch so genannten Noise wider. Noise kann die Funktionsfähigkeit von Kapitalmärkten fördern, da aus Transaktionswünschen von Marktteilnehmern nicht mehr zweifelsfrei auf deren Informationsstand geschlossen werden kann und private Informationen somit profitabel genutzt werden können. Allerdings besteht auch die Gefahr, dass sich Kurse durch Noise Trading weit von fundamental gerechtfertigten Werten entfernen, wenn psychologische Einflüsse in ähnlicher Weise auf eine große Zahl von Noise Tradern einwirken.

Schließlich können Kapitalmärkte nicht informationseffizient im Sinne von Fama (1970) sein, wenn Informationen nicht kostenlos sind. Auf einem informationseffizienten Kapitalmarkt bestehen keine Anreize zur Informationssuche, da den Informationskosten keine abnormalen Gewinne gegenüberstehen. Wenn Kapitalmarktteilnehmer aber keine Informationen beschaffen, können Informationen nicht in die Kurse eingehen. Unter der Annahme nicht kostenloser Informationen erscheint es also sinnvoll, Kapitalmärkte dann als informationseffizient zu bezeichnen, wenn Kurse Informationen so weit widerspiegeln, dass keine Anreize für die Beschaffung und Analyse weiterer Informationen mehr bestehen.

Die Informationseffizienz von Kapitalmärkten wurde in einer kaum überschaubaren Zahl empirischer Studien mit Hilfe unterschiedlicher Testansätze untersucht. In den Studien wird überprüft, ob sich im Widerspruch zur Informationseffizienz auf Basis der relevanten Informationen abnormale Renditen erzielen lassen. Dazu müssen jedoch Annahmen über die Höhe der erwarteten normalen Renditen getroffen werden. Die Informationseffizienz von Märkten lässt sich also nicht unabhängig von einem Modell der Preisbildung beantworten.

Ergebnisse empirischer Studien sprechen nicht in allen Fällen für die Informationseffizienz von Kapitalmärkten. Allerdings lassen sich statistisch signifikante Abweichungen von der Informationseffizienz i. d. R. nicht praktisch in Anlagestrategien umsetzen, die auch nach Berücksichtigung von Transaktionskosten noch abnormal gewinnbringend sind.

Die Informationseffizienz von Kapitalmärkten hängt maßgeblich davon ab, wie Marktteilnehmer mit Informationen umgehen. An der Verarbeitung von Informationen sind vor allem Investor-Relations-Manager, Vertreter aus der Geschäftsführung der Unternehmen, Analysten sowie institutionelle und private Anleger beteiligt.

Unternehmensvertreter informieren die so genannte Financial Community mit Hilfe von Investor-Relations-Maßnahmen. Die Bedeutung der Investor Relations hat in Deutschland in den letzten Jahren deutlich zugenommen. Immer mehr Unternehmen gründen eigenständige Investor-Relations-Abteilungen. Oberstes Ziel der Investor Relations ist ein angemessener Aktienkurs. Untergeordnete Ziele sind beispielsweise eine geringe Volatilität des Kurses, niedrige Eigenkapitalkosten, ein hohes Vertrauen der Anleger in das Unternehmen und ein hoher Bekanntheitsgrad des Unternehmens.

Analysten arbeiten als Informationsintermediäre bei Banken, institutionellen Anlegern oder Brokern. Ergebnisse der Arbeit von Analysten sind Research-Berichte, Anlageempfehlungen und Prognosen für Kurse und Gewinne. Eine besonders wichtige Informationsquelle für Analysten sind Kontakte zu hochrangigen Unternehmensvertretern. Weitere wichtige Informationen erhalten Analysten aus der externen Rechnungslegung der Unternehmen. Analysten wird häufig übertriebener Optimismus vorgeworfen. Anreize zu optimistischem Research ergeben sich für Analysten, wenn ihre Bezahlung an die Umsätze oder die Gewinne gebunden ist, die das Finanzinstitut des Analysten im Investment Banking erwirtschaftet. Darüber hinaus kann optimistisches Research Analysten helfen, von Unternehmen bevorzugt mit Informationen versorgt zu werden. Neue US-amerikanische Vorschriften sehen eine strikte Trennung von Research und Investment Banking vor, um die Objektivität des Research von Analysten zu fördern.

Portfoliomanager der institutionellen Investoren erhalten Informationen sowohl von den Unternehmen direkt als auch von den Analysten. Beide Informationsquellen werden von Portfoliomanagern als wichtig eingestuft. Allerdings erachten Portfoliomanager Research-Berichte der Analysten als hilfreicher als deren Anlageempfehlungen und Prognosen. Portfoliomanager verwenden Research-Berichte häufig als Indikator für die durchschnittlichen Einschätzungen der Marktteilnehmer zu einem Unternehmen. Internationale Unterschiede in der Rechnungslegung erschweren Portfoliomanagern Anlageentscheidungen und können dazu führen, dass institutionelle Investoren ihr Engagement in manchen Ländern einschränken.

Private Anleger verfügen über weniger Know-how und materielle Ressourcen zur Aktienanalyse als institutionelle Anleger. Zudem haben private Anleger höhere Transaktionskosten und werden von Investor-Relations-Abteilungen der Unternehmen meistens schlechter mit Informationen versorgt. Private Anleger neigen eher zu einem irrationalen Investitionsverhalten als institutionelle Anleger.

3 Fundamentalanalyse und Kapitalmarktrelevanz von Rechnungslegungsinformationen

3.1 Ablauf der Fundamentalanalyse

Die Fundamentalanalyse ist die in der Praxis am weitesten verbreitete Methode der Analyse von Aktien.[264] Ziel der Fundamentalanalyse ist es, mit Hilfe von makroökonomischen, branchenbezogenen und unternehmensindividuellen Daten und Informationen rational ökonomische Werte von Aktien zu bestimmen. Der rational ökonomische Wert einer Aktie wird auch als innerer Wert („intrinsic value") einer Aktie bezeichnet. Um diesen Wert zu errechnen, werden i. d. R. zunächst aktuelle fundamentale Daten in die Zukunft extrapoliert. Anschließend werden die zukunftsbezogenen Zahlungs- oder Erfolgsgrößen gemäß dem Barwertkonzept abdiskontiert. Das Ergebnis der Berechnungen ist der innere Wert der Aktie.[265]

Die Fundamentalanalyse geht von der Annahme aus, dass der Kurs einer Aktie um ihren inneren Wert schwankt. Davon versuchen Marktteilnehmer zu profitieren, indem sie unterbewertete Aktien kaufen und überbewertete Aktien verkaufen. Liegt der innere Wert über dem Marktpreis der Aktie, so folgt daraus eine Kaufempfehlung für die Aktie. Umgekehrt erscheint es vorteilhaft, eine Aktie zu verkaufen, wenn der Marktpreis höher als der innere Wert der Aktie ist. Aufgrund der Kauf- und Verkaufsentscheidungen der Marktteilnehmer nähern sich Aktienkurse dem inneren Wert der Aktie mittel- bis längerfristig wieder an.[266]

Fundamentalanalysen können nur dann sinnvoll sein und zu überdurchschnittlich gewinnbringenden Kauf- und Verkaufsentscheidungen[267] beitragen, wenn Aktienkurse nicht jederzeit mittelstreng informationseffizient sind. Wie im vorangehenden Kapitel dieser Arbeit dargestellt, sprechen sowohl theoretische Gründe als auch empirische Befunde dafür, dass Kurse nicht jederzeit alle öffentlich verfügbaren Informationen widerspiegeln. Einige Studien deuten beispielsweise darauf hin, dass der Markt erst mit einer Verzögerung auf neue Informationen reagiert. Eine Fundamentalanalyse kann möglicherweise helfen, den Ein-

---

264 Zur Fundamentalanalyse vgl. beispielsweise Graham/Dodd (2002), den Nachdruck der zweiten Auflage des „Klassikers" von Graham/Dodd aus dem Jahr 1940.

265 Zum inneren Wert vgl. beispielsweise Steiner/Bruns (2000), S. 209 f.

266 Vgl. Schiller/Tytko/Marek (2001), S. 506; Hielscher (1999), S. 48 f.; Schmidt (2001), Sp. 915 f.

267 Anlageentscheidungen werden in diesem Zusammenhang als überdurchschnittlich gewinnbringend betrachtet, wenn eine Rendite oberhalb der risikoangepassten Verzinsung erzielt wird. Zu solchen abnormalen Renditen vgl. beispielsweise Brealy/Myers (2000), S. 370 ff.

fluss neuer Informationen auf die Kurse schneller zu erkennen. Andere Studien kommen zwar zu dem Ergebnis, dass Marktreaktionen im Durchschnitt mit der Hypothese der Informationseffizienz vereinbar sind. Daraus folgt jedoch nicht, dass mittels Fundamentalanalyse nicht einzelne unter- oder überbewertete Aktien identifiziert werden können.[268] Grundsätzlich besteht also die Möglichkeit, dass eine fundamentale Aktienanalyse trotz der damit verbundenen Transaktionskosten lohnend ist. Damit wird zugleich auch die Voraussetzung dafür geschaffen, dass Informationen über den Weg der Fundamentalanalyse in die Kursbildung einfließen.[269]

Fundamentalanalysen können entweder dem Top-Down-Ansatz oder dem Bottom-Up-Ansatz folgen. Der Top-Down-Ansatz geht davon aus, dass makroökonomische Entwicklungen den stärksten Einfluss auf den Aktienmarkt haben. Daher werden gemäß diesem Ansatz in der so genannten Globalanalyse zuerst gesamtwirtschaftliche Größen untersucht. Darauf folgen die Branchenanalyse und die Untersuchung einzelner Unternehmen. Umgekehrt beginnt der Bottom-Up-Ansatz mit der Analyse einzelner Unternehmen. Anschließend können die Analysen für einzelne Unternehmen zu Branchen- und Globalanalysen zusammengefasst werden.[270]

In die Globalanalyse werden nationale und internationale Daten wie Zinsen, Wechselkurse, Geldmengenwachstum, Rohstoffpreise, Löhne und Konjunkturdaten einbezogen. Beispielsweise kann die Konjunkturentwicklung im Ausland einen bedeutenden Einfluss auf Unternehmen mit hohem Exportanteil haben. Branchenanalysen können sowohl national als auch international angelegt sein. Die zukünftige wirtschaftliche Entwicklung einer Branche wird unter anderem mit Informationen über Auftragseingänge und Lagerbestände sowie mit Geschäftsklimaindizes prognostiziert. Dabei wird auch berücksichtigt, wie stark die Branchenkonjunktur in der Vergangenheit auf Veränderungen der gesamtwirtschaftlichen Konjunktur reagiert hat. Außerdem sind die für eine Branche relevanten Rahmenbedingungen wie spezielle Gesetze und Verordnungen zu beachten.[271]

Der Schwerpunkt der Fundamentalanalyse liegt oft auf der Untersuchung der einzelnen Unternehmen. Die Unternehmensanalyse umfasst sowohl einen qualitativen als auch einen quantitativen Teil. Im qualitativen Teil der Unternehmensanalyse werden Strategie, Er-

---

268 Vgl. Stickney/Brown (1999), S. 37 f.

269 Zu der Frage, ob Fundamentalanalyse gewinnbringend sein kann, vgl. auch Abschnitt 3.4.2.2 dieser Arbeit.

270 Vgl. Steiner/Bruns (2000), S. 210 f.

271 Vgl. Steiner/Bruns (2000), S. 210 ff.; Dette (1998), S. 25 ff.

folgsfaktoren und Geschäftsrisiken eines Unternehmens untersucht. Bevor quantitative Informationen über ein Unternehmen im Detail analysiert werden, kann es sinnvoll sein zu überprüfen, inwieweit Unternehmen bilanzielle Wahlrechte und Ermessensspielräume ausnutzen. Analysten können Rechnungslegungsdaten dann gegebenenfalls anpassen, um aussagekräftigere Vergleiche mit anderen Unternehmen vornehmen zu können. Ein wesentlicher Teil der quantitativen Unternehmensanalyse besteht darin, die aktuelle und die vergangene Performance eines Unternehmens und die Nachhaltigkeit der Ergebnisentwicklung beispielsweise mit Hilfe von Kennzahlen und Cash-Flow-Analysen zu beurteilen. In einem weiteren Schritt wird die zukünftige Entwicklung eines Unternehmens prognostiziert.[272] Bei der Prognose von Unternehmensdaten hat der Analyst zu prüfen, ob Entwicklungen aus der Vergangenheit als für die Zukunft stabil angenommen werden können.[273] Die prognostizierten Daten werden zur Bewertung des Unternehmens bzw. der Aktien verwendet. Von der gewählten Bewertungsmethode hängt es ab, ob Cash Flows, Gewinne, Dividenden oder andere Unternehmensdaten zu prognostizieren sind.

3.2 Fundamentalanalytische Bewertungsmethoden

Multiplikatoren sind die bevorzugte Bewertungsmethode von Finanzanalysten. In der Untersuchung von Kames (2000) gaben 95% der befragten Analysten an, Aktien mit Hilfe von Multiplikatoren zu bewerten. Außerdem wenden Analysten auch sehr häufig Discounted-Cash-Flow-Verfahren an.[274]

Die Kenntnis der in der Praxis eingesetzten Bewertungsverfahren kann hilfreich sein, um die Beziehung zwischen Kapitalmarktdaten wie Aktienkursen und bewertungsrelevanten Informationen wie Rechnungslegungsdaten besser zu verstehen. Ein Erklärungsgehalt für die Höhe und Entwicklung von Aktienkursen kann vor allem bei solchen Daten vermutet werden, die von Analysten und Investoren häufig zur Bewertung von Aktien herangezogen werden. Relevant für die Erklärung von Kursen können aber auch Daten sein, die für weniger populäre Bewertungsverfahren benötigt werden. Denn zwischen den verschiedenen Bewertungsverfahren bestehen enge funktionale Zusammenhänge. Unter bestimmten Annahmen können die Methoden ineinander überführt werden. Im Folgenden werden einige fundamentalanalytische Bewertungsmethoden dargestellt. Dabei wird auch auf funktionale Beziehungen zwischen den Methoden eingegangen.

---

272 Vgl. Palepu/Healy/Bernard (2000), Kap. 1, S. 9 f.
273 Vgl. Schiller/Tytko/Marek (2001), S. 508.
274 Vgl. Kames (2000), S. 59 f.

3.2.1 Dividendenbarwertformel

Den Ausgangspunkt für die Beschreibung der Bewertungsverfahren bildet in dieser Arbeit die Dividendenbarwertformel, die nur auf wenigen Annahmen beruht und deren theoretische Gültigkeit daher so gut wie unumstritten ist. Daher sollten andere Bewertungsverfahren auch nicht im Widerspruch zur Dividendenbarwertformel stehen. Werden Gewinne, Cash Flows, Dividenden oder andere Daten in einem Bewertungsmodell in einer Art und Weise gebraucht, die mit der Dividendenbarwertformel nicht in Einklang gebracht werden kann, so muss das Bewertungsmodell als fehlkonzipiert betrachtet werden.[275]

Die Beschreibung der Dividendenbarwertformel soll auch deswegen den weiteren Ausführungen vorangestellt werden, weil anhand dieser Formel am einfachsten verdeutlicht werden kann, dass Aktien nach dem gleichen Prinzip wie andere Investitionen bewertet werden können. Für den Aktionär stellt ein Unternehmen eine Einkommensquelle dar.[276] Der Wert einer Aktie wird demnach durch die Höhe und die zeitliche Verteilung der Zahlungen bestimmt, die dem Inhaber der Aktie zufließen. Diese zukünftigen Zahlungen müssen gemäß dem Barwertkonzept mit dem risikoadäquaten Kalkulationszinsfuß auf die Gegenwart bezogen werden, um den aktuellen, fundamental gerechtfertigten Wert der Aktie zu ermitteln. Die Betrachtung des Unternehmens als Einkommensquelle macht deutlich, dass in der Dividendenbarwertformel unter dem Begriff Dividenden erfasste Zahlungen mehr umfassen als gewöhnliche Dividenden. Unter dem Begriff Dividende werden in der Dividendenbarwertformel alle Zahlungen zwischen Aktionären und Unternehmen subsumiert. Es müssen also auch Boni, Bezugsrechte, Kapitalerhöhungen und Aktienrückkäufe berücksichtigt werden.[277] Zur Vereinfachung der Darstellung soll im Folgenden statt des Begriffs Kapitaltransferzahlungen aber weiter der Ausdruck Dividenden gebraucht werden.

Die Dividendenbarwertformel lautet:[278]

$$P_t = \sum_{T=1}^{\infty} E_t(D_{t+T}) p_{t+T}$$

mit

[275] Vgl. Barker (2001), S. 18; Hüfner (2000), S. 24 f.; Beaver (1998), S. 78.

[276] Vgl. Steiner/Bruns (2000), S. 221.

[277] Vgl. Barker (2001), S. 20.

[278] Zur Dividendenbarwertformel vgl. beispielsweise Perridon/Steiner (2002), S. 227 f.; Damodaran (1996), S. 9 f.; Rappaport (1986).

$p_{t+T} = 1 / [(1 + i_{t+1})(1 + i_{t+2}) \ldots (1 + i_{t+T})]$ = Barwert einer in Periode t + T gezahlten Geldeinheit

P_t = Wert des Eigenkapitals bzw. der Aktie im Zeitpunkt t

D_t = Kapitaltransferzahlungen (bzw. Dividenden) zwischen Unternehmen und Eignern in Periode t

i = risikoangepasster Zinssatz

Der Wert der Aktie wird in Abhängigkeit der erwarteten Dividenden und des risikoangepassten Zinssatzes ausgedrückt. Die Dividendenbarwertformel wird in der Praxis allerdings nur äußerst selten angewendet, da die Höhe der Ausschüttungen schwer vorhersehbaren, ermessensabhängigen Entscheidungen der Mitglieder der Unternehmensorgane unterliegt. Eine niedrige Ausschüttung in der aktuellen Periode muss kein Zeichen für einen niedrigen Unternehmenswert sein, sondern kann auch bedeuten, dass ein hoher Teil des Gewinns einbehalten und reinvestiert worden ist, um in späteren Perioden höhere Dividenden auszuschütten.[279] Das Prognoseproblem ist umso ausgeprägter, je weiter die zu schätzende Dividendenzahlung in der Zukunft liegt. Daher wird vorgeschlagen, Dividenden nur für die ersten Jahre einzeln zu schätzen. Für den Zeitraum danach werden pauschale Annahmen wie z. B. eine konstante Wachstumsrate der Dividenden und ein konstanter Kalkulationszinsfuß zugrunde gelegt. Unter diesen Annahmen kann der Wert der zukünftigen Dividendenzahlungen zum Zeitpunkt n, R_n, vereinfacht bestimmt werden. R_n wird als Terminal Value bezeichnet. Auch eine solche Vorgehensweise bleibt jedoch problematisch im Hinblick auf das Prognoseproblem.[280]

Wird ein Terminal Value verwendet, lässt sich die Dividendenbarwertformel folgendermaßen schreiben:

$$P_t = \sum_{T=1}^{n} E_t(D_{t+T})p_{t+T} + R_n p_{t+n}$$

mit

R_n = Wert zum Zeitpunkt n

[279] Vgl. Steiner/Bruns (2000).

[280] In die Schätzung eines Terminal Value lassen Analysten und Portfoliomanager in hohem Maße auch subjektive Informationen wie z. B. über die Qualität des Managements einfliessen. Vgl. Barker (1999), S. 207.

Die Dividendenbarwertformel lässt sich stark vereinfachen, wenn angenommen wird, dass der risikoadäquate Zinssatz und die Höhe der Dividenden in allen zukünftigen Perioden unverändert bleiben:

$$P_t = \frac{D_{t+1}}{i}$$

Wird die Annahme konstanter Dividenden zugunsten der Annahme einer konstanten Wachstumsrate g der Dividenden aufgegeben, ergibt sich:[281]

$$P_t = \frac{D_{t+1}}{i - g}$$

Die Dividendenwachstumsformel macht deutlich, dass die Ursache für einen hohen Wert einer Aktie neben niedrigen Kapitalkosten entweder in der Ausschüttung hoher Dividenden oder in günstigen Wachstumsaussichten liegen kann. So unterscheiden Investoren häufig zwischen „income stocks“ mit hohen Dividenden und „growth stocks“ mit hohem erwarteten Ergebniswachstum.[282] Wenn Investoren die Dividendenwachstumsformel zum Vergleich von Aktien einsetzen, können sie also überprüfen, ob Unterschiede im Wert von Aktien durch unterschiedlich hohe Dividendenrenditen, Wachstumsaussichten oder Kapitalkosten gerechtfertigt sind.

Eine Bewertung von Aktien auf der Grundlage von Dividenden steht nur scheinbar im Widerspruch zu den Theoremen von Modigliani/Miller (1961), wonach die Dividendenpolitik eines Unternehmens auf vollkommenen Kapitalmärkten für die Bewertung irrelevant ist. Das Theorem beinhaltet lediglich die Unabhängigkeit des Unternehmenswertes von der zeitlichen Verteilung der Ausschüttungen. Die Relevanz sämtlicher Dividendenzahlungen während der gesamten Lebensdauer eines Unternehmens wird nicht in Frage gestellt.[283]

Aus der Irrelevanz der Dividendenpolitik für den Unternehmenswert ergibt sich kein Anhaltspunkt dafür, dass aus der Höhe aktueller Dividenden Prognosen über zukünftige Divi-

[281] Die Anwendung der Formel ist nur sinnvoll, wenn der Zinssatz größer als die Wachstumsrate der Dividenden ist. Der berechnete Wert einer Aktie ist zudem sehr sensitiv in Bezug auf den Wert, der für die Wachstumsrate der Dividenden angenommen wird, vgl. z. B. Damodaran (1996), S. 194. Aus dieser Formel folgt, dass der risikoangepasste Zinssatz der Summe von Dividendenrendite und der Wachstumsrate g entspricht.

[282] Vgl. Brealy/Myers (2000), S. 72 f.

[283] Vgl. Hüfner (2000), S. 26 f.

denden abgeleitet werden können.[284] In der Praxis kann jedoch beobachtet werden, dass Unternehmen tatsächlich häufig konstante oder leicht wachsende Dividenden zahlen. Theoretisch wird argumentiert, dass auf nicht vollkommenen Kapitalmärkten die gut informierten Manager eines Unternehmens einen Teil ihrer privaten Informationen offen legen, wenn sie die Höhe der Ausschüttungen festsetzen. Das Dividendenniveau signalisiert den Kapitalmarktteilnehmern, welche Dividende das Unternehmen auch längerfristig zu zahlen imstande ist.[285] Empirische Studien kommen zu unterschiedlichen Ergebnissen bezüglich dieser so genannten Signaling-Hypothese. Kritisch wird gesehen, dass Manager zu optimistisch sind und daher nur unzuverlässige Signale aussenden. Außerdem werden Dividenden oft nur geringfügig erhöht, so dass die Signale nicht deutlich genug sind.[286]

3.2.2 Residualgewinnformel

Die Dividendenbarwertformel kann relativ einfach in die Residualgewinnformel überführt werden, ohne besonders restriktive Annahmen treffen zu müssen. Dieses Bewertungsverfahren drückt den Wert einer Aktie in Abhängigkeit vom Buchwert des Eigenkapitals, Gewinnen und dem risikoadäquaten Zinssatz bzw. den Kapitalkosten aus. Dividendenzahlungen werden nicht auf direktem Weg in die Bewertung einbezogen. Die Residualgewinnformel geht auf Preinreich (1938) und vermutlich auch auf noch frühere Quellen zurück, wird aber erst seit einigen Jahren in Theorie und Praxis wieder intensiver genutzt und diskutiert. In der Praxis ist das Konzept des Economic Value Added (EVA) relativ verbreitet, das der Residualgewinnformel sehr ähnlich ist.[287] Auch Holt Value Associate's Cash Flow Return on Investment (CFROI) und McKinsey's Economic Profit basieren auf dem Konzept der Residualgewinnformel.[288] Von theoretischem Interesse ist die Residualgewinnformel als wesentlicher Bestandteil des Ohlson-Modells[289] und des Feltham/Ohlson-Modells,[290] die eine empirisch überprüfbare Beziehung zwischen Aktienkurs einerseits und Buchwert des Eigenkapitals sowie abnormalen Gewinnen andererseits herstellen. Darüber hinaus erleichtert die Residualgewinnformel die Interpretation des Kurs/Gewinn-Verhält-

---

[284] Vgl. Penman (1992).

[285] Vgl. Barker (2001), S. 31 f.; zum Signaling mit Hilfe von Dividenden vgl. genauer Bhattacharya (1979).

[286] Vgl. DeAngelo/DeAngelo/Skinner (1996).

[287] EVA ersetzt den Buchwert des Eigenkapitals durch Net Operating Assets, verwendet den Net Operating Profit After Tax (NOPAT) als Erfolgsgröße und die Weighted Average Cost of Capital (WACC) als Diskontierungsfaktor. Vgl. Halsey (2000), Footnote 11.

[288] Vgl. Lee (1999), S. 416 f.

[289] Vgl. Ohlson (1995).

[290] Vgl. Feltham/Ohlson (1995).

nisses und des Marktwert/Buchwert-Verhältnisses und verdeutlicht die Beziehung dieser beiden Verhältniszahlen zueinander.[291]

Die Residualgewinnformel richtet die Aufmerksamkeit auf die Entwicklung der residualen bzw. abnormalen Gewinne eines Unternehmens, die als Differenz von Gewinn und Kapitalkosten definiert sind. Die Kapitalkosten werden als risikoadäquate Verzinsung des Buchwertes des Eigenkapitals der Vorperiode ausgedrückt. Der Ansatz von Kapitalkosten bringt zum Ausdruck, dass ein Unternehmen nur dann Wert generiert, wenn die Gewinne größer als die Eigenkapitalkosten sind. Abnormale Gewinne können auch in Abhängigkeit der Differenz von Eigenkapitalrentabilität (ROE) und Eigenkapitalkosten dargestellt werden. Es gilt also:

$$x_t^a \equiv x_t - i_t V_{t-1} = (ROE_t - i_t) \cdot V_{t-1}$$

mit

x_t^a = abnormaler Gewinn der Periode t

V_t = Buchwert des Eigenkapitals bzw. bilanzielles Reinvermögen zum Zeitpunkt t

x_t = Gewinn

i_t = risikoangepasster Zinssatz

Um die Residualgewinnformel aus der Dividendenbarwertformel herzuleiten, werden die Dividenden[292] durch einen äquivalenten Ausdruck ersetzt, der Größen des externen Rechnungswesens enthält:

$$V_t - V_{t-1} = x_t - D_t \Leftrightarrow D_t = x_t - (V_t - V_{t-1})$$

Dividenden lassen sich nur dann ohne weiteres als Differenz zwischen dem Gewinn und der Veränderung des Buchwertes des Eigenkapitals gegenüber der Vorperiode ausdrücken, wenn das Kongruenzprinzip der Vermögens- und Erfolgsermittlung (engl.: Clean Surplus Relation) gilt. Gemäß diesem Prinzip müssen alle Veränderungen des Eigenkapitals erfolgswirksam in der Gewinn- und Verlustrechnung der betreffenden Periode erfasst werden, sofern sie nicht aus Dividenden bzw. sonstigen Kapitaltransferzahlungen resultie-

---

[291] Vgl. Penman (1996) und Abschnitt 3.2.4 dieser Arbeit.

[292] Dividenden werden wieder in einem erweiterten Sinne als sämtliche Kapitaltransferzahlungen zwischen dem Unternehmen und den Anteilseignern definiert.

ren.[293] Dementsprechend muss auch die Gewinngröße in obiger Gleichung derart definiert sein, dass sämtliche Veränderungen des Buchwertes des Eigenkapitals mit Ausnahme von Kapitaltransferzahlungen erfasst werden. Diese Forderung erfüllt das Comprehensive Income nach US-GAAP, nicht aber das Net Income nach US-GAAP oder der Jahresüberschuss nach deutschem HGB.

Tabelle 2: Verletzungen des Kongruenzprinzips nach HGB und US-GAAP

	HGB	US-GAAP
Währungsumrechnung von Abschlüssen ausländischer Tochtergesellschaften	Verwendung der erfolgsneutralen Stichtagskursmethode	Verwendung der erfolgsneutralen Stichtagskursmethode im Rahmen der Methode der funktionalen Währung
Goodwillbilanzierung	Verrechnung des Goodwills mit dem Eigenkapital gemäß § 309 HGB	
Pensionsverpflichtungen		Erfolgsneutrale Eigenkapitalkorrektur nach SFAS 87.36 ff. bei Bilanzierung einer Additional Liability Required
Bewertung von Wertpapieren		Erfolgsneutrale Bewertung der Available-for-Sale-Securities nach SFAS 115
Berichtigung von Fehlern und Methodenänderungen nach US-GAAP		Erfolgsneutrale Verrechnung der Anpassungsbeträge nach APB 20

Quelle: Ordelheide (1998), S. 513.

Beispielsweise verstößt ein Teil der nach HGB und US-GAAP zulässigen Rechnungslegungsmethoden zur Währungsumrechnung von Abschlüssen ausländischer Tochtergesellschaften gegen das Kongruenzprinzip. Immer dann wenn die erfolgsneutrale Stichtagskursmethode angewendet wird und Umrechnungsdifferenzen nicht erfolgswirksam in der Gewinn- und Verlustrechnung, sondern erfolgsneutral im Eigenkapital erfasst werden, verändert sich der Buchwert des Eigenkapitals, ohne dass sich der Jahresüberschuss bzw. das

[293] Vgl. Jüttner-Nauroth (2002b), S. 207.

Net Income ändern.[294] Umrechnungsdifferenzen können sehr hohe Werte annehmen und somit den Ausweis von Ergebnis und Eigenkapitals stark beeinflussen.[295] Diese und weitere Verstöße gegen das Kongruenzprinzip sind in Tabelle 2 aufgeführt.

Aus der Definition abnormaler Gewinne und dem Kongruenzprinzip der Vermögens- und Erfolgsentwicklung ergibt sich:

$$D_t = x_t^a + i_t\, V_{t-1} - (V_t - V_{t-1}) = x_t^a - V_t + (1 + i_t)\, V_{t-1}$$

Dieser Ausdruck für die Dividende wird in die Dividendenbarwertformel eingesetzt (zur Vereinfachung der Schreibweise wird das Zeichen für den Erwartungswert bei der Umformung weggelassen):[296]

$$\begin{aligned} P_t &= \sum_{T=1}^{n} [x_{t+T}^a - V_{t+T} + (1 + i_{t+T}) V_{t+T-1}] p_{t+T} + R_n p_{t+n} \\ &= \sum_{T=1}^{n} x_{t+T}^a p_{t+T} - \sum_{T=1}^{n} V_{t+T} p_{t+T} + \sum_{T=0}^{n-1} V_{t+T} p_{t+T} + R_n p_{t+n} \\ &= \sum_{T=1}^{n} x_{t+T}^a p_{t+T} + V_t p_t - V_{t+n} p_{t+n} + R_n p_{t+n} \end{aligned}$$

Für $n \to \infty$ ergibt sich:

$$\begin{aligned} P_t &= \lim_{n \to \infty} [\sum_{T=1}^{n} x_{t+T}^a p_{t+T} + V_t p_t - V_{t+n} p_{t+n} + R_n p_{t+n}] \\ &= V_t + \sum_{T=1}^{\infty} x_{t+T}^a p_{t+T} \end{aligned}$$

Dabei wird unterstellt, dass $V_{t+n}\, p_{t+n} \to 0$ und $R_n\, p_{t+n} \to 0$, wenn $n \to \infty$. Die erste Bedingung ist immer dann erfüllt, wenn der Buchwert des Eigenkapitals mit einer Rate wächst, die kleiner als der Zinsfuß ist.

---

294 Nach dem US-amerikanischen SFAS 52 ist für weitgehend selbständige Tochtergesellschaften (foreign entities) die modifizierte Stichtagskursmethode (current rate method) vorgeschrieben: Alle Vermögensgegenstände und Fremdkapitalpositionen der Bilanz sind zum aktuellen Wechselkurs am Bilanzstichtag umzurechnen. Für das Eigenkapital gelten historische Kurse. Aufwendungen und Erträge werden mit dem Wechselkurs des jeweiligen Geschäftsvorfalls oder dem Durchschnittskurs der Periode umgerechnet. Aus der Anwendung unterschiedlicher Wechselkurse können sich Umrechnungsdifferenzen ergeben, die erfolgsneutral im Eigenkapital auszuweisen sind. Vgl. FASB (1981), SFAS 52. Das deutsche HGB schreibt keine bestimmte Methode der Währungsumrechnung vor. DRS 14 zur Währungsumrechnung sieht allerdings vor, Fremdwährungsabschlüsse ähnlich wie nach US-GAAP gemäß dem Konzept der funktionalen Währung umzurechnen. Vgl. DRSC (2003), DRS 14.

295 Ordelheide (1998) führt als Beispiel den Bayer-Konzern an. Vgl. Ordelheide (1998), S. 512 f.

296 Vgl. Peasnell (1982), S. 364. Der dargestellte Zusammenhang entspricht dem Lücke-Theorem. Vgl. Lücke (1955, 1965); Ewert/Wagenhofer (2000), S. 73 ff.

Damit ergibt sich die Residualgewinnformel:

$$P_t = V_t + \sum_{T=1}^{\infty} E_t(x_{t+T}^a) \cdot p_{t+T}$$

Der Wert des Eigenkapitals ist gleich der Summe von Buchwert des Eigenkapitals und Barwert der abnormalen Gewinne. Die Residualgewinnformel ist intuitiv einleuchtend. Wenn Unternehmen nur Gewinne in Höhe der Kapitalkosten erwirtschaften, ist das Unternehmen nicht mehr wert als der Buchwert. Eine höhere Bewertung kann nur durch die Fähigkeit gerechtfertigt werden, abnormale Gewinne zu erwirtschaften.[297]

Die Residualgewinnformel kann so umgeformt werden, dass sie ihre Gültigkeit auch für eine Dirty-Surplus-Erfolgsgröße behält. Die Variable $ds_t = x_t - z_t$ möge das Dirty Surplus bezeichnen, den Unterschied zwischen der Clean-Surplus-Erfolgsgröße x_t und dem Jahresüberschuss bzw. Net Income z_t. Abnormaler Jahresüberschuss bzw. abnormales Net Income werden definiert als:

$$z_t^a = z_t - i_t V_{t-1}$$

Daraus ergibt sich für den abnormalen Clean-Surplus-Gewinn:

$$x_t^a = x_t - i_t V_{t-1} = z_t + ds_t - iV_{t-1} = z_t^a + ds_t$$

Die Residualgewinnformel lässt sich folgendermaßen umformen: [298]

$$P_t = V_t + \sum_{T=1}^{\infty} E_t[x_{t+T}^a] p_{t+T} = V_t + \sum_{T=1}^{\infty} E_t[z_{t+T}^a] p_{t+T} + \sum_{T=1}^{\infty} E_t[ds_{t+T}] p_{t+T}$$

Die Residualgewinnformel gilt für alle Rechnungslegungssysteme, solange sie das Prinzip der doppelten Buchführung befolgen. Diese Eigenschaft der Residualgewinnformel erscheint zunächst erstaunlich, da sich aufgrund verschiedener nationaler Rechnungslegungssysteme Unterschiede in der Höhe und der Entwicklung von Rechnungslegungsgrößen wie dem Jahresüberschuss und dem Buchwert des Eigenkapitals ergeben können.[299] Zudem ermöglichen es Wahlrechte und Spielräume auch innerhalb nationaler Rechnungs-

[297] Zur Veröffentlichung von Residualgewinnen als Information für Kapitalmarktteilnehmer vgl. Burger/Buchhart (2002).

[298] Vgl. Lo/Lys (2000b), S. 22 ff.

[299] Vgl. Simmonds/Azières (1989), S. 36, hier zitiert nach Pellens (2001), S. 3.

legungssysteme, die Höhe des Ausweises von Rechnungslegungsgrößen in erheblichem Ausmaß zu beeinflussen. Das Ausnutzen von Wahlrechten und Spielräumen beeinflusst aber die Höhe des Gewinnausweises nicht isoliert, sondern bewirkt auch eine Veränderung des Buchwertes des Eigenkapitals. Zudem kehren sich im System der doppelten Buchführung alle Verzerrungen im Ausweis von Rechnungslegungsinformationen in späteren Perioden wieder um.

Bilanziert ein Unternehmen beispielsweise sehr konservativ und nimmt eine außerplanmäßige Abschreibung auf einen Vermögensgegenstand vor, reduziert sich die Höhe des abnormalen Gewinns in der entsprechenden Periode. Dadurch verringert sich aber auch der Buchwert des Eigenkapitals zu Anfang der Folgeperiode, so dass die Hürde für abnormale Gewinne in der Folgeperiode niedriger ist und ein geringerer Gewinnausweis ausreicht, um die auf den Buchwert des Eigenkapitals bezogenen Kapitalkosten im Modell zu decken. Wenn der Vermögensgegenstand beispielsweise am Ende der Folgeperiode verkauft wird, fällt außerdem der ausgewiesene Gewinn aus dem Verkauf aufgrund der außerplanmäßigen Abschreibung der Vorperiode und des somit niedrigeren Buchwertes des Vermögensgegenstandes entsprechend höher aus. Beträgt in Periode 1 die außerplanmäßige Abschreibung 10.000 Euro und der Zinssatz 10%, ändert sich bezogen auf den Beginn der Periode 1 der Barwert der abnormalen Gewinne um $-10000/1{,}1$. Der Barwert der abnormalen Gewinne der Periode 2 erhöht sich durch die niedrigeren Kapitalkosten um $(10000 \cdot 0{,}1)/1{,}1^2$ und durch den höheren Gewinn aus dem Verkauf des Vermögensgegenstandes um $10000/1{,}1^2$. Der niedrigere Barwert der abnormalen Gewinne aus Periode 1 wird also durch den höheren Barwert der abnormalen Gewinne aus Periode 2 exakt kompensiert.[300]

3.2.3 Bewertungsmethoden auf Basis abnormaler Gewinngrößen und Discounted-Cash-Flow-Methode

Die Abdiskontierung von Einzahlungsüberschüssen gemäß der Discounted-Cash-Flow-Methode führt ebenso wie die Residualgewinnformel zu dem theoretisch richtigen Ergebnis für den Unternehmenswert. Im Gegensatz dazu lässt sich der Unternehmenswert durch die Abdiskontierung einfacher Gewinne nicht korrekt berechnen. Über die gesamte Lebensdauer eines Unternehmens gesehen muss die Summe der Gewinne zwar der Summe der Cash Flows entsprechen. Eine unterschiedliche zeitliche Verteilung von Gewinnen und Cash Flows über die Lebensdauer eines Unternehmens führt aber dazu, dass der Barwert

300 Vgl. Palepu/Healy/Bernard (2000), Kap. 11, S. 6.

der Gewinne größer oder kleiner als der Barwert der Cash Flows sein kann. Im obigen Zahlenbeispiel ergibt sich durch die außerplanmäßige Abschreibung ein Unterschied zwischen Gewinn und Cash Flow in Höhe der Buchwertänderung des Vermögensgegenstandes. Dieser Unterschied würde beim Abdiskontieren einfacher Gewinne vernachlässigt werden und zu einem falschen Ergebnis für den Unternehmenswert führen. In der Residualgewinnformel wird der Unterschied berücksichtigt, indem der abnormale Gewinn der Folgeperiode um den Zinseffekt der Buchwertänderung angepasst wird. Das Abdiskontieren der abnormalen Gewinne führt dann zu einem Ergebnis, das mit der Dividendenbarwertformel und dem Discounted-Cash-Flow-Verfahren übereinstimmt.[301] Die Discounted-Cash-Flow-Methode kann als ein Spezialfall der Residualgewinnformel angesehen werden, bei dem Cash Accounting an die Stelle des Rechnungswesens auf Basis von Abgrenzungsgrundsätzen (Accrual Accounting) tritt.[302]

Die Äquivalenz von Residualgewinnformel und Dividendenbarwertformel konnte mit Hilfe des Kongruenzprinzips der Vermögens- und Erfolgsentwicklung relativ einfach demonstriert werden. Schwieriger ist es zu zeigen, dass die Residualgewinnformel bei korrekter Anwendung zum gleichen Ergebnis führt wie die Free-Cash-Flow-Methode, die die gemäß Kapitalanteilen gewichtete mittlere Renditeforderung von Eigen- und Fremdkapitalgebern, die Weighted Average Cost of Capital (WACC), als Diskontierungsfaktor verwendet. Dieses Verfahren ist dem Entity-Ansatz zuzuordnen. Gemäß dem Entity-Ansatz wird zunächst der Gesamtwert eines Unternehmens berechnet. In einem zweiten Schritt wird der Marktwert des Fremdkapitals vom Gesamtwert abgezogen, um den fundamentalen Wert des Eigenkapitals zu erhalten. Darin unterscheiden sich die Verfahren des Entity-Ansatzes von der bereits dargestellten Dividendenbarwertformel und der Residualgewinnformel, die dem Equity-Ansatz zuzuordnen sind. Der Equity-Ansatz nimmt von Anfang an die Perspektive der Eigenkapitalgeber ein und ermittelt den Wert des Eigenkapitals oder eines Anteils daran direkt ohne den Umweg über den Gesamtwert des Unternehmens.[303]

Gemäß der Free-Cash-Flow-Methode wird zunächst der Unternehmensgesamtwert berechnet, indem die zukünftig erwarteten freien Cash Flows abdiskontiert werden. Freie Cash Flows entsprechen der Differenz zwischen den Cash Flows from Operations nach Steuern

[301] Vgl. Barker (2001), S. 170.
[302] Vgl. Penman (2001), S. 4.
[303] Vgl. Steiner/Bruns (2000), S. 225.

und den Cash Flows from Investing Activities.[304] Dieser Betrag steht für Ausschüttungen an Eigenkapitalgeber sowie für Zinszahlungen und Kreditrückzahlungen an Fremdkapitalgeber zur Verfügung. In einem zweiten Schritt wird der Marktwert des Fremdkapitals vom Unternehmensgesamtwert subtrahiert, um den Wert des Eigenkapitals zu ermitteln.[305] Die Formel für die Free-Cash-Flow-Methode lautet:[306]

$$P_t = \sum_{T=1}^{\infty} \frac{E_t(F_{t+T})}{(1+WACC)^T} - L \qquad \text{bzw.} \qquad P_t = \frac{E_t(F_{t+1})}{WACC - g} - L$$

(bei konstant wachsenden F)

mit

$F_T = C_T - I_T = D_T + Z_T - N_T - z \cdot s \cdot L_{T\text{-}1}$ = Free Cash Flow

mit C_T = Cash Flow from Operations nach Steuern (ohne Berücksichtigung der steuermindernden Wirkung der Zinszahlungen), I_T = Cash Flow aus der Investitionstätigkeit, D_T = Dividenden, Z_T = Zinszahlungen, N_T = Neuverschuldung, z = Fremdkapitalzinssatz, s = Steuersatz, L_T = Marktwert der verzinslichen Verbindlichkeiten (hier per Annahme gleich dem Buchwert)

$WACC = (1 - lev) \cdot i + lev \cdot z \cdot (1\text{-}s)$

mit $lev = L / (L + P)$ = Verschuldungsgrad zu Marktwerten, g = konstante Wachstumsrate der Free Cash Flows

Die Äquivalenz von Residualgewinnformel und Free-Cash-Flow-Methode zu zeigen, wird dadurch erschwert, dass die Verfahren nicht den gleichen Diskontierungsfaktor verwenden. Bei Annahme konstanter Eigenkapitalkosten und konstanter Fremdkapitalkosten nach Steuern gibt es nur einen Diskontierungsfaktor für die Free-Cash-Flow-Methode, der zu einem korrekten Wert des Eigenkapitals führt. Dieser Diskontierungsfaktor entspricht nur dann dem *WACC*, wenn *lev*, der Verschuldungsgrad zu Marktwerten, im Zeitablauf kon-

---

304 Vgl. Coenenberg/Alvarez/Meyer (2001), Sp. 493. Als freie Cash Flows bezeichnet Jensen (1986) die Cash Flows, die verbleiben, nachdem ein Unternehmen in sämtliche Projekte mit positivem Kapitalwert investiert hat. Vgl. Jensen (1986), S. 323.

305 Vgl. zur Free-Cash-Flow-Methode beispielsweise Krag/Kasperzak (2000), S. 104 ff.; Clubb (2002), S. 10 ff.; Lundholm/O'Keefe (2000), S. 29 ff.

306 Im Gegensatz zur Darstellung von Dividendenbarwertformel und Residualgewinnformel wird bei der Erläuterung der Free-Cash-Flow-Methode vereinfachend von im Zeitablauf konstanten Diskontierungsfaktoren ausgegangen.

stant bleibt. Implizit wird also angenommen, dass Unternehmen eine Verschuldungspolitik betreiben, die zu einem konstanten Verschuldungsgrad zu Marktwerten führt.[307]

Unter dieser Bedingung eines konstanten Verschuldungsgrades zu Marktwerten weist Clubb (2002) für den Fall konstanter Wachstumsraten die Äquivalenz von Free-Cash-Flow-Methode und Dividendenbarwertformel nach. Damit ist auch gezeigt, dass Residualgewinnformel und Dividendenbarwertformel unter den genannten Bedingungen zu übereinstimmenden Ergebnissen führen.[308] Lundholm/O'Keefe (2000) untersuchen für den allgemeinen Fall nicht-konstanter Wachstumsraten, welcher Diskontierungsfaktor für die WACC-basierten Bewertungsmethoden gewählt werden muss, damit eigenkapitalkostenbasierte und WACC-basierte Bewertungsmethoden zu übereinstimmenden Ergebnissen führen.[309]

Die theoretische Äquivalenz der Methoden sagt noch nichts über die unterschiedliche Praxistauglichkeit der Verfahren aus. Mit zunehmendem Prognosehorizont nähern sich die Werte, die mit Hilfe der unterschiedlichen Formeln berechnet werden können, immer stärker dem Wert an, der sich durch Diskontierung zukünftiger Dividenden ergibt. Die Bewertungsverfahren sind also für unendliche Zeithorizonte äquivalent. In der Praxis müssen einer Aktienbewertung aber zwangsweise begrenzte Zeithorizonte zugrunde gelegt werden. Damit stellt sich für Investoren und Analysten die Frage, welches Verfahren unter der Bedingung eines begrenzten Prognosezeitraumes und pauschaler Annahmen für die darauf folgende Zeit den Wert einer Aktie am genauesten ermitteln kann. Die Wahl der Bewertungsmethode bestimmt auch, ob Dividenden, Free Cash Flows, Gewinne, abnormale Gewinne oder andere Größen von Analysten und Investoren prognostiziert werden müssen. Durchschnittliche Wachstumsraten können für diese Größen möglicherweise unterschiedlich genau geschätzt werden, so dass nicht alle Größen gleich gut geeignet sind, einen Terminal Value zu bestimmen.[310]

Eine kombinierte Anwendung unterschiedlicher Methoden kann die Plausibilität einer Bewertung erhöhen. Die theoretische Äquivalenz der verschiedenen Bewertungsverfahren ermöglicht es, eine Bewertung auf Grundlage von Rechnungslegungsdaten in eine Bewertung auf Basis von Cash Flows zu überführen. So kann überprüft werden, was die Annahmen, die der rechnungslegungsbasierten Bewertung zugrunde liegen, für eine Cash-Flow-

[307] Vgl. Lundholm/O'Keefe (2000), S. 23 f.
[308] Vgl. Clubb (2002), S. 13 ff.
[309] Vgl. Lundholm/O'Keefe (2000), S. 29 ff.
[310] Vgl. Penman (2001), S. 5 ff.

basierte Bewertung bedeuten. Umgekehrt lässt sich ermitteln, mit welchen Rechnungslegungsdaten eine angenommene Entwicklung von Cash Flows vereinbar ist.[311] Beispielsweise lässt sich überprüfen, ob die Annahme eines bestimmten konstanten Dividendenwachstums zur Berechnung des Dividendenbarwerts mit Annahmen über die Eigenkapitalrendite und die Gewinnentwicklung kompatibel ist, die für die Residualgewinnformel benötigt werden. Außerdem kann aus Bewertungen mit Hilfe der Dividendenbarwertformel und der Residualgewinnformel unter weiteren Annahmen auf einen implizit angenommenen WACC geschlossen werden, der für die Free-Cash-Flow-Methode verwendet wird.[312]

Auch bei gleichzeitiger Anwendung mehrerer Bewertungsverfahren sprechen einige Gründe dafür, das Hauptaugenmerk auf die Verfahren zu richten, die Rechnungslegungsdaten verwenden. Die Residualgewinnformel ermöglicht es, den Wert einer Aktie in Abhängigkeit von der Eigenkapitalrendite auszudrücken. So lässt sich eine Verbindung zu der traditionellen Kennzahlenanalyse schaffen. Die Kennzahlen können für Vergleiche mit ähnlichen Unternehmen der Branche genutzt werden, um so die Plausibilität der Bewertung zu erhöhen.[313] Die Residualgewinnformel verlangt von den Analysten die Prognose von Bilanzen und Gewinn- und Verlustrechnungen. Daraus ergeben sich Schätzwerte für Eigenkapitalrentabilitäten und Eigenkapitalbuchwerte. Die Prognoseaufgabe wird dadurch erleichtert, dass Eigenkapitalrentabilitäten seriell stark positiv korreliert sind und sich abnormale Eigenkapitalrentabilitäten längerfristig wieder den durchschnittlichen Eigenkapitalkosten annähern. Empirisch lässt sich zumindest für US-amerikanische Unternehmen zeigen, dass der größte Teil des Anpassungsprozesses nach acht Jahren abgeschlossen ist.[314] Übereinstimmend mit diesen Argumenten für die Residualgewinnformel kommen

---

[311] Vgl. Clubb (2002), S. 1 f.

[312] Vgl. ebenda, S. 16 ff.

[313] Vgl. Nissim/Penman (2001).

[314] Vgl. Penman (1991), S. 237 f.; Halsey (2000), S. 12 f. Nach Ansicht von Coenenberg/Schultze (2002a) ist es bei der Bewertung von Unternehmen häufig sinnvoll, davon auszugehen, dass sich Rentabilitäten und Kapitalkosten im Zeitablauf annähern. Denn mögliche zukünftige Residualgewinne basieren oft auf zukünftigen Geschäftsideen, die zum Zeitpunkt der Bewertung kaum vorhersehbar sind. Vgl. Coenenberg/Schultze (2002a), S. 608.

empirische Untersuchungen zu dem Ergebnis, dass Aktienkurse mit der Residualgewinnformel genauer geschätzt werden können als mit Discounted-Cash-Flow-Methoden.[315]

Als Alternative zur Residualgewinnformel bietet sich die Residual-Operating-Income-Formel an. Diese Formel verwendet ebenfalls Rechnungslegungsdaten statt Cash Flows, ist aber anders als die Residualgewinnformel dem Entity-Ansatz zuzuordnen und benutzt wie die Free-Cash-Flow-Methode den WACC als Diskontierungsfaktor. Der Wert des Eigenkapitals wird als Summe des Buchwertes der Vermögensgegenstände und des Barwertes der residualen Operating Income abzüglich des Marktwertes der Verbindlichkeiten dargestellt.[316]

$$P_t = A_t + \sum_{T=1}^{\infty} \frac{E_t(OI_{t+T}) - WACC \cdot E_t(A_{t+T-1})}{(1+WACC)^{t+T}} - L$$

bzw. $P_t = A_t + \dfrac{E_t(OI_{t+1}) - WACC \cdot A_t}{WACC - g} - L$ (bei konstant wachsendem ROI)

mit

$ROI_T = OI_T - WACC \cdot A_{T-1}$ = Residual Operating Income

OI_T = Operating Income[317]

A_T = Buchwert der Vermögensgegenstände des Unternehmens

Da die Residual-Operating-Income-Methode den *WACC* als Diskontierungsfaktor verwendet, müssen für die Äquivalenz zur Dividendenbarwertformel bzw. zur Residualgewinnformel die gleichen Bedingungen wie im Fall des Free-Cash-Flow-Verfahrens erfüllt sein.[318]

---

[315] Vgl. Penman/Sougiannis (1998); Francis/Olsson/Oswald (2000); Courteau/Kao/Richardson (2001). Lundholm/O'Keefe (2000) kritisieren, dass die Ergebnisse dieser Untersuchungen nur auf Fehlern bei der Anwendung der Bewertungsverfahren beruhen können. Ein empirischer Vergleich der Bewertungsmethoden sei kaum sinnvoll, da theoretisch äquivalente Methoden bei korrekter Anwendung auch praktisch zu gleichen Resultaten führen müssten. Penman (2001) weist diese Kritik jedoch größtenteils zurück. Er betont, dass praktische Anwendungsprobleme einen Einfluss auf die Wahl eines Bewertungsverfahrens haben. Daher sei ein empirischer Vergleich der Genauigkeit der Verfahren gerechtfertigt. Lundholm/O'Keefe (2001) verteidigen ihre Position jedoch weiter.

[316] Vgl. zur Residual-Operating-Income-Formel Clubb (2002), S. 10 ff.; Lundholm/O'Keefe (2000), S. 29 ff.

[317] Das Betriebsergebnis wird für deutsche HGB-Abschlüsse bilanzanalytisch üblicherweise enger abgegrenzt als das Operating Income nach US-GAAP. Vgl. Coenenberg (2000), S. 992.

[318] Vgl. Clubb (2002), S. 13 ff.; Lundholm/O'Keefe (2000), S. 23 f.

3.2.4 Multiples

Hinter einer Aktienbewertung mit so genannten Multiplikatoren (Multiples) steckt der Gedanke „Bewerten heißt vergleichen“. Der Wert eines Unternehmens wird durch einen Vergleich mit möglichst ähnlichen Unternehmen ermittelt.[319]

Der Multiplikator für die Referenzunternehmen wird berechnet, indem der Marktwert des Eigenkapitals oder der Marktwert des Gesamtkapitals (Enterprise Value) durch eine Bezugsgröße dividiert wird, die eine möglichst hohe Erklärungskraft für den Wert einer Aktie bzw. eines Unternehmens hat. Als Bezugsgrößen kommen u. a. Jahresüberschuss, Cash Flow, Umsatz, EBIT (Earnings before Interest and Taxes) oder EBITDA (Earnings before Interest, Taxes, Depreciation and Amortization) in Frage. Der Multiplikator des Referenzunternehmens wird anschließend mit der Bezugsgröße des zu bewertenden Unternehmens multipliziert. Dem so ermittelten Wert einer Aktie liegt die Annahme einer linearen Beziehung zwischen der Bezugsgröße und dem Wert der Aktie zugrunde.[320] Die Bezugsgröße im Nenner des Multiplikators gibt grundsätzlich vor, ob im Zähler der Marktwert des Eigenkapitals oder des Gesamtkapitals anzusetzen ist. Beispielsweise ist es möglich, das Enterprise-Value-EBIT-Verhältnis zu bilden, da das EBIT mit Hilfe des gesamten investierten Kapitals eines Unternehmens erwirtschaftet wird. Dagegen könnte ein Kurs-EBIT-Verhältnis nicht sinnvoll interpretiert werden.[321] Da im Zähler der Multiplikatoren Marktwerte verwendet werden, ist eine Bewertung mit Hilfe von Multiplikatoren umso genauer und zuverlässiger, je höher der Grad der Informationseffizienz der Kapitalmärkte ist.[322] Die Genauigkeit einer Bewertung auf Basis von Multiplikatoren hängt außerdem wesentlich davon ab, wie ähnlich die Referenzunternehmen und die zu bewertenden Unternehmen sind. Referenzunternehmen und zu bewertende Unternehmen sollten in den kritischen

---

319 Vgl. Schwetzler (2001), S. 77; Peemöller/Meister/Beckmann (2002), S. 197; Coenenberg/Schultze (2002b), S. 697 f. Hier wird die „Similar Public Company Method“ des Multiplikatorverfahrens dargestellt, bei der als Referenzunternehmen ähnliche börsennotierte Unternehmen herangezogen werden. Die „Similar Public Company Method” eignet sich besonders zur Aktienanalyse, da in den Aktienkursen der Referenzunternehmen keine Prämie für die unternehmerische Kontrolle über das Unternehmen enthalten ist. Demgegenüber benutzen die „Recent Acquisition Method“ und die „Initial Public Offering Method“ Kaufpreise für ähnliche Unternehmen bei Unternehmensakquisitionen aus der jüngeren Vergangenheit bzw. Emissionspreise für Anteile vergleichbarer Unternehmen. Diese Methoden sind dementsprechend vor allem bei Unternehmensakquisitionen und bei Aktienemissionen zur Wertermittlung geeignet. Zu den Methoden vgl. Böcking/Nowak (1999), S. 170 ff.; Sanfleber-Decher (1992), S. 598 ff.

320 Vgl. Bausch (2000), S. 450 f.

321 Vgl. Cheredito/Hadewicz (2001), S. 322.

322 Vgl. Aders/Galli/Wiedemann (2000), S. 197. Aktien können umso genauer anhand von Multiples bewertet werden, je informationseffizienter die Marktwerte der Referenzunternehmen sind. Bei vollkommener mittelstrenger Informationseffizienz des gesamten Aktienmarktes erübrigt sich allerdings eine fundamentale Aktienbewertung mit Hilfe von Multiples.

Wertbestimmungsfaktoren übereinstimmen.[323] Um Unterschiede zwischen den Unternehmen zu berücksichtigen, werden Multiples in manchen Fällen um subjektive Bewertungszuschläge oder -abschläge angepasst.[324]

Je nachdem, ob das Gesamtkapital oder das Eigenkapital eines Unternehmens bewertet werden sollen, werden auch bei der Multiplikatormethode Entity-Ansatz und Equity-Ansatz bzw. Bruttomethode und Nettomethode unterschieden.[325] Beim Entity-Ansatz (bzw. bei der Bruttomethode) wird der Enterprise Value (EV) als Zählergröße verwendet. Üblicherweise werden folgende Multiples berechnet: EV/EBIT, EV/EBITDA, EV/Umsatz, EV/Cash Flow. Bei der Equity-Methode stehen der Aktienkurs oder der Marktwert des Eigenkapitals im Zähler des Multiplikators. Berechnet werden oft das Kurs-Gewinn-Verhältnis (KGV), das Kurs-Buchwert-Verhältnis (KBV) und das Kurs-Cash-Flow-Verhältnis (KCV). Das wohl am häufigsten verwendete Multiple ist das KGV. Berechnet wird das KGV, indem der Aktienkurs durch das Ergebnis je Aktie der gerade abgelaufenen Periode oder durch ein geschätztes Ergebnis je Aktie einer zukünftigen Periode dividiert wird. Das KGV beantwortet die Frage, mit dem Wievielfachen eine Geldeinheit des Gewinns eines Unternehmens bewertet wird. Je höher das KGV ist, desto „teurer“ ist eine Aktie und desto höher ist i. d. R. das zukünftig erwartete Gewinnwachstum eines Unternehmens. Durch einen Vergleich mit den KGV ähnlicher Unternehmen der gleichen Branchen, soll ermittelt werden, ob ein Unternehmen über- oder unterbewertet ist. Die Nennergröße des KGV ist häufig ein Ergebnis je Aktie, das um Sondereinflüsse bereinigt ist. In Deutschland wird oft das Ergebnis je Aktie nach DVFA/SG verwendet.[326]

Bei der Anwendung von Multiplikatoren kann eine Schwierigkeit darin bestehen, solche Multiplikatoren auszuwählen, die für eine Bewertung besonders geeignet sind. In manchen Branchen werden spezielle Bezugsgrößen im Nenner der Multiples verwendet. Beispielsweise werden Assets under Management in der Vermögensverwaltung oder Anzahl der Kunden in der Mobilkommunikation als besonders wertrelevante Größen angesehen.[327] Bei der Multiplikatormethode können sich Anwendungsprobleme also bei der Auswahl der Bezugsgröße im Nenner des Multiples, aufgrund einer nicht vollständigen Vergleichbarkeit von Referenzunternehmen und zu bewertenden Unternehmen sowie möglicherweise auch durch einen geringen Grad der Informationseffizienz des betrachteten Marktes ergeben.

---

323 Vgl. Peemöller/Meister/Beckmann (2002), S. 199.
324 Vgl. Böcking/Nowak (1999), S. 174.
325 Vgl. Cheridito/Hadewicz (2001), S. 322.
326 Vgl. Busse von Colbe et al. (2000).
327 Vgl. Cheredito/Hadewicz (2001), S. 324.

Diese Probleme lassen sich durch die gleichzeitige Anwendung anderer Bewertungsverfahren unter Umständen mildern. Es erscheint wenig sinnvoll, dass sich Analysten auf ein einziges Bewertungsverfahren stützen, da sämtliche Verfahren auf Annahmen beruhen und damit fehleranfällig sind.[328]

Multiplikatoren sind praxisorientierte Bewertungsmethoden, die aber mit theoretisch fundierten, d. h. aus der Dividendenbarwertformel ableitbaren Verfahren genauer interpretiert werden können. Das KGV und das KBV lassen sich mit Hilfe der Residualgewinnformel analysieren. Dabei ergibt sich, dass KGV und KBV bei der Aktienanalyse nicht isoliert voneinander, sondern gemeinsam betrachtet werden sollten. Außerdem können Zusammenhänge zwischen KGV und KBV einerseits und der Eigenkapitalrendite (Return on Equity, ROE) sowie der traditionellen Analyse bilanzieller Kennzahlen andererseits aufgezeigt werden.[329]

Das KBV entspricht dem Produkt von KGV und ROE:

$$\frac{P}{V} = \frac{P}{x} \cdot \frac{x}{V} \quad \Leftrightarrow \quad KBV = KGV \cdot ROE$$

Um den Zusammenhang zwischen den Multiples und dem ROE genauer zu verstehen, wird die Residualgewinnformel umgeformt:[330]

$$P_t = V_t + \sum_{T=1}^{\infty} \frac{E_t(x_{t+T}^a)}{(1+i)^{t+T}} \quad \Leftrightarrow \quad P_t = V_t + \sum_{T=1}^{\infty} \frac{E_t[(ROE_{t+T} - i) \cdot V_{t+T-1}]}{(1+i)^{t+T}}$$

$$\Leftrightarrow \quad \frac{P_t}{V_t} = 1 + \sum_{T=1}^{\infty} \frac{E_t[(ROE_{t+T} - i) \cdot V_{t+T-1}]}{(1+i)^{t+T} \cdot V_t}$$

Das KBV kann in Abhängigkeit zukünftig erwarteter ROE ausgedrückt werden. Die Formel für das KBV ist jedoch unabhängig vom ROE der aktuellen Periode t. Das KBV zeigt die Höhe der zukünftig erwarteten ROE an und kann als Indikator für das Wachstum des Eigenkapitalbuchwertes (inklusive Dividenden) angesehen werden. Ist das KBV größer als eins, werden positive Residualgewinne erwartet. Der Marktpreis spiegelt die Erwartung auf positive Residualgewinne in einer Prämie auf den Buchwert des Eigenkapitals wider. Umgekehrt resultieren negative erwartete Residualgewinne in einem KBV, das kleiner als eins

328 Vgl. Peemöller/Meister/Beckmann (2002), S. 197.

329 Vgl. hierzu und im Folgenden Penman (1996); Halsey (2000); Fairfield (1994); Bauman (1996), S. 13 ff.

330 Hier wird vereinfachend ein konstanter Eigenkapitalkostensatz *i* unterstellt.

ist. Erwartete Residualgewinne in Höhe von null führen zu einem KBV von eins.[331] Penman (1996) bezeichnet ein KBV von eins als Normalfall, an dem gemessen wird, ob ein KBV als hoch oder niedrig einzustufen ist.[332]

In ähnlicher Weise kann die Residualgewinnformel für die Interpretation des KGV umgeformt werden. Nach Addition der Dividenden und Division durch den Gewinn ergibt sich unter Berücksichtigung des Kongruenzprinzips der Vermögens- und Erfolgsermittlung:

$$P_t = V_t + \sum_{T=1}^{\infty} \frac{E_t(x_{t+T}^a)}{(1+i)^{t+T}} \Leftrightarrow \frac{P_t + D_t}{x_t} = 1 + \frac{V_{t-1}}{x_t} + \sum_{T=1}^{\infty} \frac{E_t(x_{t+T}^a)}{(1+i)^{t+T} \cdot x_t}$$

$$\Leftrightarrow \frac{P_t + D_t}{x_t} = 1 + \frac{1}{ROE_t} + \sum_{T=1}^{\infty} \frac{E_t[(ROE_{t+T} - i) \cdot V_{t+T-1}]}{(1+i)^{t+T} \cdot x_t}$$

Das KGV wird hier entgegen der üblichen Schreibweise als das Verhältnis vom Preis der Aktie zuzüglich der Dividende zum Gewinn definiert. Damit wird berücksichtigt, dass Dividendenzahlungen zwar den Preis auf einem vollkommenen Kapitalmarkt, nicht aber die Höhe des Gewinns der betreffenden Periode beeinflussen. Das inklusive Dividende definierte KGV ist gemäß der These der Dividendenirrelevanz nach Modigliani/Miller (1961) auf einem vollkommenen Kapitalmarkt unabhängig von der Höhe der Dividendenzahlungen.

Im Gegensatz zum KBV wird die Höhe des KGV sowohl vom ROE der Periode t als auch von den zukünftig erwarteten ROE bestimmt. Das KGV ist umso größer, je weiter der aktuelle ROE unter den zukünftig erwarteten ROE liegt. Da das KGV vom Verhältnis des aktuellen zu den zukünftig erwarteten ROE und nicht allein von den zukünftig erwarteten ROE bestimmt wird, können auch Unternehmen mit niedrigen erwarteten ROE ein hohes KGV haben, wenn der ROE der aktuellen Periode noch deutlich geringer ist. Aufgrund der negativen Abhängigkeit vom aktuellen ROE und der positiven Anhängigkeit von zukünftigen ROE kann das KGV als ein Indikator für das erwartete Wachstum des ROE und der

[331] Diese Interpretation zeigt die Verwandtschaft vom KBV und Tobin's q. Tobin's q entspricht dem Verhältnis von interner Verzinsung und Kosten des Kapitals. Unter bestimmten Annahmen ist Tobin's q gleich dem Verhältnis von Marktwert und Reproduktionswert eines Unternehmens. Ist q größer als eins, sind weitere Investitionen für Unternehmen lohnenswert. Umgekehrt sollten Unternehmen bei einem q unterhalb von eins keine weiteren Investitionen tätigen und stattdessen eher desinvestieren. Zu Tobin's q vgl. genauer Glaum (1996), S. 280 ff.

[332] Bei einer stärker praxisorientierten Sichtweise ist es jedoch möglicherweise sinnvoller, den Einfluss der vorsichtigen Bewertung in der Rechnungslegung zu berücksichtigen und als Normalfall ein KBV zu wählen, das größer als eins ist.

abnormalen Gewinne[333] betrachtet werden. Wie beim KBV wird auch der Wert für das normale KGV ermittelt, indem die Residualgewinne gleich null gesetzt werden. Das normale KGV beträgt dann $(1+i) / i$.

Da sowohl KGV als auch KBV durch die zukünftig erwarteten ROE beeinflusst werden, ist eine gleichzeitige Betrachtung beider Multiples bei der Aktienanalyse sinnvoll. Tabelle 3 beschreibt den Zusammenhang von KGV und KBV genauer (mit ARG = Residualgewinn der aktuellen Periode, ZRG = Residualgewinn einer repräsentativen zukünftigen Periode, PRÄ = Barwert der zukünftig erwarteten Residualgewinne bzw. Prämie auf den Buchwert).

Tabelle 3: Zusammenhang von KGV und KBV

		KBV		
		hoch PRÄ>0, ZRG>0	*normal* PRÄ=0, ZRG=0	*niedrig* PRÄ<0, ZRG<0
KGV	*hoch*	A ARG < ZRG	B ARG < 0	C ARG < ZRG
	normal	D ARG > 0 ARG = ZRG	E ARG = 0 ARG = ZRG	F ARG < 0 ARG = ZRG
	niedrig	G ARG > ZRG	H ARG > 0	I ARG > ZRG

Quelle: Penman (1996), S. 247.

Der Barwert der zukünftig erwarteten Residualgewinne ist sowohl in der Formel für das KBV als auch in der Formel für das KGV enthalten. Das KGV wird für ein gegebenes KBV somit durch den ROE der Periode t bestimmt (vgl. dazu die Formel für das KGV). Für ein normales KBV in Höhe von eins (Fälle B, E und H) gilt PRÄ = 0; d. h. das KGV ist in diesen Fällen vom (reziproken) Wert des ROE der aktuellen Periode abhängig. Ein normales KGV ergibt sich also für ARG = 0; für ARG < 0 ist das KGV hoch und für ARG > 0 ist das KGV niedrig. Für ein nicht normales KBV können die Bedingungen für

[333] Die Residualgewinnformel kann auch so umgeformt werden, dass das KGV der Summe des normalen KGV $(1+i) / i$ und dem Barwert der zukünftig erwarteten Veränderungen abnormaler Gewinne entspricht.

ein niedriges, normales oder hohes KGV durch einen Vergleich von ARG und ZRG ermittelt werden. Falls ARG = ZRG ergibt sich ein normales KGV. Für ARG < ZRG ist das KGV hoch und für ARG > ZRG ist das KGV niedrig. Für das KGV ist also der Unterschied zwischen aktuellem und zukünftig erwarteten ROE bzw. Residualgewinnen entscheidend. Im Spezialfall eines normalen KBV mit PRÄ = 0 zeigt ein nicht normales KGV eine einmalige Abweichung des aktuellen Gewinns von dem Niveau an, das einem normalen ROE in Höhe der Eigenkapitalkosten entspricht. Wegen PRÄ = 0 kann es sich nicht um eine dauerhaft erwartete Abweichung des Gewinns vom normalen Niveau handeln. In den Fällen eines hohen oder niedrigen KBV hängt das KGV sowohl von dem aktuellen als auch von dem zukünftigen ROE ab. Nur unter Berücksichtigung des aktuellen ROE können aus dem KGV Schlussfolgerungen über zukünftig erwartete ROE und Gewinne gezogen werden.

Für die Aktienanalyse lassen sich aus der gemeinsamen Betrachtung von KGV und KBV einige Schlussfolgerungen ziehen: Für Unternehmen mit hohem KGV und hohem KBV (Fall A) werden positive Residualgewinne erwartet, die höher als der aktuelle Residualgewinn sind. Bei hohem KGV und niedrigem KBV (Fall C) werden negative Residualgewinne erwartet. Die erwarteten ROE liegen zwar über dem aktuellen, niedrigen Niveau, aber trotzdem noch unter den Eigenkapitalkosten. Ist das KGV niedrig und das KBV hoch (Fall G), werden positive Residualgewinne erwartet, die aber unterhalb des hohen Niveaus der aktuellen Periode liegen. Für Unternehmen mit niedrigem KBV und niedrigem KGV (Fall I) werden negative Residualgewinne erwartet, die unter den aktuellen Residualgewinn sinken. Weitere Einsichten für die Aktienanalyse lassen sich möglicherweise aus einer genaueren Analyse des ROE gewinnen,[334] der wie gezeigt eine zentrale Bedeutung für den Zusammenhang der Multiples KGV und KBV hat. Eine Zerlegung des ROE in weitere Kennzahlen wie beispielsweise Umsatzrentabilität, Gesamtkapitalumschlag und Eigenkapitalquote[335] kann so mit den Multiples KGV und KBV in Verbindung gebracht werden.

---

[334] Vgl. Nissim/Penman (2001).

[335] Vgl. beispielsweise Küting/Weber (1999), S. 304 ff.

3.3 Kapitalmarktrelevanz von Rechnungslegungsinformationen: Begriff und Messung

3.3.1 Kapitalmarktrelevanz aus Sicht der „Standard Setter“ und der Kapitalmarktforschung

Informationen des externen Rechnungswesens machen einen wesentlichen Teil der Datenmenge aus, die Kapitalmarktteilnehmer zur Bewertung von Unternehmen heranziehen. Insbesondere sind aktuelle Rechnungslegungsinformationen ein Ausgangspunkt für Prognosen zukünftiger Rechnungslegungsgrößen, die in Bewertungsformeln eingehen. Aktuelle Rechnungslegungsinformationen können außerdem Auslöser für Käufe oder Verkäufe von Aktien sein, wenn die veröffentlichten Rechnungslegungsinformationen von den vorher prognostizierten Werten abweichen. Aus diesen Gründen ist zu erwarten, dass ein empirisch nachweisbarer Zusammenhang zwischen Rechnungslegungsdaten und Kapitalmarktdaten wie Aktienkursen, Aktienrenditen, Marktwerten des Eigenkapitals oder Aktienumsätzen besteht. Die Intensität dieses Zusammenhangs wird allerdings dadurch abgeschwächt, dass sich Rechnungslegungsdaten größtenteils auf die Vergangenheit beziehen, wogegen der Wert eines Unternehmens von Erwartungen über zukünftige Cash Flows bzw. Gewinne abhängt. Studien zur Kapitalmarktrelevanz von Rechnungslegungsinformationen beschäftigen sich mit der Frage, ob ein Zusammenhang zwischen Rechnungslegungs- und Kapitalmarktdaten besteht. Weiterhin wird untersucht, wie stark der Zusammenhang ausgeprägt ist und von welchen Einflussgrößen die Stärke des Zusammenhangs abhängt. Oft wird auch die Kapitalmarktrelevanz von verschiedenen Rechnungslegungsinformationen wie beispielsweise von Gewinnen und Cash Flows miteinander verglichen.

Im Einklang mit der Kapitalmarktrelevanz von Rechnungslegungsinformationen stehen auch die Ziele der Rechnungslegung nach IAS und US-GAAP. In den Statements of Financial Accounting Concepts (SFAC) der US-GAAP wird als Zweck der Rechnungslegung genannt, Investoren und andere Interessenten mit entscheidungsrelevanten Informationen zu versorgen. „Financial reporting should provide information that is useful to present and potential investors and creditors and other users in making rational investment, credit, and similar decisions.“[336] Rechnungslegungsdaten sollen Investoren und anderen Interessenten helfen, Cash Flows von Unternehmen zu prognostizieren: „[...] financial reporting should

[336] FASB (1978), SFAC No. 1, Para. 34.

provide information to help investors, creditors, and others assess the amounts, timing, and uncertainty of prospective net cash inflows to the related enterprise."[337]

Ähnliche Aussagen finden sich im Framework der IAS. „The objective of financial statements is to provide information about the financial position, performance and changes in financial position of an enterprise that is useful to a wide range of users in making economic decisions."[338] „The economic decisions that are taken by users of financial statements require an evaluation of the ability of an enterprise to generate cash and cash equivalents and of the timing and certainty of their generation. [...] Users are better able to evaluate this ability to generate cash and cash equivalents if they are provided with information that focuses on the financial position, performance and changes in financial position of an enterprise."[339]

Die Vorschriften des deutschen HGB fordern zwar in § 264 Abs. 2 Satz 1, dass der Jahresabschluss von Kapitalgesellschaften ein den tatsächlichen Verhältnissen entsprechendes Bild der Vermögens-, Finanz- und Ertragslage zu vermitteln hat. Diese Anforderung wird allerdings durch den Zusatz relativiert, dass die Grundsätze ordnungsmäßiger Buchführung zu beachten sind.[340] Als Zwecke des Jahresabschlusses nach HGB werden vor allem die Punkte Dokumentation, Rechenschaft und Kapitalerhaltung genannt.[341] Die Funktion der Entscheidungsunterstützung insbesondere für Investoren wird also in den Rechnungslegungssystemen der US-GAAP und der IAS wesentlich stärker in den Vordergrund gestellt. Trotzdem ist von der Kapitalmarktrelevanz deutscher Rechnungslegungsinformationen nach HGB auszugehen, da auch Rechnungslegungsinformationen nach HGB als Ausgangsbasis für Prognosen genutzt werden und Erwartungsrevisionen der Kapitalmarktteilnehmer auslösen. Allerdings könnten die abweichenden Zwecke und weitere Unterschiede zwischen den HGB-Vorschriften einerseits und US-GAAP und IAS andererseits zu Unterschieden in der Kapitalmarktrelevanz der Rechnungslegungsdaten führen.[342]

In den US-GAAP und in den IAS wird konkretisiert, welche Voraussetzungen Rechnungslegungsinformationen erfüllen sollen, damit sie für Kapitalmarktteilnehmer und andere Adressaten nützlich sind. Nach US-GAAP sollen Rechnungslegungsinformationen die Ei-

---

337 Ebenda, Para. 37.

338 IASB (2001), Framework, Para. 12.

339 Ebenda, Para. 15.

340 Vgl. Selchert/Erhardt (1999), S. 35. Zur neueren Entwicklung in Deutschland vgl. auch DRSC (2002a), Entwurf: Grundsätze ordnungsmäßiger Buchführung (Rahmenkonzept).

341 Vgl. Baetge/Kirsch/Thiele (2003), S. 84 ff.

342 Zu internationalen Unterschieden in der Kapitalmarktrelevanz von Rechnungslegungsinformationen vgl. genauer Abschnitt 3.4.1.3 dieser Arbeit.

genschaften der „Relevance“ und der „Reliability“ aufweisen. „To be relevant [...], accounting information must be capable of making a difference in a decision by helping users to form predictions about the outcomes of past, present, and future events or to confirm or correct expectations.“[343] „The reliability of a measure rests on the faithfulness with which it represents what it purports to represent [...].“[344] Das FASB orientiert sich an diesen beiden Kriterien, wenn es neue Rechnungslegungsstandards erarbeitet. In den IAS wird ähnlich wie nach US-GAAP bestimmt, dass Rechnungslegungsinformationen neben „Understandability“ und „Comparability“ die Eigenschaften der „Relevance“ und „Reliability“ aufweisen sollen.[345]

Sofern Rechnungslegungsinformationen die Kriterien der „Relevance“ und „Reliability“ tatsächlich erfüllen, ist zu erwarten, dass die Kapitalmarktrelevanz solcher Rechnungslegungsinformationen empirisch bestätigt werden kann. Untersuchungen zur Kapitalmarktrelevanz können als eine empirische Operationalisierung von „Relevance“ und „Reliability“ angesehen werden. Ist eine Information im empirischen Sinne kapitalmarktrelevant, erfüllt sie die Kriterien der „Relevance“ und der „Reliability“ zumindest zu einem gewissen Grad.[346] Allerdings ist es schwierig, die mangelnde oder geringe Kapitalmarktrelevanz einer Rechnungslegungsinformation entweder auf fehlende „Relevance“ oder auf fehlende „Reliability“ zurückzuführen. Getrennt voneinander können die Kriterien empirisch kaum überprüft werden. Studien zur Kapitalmarktrelevanz stellen eine gleichzeitige Überprüfung beider Kriterien dar.[347]

Studien zur Kapitalmarktrelevanz von Rechnungslegungsinformationen können sowohl für „Standard Setter“ als auch für Kapitalmarktforscher interessant sein. Aus der Sicht von „Standard Settern“ sind vor allem drei Arten von Untersuchungen interessant: „Relative

---

343 FASB (1980), SFAC No. 2, Para. 47.

344 FASB (1980), SFAC No. 2, Para. 59.

345 Vgl. IASB (2001), Framework, Para. 24.

346 Ausnahmen könnten sich ergeben, wenn Kapitalmarktrelevanz als Korrelation des Marktwertes des Eigenkapitals mit dem Gewinn oder einer anderen Größe der Rechnungslegung gemessen wird. Aus einer Korrelation der Größen kann dann nicht zwingend geschlossen werden, dass Kapitalmarktteilnehmer die Rechnungslegungsdaten tatsächlich für Prognosen nutzen. Die Informationen könnten den Investoren nämlich bereits vorher aus anderen Quellen bekannt sein. Allerdings bilden Investoren in diesem Fall vermutlich Erwartungen bezüglich der Rechnungslegungsgröße und reagieren, wenn die veröffentlichte Größe davon abweicht. „Relevance“ und „Reliability“ der Rechnungslegungsgröße sind also auf jeden Fall sehr wahrscheinlich, wenn die Kapitalmarktrelevanz empirisch bestätigt werden kann. Vgl. dazu auch den folgenden Abschnitt 3.3.2 dieser Arbeit.

347 Vgl. Barth/Beaver/Landsman (2001), S. 80 f.

Association Studies", „Incremental Association Studies" und „Marginal Information Content Studies".[348]

So genannte „Relative Association Studies" vergleichen den Erklärungsgehalt verschiedener Ergebnisgrößen für den Marktwert des Eigenkapitals oder für Aktienrenditen. Beispielsweise wird die Kapitalmarktrelevanz des Jahresüberschusses nach HGB mit der Kapitalmarktrelevanz des Net Income nach US-GAAP verglichen.

„Incremental Association Studies" untersuchen, ob eine bestimmte, einzelne Rechnungslegungsinformation auch dann noch zur Erklärung von Marktwerten des Eigenkapitals oder von Aktienrenditen beiträgt, wenn der Erklärungsgehalt anderer Rechnungslegungsdaten bereits berücksichtigt worden ist. Es geht also um die Frage, ob eine bestimmte Rechnungslegungsinformation einen zusätzlichen Erklärungsbeitrag leistet, der nicht durch andere Rechnungslegungsdaten abgedeckt wird. Zum Beispiel wird ermittelt, ob der Fair Value von derivativen Finanzinstrumenten einen Erklärungsgehalt für den Marktwert des Eigenkapitals hat, der über die in einer Reihe anderer Rechnungslegungsdaten enthaltene Informationsmenge hinausgeht.

„Marginal Information Content Studies" untersuchen, ob eine Rechnungslegungsinformation für Investoren neu und entscheidungsrelevant ist. Diese Frage wird i. d. R. geklärt, indem Kursreaktionen auf die Veröffentlichung von Rechnungslegungsinformationen analysiert werden. Es wird getestet, ob beispielsweise die Veröffentlichung von Überleitungsrechnungen nationaler Ergebnisgrößen auf das Net Income nach US-GAAP abnormale Kursbewegungen zur Folge hat.

„Standard Setter" wie das Financial Accounting Standards Board (FASB) können auf die Ergebnisse der Studien zur Kapitalmarktrelevanz zurückgreifen, wenn im so genannten „Due Process" neue Standards erarbeitet werden. Die Untersuchungen zur Kapitalmarktrelevanz sind für „Standard Setter" allerdings nur eine Informationsquelle unter vielen.[349] Im „Due Process" der Standarderstellung erhalten nicht nur Investoren, sondern alle interes-

---

[348] Vgl. hierzu und im Folgenden Holthausen/Watts (2001), S. 5 f. Dort findet sich auch eine umfangreiche Übersicht über Untersuchungen zur Kapitalmarktrelevanz von Rechnungslegungsinformationen. Die Untersuchungen werden jeweils einem der drei genannten Typen von Studien zugeordnet.

[349] Vgl. Barth/Beaver/Landsman (2001), S. 86 ff. Holthausen/Watts (2001) stehen dem Nutzen der Kapitalmarktrelevanzliteratur für „Standard Setter" kritischer gegenüber als Barth/Beaver/Landsman (2001). Vgl. Holthausen/Watts (2001), S. 63 f.

sierten Parteien die Möglichkeit, Meinungen und Anregungen zu einem Standard öffentlich vorzutragen und auf diese Weise Einfluss auf den endgültigen Standard zu nehmen.[350]

Kapitalmarktforscher betrachten die Studien zur Kapitalmarktrelevanz oft aus einer etwas anderen Perspektive als die „Standard Setter".[351] Einige der Studien liefern Aufschlüsse darüber, ob der Kapitalmarkt Rechnungslegungsinformationen effizient verarbeitet. Beispielsweise wird untersucht, ob sich Aktienkurse sofort oder nur mit einer Verzögerung an Rechnungslegungsinformationen anpassen. Ebenfalls vor dem Hintergrund der Informationseffizienz wird analysiert, ob und wie Kurse reagieren, wenn Rechnungslegungsmethoden umgestellt werden, beispielsweise bei der Vorratsbewertung von Fifo auf Lifo. Außerdem wird versucht, aus der Analyse fundamentaler Kennzahlen Handelsstrategien zu entwickeln, mit deren Hilfe sich im Widerspruch zum Konzept der Informationseffizienz abnormale Renditen erwirtschaften lassen. Weiterhin wird untersucht, ob Kapitalmarktteilnehmer die Nachhaltigkeit des ausgewiesenen Ergebnisses korrekt einschätzen und erkennen, wenn der Ergebnisausweis durch außergewöhnliche Vorfälle oder bilanzpolitische Maßnahmen nur vorübergehend beeinflusst wird.

Andere Studien überprüfen, wie gut Aktienkurse bzw. Marktwerte mit Hilfe von Bewertungsmodellen erklärt werden können, deren Input aus Rechnungslegungsdaten besteht. In manchen Untersuchungen wird die Intensität des Zusammenhanges zwischen Rechnungslegungsdaten wie dem Jahresüberschuss oder dem Buchwert des Eigenkapitals und Kapitalmarktdaten wie dem Marktwert des Eigenkapitals, dem Aktienkurs oder der Aktienrendite zunächst theoretisch abgeleitet und anschließend empirisch überprüft.

Die Einteilung der Literatur zur Kapitalmarktrelevanz in Studien, die kapitalmarkttheoretische Fragen behandeln, und Studien, die für „Standard Setter" interessant sind, ist allerdings nicht trennscharf. Ergebnisse vieler Untersuchungen sind sowohl aus kapitalmarkttheoretischer Sicht als auch aus der Perspektive von „Standard Settern" interessant.

---

[350] Vgl. beispielsweise Kieso/Weygandt/Warfield (2001), S. 9 f.

[351] Vgl. hierzu und im Folgenden Kothari (2001) sowie die dort angeführte Literatur zu Beispielen für die verschiedenen Arten von Studien.

3.3.2 Konzepte der Kapitalmarktrelevanz: Informationsgehalt, Bewertungsrelevanz und Wertrelevanz

Der Begriff der Kapitalmarktrelevanz als empirisch messbarer Zusammenhang zwischen Rechnungslegungsinformationen und Kapitalmarktdaten ist sehr weit gefasst. Unter dem Oberbegriff verbergen sich drei verschiedene Konzepte der Kapitalmarktrelevanz, die gemäß Lo/Lys (2000a) mit Informationsgehalt, Bewertungsrelevanz und Wertrelevanz bezeichnet werden können.[352] Diese Einteilung bezieht sich vor allem auf die Fragestellungen, die von den Studien untersucht werden. Die Klassifikation wird weitgehend unabhängig davon vorgenommen, ob Studien für „Standard Setter“ oder für Kapitalmarktforscher von Interesse sind.

I_t sei die im Zeitpunkt t öffentlich verfügbare Informationsmenge und ΔI_t sei der Teil der Informationsmenge I_t, der im Zeitpunkt $t\text{-}1$ noch nicht bekannt war. ΔI_t hat einen Informationsgehalt für den Aktienkurs eines Unternehmens j, wenn der mittelstreng informationseffiziente Kurs P_{jt} des Unternehmens j zum Zeitpunkt t von dem aufgrund der Informationsmenge I_{t-1} rational erwarteten Kurs abweicht: $P_{jt} \neq E(P_{jt} \mid I_{t-1})$. Eine neu veröffentlichte Information hat somit dann einen Informationsgehalt für den Aktienkurs, wenn die Veröffentlichung der Information zu Kursänderungen zwischen t und $t\text{-}1$ führt, die nicht dem normalen Ausmaß entsprechen, das aufgrund einer marktüblichen Verzinsung für den Zeitraum von $t\text{-}1$ bis t rational zu erwarten ist.[353] Der Informationsgehalt wird allein von der abnormalen Kursänderung abhängig gemacht und ist unabhängig von der Richtung der Kursänderung. Studien zum Informationsgehalt von Rechnungslegungsinformationen untersuchen beispielsweise, ob die Veröffentlichung von Jahresabschlüssen zu abnormalen Kursreaktionen führt. Die erste Studie dieser Art stammt von Beaver (1968), der unter anderem die quadrierte Abweichung von P_{jt} und $E(P_{jt} \mid I_{t-1})$ für Unternehmen untersucht, die zwischen zwei Zeitpunkten $t\text{-}1$ und t Unternehmensgewinne veröffentlicht haben. Durch die Quadrierung wird vermieden, dass positive und negative Preisänderungen gegeneinander aufgerechnet werden.

Studien zum Informationsgehalt beziehen sich auf eine Informationsmenge, die zwischen $t\text{-}1$ und t veröffentlicht wird und mehr oder weniger umfangreich sein kann. Die Informati-

---

352 Vgl. hierzu und zu den Definitionen von Informationsgehalt, Bewertungsrelevanz und Wertrelevanz Lo/Lys (2000a). Die Begriffe werden in der Literatur nicht einheitlich verwendet. So bezeichnet beispielsweise Schmidt (1982) mit Informationsgehalt das Konzept der Kapitalmarktrelevanz, das in der vorliegenden Arbeit Bewertungsrelevanz genannt wird. Vgl. Schmidt (1982), S. 730 ff.

353 Lediglich „bestätigende” Daten können in diesem Sinne nur dann einen Informationsgehalt haben, wenn sie die Wahrnehmung des Risikos beeinflussen und somit eine Kursänderung zur Folge haben.

onsmenge kann eine Vielzahl von Rechnungslegungsdaten beinhalten, wenn beispielsweise der Informationsgehalt der Veröffentlichung von Jahresabschlüssen oder des Form 20-F betrachtet wird. Demgegenüber konzentriert sich das Konzept der Bewertungsrelevanz auf einzelne Rechnungslegungsdaten wie z. B. den Jahresüberschuss und untersucht, ob sich Abweichungen einer Rechnungslegungsinformation vom erwarteten Wert dieser Information gemäß einem angenommenen funktionalen Zusammenhang in Abweichungen des Preises von den Preiserwartungen niederschlagen. Eine Rechnungslegungsinformation A_{jt} für das Unternehmen j ist dann bewertungsrelevant, wenn die Funktion f in der Gleichung $[P_{jt} - E(P_{jt} \mid I_{t-1})] = f\,[A_{jt} - E(A_{jt} \mid I_{t-1})] + \varepsilon_{jt}$ nicht trivial ist.[354] Die Funktion ist trivial, wenn der Koeffizient für die Differenz $A_{jt} - E(A_{jt} \mid I_{t-1})$ gleich null ist. Diesem Konzept entspricht die Studie von Ball/Brown (1968). Ball/Brown untersuchen, ob unerwartete Änderungen von Gewinngrößen (Net Income und EPS) zu abnormalen Preisänderungen führen. Erwartete Änderungen der Gewinne eines Unternehmens werden durch eine Regression der Gewinnänderungen des Unternehmens auf die durchschnittliche Gewinnänderung aller Unternehmen des Marktes ermittelt. Die restliche Gewinnänderung stellt folglich die unerwartete Gewinnänderung dar. Alternativ werden die unerwarteten Gewinnänderungen gemäß dem so genannten naiven Modell als Abweichung des Gewinns vom Gewinn der Vorperiode errechnet. Der funktionale Zusammenhang zwischen unerwarteter Gewinnänderung und unerwarteter Preisänderung entspricht einer Indikatorfunktion. Gewinne über den Erwartungen führen zu abnormal positiven Preisreaktionen und Gewinne unterhalb der Erwartungen haben abnormal stark negative Wirkungen auf den Preis. Im Gegensatz zum Informationsgehalt wird die Bewertungsrelevanz einer Information i. d. R. also in Abhängigkeit von der Richtung der Kursreaktion ermittelt. Außerdem berücksichtigt das Konzept der Bewertungsrelevanz anders als die Studien zum Informationsgehalt das Ausmaß, in dem eine Rechnungslegungsinformation von den Erwartungen abweicht.

Eine Rechnungslegungsinformation A_{jt} für das Unternehmen j ist wertrelevant, wenn die Funktion g in der Gleichung $P_{jt} = g(A_{jt}) + \eta_{jt}$ nicht trivial ist. η_{jt} ist eine Störvariable. Im Gegensatz zur Bewertungsrelevanz verlangt das Konzept der Wertrelevanz nicht, die Erwartungen der Kapitalmarktteilnehmer bezüglich einer Rechnungslegungsinformation zu ermitteln.[355] Außerdem werden Kurse und keine Abweichungen der Kurse von ihrem erwarteten Wert erklärt. Daher entfällt bei Untersuchungen der Wertrelevanz auch die Ermitt-

---

[354] ε_{jt} ist eine Störvariable.

[355] Das Konzept der Wertrelevanz erfasst also auch Rechnungslegungsdaten, die bestehende Erwartungen lediglich bestätigen.

lung eines normalen, erwarteten Kurses mit Hilfe eines Bewertungsmodells wie z. B. dem Marktmodell. Weiterhin erfolgt bei Studien der Wertrelevanz von Rechnungslegungsinformationen eine Zeitpunktbetrachtung, während den Konzepten des Informationsgehalts und der Bewertungsrelevanz eine prozessorientierte Zeitraumbetrachtung zugrunde liegt. Während das Konzept der Bewertungsrelevanz abnormale Preisänderungen direkt auf eine unerwartete Rechnungslegungsinformation zurückführt, lässt sich anhand von Untersuchungen der Wertrelevanz keine Aussage darüber treffen, auf welche Informationen ein Aktienkurs reagiert hat, bis er das Niveau in der Periode t erreicht hat. Untersuchungen zur Wertrelevanz zeigen lediglich, welche Rechnungslegungsinformationen den Kurs der Periode t erklären können. Daraus folgt jedoch nicht, dass der Aktienkurs auf die Veröffentlichung der wertrelevanten Rechnungslegungsinformationen reagiert. Wenn wertrelevante Rechnungslegungsinformationen bereits zu einem früheren Zeitpunkt öffentlich bekannt geworden sind, ist bei Veröffentlichung keine Kursreaktion mehr zu erwarten.

Die Unterscheidung dieser drei Konzepte ist wichtig, wenn Ergebnisse von Studien zur Kapitalmarktrelevanz von Rechnungslegungsinformationen miteinander verglichen werden. Studien, die auf unterschiedlichen Konzepten aufbauen, können bei der Untersuchung ähnlicher Fragestellungen zu abweichenden Ergebnissen kommen. Lo/Lys (2000a) zeigen beispielsweise, dass der Informationsgehalt von Gewinnveröffentlichungen US-amerikanischer Unternehmen im Zeitraum von 1972 bis 2000 annähernd gleich geblieben ist. Dahingegen sind die Bewertungsrelevanz von unerwarteten Gewinnen und die Wertrelevanz von Gewinnen und Buchwerten des Eigenkapitals im gleichen Zeitraum gesunken. Lo/Lys (2000a) vermuten, dass die Entwicklung des Informationsgehalts von Gewinnveröffentlichungen im Zeitablauf nicht fehlerfrei gemessen werden kann. Denn wahrscheinlich hat die Menge an Informationen zugenommen, die zur gleichen Zeit mit Gewinnveröffentlichungen bekannt werden. Demnach wäre der Informationsgehalt von Gewinnveröffentlichungen nicht konstant geblieben, sondern wäre wie die Bewertungsrelevanz und die Wertrelevanz auch gesunken.[356]

[356] Vgl. Lo/Lys (2000a), S. 29 f.

3.3.3 Messung der Kapitalmarktrelevanz

Im Folgenden sollen Methoden zur Untersuchung der Kapitalmarktrelevanz von Rechnungslegungsinformationen dargestellt werden. In dieser Arbeit werden Event Studies und Association Studies vorgestellt. Neben den Methoden der Event Studies und der Association Studies können auch Befragungen von Kapitalmarktteilnehmern und Studien zum Einfluss von Rechnungslegungsinformationen auf die Varianz von Aktienrenditen und andere Risikoparameter Aufschluss über die Kapitalmarktrelevanz von Rechnungslegungsinformationen geben. Die beiden letztgenannten Methoden sind jedoch von untergeordneter Bedeutung und werden aus diesem Grund hier nicht genauer erläutert.[357]

3.3.3.1 Event Studies

Event Studies (Ereignisstudien) untersuchen die Reaktion des Kapitalmarktes auf Ereignisse wie beispielsweise Gewinnveröffentlichungen, Unternehmensakquisitionen oder Aktienemissionen. Die Studien messen, ob sich der Aktienkurs in einem Zeitfenster um das öffentliche Bekanntwerden des Ereignisses herum abnormal entwickelt.[358]

Event Studies bauen auf den Annahmen der mittelstrengen Informationseffizienz und der Gültigkeit von Gleichgewichtsmodellen der Aktienbewertung auf. Das Bekanntwerden eines Ereignisses stellt eine neue, allgemein verfügbare Information dar. Gemäß der Annahme der mittelstrengen Informationseffizienz wird diese Information von den Kapitalmarktteilnehmern unverzüglich in korrekter Weise verarbeitet und löst entsprechende Kauf- und Verkaufsentscheidungen aus. Daher spiegelt der Kursverlauf zumindest theoretisch bereits nach sehr kurzer Zeit veränderte Erwartungen der Marktteilnehmer wider. Ereignisstudien zeigen vor allem, in welcher Geschwindigkeit sich der Kurs an eine neue Information anpasst. Schwieriger zu überprüfen sind Aussagen darüber, ob Kurse sich in korrekter Weise an die neue Information anpassen und somit die Fundamentalwerte der Aktien möglichst gut wiedergeben.

Um den Teil der Kursänderung zu isolieren, der auf die Veröffentlichung des Ereignisses zurückgeführt werden kann, müssen Annahmen über den Kursverlauf getroffen werden,

---

[357] Zu Befragungen von Kapitalmarktteilnehmern vgl. Auer (1999), S. 185; Glaum/Mandler (1996), S. 52 f. Veränderungen des Risikos können durch einen Vergleich der Varianz der Renditen vor und nach einem Ereignis ermittelt werden. Für den Vergleich werden die Varianzen der Renditen mit Hilfe der Varianz der Rendite des Marktes standardisiert. Eine weitere Möglichkeit besteht im Vergleich der Varianz abnormaler Renditen vor und nach einem Ereignis. Außerdem kann mittels Regressionsanalysen untersucht werden, ob sich das systematische Risiko einer Aktie infolge des Ereignisses ändert. Vgl. dazu Auer (1999), S. 209 ff.

[358] Vgl. Glaum (1996), S. 239.

der sich ohne das Ereignis ergeben hätte. Dazu dienen Gleichgewichtsmodelle wie beispielsweise das Marktmodell, mit denen die normale Kursentwicklung ermittelt wird. Aus der Gegenüberstellung von tatsächlichem und normalem Kursverlauf können die abnormalen Renditen berechnet werden, die dadurch entstehen, dass das untersuchte Ereignis öffentlich bekannt wird.

Mit Ereignisstudien können der Informationsgehalt und die Bewertungsrelevanz (im oben definierten Sinne) von Rechnungslegungsinformationen untersucht werden.

Eine Ereignisstudie läuft typischerweise in folgenden Schritten ab:[359]

1. Ereignis definieren
2. Kriterien für einzubeziehende Unternehmen aufstellen
3. Zeitpunkt der Veröffentlichung ermitteln und Länge der Ereignisperiode festlegen
4. Normale Renditen auf Grundlage eines Preisbildungsmodells berechnen
5. Abnormale Renditen für die Ereignisperiode berechnen und aggregieren
6. Abnormale Renditen analysieren

In Event Studies werden z. B. folgende Ereignisse untersucht: Gewinnveröffentlichungen, Veröffentlichungen des Jahresabschlusses, Veröffentlichungen von Zwischenberichten,[360] die Umstellung der Rechnungslegung von nationalen Vorschriften auf IAS oder US-GAAP[361] und Veröffentlichungen von Überleitungsrechnungen auf US-GAAP.[362] Die Intensität der Kursreaktion auf ein Ereignis ist abhängig von dem Ausmaß, zu dem ein Ereignis von den Kapitalmarktteilnehmern bereits antizipiert worden ist. Daher ist es in manchen Fällen sinnvoll, die Kursreaktion in Abhängigkeit des unerwarteten Teils eines Ereignisses zu analysieren. So wird bei Gewinnveröffentlichungen häufig die Kursreaktion auf den unerwarteten Gewinn betrachtet, der beispielsweise als Differenz von veröffentlichtem Gewinn und der Schätzung der Analysten definiert wird.

Im zweiten Schritt müssen Kriterien wie z. B. Branchenzugehörigkeit oder Listing an einer bestimmten Börse für die Auswahl der einzubeziehenden Unternehmen definiert werden.

---

359 Vgl. dazu Glaum (1996), S. 239 ff.; Roeder (1999), S. 17; MacKinlay (1997), S. 14 ff.
360 Vgl. z. B. Coenenberg/Federspieler (1999).
361 Vgl. z. B. Pellens/Tomaszewski (1999) ; Auer (1999), S. 253 ff.
362 Vgl. z. B. Meek (1983).

Durch die Auswahl der Unternehmen können sich unter Umständen Verzerrungen ergeben, die bei der Interpretation der Ergebnisse berücksichtigt werden müssen.[363]

Für das zu untersuchende Ereignis muss möglichst genau ermittelt werden, zu welchem Zeitpunkt das Ereignis öffentlich bekannt wird, da Kapitalmarktteilnehmer ihre Erwartungen dann an die neue Information anpassen. Der Zeitpunkt, an dem ein Ereignis wie z. B. die Umstellung der Rechnungslegung auf US-GAAP im Unternehmen stattfindet, ist für Event Studies grundsätzlich nicht relevant, da Kapitalmarktteilnehmer ihre Erwartungen schon vorher bei Bekanntwerden des Ereignisses angepasst haben. Allerdings entfällt diese Unterscheidung, wenn ein Ereignis bereits als Veröffentlichung von Gewinnen oder anderen Rechnungslegungsdaten definiert worden ist.

Bei der Untersuchung von Rechungslegungsinformationen sind die Veröffentlichungszeitpunkte häufig relativ zuverlässig bestimmbar. Wenn der Zeitpunkt des Bekanntwerdens eines anderen Ereignisses beispielsweise aus Zeitungen nur ungenau bestimmt werden kann, muss für die Ereignisperiode unter Umständen ein relativ langer Zeitraum gewählt werden.[364] Die Ereignisperiode ist der Zeitraum, in dem abnormale Kursreaktionen gemessen werden. Üblicherweise beginnt die Ereignisperiode vor dem Tag, an dem ein Ereignis öffentlich bekannt wird. Dadurch wird berücksichtigt, dass Informationen von Marktteilnehmern teilweise antizipiert werden und sich über Gerüchte bereits vor der offiziellen Bekanntgabe verbreiten können. Außerdem umfasst die Ereignisperiode in der Regel zumindest auch noch den Tag nach der Veröffentlichung der Information, da die Verarbeitung von Informationen in der Realität Zeit beansprucht und nicht unverzüglich bei Bekanntwerden der Information abgeschlossen ist. Auf diese Weise werden auch Reaktionen nach Börsenschluss berücksichtigt, die erst am Tag nach der Veröffentlichung beobachtbar sind.[365]

Je größer das Ereignisfenster gewählt wird, desto wahrscheinlicher ist es, dass sämtliche Reaktionen des Kurses auf das Ereignis erfasst werden. Mit zunehmender Länge der Ereignisperiode wächst aber auch die Gefahr, dass andere zeitlich überlappende Ereignisse den Kursverlauf in der Ereignisperiode beeinflussen und die Messung abnormaler Renditen ungenau wird.[366] Wird eine kurze Ereignisperiode gewählt, ist es zudem unwahrscheinlicher, dass ungenaue Schätzungen der normalen Renditen die Zuverlässigkeit von Ereignis-

363 Vgl. MacKinlay (1997), S. 15.
364 Vgl. Roeder (1999), S. 17 ff.
365 Vgl. MacKinlay (1997), S. 15.
366 Vgl. Glaum (1996), S. 244.

studien beeinträchtigen. Mit Gleichgewichtsmodellen wie dem Marktmodell werden meistens normale, erwartete Tagesrenditen von circa 0,05% ermittelt. Messfehler aufgrund fehlerhafter Risikoschätzungen sind meistens kleiner als 0,02% pro Tag. Dieser Wert ist klein im Vergleich zu abnormalen Renditen von 0,5% oder mehr, die gewöhnlich in Ereignisstudien als Reaktion auf neue Rechnungslegungsinformationen gemessen werden.[367] Nur über lange Ereignisperioden können Schwierigkeiten bei der Messung des Risikos von Aktien zu signifikanten abnormalen Renditen führen, die dann fälschlicherweise dem untersuchten Ereignis zugeschrieben werden.[368]

Die Länge von Ereignisfenstern in Event Studies ist sehr unterschiedlich. Die Verfügbarkeit von Daten zu einzelnen Wertpapiertransaktionen erlaubt es, Ereignisperioden zu wählen, die kürzer als ein Tag sind.[369] Dagegen werden Ereignisperioden in anderen Studien auf mehrere Jahre ausgedehnt. Event Studies mit langen Ereignisperioden gehen davon aus, dass Kapitalmarktteilnehmer auf neue Informationen über- oder unterreagieren können und Fehlbewertungen aufgrund irrationalen Verhaltens nur langfristig korrigiert werden.[370] Eine übliche Länge des Ereignisfensters beträgt drei Tage und umfasst den Tag der Veröffentlichung sowie den Tag davor und den Tag danach.[371]

Nachdem die Länge der Ereignisperiode festgelegt worden ist, werden die normalen Aktienrenditen ermittelt. Dazu wird zunächst eine Schätzperiode gewählt, die möglichst unbeeinflusst von dem untersuchten Ereignis ist. Anhand von Daten für die Schätzperiode werden die Parameter eines Preisbildungsmodells für die Unternehmen des Untersuchungssamples geschätzt. Die geschätzten Parameter dienen anschließend dazu, die normalen Renditen der Unternehmen in der Ereignisperiode zu bestimmen. Dabei wird angenommen, dass die für die Schätzperiode ermittelten Parameter des Preisbildungsmodells in der Ereignisperiode unverändert Gültigkeit besitzen.

Die Schätzperiode weist keine Überschneidung mit dem Ereignisfenster auf, damit die Berechnung normaler Renditen nicht durch das Ereignis beeinflusst wird. Für die Lage der Schätzperiode gibt es zwei Möglichkeiten. Entweder wird der Zeitraum unmittelbar vor der Ereignisperiode gewählt oder die Schätzperiode besteht aus einem Zeitraum vor der Ereignisperiode und einem Zeitraum nach der Ereignisperiode. Eine zweigeteilte Schätzperiode

---

367 Zu den Zahlenangaben vgl. Kothari (2001), S. 187 f.
368 Vgl. Kothari (2001), S. 187 ff.; Fama (1998), S. 291.
369 Vgl. Lee (1992); Patell/Wolfson (1982).
370 Vgl. Kothari (2001), S. 188.
371 Vgl. zum Beispiel die Studie von Landsman/Maydew (2002).

hat den Vorteil, dass einer allmählichen Veränderung der Parameter des Preisbildungsmodells im Zeitablauf besser Rechnung getragen wird.[372] Die Parameter des Preisbildungsmodells können statistisch umso zuverlässiger bestimmt werden, je länger die Schätzperiode ist. Allerdings hat eine lange Schätzperiode auch Nachteile. Die Gefahr nimmt zu, dass andere wesentliche Ereignisse in die Schätzperiode fallen, die Kurse stark beeinflussen und die Messung normaler Renditen verzerren. Zudem wird es mit zunehmender Länge der Schätzperiode wahrscheinlicher, dass die Parameter für das Preisbildungsmodell während der Schätzperiode nicht stabil sind und für die Ereignisperiode nicht unverändert gültig sind. Damit würde eine wichtige Annahme der Event Studies verletzt.[373]

Ereignisstudien werden eine Vielzahl verschiedener Preisbildungsmodelle zur Ermittlung normaler Renditen zugrunde gelegt. Die Differenz von tatsächlich erzielter und normaler Rendite wird als abnormale Rendite bezeichnet. Üblicherweise werden mittelwertbereinigte Renditen (mean adjusted returns), marktbereinigte Renditen (market adjusted returns) oder risikobereinigte Renditen (risk adjusted returns) ermittelt. Die mittelwertbereinigte Rendite entspricht der Differenz der tatsächlichen Rendite in der Ereignisperiode und der Rendite, die eine Aktie in der Schätzperiode durchschnittlich erzielt hat. Dieses Verfahren ist zwar stark vereinfachend, führt aber zu ähnlichen Ergebnissen wie kompliziertere Modelle.[374] Während bei Verwendung mittelwertbereinigter Renditen die normale Rendite für jede Aktie unterschiedlich hoch ist, wird bei marktbereinigten Renditen angenommen, dass die normale Rendite gleich der Marktrendite bzw. der Rendite eines Marktindexes im Ereignisfenster ist und damit für alle Aktien gleich groß ist. Marktbereinigte Renditen stellen insofern eine Ausnahme dar, als dass die Schätzperiode mit der Ereignisperiode identisch ist. Bei risikobereinigten Renditen wird wiederum von unterschiedlich hohen normalen Renditen für einzelne Aktien ausgegangen. Zur Risikobereinigung stehen unterschiedliche Verfahren zur Verfügung. Am häufigsten verwendet wird das Marktmodell, das einen linearen Zusammenhang zwischen der Rendite einzelner Aktien und der Rendite des Gesamtmarktes bzw. eines Marktindexes unterstellt. Zur Berechnung der normalen Renditen r_i für alle Aktien *i* wird mit Hilfe einer Regressionsanalyse folgende Gleichung geschätzt:

$$r_{it} = \alpha_i + \beta_i \cdot r_{mt} + \varepsilon_{it}$$

mit

[372] Vgl. MacKinlay (1997), S. 20.
[373] Vgl. Roeder (1999), S. 21 u. S. 33 ff.
[374] Vgl. MacKinlay (1997), S. 17.

r_{it} = Rendite der Aktie i im Zeitraum von t-1 bis t

α_i = von der Marktrendite unabhängiger Teil der Aktienrendite

β_i = Maßgröße für die Abhängigkeit der Rendite der Aktie i von der Marktrendite

r_{mt} = Marktrendite (bzw. Rendite des Marktindexes) im Zeitraum von t-1 bis t

ε_{it} = Störterm

Die Regressionsrechnung wird mit Daten der Schätzperiode durchgeführt. Es wird unterstellt, dass die Parameter der Regression in der Ereignisperiode unverändert gültig sind.[375]

Die abnormalen Renditen der Aktien werden als Differenz zwischen der tatsächlichen und der normalen Rendite entweder für jeden Tag oder für andere konstante Zeiträume innerhalb der Ereignisperiode bestimmt. Anschließend müssen die abnormalen Renditen über die gesamte Ereignisperiode und über die einzelnen Aktien aggregiert werden, um allgemeine Schlussfolgerungen über die Kurswirkung des untersuchten Ereignisses ziehen zu können. Für die einzelnen Tage (oder andere konstante Zeiträume) der Ereignisperiode werden die durchschnittlichen abnormalen Renditen aller Aktien errechnet. Für die einzelnen Aktien werden die täglichen (oder für einen anderen Zeitraum definierten) abnormalen Renditen der gesamten Ereignisperiode zu kumulierten abnormalen Renditen („cumulative abnormal returns") aufaddiert. Schließlich wird für das untersuchte Ereignis die durchschnittliche kumulierte abnormale Rendite (CAR) aller Aktien berechnet.[376] Statt tägliche abnormale Renditen zu einer kumulierten abnormalen Rendite aufzuaddieren, können die täglichen abnormalen Renditen der Ereignisperiode auch multiplikativ verknüpft werden. Die so errechnete Größe wird als „abnormal performance index" (API) bezeichnet.[377] Kumulierte abnormale Renditen bzw. API müssen auf ihre statistische Signifikanz hin untersucht werden. Signifikanztests sollten berücksichtigen, dass die Variabilität der Renditen in der Ereignisperiode aufgrund des Ereignisses steigen kann. Anderenfalls wird die Nullhypothese kumulierter abnormaler Renditen in Höhe von null zu häufig zurückgewiesen.[378] Außerdem sollte überprüft werden, ob die Ergebnisse möglicherweise nur durch einige wenige Beobachtungen stark beeinflusst werden.[379]

---

[375] Vgl. Glaum (1996), S. 244 ff; Roeder (1999), S. 23 ff.; Auer (1999), S. 187 ff.
[376] Vgl. MacKinlay (1997), S. 21 ff.
[377] Vgl. Ball/Brown (1968), S. 168; Coenenberg (2000), S. 1129.
[378] Vgl. Kothari (2001), S. 188.
[379] Vgl. MacKinlay (1997), S. 15.

In vielen Fällen ist es nicht sinnvoll, den Durchschnitt der kumulierten abnormalen Renditen (bzw. der API) aller Aktien zu bilden. Stattdessen werden durchschnittliche kumulierte abnormale Renditen nur für Teilmengen des gesamten Portfolios der untersuchten Aktien gebildet, wenn für unterschiedliche Teilmengen auch unterschiedliche Kursreaktionen erwartet werden. Wird beispielsweise die Bewertungsrelevanz von Gewinnveröffentlichungen untersucht, werden üblicherweise die drei Kategorien „good news", „bad news" und „no news" gebildet. Bewegt sich der veröffentlichte Gewinn innerhalb einer bestimmten Bandbreite (beispielsweise +/- 2,5%) um den erwarteten Gewinn herum, wird die Gewinnveröffentlichung als „no news" klassifiziert. Ist der Gewinn höher oder niedriger, spricht man entsprechend von „good news" oder „bad news". Durchschnittliche kumulierte abnormale Renditen werden für jede Kategorie von Gewinnveröffentlichungen getrennt errechnet, da für jede Kategorie unterschiedliche Kursverläufe erwartet werden. Soll dagegen lediglich der Informationsgehalt von Gewinnveröffentlichungen untersucht werden, müssen keine Gruppen gebildet werden. In diesem Fall muss nur vermieden werden, positive und negative abnormale Kursentwicklungen gegeneinander aufzurechnen. Es müssen also quadrierte abnormale Renditen oder absolute Werte von abnormalen Renditen betrachtet werden.

Zum Abschluss wird in manchen Ereignisstudien untersucht, ob die Höhe der abnormalen Renditen von bestimmten Eigenschaften des Ereignisses oder des Unternehmens abhängt. Solche Analysen können dazu dienen, die Ursachen für abnormale Renditen genauer zu klären. Dazu werden abnormale Renditen auf Eigenschaften der Ereignisse oder der Unternehmen regressiert. Problematisch ist solch eine Regressionsanalyse allerdings, wenn die Eigenschaften der Ereignisse oder Unternehmen dazu beitragen, dass Investoren das Eintreten des Ereignisses besser oder schlechter antizipieren können.[380]

Seit den ersten Studien von Ball/Brown (1968) und Fama/Fisher/Jensen/Roll (1969) hat sich die Methode der Event Studies nicht sehr stark verändert. Eine denkbare Erweiterung des Standardverfahrens besteht darin, die Lernfähigkeit von Investoren einzubeziehen. Möglicherweise lernen Marktteilnehmer aus ähnlichen Ereignissen der Vergangenheit. Mit Hilfe von Lernmodellen soll berücksichtigt werden, dass die Intensität und Schnelligkeit der Kursreaktion auf ein Ereignis von den Erfahrungen mit Kursreaktionen auf ähnliche Ereignisse in der Vergangenheit abhängen kann.[381]

---

[380] Vgl. MacKinlay (1997), S. 33.

[381] Vgl. Sawyer/Gygax (2001), S. 31 ff.

3.3.3.2 Association Studies

Association Studies untersuchen, ob Rechnungslegungsdaten wie beispielsweise Gewinne mit Aktienrenditen oder Aktienkursen korreliert sind. Im Gegensatz zu Ereignisstudien unterstellen Association Studies i. d. R. keinen ursächlichen Zusammenhang zwischen der Veröffentlichung von Rechnungslegungsinformationen und Kursreaktionen. Mit Hilfe von Association Studies wird überprüft, ob und wie schnell Rechnungslegungsdaten die Informationen widerspiegeln, die in Aktienkursen bzw. -renditen enthalten sind.[382]

Ein weiterer Unterschied zu den üblichen Event Studies mit relativ kurzer Ereignisperiode besteht darin, dass Association Studies eine zeitraumbezogene Betrachtung zugrunde liegt.[383] Oft wird beispielsweise untersucht, ob Gewinne und jährliche Gewinnänderungen die Informationen erfassen, die in jährlichen Aktienrenditen enthalten sind.

Um den Zusammenhang zwischen Rechnungslegungs- und Kapitalmarktdaten zu untersuchen, werden in Association Studies Regressionsanalysen eingesetzt. Eine Korrelation von Rechnungslegungs- und Kapitalmarktdaten zeigt an, dass Daten des externen Rechnungswesens kapitalmarktrelevante Informationen erfassen. Mit Association Studies lässt sich aber nicht überprüfen, ob Rechnungslegungsdaten zum Zeitpunkt der Veröffentlichung für Investoren neu sind[384] und ob Investoren Rechnungslegungsdaten tatsächlich als Informationsquelle nutzen.[385] Association Studies untersuchen die Wertrelevanz und nicht den Informationsgehalt (im oben definierten Sinne) von Rechnungslegungsinformationen. Einige Association Studies beziehen sich in Ausnahmefällen auch auf die Bewertungsrelevanz von Rechnungslegungsinformationen.[386]

Typische Fragestellungen von Association Studies sind beispielsweise, ob Gewinne oder Cash Flows einen höheren Erklärungsgehalt für Aktienrenditen haben oder ob eine bestimmte, einzelne Rechnungslegungsinformation einen zusätzlichen Erklärungsgehalt hat, der über den der anderen Rechnungslegungsdaten hinausgeht. Andere Association Studies untersuchen die funktionale Form und die Bestimmungsgrößen der Wert- oder der Bewertungsrelevanz von Gewinnen für Aktienrenditen. Z. B. werden der Einfluss des Unternehmensrisikos, des Unternehmenswachstums oder der Branchenzugehörigkeit auf die „earnings-return relation“ analysiert. Bei Association Studies lassen sich drei Untersuchungsan-

---

382 Vgl. Collins/Kothari (1989), S. 144.
383 Vgl. Kothari (2001), S. 116.
384 Vgl. Beaver (2002), S. 461 f.
385 Auer (1999) spricht daher von potentieller Relevanz. Vgl. Auer (1999), S. 197.
386 Vgl. zu diesen Ausnahmen Abschnitt 3.3.3.2.2.1 dieser Arbeit.

sätze unterscheiden: Balance Sheet Model, Earnings Model und das Ohlson-Modell einschließlich der Modifikationen und Weiterentwicklungen des ursprünglichen Ohlson-Modells. Diese drei Ansätze werden im Folgenden vorgestellt.

3.3.3.2.1 Das Balance Sheet Model

Das Balance Sheet Model drückt den Marktwert des Eigenkapitals („market value of equity") MVE_t als Differenz der Marktwerte der bilanzierten Vermögensgegenstände i zum Zeitpunkt t („market value of assets") MVA_{it} und der Marktwerte der Fremdkapitalposten i zum Zeitpunkt t („market value of liabilities") MVL_{it} aus:[387]

$$MVE_t = \sum_i MVA_{it} - \sum_i MVL_{it}$$

Mit Hilfe des Balance Sheet Model wird i. d. R. die zusätzliche Wertrelevanz eines bestimmten Bilanzpostens untersucht. Dazu wird das Balance Sheet Model folgendermaßen geschrieben:

$$MVE_t = \sum_i MVA_{i,t} - \sum_i MVL_{i,t} + MVC_t$$

mit MVC_t als dem Marktwert der Bilanzposition, deren Wertrelevanz überprüft werden soll. Handelt es sich bei MVC_t um eine Position im Fremdkapital, erhält die Variable ein negatives Vorzeichen. MVA_{it} und MVL_{it} sind in diesem Fall als Marktwerte der Vermögensgegenstände und des Fremdkapitals ohne den Marktwert der zu untersuchenden Bilanzposition definiert.[388] Gegebenenfalls wird die Gleichung um Marktwerte von bilanziell nicht erfassten Vermögensgegenständen und Fremdkapitalbestandteilen erweitert. In einigen Studien wird die Gleichung so umgeformt, dass auf der linken Seite die Differenz von Marktwert und Buchwert des Eigenkapitals steht, die durch die Differenzen von Marktwerten und Buchwerten der Vermögensgegenstände und der Fremdkapitalpositionen auf der rechten Seite erklärt wird.[389]

Die oben dargestellte einfache Gleichung des Balance Sheet Model ist dann nicht gültig, wenn ein Unternehmen aufgrund eines Wettbewerbsvorteils überdurchschnittliche Renditen erzielt, die einer einzelnen Bilanzposition nicht eindeutig zugeordnet werden können. In solchen Fällen ist der Marktwert des Eigenkapitals höher als der Wert der rechten Seite

[387] Vgl. Eccher/Ramesh/Thiagarajan (1996), S. 84 f.
[388] Vgl. Holthausen/Watts (2001), S. 53.
[389] Vgl. beispielsweise Barth/Beaver/Landsman (1996).

der Gleichung. Die Gleichung ist hingegen dann gültig, wenn der Wettbewerbsvorteil eines Unternehmen an eine einzelne Bilanzposition gebunden ist, die einzeln verkauft werden kann. Da Märkte in der Realität unvollkommen sind, können Unternehmen Wettbewerbsvorteile gegenüber Konkurrenten haben und abnormale Renditen erwirtschaften. Diese Wettbewerbsvorteile ergeben sich im Regelfall aus einer bestimmten Kombination von Produktionsfaktoren und können einzelnen Bilanzpositionen daher gerade nicht zugeordnet werden. Um mögliche Wettbewerbsvorteile im Balance Sheet Model zu erfassen, wird in die Gleichung ein Term aufgenommen, der als Goodwill GW_t bezeichnet wird.

$$MVE_t = \sum_i MVA_{i,t} - \sum_i MVL_{i,t} + MVC_t + GW_t$$

Der Goodwill ist hier als der Marktwert des Eigenkapitals abzüglich der Marktwerte aller bilanzierten Vermögensgegenstände und zuzüglich der Marktwerte aller Fremdkapitalpositionen definiert und bringt die Gleichung also in jedem Fall zum Ausgleich.[390]

Das Balance Sheet Model wird in empirischen Untersuchungen in Regressionsgleichungen umgesetzt, in denen die bilanziellen Wertansätze der Vermögensgegenstände und Fremdkapitalpositionen als Stellvertretervariablen für deren Marktwerte dienen. Soweit verfügbar, werden statt der bilanziellen Wertansätze in vielen Fällen allerdings auch Angaben der Fair Values von Bilanzpositionen aus Fußnoten oder dem Anhang herangezogen. Da Rechnungslegungsdaten nicht sämtliche Vermögensgegenstände und Verpflichtungen von Unternehmen erfassen, werden zusätzliche Stellvertretervariablen für solche bilanziell nicht abgebildeten Vermögensgegenstände und Verpflichtungen sowie für den Goodwill in die Regressionsgleichungen aufgenommen.[391] Ein signifikant von null verschiedener Regressionskoeffizient für den bilanziellen Wert eines Vermögensgegenstandes oder einer Fremdkapitalposition wird als zusätzliche Wertrelevanz[392] dieser Rechnungslegungsinformation interpretiert. In einigen Studien werden für Regressionskoeffizienten bestimmte Werte prognostiziert. Es wird z. B. getestet, ob sich für Fair Values von Vermögensgegenständen und Fremdkapitalpositionen Regressionskoeffizienten ergeben, die nicht signifikant von 1 bzw.

[390] Vgl. Holthausen/Watts (2001), S. 54; Eccher/Ramesh/Thiagarajan (1996), S. 85.

[391] Vgl. Barth (2000), S. 12 f.; Holthausen/Watts (2001), S. 55.

[392] Es wird also untersucht, ob eine bestimmte Rechnungslegungsinformation einen Erklärungsgehalt für den Marktwert des Eigenkapitals hat, der auch dann noch besteht, wenn der Erklärungsgehalt der anderen Vermögensgegenstände und Fremdkapitalpositionen berücksichtigt wird.

–1 verschieden sind.[393] Außerdem wird in einigen Studien untersucht, ob sich Regressionskoeffizienten für verschiedene Rechnungslegungsdaten unterscheiden.[394]

Das Balance Sheet Model wird beispielsweise von Venkatachalam (1996) verwendet, der untersucht, ob die von SFAS 119[395] geforderten Angaben zu Fair Values von derivativen Finanzinstrumenten zusätzliche Wertrelevanz für Banken besitzen. Dazu regressiert Venkatachalam Aktienkurse von Banken auf gemäß SFAS 119 anzugebende Fair Values von derivativen Finanzinstrumenten sowie auf weitere, gemäß SFAS 107 anzugebende Fair Values von Finanzinstrumenten und auf den Buchwert anderer bilanziell erfasster Vermögensgegenstände und Fremdkapitalpositionen. Außerdem werden noch zwei weitere Variablen in die Regressionsanalyse einbezogen, die nicht bilanziell erfasste Vermögensgegenstände und Verpflichtungen repräsentieren. Dadurch soll die Regressionsgleichung vervollständigt werden. So soll vermieden werden, dass sich aufgrund fehlender, korrelierter Variablen verzerrte Ergebnisse für die Regressionskoeffizienten der anderen erklärenden Variablen ergeben. Der Regressionskoeffizient für die Fair Values der derivativen Finanzinstrumente ist positiv, signifikant von null verschieden und weicht außerdem nicht signifikant von dem theoretisch zu erwartenden Wert von eins ab. Die Ergebnisse sprechen also für die zusätzliche Wertrelevanz der Fair-Value-Angaben von derivativen Finanzinstrumenten.[396]

Skinner (1996) nimmt zu dem Aussagegehalt von Studien wie Venkatachalam (1996) kritisch Stellung.[397] Die Ergebnisse von Venkatachalam zeigen zwar die Wertrelevanz der Fair Values von derivativen Finanzinstrumenten, machen aber keine Aussage darüber, ob Marktteilnehmer die Fair Values der derivativen Finanzinstrumente tatsächlich den Fußnoten der Bilanzen entnehmen oder stattdessen eine andere, aktuellere Quelle für Informationen über Fair Values von derivativen Finanzinstrumenten nutzen. Die Association Study von Venkatachalam gibt also keinen Aufschluss über den Informationsgehalt oder die Bewertungsrelevanz (im oben definierten Sinne) von Rechnungslegungsinformationen.

---

393 Für die Prognose bestimmter Werte der Regressionskoeffizienten müssen einigermaßen restriktive Annahmen u. a. über die Genauigkeit der Messung von Marktwerten durch Rechnungslegungsdaten und über die Korrelation zwischen den Marktwerten und anderen Variablen der Regressionsgleichung getroffen werden. Vgl. Holthausen/Watts (2001), S. 55 f.

394 Vgl. Beaver (2002), S. 462.

395 SFAS 119 wurde 1999 durch SFAS 133 ersetzt.

396 Vgl. Venkatachalam (1996). Weitere Untersuchungen zur Wertrelevanz von Rechnungslegungsinformationen, die auf dem Balance Sheet Model basieren, sind beispielsweise Eccher/Ramesh/Thiagarajan (1996), Barth/Beaver/Landsman (1996) und Nelson (1996). Zu Kritik an einigen dieser Studien vgl. auch Lys (1996). Einen Überblick zu Untersuchungen der Wertrelevanz der Fair Values von derivativen Finanzinstrumenten gibt Jüttner-Nauroth (2002a).

397 Vgl. hierzu und zu den folgenden Kritikpunkten Skinner (1996).

Außerdem lassen die Ergebnisse von Association Studies in manchen Fällen mehrere und zudem widersprüchliche Interpretationen zu. Hätte sich in der Untersuchung von Venkatachalam ein nicht signifikant von null verschiedener Regressionskoeffizient ergeben, hätte dieses Ergebnis auf unterschiedliche Weise gedeutet werden können: 1) Die Marktteilnehmer sind rational, aber die Angaben gemäß SFAS 119 sind für Investoren nicht wertrelevant. 2) Die Angaben sind zwar wertrelevant, aber die Marktteilnehmer können die Informationen nicht sinnvoll verarbeiten. 3) Investoren sehen Angaben in den Fußnoten als wenig zuverlässig an.

Neben diesen konzeptionellen Schwierigkeiten ergibt sich auch ein ökonometrisches Problem bei Untersuchungen, die auf dem Balance Sheet Model basieren. Enthält die Regressionsrechnung nicht sämtliche Variablen, die zur Erklärung des Marktwertes des Eigenkapitals beitragen, können sich aufgrund fehlender, korrelierter Variablen sowohl nach oben als auch nach unten verzerrte Werte für die Regressionskoeffizienten ergeben. Um dieses Problem zu mildern, führt Venkatachalam die Regressionsrechnung mit weiteren möglicherweise wertrelevanten Variablen erneut durch. Außerdem ersetzt er die Variablen der ursprünglichen Regressionsgleichung durch die Veränderungen dieser Variablen gegenüber dem Vorjahr. Bei einer Regression mit Veränderungsgrößen ist die Gefahr geringer als bei Regressionen mit absoluten Größen, dass Regressionskoeffizienten durch fehlende korrelierte Variablen stark verzerrt sind.[398] Die Ergebnisse dieser Kontrollrechnungen bekräftigen die ursprünglichen Resultate von Venkatachalam.[399]

3.3.3.2.2 Das Earnings Model

3.3.3.2.2.1 Zusammenhänge zwischen Kursen und Gewinnen

Das so genannte Earnings Model bildet den Zusammenhang zwischen Aktienkursen oder Aktienrenditen einerseits und Gewinnen oder Gewinnänderungen gegenüber dem Vorjahr andererseits ab. Welche dieser Variablen in eine Regressionsrechnung einzubeziehen sind, kann aus einfachen Bewertungsmethoden theoretisch abgeleitet werden.

Der Aktienkurs und der Buchwert des Eigenkapitals (je Aktie) sind zwei Bestandsgrößen, denen die Stromgrößen Aktienrendite und Gewinn zugeordnet werden können.[400] Der Aktienkurs repräsentiert den Wert des Rechts auf zukünftige Dividendenzahlungen, während

398 Vgl. Christie (1987), S. 249 f.
399 Vgl. Venkatachalam (1996), S. 343 ff.
400 Vgl. hierzu und im Folgenden Easton/Harris (1991).

der Buchwert des Eigenkapitals das Reinvermögen eines Unternehmens darstellt, aus dem Gewinne erwirtschaftet werden, die dann als Dividenden an die Aktionäre ausgeschüttet werden können. Der Buchwert des Eigenkapitals (je Aktie) eines Unternehmens i zum Zeitpunkt t, V_{it}, kann als Schätzer für den Aktienkurs P_{it} betrachtet werden:

$$P_{it} = V_{it} + u_{it}$$

u_{it} ist die Differenz zwischen Buchwert und Marktwert einer Aktie, die u. a. durch eine vorsichtige Bilanzierung zustande kommen kann. Wenn der Buchwert ein Schätzer für den Marktwert ist, ist auch die Veränderung des Buchwertes ein Schätzer für die Veränderung des Marktwertes:

$$\Delta P_{i,t} = \Delta V_{i,t} + u'_{i,t}$$

Die Veränderung des Buchwertes kann gemäß dem Kongruenzprinzip der Vermögens- und Erfolgsermittlung auch als Differenz von Gewinn x_{it} und Dividende D_{it} dargestellt werden:

$$\Delta V_{i,t} = x_{i,t} - D_{i,t}$$

Einsetzen dieses Ausdrucks in die Gleichung mit den Veränderungsgrößen, Umformen und Division durch $P_{i,\,t\text{-}1}$ ergibt:

$$\frac{\Delta P_{it} + D_{it}}{P_{i,t-1}} = \frac{x_{it}}{P_{i,t-1}} + u''_{it}$$

Aus der Ausgangsüberlegung, dass der Buchwert des Eigenkapitals einen Schätzer für den Marktwert darstellt, konnte also abgeleitet werden, dass Gewinne in einer Regressionsrechnung als erklärende Größe für Aktienrenditen dienen können.

Dass nicht nur Gewinne, sondern auch Gewinnänderungen eine erklärende Größe für Aktienrenditen sein können, lässt sich aus der in der Praxis verbreiteten Bewertung von Aktien als Vielfaches (hier Variable ρ) des Gewinns[401] herleiten. Damit Dividendenirrelevanz gilt, werden Dividendenzahlungen in t berücksichtigt:

$$P_{i,t} + D_{i,t} = \rho\ x_{i,t} + v_{i,t}$$

[401] Zur Multiplikatormethode und zum Kurs-Gewinn-Verhältnis vgl. Abschnitt 3.2.4 dieser Arbeit.

Daraus ergibt sich:[402]

$$\frac{\Delta P_{it} + D_{it}}{P_{i,t-1}} = \rho \frac{\Delta x_{it}}{P_{i,t-1}} + v'_{it}$$

Sowohl die Höhe der Gewinne als auch Gewinnänderungen scheinen also einen Beitrag zur Erklärung von Aktienrenditen leisten zu können. Ausgehend von der grundsätzlichen Relevanz der beiden Größen schlagen Easton/Harris (1991) vor, Gewinne und Gewinnänderungen gemeinsam als erklärende Variablen für Aktienrenditen zu verwenden. Mit *k* als Faktor zur Gewichtung des jeweiligen Einflusses von Gewinnen und Gewinnänderungen ergibt sich als Kombination aus den oben dargestellten Gleichungen:

$$\frac{\Delta P_{it} + D_{it}}{P_{i,t-1}} = k \rho \frac{\Delta x_{it}}{P_{i,t-1}} + (1-k) \frac{x_{it}}{P_{i,t-1}} + w_{it}$$

In empirischen Studien werden Aktienrenditen gemäß den gerade hergeleiteten Gleichungen entweder nur auf den Gewinn oder nur auf Gewinnänderungen oder aber auf Gewinne und Gewinnänderungen regressiert.

Statt Aktienrenditen, Gewinnen und Gewinnänderungen werden in Regressionsrechnungen auch andere Größen als erklärende und zu erklärende Variablen verwendet. Es wird nicht in allen Fällen versucht, die Auswahl der Größen theoretisch zu begründen. In einem verbreiteten Ansatz werden unerwartete, d. h. abnormale Renditen (CAR) auf unerwartete Gewinne regressiert. Die abnormalen Renditen werden üblicherweise über einen längeren Zeitraum wie beispielsweise ein Jahr aufaddiert. Der unerwartete Gewinn ist die Differenz des ausgewiesenen Gewinns und des erwarteten Gewinns. Als Wert für den erwarteten Gewinn werden Ergebnisschätzungen von Analysten oder der Gewinn des Vorjahres (wie in der folgenden Gleichung) verwendet. Der erwartete Gewinn entspricht dem Gewinn des Vorjahres, wenn erstens angenommen wird, dass Gewinne einem Random Walk folgen,[403] und zweitens ein Gewinnwachstum gemäß der marktüblichen Verzinsung der einbehaltenen Gewinne vernachlässigt wird. Als Regressionsgleichung ergibt sich:[404]

---

402 Die Gleichung ergibt sich, indem die Differenz von $P_{it} + D_{it} = \rho\, x_{it} + v_{it}$ und $P_{i,t-1} = \rho\, x_{i,t-1} + v_{i,t-1}$ durch $P_{i,t-1}$ dividiert wird. Genau genommen wird hier also davon ausgegangen, dass zwar in Periode *t*, nicht aber in Periode $t-1$ eine Dividende gezahlt wird. Soll auch eine Dividendenzahlung in $t-1$ berücksichtigt werden, muss in der Gleichung auf der linken Seite entsprechend $D_{i,t-1} / P_{i,t-1}$ subtrahiert werden.

403 Vgl. Easton/Harris (1991), S. 32; empirische Studien zeigen allerdings, dass Gewinne keinem Random Walk folgen; vgl. Brown (1993), S. 298.

404 Vgl. Auer (1999), S. 201.

$$CAR_{it} = \alpha_0 + \alpha_1 \frac{x_{it} - x_{i,t-1}}{P_{i,t-1}} + \varepsilon_{it}$$

Die Regression kumulierter abnormaler Renditen auf unerwartete Gewinne kann als Untersuchung der Bewertungsrelevanz von Gewinnen angesehen werden und stellt insofern eine Ausnahme gegenüber den anderen Association Studies dar, mit denen die Wertrelevanz von Rechnungslegungsinformationen analysiert wird. Diese Regressionsrechnung wird nur dann der Kategorie der Association Studies zugeordnet, wenn abnormale Renditen über einen längeren Zeitraum wie ein Quartal oder ein Geschäftsjahr kumuliert werden.[405] Werden abnormale Renditen nur über einen kurzen Zeitraum um ein Ereignis wie die Veröffentlichung des Gewinns herum kumuliert, ist die Regression kumulierter abnormaler Renditen auf unerwartete Gewinne als Bestandteil einer Ereignisstudie zu betrachten.

Da der Gewinn des Vorjahres den erwarteten Gewinn nur ungenau misst, kann das korrigierte Bestimmtheitsmaß der Regression i. d. R. erhöht werden, wenn wie in der folgenden Gleichung die Höhe des Gewinns als weiterer Regressor in die Gleichung eingefügt wird.[406]

$$CAR_{i,t} = \alpha_0 + \alpha_1 \frac{x_{i,t} - x_{i,t-1}}{P_{i,t-1}} + \alpha_2 \frac{x_{i,t}}{P_{i,t-1}} + \varepsilon_{i,t}$$

Für alle dargestellten Ansätze gilt, dass Gewinne, Gewinnänderungen oder unerwartete Gewinne dann wertrelevant bzw. bewertungsrelevant sind, wenn die Regressionskoeffizienten für diese Variablen signifikant von null verschieden sind. Gemessen wird die Wert- bzw. Bewertungsrelevanz der in dem gewählten Ansatz als Regressor verwendeten Variable i. d. R. durch das Bestimmtheitsmaß R^2 der Regression. Je höher das Bestimmtheitsmaß, desto höher die Wertrelevanz von Gewinnen und Gewinnänderungen bzw. die Bewertungsrelevanz von unerwarteten Gewinnen.[407]

---

405 Alternativ könnte dieser Regressionsansatz auch als Ereignisstudie mit sehr langer Ereignisperiode klassifiziert werden.

406 Vgl. Easton/Harris (1991), S. 33.

407 Vgl. Auer (1999), S. 201.

3.3.3.2.2.2 Determinanten des Zusammenhangs zwischen Kursen und Gewinnen

Auf dem Earnings Model baut die Literatur zum so genannten Earnings Response Coefficient (ERC) auf. Der ERC gibt die Intensität des Zusammenhangs zwischen Kursen und Gewinnen wieder. Üblicherweise wird der ERC gemäß dem letzten der oben vorgestellten Ansätze des Earnings Model als Regressionskoeffizient für unerwartete Gewinne in einer Regression abnormaler Renditen auf unerwartete Gewinne definiert.[408] Teilweise enthält die Regressionsgleichung außer den unerwarteten Gewinnen noch weitere erklärende Variablen.[409] Weniger häufig wird der ERC gemäß den anderen Ansätzen des Earnings Model als Regressionskoeffizient der Gewinnvariable in einer Regression von Aktienrenditen auf Gewinne definiert.[410]

Der Zusammenhang zwischen abnormalen Renditen und unerwarteten Gewinnen ist im Zeitablauf sehr instabil. Der ERC unterliegt starken Schwankungen. Lev (1989) führt Querschnittsregressionen abnormaler Renditen auf prozentuale jährliche Gewinnänderungen von an der New York Stock Exchange gelisteten Unternehmen für die Jahre 1982 bis 1986 durch und kommt zu dem Ergebnis, dass der ERC zwischen –0,009 und 0,31 schwankt. Veränderungen der ERC gegenüber dem Vorjahr waren in drei der vier Fälle im untersuchten Zeitraum statistisch signifikant. Das Bestimmtheitsmaß der Regressionen liegt für die unterschiedlichen Jahre zwischen 1% und 4%. Dieses Resultat deutet darauf hin, dass in den Regressionsgleichungen wesentliche Einflussgrößen vernachlässigt werden, die Unterschiede in den ERC erklären können.[411] In der Literatur werden als die wichtigsten Determinanten des ERC die Persistenz von Gewinnänderungen, das systematische Risiko, die Wachstumsmöglichkeiten von Unternehmen, die Unternehmensgröße und der risikofreie Zinssatz genannt.[412]

Wie Persistenz, Risiko, Wachstumsmöglichkeiten und Zinssatz auf den ERC wirken, lässt sich mit Hilfe des Modells von Collins/Kothari (1989) zeigen.[413] Der Einfluss der Unternehmensgröße auf den ERC wird im Modell nicht dargestellt, kann aber empirisch nach-

---

408 Vgl. z. B. Collins/Kothari (1989), S. 143; Biddle/Seow (1991), S. 187. Kumulierte abnormale Renditen können sowohl im Rahmen einer Ereignisstudie über einen kurzen Zeitraum um die Veröffentlichung des Gewinns herum als auch über längere Zeiträume wie z. B. ein Quartal ermittelt werden.

409 Vgl. Kim/Willett/Jang (2002), S. 1.

410 Vgl. z. B. Easton/Shroff/Taylor (2000), S. 281

411 Vgl. Lev (1989), S. 167 ff., sowie die dort angeführte Literatur zur Instabilität der ERC im Zeitablauf. Vgl. auch Lev/Zarowin (1999), S. 357 f.

412 Vgl. Collins/Kothari (1989); Easton/Zmijewski (1989); Kormendi/Lipe (1987); Hodgson/Stevenson-Clarke (2000).

413 Vgl. zu dem Modell Collins/Kothari (1989).

gewiesen werden. Das Modell von Collins/Kothari (1989) baut auf der Dividendenbarwertformel[414] auf:

$$P_{i,t} = \sum_{T=1}^{\infty}\left[E_t(D_{i,t+T})\prod_{k=1}^{T}\left[\frac{1}{1+E_t(r_{i,t+k})}\right]\right]$$

mit

r_{it} = risikoadjustierte Rendite der Aktie i zum Zeitpunkt t

Es wird ein positiver Zusammenhang zwischen der Höhe des aktuellen Gewinns und der Höhe der erwarteten Dividenden unterstellt. Investoren revidieren ihre Erwartungen über zukünftige Dividenden in Abhängigkeit von der Höhe unerwarteter Gewinne. Folgende Beziehung zwischen erwarteten Dividenden und dem aktuellen Gewinn x_{it} wird angenommen:

$$E_t(D_{i,t+T}) = \lambda_{i,t+T}\, x_{it} \qquad \text{mit } \lambda_{i,t+T} > 0 \text{ und } T = 1,2,\ldots,\infty$$

Einsetzen dieser Beziehung in die Dividendenbarwertformel ergibt:

$$P_{it} = \left[\sum_{T=1}^{\infty}\left[\lambda_{i,t+T}\prod_{k=1}^{T}\left[1/1+E_t(r_{i,t+k})\right]\right]\right]x_{it}$$

Für die unerwartete, d. h. abnormale Rendite AR_{it} gilt:

$$r_{it} - E_{t-1}(r_{it}) = \left[P_{it} - E_{t-1}(P_{it}) + D_{it} - E_{t-1}(D_{it})\right]/P_{i,t-1} = AR_{it}$$

$$AR_{it} = \left[\lambda_{it} + \sum_{T=1}^{\infty}\left[\lambda_{i,t+T}\prod_{k=1}^{T} 1/1+E_t(r_{i,t+k})\right]\right] x_{it}^{u}/P_{i,t-1}$$

mit $x_{it}^{u} = x_{it} - E_{t-1}(x_{it})$ als dem unerwarteten Gewinn.

Der Ausdruck in der äußeren eckigen Klammer entspricht dem ERC.

Außerdem wird angenommen, dass die erwartete Rendite gemäß dem Capital Asset Pricing Model (CAPM) bestimmt werden kann:

---

[414] Vgl. dazu auch den Gliederungspunkt 3.2.1.

$$E_t(r_{it}) = r_{ft} + \left(E_t(r_{mt}) - r_{ft}\right) \cdot \beta_{it}$$

mit

r_f = risikofreier Zinssatz

$\beta_i = Cov(r_i, r_m) / Var(r_m)$ = systematisches Risiko der Aktie *i*

Damit lassen sich Aussagen über den Einfluss von Persistenz, Risiko, Wachstumsmöglichkeiten und Zinssatz auf den ERC machen. Der ERC wird mit steigenden λ größer. Darin zeigt sich der positive Einfluss der Persistenz der Gewinne auf den ERC. Eine hohe Persistenz äußert sich darin, dass eine Gewinnänderung (gegenüber dem Vorjahr) zu einem hohen Prozentsatz in der Zukunft bestehen bleibt und dementsprechend die Erwartungen über zukünftige Gewinne und Dividenden stark beeinflusst. λ ist also hoch, wenn die Persistenz von Gewinnänderungen hoch ist.[415]

Zwischen dem risikoadjustierten Zinssatz und dem ERC besteht ein negativer Zusammenhang. Da der risikofreie Zinssatz und das systematische Risiko einer Aktie ceteris paribus einen positiven Einfluss auf den risikoadjustierten Zinssatz haben, besteht also eine negative Abhängigkeit des ERC von risikofreiem Zinssatz und systematischem Risiko einer Aktie.[416]

Der Einfluss von Wachstumsmöglichkeiten auf den ERC wird deutlich, wenn der (gemäß der Dividendenbarwertformel ermittelte) Wert einer Aktie in zwei Komponenten aufgespaltet wird. Ein Teil des Aktienwertes ergibt sich aus der marktüblichen Verzinsung der Investitionen, die ein Unternehmen getätigt hat. Der andere Teil entsteht daraus, dass sich einem Unternehmen Möglichkeiten zu Investitionen bieten können, die unter Rendite- und Risikogesichtspunkten günstiger zu beurteilen sind als Investitionsmöglichkeiten, die Investoren am Kapitalmarkt offen stehen.[417] Erzielt eine Aktie abnormale Renditen, wird von

[415] Kormendi/Lipe (1987) leiten den Einfluss der Persistenz von Gewinnen auf den ERC ab, indem für die Entwicklung der Gewinne im Zeitablauf ein bestimmtes Zeitreihenverhalten unterstellt wird. Vgl. Kormendi/Lipe (1987), S. 326 f. Dem Modell von Collins/Kothari (1989) wird hier der Vorzug gegeben, da der Einfluss der Persistenz von Gewinnen auf den ERC allgemeingültig ohne restriktive Annahmen über das Zeitreihenverhalten von Gewinnen dargestellt wird.

[416] Im Gegensatz zu der Aussage des Modells können Chambers/Freeman/Koch (1999) empirisch nicht bestätigen, dass der ERC vom systematischen Risiko signifikant negativ abhängig ist. Stattdessen ergibt sich ein positiver Zusammenhang zwischen dem ERC und dem Gesamtrisiko (d. h. systematischem und unsystematischem Risiko zusammengenommen) eines Unternehmens. Vgl. Chambers/Freeman/Koch (1999), S. 22 ff.

[417] Solche günstigen Investitionsmöglichkeiten stehen nicht im Widerspruch zur Annahme eines vollkommenen Kapitalmarkts, sondern können sich durch temporäre Ungleichgewichte auf Gütermärkten ergeben. Vgl. Fama/Miller (1972), S. 90 f.

ökonomischem Wachstum des Unternehmens gesprochen. Es wird unterstellt, dass die Höhe des aktuellen Gewinns Informationen über zukünftiges ökonomisches Wachstum enthält, da auch der aktuelle Gewinn im Durchschnitt ceteris paribus höher ist, wenn sich einem Unternehmen von Zeit zu Zeit Möglichkeiten zu ökonomischem Wachstum bieten. Die theoretische Begründung für den positiven Einfluss von Wachstumsmöglichkeiten auf den ERC erscheint zwar weniger präzise als für die anderen Determinanten des ERC. Empirisch kann jedoch bestätigt werden, dass der ERC außer von der Persistenz, dem Risiko und dem Zinssatz auch von Wachstumsmöglichkeiten eines Unternehmens abhängig ist.[418]

Der Einfluss der Unternehmensgröße auf den ERC wird damit begründet, dass große Unternehmen von vielen Analysten und Investoren sehr genau beobachtet werden, während kleine Unternehmen i. d. R. deutlich weniger Beachtung von Kapitalmarktteilnehmern finden. Daher gehen Informationen bei großen Unternehmen deutlich schneller als bei kleinen Unternehmen in Aktienkurse ein. Das gilt auch für Informationen, die in Gewinnen enthalten sind. Werden abnormale Renditen für kleine und für große Unternehmen über identische Zeiträume ermittelt, können sich daher je nach gewähltem Berechnungszeitraum unterschiedliche ERC für kleine und für große Unternehmen ergeben. Die Ergebnisse von Collins/Kothari (1989) bestätigen, dass der Einfluss der Unternehmensgröße auf den Zusammenhang von Aktienrenditen und Gewinnen im Wesentlichen durch eine unterschiedlich hohe Geschwindigkeit der Informationsverarbeitung bei kleinen und großen Unternehmen zu erklären ist.[419]

Die Determinanten Persistenz von Gewinnen, systematisches Risiko, Wachstumsmöglichkeiten und Unternehmensgröße können erklären, warum ERC für unterschiedliche Unternehmen zu einem bestimmten Zeitpunkt voneinander abweichen. Dagegen kann mit Schwankungen des risikofreien Zinssatzes nur begründet werden, warum ERC im Zeitablauf unterschiedlich hoch sind.[420]

---

418 Die Stellvertretervariable für Wachstumsmöglichkeiten kann beispielsweise berechnet werden, indem die Kennzahl Marktwert zu Buchwert des Eigenkapitals für ein Unternehmen ins Verhältnis zum Medianwert dieser Kennzahl für das untersuchte Unternehmenssample gesetzt wird. Vgl. Collins/Kothari (1989), S. 168. Billings (1999) verwendet langfristige Ergebnisschätzungen der Analysten und abnormale Eigenkapitalrentabilitäten als Stellvertretervariablen für Wachstumsmöglichkeiten von Unternehmen. Vgl. Billings (1999).

419 Vgl. Collins/Kothari (1989), S. 158 ff. u. S. 171 f. Da die Unternehmensgröße mit der Genauigkeit der Messung unerwarteter Gewinne korreliert ist, kann die Berücksichtigung der Unternehmensgröße in Regressionsrechnungen auch Verzerrungen der Ergebnisse mildern, die durch eine unterschiedlich genaue Messung der unerwarteten Gewinne für kleine und große Unternehmen entstehen. Vgl. Easton/Zmijewski (1989), S. 133 f.

420 Vgl. Collins/Kothari (1989), S. 150 f.

Neuere Studien zu den Determinanten des ERC untersuchen, ob es neben den aufgeführten Einflussgrößen noch weitere Variablen gibt, die Unterschiede in den ERC erklären können. Beispielsweise wird ermittelt, ob das mit zunehmender Verschuldung einhergehende Risiko einen zusätzlichen Erklärungsbeitrag zur Höhe des ERC leistet, wenn der Einfluss der oben dargestellten Determinanten auf den ERC bereits berücksichtigt worden ist.[421] Billings (1999) untersucht, ob der Verschuldungsgrad und das Rating der Anleihen eines Unternehmens zusätzlich zum systematischen Risiko, zur Persistenz von Gewinnen und zum erwarteten Gewinnwachstum Unterschiede in der Höhe der ERC erklären können.[422] Dhaliwal/Lee/Fargher (1991) untersuchen ebenfalls, ob das Risiko aufgrund hoher Verschuldung einen Einfluss auf den ERC hat. Dazu wird das Untersuchungssample in Unternehmen mit niedrigem und Unternehmen mit hohem Verschuldungsgrad unterteilt und mit Hilfe einer Regression von CAR auf unerwartete Gewinne und Determinanten des ERC errechnet, ob die Gruppenzugehörigkeit einen signifikanten Einfluss auf die Höhe des ERC hat. Kim/Willett/Jang (2002) befassen sich mit der gleichen Fragestellung, indem sie das Untersuchungssample in Unternehmen mit einer um einen bestimmten Prozentsatz steigenden und in Unternehmen mit einer um einen bestimmten Prozentsatz sinkenden langfristigen Verschuldung aufteilen. Kim/Willett/Jang variieren in ihrer Untersuchung die Auswahl von Stellvertretervariablen für Determinanten des ERC. Dadurch soll vermieden werden, dass das Ergebnis der Untersuchung durch fehlende, mit einbezogenen Variablen korrelierte Determinanten verzerrt wird.[423]

Neben dem Einfluss des Verschuldungsrisikos wird die Wirkung weiterer potentieller Determinanten auf den ERC analysiert. Dazu gehören beispielsweise der Fixkostenanteil, die Wettbewerbsintensität auf Produktmärkten,[424] die Branchenzugehörigkeit,[425] bilanzpoliti-

---

421 Damit wird angenommen, dass das β des CAPM nicht das gesamte relevante Risiko des Eigenkapitals abbildet. Vgl. Dhaliwal/Reynolds (1994), S. 414.

422 Die Ergebnisse zeigen einen zusätzlichen Erklärungsgehalt des Verschuldungsgrades, nicht aber des Ratings. Vgl. Billings (1999). Billings verwendet einen so genannten „reverse regression approach", bei dem nicht CAR auf unerwartete Gewinne, sondern umgekehrt unerwartete Gewinne auf CAR regressiert werden. Durch diesen Ansatz soll der Einfluss von Ungenauigkeiten bei der Messung unerwarteter Gewinne auf die Ergebnisse der Regression verringert werden. Vgl. Billings (1999), S. 511. Dhaliwal/ Reynolds (1994) verwenden ebenfalls eine „reverse regression", um den Einfluss des Kreditratings auf den ERC zu ermitteln. Vgl. Dhaliwal/Reynolds (1994), S. 415.

423 Vgl. Kim/Willett/Jang (2002), S. 13 ff. Im Gegensatz zu ihren Hypothesen kommen Kim/Willett/Jang (2002) zu dem Ergebnis, dass ein Anstieg der langfristigen Verschuldung einen signifikant positiven Einfluss auf den ERC hat, während eine Verringerung der langfristigen Verschuldung den ERC signifikant negativ beeinflusst.

424 Vgl. Ahmed (1994).

425 Vgl. Biddle/Seow (1991).

sche Maßnahmen[426] und der Anteil der Aktien, die sich im Besitz des Managements eines Unternehmens befinden.[427]

3.3.3.2.3 Das Ohlson-Modell

3.3.3.2.3.1 Darstellung des Grundmodells

Das Modell von Ohlson (1995) ist in der wissenschaftlichen Literatur zum Thema Rechnungslegung und Kapitalmarkt äußerst populär. Das zeigt sich an der hohen Zahl der Zitationen[428] des grundlegenden Artikels von Ohlson (1995) und daran, dass das Modell und die Weiterentwicklung in Feltham/Ohlson (1995) als „one of the most important research developments in the last ten years“[429], „landmark works in financial accounting“[430] und „studies [...] among the most important developments in capital markets research in the last several years“[431] bezeichnet werden.

Das Modell von Ohlson (1995) stellt den Zusammenhang zwischen dem Marktwert des Eigenkapitals und Rechnungslegungsdaten sowie anderen wertrelevanten Informationen formal dar.[432] Drei Annahmen genügen, um die Bewertungsgleichung des Ohlson Modells abzuleiten. Die Dividendenbarwertformel und das Kongruenzprinzip der Vermögens- und Erfolgsermittlung (Clean Surplus Relation)[433] werden herangezogen, um den Marktwert des Eigenkapitals gemäß der Residualgewinnformel als Summe von Buchwert des Eigenkapitals und Barwert der abnormalen Gewinne darzustellen.[434] Es ergibt sich also die schon bekannte Darstellung des Marktwertes des Eigenkapitals als eine Funktion von Rechnungslegungsdaten:

$$P_t = V_t + \sum_{T=1}^{\infty} x_{t+T}^{a} p_{t+T}$$

---

426 Vgl. Hunt/Moyer/Shevlin (1997); Warfield/Wild/Wild (1995).

427 Vgl. Warfield/Wild/Wild (1995).

428 Lo/Lys (2000b) schreiben, dass Ohlson (1995) bald den Status eines Klassikers erreichen wird, wenn die Zahl der im Social Sciences Citation Index (SSCI) vermerkten Zitate pro Jahr auch in Zukunft auf einem ähnlich hohen Niveau wie bisher liegen wird. Vgl. Lo/Lys (2000b), S. 1.

429 Beaver (2002), S. 457.

430 Lundholm (1995), S. 749.

431 Bernard (1995), S. 733.

432 Zur folgenden Darstellung des Modells vgl. Ohlson (1995); vgl. auch Bernard (1995); Lundholm (1995); Bauman (1996).

433 Das Modell kann so erweitert werden, dass es auch für Rechnungslegungssysteme mit einer „Dirty Surplus“-Erfolgsgröße gültig ist, die also nicht gemäß dem Kongruenzprinzip ermittelt wird; vgl. dazu Abschnitt 3.2.2 und die folgenden Ausführungen in diesem Kapitel.

434 Zur Herleitung der Residualgewinnformel aus der Dividendenbarwertformel und dem Kongruenzprinzip der Vermögens- und Erfolgsermittlung (Clean Surplus Relation) vgl. Abschnitt 3.2.2 dieser Arbeit.

Nicht ganz so allgemein akzeptiert wie die Dividendenbarwertformel und die Clean Surplus Relation ist die dritte Annahme des Ohlson-Modells, die zugleich auch die wesentliche Neuerung gegenüber den bis dahin gewonnenen theoretischen Erkenntnissen zum Zusammenhang von Aktienkursen und Rechnungslegungsdaten darstellt. Die so genannte lineare Informationsdynamik beschreibt das Verhalten der abnormalen Gewinne im Zeitablauf. Es wird angenommen, dass zukünftige abnormale Renditen folgendem stochastischen Prozess folgen:

$$x_{t+1}^a = wx_t^a + v_t + \varepsilon_{1t+1}$$
$$v_{t+1} = \qquad yv_t + \varepsilon_{2t+1}$$

Außerdem: $\partial v_t / \partial D_t = 0$.

mit ε_{1T}, ε_{2T}, $T \geq 1$ als nicht prognostizierbaren Störtermen, deren Mittelwert null ist:

$E_t[\varepsilon_{k,\,t+T}] = 0$, $k = 1, 2$ und $T \geq 1$.

Der erwartete abnormale Gewinn der Periode $t+1$ entspricht einer Linearkombination aus dem abnormalen Gewinn der Periode t und v_t.[435] Die Variable v_t spiegelt wertrelevante Informationen wider, die zwar zum Zeitpunkt t bekannt sind, aber noch nicht im abnormalen Gewinn der Periode t erfasst sind. v_t geht erst mit einer Verzögerung von einer Periode in den abnormalen Gewinn ein, da Rechnungslegungsgrundsätze wie das Vorsichtsprinzip dazu führen, dass Jahresüberschüsse und andere Rechnungslegungsdaten nicht alle wertrelevanten Informationen sofort widerspiegeln.

Der modellexogene Parameter w ist für Werte zwischen 0 und 1 definiert und gibt die Persistenz der abnormalen Gewinne an. w zeigt also an, welcher Teil eines abnormalen Gewinns auch in der Folgeperiode aufrechterhalten werden kann. Die Höhe von w wird durch die angewandten Rechnungslegungsprinzipien und durch das ökonomische Umfeld eines Unternehmens bestimmt. Beispielsweise kann ein niedriges w ausdrücken, dass ein Unternehmen einem intensiven Wettbewerb auf den Produktmärkten ausgesetzt ist und abnorma-

---

435 Die erste Gleichung der Informationsdynamik liefert nicht nur eine Prognose für den abnormalen Gewinn der nächsten Periode, sondern auch eine Vorhersage des Gewinns. Nur der risikoangepasste Zinsfuß der Periode $t+1$ muss dazu geschätzt werden. Im ursprünglichen Ohlson-Modell ist eine solche Schätzung wegen der Annahme eines konstanten Zinses nicht notwendig. Vereinfachend könnte der Zinsfuß für $t+1$ gleich dem Zinsfuß für t gesetzt werden:

$$E_t(x_{t+1}) = V_t\, i_{t+1} + wx_t^a + v_t$$

Das Modell liefert jedoch keine Prognose für den Gewinn der übernächsten Periode, da hierzu eine Prognose des Buchwertes des Eigenkapitals für $t+1$ notwendig wäre. Dafür wäre wiederum eine Prognose der Dividende in $t+1$ notwendig, was nicht Teil des Modells ist.

le Gewinne gegenüber der Konkurrenz daher nur kurze Zeit verteidigen kann.[436] Mit dem Parameter w wird der intuitiv einleuchtende Gedanke erfasst, dass in einem wettbewerblich organisierten Wirtschaftssystem langfristig keine Renditen erzielt werden können, die oberhalb einer marktgerechten Verzinsung liegen.

Der Parameter y ist wie w ebenfalls modellexogen und kann Werte zwischen 0 und 1 annehmen. Der erwartete Wert von v_{t+1} hängt also von v_t ab und ist unabhängig vom abnormalen Gewinn. Gemäß der Informationsdynamik in der hier dargestellten Form spiegeln sich sämtliche wertrelevanten Informationen früher oder später in Rechnungslegungsdaten wider.

Werte für v_t lassen sich mit Hilfe der Konsensusprognose der Analysten für den Gewinn in $t+1$ x^f_{t+1} folgendermaßen schätzen:[437]

$$v_t = E_t(x^a_{t+1}) - w x^a_t = x^f_{t+1} - i\, V_t - w\, x^a_t$$

Informationsdynamik, Dividendenbarwertformel und Kongruenzprinzip der Vermögens- und Erfolgsermittlung genügen, um die zentrale Gleichung des Ohlson-Modells herzuleiten.[438] Dazu wird durch Umformung der Informationsdynamik zunächst ein Ausdruck für den Barwert der abnormalen Gewinne gewonnen, der anschließend in die Residualgewinnformel eingesetzt werden kann. Daraus ergibt sich der Wert des Eigenkapitals als Funktion des Buchwertes des Eigenkapitals, des abnormalen Gewinns und der anderen wertrelevanten Informationen.[439]

$$P_t = V_t + a\, x^a_t + b\, v_t$$

436 w ist also tendenziell umso größer, je höher Markteintrittsbarrieren sind und je schwieriger es für Konkurrenten ist, technische Innovationen eines Unternehmens nachzuahmen.

437 Vgl. Dechow/Hutton/Sloan (1999), S. 7.

438 Vgl. die ausführliche Herleitung der Formel im Anhang I.

439 Die Gleichung lässt sich auch folgendermaßen interpretieren. Der Marktwert des Unternehmens entspricht der Summe aus dem Buchwert des Eigenkapitals und zwei Korrekturwerten. Der erste Korrekturwert bezieht sich auf die aktuelle Rentabilität des Unternehmens und wird anhand abnormaler Gewinne gemessen. Der zweite Korrekturwert repräsentiert andere wertrelevante Informationen, die Aussagen über die zukünftige Rentabilität (gemessen an abnormalen Gewinnen) des Unternehmens erlauben.

mit

$$a = \frac{w}{1+i-w} = \frac{w}{q-w} \geq 0$$

$$b = \frac{1+i}{(1+i-w)(1+i-y)} = \frac{q}{(q-w)(q-y)} > 0$$

$$q = 1+i$$

Die Koeffizienten a und b geben die Gewichtung wider, mit der abnormale Gewinne und andere wertrelevante Informationen in die Bewertung des Eigenkapitals eingehen.[440] In den Koeffizienten *a* und *b* spiegelt sich das Zeitreihenverhalten der abnormalen Gewinne und der anderen wertrelevanten Informationen wider, das in der Informationsdynamik unterstellt wurde. Je höher die Persistenz-Parameter *w* und *y* sind, desto stärker reagiert der Marktwert eines Unternehmens ceteris paribus auf abnormale Gewinne und wertrelevante Informationen der Periode *t*. Das Ohlson-Modell liefert konkrete Prognosen für die Koeffizienten a und b, die sich empirisch überprüfen lassen.

3.3.3.2.3.2 Umformungen des Modells

Aus der Bewertungsgleichung und der Informationsdynamik lässt sich ableiten, wie die Aktienrendite der Periode $t+1$ von unvorhergesehenen Gewinnen ε_{1T+1} und unvorhergesehenen Informationen ε_{2T+1} abhängt.[441]

$$\frac{P_{t+1} + D_{t+1} - P_t}{P_t} = i + \frac{(1+a)\,\varepsilon_{1t+1}}{P_t} + \frac{b\ \varepsilon_{2t+1}}{P_t}$$

Der Koeffizient $(1+a)$ für unerwartete Gewinne ist größer als 1, falls $w > 0$ gilt. Dann ist eine zusätzliche unerwartete Geldeinheit Gewinn in dem Sinne nachhaltig, dass auch in der Folgeperiode zumindest noch ein Teil dieser zusätzlichen Geldeinheit als Gewinn realisiert wird.

[440] Dechow/Hutton/Sloan (1999) zeigen, wie sich die Koeffizienten *a* und *b* in Abhängigkeit von Annahmen über die Persistenz-Parameter w und *y* ändern. Dabei wird deutlich, dass andere, einfachere Bewertungsmodelle auf Basis von Rechnungslegungsdaten (wie z. B. die bei Easton/Harris (1991) dargestellten Modelle) als Spezialfälle des allgemeingültigeren Ohlson-Modells angesehen werden können.

[441] Zur Herleitung vgl. Anhang II.

Die Bewertungsgleichung des Ohlson-Modells lässt sich so umformen, dass der Marktwert des Eigenkapitals als Funktion des Gewinns der Periode t und nicht des abnormalen Gewinns der Periode t ausgedrückt wird.[442]

$$P_t = k(mx_t - D_t) + (1-k)V_t + bv_t \qquad \text{mit } k = ai = \frac{iw}{q-w} \text{ und } m = \frac{q}{i}$$

Die Variable m kann als Gewinnmultiplikator interpretiert werden. Mit welchem Gewicht der mit m multiplizierte Gewinn in die Bewertung eingeht, hängt vom Koeffizienten k ab. Die Bewertungsgleichung ist ein mit k bzw. (1 - k) gewichteter Durchschnitt aus einer Bewertung auf Basis des aktuellen Gewinns und einer Bewertung auf Basis des Buchwertes des Eigenkapitals. Um diesen Zusammenhang aufzuzeigen, wird im Folgenden zur Vereinfachung $v = 0$ gesetzt.

Es gilt: $0 \leq k \leq 1$. Für $w = 0$ ist $k = 0$ und für $w = 1$ ist $k = 1$. Für den Extremfall vollständig persistenter Gewinne, $w = k = 1$, ergibt sich:

$$P_t = mx_t - D_t$$

und für die zugehörige Informationsdynamik gilt:

$$x^a_{t+1} = x^a_t + \varepsilon_{1t+1} \Leftrightarrow x_{t+1} - i\,V_t = x_t - i\,V_{t-1} + \varepsilon_{1t+1} \Leftrightarrow x_{t+1} = x_t + i\,(x_t - D_t) + \varepsilon_{1t+1} \Leftrightarrow$$
$$x_{t+1} = q\,x_t - i\,D_t + \varepsilon_{1t+1}$$

Der Marktwert des Eigenkapitals ist allein vom Gewinn und von der Dividende abhängig. Der erwartete Gewinn für die Periode t+1 ergibt sich gemäß der Informationsdynamik. Da der Gewinn vollkommen persistent ist ($w = 1$) und für die folgenden Perioden lediglich ein Gewinnanstieg um die marktgerechte Verzinsung der einbehaltenen Gewinne erwartet wird, entspricht der Marktwert des Eigenkapitals dem Barwert der ewigen Rente des für t+1 erwarteten Gewinns.

Für den anderen Extremfall mit $w = k = 0$ ergibt sich:

---

442 Nach Einsetzen der Definition abnormaler Gewinne ergibt sich für die Bewertungsgleichung:
$$P_t = V_t + ax_t - aiV_{t-1} + bv_t$$
Wenn der Buchwert der Vorperiode mit Hilfe der Formel für das Kongruenzprinzip der Vermögens- und Erfolgsermittlung ausgedrückt wird, ergibt sich:
$$P_t = V_t + ax_t - ai(V_t - x_t - D_t) + bv_t \Leftrightarrow P_t = qax_t + aiD_t + (1-ai)V_t + bv_t$$
$$\Leftrightarrow P_t = k(mx_t - D_t) + (1-k)V_t + bv_t$$

$$P_t = V_t$$

und für die zugehörige Informationsdynamik gilt:

$$x^a_{t+1} = \varepsilon_{1t+1} \Leftrightarrow x_{t+1} = iV_t + \varepsilon_{1t+1}$$

Der Marktwert des Unternehmens entspricht in diesem Fall dem Buchwert des Eigenkapitals.

Ebenso wie die allgemeine Bewertungsgleichung ein gewichteter Durchschnitt der Bewertungsgleichungen für die beiden Extremfälle ist, ist die Informationsdynamik für den allgemeinen Fall $0 \leq w \leq 1$ ein gewichteter Durchschnitt der Informationsdynamiken der beiden Extremfälle. Als Gewichte dienen hier w und $1 - w$:[443]

$$x^a_{t+1} = w(x^a_t + \varepsilon_{1t+1}) + (1-w)\varepsilon_{1t+1} = wx^a_t + \varepsilon_{1t+1}$$

Die allgemeine Bewertungsgleichung kombiniert also eine Bewertung auf Basis von Gewinnen und eine Bewertung auf Basis des Buchwertes des Eigenkapitals.

3.3.3.2.3.3 Modellerweiterungen

Das Ohlson-Modell kann so verändert werden, dass es auch für Rechnungslegungssysteme mit einer Dirty-Surplus-Erfolgsgröße gültig ist.[444] Dazu wird die Dirty-Surplus-Version der Residualgewinnformel verwendet:[445]

$$P_t = V_t + \sum_{T=1}^{\infty} E_t[x^a_{t+T}]p_{t+T} = V_t + \sum_{T=1}^{\infty} E_t[z^a_{t+T}]p_{t+T} + \sum_{T=1}^{\infty} E_t[ds_{t+T}]p_{t+T}$$

Außerdem muss die Informationsdynamik um einen autoregressiven Prozess für ds_t erweitert werden. Die Dirty-Surplus-Variable ds_t enthält vermutlich einen relativ hohen Anteil nicht nachhaltiger Gewinnbestandteile und hat daher vermutlich einen geringeren Persistenz-Parameter als die Clean-Surplus-Erfolgsgröße z_t.

$$ds_{t+1} = \theta\, ds_t + \varepsilon_{3t+1} \qquad \text{mit } 0 \leq \theta < 1$$

---

443 k steigt mit zunehmendem w, so dass die unterschiedlichen Gewichte nicht zu Unstimmigkeiten führen.

444 Zu der Anpassung vgl. Lo/Lys (2000b), S. 22 f.

445 Vgl. dazu Abschnitt 3.2.2.

Es wird angenommen, dass die anderen bewertungsrelevanten Informationen v_t keinen Einfluss auf die Dirty-Surplus-Variable haben. Weiterhin muss in der ersten Gleichung der Informationsdynamik der Gewinn durch den Dirty-Surplus-Gewinn z ersetzt werden. Folgende Informationsdynamik ergibt sich also:

$$z^a_{t+1} = w\, z^a_t + v_t + \varepsilon_{1t+1}$$
$$v_{t+1} = y\, v_t + \varepsilon_{2t+1}$$
$$ds_{t+1} = \theta\, ds_t + \varepsilon_{3t+1}$$

Die Gleichung für den Wert des Eigenkapitals lautet:

$$P_t = V_t + a\, z^a_t + b\, v_t + c\, ds_t \qquad \text{mit } c = \frac{\theta}{1+i-\theta} = \frac{\theta}{q-\theta}$$

oder äquivalent dazu:

$$P_t = k(m\, z_t - D_t) + (1-k)V_t + b\, v_t + (k+c)\, ds_t$$

Das eben beschriebene Verfahren zur Anpassung des Ohlson-Modells an Dirty-Surplus-Gewinne lässt sich allgemein dazu verwenden, um einzelne Positionen der Gewinn- und Verlustrechnung getrennt in der Bewertungsgleichung aufzuführen. So könnten beispielsweise das Ergebnis der gewöhnlichen Geschäftstätigkeit, das außerordentliche Ergebnis und Steuern einzeln in die Bewertungsgleichung aufgenommen werden, um den Einfluss dieser Größen auf den Wert des Eigenkapitals abzubilden. Für jede einzeln aufgeführte GuV-Position müssen Annahmen über das Zeitreihenverhalten getroffen werden, die in der Informationsdynamik festzuhalten sind. Damit bei einer empirischen Untersuchung keine Probleme durch fehlende korrelierte Variablen entstehen, müssen sich die einzeln aufgeführten Positionen immer zu der Clean-Surplus-Erfolgsgröße aufaddieren.[446]

Ein ähnliches Ziel wie der von Lo/Lys (2000b) vorgeschlagenen Erweiterung der Bewertungsgleichung liegt der Studie von Barth/Beaver/Hand/Landsman (1999) zugrunde, die den Gewinn in die Komponenten Cash Flows und Accruals[447] aufspalten. Accruals sind als Differenz von Jahresüberschuss und operativem Cash Flow definiert. Barth/Beaver/

---

446 Vgl. Lo/Lys (2000b), S. 24.

447 Der Begriff Accruals lässt sich mit dem deutschen Wort Periodenabgrenzungen übersetzen. Vgl. Wagenhofer/Ewert (2003), S. 169.

Hand/Landsman untersuchen, ob Cash Flows und Accruals zusätzlich zum Buchwert des Eigenkapitals und zu abnormalen Gewinnen wertrelevant sind.

Die Studie von Barth/Beaver/Hand/Landsman baut allerdings nicht direkt auf der von Lo/Lys vorgeschlagenen Modellerweiterung auf, sondern auf einer anderen Weiterentwicklung des ursprünglichen Ohlson-Modells, dem Modell von Ohlson (1999). Ohlson (1999) unterscheidet zwei Gewinnkomponenten, so genannte „transitory earnings" und so genannte „core earnings". „Transitory earnings" sind Gewinnbestandteile, die keine über eine Periode hinausgehende Wirkung auf den Gesamterfolg eines Unternehmens haben.[448] Die Persistenz von „transitory earnings" ist also gleich null. „Core earnings" ergeben sich aus der Differenz des Gesamterfolgs und der „transitory earnings". Ohlson (1999) nimmt die „transitory earnings" zusätzlich zu abnormalen Gewinnen, dem Buchwert des Eigenkapitals und anderen Informationen in die Bewertungsgleichung des ursprünglichen Ohlson-Modells auf und erweitert die Informationsdynamik um eine Gleichung für das Zeitreihenverhalten der „transitory earnings".[449]

Statt den Gewinn in „transitory earnings" und „core earnings" aufzuspalten und die zusätzliche Wertrelevanz von „transitory earnings" zu untersuchen, kann der Gewinn auch in andere Komponenten unterteilt werden, wie z. B. in Accruals und Cash Flows bei Barth/ Beaver/Hand/Landsman. Somit bietet das Modell von Ohlson (1999) die theoretische Grundlage, um die zusätzliche Wertrelevanz von Gewinnkomponenten aller Art zu untersuchen.[450] Die zusätzliche Wertrelevanz einer Gewinnkomponente manifestiert sich in dem Koeffizienten der Gewinnkomponente in der Bewertungsgleichung. Gemäß Ohlson (1999) hängt die Höhe dieses Koeffizienten von der Persistenz der Gewinnkomponente und von dem Beitrag ab, den die Gewinnkomponente zusätzlich zum abnormalen Gewinn und den anderen Informationen der Periode t zur Prognose des abnormalen Gewinns der Periode $t+1$ leistet.[451]

Eine andere wesentliche Weiterentwicklung des ursprünglichen Ohlson-Modells stellt das Feltham-Ohlson-Modell dar, das in Feltham/Ohlson (1995) und Feltham/Ohlson (1996) beschrieben wird. Feltham/Ohlson (1995) unterscheiden operative und finanzielle Geschäf-

---

448 Ohlson (1999) charakterisiert „transitory earnings" anhand von drei Eigenschaften. Zukünftige „transitory earnings" können nicht mit Hilfe von „transitory earnings" der aktuellen Periode prognostiziert werden. „Transitory earnings" der aktuellen Periode sind für die Prognose des Ergebnisses der Folgeperiode irrelevant. Weiterhin haben „transitory earnings" keinen Einfluss auf die Schätzung des Barwertes zukünftiger erwarteter Dividenden. Vgl. Ohlson (1999), S. 145.

449 Vgl. Ohlson (1999), S. 156.

450 Vgl. Barth/Beaver/Hand/Landsman (1999), S. 207.

451 Vgl. Ohlson (1999), S. 156.

te von Unternehmen. Es wird angenommen, dass der Marktwert des finanziellen Geschäfts dessen Buchwert entspricht. Die Analyse kann sich also auf das operative Geschäft konzentrieren. Anders als in Ohlson (1995) werden im Feltham-Ohlson-Modell stille Reserven infolge einer vorsichtigen Darstellung der Vermögens-, Finanz- und Ertragslage in der externen Rechnungslegung ausdrücklich berücksichtigt.[452] Außerdem wird der Einfluss des Wachstums der Buchwerte der dem operativen Geschäft zuzurechnenden Vermögensgegenstände und Fremdkapitalpositionen vom Modell explizit erfasst. Feltham/Ohlson (1996) untersuchen im Rahmen ihres Modells, wie die Abschreibungspolitik eines Unternehmens die Beziehung zwischen dem Marktwert des Eigenkapitals und Rechnungslegungsdaten beeinflusst. Das Modell von Ohlson (1995) entspricht dem Modell von Feltham/Ohlson (1995) für den speziellen Fall, dass der Abschluss eines Unternehmens keine stillen Reserven aufgrund einer vorsichtigen Bilanzierung und Bewertung enthält.

3.3.3.2.3.4 Kritik am Ohlson-Modell

In empirischen Studien auf Basis des Ohlson-Modells oder einer Weiterentwicklung des ursprünglichen Modells wird der Marktwert des Eigenkapitals auf den Buchwert des Eigenkapitals, auf abnormale Gewinne und gegebenenfalls auf weitere Größen wie eine Variable für andere wertrelevante Informationen oder einzelne Gewinnkomponenten regressiert. Die Berechnungen werden in einigen Untersuchungen in Abhängigkeit von der Branchenzugehörigkeit oder anderen Faktoren wie z. B. dem Rating als stellvertretende Variable für das Konkurs- oder Ausfallrisiko durchgeführt.

In einigen Studien werden die Regressionskoeffizienten für abnormale Gewinne, den Buchwert des Eigenkapitals und andere Variablen mit den Koeffizienten *a*, *b* etc. verglichen, die sich bei Gültigkeit des Ohlson-Modells theoretisch ergeben müssten. Zur Berechnung der theoretisch richtigen Koeffizienten müssen zunächst die Persistenz-Parameter *w*, *y* etc. gemäß den Gleichungen der Informationsdynamik empirisch geschätzt werden.[453] Solche Vergleiche ergeben jedoch, dass die empirisch auf Basis der Bewertungsgleichung geschätzten Koeffizienten von den Koeffizienten abweichen, die auf Grundlage der eben-

[452] Zhang (2000) untersucht ebenfalls im Rahmen eines theoretischen Modells, wie eine vorsichtige Bilanzierung und Bewertung die langfristige, asymptotische Beziehung zwischen Rechnungslegungsdaten und dem Marktwert des Eigenkapitals eines Unternehmens beeinflussen. Vgl. Zhang (2000).

[453] Vgl. z. B. Dechow/Hutton/Sloan (1999); Barth/Beaver/Hand/Landsman (1999); Barth/Beaver/Landsman (1998); Myers (1999).

falls empirisch geschätzten Persistenz-Parameter aus den Informationsdynamiken gemäß dem Ohlson-Modell oder dem Feltham/Ohlson-Modell berechnet werden.[454]

Dieser Widerspruch richtet sich allerdings nur gegen die spezielle Form der Informationsdynamik mit autoregressiven Prozessen erster Ordnung in Ohlson (1995) und Feltham/ Ohlson (1995). Diese Form der Informationsdynamik wurde vermutlich mit dem Ziel gewählt, grundlegende Zusammenhänge aufzuzeigen und das Modell relativ übersichtlich zu halten.[455] Die Entwicklung abnormaler Gewinne und anderer Rechnungslegungsdaten im Zeitablauf unterscheidet sich für verschiedene Unternehmen, so dass eine Informationsdynamik höchstens für eine bestimmte Gruppe von Unternehmen gültig sein kann.[456] Vermutlich wird die Informationsdynamik auch durch die Anwendung eines bestimmten Rechnungslegungssystems beeinflusst. Die Kritik an der Form der Informationsdynamik in Ohlson (1995) und Feltham/Ohlson (1995) stellt also nicht die grundsätzlichen Zusammenhänge in Frage, die mit der Informationsdynamik erfasst werden: Abnormale Gewinne können nur über begrenzte Zeiträume aufrechterhalten werden und ein Teil der wertrelevanten Informationen wird erst mit einer Verzögerung von den Rechnungslegungsdaten abgebildet.

Eine weitere Kritik richtet sich dagegen, dass das Ohlson-Modell die Auswirkungen einer asymmetrischen Informationsverteilung zwischen Managern und unternehmensexternen Interessengruppen nicht berücksichtigt. Anreize zu bilanzpolitischen Maßnahmen bleiben unbeachtet.[457] Feltham/Ohlson (1996) analysieren zwar die Wirkung der Abschreibungspolitik auf den Zusammenhang zwischen dem Marktwert des Eigenkapitals und Rechnungslegungsdaten. Gründe für die Wahl von bestimmten Abschreibungsmethoden werden aber nicht vom Modell erklärt, sondern können nur exogen vorgegeben werden.[458] Rechnungslegungsdaten werden im Ohlson-Modell nicht um bilanzpolitische Einflüsse bereinigt. Daher können bilanzpolitische Maßnahmen der Unternehmen die Koeffizienten des Modells direkt beeinflussen. Beispielsweise würde sich eine bilanzpolitische Ergebnisglättung im Zeitablauf in einem höheren Persistenz-Parameter w für abnormale Gewinne niederschlagen. Ceteris paribus würden dadurch die Bewertungskoeffizienten a und b des Ohlson-

[454] Vgl. Myers (1999), S. 16 ff; Barth/Beaver/Hand/Landman (1999), S. 219 ff.; Bar-Yosef/Callen/Livnat (1996). Biddle/Chen/Zhang (2000) stellen die Linearität der Informationsdynamik in Frage. Im Gegensatz zu den anderen Studien weisen Dechow/Hutton/Sloan (1999) die Gültigkeit der Informationsdynamik nicht zurück.

[455] Vgl. Bar-Yosef/Callen/Livnat (1996), S. 222.

[456] Vgl. Mikkelsen/Jorgensen (2002).

[457] Vgl. Beaver (2002), S. 458.

[458] Vgl. Holthausen/Watts (2001), S. 61.

Modells höhere Werte annehmen. Die bilanzpolitisch beeinflussten Koeffizienten würden die tatsächlichen Zusammenhänge zwischen dem Marktwert des Eigenkapitals und abnormalen Gewinnen sowie anderen relevanten Informationen nicht mehr korrekt wiedergeben.[459] Vermutlich werden zukünftige Untersuchungen die genannten Kritikpunkte aufgreifen und das Modell in Teilaspekten verbessern.

3.4 Empirische Ergebnisse zur Kapitalmarktrelevanz von Rechnungslegungsinformationen

3.4.1 Ergebnisse ausgewählter Studien

3.4.1.1 Die klassischen Studien von Ball/Brown (1968) und Beaver (1968)

Zahlreiche Studien haben sich in den letzten Jahrzehnten mit der Kapitalmarktrelevanz von Rechnungslegungsinformationen befasst. Viele Untersuchungen konzentrieren sich dabei auf den Gewinn als die wohl wichtigste einzelne Kennzahl des externen Rechnungswesens. Angeregt durch das Ohlson-Modell beziehen immer mehr Studien neben dem Gewinn auch den Buchwert des Eigenkapitals in die Betrachtung mit ein. Den Ausgangspunkt der folgenden Ausführungen sollen die beiden Ereignisstudien von Ball/Brown (1968) und Beaver (1968) bilden, die erstmals die Kapitalmarktrelevanz von Rechnungslegungsinformationen untersucht haben. Ergebnisse und Methodik dieser Pionieruntersuchungen sind auch heute noch von Interesse.

Ball/Brown (1968) untersuchen für die Jahre von 1957 bis 1965 abnormale Renditen in einem Ereignisfenster von zwölf Monaten vor bis sechs Monaten nach der Veröffentlichung des jährlichen Gewinns[460] US-amerikanischer börsennotierter Unternehmen. Abnormale Renditen werden mit Hilfe des Marktmodells auf Basis monatlicher Kursdaten berechnet und als Abnormal Performance Index (API) für das gesamte Ereignisfenster zusammengefasst. In Abhängigkeit von den erwarteten Gewinnen werden positive und negative Gewinnüberraschungen zwei unterschiedlichen Portfolios zugeordnet. Unerwartete Gewinne werden alternativ nach dem so genannten naiven Modell als Abweichungen vom Vorjahresgewinn oder als Differenz zwischen tatsächlicher Gewinnänderung und dem Wert

[459] Das Ohlson-Modell berücksichtigt außerdem nicht ausdrücklich, dass Investoren durch einen geglätteten Ergebnisausweis möglicherweise ein Signal über ein geringes Risiko übermittelt wird. Zur Ergebnisglättung vgl. die Abschnitte 4.3.1 und 4.5.2.2 dieser Arbeit.

[460] Als Gewinngröße verwenden Ball/Brown (1968) sowohl den Gewinn je Aktie (EPS) als auch das Net Income. Außerdem wird die Untersuchung auch für das Operating Income und für das Net Income before Nonrecurring Items durchgeführt.

ermittelt, der aufgrund des in der Vergangenheit statistisch gemessenen Zusammenhangs zwischen der Gewinnänderung einzelner Unternehmen und der durchschnittlichen Gewinnänderung aller Unternehmen erwartet werden kann.

Es ergibt sich ein statistisch signifikanter positiver Zusammenhang zwischen dem Vorzeichen der Gewinnüberraschung und dem Vorzeichen der abnormalen Renditen. Für positive Gewinnüberraschungen beträgt der API durchschnittlich 1,074, während der API für negative Gewinnüberraschungen nur bei -0,889 liegt.[461] Der größte Teil der abnormalen Kursentwicklung fällt in die Monate vor der Gewinnveröffentlichung.[462]

Außerdem analysieren Ball/Brown, welcher Anteil der gesamten bewertungsrelevanten Informationen vom veröffentlichten Gewinn erfasst wird. Die gesamten bewertungsrelevanten Informationen spiegeln sich in der Höhe abnormaler Renditen wider. Um die bewertungsrelevanten Informationen zu messen, berechnen Ball/Brown, welche durchschnittliche abnormale Rendite je Aktie sich in den zwölf Monaten vor der Gewinnveröffentlichung maximal erzielen lässt, wenn zwölf Monate vor der Gewinnveröffentlichung Käufe und Leerverkäufe von Aktien getätigt werden und die Kursentwicklung bis zur Gewinnveröffentlichung vollständig im Voraus bekannt ist. Sind einem Investor nur die Gewinne im Voraus bekannt, kann durch Aktienkäufe bei positiven Gewinnüberraschungen und Leerverkäufe bei negativen Gewinnüberraschungen nur eine um circa 50%[463] niedrigere abnormale Rendite als bei Kenntnis der zukünftigen Kursentwicklung erzielt werden.

Weitere Ergebnisse von Ball/Brown sind, dass Kapitalmarktteilnehmern aus anderen Informationsquellen[464] 85% bis 90% der im Gewinn enthaltenen Informationen bereits vor der Gewinnveröffentlichung bekannt sind. Im Monat der Gewinnveröffentlichung selbst können durch vorherige Kenntnis der Gewinne nur circa 20% der bei vollständiger Voraussicht aller Informationen erzielbaren abnormalen Rendite erreicht werden.

Beaver (1968) analysiert ebenfalls die Kapitalmarktreaktion auf Gewinnveröffentlichungen. Untersucht wird der Informationsgehalt von 506 Gewinnveröffentlichungen von 143

---

461 Die Angaben beziehen sich auf das gesamte Ereignisfenster von 18 Monaten, auf EPS als Gewinngröße und auf eine unerwartete Gewinnänderung als marktbereinigte Gewinnänderung. Alternative Testspezifikationen führen zu vergleichbaren Ergebnissen.

462 Außerdem zeigen Ball/Brown (1968), dass der positive Zusammenhang zwischen dem Vorzeichen der Gewinnüberraschung und dem Vorzeichen der abnormalen Rendite auch noch zwei Monate nach der Gewinnveröffentlichung besteht. Damit liefern Ball/Brown einen ersten Hinweis auf den so genannten Post-earnings-announcement drift. Vgl. dazu auch Abschnitt 3.4.2.2.1.

463 Der genaue Anteil hängt davon ab, welche Ergebnisgröße (EPS oder Net Income) verwendet wird und wie die Höhe unerwarteter Gewinne ermittelt wird.

464 Zu diesen Informationsquellen gehören vermutlich auch Halbjahres- und Vierteljahresberichte.

an der New York Stock Exchange (NYSE) gelisteten Unternehmen in den Jahren 1961 bis 1965. Beaver verwendet wöchentliche Daten und wählt mit acht Wochen vor bis acht Wochen nach der Woche der Gewinnveröffentlichung ein engeres Ereignisfenster als Ball/ Brown.

Um die Ergebnisse der Ereignisstudie nicht durch andere kursbeeinflussende Ereignisse zu verfälschen, werden Gewinnveröffentlichungen nur dann in die Untersuchung einbezogen, wenn in der Woche der Gewinnveröffentlichung keine Dividenden bekannt gegeben werden, in den 17 Wochen um das Ereignis herum keine Aktiensplits stattfinden und für das betreffende Unternehmen weniger als 20 kursrelevante Ereignisse pro Jahr im Wall Street Journal veröffentlicht werden. Außerdem werden in das Untersuchungssample nur Gewinnveröffentlichungen von Unternehmen aufgenommen, deren Geschäftsjahr nicht am 31. Dezember endet. Dadurch wird eine gleichmäßigere Verteilung der Zeitpunkte der Gewinnveröffentlichungen innerhalb eines Jahres erreicht und der Einfluss von Gewinnveröffentlichungen anderer, insbesondere branchengleicher Unternehmen auf den Informationsgehalt der Gewinnveröffentlichung eines Unternehmens verringert.

Beaver analysiert abnormale Aktienhandelsvolumina und abnormale Kursreaktionen. Zur Messung des Handelsvolumens wird für jede Woche die durchschnittlich pro Tag gehandelte Zahl von Aktien eines Unternehmens berechnet und anschließend durch die Zahl ausstehender Aktien eines Unternehmens dividiert. Normale Handelsvolumina werden mittels einer Regression dieser Zahl auf die entsprechende Durchschnittsgröße für alle an der NYSE gehandelten Unternehmen für Wochen außerhalb der Ereignisfenster ermittelt. Abnormale Handelsvolumina für die Wochen der Ereignisperiode ergeben sich als Abweichung des tatsächlichen durchschnittlichen täglichen Handelsvolumens pro ausstehender Aktie eines Unternehmens von dem erwarteten, normalen Wert, der mit Hilfe der Ergebnisse der Regression ermittelt wird.[465]

In der Woche der Gewinnveröffentlichung liegt das durchschnittliche Handelsvolumen pro ausstehender Aktie um circa 30% über dem durchschnittlichen Handelsvolumen außerhalb der Ereignisperiode. In den Wochen vor der Gewinnveröffentlichung ist das Handelsvolu-

---

[465] Die Berechnung abnormaler Handelsvolumina erfolgt nach dem gleichen Prinzip wie die Ermittlung abnormaler Renditen auf Basis des Marktmodells. Beaver betont, dass die Berechnung abnormaler Handelsvolumina einem Vergleich des Informationsgehalts von Gewinnveröffentlichungen mit der durchschnittlichen Informationsmenge außerhalb der Ereignisperiode und also nicht mit einer Informationsmenge von null dient. Außer einer Analyse der abnormalen Handelsvolumina nimmt Beaver auch einen einfachen Vergleich der durchschnittlichen täglichen Handelsvolumina (bezogen auf die Zahl ausstehender Aktien) für Wochen innerhalb mit Wochen außerhalb der Ereignisperiode vor. Dieser Vergleich führt zu dem gleichen Ergebnis wie die Untersuchung der abnormalen Volumina.

men abnormal niedrig, wohingegen das Volumen in den vier Wochen danach noch leicht oberhalb des normalen Niveaus liegt. Außerhalb der Ereignisperiode liegt das durchschnittliche abnormale Handelsvolumen nur in vier von insgesamt 261 Wochen über dem Durchschnittswert für die Woche der Gewinnveröffentlichung. Die Häufigkeit positiver abnormaler Handelsvolumina liegt in der Woche der Gewinnveröffentlichung mit deutlichem Abstand über der durchschnittlichen Häufigkeit für Wochen außerhalb der Ereignisperiode.

Abnormale Kursänderungen werden als quadrierte Abweichungen vom erwarteten Wert berechnet, der anhand des Marktmodells ermittelt wird. Durch das Quadrieren der Abweichungen wird die Stärke der abnormalen Reaktion unabhängig vom Vorzeichen gemessen.[466] Die abnormale Volatilität der Aktienkurse wird berechnet, indem die quadrierte Abweichung der tatsächlichen von der erwarteten Aktienrendite durch die Varianz der Residuen des Marktmodells dividiert wird. Die abnormale Volatilität liegt in der Woche der Gewinnveröffentlichung um 67% über dem durchschnittlichen Wert für die Wochen außerhalb der Ereignisperiode. Für die Woche vor und die zwei Wochen nach der Gewinnveröffentlichung liegt die abnormale Volatilität ebenfalls noch über dem Durchschnittsniveau außerhalb der Ereignisperiode. Für die durchschnittliche abnormale Volatilität ergeben sich nur in elf von 260 Wochen außerhalb der Ereignisperiode höhere Werte als in der Woche der Gewinnveröffentlichung. Die Häufigkeit positiver abnormaler Volatilitäten liegt in der Woche der Gewinnveröffentlichung mit deutlichem Abstand über der entsprechenden Häufigkeit für Wochen außerhalb der Ereignisperiode. Sowohl die Analyse der abnormalen Kursänderungen als auch die Untersuchung der abnormalen Handelsvolumina zeigen, dass Gewinnveröffentlichungen kapitalmarktrelevante Informationen darstellen.

3.4.1.2 Veränderung der Kapitalmarktrelevanz von Rechnungslegungsinformationen im Zeitablauf

In der Regel kommen empirische Untersuchungen übereinstimmend mit den klassischen Studien von Ball/Brown (1968) und Beaver (1968) zu dem Ergebnis, dass Gewinne bzw. Gewinnveröffentlichungen kapitalmarktrelevant sind. Allerdings wird der Grad der Kapitalmarktrelevanz von Gewinnen insgesamt als relativ niedrig erachtet.[467] Zudem wird die These aufgestellt, die Kapitalmarktrelevanz von Rechnungslegungsinformationen habe im Zeitablauf kontinuierlich abgenommen. Die Entwicklung der Rechnungslegung habe mit

[466] Dadurch muss der erwartete Zusammenhang zwischen unerwarteter Kursänderung und unerwarteter Gewinnänderung nicht näher funktional beschrieben werden. Es entfällt die Schwierigkeit, geeignete Werte für erwartete Gewinne zu finden.

[467] Vgl. Lev (1989).

der Veränderung der ökonomischen Realität nicht Schritt halten können. Das externe Rechnungswesen in seiner jetzigen Form sei schlicht überfordert durch den Übergang von der Industrie- zur Dienstleistungsgesellschaft, die wachsende Bedeutung von Hochtechnologiebranchen und die stetig zunehmende Geschwindigkeit des ökonomischen Wandels.[468]

Die Veränderung der Kapitalmarktrelevanz von Rechnungslegungsinformationen in den letzten Jahrzehnten wird von empirischen Studien jedoch unterschiedlich beurteilt. Ergebnisse der Studien sind vor allem davon abhängig, ob der Informationsgehalt, die Bewertungsrelevanz oder die Wertrelevanz von Rechnungslegungsinformationen im oben definierten Sinne untersucht werden und wie Kapitalmarktrelevanz demzufolge gemessen wird.[469] Im Folgenden sollen die wesentlichen Ergebnisse von Studien zur Veränderung der Kapitalmarktrelevanz von Rechnungslegungsinformationen im Zeitablauf dargestellt werden.

Landsman/Maydew (2002) greifen die Studie von Beaver (1968) wieder auf und untersuchen ebenfalls anhand des abnormalen Handelsvolumens und der abnormalen Volatilität für über 90.000 zufällig ausgewählte, vierteljährliche Gewinnveröffentlichungen, wie sich der Informationsgehalt von Gewinnveröffentlichungen in den Jahren 1972 bis 1998 verändert hat. Anders als Beaver verwenden Landsman/Maydew tägliche Daten und ein nur dreitägiges Ereignisfenster, das außer dem Tag der Gewinnveröffentlichung noch den Tag davor und den Tag danach umfasst.

Bei der Berechnung des abnormalen Handelsvolumens wird die Veränderung des durchschnittlichen Handelsvolumens im Zeitablauf berücksichtigt, indem die Differenz von tatsächlichem und normalem Handelsvolumen[470] durch die Standardabweichung des Handelsvolumens in den zwei Jahren um die Gewinnveröffentlichung herum dividiert wird. Die Ermittlung der abnormalen Volatilität folgt dem gleichen Schema wie bei Beaver.[471]

Werte für tägliche abnormale Handelsvolumina und tägliche abnormale Volatilitäten werden jeweils für die drei Tage einer Ereignisperiode kumuliert. Landsman/Maydew regressieren sowohl abnormale Handelsvolumina als auch abnormale Volatilitäten auf eine Vari-

---

[468] Vgl. Francis/Schipper (1999), S. 323 f.

[469] Vgl. Lo/Lys (2000a).

[470] Das normale Handlesvolumen entspricht bei Landsman/Maydew (2002) einfach dem durchschnittlichen täglichen Handelsvolumen in den zwei Jahren um die Gewinnveröffentlichung herum. Wie bei Beaver (1968) werden die Werte für die Handelsvolumina auf die Zahl ausstehender Aktien bezogen.

[471] Die Veränderung der Volatilität der Aktienrenditen im Zeitablauf wird berücksichtigt, indem das Marktmodell zur Bestimmung der normalen Renditen jeweils für die zwei Jahre um eine Gewinnveröffentlichung herum geschätzt wird.

able, die je nach Jahr der Gewinnveröffentlichung Werte von 72 bis 98 annimmt. Der Regressionskoeffizient für diesen Zeitindex nimmt in beiden Regressionen signifikant positive Werte an. Der Informationsgehalt von Gewinnveröffentlichungen scheint im Zeitablauf also nicht gesunken, sondern im Gegenteil sogar leicht gestiegen zu sein.[472]

Landsman/Maydew überprüfen, ob dieses Ergebnis auf Änderungen in der Zusammensetzung des Untersuchungssamples im Zeitablauf zurückgeführt werden kann. Die Variable für den Zeittrend bleibt aber signifikant positiv, auch wenn der Einfluss von Variablen wie der Unternehmensgröße, dem Aufwand für Forschung und Entwicklung, der Volatilität von Gewinnen und weiteren Größen berücksichtigt wird.[473] Trotz dieser Kontrollen kann allerdings nicht ausgeschlossen werden, dass andere vom Gewinn unabhängige Größen das Ergebnis der Studie maßgeblich beeinflussen. Denkbar wäre beispielsweise, dass im Zeitablauf die Menge an Informationen zugenommen hat, die zeitgleich mit Gewinnen veröffentlicht wird.

Francis/Schipper/Vincent (2002b) zeigen, dass große US-amerikanische Unternehmen im Zeitablauf tatsächlich immer mehr Informationen zusätzlich zum Gewinn in ihren Pressemitteilungen veröffentlicht haben. Die zusätzlichen Informationen beziehen sich zum einen auf Details zur Entstehung und Zusammensetzung des Gewinns und zum anderen auf gewinnunabhängige, zukunftsbezogene Angaben. Die Höhe der abnormalen Kursreaktion auf Gewinnveröffentlichungen ist signifikant positiv mit dem Umfang und der Detailliertheit der zusätzlichen Informationen in den Pressemitteilungen korreliert.

Lo/Lys (2000a) untersuchen ebenfalls den Informationsgehalt von vierteljährlichen Gewinnveröffentlichungen anhand der abnormalen Volatilität[474] für ein Ereignisfenster von drei Tagen um die Gewinnveröffentlichung herum. Das Sample enthält 234.240 Gewinn-

---

472 Übereinstimmend damit kommen Kross/Kim (1999) zu dem Ergebnis, dass der Informationsgehalt von Gewinnveröffentlichungen gemessen an abnormalen Renditen und abnormalen Handelsvolumina Anfang der 90er Jahre höher war als Mitte der 60er Jahre.

473 Eine Ausnahme bilden kleine Unternehmen, für die die Zeitvariable nicht mehr signifikant positiv ist.

474 Lo/Lys (2000a) berechnen die quadrierte Abweichung der tatsächlichen Rendite von der durchschnittlichen Rendite für Unternehmen der gleichen Größenklasse (gleiches Dezil). Die Abweichung wird durch die Varianz der abnormalen Renditen des betreffenden Quartals dividiert. Vgl. Lo/Lys (2000a), S. 18 f. Lo/Lys heben hervor, dass die abnormale Volatilität genaugenommen nur den relativen Informationsgehalt misst; d. h. es wird ein Vergleich zwischen der Volatilität in der Ereignisperiode mit der Volatilität außerhalb der Ereignisperiode vorgenommen. Kommen Tests zu dem Ergebnis, dass die abnormale Volatilität in der Ereignisperiode nicht größer als außerhalb der Ereignisperiode ist, können Gewinnveröffentlichungen dennoch einen Informationsgehalt haben, wenn sie die insgesamt verfügbare Informationsmenge zwar nicht erhöhen, stattdessen aber zumindest teilweise einen zeitnäheren Ersatz für Informationen aus anderen Quellen darstellen. Vgl. ebenda, S. 14 f.

veröffentlichungen aus der Zeit vom dritten Quartal 1972 bis zum ersten Quartal 2000. Der Durchschnittswert für die abnormale Volatilität beträgt 1,6.

Eine Regression der abnormalen Volatilitäten auf einen Zeitindex ergibt, dass sich der Informationsgehalt von Gewinnveröffentlichungen im untersuchten Zeitraum nicht signifikant verändert hat. Der Unterschied zu dem Ergebnis von Landsman/Maydew kann möglicherweise dadurch erklärt werden, dass das Sample von Landsman/Maydew Gewinnveröffentlichungen von durchschnittlich größeren Unternehmen enthält. Lo/Lys teilen die Gewinnveröffentlichungen jedes Quartals gemäß der Marktkapitalisierung der Unternehmen in drei Gruppen ein. Für jede Größenklasse getrennt durchgeführte Regressionen abnormaler Volatilitäten auf den Zeitindex ergeben, dass der Informationsgehalt von Gewinnveröffentlichungen für große Unternehmen im Zeitablauf gestiegen und für kleine Unternehmen gesunken ist.

Die Studie von Lo/Lys macht zudem deutlich, dass Aussagen über die Veränderung der Kapitalmarktrelevanz von Rechnungslegungsinformationen im Zeitablauf davon abhängig sind, ob der Informationsgehalt, die Bewertungsrelevanz oder die Wertrelevanz untersucht werden. Anhand von Regressionen abnormaler Renditen auf Veränderungen des vierteljährlichen Gewinns gegenüber dem gleichen Quartal des Vorjahres ermitteln Lo/Lys die Bewertungsrelevanz von Gewinnen und kommen zu dem Ergebnis, dass die Bewertungsrelevanz gemessen am Bestimmtheitsmaß der Regressionen im untersuchten Zeitraum um durchschnittlich 0,15% pro Jahr von 5% auf 1% gesunken ist. Die Wertrelevanz wird durch Regressionen des Marktwertes des Eigenkapitals am Tag nach der Gewinnveröffentlichung auf den Buchwert des Eigenkapitals und den Gewinn bestimmt. Ebenso wie die Bewertungsrelevanz ist auch die Wertrelevanz in der Zeit von 1972 bis 2000 gesunken.[475]

Ähnlich wie Landsman/Maydew vermuten Lo/Lys, dass im untersuchten Zeitraum die Menge an kapitalmarktrelevanten Informationen zugenommen hat, die zeitgleich mit Gewinnveröffentlichungen bekannt gemacht werden. Darin könnte eine mögliche Erklärung für die unterschiedliche Entwicklung des Informationsgehalts einerseits und der Bewertungsrelevanz und der Wertrelevanz andererseits liegen. Denn zum einen würden regelmäßig zur gleichen Zeit veröffentlichte Informationen das Ergebnis für den Informationsgehalt von Gewinnveröffentlichungen positiv beeinflussen, obwohl der Informationsgehalt des Gewinns tatsächlich nicht gestiegen ist. Zum anderen würde eine Zunahme relevanter

[475] Dieses Resultat ist unabhängig von der Größe der untersuchten Unternehmen. Bewertungsrelevanz und Wertrelevanz sind für kleine, mittelgroße und große Unternehmen gesunken.

Informationen die relative Bedeutung des Gewinns vermutlich schmälern und so den Erklärungsgehalt von unerwarteten Gewinnänderungen für abnormale Renditen und von Gewinnen für den Marktwert des Eigenkapitals verringern.[476]

In einer Reihe weiterer Studien wurde in den letzten Jahren die Veränderung der Bewertungsrelevanz und der Wertrelevanz von Rechnungslegungsinformationen im Zeitablauf analysiert. Lev/Zarowin (1999) kommen zu dem Ergebnis, dass die Kapitalmarktrelevanz von Gewinnen, Cash Flows aus gewöhnlicher Geschäftstätigkeit (Cash Flows from Operations) und Buchwerten des Eigenkapitals vom Ende der 70er bis zur Mitte der 90er Jahre gesunken ist. Untersucht werden jährliche Daten für 3.700 bis 6.800 Unternehmen pro Jahr. Das Bestimmtheitsmaß von Querschnittsregressionen jährlicher Aktienrenditen auf Gewinne und Gewinnänderungen[477] ist von 1978 bis 1996 signifikant gesunken. In den ersten zehn Jahren des Untersuchungszeitraumes liegt das Bestimmtheitsmaß zwischen 6% und 12%. Dagegen werden in den letzten zehn Jahren nur noch Werte zwischen 4% und 8% erreicht. Die Summe der Regressionskoeffizienten von Gewinnen und Gewinnänderungen ist im gleichen Zeitraum ebenfalls signifikant gesunken, und zwar von Werten zwischen 0,75 und 0,90 in den ersten fünf Jahren auf Werte zwischen 0,60 und 0,80 in den letzten fünf Jahren. Die sinkenden Regressionskoeffizienten deuten darauf hin, dass die Relevanz von Gewinnen für Investoren auch unabhängig von einer Bedeutungszunahme anderer, vom Gewinn unabhängiger Daten gesunken ist.[478]

Lev/Zarowin zerlegen den Gewinn in die Bestandteile Cash Flow aus gewöhnlicher Geschäftstätigkeit (Cash Flow from Operations) und Accruals[479] und regressieren Aktienrenditen auf Cash Flows, Veränderungen von Cash Flows, Accruals und Veränderungen von

---

476 Lo/Lys untersuchen noch eine Reihe weiterer möglicher Erklärungen für die unterschiedlichen Ergebnisse zur Entwicklung des Informationsgehalts einerseits und der Bewertungsrelevanz und der Wertrelevanz andererseits. Diese möglichen Erklärungen beziehen sich im Wesentlichen auf die technischen Details der empirischen Untersuchungen und auf Fragen wie das Zeitreihenverhalten von Gewinnen, die Veränderung der Rechnungslegungsvorschriften im Zeitablauf und die mögliche Nicht-Linearität des Zusammenhangs zwischen Aktienrenditen und Gewinnen. Allerdings scheinen diese Ansätze nicht erklären zu können, warum der Informationsgehalt im Gegensatz zur Bewertungsrelevanz und zur Wertrelevanz im Zeitablauf nicht gesunken ist.

477 Als Gewinn verwenden Lev/Zarowin (1999) „reported earnings before extraordinary items". Gewinnänderungen sollen die Höhe der Gewinnüberraschung abbilden. Lev/Zarowin (1999) benutzen nicht die Abweichung des ausgewiesenen Gewinns von der Schätzung der Analysten, um ihre Ergebnisse nicht durch mögliche Änderungen der Schätzgenauigkeit von Analysten im Zeitablauf zu beeinträchtigen.

478 Diese Schlussfolgerung lässt sich nicht allein aus der Beobachtung eines sinkenden Bestimmtheitsmaßes ziehen. Das Bestimmtheitsmaß kann auch sinken, wenn die Intensität der Kursreaktion auf Gewinnänderungen zwar konstant bleibt, aber andere Informationen an Bedeutung für die Kursentwicklung gewinnen.

479 Die Höhe der Accruals entspricht der Differenz von Gewinnen und Cash Flows from Operations.

Accruals.[480] Obwohl in diesen Regressionen berücksichtigt wird, wie sich der Gewinn aus den Bestandteilen Cash Flow und Accruals zusammensetzt, ist das korrigierte Bestimmtheitsmaß dieser Regressionen nicht höher als für die erste Serie von Regressionen. Die Kenntnis der Zusammensetzung des Gewinns aus Cash Flows und Accruals scheint den Erklärungsgehalt für Aktienrenditen also zumindest nicht wesentlich zu erhöhen. Das Bestimmtheitsmaß der zweiten Gruppe von Regressionen und die Summe der Regressionskoeffizienten von Cash Flows und Änderungen der Cash Flows sind in den Jahren 1979 bis 1996 ebenfalls gesunken.[481]

Außerdem berechnen Lev/Zarowin (1999) für die Jahre 1977 bis 1996 auch Regressionen von Aktienkursen auf das Ergebnis je Aktie und den Buchwert des Eigenkapitals je Aktie. Das Bestimmtheitsmaß der Regressionen ist im untersuchten Zeitraum signifikant gesunken. Auch andere Studien verwenden solche so genannten „levels regressions“, in denen statt Veränderungen von Rechnungslegungs- und Kursdaten die Höhe von Kursen, Gewinnen je Aktie und Buchwerten des Eigenkapitals je Aktie verwendet wird. Im Gegensatz zu Regressionen abnormaler Renditen auf Gewinne und Gewinnänderungen[482] führen reine „levels regressions“ nicht übereinstimmend zu dem Ergebnis einer sinkenden Kapitalmarktrelevanz von Rechnungslegungsinformationen.

So weisen Collins/Maydew/Weiss (1997) die Hypothese einer sinkenden Wertrelevanz auf Basis von „levels regressions“ zurück und finden sogar Anzeichen dafür, dass im Zeitraum von 1953 bis 1993 die Wertrelevanz von Gewinnen und Buchwerten des Eigenkapitals zusammengenommen leicht gestiegen ist. Die gesunkene Wertrelevanz der ausgewiesenen

480 Die Frage, ob die Kenntnis der Accrual- und Cash-Flow-Bestandteile von Gewinnen für Investoren relevant ist, und ähnliche Fragestellungen wie z. B. die Prognosetauglichkeit von Gewinnen und Cash Flows sowie die Verbesserung oder Verschlechterung der Kapitalmarktrelevanz von Gewinnen durch Accruals werden von einer Vielzahl von Studien behandelt. Vgl. z. B. Dechow (1994) ; Dechow/Kothari/Watts (1998); Sloan (1996); Barth/Beaver/Hand/Landsman (1999); Ali (1994).

481 Für das gesamte Untersuchungssample sinkt die Summe der Regressionskoeffizienten von Cash Flows und Änderungen der Cash Flows nicht signifikant. Eine signifikante Verringerung ergibt sich nur für das so genannte „constant sample“, das für jedes Jahr des untersuchten Zeitraumes dieselben Unternehmen umfasst. Dagegen beinhaltet das gesamte Sample sämtliche Unternehmen, für die die erforderlichen Daten für die einzelnen Jahre verfügbar sind.

482 Francis/Schipper (1999) und Ely/Waymire (1999) regressieren abnormale Renditen auf Gewinne und Gewinnänderungen. Francis/Schipper (1999) kommen zu dem Ergebnis, dass die am Bestimmtheitsmaß der Regression gemessene Kapitalmarktrelevanz von Gewinnen und Gewinnänderungen von 1952 bis 1994 um durchschnittlich 0,4% pro Jahr gesunken ist. Vgl. Francis/Schipper (1999), S. 338 ff. Ely/ Waymire (1999) unterteilen den Zeitraum von 1927 bis 1993 in vier Teilperioden, in denen unterschiedliche US-amerikanische „Standard Setter“ für die Erarbeitung von Rechnungslegungsstandards zuständig waren, und ermitteln das durchschnittliche Bestimmtheitsmaß für jeden Zeitraum. Mit Ausnahme der ersten Periode von 1927 bis 1938 deuten die Ergebnisse eher darauf hin, dass die Relevanz von Gewinnen und Gewinnänderungen von Teilperiode zu Teilperiode gesunken sind. Die Unterschiede in den Bestimmtheitsmaßen sind allerdings nicht signifikant. Vgl. Ely/Waymire (1999), S. 304 ff.

Gewinne wird durch einen Anstieg der Wertrelevanz der Buchwerte des Eigenkapitals überkompensiert.[483] Der Unterschied zum Ergebnis von Lev/Zarowin (1999) kann möglicherweise auch durch den abweichenden Untersuchungszeitraum der Studien erklärt werden.[484] Francis/Schipper (1999) kommen übereinstimmend mit Collins/Maydew/Weiss (1997) zu dem Ergebnis, dass die Wertrelevanz von Gewinnen und Buchwerten des Eigenkapitals zusammengenommen in den Jahren 1953 bis 1994 leicht gestiegen ist.[485] Ebenso hat die Wertrelevanz des Buchwertes der Vermögensgegenstände und des Buchwertes des Fremdkapitals zugenommen.[486]

Brown/Lo/Lys (1999) kritisieren Collins/Maydew/Weiss (1997) und Francis/Schipper (1999), da beide Studien den Einfluss der Unternehmensgröße auf das Bestimmtheitsmaß von „levels regressions" nicht berücksichtigen. Das Bestimmtheitsmaß steigt mit zunehmendem Variationskoeffizienten der Variable für die Unternehmensgröße.[487] Brown/Lo/Lys zeigen zudem, dass der Variationskoeffizient der Unternehmensgröße in den Jahren von 1958 bis 1996 gestiegen ist. Nach Berücksichtigung dieses Zusammenhangs kommen Brown/Lo/Lys zu dem mit Lev/Zarowin (1999) übereinstimmenden Ergebnis, dass die Wertrelevanz von Gewinnen und Buchwerten des Eigenkapitals zusammengenommen in der Zeit von 1958 bis 1996 signifikant gesunken ist.

---

483 Vgl. Collins/Maydew/Weiss (1997), S. 48 ff.

484 Vgl. Lev/Zarowin (1999), S. 362.

485 Während die Zunahme des Bestimmtheitsmaßes der jährlichen Querschnittsregressionen bei Francis/Schipper (1999) hochsignifikant ist, ergibt sich bei Collins/Maydew/Weiss (1997) in einer Regression der jährlichen Bestimmtheitsmaße auf eine Zeitvariable nur ein schwach signifikanter Wert für den Koeffizienten der Zeitvariable. Vgl. Collins/Maydew/Weiss (1997), S. 51; Francis/Schipper (1999), S. 341.

486 Vgl. Francis/Schipper (1999), S. 340 f. Außerdem untersuchen Fancis/Schipper (1999) ähnlich wie schon Ball/Brown (1968), welche abnormalen Renditen Investoren durch die vorherige Kenntnis zukünftiger Rechnungslegungsinformationen erzielen könnten. Dazu werden die Renditen von fünf unterschiedlichen Handelsstrategien analysiert, die auf den Ausprägungen von zukünftigen Rechnungslegungsdaten basieren. Die Entwicklung von drei der fünf Portfolios zeigt eine signifikant abnehmende Kapitalmarktrelevanz von Rechnungslegungsinformationen im Zeitablauf an. Die anderen beiden Portfolios deuten auf eine Konstanz der Kapitalmarktrelevanz in den untersuchten Jahren hin. Vgl. Francis/Schipper (1999), S. 336 ff.

487 Um den Einfluss des so genannten „scale effects" auf das Bestimmtheitsmaß einer Regression zu verdeutlichen, gehen Brown/Lo/Lys (1999) von folgender Situation aus: Alle untersuchten Unternehmen sind ungefähr gleich groß und haben gleich viele Aktien ausgegeben. Außerdem sei der Aktienkurs unabhängig von der Höhe des Ergebnisses je Aktie. Das Bestimmtheitsmaß einer Regression von Aktienkursen auf Ergebnisse je Aktie wird dann nahe bei null liegen. Wenn ein Teil der Unternehmen in einer der Folgeperioden einen Aktiensplit im Verhältnis 2:1 durchführt und Aktienkurs sowie Ergebnis je Aktie in der Folge nur noch halb so groß sind, führt eine Regression von Aktienkursen auf Ergebnisse je Aktie zu einem höheren Bestimmtheitsmaß als in der Ausgangssituation. Das höhere Bestimmtheitsmaß zeigt aber nicht die gestiegene Wertrelevanz von Rechnungslegungsdaten im Zeitablauf an, sondern ist allein auf Unterschiede in der Größe der untersuchten Unternehmen zurückzuführen. Vgl. Brown/Lo/Lys (1999), S. 84.

3.4.1.3 Kapitalmarktrelevanz der Heterogenität von Rechnungslegungssystemen

Die Auswahl der im vorangehenden Abschnitt behandelten Studien spiegelt die Dominanz der US-amerikanischen Forschung im Bereich der Kapitalmarktrelevanz von Rechnungslegungsinformationen wider.[488] Alle dargestellten Studien beziehen sich auf die Relevanz von US-GAAP für den US-Kapitalmarkt. Ergebnisse der Untersuchungen für die USA können jedoch vermutlich nicht ohne weiteres auf andere Länder übertragen werden, da sich sowohl institutionelle Umfelder der Unternehmen als auch Rechnungslegungsvorschriften von Land zu Land unterscheiden. Die Globalisierung der Märkte und insbesondere die fortschreitende globale Integration der Kapitalmärkte fördern allerdings eine Angleichung nationaler Unternehmensumfelder und tragen zur weltweiten Harmonisierung der Rechnungslegungsvorschriften bei.[489] Aus Sicht von Investoren und „Standard Settern" ist die Frage interessant, welches Rechnungslegungssystem einem Anleger die nützlichsten Informationen liefert und sich daher international durchsetzen sollte. Zur Klärung dieser Frage können Untersuchungen beitragen, die die Kapitalmarktrelevanz von Rechnungslegungsinformationen international vergleichen. Der internationale Vergleich der Kapitalmarktrelevanz von Rechnungslegungsinformationen ist ein Forschungsgebiet, das in letzter Zeit zunehmende Bedeutung erlangt hat. In diesem Abschnitt der vorliegenden Arbeit wird eine Auswahl der Studien zu diesem Thema dargestellt.[490]

Die Studie von Bartov/Goldberg/Kim (2002) hat gegenüber anderen Untersuchungen den Vorteil, dass die Kapitalmarktrelevanz von Rechnungslegungsinformationen gemäß unterschiedlichen Standards für Unternehmen eines Landes, nämlich für Deutschland, und nicht für Unternehmen aus verschiedenen Ländern miteinander verglichen wird. Im Gegensatz zu anderen Studien entfällt damit die Schwierigkeit, den Einfluss der Rechnungslegungsvorschriften auf die Kapitalmarktrelevanz vom Einfluss des institutionellen Unternehmens-

488 Neuere Studien von deutschen Autoren sind z. B. Hüfner/Möller (2002), Schremper/Pälchen (2001). Vgl. auch den Überblick bei Coenenberg/Haller (1993) und Coenenberg (2000), S. 1133 ff. Zur Kapitalmarktrelevanz von Rechnungslegungsdaten in europäischen Ländern vgl. den Überblick bei Dumontier/ Raffournier (2002).

489 Vgl. Glaum (2001), S. 127 ff.

490 Weitere Untersuchungen zu diesem Gebiet sind z. B. Bartov/Goldberg/Kim (2001), Barth/Clinch (1996), Ashbaugh/Olsson (2002), Pope/Walker (1999), Niskanen/Kinnunen/Kasanen (2000), Harris/Muller III (1999) und Frankel/Lee (1998a). Einen Überblick über ältere Studien gibt Auer (1999), S. 228 ff.

umfeldes[491] zu trennen.[492] Der Einfluss der Rechnungslegungsvorschriften kann isoliert untersucht werden.

Das Untersuchungssample umfasst 917 Jahresüberschüsse nach HGB, IAS und US-GAAP von 416 deutschen börsennotierten Unternehmen für die Jahre 1998 bis 2000. Die Kapitalmarktrelevanz wird anhand von Regressionen jährlicher Aktienrenditen auf Jahresüberschüsse gemessen. Ergebnis der Untersuchung ist, dass Gewinnausweise nach IAS und US-GAAP signifikant relevanter für den Kapitalmarkt sind als Gewinnausweise nach HGB.[493] Die Überlegenheit des Ergebnisausweises nach IAS und US-GAAP ist für kleine Unternehmen ausgeprägter als für große Unternehmen, für die eine umfangreiche Informationsmenge leicht verfügbar ist, so dass dem ausgewiesenen Gewinn im Verhältnis zu anderen Informationen ein geringeres Gewicht als bei kleinen Unternehmen zukommt.[494]

Ein weiterer Test zeigt, dass für am Neuen Markt notierte Unternehmen der Jahresüberschuss nach US-GAAP eine höhere Kapitalmarktrelevanz hat als der Jahresüberschuss nach IAS. Dieser Unterschied zwischen IAS und US-GAAP kann für Unternehmen aus anderen Börsensegmenten nicht bestätigt werden. Für das gesamte Untersuchungssample zeigt sich außerdem, dass nach einer Umstellung der Rechnungslegung von deutschen HGB-Vorschriften auf IAS oder US-GAAP ein stärkerer Zusammenhang zwischen der Aktienrendite und dem ausgewiesenen Jahresüberschuss besteht.[495]

---

491 Als institutionelle Faktoren nennen Bartov/Goldberg/Kim die Voraussetzungen für ein Börsenlisting, weitere Offenlegungsvorschriften neben den Anforderungen der Rechnungslegung und allgemein das regulatorische Umfeld und die Marktmikrostruktur. Vgl. Bartov/Goldberg/Kim (2002), S. 2.

492 Ball/Robin/Wu (2002) zeigen am Beispiel asiatischer Länder, dass nicht nur die Rechnungslegungsvorschriften, sondern auch das institutionelle Umfeld einen Einfluss auf die Kapitalmarktrelevanz von Rechnungslegungsinformationen haben. Trotz ähnlicher Rechnungslegungsstandards der untersuchten Länder ergeben sich Unterschiede darin, wie schnell das externe Rechnungswesen wertrelevante Informationen widerspiegelt. Ein Einfluss scheint insbesondere davon auszugehen, wie strikt die Einhaltung von Rechnungslegungsvorschriften kontrolliert und durchgesetzt wird.

493 Wenn das Verhältnis von Marktwert zu Buchwert des Eigenkapitals, der Verschuldungsgrad und der Buchwert der gesamten Vermögensgegenstände als zusätzliche erklärende Variablen in der Regression berücksichtigt werden, bleibt das Ergebnis einer höheren Kapitalmarktrelevanz von Jahresüberschüssen nach IAS und US-GAAP bestehen. Vgl. Bartov/Goldberg/Kim (2002), S. 15 und Table 3, Panel A und Panel B.

494 Außerdem kommen Bartov/Goldberg/Kim zu dem Ergebnis, dass die höhere Kapitalmarktrelevanz von Jahresüberschüssen nach IAS und US-GAAP nur für Gewinnausweise und nicht für Verlustausweise gilt. Vgl. Bartov/Goldberg/Kim (2002), S. 16 und Table 3, Panel D.

495 Bartov/Goldberg/Kim weisen darauf hin, dass die Ergebnisse der Untersuchung durch einen so genannten „self-selection bias" beeinträchtigt sein könnten. Unternehmen, die sich für IAS oder US-GAAP als Rechnungslegungssystem entscheiden, weisen möglicherweise systematische Unterschiede zu anderen Unternehmen auf. Eine weitere Einschränkung für die Verallgemeinerung der Untersuchungsergebnisse besteht darin, dass die Ergebnisse nur für das deutsche Unternehmensumfeld ermittelt wurden und daher nicht ohne weiteres auf andere Länder übertragbar sind. Vgl. Bartov/Goldberg/Kim (2002), S. 20.

Mit der Kapitalmarktreaktion auf eine Umstellung der Rechnungslegung von deutschen HGB-Vorschriften auf IAS und US-GAAP befassen sich auch Pellens/Tomaszewski (1999). Die Ereignisstudie deutet darauf hin, dass die Ankündigung einer Umstellung der Rechnungslegung auf US-GAAP positive abnormale Kursreaktionen zur Folge hat, wohingegen die Reaktionen auf einen Wechsel zu IAS nicht eindeutig sind. Die Allgemeingültigkeit der Ergebnisse muss allerdings stark bezweifelt werden, da Kursreaktionen auf eine angekündigte Umstellung der Rechnungslegung lediglich für fünf Unternehmen analysiert werden.[496] Leuz/Verrecchia (2000) zeigen für Unternehmen des Dax 100, dass eine Umstellung der Rechnungslegung von deutschen HGB-Vorschriften auf IAS oder US-GAAP kleinere Geld-Brief-Spannen und höhere Aktienumsätze zur Folge hat. Aus diesem Ergebnis wird auf eine Verringerung der Informationsasymmetrie zwischen Managern und Aktionären und eine Erhöhung der Liquidität des Marktes als Folge einer Umstellung der Rechnungslegung auf internationale Vorschriften geschlossen. Leuz (2003) kommt in einer Untersuchung von am Neuen Markt notierten Unternehmen zu dem Ergebnis, dass gemessen an Geld-Brief-Spannen[497] und am Aktienumsatz US-GAAP den IAS nicht überlegen sind.

Die Studien von Pellens/Tomaszewski (1999), Leuz/Verrecchia (2000) und Leuz (2003) ähneln der Untersuchung von Bartov/Goldberg/Kim (2002) insofern, als dass der Einfluss unterschiedlicher Rechnungslegungssysteme auf Kapitalmarktdaten für ein identisches institutionelles Unternehmensumfeld analysiert wird. Andere Studien vergleichen die Kapitalmarktrelevanz von Rechnungslegungsdaten nach nationalen Vorschriften in unterschiedlichen institutionellen Umfeldern. Die Bedeutung deutscher Rechnungslegungsinformationen nach HGB für den deutschen Kapitalmarkt wird also beispielsweise der Bedeutung von Rechnungslegungsinformationen nach US-GAAP für den US-amerikanischen Kapitalmarkt gegenübergestellt.[498] Für einen solchen Ansatz spricht, dass die Bilanzierungspra-

---

496 Die CAR der fünf Unternehmen sind nur für wenige Tage um den Tag der Bekanntgabe der Veröffentlichung herum signifikant von null verschieden, nicht jedoch für die gesamte Ereignisperiode von 21 Tagen. Das Ergebnis für eine Umstellung auf US-GAAP wird dadurch beeinflusst, dass die untersuchten Unternehmen zeitgleich mit der Ankündigung der Umstellung einen geplanten Börsengang in den USA bekannt gegeben haben, woran umfangreiche Offenlegungspflichten und eine Beaufsichtigung durch die US-amerikanische Securities and Exchange Commission (SEC) geknüpft sind. Die Resultate für eine Umstellung auf IAS werden durch die zeitgleiche Bekanntgabe anderer Rechnungslegungsdaten beeinträchtigt. Vgl. Pellens/Tomaszewski (1999), S. 216 ff.

497 Das Ergebnis bleibt bestehen, wenn als Stellvertretervariable für Informationsasymmetrien nicht Geld-Brief-Spannen, sondern die Standardabweichung von Analystenschätzungen oder die Höhe des Underpricings von Initial Public Offerings (IPO) gewählt wird. Vgl. Leuz (2003),S. 462 ff.

498 Beispiele für diesen Ansatz sind Alford/Jones/Leftwich/Zmijewski (1993) und Harris/Lang/Möller (1994).

xis und damit letztendlich auch die Kapitalmarktrelevanz nicht nur durch Rechnungslegungsvorschriften, sondern vor allem auch dadurch bestimmt werden, wie die Einhaltung der Vorschriften überwacht und durchgesetzt wird und welche Anforderungen aus dem institutionellen Umfeld an Rechnungslegungsinformationen gestellt werden.[499] Dieser Ansatz beantwortet also die Frage, wie Rechnungslegungsvorschriften und institutionelles Umfeld zusammengenommen auf die Kapitalmarktrelevanz von Rechnungslegungsinformationen wirken.

Einige Studien verwenden die traditionelle Einteilung in kontinentaleuropäische und angloamerikanische Rechnungslegungssysteme, um Hypothesen über Unterschiede in der Kapitalmarktrelevanz von Rechnungslegungsinformationen abzuleiten. Das kontinentaleuropäische System ist gekennzeichnet durch eine besonders hohe Bedeutung der Banken für die Unternehmensfinanzierung, durch ein systematisches „Code-Law"-System, durch eine enge Verbindung von externer Rechnungslegung und Besteuerung sowie durch eine relativ hohe Akzeptanz des Stakeholder-Ansatzes der Unternehmensführung. Typisch für angloamerikanische Systeme demgegenüber sind eine hohe Bedeutung des anonymen Wertpapiermarktes für die Unternehmensfinanzierung, ein weniger systematisches, fallspezifisches „Common-Law"-System, eine weitgehende Trennung von Rechnungslegung und Besteuerung und eine starke Verbreitung des Shareholder-Value-Ansatzes der Unternehmensführung.[500]

Die Unterscheidung bei Ball/Kothari/Robin (2000) von „Code-Law"-Systemen mit hohem politischen Einfluss auf die Rechnungslegung und „Common-Law"-Systemen mit geringerem staatlichen Einfluss auf die Rechnungslegung entspricht im Wesentlichen der oben dargestellten Einteilung in kontinentaleuropäische und angloamerikanische Systeme. Ball/Kothari/Robin vergleichen Jahresüberschüsse von Unternehmen aus unterschiedlichen Ländern anhand von zwei Eigenschaften. Zeitnähe („timeliness") ist das Ausmaß, in dem der Jahresüberschuss das ökonomische Ergebnis einer Periode abbildet. Konservatismus („conservatism") ist das Ausmaß, in dem der Jahresüberschuss für ökonomische Verluste

[499] Vgl. Ball/Kothari/Robin (2000), S. 4 f.

[500] Vgl. Glaum (2001), S. 126 f.; auch Ball/Kothari/Robin (2000), S. 2 ff.

zeitnäher ist als für ökonomische Gewinne.[501] Als Variable zur Darstellung ökonomischer Gewinne und Verluste wird die Veränderung des Marktwertes des Eigenkapitals in einer Periode verwendet. Zeitnähe wird als das Bestimmtheitsmaß einer Regression von Jahresüberschüssen auf Marktwertänderungen des Eigenkapitals gemessen. Konservatismus äußert sich darin, dass der Regressionskoeffizient für die Marktwertänderung und das Bestimmtheitsmaß in einer Regression von Jahresergebnissen auf zugehörige negative Marktwertänderungen des Eigenkapitals größer sind als der Regressionskoeffizient und das Bestimmtheitsmaß in einer Regression von Jahresergebnissen auf zugehörige positive Marktwertänderungen.[502]

Im untersuchten Zeitraum von 1985 bis 1995 sind die Jahresüberschüsse der „Common-Law"-Länder Australien, Kanada, Großbritannien und USA zeitnäher und konservativer als die Jahresüberschüsse der „Code-Law"-Länder Frankreich, Deutschland und Japan. Die größere Zeitnähe der Jahresüberschüsse von „Common-Law"-Ländern ist allein auf die schnellere Abbildung ökonomischer Verluste im Jahresüberschuss zurückzuführen. Im Untersuchungszeitraum ergibt sich ein signifikanter Anstieg des Konservatismus in Australien, Großbritannien, Frankreich und Deutschland. Ball/Kothari/Robin vermuten, dass die größere Zeitnähe bzw. der größere Konservatismus in „Common-Law"-Ländern die Kosten der Überwachung von Managern durch Anteilseigner verringert. Durch die schnellere Abbildung ökonomischer Verluste im Jahresüberschuss entsteht ein starker Druck auf die Manager in „Common-Law"-Ländern, die Ursachen der negativen Wertentwicklung zu beseitigen. In „Code-Law"-Ländern dagegen bestehen engere Beziehungen zwischen Managern und einflussreichen Aktionären wie z. B. Banken, so dass diese Anteilseigner Informationen auf direkterem Wege als über einen konservativen Ergebnisausweis erhalten können.

Den direkten Zugang der Banken zu Unternehmensinformationen machen auch Ali/Hwang (2000) für die geringere Kapitalmarktrelevanz von Rechnungslegungsinformationen in

501 Konservatismus im hier definierten Sinne bezieht sich nur auf das ausgewiesene Ergebnis und ist nicht identisch mit einer vorsichtigen Bilanzierung. So ist zu beachten, dass eine Erhöhung des ausgewiesenen Gewinns durch bilanzpolitische Maßnahmen in wirtschaftlich schwierigen Zeiten einen geringeren Konservatismus zur Folge hat. Ball/Kothari/Robin vermuten, dass Unternehmen in „Code-Law"-Ländern mit traditionell vorsichtiger Bilanzierung das ausgewiesene Ergebnis häufiger in der beschriebenen Art glätten als Unternehmen in „Common-Law"-Ländern. Vgl. Ball/Kothari/Robin (2000), S. 20. Zur Zeitnähe und zum Konservativismus des ausgewiesenen Ergebnisses vgl. auch Basu (1997).

502 Der Konservatismus des ausgewiesenen Ergebnisses kann auch mit Hilfe einer Regression von Jahresüberschüssen auf die Marktwertänderung des Eigenkapitals, eine Dummy-Variable für negative Marktwertänderungen und das Produkt von Marktwertänderung des Eigenkapitals und Dummy-Variable bestimmt werden. Vgl. Ball/Kothari/Robin (2000), S. 21 f.

Ländern mit bankendominierter Finanzmarktorganisation verantwortlich. Ali/Hwang (2000) untersuchen Unterschiede in der Kapitalmarktrelevanz der Gewinne, Accruals und Buchwerte des Eigenkapitals von Unternehmen aus 16 Ländern und von Kontrollgruppen US-amerikanischer Unternehmen.[503] Die Kapitalmarktrelevanz von Rechnungslegungsdaten ist niedriger in Ländern, in denen das Finanzmarktsystem bankendominiert ist, in denen Rechnungslegungsvorschriften nicht von privatwirtschaftlichen Organisationen entwickelt werden, in denen Steuerzahlungen und externes Rechnungswesen eng zusammenhängen, in denen die Ausgaben für die Prüfung von Abschlüssen verhältnismäßig niedrig sind und die gemäß der Klassifikation von Mueller/Gernon/Meek (1994) zum kontinentaleuropäischen System gehören.[504] Diese fünf Determinanten der Kapitalmarktrelevanz sind stark positiv miteinander korreliert.

Hung (2001) untersucht 21 Länder für die Jahre von 1991 bis 1997 und zeigt, dass die Kapitalmarktrelevanz von Gewinnen und Eigenkapitalrenditen niedriger ist, wenn in einem Land der Anlegerschutz[505] nur schwach ausgeprägt ist und gleichzeitig das Prinzip der periodengerechten Erfolgsermittlung eine bedeutende Rolle spielt. Bei dieser Konstellation können Manager die Höhe von Accruals mittels bilanzpolitischer Maßnahmen stark beeinflussen, ohne dass bei missbräuchlicher Ausnutzung von Spielräumen und Wahlrechten Sanktionen sehr wahrscheinlich sind.

Stromann (2003) vergleicht die Kapitalmarktrelevanz von Konzernabschlussdaten deutscher Unternehmen nach HGB und US-amerikanischer Unternehmen nach US-GAAP für den Zeitraum von 1989 bis 2000 bzw. 1987 bis 2000 auf Basis des Feltham-Ohlson-Modells. Übereinstimmend mit einer allgemein höheren Kapitalmarktrelevanz von Rechnungslegungsinformationen in „Common-Law"-Ländern erweisen sich die US-GAAP-

[503] Die Kapitalmarktrelevanz der Rechnungslegungsdaten wird sowohl mit Hilfe des Bestimmtheitsmaßes von Regressionen abnormaler Renditen auf Rechnungslegungsdaten als auch durch einen Vergleich der abnormalen Renditen eines Hedge-Portfolios bei Kenntnis zukünftiger Gewinne mit den abnormalen Renditen eines Hedge-Portfolios bei Kenntnis zukünftiger Kurse bestimmt. Vgl. Ali/Hwang (2000), S. 10 ff.

[504] Ali/Hwang (2000) zeigen, dass diese Ergebnisse auch dann ihre Gültigkeit behalten, wenn berücksichtigt wird, dass der so genannte „Prices lead earnings"-Effekt in Ländern mit bankendominiertem Finanzmarktsystem stärker ausgeprägt ist als in anderen Ländern. Vgl. Ali/Hwang (2000), S. 16 ff. Der „Prices lead earnings"-Effekt bezeichnet das Ausmaß der Verzögerung, mit der in Aktienkursen enthaltene Informationen von Rechnungslegungsdaten widergespiegelt werden. Vergleiche dazu den folgenden Punkt 3.4.2.1. dieser Arbeit.

[505] Die Intensität des Anlegerschutzes wird alternativ durch die Zugehörigkeit zur Gruppe der „Common Law"- bzw. der „Code Law"-Länder oder durch einen „Antidirector Rights Index" gemessen. Vgl. Hung (2001), S. 409. Dieser Index ist ein zusammenfassendes Maß für den rechtlichen Schutz von Minderheitsaktionären. Vgl. La Porta/Lopez-de-Silanes/Shleifer/Vishny (1998), S. 1122 f.

Daten der US-amerikanischen Unternehmen als überlegen gegenüber den HGB-Daten deutscher Unternehmen.[506]

3.4.2 Ursachen für die geringe Kapitalmarktrelevanz von Rechnungslegungsinformationen

Die im vorangehenden Abschnitt dargestellten Studien kommen übereinstimmend zu dem Schluss, dass Rechnungslegungsinformationen kapitalmarktrelevant sind. Allerdings ist der statistisch messbare Zusammenhang zwischen Aktienrenditen und anderen Kapitalmarktdaten auf der einen Seite und Gewinnen und anderen Daten der Rechnungslegung auf der anderen Seite verhältnismäßig schwach ausgeprägt.[507] Im Folgenden sollen mögliche Ursachen dafür dargestellt werden, dass die Kapitalmarktrelevanz von Rechnungslegungsdaten nicht höher ist.

3.4.2.1 „Prices lead earnings“

Der so genannte „Prices lead earnings“-Effekt besagt, dass Informationen von Aktienkursen früher widergespiegelt werden als von den Gewinnen des externen Rechnungswesens. In aktuelle Kurse gehen neben dem aktuellen Gewinn noch weitere Informationen ein, die sich erst in zukünftigen Gewinnen niederschlagen. Daher können aus aktuellen Kursen Informationen über zukünftige Gewinne abgeleitet werden.[508] Gewinnänderungen sind für Kapitalmarktteilnehmer also nicht unvorhersehbar. Nur ein Teil einer Gewinnänderung stellt eine Gewinnüberraschung dar. Der antizipierte Teil der Gewinnänderung ist für die Erklärung von Aktienrenditen irrelevant. Außerdem ist zu beachten, dass in einer Regression abnormaler Renditen auf Gewinnüberraschungen der Regressionskoeffizient für die Gewinnüberraschungen und das Bestimmtheitsmaß nach unten verzerrt werden, weil Gewinnüberraschungen durch Gewinnänderungen oder durch Abweichungen des Gewinns von Ergebnisschätzungen der Analysten nur ungenau gemessen werden können.

Der Einfluss des „Prices lead earnings“-Effektes auf die Messung der Kapitalmarktrelevanz von Gewinnen kann anhand eines Modells verdeutlicht werden.[509] Um die Berechnungen und die Darstellung zu vereinfachen, verwendet das Modell Wachstumsraten der

---

[506] Vgl. Stromann (2003), S. 241 u. 244 f.
[507] Vgl. Lev (1989), S. 155.
[508] Vgl. Beaver/Lambert/Morse (1980), S. 5 f.
[509] Vgl. hierzu Kothari (2001), S. 129 f. u. S. 135 ff.

Gewinne statt Gewinnänderungen. Für die Wachstumsrate des Gewinns $\hat{X}$ in Periode t gilt:

$$\hat{X}_t = \hat{x}_t + \hat{y}_{t-1}$$

mit $\hat{x}_t$ als dem Anteil des Gewinnwachstums, der vom Markt nicht vorhergesehen worden ist, und $\hat{y}_{t-1}$ als dem Anteil des Gewinnwachstums, der schon am Ende der Periode t - 1 antizipiert worden ist. $\hat{x}_t$ und $\hat{y}_{t-1}$ seien unkorreliert sowie jeweils unabhängig und identisch verteilt. Es gelte außerdem:

$$\sigma^2(\hat{x}) = \sigma^2(\hat{y}) = \sigma^2$$

Die Diskontierungsfaktoren für zukünftige Gewinne seien konstant und für alle Unternehmen identisch. Im Modell reagieren Aktienkurse allein auf Informationen über das Gewinnwachstum. Für die Aktienrendite r der Periode t gilt:

$$r_t = \hat{x}_t + \hat{y}_t$$

Die Aktienrendite in t spiegelt den unerwarteten Teil der Gewinnänderung in t und Informationen über das zukünftige Gewinnwachstum wider. Hier wird unterstellt, dass sich die Informationen über das zukünftige Gewinnwachstum mit einer Verzögerung von nur einer Periode im ausgewiesenen Gewinn niederschlagen. Es besteht eine Eins-zu-eins-Beziehung zwischen der Aktienrendite und dem unerwarteten Gewinnwachstum. Der Earnings Response Coefficient für das unerwartete Gewinnwachstum beträgt also 1.

In empirischen Studien wird häufig der Zusammenhang zwischen Aktienrenditen und Gewinnänderungen der gleichen Periode untersucht:

$$r_t = a + b\,\hat{X}_t + \varepsilon_t$$

b ist der Earnings Response Coefficient. Als Schätzer für b ergibt sich unter den getroffenen Annahmen:

$$b = \frac{Cov(r_t, \hat{X}_t)}{Var(\hat{X}_t)} = \frac{Cov(\hat{x}_t + \hat{y}_t, \hat{x}_t + \hat{y}_{t-1})}{Var(\hat{x}_t + \hat{y}_{t-1})} = \frac{Cov(\hat{x}_t, \hat{x}_t)}{Var(\hat{x}_t) + Var(\hat{y}_{t-1})} = \frac{\sigma^2}{\sigma^2 + \sigma^2} = 0{,}5$$

Zur Ermittlung des Bestimmtheitsmaßes wird zunächst die Streuung der Aktienrendite folgendermaßen zerlegt:

$$Var(r_t) = b^2\, Var(\hat{X}_t) + Var(\varepsilon_t) \Leftrightarrow$$
$$2\,\sigma^2 = 0{,}5^2\,[Var(\hat{x}_t) + Var(\hat{y}_{t-1})] + Var(\varepsilon_t) = 0{,}25\,(\sigma^2 + \sigma^2) + Var(\varepsilon_t)$$
$$= 0{,}5\,\sigma^2 + 1{,}5\,\sigma^2$$

Für das Bestimmtheitsmaß R^2 ergibt sich folglich:

$$R^2 = \frac{(2\,\sigma^2 - 1{,}5\,\sigma^2)}{2\,\sigma^2} = 25\,\%$$

Der ERC beträgt statt 1 nur 0,5 und das Bestimmtheitsmaß liegt bei nur 25%. Eine Ursache dafür liegt in der ungenauen Messung neuer Informationen durch $\hat{X}_t$. Der Bestandteil $\hat{y}_{t-1}$ des Gewinnwachstums ist für die Erklärung der Aktienrendite der Periode t irrelevant. Das Fehlen von $\hat{y}_t$ auf der rechten Seite der Regressionsgleichung ist ein weiterer Grund für den niedrigen Wert des Bestimmtheitsmaßes. Ist die Verzögerung, mit der $\hat{y}_t$ in den Gewinn eingeht, größer als eine Periode, ergeben sich für den ERC und das Bestimmtheitsmaß noch niedrigere Werte.

Kothari (2001) führt mehrere Verfahren auf, die in der Literatur verwendet werden, um die beiden genannten Probleme des Fehlers in der erklärenden Variable und einer fehlenden erklärenden Variable zu mildern. So kann die obige Regressionsgleichung beispielsweise auf der rechten Seite um $\hat{X}_{t+1}$ oder auf der linken Seite um r_{t-1} erweitert werden.[510]

Ursachen für die Verzögerung, mit der Rechnungslegungsdaten in Aktienkursen enthaltene Informationen widerspiegeln, liegen in der Natur der Rechnungslegungssysteme selbst. Jahres- und Zwischenabschlüsse beziehen sich auf die Geschäftsentwicklung in bereits abgelaufenen Perioden und bieten nur wenig zukunftsbezogene Informationen. Die Vergangenheitsorientierung von Rechnungslegungsinformationen kommt auch in Prinzipien wie den Grundsätzen periodengerechter Erfolgsermittlung und dem Grundsatz der Vorsicht nach deutscher Rechnungslegung sowie dem Accrual Principle und dem Prinzip des Conservatism gemäß US-GAAP zum Ausdruck.[511] Außerdem bilden Rechnungslegungsdaten in vielen Ländern die Grundlage für die Ausschüttung von Dividenden und die Bemessung

[510] Vgl. dazu ausführlich Kothari (2001), S. 137 ff; vgl. auch Kothari (1992); Liu/Tomas (2000); Cready/Hurtt/Seida (2001).

[511] Vgl. zum Einfluss von Grundprinzipien der Rechnungslegung auf die Bewertungseignung von Rechnungslegungsinformationen Hüfner (2000), S. 150 ff. und S. 223 ff.

von Steuern. Dadurch ergeben sich Anreize zu bilanzpolitischen Maßnahmen, die die Kapitalmarktrelevanz von Rechnungslegungsdaten möglicherweise beeinträchtigen können.[512]

Lev (1989) verdeutlicht mit seiner Kritik, wo Ansatzpunkte für Verbesserungen bestehender Vorschriften liegen könnten: „The arbitrariness of many accounting measurement and valuation techniques, the lag in reporting earnings, and the incidence of earnings manipulation by managers adversely affect the information content of earnings."[513] Insbesondere bezeichnet Lev (1999) die Vorschriften der US-GAAP zur Darstellung der Forschungs- und Entwicklungsaktivitäten von Unternehmen im Jahresabschluss als antiquiert und bemängelt: „Despite the obvious benefits of R&D, which generally stretch over extended periods of time, this investment is immediately expensed (written off) in corporate financial reports, leaving no trace of R&D capital on firms' balance sheets and causing material distortions of reported profitability."[514]

Lev/Sougiannis (1996) schätzen, wie schnell sich Investitionen in Forschung und Entwicklung amortisieren. Darauf aufbauend werden Gewinne und Buchwerte des Eigenkapitals berechnet, die sich ergeben hätten, wenn Aufwendungen für Forschung und Entwicklung aktiviert und in den Folgeperioden abgeschrieben worden wären. Die Anpassungen der Gewinne und der Buchwerte des Eigenkapitals besitzen im untersuchten Zeitraum von 1976 bis 1991 zusätzliche Wertrelevanz für Aktienrenditen und -kurse, die nach Berücksichtigung der Wertrelevanz der tatsächlich ausgewiesenen Gewinne und Buchwerte des Eigenkapitals bestehen bleibt.[515] Healy/Myers/Howe (2002) kommen zu einem ähnlichen Ergebnis. Die Behandlung von F+E-Kosten als Periodenaufwand hat eine geringeren Erklärungsgehalt von Gewinnen für Aktienrenditen zur Folge als die Aktivierung und Abschreibung in den Folgeperioden.[516]

Das Ergebnis der Studie von Lev/Zarowin (1999) legt den Schluss nahe, dass die zunehmende Bedeutung von F+E-Kosten[517] für US-amerikanische Unternehmen und die Vor-

---

[512] Vgl. dazu auch Kapitel 4 dieser Arbeit.

[513] Lev (1989), S. 175.

[514] Lev (1999), S. 21.

[515] Vgl. Lev/Sougiannis (1996). Amir/Lev (1996) untersuchen Mobilfunkunternehmen als Beispiel für Unternehmen aus einer forschungsintensiven Hochtechnologiebranche und zeigen, dass Gewinne und Buchwerte des Eigenkapitals ohne ergänzende Zusatzinformationen für diese Unternehmen nicht kapitalmarktrelevant sind. Vgl. Amir/Lev (1996), S. 13 ff.

[516] Dem Vorteil einer höheren Kapitalmarktrelevanz von Gewinnen bei einer Aktivierung und Abschreibung von F+E-Kosten in den Folgeperioden steht allerdings vermutlich der Nachteil größerer bilanzpolitischer Spielräume gegenüber.

[517] Das Verhältnis von F+E-Aufwand zu Umsatz ist für in der Datenbank Compustat enthaltene US-amerikanische Unternehmen von durchschnittlich 1,9% im Jahr 1978 auf 4,0% im Jahr 1997 gestiegen. Vgl. Lev (1999), S. 22.

schriften der US-GAAP zur Bilanzierung des F+E-Aufwands mitverantwortlich dafür sind, dass der Erklärungsgehalt von Gewinnen und Gewinnänderungen für Aktienrenditen im Zeitablauf gesunken ist.[518] Gemessen am ERC und am Bestimmtheitsmaß der entsprechenden Regressionen ist die Relevanz von Gewinnen und Gewinnänderungen im Zeitraum von 1977 bis 1995 für Unternehmen mit steigender F+E-Intensität stärker gesunken als für Unternehmen mit gleichbleibender F+E-Intensität. Außerdem sinkt die Relevanz von Gewinnen und Gewinnänderungen für Aktienrenditen nur bei Unternehmen, deren Geschäft im Zeitablauf einem deutlichen Wandel[519] unterliegt. Eine Ursache dafür könnte darin liegen, dass während einer Veränderungsphase Rechnungslegungsinformationen im Regelfall nur die Kosten, aber noch nicht den Nutzen von Restrukturierungsmaßnahmen widerspiegeln. Dagegen scheint die zunehmende Häufigkeit des Ausweises von Verlusten anders als teilweise in der Literatur[520] angenommen keine Ursache, sondern eher ein Symptom der sinkenden Bewertungs- und Wertrelevanz von Rechnungslegungsinformationen zu sein.[521] Demnach weisen Unternehmen unter anderem deswegen häufiger Verluste aus, weil sie sich immer öfter in Phasen des Wandels befinden, in denen sie hohe Aufwendungen für Restrukturierungen auf sich nehmen müssen. Die Häufigkeit von Verlustausweisen hat keinen statistisch signifikanten Einfluss auf die Kapitalmarktrelevanz des ausgewiesenen Ergebnisses, wenn berücksichtigt wird, wie stark sich das Geschäft der Unternehmen im Lauf der Zeit verändert.

Um die Kapitalmarktrelevanz der Informationen in Geschäfts- und Zwischenberichten zu erhöhen, kommt außer einer Änderung bestehender Rechnungslegungsvorschriften auch die Möglichkeit in Betracht, die Unternehmensberichte um einige Angaben zu ergänzen. Solche Angaben könnten sich beispielsweise auf immaterielle Werte und kritische Erfolgsfaktoren wie die Entwicklung der Kundenzufriedenheit und der Marktanteile beziehen.[522]

---

518 Vgl. dazu Abschnitt 3.4.1.2 dieser Arbeit.

519 Für die Berechnungen wird die Intensität des Wandels eines Unternehmens daran gemessen, wie häufig und wie deutlich sich die Zugehörigkeit zu Unternehmensgrößenklassen im Zeitablauf verändert. Vgl. Lev/Zarowin (1999), S. 363 ff.

520 Vgl. z. B. Hayn (1995).

521 Vgl. Lev/Zarowin (1999), S. 367 ff.

522 Vgl. Fey (2000), S. 1101 f.; Labhart (1999), S. 231 ff.; Trautwein/Vorstius (2001).

3.4.2.2 Anzeichen für eine mangelnde Effizienz der Verarbeitung von Rechnungslegungsinformationen

Eine weitere denkbare Erklärung für die geringe Kapitalmarktrelevanz von Rechnungslegungsinformationen besteht in der Möglichkeit, dass Investoren sich nicht rational verhalten und der Kapitalmarkt daher nicht informationseffizient ist. Wenn Investoren Informationen systematisch falsch interpretieren und auf Neuigkeiten über- oder unterreagieren, wird die empirische Messung des Zusammenhangs zwischen Rechnungslegungs- und Kapitalmarktdaten beeinträchtigt.[523]

In diesem Abschnitt der Arbeit werden Studien zu Über- und Unterreaktionen auf Rechnungslegungsdaten dargestellt. Außerdem werden Untersuchungen zur Prognoseeignung von fundamentalanalytisch ermittelten Unternehmenswerten kurz angesprochen.[524]

3.4.2.2.1 Post-Earnings-Announcement Drift

Der "granddaddy of underreaction events"[525] ist der so genannte "post-earnings-announcement drift" (PEAD). Kursreaktionen auf Gewinnüberraschungen sind nicht innerhalb weniger Tage beendet, wie gemäß dem Konzept der Informationseffizienz eigentlich zu erwarten wäre. Stattdessen sind bis zu 180 Handelstage nach der Bekanntgabe des Ergebnisses positive abnormale Renditen als Reaktion auf unerwartet hohe Gewinne zu beobachten. Genauso werden innerhalb der 180 Handelstage negative abnormale Renditen in Folge negativer Gewinnüberraschungen verzeichnet. Der PEAD impliziert also, dass zukünftige abnormale Renditen mit Hilfe von Informationen prognostiziert werden können, die zu geringen Kosten öffentlich verfügbar sind.

Für den Zeitraum von 1974 bis 1986 untersuchen Bernard/Thomas (1989)[526] circa 85.000 Gewinnveröffentlichungen von Unternehmen, die an der NYSE oder der AMEX notiert

---

523 Vgl. Lev (1989), S. 174; Kothari (2001), S. 130.

524 Studien zur Informationseffizienz in Bezug auf Unterschiede in Rechnungslegungsmethoden werden hier nicht besprochen. Solche Studien geben häufig weniger eindeutige Aufschlüsse über die Informationseffizienz bzw. Informationsineffizienz des Kapitalmarktes als andere Studien. In vielen Fällen beeinflusst die Wahl einer bestimmten Rechnungslegungsmethode den Wert eines Unternehmens nicht. Demgemäß sollten von der gewählten Methode auch keine Kurswirkungen ausgehen. Allerdings ist es möglich, dass die Verwendung bestimmter Rechnungslegungsmethoden Signalcharakter für Kapitalmarktteilnehmer hat. Die Wahl einer Rechnungslegungsmethode lässt unter Umständen Rückschlüsse auf die Geschäftspolitik eines Unternehmens zu. Somit lässt sich nicht immer zweifelsfrei klären, ob Kurswirkungen durch die Wahl bestimmter Rechnungslegungsmethoden rational gerechtfertigt sind. Vgl. Kothari (2001), S. 196 f. Aktuelle Übersichten über die Literatur zur Informationseffizienz in Bezug auf Rechnungslegungsinformationen finden sich in Kothari (2001) und Van Uytbergen (2003).

525 Fama (1998), S. 286. Fama zählt noch eine Reihe weiterer Anomalien auf, die eine Interpretation als Unter- oder Überreaktionen des Kapitalmarktes nahe legen.

526 Erste Anzeichen für den PEAD finden sich bereits in Ball/Brown (1968).

sind, und ordnen Aktien gemäß der Höhe des unerwarteten Teils der Quartalsgewinne[527] zehn Portfolios zu. In den 60 Handelstagen (circa drei Monate) nach der Bekanntgabe des Gewinns werden abnormale Renditen von circa 4,2% erzielt, wenn Long-Positionen für die Aktien des Dezils mit den am stärksten positiven Gewinnüberraschungen und Short-Positionen für die Aktien des Dezils mit den am stärksten negativen Gewinnüberraschungen eingegangen werden. Mit dieser Strategie wird eine abnormale Rendite von circa 7,7% erreicht, wenn die Betrachtung auf 180 Handelstage nach Gewinnveröffentlichung ausgedehnt wird. 99% des gesamten PEAD sind innerhalb dieser 180 Handelstage beendet.

Auch abnormale Renditen von Aktien außerhalb der beiden extremen Dezile entwickeln sich in den Monaten nach Bekanntgabe des Gewinns gemäß dem Vorzeichen der Gewinnüberraschung. Die Stärke des PEAD nimmt mit der Höhe des unerwarteten Gewinns zu. Neben der Höhe des unerwarteten Gewinns ist der PEAD auch von der Unternehmensgröße abhängig. Der PEAD ist umso ausgeprägter und hält umso länger an, je kleiner ein Unternehmen gemessen am Marktwert des Eigenkapitals ist. Ein Großteil des PEAD entfällt auf die ersten fünf Tage nach der Gewinnveröffentlichung. Der Anteil dieser fünf Tage an der Höhe des 60-Tages-PEAD liegt bei 13% für kleine Unternehmen, 18% für mittelgroße Unternehmen und 20% für große Unternehmen.

Im Wesentlichen gibt es zwei Arten von Erklärungsversuchen für den PEAD. Einerseits wird untersucht, ob der PEAD durch Fehler bei den empirischen Tests hervorgerufen wird und in diesem Fall also keine echte Anomalie darstellt. Andererseits werden mögliche Gründe für eine verzögerte Preisreaktion überprüft.[528]

Bernard/Thomas (1989) kommen zu dem Ergebnis, dass der PEAD mit hoher Wahrscheinlichkeit nicht auf eine fehlerhafte Bestimmung der erwarteten Renditen anhand des CAPM zurückzuführen ist. Insbesondere beruht der PEAD nicht darauf, dass ein positiver Zusammenhang zwischen Betafaktoren und unerwarteten Gewinnen oder von Beta unabhängige wertrelevante Risikofaktoren unberücksichtigt bleiben.

Ebenfalls eher abgelehnt wird das Argument, dass Transaktionskosten eine vollständige und sofortige Reaktion der Investoren verhindern. Unterstützung durch die empirischen Tests findet allerdings die Hypothese, dass Investoren die serielle Korrelation der Änderungen der Quartalsgewinne gegenüber dem gleichen Quartal des Vorjahres unterschätzen.

---

527 Bernard/Thomas (1989) berechnen erwartete Gewinne gemäß dem Modell von Foster (1977). Das Modell unterstellt, dass Gewinne sich gemäß einem autoregressiven Prozess der Gewinnänderungen gegenüber dem gleichen Quartal des Vorjahres entwickeln.

528 Eine ausführliche Darstellung möglicher Ursachen des PEAD findet sich auch bei Ball (1992).

Bernard/Thomas (1990) zeigen, dass sich Aktienkurse so entwickeln, als ob Marktteilnehmer Erwartungen über Quartalsgewinne $E^M(x_t)$ gemäß einem saisonalen Random Walk mit einer Drift μ bilden würden:

$$E^M(x_t) = x_{t-4} + \mu$$

Dabei vernachlässigen die Kapitalmarktteilnehmer, dass $x_t - x_{t-4}$ mit $x_{t-1} - x_{t-5}$, $x_{t-2} - x_{t-6}$ und $x_{t-3} - x_{t-7}$ positiv korreliert ist und mit $x_{t-4} - x_{t-8}$ negativ korreliert ist. Wenn Gewinnerwartungen trotz der Korrelationen gemäß einem saisonalen Random Walk mit Drift gebildet werden, reagiert der Markt bei Ergebnisbekanntgabe auf den unerwarteten Teil des Gewinns gemäß dem ERC folgendermaßen mit abnormalen Renditen:

$$AR_t = ERC[x_t - E^M(x_t)] = ERC[x_t - x_{t-4} - \mu]$$

Die abnormale Rendite spiegelt in diesem Fall also die trendbereinigte Veränderung des Gewinns gegenüber dem gleichen Quartal des Vorjahres wider. Daher ist zu erwarten, dass die abnormale Rendite positiv mit $x_{t-1} - x_{t-5}$, $x_{t-2} - x_{t-6}$ und $x_{t-3} - x_{t-7}$ und negativ mit $x_{t-4} - x_{t-8}$ korreliert ist.[529] Bernard/Thomas (1990) können diese theoretisch abgeleitete Vermutung empirisch bestätigen. Abnormale Renditen bei Gewinnveröffentlichungen sind vier Quartale im Voraus teilweise prognostizierbar und spiegeln die Autokorrelationsstruktur der Quartalsgewinnänderungen wider.[530] Diese prognostizierbaren abnormalen Renditen machen einen Großteil des PEAD aus. Die fehlerhafte Erwartungsbildung ist für kleine Unternehmen stärker ausgeprägt als für große Unternehmen.[531] Die Ursache dafür liegt möglicherweise darin, dass große Unternehmen von mehr Marktteilnehmern analysiert werden als kleine Unternehmen.

Nach den Studien von Bernard/Thomas (1989, 1990) wurden weitere Untersuchungen mit dem Ziel durchgeführt, den PEAD und seine Ursachen genauer zu erklären. Abarbanell/ Bernard (1992) kommen zu dem Ergebnis, dass Analysten auf Gewinnveröffentlichungen

---

[529] Bernard/Thomas (1990) präzisieren ihre Analyse noch, indem sie unterstellen, dass das Zeitreihenverhalten von Gewinnen am besten durch das Modell von Brown/Rozeff (1979) beschrieben werden kann.

[530] Ball/Bartov (1996) knüpfen mit ihrer Untersuchung an die Ergebnisse von Bernard/Thomas (1990) an. Kurse entwickeln sich nicht vollständig so, als ob Marktteilnehmer Gewinnerwartungen gemäß einem saisonalen Random Walk mit Drift bilden. Allerdings wird die Autokorrelation der Gewinnänderungen vom Kapitalmarkt um durchschnittlich circa 50% unterschätzt. Jacob/Lys/Sabino (2000) kommen ebenso wie Ball/Bartov (1996) zu dem Schluss, dass Investoren nicht ganz so naiv agieren, wie die Ergebnisse von Bernard/Thomas (1990) zunächst nahe legen.

[531] Die Ursache dafür liegt nicht in einer stärkeren Autokorrelation der Gewinnänderungen von kleinen Unternehmen. Vgl. Bernard/Thomas (1990).

unterreagieren. Allerdings ist das Ausmaß der Unterreaktion zu gering, um den PEAD vollständig erklären zu können. Gemäß Mikhail/Walther/Willis (2003) nimmt die Stärke der Unterreaktion mit der Erfahrung eines Analysten ab. Demnach könnte ein Teil des PEAD auf das Verhalten unerfahrener Analysten und möglicherweise auch anderer Kapitalmarktteilnehmer mit wenig Erfahrung zurückzuführen sein. Bartov/Radhakrishnan/Krinsky (2000) zeigen, dass das Ausmaß des PEAD negativ mit dem Anteil von Aktien im Besitz institutioneller Investoren korreliert ist. Dieses Ergebnis deutet darauf hin, dass der PEAD vor allem durch Investoren verursacht wird, die Anlageentscheidungen wenig professionell treffen und nur relativ wenige Informationen aus einer geringen Zahl von Quellen auswerten. Bartov/Radhakrishnan/Krinsky schränken ihre Aussagen allerdings wieder ein, weil der Anteil von Aktien im Besitz institutioneller Investoren nur eine ungenaue Stellvertretervariable für die Professionalität der Investoren ist. Hirshleifer/Myers/Myers/Teoh (2002) kommen zu dem Ergebnis, dass der PEAD nicht auf das Kauf- und Verkaufsverhalten bestimmter Gruppen von Investoren zurückgeführt werden kann. Bhushan (1994) macht ebenfalls nicht das Verhalten bestimmter Kapitalmarktteilnehmer für den PEAD verantwortlich, sondern kommt zu dem Schluss, dass Transaktionskosten die wichtigste Determinante des PEAD sind. Möglicherweise kann ein Teil des PEAD gemäß Lev/Sougiannis (1996) auch durch nicht kapitalmarktgerechte Vorschriften zur Bilanzierung von Forschungs- und Entwicklungskosten und eine damit einhergehende Unterreaktion von Investoren auf Informationen über Kosten für Forschung und Entwicklung erklärt werden.[532] Liu/Strong/Xu (2003) schließlich zeigen, dass das Phänomen des PEAD nicht nur am US-Kapitalmarkt, sondern auch in Großbritannien beobachtet werden kann.

Der PEAD wurde in mehreren Studien für unterschiedliche Zeiträume übereinstimmend nachgewiesen und gilt mittlerweile als "scientifically indisputable"[533] und „above suspicion“[534]. Die Ursachen für den PEAD konnten bisher nicht eindeutig identifiziert werden.

532 Allerdings könnte die gemessene Unterreaktion auch dadurch entstehen, dass in den empirischen Tests ein mit steigenden F+E-Kosten zunehmender Risikofaktor unberücksichtigt bleibt. Vgl. Lev/Sougiannis (1996), S. 130 ff. Vgl. auch Abschnitt 3.4.2.1 dieser Arbeit.

533 Ball (1992), S. 319. Dort findet sich auch eine Auflistung von Studien, die den PEAD untersuchen. Vgl. Ball (1992), S. 329.

534 Fama (1998), S. 304.

3.4.2.2.2 Weitere Hinweise auf nicht effiziente Verarbeitung von Rechnungslegungsinformationen

Die Accrual-Anomalie stellt eine weitere anomale Kursreaktion auf Rechnungslegungsinformationen dar. Während der PEAD auf eine Unterreaktion der Marktteilnehmer hindeutet, scheint die Accrual-Anomalie eine Überreaktion der Marktteilnehmer auf die Accrual-Komponente des Gewinns darzustellen. Die Höhe der Accruals der aktuellen Periode ist negativ mit abnormalen Renditen im Folgejahr korreliert. Dieses Ergebnis lässt vermuten, dass Marktteilnehmer die Persistenz des Accrual-Bestandteils im Vergleich zum Cash-Flow-Bestandteil des Gewinns überschätzen. Investoren scheinen im Sinne der „functional fixation hypothesis"[535] auf den ausgewiesenen Gewinn fixiert zu sein und die Art der Zusammensetzung des Gewinns aus unterschiedlichen Bestandteilen bei ihrer Erwartungsbildung zu vernachlässigen. Die Überreaktion des Marktes auf die Accruals wird wieder zurückgenommen, wenn der Gewinn des Folgejahres veröffentlicht wird und Marktteilnehmern so bewusst wird, dass die Höhe des Gewinns der Vorperiode zu einem gewissen Teil keinen Bestand hat.[536]

Die Accrual-Anomalie und der PEAD liefern Hinweise auf unterschiedliche Formen informationsineffizienter Verarbeitung von Rechnungslegungsdaten. Die Überreaktion des Marktes auf Accruals wirkt in die entgegengesetzte Richtung wie der PEAD, wenn negative Gewinnüberraschungen durch hohe negative Accruals oder positive Gewinnüberraschungen durch möglicherweise bilanzpolitisch eingesetzte hohe positive Accruals zustande kommen. Die Accrual-Anomalie hat eine verstärkende Wirkung auf den PEAD, wenn das Ausmaß einer Gewinnüberraschung durch Accruals verringert wird, also beispielsweise eine hohe Gewinnüberraschung durch negative Accruals mit dem Ziel der Ergebnisglättung verringert wird. Die Höhe der Accruals bestimmt also, ob der PEAD durch die Accrual-Anomalie verstärkt oder kompensiert wird. Daraus folgt, dass beide Anomalien zusammengenommen Handelsstrategien ermöglichen, mit denen höhere abnormale Renditen erzielt werden, als es durch das Ausnutzen nur einer der beiden Anomalien möglich wäre. Während mit einer typischen Handelsstrategie auf Grundlage des PEAD in einem Zeitraum von 120 Tagen abnormale Renditen von 6% erzielt werden, führt eine kombinierte Strate-

535 Vgl. dazu Hand (1990).
536 Vgl. Sloan (1996).

gie auf Basis beider Anomalien im gleichen Zeitraum zu abnormalen Renditen von 11,9%.[537]

Auch andere Studien zeigen, dass der PEAD eine eigenständige Anomalie ist und nicht nur von der Accrual-Anomalie, sondern auch von anderen Anomalien abzugrenzen ist.[538] Empirische Studien kommen also zu dem überraschenden Ergebnis, dass Investoren auf manche Informationen überreagieren, während sie gleichzeitig auf andere Informationen unterreagieren. Barberis/Shleifer/Vishny (1998) präsentieren ein Modell, dass aufbauend auf psychologischen Erkenntnissen eine Erklärung für die Koexistenz von Über- und Unterreaktionen anbietet.[539]

Weitere Zweifel an einer effizienten Verarbeitung von Rechnungslegungsinformationen lassen Studien aufkommen, die Fundamentalwerte von Aktien berechnen und anschließend ermitteln, inwieweit sich abnormale Renditen durch den Handel mit am Markt mutmaßlich fehlbewerteten Aktien erzielen lassen. Frankel/Lee (1998b) bestimmen Fundamentalwerte, indem sie Konsensusschätzungen der Analysten für den Gewinn in die Residualgewinnformel einsetzen.[540] Das Verhältnis vom Fundamentalwert zum Aktienkurs eignet sich der Untersuchung zufolge zur Schätzung zukünftiger Aktienrenditen. Die Kennzahl ist für einen Zeitraum von zwölf Monaten ähnlich gut zu Prognosen geeignet wie das Verhältnis von Buchwert zu Marktwert des Eigenkapitals. Für einen Zeitraum von drei Jahren liefert das Verhältnis vom Fundamentalwert zum Aktienkurs deutlich bessere Prognosen als das Verhältnis vom Buchwert zum Marktwert des Eigenkapitals. Der Renditeunterschied zwischen Aktienportfolios mit den 20% größten und den 20% niedrigsten Fundamentalwert-Preis-Verhältnissen für einen Zeitraum von drei Jahren ist signifikant und beträgt 30,6%. Der entsprechende Renditeunterschied für das Verhältnis von Buchwert zu Marktwert des Eigenkapitals dagegen beträgt nur 15,1%. Die Prognoseeignung des Fundamentalwert-Preis-Verhältnisses kann nicht durch eine Korrelation mit der Unternehmensgröße, dem Verhältnis von Buchwert zu Marktwert des Eigenkapitals oder Betafaktoren erklärt werden. Ähnliche Tests führen Dechow/Hutton/Sloan (1999) mit Fundamentalwerten durch, die auf Basis von Parametern des Ohlson (1995)-Modells errechnet werden. Die Ergebnisse der Tests lassen vermuten, dass Aktienkurse einerseits die Persistenz abnormaler Ge-

537 Vgl. Collins/Hribar (2000).

538 Vgl. dazu den Überblick bei Brown (1997), S. 14.

539 Zwei weitere Modelle zur Erklärung von Über- und Unterreaktionen stammen von Daniel/Hirshleifer/Subrahmanyam (1998) und Hong/Stein (1999).

540 Der Prognosehorizont für die Analystenschätzungen beträgt maximal drei Jahre. Für die Jahre jenseits des Prognosehorizonts wird von einer abnormalen ewigen Rente in Höhe des letzten mittels Analystenprognosen geschätzten Residualgewinns ausgegangen. Vgl. Frankel/Lee (1998b), S. 289 f.

winne nicht korrekt widerspiegeln und andererseits systematische Schätzfehler der Analysten in Kurse eingepreist werden.[541] Studien in der Art von Frankel/Lee (1998b) und Dechow/Hutton/Sloan (1999) sind grundsätzlich auch dazu geeignet, Aufschlüsse über die Beziehung zwischen Aktienkurs und Fundamentalwert und den Prozess der Anpassung von Kursen an Fundamentalwerte zu geben.[542] Durch Noise Trading können sich Kurse von Fundamentalwerten entfernen. Da die genannten Studien konkrete Fundamentalwerte vorgeben, ist es möglich zu untersuchen, wie sich die Differenz von Kursen und Fundamentalwerten im Zeitablauf entwickelt und unter welchen Bedingungen diese Differenz aufgrund von Noise Trading eher hoch oder eher niedrig ist.

Zusammenfassend lässt sich sagen, dass eine Vielzahl von empirischen Studien Hinweise auf eine nicht immer effiziente Verarbeitung von Rechnungslegungsinformationen am Kapitalmarkt liefert. Dennoch gibt es nur wenige Anzeichen dafür, dass sich auf Basis von Rechnungslegungsinformationen Anlagestrategien praktisch umsetzen lassen, die auch nach Berücksichtigung von Transaktionskosten noch überdurchschnittlich gewinnbringend sind. Die empirisch festgestellten Abweichungen vom Idealbild der Informationseffizienz beeinträchtigen vermutlich die Kapitalmarktrelevanz von Rechnungslegungsinformationen. Wie stark diese Wirkung ist, lässt sich aber kaum quantifizieren.

---

541 Vgl. Dechow/Hutton/Sloan (1999), S. 29 f.

542 Vgl. Lee (2001), S. 237. Ou/Penman (1989a, b) untersuchen ebenfalls die Prognosetauglichkeit fundamentalanalytischer Informationen. Anhand von 28 Rechnungslegungsinformationen wird die Wahrscheinlichkeit für einen zukünftig steigenden Gewinn geschätzt. Mit einer Handelsstrategie auf Basis dieser geschätzten Wahrscheinlichkeit können positive abnormale Renditen erzielt werden.

4 Bilanzpolitik und Kapitalmarkt

Im vorangehenden Kapitel wurde die grundsätzliche Relevanz von Gewinnen und anderen Rechnungslegungsinformationen für den Kapitalmarkt untersucht. Dabei wurde weitgehend ausgeklammert, dass Rechnungslegungsdaten von Managern bilanzpolitisch beeinflusst werden können.

Ob bilanzpolitische Freiräume die Nützlichkeit von Rechnungslegungsinformationen verringern oder aus Investorensicht sogar wünschenswert sind, ist eine offene Frage. Guay/ Kothari/Watts (1996) unterscheiden drei Hypothesen zur Wirkung der Bilanzpolitik auf den Informationsgehalt von Rechnungslegungsinformationen. Gemäß der „Performance Measure Hypothesis" erhöht Bilanzpolitik den Informationsgehalt von Gewinnen. Bilanzersteller haben i. d. R. bessere Informationen über die wirtschaftliche Lage und die Zukunftsaussichten von Unternehmen als außenstehende Investoren. Manager könnten Wahlrechte und Spielräume bei der Bilanzierung so nutzen, dass Rechnungslegungsdaten ihre überlegenen Informationen widerspiegeln. Demzufolge besteht grundsätzlich die Möglichkeit, dass bilanzpolitische Freiräume für einen hohen Informationsgehalt von Rechnungslegungsinformationen förderlich sind. Andererseits verfolgen Manager aber auch ihre eigenen Interessen und könnten daher versuchen, die Vermögens-, Finanz- und Ertragslage von Unternehmen besser erscheinen zu lassen, als sie es eigentlich sind. Demgemäß besagt die „Opportunistic Accrual Management Hypothesis", dass Manager mittels bilanzpolitischer Maßnahmen eine schlechte Performance verbergen. Inwieweit Manager dieses Ziel verfolgen können, hängt unter anderem davon ab, wie stark sie von Aufsichtsbehörden, Kapitalmarktteilnehmern und anderen Interessengruppen kontrolliert werden. Die „Noise Hypothesis" spricht ebenfalls für eine Beeinträchtigung des Informationsgehalts von Rechnungslegungsdaten durch bilanzpolitische Maßnahmen, verzichtet aber auf Aussagen zu den Zielen der Manager. Gemäß dieser Hypothese erhöht Bilanzpolitik den Anteil von Noise im ausgewiesenen Ergebnis und vergrößert dadurch die Unsicherheit von Investoren.

Die Studie von Guay/Kothari/Watts kommt zu keinen klaren Aussagen über den Einfluss bilanzpolitischer Maßnahmen auf die Kapitalmarktrelevanz von Gewinnen. Andere Studien kommen zu unterschiedlichen Ergebnissen. Die US-amerikanischen Untersuchungen von Warfield/Wild/Wild (1995) und Christensen/Hoyt/Paterson (1999) deuten darauf hin, dass die Kapitalmarktrelevanz von Gewinnen durch bilanzpolitische Maßnahmen negativ beeinflusst wird. Für Deutschland kommen Coenenberg/Schmidt/Werhand (1983) zu dem Ergebnis, dass managerkontrollierte Unternehmen Investoren durch Bilanzpolitik verunsichern. Die Kursreaktion auf Gewinnveröffentlichungen spiegelt die Verunsicherung der Investoren wider. Dagegen kommt Zarowin (2002) für US-amerikanische Unternehmen zu einem anderen Resultat. Die Kapitalmarktrelevanz von Gewinnen nimmt durch bilanzpolitische Ergebnisglättung zu. Die US-amerikanischen Studien von Subramanyam (1996), Hunt/Moyer/Shevlin (1997) und Chaney/Jeter/Lewis (1998) sprechen ebenfalls für eine positive Wirkung bilanzpolitischer Maßnahmen auf die Kapitalmarktrelevanz von Gewinnen. Insgesamt gesehen ist die Beziehung zwischen bilanzpolitischer Ergebnisbeeinflussung und der Kapitalmarktrelevanz von Gewinnen empirisch nicht geklärt. Eine Ursache dafür liegt in massiven methodischen Schwierigkeiten bei der empirischen Messung bilanzpolitischer Einflüsse.[543]

Während bilanzpolitische Möglichkeiten der Manager in der wissenschaftlichen Literatur unterschiedlich beurteilt werden, sind sich Praktiker, „Standard Setter" und die US-amerikanische Börsenaufsicht SEC in ihrer negativen Beurteilung bilanzpolitischer Maßnahmen weitgehend einig.[544] Bilanzskandale wie bei Enron und WorldCom in den USA oder bei Comroad in Deutschland scheinen das negative Urteil der Praxis zu bestätigen. Die Vorfälle sprechen dafür, dass der Druck der Kapitalmärkte in letzter Zeit zugenommen hat und Manager häufiger dazu verleitet, die wahren wirtschaftlichen Verhältnisse der Unternehmen zu beschönigen und zu verschleiern.

Im Folgenden soll zunächst geklärt werden, was unter Bilanzpolitik zu verstehen ist und welche Ziele mit bilanzpolitischen Maßnahmen verfolgt werden. Die Bedeutung der verschiedenen bilanzpolitischen Ziele ist von gesamtwirtschaftlichen Rahmenbedingungen wie der Finanzmarktorganisation, dem Rechts- und Steuersystem eines Landes sowie der vorherrschenden Unternehmensphilosophie[545] abhängig. Länderspezifische Unterschiede in der Gewichtung bilanzpolitischer Ziele werden am Beispiel von Deutschland und den USA aufgezeigt.[546] Anschließend werden theoretische und empirische Untersuchungen zur wechselseitigen Beeinflussung von Bilanzpolitik und Kapitalmarkt dargestellt. Den Ab-

---

543 Zu den empirischen Methoden zur Messung bilanzpolitischer Einflüsse vgl. Abschnitt 4.4 dieser Arbeit. Genauere Aussagen zum Verhältnis von Bilanzpolitik und der Kapitalmarktrelevanz von Gewinnen lassen sich vermutlich erst dann machen, wenn bessere Methoden zur Messung bilanzpolitischer Einflüsse zur Verfügung stehen und mehr empirische Studien vorliegen, die sich auf spezielle bilanzpolitische Anreize oder Maßnahmen konzentrieren.

544 Zu den teilweise unterschiedlichen Sichtweisen von Praxis und Wissenschaft vgl. Dechow/Skinner (2000).

545 Zum Einfluss der genannten Rahmenbedingungen auf Rechnungslegungssysteme vgl. Glaum (2001), S. 126.

546 Allerdings konnte in den letzten zwei Jahrzehnten eine langsame Angleichung des institutionellen Umfelds in Deutschland an die US-amerikanischen Verhältnisse beobachtet werden. Vgl. ebenda, S. 127 ff.

schluss des Kapitels bildet eine empirische Untersuchung zur schwellenwertorientierten Bilanzpolitik in Deutschland und den USA. Die Untersuchung befasst sich mit der Frage, in welchem Ausmaß deutsche und US-amerikanische Unternehmen mittels bilanzpolitischer Maßnahmen einen Ergebnisausweis unterhalb bestimmter markanter Schwellenwerte vermeiden. Ein deutsch-amerikanischer Vergleich ist deshalb besonders interessant, da sich die beiden Länder hinsichtlich der Rechnungslegungssysteme und der Rahmenbedingungen deutlich unterscheiden.

4.1 Bilanzpolitik: Begriff und Ziele

4.1.1 Definition und allgemeine Ziele der Bilanzpolitik

Für eine allgemeine Definition des Begriffs Bilanzpolitik wird in dieser Arbeit zunächst die deutsche Literatur herangezogen. Die Definitionen des Begriffs Bilanzpolitik in der deutschen Literatur haben den Vorteil, i. d. R. wertneutral zu sein. Dem deutschen Wort Bilanzpolitik entspricht in der US-amerikanischen Literatur am ehesten der Ausdruck Earnings Management.[547] US-amerikanische Definitionen des Begriffs Earnings Management enthalten oft bereits negative Wertungen.[548] Eine solche Vorverurteilung erscheint jedoch nicht sinnvoll. Wie oben ausgeführt, ist es umstritten, ob bilanzpolitische Maßnahmen die Nützlichkeit von Rechnungslegungsinformationen für Bilanzadressaten positiv oder negativ beeinflussen.

Eine für die deutsche Literatur typische Definition des Begriffs Bilanzpolitik findet sich bei Pfleger (1991). Demnach ist Bilanzpolitik „die bewusste und im Hinblick auf die Unternehmensziele zweckorientierte Beeinflussung des Jahresabschlusses im Rahmen des rechtlich Zulässigen.“[549] Obwohl es nicht nur um eine Einflussnahme auf die Bilanz, sondern auf den gesamten Jahresabschluss und auch auf den Lagebericht geht, hat sich die Bezeichnung Bilanzpolitik allgemein durchgesetzt. Der präzisere Begriff Jahresabschlusspolitik wird seltener verwendet.[550] Aus der Definition wird deutlich, dass durch Bilanzpolitik rechtliche Vorschriften nicht verletzt werden. Folglich ist Bilanzpolitik von Bilanzfälschung zu unterscheiden.

---

547 Vgl. dazu auch Heintges (1997), S. 5 f.

548 Vgl. dazu genauer Abschnitt 4.1.2.2 dieser Arbeit.

549 Pfleger (1991), S. 21. Ähnliche, teilweise ausführlichere Definitionen finden sich bei Kußmaul/Lutz (1993a), S. 399; Wöhe (1997), S. 55; Küting/Weber (1999), S. 408; Küting (2001a), Sp. 333.

550 Den Begriff Jahresabschlusspolitik verwenden beispielsweise Bieg (1993); Hinz (1994); Hoffmann (1996); Berens/Hoffjahn (1999); Müller/Wulf (2001).

Die Definition betont, dass Bilanzpolitik keinem eigenständigen Zweck dient. Vielmehr werden die Ziele der Bilanzpolitik aus den übergeordneten Unternehmenszielen abgeleitet. Diese lassen sich aber nur bei entsprechendem Verhalten der Interessengruppen des Unternehmens erreichen.[551] Daher besteht eine wichtige Aufgabe der Bilanzpolitik darin, zugunsten des Unternehmens einen Einfluss auf die Wahrnehmung und das Verhalten von Interessengruppen wie Kapitalgebern, Kunden, Lieferanten, Arbeitnehmern, der Öffentlichkeit und dem Staat auszuüben.[552] Die Beeinflussung der Bilanzadressaten im Sinne des Unternehmens wird als informationspolitisches Ziel der Bilanzpolitik bezeichnet.[553]

Der Einfluss bilanzpolitischer Maßnahmen auf die Wahrnehmung und das Verhalten der Bilanzadressaten lässt sich häufig nicht genau im Voraus bestimmen. So ist beispielsweise die Wirkung eines bilanzpolitisch beeinflussten Ergebnisausweises auf Anlageentscheidungen von Investoren und auf Aktienkurse vor der Bekanntgabe des Ergebnisses nicht exakt bekannt.

Ausschüttungspolitische und steuerliche Ziele können zu einer zweiten großen Kategorie von bilanzpolitischen Zielen zusammengefasst werden. Bilanzpolitische Maßnahmen können darauf gerichtet sein, Abflüsse erwirtschafteter Gewinne als Ausschüttung an die Anteilseigner und als Steuern an den Staat zu beeinflussen.[554] Rechtliche Vorschriften können Steuerzahlungen und die zulässige Höhe von Ausschüttungen an Gewinne und andere Daten der externen Rechnungslegung knüpfen. Außerdem erwarten Anleger ceteris paribus umso höhere Ausschüttungen, je höher der ausgewiesene Gewinn ist.[555] Somit können bilanzpolitische Maßnahmen dabei helfen, eine bestimmte gewünschte Ausschüttungspolitik zu verfolgen oder Steuerzahlungen zu minimieren.

Die oben genannte Definition von Pfleger soll hier noch um einen zusätzlichen Aspekt erweitert werden. Bilanzpolitische Ziele müssen sich nicht immer aus den übergeordneten Unternehmenszielen ableiten. Denn bilanzpolitische Maßnahmen werden von Managern ergriffen, die auch eigene Ziele verfolgen. Sofern die Bezahlung von Managern an Rechnungslegungsdaten oder Aktienkurse gebunden ist, kann ein bilanzpolitisches Ziel in der Maximierung von Managergehältern bestehen.[556] Ein weiteres eigennütziges Ziel der Manager kann die Steigerung des eigenen Ansehens mittels bilanzpolitischer Maßnahmen

551 Vgl. Küting (2001a), Sp. 335.
552 Vgl. Peemöller (2001), S. 2.
553 Vgl. Pfleger (1991), S. 23.
554 Vgl. Küting (2001a), Sp. 336.
555 Vgl. Busse von Colbe/Ordelheide/Gebhardt/Pellens (2003), S. 31.
556 Vgl. Healy/Wahlen (1999), S. 376 f.

sein. Zeigt der Jahresabschluss ein positives Bild der wirtschaftlichen Lage eines Unternehmens, steigt i. d. R. das Ansehen der Manager.[557]

Informationspolitische, ausschüttungspolitische und steuerliche Ziele der Bilanzpolitik können in gegenseitiger Übereinstimmung, aber auch im Widerspruch zueinander stehen.[558] Beispielsweise kann sich ein informationspolitisch gewünschter hoher Ergebnisausweis konfliktär zu dem Ziel verhalten, die Steuerlast zu minimieren.

4.1.2 Länderspezifische Ausprägungen bilanzpolitischer Ziele

4.1.2.1 Bilanzpolitische Ziele deutscher Unternehmen

In Deutschland ist im Hinblick auf bilanzpolitische Ziele zwischen dem Einzelabschluss und dem Konzernabschluss zu unterscheiden. Steuerzahlungen und die zulässige Höhe der Ausschüttungen sind durch rechtliche Vorschriften an den Einzelabschluss geknüpft. Für die bilanzpolitische Gestaltung von Einzelabschlüssen sind sowohl informationspolitische als auch steuerliche und ausschüttungspolitische Ziele relevant.[559] Zielkonflikte sind daher besonders wahrscheinlich.

Dagegen ergeben sich aus dem Konzernabschluss keine rechtlichen Konsequenzen für die Höhe von Steuerzahlungen und Ausschüttungen. Die Konzernbilanzpolitik kann sich hauptsächlich auf informationspolitische Ziele konzentrieren.[560] Eine Ausrichtung des Konzernabschlusses auf informationspolitische Ziele wird dadurch ermöglicht, dass in den Handelsbilanzen II über die Ausübung von Wahlrechten in Bezug auf Ausweis, Bilanzierung und Bewertung ebenso wie über die Nutzung von Spielräumen aus Sicht des Konzerns neu entschieden wird.[561] Zudem ergeben sich bei der Konsolidierung zusätzliche Möglichkeiten zur Gestaltung der Konzernbilanz.[562] Wie eine Auswertung von Einzel- und Konzernabschlüssen durch Küting/Weber (2001) zeigt, nutzen deutsche Unternehmen die Möglichkeit zu einer eigenständigen Konzernbilanzpolitik recht intensiv.[563]

---

557 Vgl. Haller (1994), S. 600.
558 Vgl. Bieg (1993), S. 103.
559 Vgl. Pfleger (1991), S. 23.
560 Vgl. Scheren (1998), Rn. 300 ff.; Kußmaul/Lutz (1993b), S. 347.
561 Zur unterschiedlichen Ausnutzung von Spielräumen in Handelsbilanz I und II vgl. Selchert/Karsten (1989), S. 839 f. Für Geschäftsjahre ab 2003 entfällt außerdem § 308 Abs. 3 HGB a. F., gemäß dem zuvor rein steuerlich bedingte Wertansätze aus den Einzelabschlüssen in den Konzernabschluss übernommen werden durften. Daraus ergeben sich gegebenenfalls weitere Abweichungen zwischen Einzelabschlüssen und Konzernabschluss.
562 Vgl. Küting/Weber (2001), S. 66 f.
563 Vgl. ebenda, S. 135 ff.

Durch eine entsprechende Darstellung der Vermögens-, Finanz- und Ertragslage im Konzernabschluss sollen die Verhaltensweisen von Anteilseignern, Fremdkapitalgebern,[564] Lieferanten, Kunden, Arbeitnehmern und dem Staat beeinflusst werden.[565] Das Konzernjahresergebnis wird häufig um Sondereinflüsse bereinigt, um so das Ergebnis nach DVFA/SG zu ermitteln.[566] Am Ergebnis nach DVFA/SG orientieren sich vor allem die Anteilseigner. Ausschüttungspolitische Ziele können für die Konzernbilanzpolitik insoweit relevant sein, als ein Erklärungsbedarf gegenüber den Anteilseignern entsteht, wenn die Ausschüttung auf Grundlage des Jahresüberschusses des Mutterunternehmens gemessen am Konzernjahresüberschuss gering ausfällt.[567] Steuerliche Ziele müssen bei der Gestaltung von Konzernbilanzen nicht berücksichtigt werden.[568] Allerdings können sich auch im Rahmen der Konzernbilanzpolitik Zielkonflikte ergeben.[569] Beispielsweise kann im Hinblick auf Dividendenforderungen der Anteilseigner der Ausweis eines niedrigen Ergebnisses beabsichtigt sein, während andererseits ein hohes Ergebnis wünschenswert wäre, um Gläubiger positiv zu stimmen.

Steuerliche Ziele sind für die bilanzpolitische Gestaltung von Einzelabschlüssen von hoher Relevanz. Durch den Grundsatz der Maßgeblichkeit der Handelsbilanz für die Steuerbilanz und durch die umgekehrte Maßgeblichkeit besteht traditionell ein enger Zusammenhang zwischen dem handelsrechtlichen Einzelabschluss und der Steuerbilanz.[570] Für deutsche Unternehmen ist es daher ein wichtiges bilanzpolitisches Ziel, den Barwert künftiger Steuerzahlungen zu minimieren.[571] Es gibt mehrere Wege, die Steuerlast langfristig zu senken. Gewinne und daran geknüpfte Steuerzahlungen können in zukünftige Perioden verlagert werden, indem Aufwendungen vorgezogen und Erträge aufgeschoben werden. Die Wirkung solcher Maßnahmen entspricht einem zinslosen Kredit des Staates. Durch den Aufschub der Steuerzahlungen werden finanzielle Mittel frei, die das Unternehmen investieren

564 Fremdkapitalgeber beurteilen die Liquidität sowie die allgemeine wirtschaftliche Lage von Unternehmen typischerweise anhand von bestimmten Bilanzrelationen und weiteren Verhältniszahlen auf Grundlage von Daten des externen Rechnungswesens. Aus Sicht der Unternehmen gilt es, diese Kennzahlen bilanzpolitisch zu beeinflussen. Vgl. zu den Kennzahlen Bieg (1993), S. 100 ff.

565 Darüber hinaus können die Daten des Konzernabschlusses auch vom Management zur Konzernsteuerung verwendet werden. Vgl. Scheren (1998), Rn. 298 f.

566 Vgl. Busse von Colbe et al. (2000), S. 7.

567 Vgl. Greth (1996), S. 36; Busse von Colbe/Ordelheide/Gebhardt/Pellens (2003), S. 31; Pellens/Gassen/Richard (2003), S. 318 ff.; Scheren (1998), Rn. 302.

568 Vgl. Scheren (1998), Rn. 300 u. Rn. 311.

569 Vgl. ebenda, Rn. 312.

570 In den letzten Jahren haben allerdings neue steuerrechtliche Vorschriften den bis dahin sehr engen Zusammenhang zwischen handelsrechtlicher und steuerrechtlicher Bilanzierung aufgeweicht. Vgl. Glaum (2001), S. 129.

571 Vgl. Berens/Hoffjan (1999), S. 1282.

kann.[572] Bei progressivem Steuertarif kann die Steuerlast verringert werden, indem die ausgewiesenen Gewinne möglichst gleichmäßig über mehrere Perioden verteilt werden, so dass starke Schwankungen im Gewinnausweis vermieden werden.[573] Internationale Konzerne[574] haben eine weitere Möglichkeit, ihre Steuerzahlungen zu senken. Im Rahmen der rechtlichen Vorschriften[575] können durch eine entsprechende Transferpreisgestaltung Gewinne in Länder mit niedriger Besteuerung verlagert werden.[576]

Häufig versuchen deutsche Unternehmen nicht nur aus steuerlichen Motiven, sondern auch aus ausschüttungspolitischen Gründen, durch die Bildung und Auflösung von stillen Reserven ein möglichst gleichbleibendes oder stetig steigendes Ergebnis auszuweisen.[577] Ein geglätteter Ergebnisausweis in den Einzelabschlüssen ermöglicht es, unabhängig von der tatsächlichen Gewinnsituation konstante oder stetig steigende Zahlungen an die Anteilseigner auszuschütten.[578] In Konzernabschlüssen ist ein geglätteter Ergebnisausweis nur indirekt aufgrund von Erwartungen der Anteilseigner für die Höhe der Ausschüttungen relevant. Theoretisch wird das Ziel gleichbleibender oder stetig steigender Dividenden durch eine mögliche Signalwirkung der Dividendenhöhe begründet. Demgemäß gibt die Ankündigung einer höheren Dividende die Einschätzung der gut informierten Manager wieder, dass die Geschäftsaussichten positiv sind und das Unternehmen die höhere Dividende dauerhaft ohne Probleme finanzieren kann. Umgekehrt enthält die Senkung der Dividende eine negative Information über die zukünftige Geschäftslage eines Unternehmens.[579]

Mit ausschüttungspolitischen und steuerlichen Zielen der Bilanzpolitik beschäftigt sich die Studie von Kasanen/Kinnunen/Niskanen (1996) für finnische Unternehmen. Eine vergleichbare Studie für deutsche Unternehmen liegt nicht vor. Allerdings gelten die Untersuchungsergebnisse von Kasanen/Kinnunen/Niskanen vermutlich nicht nur für finnische, sondern in ähnlicher Weise auch für deutsche, französische und schwedische Unternehmen,

---

572 Vgl. Bieg (1993), S. 99; Pfleger (1991), S. 24; Peemöller (2001), S. 189.

573 Vgl. Bieg (1993), S. 99; Peemöller (2001), S. 189 f.

574 Internationale Unternehmen zeichnen sich dadurch aus, dass sie in mehreren Ländern produzieren. Vgl. Glaum (1996), S. 10; Pausenberger (1982), S. 119.

575 Unternehmen unterliegen bei der Festlegung von Transferpreisen verschiedenen rechtlichen Restriktionen. Vgl. dazu Günkel (1996).

576 Vgl. Pausenberger (1992), S. 787 f.

577 Vgl. Bieg (1993), S. 99.

578 Vgl. Berens/Hoffjan (1999), S. 1282; Bieg (1993), S. 99.

579 Voraussetzung für die Signalwirkung der Dividende ist, dass die Erwartungen der Manager tatsächlich wahrheitsgemäß in die Festlegung der Dividendenhöhe einfließen. Außerdem darf den Investoren die Erwartung der Manager nicht bereits aus anderen zeitnäheren und möglicherweise auch zuverlässigeren Quellen bekannt sein. Vgl. Franke/Hax (1999), S. 545. Zu einem Vergleich der Kursreaktionen auf Änderungen der Dividende in Deutschland und den USA vgl. Amihud/Murgia (1997). Zur Dividendenpolitik börsennotierter deutscher Unternehmen vgl. auch die Umfrage von Pellens/Gassen/Richard (2003).

deren institutionelles Umfeld ebenfalls gekennzeichnet ist durch eine hohe Bedeutung der Fremdkapitalfinanzierung, eine hohe Konzentration des Anteilsbesitzes in den Händen relativ weniger institutioneller Anleger, Ringverflechtungen der Unternehmen und Banken sowie eine enge Verknüpfung von Handels- und Steuerbilanz.[580] Kasanen/Kinnunen/ Niskanen zeigen, dass die Ziele der Minimierung von Steuerzahlungen und der Ausschüttung einer konstanten Dividende die Bilanzpolitik börsennotierter finnischer Unternehmen in den Jahren 1970 bis 1989 maßgeblich beeinflusst haben. Anhand zahlreicher Anpassungen der tatsächlich ausgewiesenen Gewinne simulieren Kasanen/Kinnunen/Niskanen, wie hoch die Gewinne der Unternehmen ohne bilanzpolitische Einflüsse gewesen wären. Die untersuchten Unternehmen setzen in der großen Mehrheit der Fälle[581] ergebniserhöhende bilanzpolitische Maßnahmen ein, wenn das Ergebnis ohne den bilanzpolitischen Einfluss für die Ausschüttung einer Dividende auf dem Vorjahresniveau nicht ausreichend wäre.[582] Falls das Ergebnis vor bilanzpolitischen Einflüssen hoch genug für eine Dividendenzahlung auf dem Vorjahresniveau ist, verringern die Unternehmen das ausgewiesene Ergebnis durch bilanzpolitische Maßnahmen, um ihre Steuerlast zu senken. Eine generelle Tendenz zu ergebnisverringernder Bilanzpolitik zeigt sich darin, dass das Ergebnis vor bilanzpolitischem Einfluss durchschnittlich fast doppelt so hoch ist wie das ausgewiesene Ergebnis.

[580] Darüber hinaus sind auch andere institutionelle Bedingungen denkbar, unter denen die Höhe der Dividenden eine wichtige Determinante der Bilanzpolitik sein könnte. Vgl. Kasanen/Kinnunen/Niskanen (1996), S. 286.

[581] Die aufgrund der theoretischen Überlegungen vorausgesagte Richtung des bilanzpolitischen Einflusses auf das Ergebnis stimmt in 93,2% der Fälle mit der Richtung des tatsächlichen bilanzpolitischen Ergebniseinflusses überein. Diese Häufigkeit ist signifikant höher als die Häufigkeit, die bei Irrelevanz ausschüttungspolitischer und steuerlicher Ziele zu erwarten wäre. Vgl. Kasanen/Kinnunen/Niskanen (1996), S. 300.

[582] Kasanen/Kinnunen/Niskanen (1996) ermitteln zwei Versionen des Ergebnisses, das zur Ausschüttung einer Dividende auf dem Vorjahresniveau ausreicht. Die erste Version geht davon aus, dass Dividenden allein aus dem ausgewiesenen Ergebnis gezahlt werden sollen. Die zweite Version berücksichtigt die Möglichkeit, Dividenden auch aus den einbehaltenen Gewinnen der vorhergehenden Perioden zu zahlen. Vgl. Kasanen/Kinnunen/Niskanen (1996), S. 297 f.

4.1.2.2 Bilanzpolitische Ziele US-amerikanischer Unternehmen

Unterschiede zwischen der Bilanzpolitik deutscher und US-amerikanischer Unternehmen zeigen sich schon in der Definition des Begriffs Bilanzpolitik bzw. Earnings Management. In der US-amerikanischen Literatur gibt es mehrere Definitionen von Earnings Management, die nicht in sämtlichen Punkten miteinander übereinstimmen. Im Folgenden werden drei repräsentative Definitionen genannt.

Fields/Lys/Vincent (2001) sprechen in Anlehnung an Watts/Zimmerman (1990) von Earnings Management „when managers exercise their discretion over the accounting numbers with or without restrictions. Such discretion can be either firm value maximizing or opportunistic."[583]

Schipper (1989) charakterisiert Earnings Management als „[...] a purposeful intervention in the external financial reporting process, with the intent of obtaining some private gain (as opposed to, say, merely facilitating the neutral operation of the process). [...] A minor extension to the definition would encompass 'real' earnings management, accomplished by timing investment or financing decisions to alter reported earnings or some subset of it."[584]

Healy/Wahlen (1999) schließlich verwenden folgende Definition: „Earnings management occurs when managers use judgement in financial reporting and in structuring transactions to alter financial reports to either mislead some stakeholders about the underlying economic performance of the company or to influence contractual outcomes that depend on reported accounting numbers."[585]

Wie in der deutschen Definition der Bilanzpolitik wird Earnings Management somit auch in der US-amerikanischen Literatur als die Einflussnahme auf Rechnungslegungsdaten von Unternehmen bezeichnet. Ebenfalls in Übereinstimmung mit der deutschen Sicht der Bilanzpolitik fassen die beiden zuletzt aufgeführten Definitionen sowohl das Ausnutzen von Wahlrechten und Spielräumen bei der Erstellung von Abschlüssen als auch die bilanzpolitisch motivierte Gestaltung von Transaktionen unter dem Begriff Earnings Management zusammen.[586] Während in der deutschen Literatur die Beeinflussung des Verhaltens der Interessengruppen als bilanzpolitischer Zweck hervorgehoben wird, ohne irgendeine Wertung bilanzpolitischer Maßnahmen vorzunehmen, zieht die erste der oben aufgeführten

583 Fields/Lys/Vincent (2001), S. 260.
584 Schipper (1989), S. 92.
585 Healy/Wahlen (1999), S. 368.
586 Zu Sachverhaltsgestaltungen vgl. beispielsweise Berens/Hoffjan (1999), Hinz (1994) und Abschnitt 4.2 dieser Arbeit.

US-amerikanischen Definitionen ausdrücklich in Betracht, dass Earnings Management opportunistisches Verhalten von Managern darstellen kann. Die zweite Definition spricht davon, dass hinter bilanzpolitischen Maßnahmen die Absicht steckt, einen persönlichen Vorteil zu erzielen. Die dritte US-amerikanische Definition nennt sogar die Irreführung von Stakeholdern als ein Ziel des Earnings Management. Damit wird Earnings Management in die Nähe des Betrugs gerückt.[587] Teilweise werden betrügerische Bilanzierungspraktiken wie der Ausweis von Umsatzerlösen vor ihrer Realisierbarkeit oder der Ausweis fiktiver Umsatzerlöse ausdrücklich dem Earnings Management zugerechnet. In solchen Literaturquellen werden bilanzpolitische Praktiken wie z. B. die Glättung des ausgewiesenen Ergebnisses durch Bildung und Auflösung stiller Reserven nur dann als Earnings Management betrachtet, wenn Investoren dadurch die Beurteilung der Unternehmensperformance vorsätzlich erschwert wird und nicht im Gegenteil die Prognose zukünftiger Gewinne sogar erleichtert wird.[588]

Diesen mehr oder weniger stark negativen Einschätzungen des Earnings Management steht in der US-Literatur eine agency-theoretisch begründete positive Sicht gegenüber. Aus dieser theoretischen Perspektive kann Earnings Management den Informationsgehalt ausgewiesener Rechnungslegungsdaten unter Umständen erhöhen. Bei entsprechenden Anreizen nutzen die gut informierten Manager eines Unternehmens Wahlrechte und Spielräume so aus, dass die weniger gut informierten Investoren den Wert eines Unternehmens aus den ausgewiesenen Rechnungslegungsdaten zuverlässiger ableiten können.[589] Eine positivere Beurteilung des Earnings Management klingt ebenfalls in der zuerst aufgeführten Definition an. Earnings Management kann auch der Maximierung des Unternehmenswertes dienen, wenn infolge einer positiven Darstellung der Vermögens-, Finanz- und Ertragslage die Transaktionskosten in den Beziehungen zu den Interessengruppen des Unternehmens sinken.

Informationspolitische Ziele

Zumindest das nicht betrügerische Earnings Management und insbesondere die bilanzpolitische Ergebnisglättung sind auch in den USA an der Tagesordnung, wie das folgende Zitat eines Aktienanalysten nahe legt: „... any management that is not concerned with smoothing earnings is not doing their job ... you need to manage Wall Street – without being deceptive

587 Vgl. Beneish (2001), S. 3. Eine eher negative Einstellung zum Earnings Management äußert sich auch darin, dass es in den USA keine Lehrbücher zum Earnings Management gibt.

588 Vgl. Dechow/Skinner (2000), S. 238 ff.

589 Vgl. Chaney/Lewis (1995) und Abschnitt 4.3.1 dieser Arbeit.

– while hiding information that can be used in a damaging way by competitors."[590] Das Ziel des Earnings Management wird hier darin gesehen, Analysten und Investoren der Wall Street zu beeinflussen, ohne dass dabei zu viele Informationen an Konkurrenzunternehmen gelangen.[591]

Das informationspolitische Ziel wird unabhängig von einer positiven oder negativen Wertung bilanzpolitischer Maßnahmen allgemein als das wichtigste Motiv des Earnings Management US-amerikanischer Unternehmen angesehen. Die Erwartungen der Financial Community zu erfüllen, ist für US-amerikanische Unternehmen so wichtig, weil die Wertpapiermärkte eine besonders hohe Bedeutung für die Finanzierung der Unternehmen haben.[592] Rechnungslegungsdaten sind wichtige Informationen für die Anlageentscheidungen von Investoren. Schon der Ausweis eines Ergebnisses nur geringfügig unterhalb der Erwartungen von Analysten hat häufig starke negative Kursreaktionen zur Folge.[593] Wie Fälle aus der Praxis zeigen, ist der Druck des Kapitalmarktes auf US-amerikanische Unternehmen so stark, dass zumindest in manchen Unternehmen ökonomisch sinnvolle, gewinnbringende Transaktionen unterbunden werden, wenn dadurch das ausgewiesene Ergebnis in der laufenden oder in zukünftigen Perioden so beeinflusst werden könnte, dass es nicht mehr den Erwartungen von Analysten und Investoren entspricht.[594] Andererseits werden riskante Geschäfte allein mit dem Ziel abgeschlossen, Umsatz und Gewinn kurzfristig so zu erhöhen, dass sie nicht unterhalb der Schätzungen der Kapitalmarktteilnehmer liegen.[595]

Earnings Management kann auch eigennützigen („opportunistic"; vgl. die erste Definition) Zielen US-amerikanischer Manager dienen. Empirische Untersuchungen sprechen dafür, dass Manager bilanzpolitische Maßnahmen einsetzen, um ihre variablen Gehaltsbestandteile zu maximieren, die in den USA häufig an die Entwicklung des Aktienkurses, des Ergeb-

---

590 Zitiert nach Sirota Consulting (1998), S. 10.

591 Zu einer spieltheoretischen Analyse zum Einfluss der Performance von Konkurrenzunternehmen auf das bilanzpolitische Verhalten eines Unternehmens vgl. Bagnoli/Watts (2000).

592 Vgl. Glaum (2001), S. 126 f.

593 Vgl. dazu auch die theoretischen Ausführungen in Abschnitt 4.3.2 und die Zusammenfassung der empirischen Befunde in Abschnitt 4.5.1 dieser Arbeit.

594 Vgl. Collingwood (2001), S. 65 ff.

595 „Channel Stuffing" beschreibt eine Geschäftstaktik, bei der Produzenten ihre Ware zu einem Zeitpunkt an den Handel verkaufen, zu dem dieser noch keinen Bedarf für die Waren hat. Um das Geschäft für den Handel attraktiv zu machen, werden günstige Konditionen gewährt und manchmal wird sogar die Möglichkeit eingeräumt, später nicht benötigte Waren gegen vollständige Rückzahlung des Verkaufspreises zurückzugeben. Damit trägt der Produzent das Risiko, dass der Handel die gelieferten Produkte z. B. aufgrund einer ungünstigen Konjunktur doch nicht benötigt und daher zurücksendet. Außerdem muss der Produzent damit rechnen, dass sein Umsatz in den folgenden Perioden zurückgeht, da der Handel die benötigten Produkte bereits vorher auf Vorrat erworben hat. Vgl. Collingwood (2001), S. 70 f.

nisses oder anderer Rentabilitätskennzahlen gebunden sind.[596] Die aktienbasierte Bezahlung von US-Managern hat in den letzten Jahren noch deutlich an Bedeutung gewonnen. Für die größten börsennotierten US-amerikanischen Unternehmen kommen Hall/Liebman (1998) zu dem Ergebnis, dass CEOs im Zeitraum von 1980 bis 1994 zunehmend mit Stock Options entlohnt wurden. Ähnliches zeigt auch eine Studie der Unternehmensberatung Towers Perrin. Im Jahr 2001 machten die aktienbasierte Entlohnung und andere langfristige Anreizprogramme durchschnittlich 161% der jährlichen Grundentlohnung US-amerikanischer CEOs von Industrieunternehmen mit einem Umsatz von circa 500 Mio. US-Dollar aus. Im Jahr 1996 lag dieser Anteil erst bei 66%.[597] Diese Entwicklung wird mitverantwortlich dafür gemacht, dass das Ausmaß der kapitalmarktorientierten Bilanzpolitik im Zeitablauf zugenommen hat.[598]

Allerdings wird Earnings Management US-Unternehmen tendenziell dadurch erschwert, dass der Schutz der Anleger in den USA stärker ausgeprägt ist als in Deutschland.[599] Unternehmen müssen grundsätzlich mit Sanktionen der US-amerikanischen Börsenaufsichtsbehörde Securities and Exchange Commission (SEC) rechnen, wenn Maßnahmen des Earnings Management über den rechtlich erlaubten Rahmen hinausgehen.

Für sehr große US-amerikanische Unternehmen kann unter Umständen auch die Reduktion politischer Kosten ein informationspolitisches Ziel darstellen. Politische Kosten sehr großer Unternehmen können z. B. aus Forderungen von Gewerkschaften, Auflagen von Kartellbehörden oder Forderungen des Staates sowie der Öffentlichkeit herrühren.[600] Um politische Kosten zu reduzieren, müssen der Ergebnisausweis und gegebenenfalls auch der Umsatzausweis bilanzpolitisch verringert werden. Je niedriger Gewinn und Umsatz eines

---

596 Vgl. Healy (1985); Holthausen/Larcker/Sloan (1995); Guidry/Leone/Rock (1999). Zu Studien zur Bilanzpolitik bei ergebnis- oder kursgebundener Entlohnung vgl. auch die Überblicksdarstellungen bei Healy/Wahlen (1999), S. 376 f.; Beneish (2001), S. 8; Fields/Lys/Vincent (2001), S. 265 ff.

597 Für deutsche CEOs lag dieser Anteil im Jahr 2001 bei 44% und im Jahr 1996 bei 0%. Auch für andere Top Manager war das Verhältnis von aktienbasierter Entlohnung und anderen langfristigen Anreizprogrammen zur Grundentlohnung in den USA größer als in Deutschland. Vgl. Towers Perrin (2001).

598 Vgl. Brown/Higgins (2001).

599 Der so genannte Antidirector Rights Index von La Porta/Lopez-de-Silanes/Shleifer/Vishny (1998) kann als ein zusammenfassendes Maß für den rechtlichen Schutz von Minderheitsaktionären betrachtet werden. Für die USA erreicht der Index den Höchstwert fünf. Demzufolge sind die Rechte von Minderheitsaktionären rechtlich besonders gut geschützt. Für Deutschland liegt der Wert dagegen nur bei eins. In Common-Law-Ländern wie den USA ist der Indexwert signifikant höher als in Civil-Law-Ländern wie Deutschland. Vgl. La Porta/Lopez-de-Silanes/Shleifer/Vishny (1998), S. 1122 f. u. S. 1130 f.; dieselben (2002), S. 1156 u. S. 1161; vgl. auch Kinnunen/Koskela (2001), S. 6 f.

600 Vgl. Haller (1994), S. 601; Watts/Zimmerman (1990), S. 139 f.; auch Healy/Wahlen (1999), S. 378 f. Damit politische Kosten durch Earnings Management gesenkt werden können, darf es den potentiellen Anspruchsgruppen (Gewerkschaften, Wettbewerbsbehörden, Staat, Öffentlichkeit) nicht ohne erhebliche Transaktionskosten möglich sein, die Wirkung bilanzpolitischer Maßnahmen zu erkennen und in ihrer Höhe einzuschätzen. Vgl. Fields/Lys/Vincent (2001), S. 285.

Unternehmens sind, desto weniger profitabel und weniger groß erscheint ein Unternehmen. Ergebnis- und umsatzverringernde Bilanzpolitik kann also z. B. die Wahrscheinlichkeit dafür senken, dass Kartellbehörden eine wettbewerbsbehindernde oder sogar marktbeherrschende Stellung eines Unternehmens diagnostizieren. Dabei kann es allerdings sehr leicht zu Zielkonflikten mit der kapitalmarktorientierten Bilanzpolitik kommen, die häufig auf eine positive Darstellung der Ertragslage gerichtet ist. Grundsätzlich kann die Senkung politischer Kosten auch für deutsche Unternehmen ein bilanzpolitisches Ziel darstellen. Aktuelle empirische Studien belegen bislang aber nur für die USA, dass Unternehmen mittels bilanzpolitischer Maßnahmen versuchen, politische Kosten zu reduzieren.[601]

In der Definition von Healy/Wahlen (1999) wird als Motiv von Earnings Management auch die Erfüllung vertraglicher Bedingungen genannt, die sich auf Daten des externen Rechnungswesens beziehen.[602] Darunter fallen einerseits die bereits angesprochenen vertraglichen Regelungen zur ergebnis- und aktienkursabhängigen Bezahlung von Managern und andererseits Verträge mit Fremdkapitalgebern. Diese Verträge verlangen von den Schuldnern, bestimmte Bedingungen, so genannte Debt Covenants, einzuhalten. Häufig werden kritische Werte für Rechnungslegungsdaten definiert, die Unternehmen nicht über- oder unterschreiten sollen. In vielen Fällen sehen die Kreditverträge vor, einige Vorschriften der US-GAAP durch vorsichtigere Rechnungslegungsmethoden zu ersetzen.[603] Ob Unternehmen die Debt Covenants einhalten, wird auf Grundlage der modifizierten GAAP überprüft. Können Unternehmen die Vorgaben aus den Verträgen nicht mehr erfüllen, werden die Finanzierungs- und Investitionsmöglichkeiten der Unternehmen zum Schutz der Fremdkapitalgeber eingeschränkt. Beispielsweise kann die Aufnahme zusätzlichen Fremdkapitals oder die Zahlung von Dividenden vertraglich begrenzt werden, wenn ein bestimmter Verschuldungsgrad, ein bestimmtes Verhältnis von Gewinn zu Zinsaufwand oder ein bestimmtes Verhältnis von Dividenden zu freien Rücklagen nicht mehr eingehalten wird.[604] Um Sanktionen zu vermeiden, können Unternehmen Maßnahmen des Earnings Management einsetzen. Diese Art des Earnings Management kann dem informationspolitischen Ziel der Bilanzpolitik zugeordnet werden, sofern Verhaltensweisen von Fremdkapitalgebern in Form der Gewährung bestimmter Finanzierungsmöglichkeiten beeinflusst werden.

601 Zu einem Überblick über die Studien vgl. Healy/Wahlen (1999), S. 378 f.; Fields/Lys/Vincent (2001), S. 285 ff.; Haller (1994), S. 603; Watts/Zimmerman (1990), S. 140. Vgl. auch die einflussreiche Studie von Jones (1991).

602 Vgl. die dritte oben aufgeführte Definition von Healy/Wahlen (1999).

603 Vgl. Leuz/Deller/Stubenrath (1998), S. 115 f.

604 Vgl. Haller (1994), S. 599 f. u. S. 602 f.; Schildbach (2000), S. 14 ff.

Da Debt Covenants in vielen Fällen auch die Ausschüttung von Dividenden einschränken, werden oft ebenfalls ausschüttungspolitische Ziele berührt. Auch in Deutschland können Kreditverträge Auflagen enthalten, die die Einhaltung von Ober- oder Untergrenzen für bestimmte Kennzahlen des externen Rechnungswesens verlangen.[605] Allerdings sind Debt Covenants in den USA traditionell stärker verbreitet.[606] Ein Grund dafür liegt darin, dass bestehende gesetzliche Vorschriften allein keinen wirksamen Schutz von Gläubigern vor hohen Ausschüttungen an die Anteilseigner eines Unternehmens garantieren.[607] Empirische Studien zum Einfluss von Debt Covenants auf die Bilanzpolitik von Unternehmen beziehen sich fast ausschließlich auf die USA.

Steuerliche Ziele

Steuerliche Ziele sind für die bilanzpolitische Beeinflussung handelsrechtlicher Abschlüsse von US-amerikanischen Unternehmen nur von untergeordneter Bedeutung.[608] Ähnlich wie Konzernabschlüsse deutscher Unternehmen können handelsrechtliche Abschlüsse US-amerikanischer Unternehmen weitgehend frei von steuerlichen Überlegungen gestaltet werden. Financial Accounting und Tax Accounting sind verhältnismäßig eigenständige Teilbereiche des Rechnungswesens.[609]

Zwischen steuerrechtlicher Gewinnermittlung und handelsrechtlichen Abschlüssen besteht in den USA nur ein schwach ausgeprägter Zusammenhang. Unternehmen haben das zu versteuernde Einkommen (taxable income)[610] gemäß einer regelmäßig angewandten „method of accounting" zu ermitteln.[611] Die Rechnungslegungsmethode muss das Einkommen des Unternehmens klar widerspiegeln („clearly reflect income"[612]). Grundsätzlich erfüllen US-GAAP diese Bedingung und kommen daher als Grundlage zur Ermittlung des

605 Vgl. Heemann (2003).

606 Die Studie von Leuz/Deller/Stubenrath (1998) zeigt, dass Banken in Deutschland relativ selten Debt Covenants verwenden, die auf Rechnungslegungsdaten basieren. Die Allgemeinen Geschäftsbedingungen der Banken in Deutschland können zum Teil als ein Ersatz für Debt Covenants angesehen werden. Vgl. Leuz/Deller/Stubenrath (1998), S. 122 ff.

607 Vgl. dazu Schildbach (2000), S. 14 f. und die folgenden Ausführungen dieses Abschnitts.

608 Vgl. auch Heintges (1997), S. 144.

609 Vgl. Schreiber (2000), S. 61 ff.; Schildbach (2000), S. 16 ff.

610 Das Taxable Income umfasst sämtliche Vermögensmehrungen einer Periode. Dazu gehören das Ordinary Income und Capital Gains aus dem Verkauf von Capital Assets. Das zu versteuernde Einkommen wird um eine Vielzahl von Abzugsbeträgen verringert. Kapitalgesellschaften müssen außer der Corporate Income Tax auf das Taxable Income eine Steuer auf das so genannte Alternative Minimum Taxable Income zahlen. Dadurch soll verhindert werden, dass Unternehmen einen hohen Gewinn im Income Statement ausweisen und trotzdem keine oder nur eine niedrige Corporate Income Tax entrichten müssen, wenn sie von steuerlichen Vergünstigungen in hohem Maße profitieren. Vgl. Schreiber (2000), S. 54 ff.

611 Vgl. IRC, 2002-Code-Vol, Sec. 446 (a).

612 IRC, 2002-Code-Vol, Sec. 446 (b).

steuerlichen Einkommens in Frage. Jedoch ersetzt die US-Steuerbehörde Internal Revenue Service (IRS) eine Vielzahl von Vorschriften der US-GAAP durch Regelungen, die das zu versteuernde Einkommen besser wiedergeben sollen. Wesentliche Abweichungen ergeben sich in folgenden Bereichen: Vorauszahlungen sind bereits im Jahr des Zugangs als Einkommen zu versteuern, sofern der Zeitpunkt der Leistungserstellung nicht genau feststeht. Das zu versteuernde Einkommen darf nicht aufgrund geschätzter zukünftiger Ausgaben gemindert werden. Verluste werden erst dann vom zu versteuernden Einkommen abgezogen, wenn die Verluste am Markt realisiert wurden. Abschreibungsdauern und –verfahren werden fast völlig unabhängig von US-GAAP festgelegt. Wahlrechte und Spielräume des Financial Accounting werden weitgehend eliminiert.[613]

Eine ausdrückliche Maßgeblichkeit der Handelsbilanz für die Steuerbilanz besteht nur in wenigen Teilbereichen wie bei der Vorratsbewertung nach Lifo.[614] Ebenso stellt die umgekehrte Maßgeblichkeit eine Ausnahme dar.[615] Somit können handelsrechtliche Abschlüsse US-amerikanischer Unternehmen ähnlich wie Konzernabschlüsse deutscher Unternehmen vorrangig auf informationspolitische Ziele ausgerichtet werden.

Ausschüttungspolitische Ziele

Ausschüttungspolitische Ziele werden für die Bilanzpolitik US-amerikanischer Unternehmen außer durch die bereits angesprochenen ausschüttungspolitischen Restriktionen in Kreditverträgen[616] vor allem durch Erwartungen der Anteilseigner relevant. Erwartungen der Anteilseigner über die Höhe der Dividenden hängen von der Höhe des ausgewiesenen Ergebnisses ab. Die Befragung US-amerikanischer Finanzmanager durch Baker/Powell/ Veit (2002) zeigt, dass ein Zusammenhang zwischen der Höhe des ausgewiesenen Ergebnisses und der Höhe der Dividenden besteht. 77% der befragten Manager sind der Meinung, dass Unternehmen sich bei Änderungen von Dividendenzahlungen an Veränderungen der nachhaltig erzielbaren Gewinne orientieren sollten. Ebenso viele Manager stimmen

---

613 Vgl. Schreiber (2000), S. 61 ff.; auch Ruffer/Turcon (1994), Kapitel XI. Eine Besonderheit des US-amerikanischen Rechts besteht darin, dass Unternehmen Steuern auch auf das Consolidated Taxable Income zahlen können, wenn die Unternehmen eine so genannte Affiliated Group bilden. Zu einer Affiliated Group gehören ein Mutterunternehmen und alle inländischen Unternehmen, an denen das Mutterunternehmen mindestens 80% des Wertes aller ausstehenden Aktien und mindestens 80% der Stimmrechte besitzt. Die detaillierten Voraussetzungen für die Zurechnung einer Tochtergesellschaft zu einer Affiliated Group sind in Section 1504 des US-amerikanischen Internal Revenue Code enthalten. Vgl. Beams/ Brozovsky/Shoulders (1999), S. 377 u. IRC, 2002-Code-Vol, Section 1501 – 1505.

614 Vgl. IRC, 2002-Code-Vol, Section 472.

615 Vgl. Schildbach (2000), S. 17 f.

616 Ähnliche Beschränkungen der Ausschüttungen wie in Kreditverträgen können sich auch in Gesellschaftsverträgen finden. Vgl. Wüstemann (1999), S. 117.

der Aussage zu, dass Änderungen der Dividende üblicherweise mit einer Verzögerung auf Änderungen der Gewinne folgen. Die Studie zeigt außerdem, dass Manager versuchen, im Zeitablauf konstante oder stetig steigende Dividenden auszuschütten. Ein Grund dafür liegt darin, dass Manager negative Kursreaktionen befürchten, wenn sie Dividendenzahlungen unerwartet kürzen müssen.

Gesetzliche Regelungen tragen in verhältnismäßig geringem Maße dazu bei, dass Manager bilanzpolitische Maßnahmen für ausschüttungspolitische Ziele einsetzen.[617] Die Ermittlung des ausschüttungsfähigen Betrages ist in den einzelnen US-Bundesstaaten gesetzlich unterschiedlich geregelt. In vielen US-Bundesstaaten kann der Board of Directors eines Unternehmens die Höhe der Dividenden relativ unabhängig von der externen Rechnungslegung festlegen. Zudem können US-amerikanische Unternehmen frei wählen, nach welchem einzelstaatlichen Recht sie sich inkorporieren lassen. Diese Entscheidung ist unabhängig vom Sitz eines Unternehmens.[618] Somit können Unternehmen eher restriktiven Gesetzen zur Bemessung der Ausschüttungen aus dem Wege gehen.

In fast allen US-Bundesstaaten fordern die gesetzlichen Bestimmungen, dass Unternehmen nach der Ausschüttung von Dividenden noch zahlungsfähig sein müssen. Allerdings ist rechtlich nicht exakt festgelegt, wie die Zahlungsfähigkeit von Unternehmen zu überprüfen ist. Auch die subjektive Meinung der Geschäftsführung fliesst in die Beurteilung der Zahlungsfähigkeit ein.[619] Neben der Anforderung der Zahlungsfähigkeit enthalten die Gesetze der US-Bundesstaaten weitere Vorschriften zur Ausschüttungsbemessung. Hinsichtlich dieser Vorschriften lassen sich drei Gruppen von Bundesstaaten unterscheiden.[620] In der ersten Gruppe von Staaten müssen Unternehmen Dividenden i. d. R. aus dem Ergebnis des abgelaufenen Geschäftsjahres oder aus den Retained Earnings zahlen. In der zweiten Gruppe von Staaten werden den Unternehmen größere Spielräume gewährt. Ausschüttungen dürfen den Fair Value der Net Assets, also die Differenz der Fair Values von Assets und Liabilities,[621] nicht übersteigen. Diese Vorschrift bezieht sich auf Fair Values und nicht auf Buchwerte. Somit wird Unternehmen in dieser Gruppe von Staaten eine Ausschüt-

617 Vgl. auch Heintges (1997), S. 141 f. Zu bilanzpolitischen Maßnahmen, die die Ausschüttungsfähigkeit beeinflussen, vgl. auch Leuz/Deller/Stubenrath (1998), S. 114.

618 Vgl. Wagenhofer/Ewert (2003), S. 148.

619 Vgl. Wüstemann (1999), S. 56.

620 Vgl. dazu und im Folgenden Kieso/Weygandt/Warfield (2001), S. 813 f.; Delaney/Epstein/Adler/Foran (2000), S. 681 f.

621 Vom Wert der Net Assets sind evtl. vorhandene vorrangige Ansprüche bestimmter Anteilseigner abzusetzen. Vgl. dazu Wüstemann (1999), S. 59.

tungspolitik ermöglicht, die verhältnismäßig unabhängig vom Jahresabschluss ist.[622] Die dritte Gruppe von Staaten schreibt weitere Liquiditäts- und Risikotests vor.

In vielen Bundesstaaten der USA sind die gesetzlichen Auschüttungsgrenzen also großzügig bemessen. Die Höhe der Ausschüttungen kann in manchen Fällen sogar die Höhe des bilanziellen Eigenkapitals übersteigen.[623] Für Aktionäre besteht nur unter bestimmten betriebswirtschaftlichen Bedingungen ein durch Case Law erhärteter Anspruch auf eine Mindestausschüttung.[624] Im Normalfall dürften Reaktionen der Anleger und Debt Covenants in Kreditverträgen Manager allerdings davon abhalten, die gesetzlichen Möglichkeiten der Ausschüttungsbemessung vollständig auszuschöpfen.[625]

4.2 Instrumente der Bilanzpolitik

Bilanzpolitische Instrumente können nach verschiedenen Kriterien klassifiziert werden. Ansätze zur systematischen Ordnung der Instrumente finden sich hauptsächlich in der deutschen Literatur. Dagegen wird dieses Thema in der US-Literatur vermutlich wegen der negativen Konnotation des Begriffs Earnings Management kaum behandelt. Die deutschen Ansätze lassen sich jedoch grundsätzlich auf die US-amerikanische Rechnungslegung übertragen, auch wenn für US-GAAP vor allem aufgrund der geringen Anzahl expliziter Wahlrechte andere Instrumente wichtiger sind als für die deutsche Rechnungslegung.

Nach der Wirkung auf den Jahresüberschuss lassen sich materielle und formelle Bilanzpolitik unterscheiden. Mittels materieller Bilanzpolitik[626] wird das ausgewiesene Ergebnis beeinflusst. Durch formelle Bilanzpolitik wird der ausgewiesene Jahresüberschuss nicht verändert, sondern lediglich Gliederung, Ausweis und Erläuterung der Abschlussposten beeinflusst.[627] Zur formellen Bilanzpolitik gehört auch die Gestaltung der Angaben im An-

---

622 Vgl. Kieso/Weygandt/Warfield (2001), S. 60 ff.; Delaney/Epstein/Adler/Foran (2000), S. 682.

623 Vgl. Kieso/Weygandt/Warfield (2001), S. 814.

624 Vgl. Wüstemann (1999), S. 51 f.

625 Vgl. Schildbach (2000), S. 11 u. S. 14 ff.

626 Küting zeigt an Beispielen, in welchem Umfang deutsche Unternehmen durch steuerliche Mehrabschreibungen und durch Ausnutzung der Wahlrechte und Spielräume zur Behandlung des Geschäfts- oder Firmenwertes materielle Bilanzpolitik betreiben. Vgl. Küting (1997).

627 Vgl. Pfleger (1991), S. 22. Manchmal wird materielle Bilanzpolitik weiter abgegrenzt. Dann wird auch die Veränderung der Strukturen von Bilanz und Gewinn- und Verlustrechnung ohne Ergebniswirkung zur materiellen Bilanzpolitik gerechnet, sofern sich dadurch die Bilanzsumme ändert. Vgl. Waschbusch (1994), S. 807 f. und S. 922 f. Außerdem können von materieller und formeller Bilanzpolitik noch ergänzende zeitliche jahresabschlusspolitische Instrumente wie die Wahl des Jahresabschlussstichtages und des Zeitpunktes der Veröffentlichung des Abschlusses unterschieden werden. Vgl. Waschbusch (1994), S. 812 und S. 923 f.; Wöhe (1997), S. 63 f.

hang und im Lagebericht.[628] Da Wertpapieranalysten und Investoren dem ausgewiesenen Ergebnis eine zentrale Bedeutung beimessen, werden vor allem materielle bilanzpolitische Maßnahmen eingesetzt, um die Wahrnehmung der Kapitalmarktteilnehmer zu beeinflussen. Auch für die steuerlichen und ausschüttungspolitischen Ziele von Unternehmen ist materielle Bilanzpolitik wichtiger als formelle Bilanzpolitik.

Bilanzpolitische Instrumente können außerdem in sachverhaltsdarstellende und sachverhaltsgestaltende Maßnahmen eingeteilt werden.[629] Sachverhaltsgestaltende Maßnahmen setzen vor dem Bilanzstichtag an und beeinflussen das Mengengerüst der Bilanz.[630] Eine Möglichkeit zur Sachverhaltsgestaltung besteht darin, Transaktionen früher oder später als ursprünglich geplant durchzuführen. Diese Art sachverhaltsgestaltender Bilanzpolitik bezieht sich auf Geschäftsvorfälle, die ohnehin stattgefunden hätten.[631] Beispielsweise können abnutzbare Güter des Anlagevermögens früher als nötig angeschafft werden, um eine Abschreibung vornehmen zu können und so das ausgewiesene Ergebnis zu verringern. Wird umgekehrt die Investition verzögert, fallen die Abschreibungen erst in späteren Geschäftsjahren an.[632]

Neben dem zeitlichen Verschieben ohnehin notwendiger Transaktionen gibt es auch originär bilanzpolitisch motivierte Sachverhaltsgestaltungen. Solche Transaktionen werden allein mit dem Ziel durchgeführt, den Jahresabschluss zu beeinflussen.[633] Beispielsweise können Unternehmen nicht betriebsnotwendige Vermögensgegenstände verkaufen, um stille Reserven zu heben und das ausgewiesene Ergebnis zu erhöhen.[634] Deutsche Unternehmen können das Aktivierungsverbot für nicht entgeltlich erworbene Vermögensgegenstände des Anlagevermögens gemäß § 248 Abs. 2 HGB umgehen, indem sie ihre Forschung rechtlich ausgliedern.[635] Originär bilanzpolitisch motivierte Sachverhaltsgestaltun-

628 Vgl. Kußmaul/Lutz (1993a), S. 400.

629 Küting betrachtet die Gewinnverwendung als einen gesonderten, dritten Teilbereich der Bilanzpolitik neben Sachverhaltsgestaltungen und Sachverhaltsabbildungen. Vgl. Küting (2001a), Sp. 345.

630 Vgl. Küting (2001a), Sp. 342; Pfleger (1991), S. 32; Waschbusch (1994), S. 808; Vodrazka (1974), Sp. 921; Wöhe (1997), S. 59. Dagegen lehnt Hinz eine zeitliche Abgrenzung der Sachverhaltsgestaltungen von Sachverhaltsdarstellungen ab. Denn in Ausnahmefällen wie bei Rückstellungen für Instandhaltungsmaßnahmen können Sachverhaltsgestaltungen auch nach dem Bilanzstichtag vorgenommen werden. Vgl. Hinz (1994), S. 67. Nach § 249 Abs. 1 Nr. 1 HGB muss für unterlassene Aufwendungen für Instandhaltung, die in den ersten drei Monaten nach Geschäftsjahresende nachgeholt werden, eine Rückstellung gebildet werden. Durch zeitliche Vor- oder Nachverlagerung der nachzuholenden Instandhaltungsmaßnahmen kann die Höhe der Rückstellungen beeinflusst werden.

631 Vgl. Pfleger (1991), S. 32; Berens/Hoffjan (1999), S. 1286; Küting (2001a), Sp. 342; Vodrazka (1974), Sp. 921.

632 Vgl. Berens/Hoffjan (1999), S. 1291 f.

633 Vgl. Pfleger (1991), S. 33; Berens/Hoffjan (1999), S. 1286.

634 Vgl. Berens/Hoffjan (1999), S. 1292.

635 Vgl. Kußmaul/Lutz (1993a), S. 399 f.

gen können danach unterschieden werden, ob die Maßnahmen nach dem Bilanzstichtag wieder rückgängig gemacht werden oder nicht.[636]

Im Konzernverbund können sachverhaltsgestaltende Maßnahmen eingesetzt werden, die unverbundenen Unternehmen nicht zur Verfügung stehen. Beispielsweise kann der Erfolgsausweis der Gesellschaften beeinflusst werden, indem innerhalb der rechtlichen Grenzen Konzernverrechnungspreise entsprechend festgelegt werden.[637] Außerdem kann durch Sachverhaltsgestaltungen auf den Konsolidierungskreis und die Pflicht zur Aufstellung eines Konzernabschlusses eingewirkt werden.[638]

Vor dem Einsatz sachverhaltsgestaltender Maßnahmen sollte überprüft werden, ob die Vorteile durch den Einfluss auf den Jahresabschluss schwerer wiegen als eventuelle Nachteile der Maßnahmen. Zusätzliche Kosten für das Unternehmen können entstehen, wenn Transaktionen aus bilanzpolitischen Motiven anders durchgeführt werden, als es aus betrieblicher Sicht optimal wäre. Beispielsweise können höhere Lohnkosten anfallen, wenn ein Auftrag besonders schnell fertiggestellt werden soll.[639] Möglicherweise werden auch ansonsten erzielbare Gewinne nicht realisiert.[640]

Anders als Sachverhaltsgestaltungen werden sachverhaltsdarstellende Instrumente erst nach dem Bilanzstichtag bei der Aufstellung des Abschlusses eingesetzt.[641] Unternehmen betreiben sachverhaltsdarstellende Bilanzpolitik, indem Wahlrechte und Spielräume bei Bilanzierung, Bewertung und Ausweis genutzt werden. Bei der Bilanzierung geht es um die Frage, ob ein Objekt bzw. ein Sachverhalt in der Bilanz angesetzt werden soll. Anschließend muss entschieden werden, mit welchem Wert das Objekt oder der Sachverhalt in den Abschluss einzubeziehen ist. Danach steht noch die Frage an, wo ein Objekt oder ein Sachverhalt im Abschluss auszuweisen ist und ob dazu im Anhang oder im Lagebericht Erläuterungen gegeben werden.[642]

---

636 Vgl. Vodrazka (1974), Sp. 921 f.; Küting (2001a), Sp. 342 f.

637 Vgl. Günkel (1996); Hinz (1994), S. 338 ff.; Pausenberger (1992); Raupach (1999); Choi/Frost/Meek (1999), S. 445 ff.

638 Vgl. Hinz (1994), S. 375 ff. und S. 382 ff.

639 Vgl. Berens/Hoffjan (1999), S. 1286.

640 Collingwood führt als Beispiel die Venture-Capital-Abteilung von SmithKline Beecham an, die darauf verzichtete, Beteiligungen an Biotechnologieunternehmen zum Zeitpunkt eines zyklischen Hochs am Aktienmarkt zu verkaufen, um den ausgewiesenen Erfolg der laufenden Periode nicht zu weit über die Schätzungen von Analysten zu erhöhen und dem Kapitalmarkt auf diese Weise einen planmäßigen Geschäftsverlauf zu signalisieren. Vgl. Collingwood (2001), S. 65 f.

641 Vgl. Kußmaul/Lutz (1993a), S. 400; Waschbusch (1994), S. 808; Vodrazka (1974), Sp. 917 ff.; Wöhe (1997), S. 59.

642 Vgl. Kußmaul/Lutz (1993a), S. 344; Küting (2001a), Sp. 343.

Sachverhaltsdarstellende Maßnahmen lassen sich in Wahlrechte und Spielräume unterteilen. Hat der Bilanzersteller ein Wahlrecht, so kann er zwischen mindestens zwei eindeutig definierten Alternativen wählen, ein Objekt bzw. einen Sachverhalt bilanziell zu behandeln.[643] Wahlrechte werden entweder direkt von den Rechnungslegungsvorschriften vorgegeben oder entstehen daraus, dass sich für die Auslegung unbestimmter Rechtsbegriffe durch Bilanzierungspraxis und Rechtsprechung mindestens zwei eindeutig definierte Alternativen herausgebildet haben. In Abgrenzung zu Wahlrechten, die direkt von den Rechnungslegungsvorschriften vorgegeben werden, spricht man im letzteren Fall auch von faktischen Wahlrechten.[644]

Von Ermessensspielräumen wird gesprochen, wenn für die Auslegung unbestimmter Rechtsbegriffe nicht klar unterscheidbare Alternativen zur Verfügung stehen, sondern Bilanzersteller konkrete Sachverhalte subjektiv würdigen müssen und die unbestimmten Rechtsbegriffe dabei graduell unterschiedlich interpretieren können, wie z. B. bei der Schätzung der Nutzungsdauer von abnutzbaren Anlagegütern.[645] Faktische Wahlrechte und Ermessensspielräume sind unvermeidbar, da es nicht für jede denkbare Ausprägung realer Sachverhalte eine einzelne, passende Rechnungslegungsvorschrift geben kann.[646] Bei der Erstellung von Konzernabschlüssen ergeben sich zusätzlich zu den im Einzelabschluss nutzbaren Möglichkeiten der Bilanzpolitik noch weitere Wahlrechte und Ermessensspielräume.[647]

Im Vergleich zum deutschen HGB enthalten die US-GAAP nur wenige ausdrücklich vorgesehene Wahlrechte. Allerdings wird in den US-GAAP tendenziell mehr Wert auf die Relevanz von Rechnungslegungsinformationen gelegt und die Zuverlässigkeit der Informationen weniger stark in den Vordergrund gestellt als im deutschen HGB. Dadurch ergeben sich nach US-GAAP in bestimmten Bereichen wie z. B. der bilanziellen Behandlung selbsterstellter immaterieller Anlagen mehr faktische Wahlrechte und Ermessensspielräume als nach deutschem HGB.[648]

---

643 Vgl. Pfleger (1991), S. 33 f.; Bauer (1981), S. 66; Selchert/Karsten (1989), S. 837; Kussmaul/Lutz (1993a), S. 400.

644 Vgl. Selchert/Karsten (1989), S. 837 f. Statt des Begriffs der faktischen Wahlrechte ist auch der Ausdruck Verfahrensspielräume gebräuchlich. Vgl. Pfleger (1991), S. 34.

645 Vgl. Küting (2001a), Sp. 344; Selchert/Karsten (1989), S. 838.

646 Vgl. Pfleger (1991), S. 35.

647 Vgl. Greth (1996), S. 123 ff. Beispielsweise besteht ein Wahlrecht, Gemeinschaftsunternehmen im Sinne des § 310 Abs. 1 HGB quotal in den Konzernabschluss einzubeziehen oder gemäß der Equity-Methode zu bilanzieren.

648 Vgl. Müller/Wulf (2001), S. 2206.

Sachverhaltsgestaltende und sachverhaltsdarstellende Maßnahmen entfalten ihre volle bilanzpolitische Wirkung oft erst dann, wenn ihr Einsatz aufeinander abgestimmt wird.[649] Ein kombinierter Einsatz der Instrumente kann es externen Abschlussadressaten schwerer machen, bilanzpolitische Maßnahmen zu erkennen und im Rahmen einer Bilanzanalyse zu korrigieren.[650] Die (Un-) Erkennbarkeit einer bilanzpolitischen Maßnahme ist besonders im Hinblick auf die informationspolitischen Ziele der Bilanzpolitik ein wichtiges Auswahlkriterium. Bei der Entscheidung für ein bilanzpolitisches Instrument sind außerdem die „Dosierbarkeit", die Folgewirkungen und die Bindungswirkung einer Maßnahme zu berücksichtigen.[651] Folgewirkungen einer bilanzpolitischen Maßnahme sind dem ursprünglichen Einfluss einer Maßnahme aufgrund der so genannten Zweischneidigkeit der Bilanz häufig entgegengesetzt. So haben z. B. hohe Abschreibungen auf einen Vermögensgegenstand des Anlagevermögens in den ersten Jahren der Nutzung geringere Abschreibungsmöglichkeiten in den späteren Jahren zur Folge. Ergebniserhöhende Wirkungen bilanzpolitischer Maßnahmen resultieren oft aus der Auflösung stiller Reserven, deren Bildung in den Vorjahren ceteris paribus zu niedrigeren Ergebnissen geführt hat. Ein anderes Beispiel sind US-amerikanische Unternehmen, die das Ergebnis erhöhen, indem Umsatzerlöse zu früh erfasst werden, wenn die Lieferung an den Kunden noch nicht erfolgt ist oder die Kriterien für die „revenue recognition"[652] aus anderen Gründen noch nicht erfüllt sind.[653] In der folgenden Periode können die zu früh erfassten Erlöse nicht ein weiteres Mal angesetzt werden, so dass das Ergebnis ceteris paribus gemindert wird. Solche unerwünschten Ergebniswirkungen einer bilanzpolitischen Maßnahme in den Folgeperioden können allerdings durch den Einsatz neuer bilanzpolitischer Maßnahmen ausgeglichen und in spätere Perioden verschoben werden.[654] Bei der Auswahl bilanzpolitischer Instrumente müssen auch mögliche Bindungswirkungen beachtet werden. Aufgrund des Stetigkeitsgrundsatzes kann von bilanzpolitischen Maßnahmen eine Bindungswirkung ausgehen, die die Entschei-

---

649 Vgl. Waschbusch (1994), S. 808; Hoffmann (1996), S. 1245; Berens/Hoffjan (1999), S. 1283.

650 Vgl. Hoffmann (1996), S. 1245.

651 Vgl. Küting (2001a), Sp. 341. Bilanzpolitische Maßnahmen lassen sich gut dosieren, wenn nicht zwischen zwei festgelegten Alternativen für einen Wert gewählt werden muss, sondern stattdessen graduelle Einflussmöglichkeiten zur Verfügung stehen.

652 „[...] recognition [of revenues] involves consideration of two factors, (a) being realized or realizable and (b) being earned [...]"; FASB (1984), SFAC No. 5, Par. 83(a) u. (b).

653 Vgl. Vorwold (1999), S. 2322. Damit liegt allerdings ein Regelverstoß gegen US-GAAP vor. Wenn zur Bilanzpolitik nur Maßnahmen innerhalb der bestehenden Vorschriften gerechnet werden, stellt eine zu frühe Erfassung von Umsatzerlösen somit keine bilanzpolitische Maßnahme, sondern eine betrügerische Bilanzmanipulation dar. Vgl. dazu die Definitionen von Bilanzpolitik und Earnings Management in Abschnitt 4.1 dieser Arbeit.

654 Vgl. Pfleger (1991), S. 55; Kußmaul/Lutz (1993a), S. 402.

dungsfreiheit des Bilanzerstellers in vergleichbaren Fällen einschränkt.[655] Durch den kombinierten Einsatz von sachverhaltsgestaltender und -darstellender Bilanzpolitik kann die Bindungswirkung des Stetigkeitsgrundsatzes in manchen Fällen umgangen werden. Im Anschluss an eine sachverhaltsdarstellende bilanzpolitische Maßnahme können in der Folgeperiode Sachverhalte unter Umständen so stark verändert werden, dass andere Bewertungsmethoden als in der Vorperiode verwendet werden können.[656]

4.3 Theorien zur kapitalmarktorientierten Bilanzpolitik

4.3.1 Agency-theoretische Erklärung kapitalmarktorientierter Bilanzpolitik

Anders als viele Praktiker betrachtet die Principal-Agent-Theorie Bilanzpolitik nicht von vornherein als schädlich für den Kapitalmarkt, sondern sieht stattdessen die Möglichkeit, dass bilanzpolitische Maßnahmen den Informationsgehalt von Rechnungslegungsdaten für Kapitalmarktteilnehmer erhöhen. So werden beispielsweise ergebniserhöhende Bilanzpolitik und die Glättung des Ergebnisausweises im Zeitablauf von Chaney/Lewis (1995) als Formen der Bilanzpolitik angesehen, die es Kapitalmarktteilnehmern ermöglichen, Unternehmen mit guten Ertragsaussichten zu identifizieren.[657] Als typisch deutsche Sicht bezeichnen Arya/Glover/Sunder (1998) das Argument, dass bilanzpolitische Spielräume Managern ein höheres Maß an Autonomie und eine Orientierung der Geschäftspolitik an langfristigen Zielen erlauben. Gemäß diesem Ansatz schafft Bilanzpolitik eine nützliche Unklarheit über die wahre Geschäftslage eines Unternehmens. Anteilseigner kommen auf-

[655] Vgl. Küting (2001a), Sp. 341; Waschbusch (1994), S. 920. Es kann zwischen einer innerperiodischen und einer interperiodischen Bindungswirkung unterschieden werden. Nach deutschen Rechnungslegungsvorschriften können sich innerperiodische Bindungswirkungen aus dem Gebot der Willkürfreiheit und interperiodische Bindungswirkungen aus dem Stetigkeitsgrundsatz ergeben. Der Stetigkeitsgrundsatz gilt allerdings nicht für Entscheidungen darüber, welche Sachverhalte in der Bilanz angesetzt werden sollen. Vgl. Kußmaul/Lutz (1993a), S. 403. Nach US-GAAP müssen die Grundsätze der Comparability und der Consistency beachtet werden. Der Grundsatz der Comparability verlangt neben einer zwischenbetrieblichen Vergleichbarkeit, dass Informationen über ein Unternehmen im Zeitablauf vergleichbar sind. Vgl. FASB (1980), SFAC No. 2 Par. 111 - 119. Gemäß dem Grundsatz der Consistency sind auf vergleichbare Sachverhalte im Zeitablauf die gleichen Rechnungslegungsmethoden anzuwenden. Ein Methodenwechsel ist nur erlaubt, wenn die neue Methode vorziehenswürdig ist. Die Auswirkungen eines Methodenwechsels müssen in den Financial Statements erläutert werden. Vgl. FASB (1980), SFAC No. 2, Par. 120 – 122. Der Stetigkeitsgrundsatz wird nach US-GAAP eher strenger als nach deutschem HGB gehandhabt. Vgl. Müller/Wulf (2001), S. 2211.

[656] Vgl. Hoffmann (1996), S. 1245; Berens/Hoffjan (1999), S. 1284.

[657] Pfleger (1991) ist ebenfalls der Meinung, dass die Glättung des ausgewiesenen Ergebnisses der Weitergabe von Informationen an unternehmensexterne Interessengruppen dienen kann. Ein geglätteter Ergebnisausweis kann u. U. als repräsentativ für durchschnittlich erwartete künftige Ergebnisse betrachtet werden und die Entwicklung des Erfolges besser abbilden als ein stärker schwankender Ergebnisausweis. Diese Argumentation wird allerdings theoretisch nicht weiter untermauert. Vgl. Pfleger (1991), S. 27 ff.

grund fehlender genauer Informationen nicht in die Versuchung, vorschnell in die Geschäftspolitik eines Unternehmens eingreifen zu wollen. Die erzwungene Zurückhaltung der Anteilseigner wirkt motivierend auf die Manager.[658]

Agency-theoretische Studien beschäftigen sich u. a. mit dem Income Smoothing, einer Form kapitalmarktorientierter Bilanzpolitik, die sowohl in Deutschland als auch in den USA beliebt ist.[659] Eine Glättung des Ergebnisausweises wird vor allem durch das Bilden und Auflösen von stillen Reserven sowie durch das Vorziehen oder Verzögern von Transaktionen erreicht. Um ein gleichbleibend hohes Ergebnis ausweisen zu können, müssen Unternehmen den Einsatz bilanzpolitischer Maßnahmen am Ergebnis des Vorjahres ausrichten.[660] Wird ein kontinuierlich wachsendes Ergebnis angestrebt, muss zum Vorjahresergebnis noch ein entsprechender Zuschlag hinzugerechnet werden. I. d. R. gelingt es Unternehmen nur für einen begrenzten Zeitraum, ein gleichbleibend hohes Ergebnis oder konstante Ergebniszuwächse auszuweisen. Ist absehbar, dass ein niedrigerer Ergebnisausweis auch durch bilanzpolitische Maßnahmen nicht verhindert werden kann, nehmen Unternehmen häufig ein so genanntes „Big Bath". Ein Big Bath beinhaltet den Einsatz bilanzpolitischer Maßnahmen, um den Ergebnisausweis so weit wie möglich nach unten zu manipulieren. Dabei wird in Kauf genommen, dass das ursprünglich angestrebte Ergebnisziel noch deutlicher verfehlt wird, als eigentlich nötig gewesen wäre. Aufgrund der entgegengerichteten materiellen Folgewirkungen der ergebnisverringernden Bilanzpolitik wird es in den anschließenden Perioden für Unternehmen leichter, ein Ergebnis auf dem gewünschten Niveau auszuweisen. Einem Big Bath liegt die Annahme der Manager zugrunde, dass die negative Reaktion des Kapitalmarktes nur unterproportional mit dem Abstand des tatsächlich ausgewiesenen vom eigentlich angestrebten Ergebnis zunimmt.[661]

---

658 Vgl. Arya/Glover/Sunder (1998), S. 9.

659 Zur Verbreitung von Income Smoothing in den USA und Deutschland vgl. die in Abschnitt 4.5.2.2 dargestellten Ergebnisse empirischer Studien.

660 Die Orientierung bilanzpolitischer Maßnahmen an kapitalmarktrelevanten Schwellenwerten wie dem Vorjahresergebnis, den Ergebnisschätzungen von Analysten oder einem Ergebnis in Höhe von null ist neben der Ergebnisglättung eine weitere stark verbreitete Form kapitalmarktorientierter Bilanzpolitik. Wird durch Ergebnisglättung ein gleichbleibender Ergebnisausweis anvisiert, ist Ergebnisglättung mit einer Orientierung der Bilanzpolitik am Schwellenwert des Vorjahresergebnisses identisch. Eine Orientierung der Bilanzpolitik an Ergebnisschätzungen von Analysten kann ebenfalls zu einer Art Ergebnisglättung führen, da Analysten relativ selten starke Ergebnisschwankungen prognostizieren, so dass sie bei tatsächlich eintretenden deutlichen Ergebnisänderungen relativ große Schätzfehler machen. Theoretische Erklärungen für die Bedeutung von Schwellenwerten sind Gegenstand des folgenden Abschnitts 4.3.2. Zur Verbreitung von schwellenwertorientierter Bilanzpolitik vgl. die in Abschnitt 4.5.2.1 dargestellten Ergebnisse empirischer Studien sowie die Untersuchung in Abschnitt 4.6 dieser Arbeit.

661 Vgl. Vorwold (1999), S. 2321 ff.; Grimm (2001), S. 11; auch Pfleger (1991), S. 27 ff.

Die Rechnungslegung stellt ein Instrument dar, mit dem Manager Informationen an Anteilseigner und andere Interessengruppen weitergeben können. Mit Hilfe von Rechnungslegungsinformationen können Informationsasymmetrien zwischen Managern und Anteilseignern abgebaut werden, die dadurch entstehen, dass Manager die Vermögens-, Finanz- und Ertragslage und deren künftige Entwicklung besser einschätzen können als außenstehende Investoren. Wenn bei der Bilanzerstellung Wahlrechte ausgeübt und Spielräume genutzt werden können und außerdem Sachverhalte zuvor bilanzpolitisch gestaltet werden können, ist die Rechnungslegung grundsätzlich besonders gut geeignet, einen Teil des überlegenen Wissens der Manager zu transportieren.

Allerdings betont die Agency-Theorie, dass Manager und Anteilseigner unterschiedliche Ziele haben können. Unter anderem untersucht die Agency-Theorie, wie Anteilseigner Manager dazu veranlassen können, bilanzpolitische Maßnahmen so einzusetzen, dass Anteilseigner Rückschlüsse über einen Teil des überlegenen Wissens der Manager ziehen können. Sofern dieses Ziel nicht vollständig erreicht werden kann, tragen die Regulierung durch Rechnungslegungsvorschriften und die Prüfung der Abschlüsse durch eine möglichst unabhängige dritte Partei dazu bei, dass Anteilseigner trotzdem mit relevanten und zuverlässigen Informationen versorgt werden.[662]

Für jede agency-theoretische Betrachtung der Bilanzpolitik ist das so genannte Revelation Principle[663] von zentraler Bedeutung.[664] Um Bilanzpolitik in Modellen der Agency-Theorie erklären zu können, darf dieses Prinzip nicht gültig sein. Das Revelation Principle besagt nämlich, dass unter bestimmten Annahmen Verträge so gestaltet werden können, dass die beteiligten Parteien Anreize haben, ihre privaten Informationen wahrheitsgemäß offen zu legen. Wahrheitsgemäße Berichterstattung wird mit einer bilanzpolitisch unbeeinflussten Rechnungslegung gleichgesetzt. Bei Gültigkeit des Revelation Principle kann also jede Gleichgewichtslösung, die durch den Einsatz bilanzpolitischer Instrumente gekennzeichnet ist, durch ein Gleichgewicht ersetzt werden, in dem Manager Rechnungslegungsinformationen nicht bilanzpolitisch beeinflussen.[665] Hinter dem Revelation Principle steckt folgender Gedanke. Manager greifen zu bilanzpolitischen Maßnahmen, um ihren Nutzen zu erhöhen. Bilanzpolitische Anreize können durch einen Vertrag zwischen Managern und Anteilseignern ausgeschaltet werden, durch den niemand bei Einsatz von Bilanzpolitik einen

---

662 Vgl. Healy/Palepu (1993), S. 2 f.; zur Agency-Theorie allgemein vgl. z. B. Gerke (2001).
663 Vgl. Myerson (1979).
664 Vgl. Haas (2000), S. 70.
665 Vgl. Dye (1988), S. 196.

höheren erwarteten Nutzen als ohne Bilanzpolitik hat. Ein solcher Vertrag muss sich auf alle Situationen beziehen, in denen bisher Anreize zur Bilanzpolitik bestanden haben. Für diese Situationen garantiert der Vertrag, dass die Entlohnung von Managern bei wahrheitsgemäßer Berichterstattung genau so hoch ist wie bei bilanzpolitisch beeinflusster Rechnungslegung.[666]

Allerdings gilt das Revelation Principle nur unter drei restriktiven Annahmen. Das Revelation Principle geht davon aus, dass erstens sämtliche privaten Informationen ohne Beschränkungen kostenlos übermittelt werden können, zweitens Prinzipale sich glaubwürdig daran binden können, übermittelte Informationen gemäß vertraglichen Vereinbarungen zu verwenden, und drittens die Zahl möglicher Formen von Verträgen zwischen Agenten und Prinzipalen nicht eingeschränkt ist.[667] Um bilanzpolitisches Verhalten von Unternehmen zu erklären, weichen agency-theoretische Modelle von mindestens einer dieser Annahmen ab.

Agency-theoretische Studien zur Bilanzpolitik können danach klassifiziert werden, welche der Annahmen des Revelation Principle aufgehoben wird.[668] Im Folgenden werden kurz zwei Studien dargestellt, die sich speziell mit Income Smoothing, also einer aus Kapitalmarktsicht besonders relevanten Form von Bilanzpolitik, beschäftigen. Chaney/Lewis (1995) heben die dritte Annahme beliebig wählbarer Vertragsformen auf. In der Studie von Chaney/Lewis stellt Earnings Management eine Antwort auf die im Modell unterstellte Form der Entlohnung von Managern dar. Der Erklärungsansatz von Trueman/Titman (1988) kann den Modellen zugeordnet werden, die von der zweite Annahme des Revelation Principle abweichen.[669]

Studie von Chaney/Lewis (1995)

Chaney/Lewis (1995) zeigen in ihrem Modell, wie Income Smoothing und andere bilanzpolitische Maßnahmen den Informationsgehalt des ausgewiesenen Ergebnisses für Investoren erhöhen können. Das Modell geht von einer asymmetrischen Informationsverteilung zwischen Managern und Investoren aus. Idealtypisch werden zwei Arten von Unternehmen unterschieden: Unternehmen mit guten Ertragsaussichten und daher hohem tatsächlichem Wert einerseits und Unternehmen mit ungünstigen Ertragsaussichten und folglich geringem

---

666 Vgl. Wagenhofer/Ewert (2003), S. 263.

667 Vgl. Arya/Glover/Sunder (1998), S. 10; Haas (2000), S. 71.

668 Vgl. Arya/Glover/Sunder (1998), S. 10 ff. Die verschiedenen Ansätze zur Erklärung von Bilanzpolitik stehen in keinem Konkurrenzverhältnis zueinander, sondern ergänzen sich, indem sie unterschiedliche Aspekte bilanzpolitischen Verhaltens hervorheben. Vgl. ebenda.

669 Vgl. Demski/Frimor (1999), S. 188; vgl. Arya/Glover/Sunder (1998), S. 15 f.

tatsächlichem Wert andererseits. Kosten ergebniserhöhender Bilanzpolitik entstehen dadurch, dass das ausgewiesene Ergebnis für die Höhe der Steuerzahlungen maßgeblich ist. Die Möglichkeiten zur bilanzpolitischen Beeinflussung des Ergebnisausweises sind nicht unbeschränkt, da ergebnisverändernde Maßnahmen in einer späteren Periode eine entgegengerichtete Wirkung auf das ausgewiesene Ergebnis haben.[670] Die Entlohnung der Manager ist vertraglich festgelegt. Manager werden in Abhängigkeit vom Marktwert ihres Unternehmens bezahlt. Somit können Manager nicht zwischen verschiedenen Entlohnungsverträgen wählen, um auf diesem Weg den Wert des Unternehmens zu signalisieren.

Manager eines Unternehmens mit niedrigem tatsächlichem Wert haben einen Anreiz, mittels ergebniserhöhender Bilanzpolitik Unternehmen mit hohem tatsächlichem Wert nachzuahmen. Dadurch können Investoren Unternehmen mit hohem und niedrigem Wert nicht mehr unterscheiden, so dass Unternehmen mit niedrigem tatsächlichem Wert am Markt überbewertet werden und Manager dieser Unternehmen entsprechend gut entlohnt werden. Mit ergebniserhöhender Bilanzpolitik sind aber auch Kosten in Form höherer Steuerzahlungen verbunden, die einen negativen Einfluss auf den Unternehmenswert und somit auch auf das Gehalt der Manager haben.[671] Ab einem bestimmten Ausmaß ergebniserhöhender Bilanzpolitik überwiegt der negative Einfluss auf die Entlohnung der Manager, so dass Manager von Unternehmen mit niedrigem Wert ihre Nachahmungsstrategie zugunsten einer steuerminimierenden Bilanzpolitik aufgeben.

Manager von Unternehmen mit hohem tatsächlichem Wert sind dagegen daran interessiert, durch einen hohen Ergebnisausweis nach außen hin von anderen Unternehmen für Investoren unterscheidbar zu sein. Dadurch wird eine Unterbewertung der Unternehmen mit hohem tatsächlichem Wert vermieden und die Manager werden entsprechend gut entlohnt. Um nicht nachgeahmt zu werden, müssen Manager von Unternehmen mit hohem tatsächlichem Wert gegebenenfalls den Ergebnisausweis bilanzpolitisch so stark erhöhen, dass die Nachahmungsstrategie für Manager von Unternehmen mit niedrigem Wert aufgrund hoher Steuerzahlungen unprofitabel wird. Aus der ergebniserhöhenden Bilanzpolitik ergeben sich

[670] Dieser Umkehreffekt bilanzpolischer Maßnahmen entsteht aufgrund der Zweischneidigkeit der Bilanz. Vgl. dazu Abschnitt 4.2 dieser Arbeit.

[671] Kosten der Bilanzpolitik könnten für ein Unternehmen außerdem entstehen, wenn Investoren bilanzpolitische Einflüsse erkennen und anders als im Modell angenommen als Versuch der Täuschung interpretieren. In diesem Fall könnten Investoren das Vertrauen in die Berichterstattung des Unternehmens verlieren. Negative Kursreaktionen könnten die Folge sein. Darüber hinaus könnten Kosten durch Bilanzpolitik in Form von Sachverhaltsgestaltungen entstehen, die nicht den betriebswirtschaftlich optimalen Maßnahmen entsprechen. Schließlich können negative rechtliche Konsequenzen Kosten verursachen, wenn Unternehmen an Stelle von Bilanzpolitik betrügerische Bilanzmanipulation betreiben.

für Manager von Unternehmen mit hohem tatsächlichem Wert zwar auch Nachteile durch einen Anstieg der eigenen Steuerzahlungen. Die Kosten ergebniserhöhender Bilanzpolitik sind für Unternehmen mit hohem tatsächlichem Wert aber geringer als für Unternehmen mit niedrigem tatsächlichem Wert, da das Ausmaß der Ergebnisbeeinflussung geringer ist. Zudem werden die Kosten der Bilanzpolitik dadurch überkompensiert, dass Unternehmen mit niedrigem tatsächlichem Wert von der Nachahmungsstrategie ablassen, Unternehmen mit hohem Wert von Außenstehenden somit identifiziert werden können und folglich auch am Markt entsprechend hoch bewertet werden.

Im Modell existiert eine Gleichgewichtslösung, in der Unternehmen mit hohem Wert den Ergebnisausweis im Zeitablauf glätten und so weit erhöhen, dass die Nachahmungsstrategie für andere Unternehmen unprofitabel wird. Die Ergebnisglättung befreit den Ergebnisausweis von zufälligen Schwankungen im Zeitablauf und hilft Investoren auf diese Weise, Unternehmen mit hohem tatsächlichem Wert an einem hohen ausgewiesenen Ergebnis zuverlässig zu erkennen.[672]

Allerdings ist fraglich, ob die Aussagen des Modells ohne weiteres auf die Praxis übertragen werden können. Da sich Unternehmen in der Praxis nicht grob in Unternehmen mit niedrigem und mit hohem tatsächlichem Wert einteilen lassen, bestehen für fast alle Unternehmen Anreize, sich gleichzeitig sowohl von „schlechteren“ Unternehmen abzusetzen als auch „bessere“ Unternehmen nachzuahmen. Damit wird es für ein Unternehmen deutlich schwerer, durch ergebniserhöhende und -glättende Bilanzpolitik von etwas „schlechteren“ Unternehmen für Außenstehende unterscheidbar zu werden. Denn die etwas „schlechteren“ Unternehmen haben ihrerseits Anreize, sich von noch „schlechteren“ Unternehmen abzusetzen. Auch bei stark ergebniserhöhender Bilanzpolitik eines etwas „besseren“ Unternehmens kann eine ergebniserhöhende Bilanzpolitik dadurch für Manager „schlechterer“ Unternehmen noch profitabel bleiben. Der Vorteil aus der Unterscheidbarkeit für die etwas besseren Unternehmen wird zumindest in manchen Fällen geringer, da ein höheres Maß an bilanzpolitischer Ergebnisbeeinflussung erforderlich ist. Möglicherweise entfällt der Vorteil sogar ganz, wenn zwischen den Unternehmen Unterschiede bei den steuerlichen Kosten der Bilanzpolitik und bei der Höhe des bilanzpolitischen Gestaltungspotentials beste-

672 Damit die dargestellte bilanzpolitische Strategie sinnvoll ist, muss unterstellt werden, dass die Informationswirkung der ergebniserhöhenden und –glättenden Bilanzpolitik nicht schon kurzfristig wieder durch entgegengerichtete materielle Folgewirkungen der ergebniserhöhenden Bilanzpolitik zunichte gemacht wird. Unternehmen müssen also über genügend bilanzpolitische Freiräume verfügen, die es erlauben, ergebnisverringernde Folgewirkungen eine Zeit lang beispielsweise bis zu einem Big Bath hinauszuschieben.

hen. Außerdem dürfte es „guten“ Unternehmen schwer fallen zu bestimmen, welches Ausmaß an Bilanzpolitik notwendig ist, um sich von Nachahmern zu befreien. Es ist vorstellbar, dass in der Praxis bilanzpolitische Maßnahmen durch weitere Signale ergänzt werden müssen, damit Investoren „bessere“ und „schlechtere“ Unternehmen identifizieren können. Weiterhin ist das Modell davon abhängig, dass ein höheres Ergebnis in der Handelsbilanz auch tatsächlich höhere Steuerzahlungen nach sich zieht.

Studie von Trueman/Titman (1988)

Anders als Chaney/Lewis (1995) kommen Trueman/Titman (1988) zu dem Schluss, dass der Informationsgehalt des ausgewiesenen Ergebnisses durch Ergebnisglättung sinkt. In dem Modell gibt es Unternehmen mit geringer und mit hoher Volatilität der so genannten ökonomischen Gewinne, also der bilanzpolitisch unbeeinflussten Gewinne. Ein Teil der Unternehmen kann den Ergebnisausweis bilanzpolitisch glätten, wogegen dies anderen Unternehmen aufgrund der Art ihrer Geschäftsaktivitäten nicht oder nur sehr eingeschränkt möglich ist. Außer den Managern eines Unternehmens kennt niemand die Gruppenzugehörigkeit und das bilanzpolitische Verhalten eines Unternehmens. Income Smoothing führt dazu, dass unternehmensexterne Interessengruppen die Wahrscheinlichkeit einer geringen Volatilität der ökonomischen Ergebnisse eines Unternehmens höher einschätzen und daher von einer niedrigeren Konkurswahrscheinlichkeit ausgehen. Dadurch sinken die Kosten der Fremdkapitalbeschaffung sowie gegebenenfalls auch Kosten aus Geschäftsbeziehungen zu anderen Interessengruppen des Unternehmens und die Anteilseigner profitieren von einem höheren Marktwert des Unternehmens. Im Modell glätten alle Unternehmen soweit möglich ihren Ergebnisausweis[673] und steigern dadurch ihren Wert auf Kosten der Unternehmen, die ihr Ergebnis bilanzpolitisch nicht glätten können.

Kritik an dem Modell richtet sich u. a. gegen die Annahme, dass unternehmensexterne Interessengruppen das bilanzpolitische Verhalten eines Unternehmens überhaupt nicht einschätzen können. Außerdem erscheint es unplausibel, dass nicht ergebnisglättende Unternehmen nicht versuchen, ihr Risiko und ihren Wert gegenüber Kreditgebern auf anderem Wege offen zu legen.[674] Das Modell von Trueman/Titman vernachlässigt, dass Unterneh-

673 Dies gilt unter der Annahme, dass die Glättung des Ergebnisausweises kostenlos ist. Entstehen Kosten beispielsweise durch eine intensivere „Überzeugungsarbeit“ gegenüber Wirtschaftsprüfern oder als Folge einer Sachverhaltsgestaltung, ist Income Smoothing nur dann optimal, wenn die Kosten durch den Nutzen aus niedrigeren Finanzierungskosten überkompensiert werden.

674 Vgl. Newman (1988), S. 140 f.

men neben Income Smoothing auch andere Formen der Bilanzpolitik einsetzen können. Ergebniserhöhende Bilanzpolitik wird in dem Modell nicht berücksichtigt.

4.3.2 Erklärungen für die Bedeutung von Schwellenwerten für kapitalmarktorientierte Bilanzpolitik

Neben der Glättung des Ergebnisausweises im Zeitablauf ist auch schwellenwertorientierte Bilanzpolitik weit verbreitet.[675] Mittels ergebniserhöhender Bilanzpolitik wird versucht, einen Ergebnisausweis unterhalb bestimmter markanter Schwellenwerte zu vermeiden. Solche auffälligen Schwellenwerte sind ein Ergebnis in Höhe von null, das Ergebnis des Vorjahres und die Konsensusschätzung der Analysten.

Ein Beispiel für schwellenwertorientierte Bilanzpolitik ist das Verhalten des US-Unternehmens Cisco. Cisco Systems hatte es über einen sehr langen Zeitraum, nämlich 14 Jahre lang, vermeiden können, ein Ergebnis je Aktie unterhalb der Erwartungen der Analysten auszuweisen. Dafür wurde das Unternehmen mit einem hohen Aktienkurs belohnt. Als das Unternehmen für die letzten drei Monate des Jahres 2000 einen Gewinn je Aktie von nur 18 US-Cents statt der erwarteten 19 US-Cents bekannt gab, fiel der Kurs der Cisco-Aktie noch am gleichen Tag um 13%. „Things must be pretty bad if Cisco can't manage to come up with one lousy penny", kommentierte ein Aktienhändler die negative Gewinnüberraschung von nur einem US-Cent.[676] Dass der Aktienhändler mit seiner Meinung nicht alleine stand, zeigt der unverhältnismäßig starke Kursverlust nach der negativen Gewinnüberraschung.

Anreize für schwellenwertorientierte Bilanzpolitik müssen jedoch nicht allein von den Erwartungen der Kapitalmarktteilnehmer ausgehen. Auch andere Interessengruppen eines Unternehmens können sich bei der Beurteilung des Unternehmens an den genannten Schwellenwerten orientieren. Genauere Erklärungen für die Bedeutung von Schwellenwerten können die Transaktionskostentheorie und die Verhaltenswissenschaft geben.[677] Beide Ansätze sollen im Folgenden dargestellt werden.

[675] Zur Verbreitung der schwellenwertorientierten Bilanzpolitik vgl. Abschnitt 4.5.2.1 und Abschnitt 4.6 dieser Arbeit.

[676] Vgl. Collingwood (2001), S. 67 ff. Zu weiteren Beispielen vgl. O. V. (2003b), S. 91 ff.

[677] Vgl. dazu Burgstahler/Dichev (1997), S. 121 ff.

4.3.2.1 Transaktionskostentheoretische Argumente

Im Gegensatz zur neoklassischen Theorie geht die Transaktionskostentheorie von der Existenz von Transaktionskosten aus. Transaktionskosten sind Kosten für das Betreiben eines Wirtschaftssystems.[678] Die Nutzung der Märkte ist also nicht kostenlos. So entstehen zunächst Such- und Informationskosten für die Anbahnung von Verträgen. Danach kommen Verhandlungskosten bei Vertragsabschluß und Kosten der Überwachung und Durchsetzung von Leistungspflichten im weiteren Verlauf einer Transaktion hinzu.[679] Eine wichtige Verhaltensannahme der Transaktionskostentheorie ist die begrenzte Rationalität der Wirtschaftssubjekte. Begrenzt rationale Menschen beabsichtigen zwar, rational zu handeln, aber ihre begrenzten geistigen Fähigkeiten ermöglichen es ihnen nicht, sämtliche Informationen aus ihrer komplexen Umwelt aufzunehmen, zu verarbeiten und konsistent zu bewerten.[680]

Aufgrund ihrer begrenzten Rationalität wählen Kapitalmarktteilnehmer aus der riesigen Menge verfügbarer Daten nur solche Informationen aus, die ihnen als besonders geeignet für die Bewertung einer Aktie erscheinen. Eine wichtige Informationsquelle für Anlageentscheidungen von Investoren sind Rechnungslegungsdaten. Als zentrale Bilanzkennzahl gilt sowohl in Deutschland als auch in den USA der Gewinn. In den Augen der Investoren ist der Gewinn allerdings mit Unsicherheiten behaftet, da Unternehmen das ausgewiesene Ergebnis wie auch andere Kennzahlen der Rechnungslegung bilanzpolitisch nach oben oder unten beeinflussen können. Investoren können die Abschlüsse von Unternehmen analysieren, um die Wirkung bilanzpolitischer Maßnahmen auf den Ergebnisausweis besser einschätzen zu können.[681] Dabei entstehen jedoch Such- und Informationskosten, die bei einer größeren Anzahl beobachteter Unternehmen bedeutende Ausmaße annehmen können.

Um die Ertragslage von Unternehmen zu vertretbaren Such- und Informationskosten einschätzen zu können, bietet es sich für Investoren daher an, Kauf- und Verkaufsentscheidungen auf Grundlage relativ einfacher Heuristiken zu treffen.[682] Unkompliziert und kostengünstig ist es, das ausgewiesene Ergebnis markanten Schwellenwerten für den Ergebnisausweis gegenüberzustellen. Einen solchen Schwellenwert stellen die Ergebnisschätzungen der Analysten dar. Die beobachtbaren Prognosen von Sell-Side-Analysten können

---

678 Vgl. Arrow (1969), S. 48.
679 Vgl. Richter (1994), S. 6.
680 Vgl. Simon (1961), S. 24.
681 Allerdings wird es für unternehmensexterne Beobachter in vielen Fällen auch durch eine sorgfältige Bilanzanalyse nicht möglich sein, alle bilanzpolitischen Einflüsse auf das ausgewiesene Ergebnis und weitere Bilanzkennzahlen zu erkennen.
682 Vgl. Burgstahler/Dichev (1997), S. 122 f.; Degeorge/Patel/Zeckhauser (1999), S. 7.

als Stellvertreter für die unbeobachtbaren Erwartungen sämtlicher Kapitalmarktteilnehmer angesehen werden.[683] Eine weitere Benchmark für das ausgewiesene Ergebnis ist der Jahresüberschuss des Vorjahres bzw. das Ergebnis des gleichen Quartals des Vorjahres. Der Vorjahresvergleich zeigt eine Verbesserung oder Verschlechterung der Ertragslage im Zeitablauf an. Ein dritter wichtiger Schwellenwert für den Erfolgsausweis ist ein Ergebnis in Höhe von null. Dieser Schwellenwert unterscheidet Unternehmen, die schwarze Zahlen schreiben, von solchen, die rote Zahlen schreiben. Alle drei Schwellenwerte ermöglichen eine grobe, dafür aber einfache und schnelle Einteilung in „gute“ und „schlechte“ Unternehmen.

Da auch den Managern in den Unternehmen bewusst ist, dass Kapitalmarktteilnehmer die Ertragslage von Unternehmen anhand dieser Schwellenwerte beurteilen, werden die Manager notfalls auf bilanzpolitische Maßnahmen zurückgreifen, um ein Ergebnis in Höhe der Schwellenwerte oder darüber auszuweisen. Dabei werden den Managern Beschränkungen durch das Rechnungslegungssystem auferlegt. Insbesondere sorgt der Umkehreffekt[684] bilanzpolitischer Maßnahmen dafür, dass ergebniserhöhende Bilanzpolitik in der Regel erst möglich wird, indem entweder in den Folgeperioden oder in den Vorperioden ein niedrigeres Ergebnis ausgewiesen wird.

Dass Unternehmen den Ergebnisausweis aufgrund der Rechnungslegungsvorschriften und des Umkehreffektes bilanzpolitischer Maßnahmen nicht in unbegrenztem Ausmaß und auch nicht über unendlich viele Perioden hinweg bilanzpolitisch erhöhen können, macht ein Verfehlen der Schwellenwerte zu einem Indikator für eine nachhaltige Verschlechterung der Gewinnsituation. Eine kurzzeitig schlechte Ergebnislage kann häufig bilanzpolitisch noch in einen Ergebnisausweis oberhalb der Schwellenwerte umgewandelt werden. Nur längerfristig werden Unternehmen durch eine anhaltend unbefriedigende Gewinnsituation gezwungen, ein Ergebnis unterhalb eines Schwellenwertes auszuweisen. Demgegenüber wüssten Investoren in einer Welt ohne bilanzpolitische Einflussmöglichkeiten nicht, ob ein einmaliges Verfehlen eines Schwellenwertes auf eine nachhaltige oder nur auf eine vorübergehende Verschlechterung der Ergebnislage zurückzuführen ist.

Damit schwellenwertorientierte Bilanzpolitik eine solche positive Wirkung entfalten kann, darf der bilanzpolitische Freiraum der Unternehmen allerdings nicht zu groß sein. Wenn Unternehmen eine schlechte Ertragslage über einen sehr langen Zeitraum verschleiern

---

683 Vgl. Brown (1993), S. 295 f.

684 Vgl. dazu Abschnitt 4.2 dieser Arbeit.

können, können Anleger und andere unternehmensexterne Interessengruppen eine ernsthafte Krisensituation erst sehr spät erkennen. Im Extremfall würde eine existenzbedrohende Lage bis zum Untergang eines Unternehmens unbemerkt bleiben. Daraus ergibt sich die Frage, wie groß der optimale bilanzpolitische Spielraum für Unternehmen sein sollte.[685]

Der Umkehreffekt und die Orientierung an Schwellenwerten führen vermutlich auch dazu, dass Unternehmen weniger volatile Ergebnisse ausweisen. Wenn ein Unternehmen in einer „schlechten" Periode einen Ergebnisausweis in Höhe eines Schwellenwertes mit einem niedrigeren Gewinn in einer anderen Periode erkauft, nähern sich die ausgewiesenen Ergebnisse einem durchschnittlichen Niveau an. Damit trägt die Orientierung an Schwellenwerten zu einer Glättung des Ergebnisausweises im Zeitablauf bei und erleichtert Investoren und Analysten tendenziell die Prognose von Gewinnen.[686]

Gemäß dem hier dargestellten theoretischen Ansatz machen die bilanzpolitischen Möglichkeiten der Unternehmen den Vergleich des ausgewiesenen Ergebnisses mit den Schwellenwerten nicht zu einem unwirksamen Beurteilungskriterium, sofern die bilanzpolitischen Freiräume der Unternehmen nicht zu groß sind. Im Gegenteil kann das bilanzpolitische Verhalten der Unternehmen Analysten und Investoren die Einschätzung der zukünftigen Ertragslage zu relativ geringen Transaktionskosten ermöglichen. Wenn viele Investoren die gleichen Heuristiken anwenden, ergeben sich aus dem Über- oder Unterschreiten von Schwellenwerten entsprechende Kurswirkungen.

Außer den Kapitalmarktteilnehmern orientieren sich auch andere ebenfalls nur begrenzt rationale Stakeholder eines Unternehmens an den Schwellenwerten. Bei einem Ergebnisausweis in Höhe oder oberhalb der Schwellenwerte gilt tendenziell, dass Kreditgeber die Bonität des Unternehmens positiver beurteilen, Anbieter pünktliche Zahlungen und zukünftige Aufträge als wahrscheinlicher einschätzen, Kunden die Einhaltung von Garantie- und Serviceleistungen mit größerer Wahrscheinlichkeit erwarten und Arbeitnehmer Kündigungen für unwahrscheinlicher halten.[687] Wird ein Unternehmen von den verschiedenen Interessengruppen positiv beurteilt, kann es mit günstigen Transaktionsbedingungen rechnen. Auch wenn sich nur wenige Stakeholder direkt an den Schwellenwerten orientieren, kann

[685] Mit dem Umfang bilanzpolitischer Spielräume beschäftigt sich auch die Literatur zu Bestimmtheitsgraden von Rechnungslegungssystemen. Insbesondere wird die Anzahl von Wahlrechten untersucht. Vgl. dazu d'Arcy (2000).

[686] Durch die Glättung des Ergebnisausweises sinken möglicherweise die subjektive Einschätzung des Unternehmensrisikos durch die Investoren und die Kapitalkosten des Unternehmens. Zu Ergebnisglättung und Risikoeinschätzung vgl. auch Trueman/Titman (1988) bzw. Abschnitt 4.3.1 dieser Arbeit.

[687] Vgl. Bowen/DuCharme/Shores (1995).

ein Ergebnisausweis in Höhe oder oberhalb der Schwellenwerte für Unternehmen wichtig sein. Wenn beispielsweise nur die kreditgebenden Banken das Verfehlen oder Übertreffen von Schwellenwerten in ihre Entscheidungen einfließen lassen und das Entscheidungskalkül der Banken allgemein bekannt ist, werden sich auch die anderen Interessengruppen dafür interessieren, ob ein Unternehmen ein Ergebnis ober- oder unterhalb der Schwellenwerte ausweist und dadurch seine Kreditgeber zufrieden stellt oder misstrauisch macht.[688]

Aus Sicht der Unternehmen steigt der Grenznutzen bilanzpolitischer Maßnahmen bei Erreichen oder Überschreiten eines Schwellenwertes also steil an.[689] Dieser Nutzenanstieg führt dazu, dass Unternehmen Ergebnisausweise soweit nötig und möglich auch durch Bilanzpolitik auf das Niveau der Schwellenwerte oder darüber bringen und damit zum Funktionieren der Heuristik der Kapitalmarktteilnehmer und der anderen Stakeholder beitragen.

4.3.2.2 Verhaltenswissenschaftlicher Erklärungsansatz

Eine weitere Erklärung für die Bedeutung von Schwellenwerten bietet die Prospect-Theorie.[690] Dieser Ansatz basiert auf den Ergebnissen von verhaltenswissenschaftlichen Untersuchungen. In Experimenten wurden Menschen in Spielsituationen versetzt, in denen sie zwischen Alternativen auswählen mussten, die mit sicheren oder risikobehafteten Ein- oder Auszahlungen verbunden waren. Die beobachteten Verhaltensweisen sind mit der Erwartungsnutzentheorie nicht vereinbar und werden in der Prospect-Theorie formal zusammengefasst.

Ein Beispiel für ein Experiment aus der Prospect-Theorie sei hier kurz dargestellt. In einer ersten Spielsituation erhalten die Teilnehmer zu Anfang 1000 Euro und müssen anschließend zwischen einem sicheren Gewinn von 500 Euro und einer 50%-Chance auf einen Gewinn von 1000 Euro wählen. In einer zweiten Spielsituation erhalten die Teilnehmer zu Anfang 2000 Euro und müssen anschließend zwischen einem sicheren Verlust von 500 Euro und dem Risiko wählen, mit 50%-iger Wahrscheinlichkeit 1000 Euro zu verlieren. Beide Spielsituationen sind ökonomisch identisch. Sie kommen der Wahl zwischen einem sicheren Geldbetrag von 1500 Euro und einer Lotterie gleich, bei der ein Spieler mit jeweils 50%-iger Wahrscheinlichkeit am Ende 1000 Euro oder 2000 Euro erhält. Dennoch entscheiden sich beim ersten Spiel die meisten Teilnehmer für die sichere Alternative, wäh-

688 Vgl. Degeorge/Patel/Zeckhauser (1999), S. 7
689 Vgl. Burgstahler/Dichev (1997), S. 122.
690 Vgl. Kahneman/Tversky (1979). Die ursprüngliche Prospect-Theorie wird durch die kumulative Prospect-Theorie erweitert. Vgl. Tversky/Kahneman (1992). Kurze Darstellungen der Prospect-Theorie finden sich u. a. bei Klophaus (1997), Newman (1980), von Nitzsch (1998) und Gierl/Helm/Stumpp (2001).

rend sich beim zweiten Spiel die meisten Teilnehmer für die riskante Variante entscheiden.[691]

Die Resultate solcher Experimente werden von der Prospect-Theorie erklärt. Ein wesentliches Ergebnis der Prospect-Theorie ist, dass Menschen Alternativen nicht im Hinblick auf absolute Werte von Merkmalsausprägungen beurteilen, sondern in Abhängigkeit davon, wie die Merkmalsausprägungen von einem Referenzwert abweichen. Die Festlegung des Referenzwertes erfolgt in der Phase des so genannten Coding. Daran schließen sich weitere Phasen an, in denen die Individuen das Entscheidungsproblem weiter strukturieren und vereinfachen. Am Ende steht schließlich die eigentliche Bewertungsphase.[692]

Individuen nehmen positive Abweichungen vom Referenzwert als Gewinn und negative Abweichungen als Verlust wahr. Der wahrgenommene Wert eines zusätzlichen Gewinns oder eines zusätzlichen Verlusts nimmt mit der Entfernung vom Referenzpunkt ab. Also wird beispielsweise die Differenz zwischen einem Gewinn von 100 und 200 höher bewertet als die Differenz zwischen einem Gewinn von 1100 und 1200. Diese Eigenschaft wird als abnehmende Sensitivität bezeichnet und kommt in einem konkaven Verlauf der so genannten Wertfunktion oberhalb des Referenzpunktes und in einem konvexen Verlauf unterhalb des Referenzpunktes zum Ausdruck (vgl. Abbildung 3). Aus dieser Krümmung der Wertfunktion folgt, dass Menschen im Gewinnbereich risikoscheu und im Verlustbereich risikofreudig entscheiden. Außerdem gilt, dass eine negative Abweichung vom Referenzpunkt stärker bewertet wird als eine betragsmäßig gleich große positive Abweichung vom Referenzpunkt. Diese Verlustaversion zeigt sich darin, dass die Wertfunktion im Verlustbereich steiler verläuft als im Gewinnbereich (vgl. Abbildung 3).[693]

---

691 Vgl. von Nitzsch (1998), S. 622 f. Ergebnisse weiterer Experimente werden in Kahneman/Tversky (1979) dargestellt.

692 Vgl. Kahneman/Tversky (1979), S. 274 f.

693 Vgl. Kahneman/Tversky (1979), S. 277 ff.; Tversky/Kahneman (1991), S. 1039 f.; von Nitzsch (1998), S. 623. Die Verlustaversion zeigt sich u. a. im so genannten Endowment Effect (Besitztumseffekt). Individuen messen einem Gegenstand einen höheren Wert bei, wenn sie ihn aus ihrem Besitz verlieren, als wenn sie ihn erhalten. Vgl. Tversky/Kahneman (1991), S. 1041 f.; Thaler (1980). Neben der Wertfunktion ist die Gewichtungsfunktion ein weiterer wesentlicher Bestandteil der Prospect-Theorie. Die Gewichtungsfunktion ordnet objektiven Wahrscheinlichkeiten der Ergebnisse der Alternativen subjektive Entscheidungsgewichte zu. Auf diese Weise wird u. a. berücksichtigt, dass Menschen dazu neigen, kleine Wahrscheinlichkeiten überzugewichten sowie mittlere und große Wahrscheinlichkeiten unterzugewichten. In der Phase der Bewertung werden die wahrgenommenen Werte der möglichen Ergebnisse der Alternativen mit ihren jeweiligen Entscheidungsgewichten multipliziert und anschließend aufsummiert. Vgl. Kahneman/Tversky (1979), S. 280 ff.

Abbildung 3: Wertfunktion der Prospect-Theorie

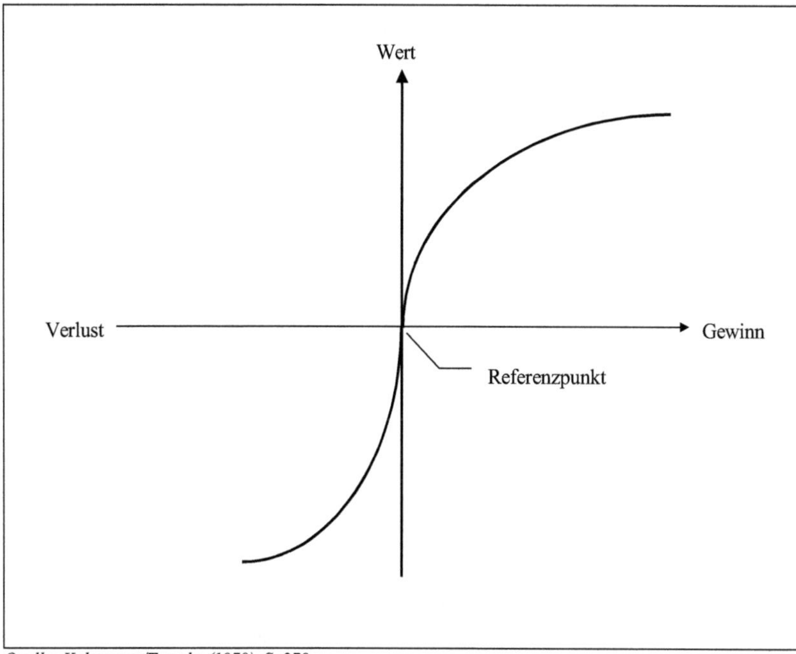

Quelle: Kahneman/Tversky (1979), S. 279

Aus Sicht von Investoren und möglicherweise auch von anderen Stakeholdern stellen Schwellenwerte für den Ergebnisausweis Referenzpunkte im Sinne der Prospect-Theorie dar. Ein Ergebnis in Höhe von null und eine Gewinnänderung in Höhe von null können als natürliche Referenzpunkte für Investoren angesehen werden, die Aktien mit Hilfe von Multiples bewerten.[694] Da sich die meisten Investoren an den gleichen Schwellenwerten orientieren, sind deutlich beobachtbare Kursreaktionen auf Abweichungen der ausgewiesenen Ergebnisse von den Schwellenwerten zu erwarten. Die von der Prospect-Theorie unterstellte Verlustaversion der Investoren legt nahe, dass Kursreaktionen auf negative Abweichungen stärker sind als auf positive Abweichungen von den Schwellenwerten.[695]

Für Unternehmen kann die Frage interessant sein, wie sich mit einem gegebenem Umfang ergebniserhöhender Bilanzpolitik ein möglichst hoher positiver Effekt auf die Wahrnehmung von Kapitalmarktteilnehmern erzielen lässt. Formal kann gezeigt werden, dass für einen gegebenen Unterschiedsbetrag zweier Merkmalsausprägungen der zugehörige Unter-

[694] Vgl. Burgstahler/Dichev (1997), S. 123 f.

[695] Vgl. dazu die in Abschnitt 4.5.1 dargestellten Ergebnisse empirischer Studien.

schied in den wahrgenommenen Werten dann am größten ist, wenn die Steigung der Wertfunktion im Punkt für die bessere Merkmalsausprägung mit der Steigung im Punkt für die schlechtere Merkmalsausprägung übereinstimmt. Aufgrund des unterstellten Kurvenverlaufs (vgl. Abbildung 3) kann diese Bedingung nur dann erfüllt sein, wenn eine Merkmalsausprägung einen Verlust und die andere Merkmalsausprägung einen Gewinn in Bezug auf den Referenzpunkt darstellt. Eine Randlösung ergibt sich, wenn die rechtsseitige Steigung der Wertfunktion im Referenzpunkt kleiner ist als die Steigung im Punkt für die schlechtere Merkmalsausprägung. Dann ist die wahrgenommene Wertdifferenz für den Fall am größten, dass der Referenzpunkt mit der besseren Merkmalsausprägung übereinstimmt.[696]

Aus Sicht eines Unternehmens verspricht ein bestimmtes Ausmaß an ergebniserhöhender Bilanzpolitik also dann die stärkste positive Wirkung auf die Wahrnehmung der Investoren und damit den höchsten Nutzen für das Unternehmen, wenn damit das ausgewiesene Ergebnis von einem Wert unterhalb des Referenzwertes auf das Niveau des Referenzwertes oder leicht darüber angehoben wird.[697]

Der Schwellenwert der Ergebnisschätzungen von Analysten nimmt gegenüber den beiden anderen Schwellen- bzw. Referenzwerten eine Sonderstellung ein, da er durch Investor-Relations-Maßnahmen der Unternehmen beeinflusst werden kann. Um negative Gewinnüberraschungen zu vermeiden, sind Unternehmen also nicht auf bilanzpolitische Instrumente angewiesen. Investor-Relations-Manager können versuchen, das bezugspunktorientierte Denken von Investoren durch so genanntes Expectations Management auszunutzen,[698] indem sie die Gewinnerwartungen von Analysten im Verlauf einer Geschäftsperiode dämpfen und damit den Referenzwert so weit nach unten verschieben, dass im Zeitpunkt der Ergebnisbekanntgabe der Gewinn auf dem Niveau des Referenzwertes oder leicht darüber liegt.

---

696 Vgl. von Nitzsch (1998), S. 627 f.

697 Dies gilt unter der Annahme annähernd konstanter Kosten für bilanzpolitische Maßnahmen, die das Ergebnis um einen bestimmten Betrag erhöhen. Vgl. Burgstahler/Dichev (1997), S. 123 f.

698 Die Manipulation von Referenzwerten wird auch im Marketing als eine wichtige Möglichkeit angesehen, Entscheidungen der Informationsempfänger, in dem Fall also der Käufer, zu beeinflussen. Vgl. von Nitzsch (1998), S. 625 ff.; Gierl/Helm/Stumpp (2001). Zur Beeinflussung von Referenzwerten vgl. auch Kahneman/Tversky (1979), S. 286 f.

4.4 Empirische Methoden zur Untersuchung kapitalmarktorientierter Bilanzpolitik

Das Ausmaß kapitalmarktorientierter Bilanzpolitik empirisch zu messen, ist keine leichte Aufgabe. Das liegt vor allem daran, dass der bilanzpolitische Einfluss auf Rechnungslegungsdaten nicht unmittelbar errechnet werden kann. Stattdessen müssen zunächst Annahmen darüber getroffen werden, welchen Wert Gewinne oder andere Rechnungslegungsdaten annehmen, wenn Unternehmen keine bilanzpolitischen Instrumente einsetzen. Der bilanzpolitische Einfluss wird dann als Abweichung der tatsächlich ausgewiesenen Rechnungslegungsdaten von der Referenzsituation ohne Bilanzpolitik bestimmt.[699] Eine grundsätzliche Schwierigkeit dabei besteht darin zu erkennen, ob geschäftliche Maßnahmen sowie Entscheidungen in Bezug auf Bilanzierung, Ausweis und Bewertung bilanzpolitisch motiviert sind. Beispielsweise kann eine Verlängerung der Laufzeit von Lieferantenkrediten eine sachverhaltsgestaltende bilanzpolitische Maßnahme darstellen oder eine kontrahierungspolitische Marketingentscheidung sein, die geboten ist, um auf Maßnahmen der Konkurrenz zu reagieren.[700]

Den im Folgenden dargestellten Untersuchungsmethoden gelingt es nicht, diese Probleme vollständig zu bewältigen. Die Unvollkommenheit der Methoden zeigt sich auch in den zahlreichen kritischen Beiträgen in der Literatur zu diesem Thema.[701] Auf Kritikpunkte wird jeweils im Anschluss an die Darstellung der Methoden eingegangen.[702]

[699] Vgl. Healy/Wahlen (1999), S. 370.

[700] Vgl. McNichols (2000), S. 326.

[701] Vgl. z. B. McNichols (2000); Thomas/Zhang (2000); Young (1999); Dechow/Sloan/Sweeney (1995); Jeter/Shivakumar (1999); Kang (1999); Hansen (1999); Hribar/Collins (2002); Guay/Kothari/Watts (1996); Beneish (1997).

[702] Vgl. die Abschnitte 4.4.1.2 und 4.4.2.2 dieser Arbeit.

4.4.1 „Discretionary Accruals"-Methode: Berechnung normaler und abnormaler Differenzen zwischen Gewinnen und Cash Flows from Operating Activities

4.4.1.1 Beschreibung der Methode

Die „Discretionary Accruals"-Methode stellt den in der Literatur am häufigsten verwendeten Ansatz dar, mit dem die Bilanzpolitik von Unternehmen empirisch untersucht wird. Accruals werden in den Studien i. d. R. als Differenz zwischen dem ausgewiesenen Ergebnis und dem Cash Flow aus laufender Geschäftstätigkeit definiert.[703] Die Gewinngröße des externen Rechnungswesens und der Cash Flow aus laufender Geschäftstätigkeit weichen voneinander ab, da der Gewinn des externen Rechnungswesens periodengerecht abgegrenzt wird. Den Grundsätzen der periodengerechten Erfolgsabgrenzung in der deutschen Rechnungslegung entspricht das Accrual Principle der US-GAAP,[704] von dem die Bezeichnung Accruals für die Differenz von Gewinn und Cash Flow abgeleitet wird.[705]

Empirische Studien, die die „Discretionary-Accruals"-Methode verwenden, untersuchen gewöhnlich, ob Unternehmen in bestimmten Situationen Bilanzpolitik betreiben. Es wird eine Hypothese darüber aufgestellt, dass Unternehmen in einer bestimmten Situation bilanzpolitischen Anreizen ausgesetzt sind und das ausgewiesene Ergebnis dementsprechend mittels bilanzpolitischer Maßnahmen erhöhen oder verringern. Beispielsweise wird untersucht, ob Unternehmen vor Aktienemissionen ergebniserhöhende bilanzpolitische Mittel einsetzen, um den Ausgabekurs der Aktien positiv zu beeinflussen.[706]

Die „Discretionary-Accruals"-Methode wird insbesondere eingesetzt, um materielle sachverhaltsdarstellende Bilanzpolitik aufzudecken. Diese Form der Bilanzpolitik beeinflusst die Höhe der Accruals. Um die Wirkung bilanzpolitischer Maßnahmen zu messen, müssen Accruals also genauer untersucht werden Dabei entsteht folgendes Problem. Zwar können Accruals direkt anhand von Rechnungslegungsdaten berechnet werden. Der bilanzpolitische Einfluss auf die Accruals lässt sich aber nicht direkt beobachten.

Daher werden bilanzpolitische Einflüsse über einen Umweg gemessen. Der Gesamtbetrag der Accruals wird in einen diskretionären und einen nicht-diskretionären Teil aufgespaltet.

---

703 Vgl. Dechow (1994), S. 36 f.; Healy/Wahlen (1999), S. 370.

704 Vgl. Pellens (2001), S. 162 ff.

705 Ins Deutsche könnte der Begriff Accruals mit Periodenabgrenzungen übersetzt werden. Vgl. dazu Wagenhofer/Ewert (2003), S. 169.

706 Vgl. z. B. Teoh/Wong/Rao (1998).

Die diskretionären Accruals entstehen durch bilanzpolitische Maßnahmen.[707] Dagegen lassen sich die nicht-diskretionären Accruals auf die regulären Geschäfte eines Unternehmens zurückführen, die im externen Rechnungswesen abzubilden sind. In den Studien wird zunächst versucht, die Höhe der nicht-diskretionären Accruals zu bestimmen. Diskretionäre Accruals können anschließend als Differenz des Gesamtbetrags der Accruals und der nicht-diskretionären Accruals ermittelt werden. Statt den Begriffen diskretionäre und nicht-diskretionäre Accruals sind auch die Bezeichnungen abnormale und normale Accruals geläufig.[708] Erst wenn die Höhe der diskretionären Accruals errechnet worden ist, kann die eigentliche Fragestellung der Studien untersucht werden, ob nämlich die Höhe der diskretionären Accruals von dem untersuchten Anreiz zur Bilanzpolitik abhängig ist.[709]

Probleme bei der Anwendung der „Discretionary Accruals"-Methode

Bei der Anwendung der „Discretionary Accruals"-Methode ergeben sich zwei wesentliche Problembereiche, die eng miteinander zusammenhängen. Erstens ergeben sich statistische Probleme daraus, dass diskretionäre Accruals nicht direkt beobachtet werden können. Zweitens sind die Determinanten nicht-diskretionärer Accruals nicht genau bekannt, so dass sich die Höhe der nicht-diskretionären Accruals nicht exakt bestimmen lässt. Beide Problembereiche sollen im Folgenden erörtert werden.

Die Probleme aus der Unbeobachtbarkeit von diskretionären Accruals lassen sich anhand der grundlegenden Darstellung in McNichols/Wilson (1988) und Dechow/Sloan/Sweeney (1995) verdeutlichen.[710] Es lässt sich zeigen, unter welchen Umständen die „Discretionary Accruals"-Methode verzerrte Ergebnisse liefert.

Könnten diskretionäre Accruals (*DA*) unmittelbar beobachtet werden, würden empirische Studien zur Bilanzpolitik folgende Regressionsgleichung verwenden:

---

707 Der Begriff der diskretionären Accruals kann auch vorsichtiger interpretiert werden. Demnach zeigen diskretionäre Accruals lediglich an, dass die Wahrscheinlichkeit für bilanzpolitische Einflüsse besonders hoch ist.

708 Das Begriffspaar unerwartete und erwartete Accruals wird teilweise in nicht ganz deckungsgleicher Bedeutung verwendet. Erwartete Accruals können auch einen erwarteten Anteil diskretionärer Accruals beinhalten. Vgl. Thomas/Zhang (2000), S. 348.

709 In diesem Abschnitt der Arbeit wird der Aufbau von empirischen Studien dargestellt, die den Gesamtunterschied zwischen Gewinn und Cash Flow, also den gesamten Betrag der Accruals, untersuchen. Daneben gibt es auch Studien, die sich auf spezifische Accruals wie z. B. bestimmte Rückstellungen konzentrieren, die in einzelnen Branchen wie bei Banken und Versicherungen aufgrund ihrer Höhe eine besonders wichtige Rolle spielen. Vgl. z. B. McNichols/Wilson (1988), Petroni (1992), Beaver/ McNichols (1998). Solche Studien verwenden so genannte „Specific Accruals"-Modelle und haben den Vorteil, dass die Determinanten spezifischer Accruals genauer bekannt sind und daher auch genauer in Modellen erfasst werden können als die erklärenden Größen für den gesamten Betrag der Accruals. Vgl. McNichols (2000), S. 333.

710 Vgl. im Folgenden McNichols/Wilson (1988), S. 5 ff.; auch Dechow/Sloan/Sweeney (1995), S. 195 f.

$$DA = \alpha + \beta \ PART + \sum_{k=1}^{K} \gamma_k \ X_k + \varepsilon$$

PART ist eine Dummy-Variable, die den Wert eins annimmt, wenn der untersuchte bilanzpolitische Anreiz auf ein Unternehmen wirkt. Die X_k geben die anderen Variablen an, die außer *PART* für die Erklärung der diskretionären Accruals relevant sind. Die Summe der Regressionskonstanten α und aller $\gamma_k X_k$ ist der durchschnittliche Wert der diskretionären Accruals für die Beobachtungswerte, für die $PART = 0$. Die Summe von α, β und allen $\gamma_k X_k$ gibt die durchschnittliche Höhe diskretionärer Accruals für die Beobachtungswerte an, für die $PART = 1$. Wenn β das erwartete Vorzeichen aufweist und signifikant von null verschieden ist, wird die Nullhypothese „Unternehmen reagieren nicht mit bilanzpolitischen Maßnahmen auf den zu untersuchenden Anreiz" verworfen.

Da die Variablen X_k i. d. R. nicht bekannt sind, werden die X_k in empirischen Studien meistens aus der Betrachtung ausgeschlossen. Weil auch diskretionäre Accruals nicht direkt beobachtet werden können, muss eine Stellvertretervariable für diskretionäre Accruals (*DAP*) verwendet werden, die *DA* mit einem Fehler η misst.

$$DAP = DA + \eta$$

Stellvertretervariablen für diskretionäre Accruals werden als Differenz der gesamten Accruals (*A*) und einem geschätzten Wert für nicht-diskretionäre Accruals (*NAEST*) errechnet.

$$DAP = A - NAEST$$

Typischerweise wird in empirischen Studien folgende Regressionsgleichung geschätzt:

$$DAP = \phi + \delta \ PART + \upsilon$$

Das Modell ist nicht korrekt spezifiziert, da diskretionäre Accruals nur fehlerhaft gemessen werden können und außerdem für die Erklärung diskretionärer Accruals relevante Einflussgrößen ausgelassen werden. δ liefert einen verzerrten Schätzwert für β, wenn die Dummy-Variable *PART* mit dem Schätzfehler η oder den ausgelassenen erklärenden Faktoren X_k korreliert ist. Daraus können Fehler erster Art und Fehler zweiter Art resultieren. Fehler erster Art treten auf, wenn die Nullhypothese „Unternehmen betreiben keine Bilanzpolitik" zurückgewiesen wird, obwohl sie korrekt ist. Fehler zweiter Art entstehen, wenn die Nullhypothese nicht zurückgewiesen wird, obwohl sie falsch ist.[711] Eine positive Korrelation von *PART* mit η oder X_k kann dazu führen, dass ungerechtfertigterweise auf eine bilanzpolitische Reaktion auf den durch *PART* gemessenen Anreiz geschlossen wird. Umgekehrt kann die Hypothese einer bilanzpolitischen Reaktion auf *PART* fälschlicherweise abgelehnt werden, wenn *PART* mit η oder X_k stark genug negativ korreliert ist. Auch wenn *PART* nicht mit η oder X_k korreliert ist, wird die Aussagekraft des Tests dadurch verringert, dass aufgrund der ausgeschlossenen erklärenden Variablen die Standardabweichung des geschätzten Regressionskoeffizienten von *PART* zunimmt.[712]

Ein Teil der beschriebenen statistischen Probleme lässt sich mildern, wenn die nicht-diskretionären Accruals (*NAEST*) gut geschätzt werden können. Je genauer nicht-diskretionäre Accruals ermittelt werden können, desto geringer ist der Schätzfehler η für die diskretionären Accruals und desto genauer bildet die Stellvertretervariable *DAP* die diskretionären Accruals ab. Mit der Genauigkeit der Schätzwerte für nicht-diskretionäre Accruals sinkt die Gefahr, Fehler erster oder zweiter Art zu begehen. Der zweite wesentliche Problembereich der empirischen Studien besteht demnach darin, Determinanten der nicht-diskretionären Accruals zu identifizieren, um die Höhe nicht-diskretionärer Accruals so genau wie möglich zu schätzen.

„Discretionary Accruals"-Modelle

In der Literatur werden unterschiedliche Hypothesen über die Determinanten nicht-diskretionärer Accruals formuliert. Die Hypothesen werden in Modellen zusammengefasst. Diese Modelle werden als „Discretionary Accruals"-Modelle bezeichnet, obwohl die Modelle im Wesentlichen der Erklärung der nicht-diskretionären Accruals dienen und sich diskretionäre Accruals nur als Restgröße ergeben. Besonders weit verbreitete „Discretionary Accruals"-Modelle[713] sind das Jones-Modell[714] und das modifizierte Jones-Modell.[715]

Die genannten Modelle verwenden i. d. R. eine Ereignisperiode und eine Schätzperiode. Als Schätzperiode wird idealerweise ein Zeitraum gewählt, in dem Unternehmen keinen

[711] Zu Fehlern erster und zweiter Art vgl. z. B. Rinne (1995), S. 379.
[712] Vgl. Dechow/Sloan/Sweeney (1995), S. 196 f.
[713] Älter und einfacher sind die Modelle von Healy (1985) und DeAngelo (1986).
[714] Vgl. Jones (1991).
[715] Vgl. Dechow/Sloan/Sweeney (1995).

bilanzpolitischen Anreizen ausgesetzt sind.[716] Wenn es einen solchen Zeitraum nicht gibt, sollte eine Periode identifiziert werden, in der zumindest der zu untersuchende bilanzpolitische Anreiz nicht wirksam ist. Damit soll sichergestellt werden, dass die Höhe der Accruals durch den zu untersuchenden bilanzpolitischen Anreiz nicht beeinflusst wird. In der Schätzperiode wird also davon ausgegangen, dass sämtliche Accruals nicht-diskretionär sind oder zumindest nicht durch den zu untersuchenden bilanzpolitischen Anreiz beeinflusst werden. In jedem Fall wird der Gesamtbetrag der Accruals als nicht-diskretionäre Accruals behandelt. Da nicht-diskretionäre Accruals in der Schätzperiode somit eindeutig gemessen werden können, lässt sich ermitteln, auf welche Weise nicht-diskretionäre Accruals von Einflussfaktoren wie z. B. der Entwicklung des Umsatzes abhängen. In der Ereignisperiode dagegen sind Unternehmen dem zu untersuchenden bilanzpolitischen Anreiz ausgesetzt. Der Gesamtbetrag der Accruals umfasst sowohl nicht-diskretionäre als auch diskretionäre Accruals. Die Höhe der nicht-diskretionären Accruals in der Ereignisperiode lässt sich nur indirekt anhand der geschätzten Parameter des Zusammenhangs zwischen nicht-diskretionären Accruals und deren Determinanten approximieren, der für die Schätzperiode ermittelt wurde.[717] Die diskretionären Accruals in der Ereignisperiode ergeben sich schließlich als Differenz des Gesamtbetrags der Accruals und der geschätzten Höhe der nicht-diskretionären Accruals.

Das bekannteste „Discretionary Accruals"-Modell ist vermutlich das Jones-Modell. In dem Modell werden bilanzpolitisch unbeeinflusste Accruals, also nicht-diskretionäre Accruals, als Funktion des Buchwertes der Sachanlagen („property, plant and equipment") und der Veränderung der Erlöse („revenues") gegenüber dem Vorjahr ausgedrückt. Dementsprechend wird in der Schätzperiode der Gesamtbetrag der Accruals auf die Veränderung der Erlöse (ΔREV) und den Buchwert der Sachanlagen (*PPE*) regressiert. Der Buchwert der Sachanlagen wird als Regressor verwendet, um die Höhe der Abschreibungen erklären zu

716 Es erscheint fast unmöglich eine Schätzperiode zu finden, die völlig frei von bilanzpolitischen Einflüssen ist. Viele Unternehmen setzen vermutlich fast permanent bilanzpolitische Instrumente in einem gewissen Umfang ein. Zudem werden i. d. R. sehr lange Schätzperioden von circa 10 Jahren benötigt. Darüber hinaus kann u. U. der in Abschnitt 4.2 beschriebene Umkehreffekt bilanzpolitischer Maßnahmen die Höhe der Accruals in der Schätzperiode beeinflussen, wenn Unternehmen in zeitlich angrenzenden Perioden Bilanzpolitik betrieben haben. Vgl. McNichols (2000), S. 324. Weitere Schwierigkeiten können sich ergeben, wenn Beginn oder Ende einer Ereignisperiode nicht genau bestimmt werden können. So ist z. B. nicht eindeutig feststellbar, ab welchem Zeitpunkt im Vorfeld von staatlichen Entscheidungen über die Einführung von Regulierungsmaßnahmen zum Schutz heimischer Industrien ein Anreiz zu ergebnissenkender Bilanzpolitik besteht, die die Geschäftslage von Unternehmen möglichst schlecht erscheinen lässt. Vgl. dazu die einflussreiche Studie von Jones (1991), S. 202 f.

717 Es wird also unterstellt, dass der Zusammenhang zwischen nicht-diskretionären Accruals und den ökonomischen Einflussfaktoren, der für die Schätzperiode ermittelt wurde, in der Ereignisperiode unverändert gültig ist. Vgl. Jones (1991), S. 212.

können. Mit der Veränderung der Erlöse gegenüber dem Vorjahr als erklärender Variable in der Regression sollen normale, bilanzpolitisch unbeeinflusste Accruals erfasst werden, die auf das operative Geschäft der Unternehmen zurückgeführt werden können. Dem Jones-Modell liegt die Annahme zugrunde, dass ein Zusammenhang zwischen einer Veränderung der Erlöse und einer Veränderung von Positionen des Umlaufvermögens und des kurzfristigen Fremdkapitals besteht, die sich wiederum in der Höhe der Accruals niederschlägt. In der Regressionsgleichung werden alle Variablen mit dem Buchwert der Vermögensgegenstände des Vorjahres (V_{t-1}) skaliert. a_1, a_2 und a_3 sind die unternehmensspezifischen Schätzparameter für den Zusammenhang zwischen Accruals und deren mutmaßlichen Determinanten in einer Situation ohne bilanzpolitische Einflüsse.

$$A_t/V_{t-1} = a_1\left(1/V_{t-1}\right) + a_2\left(\Delta REV_t/V_{t-1}\right) + a_3\left(PPE_t/V_{t-1}\right) + \varepsilon$$

In der Ereignisperiode werden nicht-diskretionäre Accruals anhand folgender Gleichung geschätzt.

$$NAEST_t/V_{t-1} = \alpha_1\left(1/V_{t-1}\right) + \alpha_2\left(\Delta REV_t/V_{t-1}\right) + \alpha_3\left(PPE_t/V_{t-1}\right)$$

Als Schätzer für α_1, α_2 und α_3 dienen a_1, a_2 und a_3, die in der Schätzperiode ermittelt worden sind. Die diskretionären Accruals in der Ereignisperiode ergeben sich als Differenz des Gesamtbetrags der Accruals und der geschätzten nicht-diskretionären Accruals. Anschließend kann ermittelt werden, ob die diskretionären Accruals in der Ereignisperiode signifikant von null verschieden sind.[718]

Eine Kritik am Jones-Modell richtet sich gegen die Modellannahme, dass die Höhe der Erlöse von bilanzpolitischen Maßnahmen unbeeinflusst bleibt. Diese Annahme ist im Modell notwendig, damit Erlöse als erklärende Variable für die Höhe nicht-diskretionärer Accruals verwendet werden können. Allerdings erscheint die Annahme als wenig realistisch. Vor allem sachverhaltsgestaltende Maßnahmen können gezielt eingesetzt werden, um die Höhe der Umsatzerlöse zu beeinflussen. Als Reaktion auf diesen Kritikpunkt wurde das modifizierte Jones-Modell entwickelt.[719]

Das modifizierte Jones-Modell versucht zu berücksichtigen, dass die Höhe der Erlöse bilanzpolitisch beeinflusst werden kann. In der Ereignisperiode werden nicht-diskretionäre Accruals als Funktion des Buchwertes der Sachanlagen und der Differenz der Veränderung

718 Vgl. Jones (1991), S. 210 ff.

719 Vgl. Dechow/Sloan/Sweeney (1995).

der Erlöse und der Veränderung der Forderungen („receivables") jeweils gegenüber dem Vorjahr abgebildet.

$$NAEST_t/V_{t-1} = \alpha_1(1/V_{t-1}) + \alpha_2[(\Delta REV_t - \Delta REC_t)/V_{t-1}] + \alpha_3(PPE_t/V_{t-1})$$

Die einzige Änderung gegenüber dem ursprünglichen Jones-Modell besteht darin, dass in der Gleichung für die Ereignisperiode die Veränderung der Erlöse durch die Differenz zwischen der Veränderung der Erlöse und der Veränderung der Forderungen (ΔREC) ersetzt wird. Die Regressionsgleichung für die Schätzperiode bleibt dagegen unverändert. Damit trifft das modifizierte Jones-Modell die Annahme, dass in der Ereignisperiode sämtliche Veränderungen der Verkäufe auf Ziel das Ergebnis bilanzpolitischer Maßnahmen sind. Als Begründung wird angeführt, dass Verkäufe auf Ziel einfacher als Barverkäufe bilanzpolitisch beeinflusst werden können.[720] Allerdings wird durch diese Annahme vernachlässigt, dass eine Veränderung der Verkäufe auf Ziel auch aus einer nicht bilanzpolitisch motivierten, sondern marketingpolitisch erforderlichen Veränderung der Zahlungsbedingungen resultieren kann.[721] Setzen Unternehmen in der Ereignisperiode keine bilanzpolitischen Maßnahmen ein und ändert sich die Höhe der Forderungen aus anderen Gründen trotzdem, ergeben sich verzerrte Schätzungen für normale und abnormale Accruals.[722]

Abschließend sei noch erwähnt, dass nicht in allen empirischen Studien auf Basis der „Discretionary Accruals"-Methode eine Ereignis- und eine Schätzperiode verwendet werden. Im Gegensatz zu den oben dargestellten Längsschnittuntersuchungen beschränken sich Querschnittsuntersuchungen auf nur eine Untersuchungsperiode. Statt die Höhe sämtlicher diskretionärer Accruals zu messen, wird in Querschnittsanalysen nur die Abweichung vom durchschnittlichen bilanzpolitischen Verhalten einer Gruppe von Unternehmen bestimmt. Für die gewählte Periode werden Querschnittsregressionen gemäß einem „Discretionary Accruals"-Modell wie dem Jones-Modell durchgeführt. Als abhängige Variable werden die Gesamtbeträge der Accruals (A) verwendet. Querschnittsuntersuchungen gehen von der Annahme aus, dass die Parameter des „Discretionary Accruals"-Modells im untersuchten Zeitraum für alle Unternehmen des Samples übereinstimmen. Die geschätzten diskretionä-

720 Vgl. Dechow/Sloan/Sweeney (1995), S. 199.

721 Vgl. McNichols (2000), S. 326 f.

722 Vgl. Kang (1999), S. 10. Als Fortentwicklung der Jones-Modelle schlagen Kang/Sivaramakrishnan (1995) ein weiteres Modell vor. Ein wesentlicher Unterschied des Modells von Kang/Sivaramakrishnan gegenüber dem Jones-Modell besteht darin, dass auch Aufwendungen als erklärende Variable in die Regressionsgleichung aufgenommen werden, um die Höhe der Accruals genauer schätzen zu können. Außerdem werden in der Regression keine Veränderungsgrößen verwendet und die Generalized Method of Moment (GMM) als Schätztechnik verwendet. Vgl. Kang/Sivaramakrishnan (1995), S. 356 ff.

ren Accruals können als abnormal im Vergleich zum Durchschnitt der untersuchten Unternehmen beispielsweise aus einer Branche interpretiert werden.[723]

Ergebnisse empirischer Studien auf Basis der „Discretionary Accruals"-Methode werden in Abschnitt 4.5.2.3 dieser Arbeit nur kurz angesprochen. Die Studien beziehen sich auf Earnings Management im zeitlichen Umfeld von Aktienemissionen und Akquisitionen. In den Studien wird untersucht, ob Unternehmen vor Aktienemissionen und Akquisitionen anderer Unternehmen ergebniserhöhende Bilanzpolitik betreiben. Ziel der ergebniserhöhenden Bilanzpolitik ist ein hoher Ausgabekurs bzw. ein hoher Wert der eigenen Aktien als Akquisitionswährung. Die Darstellung der Studien ist bewusst kurz gehalten, da Earnings Management mit Hilfe der „Discretionary Accruals"-Methode nur sehr unzuverlässig erkannt werden kann. Ergebnisse empirischer Studien auf Basis der „Discretionary Accruals"-Methode müssen in Zweifel gezogen werden. Der folgende Abschnitt beschäftigt sich daher zunächst mit der empirischen Überprüfung der Zuverlässigkeit der „Discretionary Accruals"-Methode.

4.4.1.2 Empirische Ergebnisse zur Zuverlässigkeit der „Discretionary Accruals"-Methode

Die Genauigkeit und Unverzerrtheit der Schätzungen für diskretionäre Accruals hängen davon ab, wie gut nicht-diskretionäre Accruals durch die dargestellten Modelle erklärt werden können. Sowohl das ursprüngliche und das modifizierte Jones-Modell als auch andere Modelle wie z. B. der Ansatz von Kang/Sivaramakrishnan (1995) werden scharf kritisiert. Teilweise werden die Ergebnisse von empirischen Studien zur Bilanzpolitik in Frage gestellt, da vermutet wird, dass mit den verwendeten Modellen diskretionäre und nicht-diskretionäre Accruals zu ungenau und mit zu starken Verzerrungen geschätzt wurden.[724]

Studie von Thomas/Zhang (2000)

Thomas/Zhang (2000) untersuchen, wie genau Accruals mit Hilfe des Jones-Modells, des Modells von Kang/Sivaramakrishnan und vier weiteren Modellen geschätzt werden können. In der Studie wird eine Schätzperiode verwendet, die nicht frei von Anreizen zur Bilanzpolitik ist, sondern in der durchschnittliche, gewöhnliche Anreize zur Bilanzpolitik wirksam sind. Mit Hilfe der „Discretionary Accruals"-Modelle werden also Werte für er-

---

723 Vgl. Jeter/Shivakumar (1999), S. 301.

724 Vgl. Hansen (1999), S. 20 ff.

wartete Accruals ermittelt, die außer den nicht-diskretionären Accruals auch einen durchschnittlichen Wert für diskretionäre Accruals enthalten.[725] Die Ereignisperiode wird so gewählt, dass ähnlich starke Anreize zur Bilanzpolitik wie in der Schätzperiode bestehen. Anschließend wird auf Grundlage der verschiedenen „Discretionary Accruals"-Modelle berechnet, wie stark erwartete und tatsächliche Accruals in der Ereignisperiode trotz vergleichbarer bilanzpolitischer Anreize in der Schätz- und in der Ereignisperiode voneinander abweichen. Diese Schätzfehler entsprechen im vorliegenden Fall den unerwarteten Accruals in der Ereignisperiode. Aus der Höhe der Schätzfehler kann abgelesen werden, wie geeignet bzw. ungeeignet die Modelle sind, materielle Bilanzpolitik zu entdecken. Je niedriger die Schätzfehler sind, desto genauer lassen sich erwartete und unerwartete Accruals in der Ereignisperiode anhand der Modelle unterscheiden. Das Jones-Modell und vier weitere, einfachere „Discretionary Accruals"-Modelle liefern ungenauere Schätzungen für Accruals als ein naives Modell, gemäß dem Accruals in Höhe von –5%[726] des Buchwertes der Vermögensgegenstände des Vorjahres erwartet werden. Nur das Modell von Kang/Sivaramakrishnan schneidet durchschnittlich besser ab als das naive Modell. Allerdings ist auch das Modell von Kang/Sivaramakrishnan bei über 25% der Schätzungen ungenauer als das naive Modell. Wird anstatt des naiven Modells der durchschnittliche Wert der Accruals in der Schätzperiode für jedes Unternehmen als Vergleichsmaßstab verwendet, muss die Prognoseleistung sämtlicher untersuchter Modelle als unzureichend eingestuft werden. Gemessen an Werten, die sich für diskretionäre Accruals in empirischen Studien zur Bilanzpolitik typischerweise ergeben, sind die Standardabweichungen und Quartilsabstände der Verteilungen der Schätzfehler für alle „Discretionary Accruals"-Modelle als hoch zu bezeichnen. Wird die Genauigkeit der Modelle an der Summe der quadrierten Schätzfehler für die Jahre der Ereignisperiode gemessen, schneidet das Modell von Kang/Sivaramakrishnan am besten ab. Das Jones-Modell ist ungenauer und liegt noch hinter dem

---

725 In Studien zur Bilanzpolitik wird allerdings oft vereinfachend angenommen, dass Unternehmen in der Schätzperiode keine Bilanzpolitik betreiben und Abweichungen von den geschätzten Werten in der Ereignisperiode daher den diskretionären Accruals entsprechen.

726 Der Wert von –5% entspricht ungefähr dem durchschnittlichen Wert des Verhältnisses von Accruals zum Buchwert der Vermögensgegenstände in der Schätzperiode. Thomas/Zhang (2000) betonen, dass es sich bei dem verwendeten Modell noch nicht einmal um ein besonders gutes naives Modell handelt. Vermutlich können andere naive Modelle sogar bessere Schätzungen liefern. Vgl. Thomas/Zhang (2000), S. 367. Auch wenn die Summe der Jahresergebnisse langfristig der Summe der Cash Flows entspricht, kann sich ein negatives Vorzeichen für den durchschnittlichen Wert der Accruals ergeben. Denn Accruals sind als Differenz des Jahresergebnisses und der Cash Flows aus gewöhnlicher Geschäftstätigkeit definiert. Cash Flows aus gewöhnlicher Geschäftstätigkeit beinhalten keine Auszahlungen für Investitionen. Im Jahresergebnis aber spiegeln sich Auszahlungen für Investitionen über die Abschreibungen wider. Vgl. Wagenhofer/Ewert (2003), S. 213.

so genannten Branchenmodell, das unerwartete Accruals als Abweichung der Accruals vom Durchschnittswert einer Branche misst.[727]

Studie von Dechow/Sloan/Sweeney (1995)

Dechow/Sloan/Sweeney (1995) beurteilen das Jones-Modell in seiner ursprünglichen und in der modifizierten Form sowie drei weitere, einfachere „Discretionary Accruals"-Modelle anhand der Häufigkeit von Fehlern erster und zweiter Art.[728] Um die Häufigkeit von Fehlern erster Art und Fehlern zweiter Art zu untersuchen, werden vier Teilsamples aus der Gesamtmenge der Beobachtungen genauer betrachtet: Ein zufällig ausgewähltes Sample mit 1000 Beobachtungen, ein zufällig ausgewähltes Sample von 1000 Beobachtungen mit extrem hohen oder extrem niedrigen Gewinnen und Cash Flows, ein zufällig ausgewähltes Sample von 1000 Beobachtungen, die nachträglich manipuliert werden, um Bilanzpolitik zu simulieren, sowie ein Sample mit 32 Unternehmen, die von der SEC wegen Verdachts auf regelwidrige ergebniserhöhende Bilanzmanipulationen untersucht wurden. Die vier Teilsamples werden jeweils als Beobachtungswerte der Ereignisperiode behandelt. Mit Hilfe der verschiedenen „Discretionary Accruals"-Modelle werden Schätzwerte für diskretionäre Accruals in der Ereignis- und in der Schätzperiode ermittelt. Die geschätzten Werte für diskretionäre Accruals werden anschließend auf Dummy-Variablen regressiert, die jeweils den Wert 1 für Beobachtungen aus einem Teilsample annehmen.

Für das zufällig ausgewählte Teilsample von 1000 Beobachtungen ist keine erhöhte bilanzpolitische Aktivität der Unternehmen zu erwarten. Die Häufigkeit, mit der die Nullhypothese zurückgewiesen wird, sollte daher ungefähr dem gewählten Signifikanzniveau des Tests entsprechen. Diese Erwartung kann für das Jones-Modell in der ursprünglichen und in der modifizierten Form und für Signifikanzniveaus von 1% und 5% bestätigt werden.

Anhand des Teilsamples der Beobachtungswerte von Unternehmen mit extrem hoher und extrem niedriger Performance wird untersucht, ob die Nullhypothese für solche Unternehmen häufiger als für andere Unternehmen fälschlicherweise zurückgewiesen wird. Da die Werte des Teilsamples per Zufall aus allen Beobachtungswerten mit zugehöriger extremer Performance ausgewählt werden, steht die Dummy-Variable für die Zugehörigkeit zum

---

[727] Die Genauigkeit des Jones-Modells kann verbessert werden, wenn die Branchenzugehörigkeit der Unternehmen berücksichtigt wird. Außerdem können mit dem Jones-Modell Werte für Accruals abzüglich der Abschreibungen besser als Werte für die gesamten Accruals prognostiziert werden. Vgl. Thomas/Zhang (2000), S. 371 f.

[728] Ein Fehler erster Art bezeichnet die irrtümliche Zurückweisung einer eigentlich zutreffenden Nullhypothese. Ein Fehler zweiter Art entspricht der irrtümlichen Annahme einer eigentlich nicht zutreffenden Nullhypothese. Vgl. z. B. Rinne (1995), S. 379.

Teilsample nicht direkt für einen bilanzpolitischen Anreiz, sondern kann höchstens mit anderen bilanzpolitischen Determinanten korreliert sein. Damit wird eine Situation wie in vielen empirischen Studien zur Bilanzpolitik geschaffen, in denen der untersuchte Anreiz zur Bilanzpolitik mit der Performance eines Unternehmens korreliert ist.[729] Für das ursprüngliche und das modifizierte Jones-Modell weicht sowohl bei extremen Werten für Gewinne als auch bei extremen Werten für Cash Flows die Häufigkeit, mit der die Nullhypothese zurückgewiesen wird, signifikant von dem gewählten Signifikanzniveau des Tests (1% oder 5%) ab. Die Höhe von Gewinnen und Cash Flows scheint also entweder mit dem Messfehler für diskretionäre Accruals oder mit Anreizen zur Bilanzpolitik korreliert zu sein.[730] In empirischen Studien zur Bilanzpolitik sollte daher möglichst sichergestellt werden, dass die Ergebnisse nicht auf das Fehlen erklärender Variablen zurückzuführen sind, die mit der Höhe von Gewinnen oder Cash Flows korreliert sind.

Die Häufigkeit von Fehlern zweiter Art wird mit Hilfe des Teilsamples von Beobachtungen untersucht, die zur Simulation von Bilanzpolitik manipuliert wurden. Das Jones-Modell betrachtet Veränderungen der Erlöse von vornherein als nicht-diskretionären Einfluss und schneidet daher schlecht ab, wenn die Höhe der Erlöse durch simulierte bilanzpolitische Maßnahmen verändert wird. 25% des simulierten bilanzpolitischen Einflusses werden nicht erkannt. Das modifizierte Jones-Modell dagegen führt Veränderungen der Forderungen auf diskretionäre Eingriffe zurück und liefert relativ unverzerrte Ergebnisse.

Das Teilsample der von der SEC untersuchten Unternehmen dient ebenfalls zur Untersuchung der Häufigkeit von Fehlern zweiter Art. Obwohl die Wahrscheinlichkeit ergebniserhöhender Bilanzpolitik für dieses Teilsample sehr hoch ist, wird die Nullhypothese nur für 19% bzw. 28% der Unternehmen vom ursprünglichen und vom modifizierten Jones-Modell auf einem Signifikanzniveau von 5% verworfen. Zusammenfassend betrachtet sind das ursprüngliche und das modifizierte Jones-Modell Tests von relativ geringer Güte. Das modifizierte Jones-Modell ist der ursprünglichen Version des Modells überlegen.

729 Eine Korrelation mit der Performance eines Unternehmens kann z. B. für Studien vermutet werden, die den Zusammenhang zwischen Bilanzpolitik einerseits und Bonuszahlungen an Manager, Debt Covenants oder staatlicher Regulierung andererseits untersuchen.

730 Bei besonders guter oder schlechter Performance ist die Wahrscheinlichkeit dafür, dass Unternehmen bilanzpolitische Maßnahmen einsetzen, vermutlich größer als bei normaler Performance. Damit wird es schwierig, Messfehler der „Discretionary Accruals“-Modelle von tatsächlich ausgeübter bilanzpolitischer Ergebnisbeeinflussung zu unterscheiden. Vgl. Guay/Kothari/Watts (1996), S. 85.

Studien von Kang/Sivaramakrishnan (1995) und Kang (1999)

Auch Kang/Sivaramakrishnan (1995) beurteilen ihr Modell anhand der Häufigkeit von Fehlern erster und zweiter Art. Bei einem Vergleich mit dem Jones-Modell ergeben sich für das Modell von Kang/Sivaramakrishnan geringere Irrtumswahrscheinlichkeiten. Um zu überprüfen, wie häufig die Nullhypothese zu Unrecht nicht abgelehnt wird, werden ähnlich wie bei Dechow/Sloan/Sweeney (1995) Accruals nachträglich manipuliert, um Bilanzpolitik zu simulieren. Mit Hilfe zufällig ausgewählter Samples wird die Häufigkeit von Fehlern erster Art ermittelt; d. h. es wird gemessen, wie häufig die Nullhypothese irrtümlich verworfen wird. Fehler erster Art treten für das Jones-Modell dann besonders häufig auf, wenn Samples untersucht werden, die entweder ausschließlich Unternehmen mit steigenden Gewinnen oder ausschließlich Unternehmen mit sinkenden Gewinnen umfassen. Damit wird das Ergebnis von Dechow/Sloan/Sweney (1995) bestätigt, dass im Jones-Modell die Performance der Unternehmen möglicherweise nicht adäquat berücksichtigt wird.

Statt Bilanzpolitik zu simulieren, betrachtet Kang (1999) Unternehmen, die ein Ergebnis in Höhe von null oder leicht darüber ausweisen. Unter diesen Unternehmen gibt es vermutlich besonders viele, die den Ergebnisausweis mit bilanzpolitischen Maßnahmen so erhöht haben, dass kein Verlust ausgewiesen werden muss.[731] Zum Vergleich wird ein Kontrollsample gebildet, das eine ähnliche Branchenstruktur wie die Gruppe der Unternehmen mit einem ausgewiesenen Ergebnis in Höhe von null oder knapp darüber aufweist. Die Ergebnisse der Untersuchung legen die Vermutung nahe, dass das Jones-Modell in seiner üblichen Form einen nach oben verzerrten Wert für die Regressionskonstante und einen nach unten verzerrten Wert des Regressionskoeffizienten für die Veränderung der Erlöse liefert. Da die Veränderung der Erlöse i. d. R. positiv mit der Performance von Unternehmen korreliert ist, können die verzerrten Werte möglicherweise das Ergebnis von Dechow/Sloan/Sweeney (1995) und Kang/Sivaramakrishnan (1995) erklären, dass das Jones-Modell bei besonders guter und besonders schlechter Performance von Unternehmen zu verzerrten Schätzungen für nicht-diskretionäre Accruals und damit auch für diskretionäre Accruals führt. In welche Richtung die Werte für diskretionäre und nicht-diskretionäre Accruals verzerrt sind, hängt neben der Verzerrung der Regressionskoeffizienten auch davon ab, wie weit die durchschnittlichen Werte für die Veränderung der Erlöse in der Schätzperiode und in der Ereignisperiode auseinanderliegen. Trotz dieser Mängel bestätigt das Jones-Modell

731 Vgl. dazu auch die theoretischen Erläuterungen zur Bedeutung von Schwellenwerten unter 4.3.2. und die Beschreibung der Schwellenwertmethode im folgenden Abschnitt 4.4.2.

die Vermutung, dass Unternehmen mit einem Ergebnisausweis in Höhe von null oder leicht darüber bilanzpolitische Maßnahmen eingesetzt haben. Allerdings liefert das Modell von Kang/Sivaramakrishnan signifikantere Ergebnisse für diese Gruppe von Unternehmen. Das Modell von Kang/Sivaramakrishnan weist die Nullhypothese „Unternehmen betreiben keine Bilanzpolitik“ doppelt so häufig zurück wie das Jones-Modell, wenn kleinere Teilsamples aus der Gruppe von Unternehmen mit einem Ergebnisausweis in Höhe von null oder leicht darüber untersucht werden. Dieses Ergebnis ist vor dem Hintergrund interessant, dass empirische Untersuchungen zur Bilanzpolitik häufig nur kleine Samples verwenden.

Studien von Young (1999) und McNichols (2000)

Young (1999) untersucht, welche Variablen zur Erklärung von nicht-diskretionären und diskretionären Accruals beitragen und trotzdem vom Jones-Modell in der ursprünglichen und der modifizierten Form sowie von weiteren „Discretionary Accruals“-Modellen vernachlässigt werden. Die Performance eines Unternehmens, die Wachstumsrate des operativen Geschäfts und Eigenschaften des Sachanlagevermögens sind solche vernachlässigten Einflussfaktoren,[732] die zusammengenommen circa 25% der Streuung diskretionärer Accruals erklären können. Dieses Ergebnis spricht für systematische Messfehler der untersuchten „Discretionary Accruals“-Modelle. Fehler der untersuchten „Discretionary Accruals“-Modelle bei der Schätzung von diskretionären Accruals sind von den unberücksichtigten Einflussfaktoren abhängig. Dieses Resultat gilt allerdings nur unter dem Vorbehalt, dass die genannten Einflussfaktoren nicht mit Anreizen zur Bilanzpolitik korreliert sind, die in der Studie von Young (1999) nicht vollständig berücksichtigt werden konnten.[733]

Eine weitere vernachlässigte erklärende Variable stellt das langfristige Gewinnwachstum dar. McNichols (2000) kommt zu dem Ergebnis, dass das von Analysten erwartete langfristige Wachstum der Gewinne auch nach Berücksichtigung des Gewinns des aktuellen Geschäftsjahres noch einen signifikanten Beitrag zur Erklärung diskretionärer Accruals leistet, die mit Hilfe des ursprünglichen oder des modifizierten Jones-Modells berechnet wer-

[732] Young (1999) misst die Performance mit Hilfe von Cash Flows aus laufender Geschäftstätigkeit. Die Wachstumsrate des operativen Geschäfts wird durch das Verhältnis der Änderung der Umsatzerlöse gegenüber dem Vorjahr zu den Umsatzerlösen des Vorjahres abgebildet. Das Verhältnis vom Buchwert der Sachanlagen zur Marktkapitalisierung und die durchschnittliche Lebensdauer der Sachanlagen dienen der Charakterisierung des Sachanlagevermögens. Vgl. Young (1999), S. 843 f.

[733] Um wichtige Anreize zur Bilanzpolitik zu berücksichtigen, werden Variablen für die Verschuldung, den Aktienbesitz der Manager, die Unternehmensgröße und ergebnisglättende Bilanzpolitik in die Regressionsanalyse einbezogen. Vgl. Young (1999), S. 844 f.

den. Auch diese Variable sollte also in empirischen Studien zur Bilanzpolitik berücksichtigt werden, um verzerrte Ergebnisse zu vermeiden.[734]

Studie von Hribar/Collins (2002)

Hribar/Collins (2002) zeigen, dass „Discretionary-Accruals"-Modelle auch deswegen häufig falsche Ergebnisse liefern, weil der Dateninput für die Modelle ungenau gemessen wird. Anstatt die Höhe der Accruals direkt aus der Kapitalflussrechnung zu entnehmen, werden Accruals in den meisten Studien indirekt anhand von Bilanzdaten geschätzt. Eine indirekte Berechnung ist möglich, weil sich Accruals in nicht sofort zahlungswirksamen Veränderungen von Bilanzpositionen niederschlagen.[735] Die allermeisten US-amerikanischen Studien berechnen Accruals auf indirektem Wege, da „Discretionary-Accruals"-Modellen oft lange Schätzperioden von 10 und mehr Jahren zugrunde gelegt werden. Daten aus Kapitalflussrechnungen liegen aber erst ab 1988 vor, als Unternehmen mit der Einführung von SFAS 95 verbindlich vorgeschrieben wurde, ein Statement of Cash Flows als Teil der Financial Statements zu erstellen. Die übliche indirekte Vorgehensweise zur Berechnung von Accruals anhand von Bilanzdaten führt jedoch zu fehlerhaften Schätzungen von Accruals in Jahren mit Unternehmensakquisitionen, Fusionen und Desinvestitionen.[736] Denn durch Akquisitionen, Fusionen und Desinvestitionen werden Aktiv- und Passivpositionen der Bilanz verändert, ohne einen entsprechenden Einfluss auf die Gewinn- und Verlustrechnung zu haben. Veränderungen von Bilanzpositionen gehen dann ungerechtfertigterweise in die Berechnung von Accruals ein. Das Problem kann vermieden werden, indem Accruals direkt anhand der Daten aus der Kapitalflussrechnung ermittelt werden.

In Studien zur Bilanzpolitik steigt die Wahrscheinlichkeit für einen Fehler erster Art, wenn Accruals indirekt berechnet werden und der untersuchte Anreiz zur Bilanzpolitik mit der Durchführung von Unternehmensakquisitionen, Fusionen oder der Veräußerung von Unternehmensbereichen positiv korreliert ist. Empirische Studien kommen dann fälschlicherweise zu dem Ergebnis, dass Unternehmen Bilanzpolitik betreiben, obwohl der untersuchte Anreiz keine bilanzpolitischen Reaktionen zur Folge hat. Die Wahrscheinlichkeit für einen Fehler erster Art ist schon bei einer relativ geringen Zahl von Fällen mit Akquisitionen, Fusionen oder Desinvestitionen im untersuchten Sample relativ hoch. Machen Fälle mit

---

734 Vgl. McNichols (2000), S. 328 ff.

735 Vgl. zum Zusammenhang zwischen der Veränderung von Bilanzpositionen gegenüber dem Vorjahr und Accruals ausführlich Dechow (1994), S. 36 f.

736 Fusionen und Akquisitionen haben positive Verzerrungen zur Folge. Durch Desinvestitionen ergeben sich negative Verzerrungen der Accruals. Vgl. Hribar/Collins (2002), S. 108 u. S. 111 ff.

Akquisitionen oder Fusionen sogar mehr als 50% des Samples aus, steigt die Wahrscheinlichkeit für einen Fehler erster Art auf über 80%, wenn ein Signifikanzniveau von 5% zugrunde gelegt wird.[737] Da Akquisitionen, Fusionen und Desinvestitionen keine besonders seltenen Ereignisse sind, ist das beschriebene Problem für eine Vielzahl von Fraugestellungen und Studien relevant.

Schwierigkeiten können beispielsweise dann auftreten, wenn die bilanzpolitischen Anreize von Unternehmen in einer finanziellen Notlage oder von schnell wachsenden Unternehmen untersucht werden. Unternehmen mit finanziellen Problemen tätigen vermutlich besonders häufig Desinvestitionen, wohingegen schnell wachsende Unternehmen wahrscheinlich besonders häufig andere Unternehmen akquirieren. Hribar/Collins bilden die empirischen Studien zum bilanzpolitischen Einsatz von außerplanmäßigen Abschreibungen von Rees/Gill/Gore (1996) und zur Bilanzpolitik bei Aktienemissionen von Teoh/Welch/Wong (1998) nach. Dabei kommen Hribar/Collins zu dem Schluss, dass die beiden genannten Studien keine korrekten Ergebnisse zum bilanzpolitischen Verhalten der Unternehmen liefern. Gemäß Hribar/Collins ergeben sich in den genannten Studien nur deshalb Anzeichen für bilanzpolitische Maßnahmen der Unternehmen, weil Accruals indirekt aus Daten der Bilanz und nicht direkt aus den Daten des Statement of Cash Flows berechnet werden.[738] Aus demselben Grund müssen vermutlich die Ergebnisse weiterer empirischer Studien zur Bilanzpolitik relativiert oder gänzlich in Zweifel gezogen werden.[739]

Zusammenfassend betrachtet sind die Ergebnisse zur Zuverlässigkeit von „Discretionary Accruals"-Modellen ernüchternd. Mehrere Determinanten diskretionärer und nicht-diskretionärer Accruals werden von den Modellen vernachlässigt. Schätzwerte für diskretionäre und nicht-diskretionäre Accruals sind deutlich verzerrt. Die Ergebnisse vieler empirischer Studien zur Bilanzpolitik erscheinen zweifelhaft. Verlässlichere Erkenntnisse über

---

737 Vgl. Hribar/Collins (2002), S. 120 ff.

738 Vgl. Hribar/Collins (2002), S. 123 ff. Das Auftreten außerplanmäßiger Abschreibungen ist positiv mit der Durchführung von Desinvestitionen korreliert. Im Jahr einer Aktienemission und im Jahr davor werden häufiger Fusionen und Akquisitionen durchgeführt als in anderen Jahren. Einschränkend muss angemerkt werden, dass die Studie von Teoh/Welch/Wong (1998) von Hribar/Collins mit Daten nachgebildet wird, die sich größtenteils nicht auf den gleichen Zeitraum wie in der ursprünglichen Studie beziehen. Für die Nachbildung der Ergebnisse von Rees/Gill/Gore (1996) wird allerdings fast der gleiche Zeitraum zugrund gelegt. Vgl. Hribar/Collins (2002), S. 123 ff.

739 Vgl. Hribar/Collins (2002), S. 128 ff. Hansen (1999) kommt ebenfalls zu dem Ergebnis, dass strukturelle Veränderungen wie Unternehmensakquisitionen oder Desinvestitionen von Unternehmensbereichen zur Folge haben, dass diskretionäre Accruals von den üblichen „Discretionary Accruals"-Modellen über- oder unterschätzt werden. Die verzerrten Schätzwerte können dazu führen, dass empirische Untersuchungen zu bilanzpolitischen Anreizen zu falschen Ergebnissen kommen. Vgl. dazu insbesondere die Auflistung verschiedener bilanzpolitischer Anreize und der dazugehörigen vermuteten Richtung der Verzerrung bei Hansen (1999), Table 7, S. 37.

das bilanzpolitische Verhalten von Unternehmen sind durch diese Methode erst dann zu erwarten, wenn die Modelle genauer erklären können, wodurch die Höhe der Accruals bei Abwesenheit bilanzpolitischer Anreize bestimmt wird. „[...] there is far more richness in the behavior of accruals than simple models allow."[740] Bilanzpolitische Maßnahmen müssen einen sehr deutlichen Einfluss auf das ausgewiesene Ergebnis haben, um von „Discretionary Accruals"-Modellen überhaupt aufgedeckt werden zu können. Vor diesem Hintergrund werden zusätzliche Zweifel an „Discretionary Accruals"-Modellen dadurch genährt, dass fast alle veröffentlichten Studien zu dem Ergebnis kommen, dass Unternehmen tatsächlich mit bilanzpolitischen Maßnahmen auf die untersuchten Anreize reagieren.[741] Für bestimmte Fragestellungen scheint die im folgenden Abschnitt dargestellte Schwellenwertmethode aussagekräftiger zu sein als „Discretionary Accruals"-Modelle.

4.4.2 Schwellenwertmethode: Analyse der Verteilungen von Ergebnisvariablen

4.4.2.1 Beschreibung der Methode

Mit Hilfe der Schwellenwertmethode wird untersucht, ob Unternehmen den Ausweis eines Jahresüberschusses unterhalb bestimmter Schwellenwerte mittels bilanzpolitischer Maßnahmen vermeiden.[742] Folgende Schwellenwerte werden in den Studien untersucht: Jahresüberschuss (bzw. Quartalsüberschuss) in Höhe von null, Jahresüberschuss (bzw. Quartalsüberschuss) in Höhe des Vorjahres (bzw. des vorhergehenden Quartals), Konsensusschätzung der Analysten. Es wird angenommen, dass aufgrund von Erwartungen der Kapitalmarktteilnehmer und anderer Stakeholder Anreize zu gewinnerhöhender Bilanzpolitik für Unternehmen bestehen, wenn der Ausweis des Jahresüberschusses ohne Bilanzpolitik unterhalb dieser Schwellenwerte liegen würde und so negative Einflüsse auf den Aktienkurs zu befürchten wären. Die Methode eignet sich ausschließlich zur Untersuchung von schwellenwertorientierter Bilanzpolitik. Andere Formen der Bilanzpolitik werden von der Schwellenwertmethode nicht erfasst.

---

[740] McNichols (2000), S. 339. Vgl. dazu auch McNichols (2003), S. 386 f.

[741] Vgl. McNichols (2000), S. 321 ff.

[742] Vgl. zur Schwellenwertmethode Burgstahler/Dichev (1997); Degeorge/Patel/Zeckhauser (1999); auch Burgstahler/Eames (1999); Payne/Robb (2000).

Um Bilanzpolitik nachzuweisen, werden Jahresüberschüsse, Vorjahresänderungen der Jahresüberschüsse[743] und Abweichungen der Jahresüberschüsse von den Schätzungen der Analysten untersucht. Die Verteilungen dieser Variablen werden auf Unregelmäßigkeiten um den Nullpunkt herum überprüft. Eine niedrige Fallzahl direkt unterhalb des Schwellenwertes, also direkt links vom Nullpunkt der Verteilung, und eine hohe Fallzahl direkt oberhalb des Schwellenwertes, also direkt rechts vom Nullpunkt der Verteilung, werden als Nachweis bilanzpolitischer Maßnahmen interpretiert: Unternehmen wandeln den drohenden Ausweis eines Jahresüberschusses unterhalb eines Schwellenwertes in einen Ausweis oberhalb des Schwellenwertes um.

Abbildung 4 zeigt den erwarteten gleichmäßigen Verlauf der Verteilung der Gewinnänderungen für den Fall, dass Unternehmen keine Bilanzpolitik betreiben, um einen Ausweis des Jahresüberschusses unterhalb des Vorjahresergebnisses zu vermeiden.

Abbildung 4

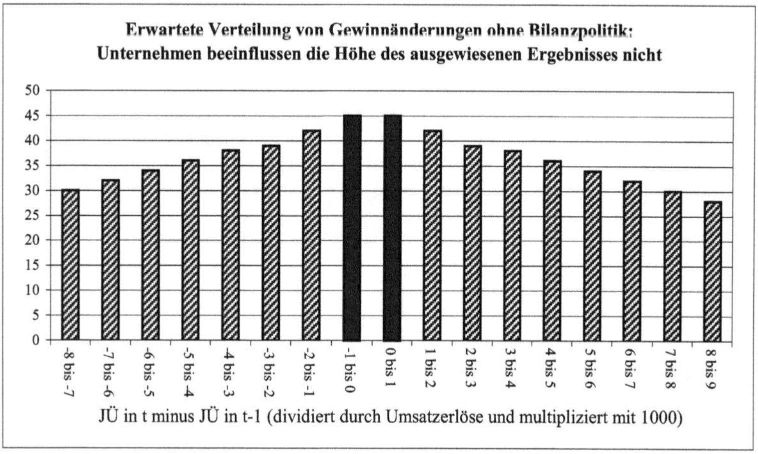

Abbildung 5 zeigt ein idealtypisches Untersuchungsergebnis für den Fall, dass Unternehmen bilanzpolitische Maßnahmen einsetzen, um einen Jahresüberschuss oberhalb des Vorjahresniveaus ausweisen zu können.

743 In empirischen Studien werden entweder Jahresüberschüsse und Veränderungen von Jahresüberschüssen wie in Burgstahler/Dichev (1997) oder alternativ Ergebnisse je Aktie und Veränderungen der Ergebnisse je Aktie untersucht.

Abbildung 5

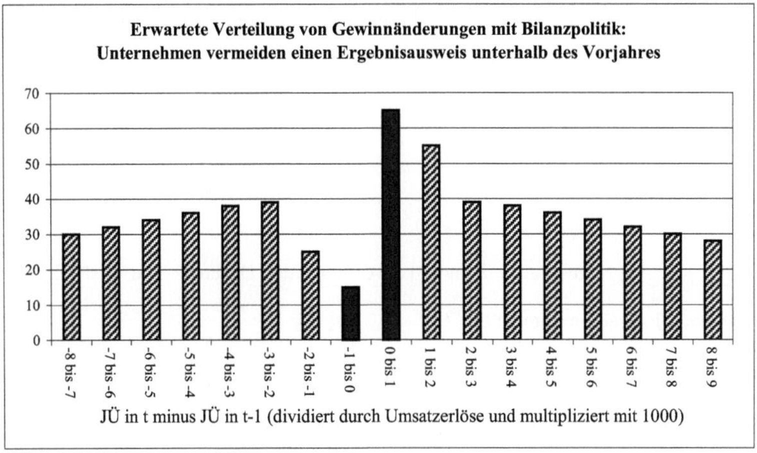

Der Schwellenwert ist in diesem Fall eine Veränderung des Jahresüberschusses gegenüber dem Vorjahr in Höhe von null. Es wird angenommen, dass der Einsatz von Bilanzpolitik die einzige ökonomische Erklärung für eine sprunghafte Veränderung der Verteilung beim Schwellenwert ist. Ohne den Einfluss von Bilanzpolitik wäre zu erwarten, dass die Verteilung um den Schwellenwert herum genauso kontinuierlich wie in allen anderen Bereichen verläuft. In gleicher Weise werden die anderen Schwellenwerte untersucht: Ein „s-förmiger" Verlauf der Verteilung der Jahresüberschüsse bzw. der Verteilung der Abweichungen der Jahresüberschüsse von den Analystenschätzungen im Bereich um den Nullpunkt herum zeigt einen bilanzpolitischen Einfluss auf den Ausweis des Jahresüberschusses an.

Um die Signifikanz bilanzpolitischer Einflüsse auf die Verteilungen zu beurteilen, können so genannte standardisierte Differenzen berechnet werden. Diese Kennzahl geht auf Burgstahler/ Dichev (1997) zurück. Anhand standardisierter Differenzen lässt sich beurteilen, ob eine Verteilung um einen Schwellenwert herum signifikant anders verläuft, als ohne bilanzpolitische Einflüsse zu erwarten wäre.[744] Die erwartete Fallzahl innerhalb eines Intervalls wird als Durchschnitt der Fallzahlen der beiden angrenzenden Intervalle definiert. Dies entspricht der Annahme eines kontinuierlichen Verlaufs der Verteilung ohne bilanzpolitische Einflüsse. Die Differenz der tatsächlichen und der erwarteten Zahl von Beobach-

[744] Degeorge/Patel/Zeckhauser (1998) konstruieren eine ähnliche Testvariable, die annähernd studentverteilt ist. Vgl. Degeorge/Patel/Zeckhauser (1998), S. 37 ff.

tungen in diesen Intervallen wird durch die geschätzte Standardabweichung der Differenz dividiert. Die standardisierte Differenz d_i für ein Intervall i wird mit obs_i als der Zahl der Beobachtungen in Intervall i folgendermaßen berechnet:[745]

$$d_i \equiv \frac{obs_i - (obs_{i+1} + obs_{i-1})/2}{\sigma\left(obs_i - (obs_{i+1} + obs_{i-1})/2\right)}$$

mit

$\sigma_{(obs_i - (obs_{i+1} + obs_{i-1})/2)}$ = geschätzte Standardabweichung der Differenz von tatsächlicher und erwarteter Fallzahl im Intervall i.[746]

Gilt die Annahme einer kontinuierlichen, „glatten" Verteilung der Gewinnvariablen, beeinflussen die Unternehmen den Ergebnisausweis also nicht durch bilanzpolitische Maßnahmen, so ist die Verteilung der standardisierten Differenzen annähernd normalverteilt mit einem Mittelwert von null und einer Standardabweichung von eins. Standardisierte Differenzen werden für die Intervalle direkt rechts und links von den Schwellenwerten ermittelt. Aufgrund von Anreizen und Möglichkeiten zur Bilanzpolitik wird vermutet, dass Unternehmen bilanzpolitische Maßnahmen einsetzen, um einen Ergebnisausweis unterhalb der Schwellenwerte zu vermeiden. In diesem Fall nimmt die standardisierte Differenz für das Intervall direkt links eines Schwellenwertes negative Werte und für das Intervall direkt rechts eines Schwellenwertes positive Werte an.[747] Die standardisierte Differenz nimmt

---

745 Allgemein lassen sich Zufallsvariablen in eine standardisierte Zufallsvariable mit einem Erwartungswert von null und einer Varianz von eins umwandeln, indem die Differenz von der Zufallsvariablen und ihrem Erwartungswert durch die Standardabweichung der Zufallsvariablen dividiert wird. Vgl. z. B. Bleymüller/Gehlert/Gülicher (1998), S. 43. Aufgrund der Annahme einer „glatten" Verteilung beträgt der Erwartungswert der Differenz von tatsächlicher und erwarteter Fallzahl in einem Intervall null.

746 Die Zahl der Beobachtungen in einem Intervall werden vereinfachend als eine Zufallsvariable betrachtet, die annähernd unabhängig von der Zahl der Beobachtungen in den angrenzenden Intervallen ist. Daher entspricht die Varianz der Differenz von tatsächlicher und erwarteter Anzahl von Beobachtungen in einem Intervall ungefähr der Summe der Varianzen der Bestandteile der Differenz.
Mit N = Gesamtzahl der Beobachtungen und p = Wahrscheinlichkeit, dass eine Beobachtung im Intervall i liegt, ergibt sich für die Varianz der Differenz von tatsächlicher und erwarteter Anzahl von Beobachtungen in Intervall i:
$$N\,p_i\,(1-p_i) + 0{,}25\,N\,(p_{i-1}+p_{i+1})(1-p_{i-1}-p_{i+1})$$
Vgl. Burgstahler/Dichev (1997), S. 103.

747 Die standardisierten Differenzen für das Intervall direkt rechts und für das Intervall direkt links vom Nullpunkt der Verteilung werden durch Bilanzpolitik gleichermaßen beeinflusst und sind also nicht unabhängig voneinander. Burgstahler/Dichev (1997) und Payne/Robb (2000) richten ihr Hauptaugenmerk auf die standardisierte Differenz für das Intervall direkt links vom Nullpunkt.

ceteris paribus umso höhere absolute Werte an, je mehr Unternehmen mittels Bilanzpolitik einen Ausweis des Jahresüberschusses oberhalb eines Schwellenwertes erreichen.[748]

Die standardisierte Differenz ist eine Maßgröße für die Signifikanz von Diskontinuitäten in Verteilungen. Anhand standardisierter Differenzen lässt sich die Frage beantworten, ob der Einfluss schwellenwertorientierter Bilanzpolitik auf eine Verteilung signifikant ist oder nicht. Um das Ausmaß schwellenwertorientierter Bilanzpolitik zu beurteilen, sind Maße für die Asymmetrie von Verteilungen im Bereich um Schwellenwerte herum besser geeignet. Mit Hilfe von Asymmetriemaßen kann auch untersucht werden, ob eine Diskontinuität in einer Verteilung größer als in einer anderen Verteilung ist. Die relative Häufigkeit der Zahl der Beobachtungen direkt oberhalb eines Schwellenwertes zur Zahl der Beobachtungen direkt unterhalb eines Schwellenwertes ist ein einfaches Asymmetriemaß. Zur Berechnung der Kennzahl wird die Zahl der Beobachtungen im ersten Intervall direkt oberhalb eines Schwellenwertes durch die Zahl der Beobachtungen im ersten Intervall direkt unterhalb eines Schwellenwertes dividiert. Relative Häufigkeiten werden unter anderem in den Studien von Brown/Higgins (2001) und Leuz/Nanda/Wysocki (2003) verwendet.

Relative Häufigkeiten weisen allerdings einige unerwünschte Eigenschaften auf. Relative Häufigkeiten können Werte zwischen 0 und ∞ annehmen. In einer Situation ohne bilanzpolitische Einflüsse beträgt der Erwartungswert für die relative Häufigkeit eins. Somit ist die Verteilung der Werte relativer Häufigkeiten nicht symmetrisch um den Wert herum, der bei Gültigkeit der Nullhypothese zu erwarten wäre. Außerdem ist der Wert der relativen Häufigkeit nicht definiert, wenn die Zahl der Beobachtungen im Intervall direkt links vom Schwellenwert null ist.

Aus diesen Gründen bietet es sich an, ein anderes Asymmetriemaß zu verwenden, um das Ausmaß schwellenwertorientierter Bilanzpolitik einzuschätzen.[749] Die folgende Definition für ein Asymmetriemaß ist aus den Naturwissenschaften entlehnt.[750]

$$A = \frac{obs_r - obs_l}{obs_{rl}}$$

[748] Werte der standardisierten Differenzen sind nicht unabhängig von der Größe einer Stichprobe, sondern nehmen mit der Quadratwurzel der Samplegröße zu. Vgl. Beaver/McNichols/Nelson (2003b), S. 366, und die formale Herleitung in Anhang V.

[749] Das nachfolgend dargestellte Asymmetriemaß wird in der empirischen Untersuchung in Abschnitt 4.6 dieser Arbeit verwendet.

[750] Vgl. Halzen/Martin (1984), S. 307.

mit obs_r als der Zahl der Beobachtungen im Intervall direkt rechts von null, obs_l als der Zahl der Beobachtungen im Intervall direkt links von null und obs_{rl} als der Zahl der Beobachtungen in beiden Intervallen direkt neben dem Schwellenwert. Der Wertebereich für A reicht von -1 bis 1 und ist symmetrisch um den Wert von null herum, der in einer Situation ohne bilanzpolitische Einflüsse zu erwarten ist. Aufgrund dieser Eigenschaft und zur Unterscheidung von relativen Häufigkeiten wird A im Folgenden auch als zentriertes Asymmetriemaß bezeichnet. Ergebnisse von Berechnungen für A werden üblicherweise in der Form $A \pm \Delta A$ angegeben, mit ΔA als der geschätzten Standardabweichung von A.[751] Diese Schreibweise trägt möglichen Messfehlern bei der Ermittlung von A Rechnung. Um das Ausmaß von Diskontinuitäten in zwei verschiedenen Verteilungen zu vergleichen, kann die Differenz der Asymmetriemaße für die Verteilungen betrachtet werden. Für einen Vergleich deutscher und US-amerikanischer Unternehmen kann beispielsweise $A_{Diff} = A_{US} - A_G$ definiert werden mit den Indizes G für Deutschland und US für die USA. Die Ergebnisse des Vergleichs können in der Form $A_{Diff} \pm \Delta A_{Diff}$ angegeben werden.[752]

Bevor standardisierte Differenzen und Asymmetriemaße berechnet werden können, muss erst eine geeignete Intervallbreite festgelegt werden. Die Intervallbreite sollte so gewählt werden, dass die schwellenwertorientierte Bilanzpolitik der Unternehmen möglichst exakt erfasst wird.[753] Dabei ergibt sich allerdings das Problem, das nicht genau bekannt ist, wie stark Manager das ausgewiesene Ergebnis bilanzpolitisch erhöhen, um Schwellenwerte zu erreichen oder zu übertreffen. Bei Wahl breiter Intervalle kann Bilanzpolitik nur ungenau gemessen werden und die Resultate der Berechnungen werden durch die Konvexität oder Konkavität der Verteilung im untersuchten Bereich möglicherweise verzerrt. Die Annahme eines kontinuierlichen, „glatten“ Verlaufs der Verteilung in einer Situation ohne bilanzpolitische Einflüsse ist bei Wahl kleiner Intervalle besser erfüllt. Degeorge/Patel/ Zeckhauser (1999), Dichev/Skinner (2001) und Holland/Ramsey (2003) versuchen, geeignete Intervallbreiten in Abhängigkeit von der Zahl der Beobachtungen und der Varianz der Gewinndaten zu errechnen. Allerdings bezeichnen Dichev/Skinner diese Berechnungsmethoden als Daumenregeln[754] und verwenden letztlich andere als die errechneten Intervallbreiten. Holland/Ramsey lehnen die Berechnungsmethoden ebenfalls ab und entscheiden sich schließlich, die Intervallbreiten wie Burgstahler/Dichev nach „visual inspection“ der Histogram-

---

751 Zur Berechnung von ΔA vgl. den Anhang VI. Die Schätzung der Standardabweichung von relativen Häufigkeiten wird ebenfalls in Anhang VI dargestellt.

752 Zur Berechnung von ΔA_{Diff} vgl. den Anhang VI.

753 Vgl. dazu auch Dichev/Skinner (2001), S. 21.

754 Vgl. Dichev/Skinner (2001), S. 22.

me für die Gewinndaten zu bestimmen.[755] Aufgrund der dargestellten Schwierigkeiten wird die Intervallbreite für den Vergleich des Ausmaßes schwellenwertorientierter Bilanzpolitik in Deutschland und den USA in Abschnitt 4.6 dieser Arbeit auf eine Art festgelegt, die ähnlich pragmatisch wie eine „visual inspection" ist. Dabei wird auch deutlich, dass die Wahl der Intervallbreite die Ergebnisse für standardisierte Differenzen und Asymmetriemaße maßgeblich beeinflussen kann.

Zur empirischen Untersuchung von Bilanzpolitik wird in einigen Studien ein Ansatz verwendet, der von einer ähnlichen Idee wie die Schwellenwertmethode ausgeht. In diesen Studien wird berechnet, ob Rechnungslegungsdaten bestimmte Ausprägungen häufiger annehmen, als ohne bilanzpolitische Einflüsse per Zufall zu erwarten wäre. Myers/Skinner (1999) untersuchen, ob die Zahl der Unternehmen mit stetig wachsendem Ergebnisausweis in aufeinanderfolgenden Quartalen größer ist, als per Zufall zu erwarten wäre. In anderen Studien wird berechnet, ob Unternehmen häufiger „aufgerundete" Ergebnisse je Aktie wie z. B. 2 Euro statt 1,99 Euro ausweisen, als per Zufall zu erwarten wäre.[756]

4.4.2.2 Vor- und Nachteile der Schwellenwertmethode

Die Schwellenwertmethode verwendet Rechnungslegungsdaten, die direkt aus den Abschlüssen der Unternehmen entnommen werden können. Da also gewissermaßen das Endergebnis der Bilanzpolitik betrachtet wird, erfasst die Schwellenwertmethode die Wirkungen sämtlicher Formen von Bilanzpolitik. Die Methode registriert nicht nur die Wirkung sachverhaltsdarstellender, sondern auch sachverhaltsgestaltender Maßnahmen, die von „Discretionary Accruals"-Modellen nicht in allen Fällen berücksichtigt werden. Dabei kommt die Schwellenwertmethode ohne die fehleranfällige Schätzung von bilanzpolitisch unbeeinflussten Rechnungslegungsdaten aus.[757] Die Methode ist also nicht aufgrund einer genaueren Messung diskretionärer Accruals besonders gut geeignet, bilanzpolitische Einflüsse aufzudecken, sondern deswegen, weil eine bestimmte Gruppe von Unternehmen identifiziert wird, in der der Anteil von Bilanzpolitik betreibenden Unternehmen besonders hoch ist.[758] Anhand der Verteilungen kann für diese Gruppe von Unternehmen grob einge-

[755] Vgl. Holland/Ramsey (2003), S. 48.

[756] Vgl. Kinnunen/Koskela (2001); van Caneghem (2002); ähnlich Das/Zhang (2003). In ähnlicher Weise wird untersucht, ob sich im vierten Quartal die Richtung der Ergebnisänderung gegenüber dem vorherigen Quartal häufiger von der Richtung der Ergebnisänderung in den ersten drei Quartalen des Jahres unterscheidet, als per Zufall zu erwarten wäre. Daraus könnte gefolgert werden, dass Unternehmen bevorzugt im letzten Quartal des Jahres bilanzpolitische Maßnahmen einsetzen, um einen Jahresüberschuss in der gewünschten Höhe ausweisen zu können. Vgl. Das/Shroff (2002).

[757] Vgl. Healy/Wahlen (1999), S. 379.

[758] Vgl. McNichols (2000), S. 336.

schätzt werden, wie verbreitet es ist, mittels bilanzpolitischer Maßnahmen einen Ergebnisausweis unterhalb der Schwellenwerte zu vermeiden.[759] Die Anwendung der Schwellenwertmethode ist nicht auf Schwellenwerte für den Ergebnisausweis beschränkt. Die Methode kann beispielsweise auch eingesetzt werden, um Verteilungen bilanzieller Kennzahlen wie der Current Ratio um Schwellenwerte herum zu untersuchen, die gemäß Vorschriften in Kreditverträgen nicht unterschritten werden dürfen.[760] Ein weiterer Vorteil der Schwellenwertmethode liegt schließlich darin, dass die Ergebnisse sehr anschaulich dargestellt werden können.

Den genannten Vorteilen stehen jedoch eine Reihe von Nachteilen gegenüber. Die Schwellenwertmethode ist nur unter ganz bestimmten Umständen anwendbar. Der zu untersuchende bilanzpolitische Anreiz muss an einen eindeutig definierten Schwellenwert für den Ergebnisausweis oder für andere Rechnungslegungsdaten geknüpft sein. Außerdem muss dieser Schwellenwert für eine große Zahl von Unternehmen bilanzpolitisch relevant sein, um aussagekräftige Ergebnisse erzielen zu können.[761] Diese Voraussetzungen sind erfüllt, wenn untersucht wird, ob börsennotierte Unternehmen mittels Bilanzpolitik einen Ergebnisausweis unterhalb kapitalmarktrelevanter Schwellenwerte vermeiden.[762] Werden speziellere Fragen wie z. B. bilanzpolitische Anreize im Vorfeld von Aktienemissionen betrachtet, ist die Schwellenwertmethode i. d. R. nicht geeignet. Zum einen sind nur verhältnismäßig wenige Unternehmen von dem bilanzpolitischen Anreiz betroffen und zum anderen ist ein relevanter Schwellenwert nicht eindeutig definiert.

Ein weiterer Nachteil besteht darin, dass mit Hilfe der Schwellenwertmethode keine detaillierten Informationen über die bilanzpolitischen Methoden gewonnen werden, die von den Unternehmen eingesetzt werden.[763] Um das bilanzpolitische Verhalten von Unternehmen genauer zu erkennen, muss die Schwellenwertmethode um weitere Analysen ergänzt werden. Beispielsweise können mit Hilfe der Schwellenwertmethode in einem ersten Schritt zunächst Beobachtungswerte knapp oberhalb der Schwellenwerte identifiziert werden. Bei diesen Beobachtungswerten ist die Wahrscheinlichkeit relativ hoch, dass die Unternehmen bilanzpolitische Maßnahmen eingesetzt haben. In einem zweiten Schritt kann für diese Un-

[759] Vgl. Burgstahler/Dichev (1997), S. 107 f. u. S. 111 f.; Healy/Wahlen (1999), S. 379.
[760] Vgl. Dichev/Skinner (2001).
[761] Vgl. McNichols (2000), S. 336; Kang (1999), S. 2.
[762] Allerdings ist es bei diesen Untersuchungen nicht unumstritten, ob der ausgewiesene Jahresüberschuss, das Ergebnis der gewöhnlichen Geschäftstätigkeit, das Ergebnis nach DVFA/SG oder eine andere Gewinngröße die bilanzpolitisch relevante Zielgröße für Unternehmen darstellt. Vgl. auch Kang (1999), S. 2.
[763] Vgl Beneish (2001), S. 6 f.; McNichols (2000), S. 337; Degeorge/Patel/Zeckhauser (1999), S. 2 f.

ternehmen mit Hilfe von „Discretionary Accruals"-Modellen die Höhe der gesamten diskretionären Accruals oder auch die Höhe spezieller diskretionärer Accruals berechnet werden.[764]

Die kombinierte Anwendung von Schwellenwertmethode und „Discretionary Accruals"-Methode kann unter Umständen auch dann hilfreich sein, wenn die Verteilung der Schätzfehler von Analysten untersucht wird. Es ist schwierig zu klären, ob eine Diskontinuität der Verteilung um einen Schätzfehler in Höhe von null herum auf die Bilanzpolitik der Unternehmen oder auf so genanntes Expectations Management zurückzuführen ist. Expectations Management der Unternehmen besteht darin, eher pessimistische Informationen zu verbreiten, um die Gewinnerwartungen der Kapitalmarktteilnehmer vor der Bekanntgabe des Ergebnisses zu dämpfen. Die Höhe des Schwellenwertes wird durch Expectations Management also auf das Niveau des Ergebnisausweises gesenkt.[765] In einem solchen Fall kann die Berechnung diskretionärer Accruals Hinweise auf die Ursache der Diskontinuität liefern. Signifikant positive diskretionäre Accruals für Beobachtungen rechts vom Schwellenwert deuten darauf hin, dass ergebniserhöhende Bilanzpolitik zumindest mitverantwortlich für die Diskontinuität ist. Sind die diskretionären Accruals für Beobachtungen rechts vom Schwellenwert nicht signifikant größer als null, ist Expectations Management möglicherweise eine Ursache für die Diskontinuität. Ein weiterer Einfluss auf die Diskontinuität könnte allerdings von sachverhaltsgestaltenden Maßnahmen der Bilanzpolitik ausgehen, die von „Discretionary Accruals"-Modellen nicht zuverlässig erfasst werden.

Kritik an der Schwellenwertmethode richtet sich auch gegen die Annahme, dass eine Diskontinuität in der Verteilung der Ergebnisse im Bereich um ein Ergebnis von null herum vollständig durch bilanzpolitische Maßnahmen der Unternehmen zu erklären ist. Beaver/McNichols/Nelson (2003a) führen einen Teil der Diskontinuität beim Schwellenwert „Ergebnis = 0" auf die unterschiedliche steuerliche Behandlung von Unternehmen mit Gewinn- und Verlustausweis sowie auf das Vorsichtsprinzip der Bilanzierung zurück.

[764] Vgl. Kang (1999); Dechow/Richardson/Tuna (2000); Dechow/Richardson/Tuna (2003); Beaver/McNichols/Nelson (2003b); Beatty/Ke/Petroni (2002); Matsumoto (2002). Vor dem Hintergrund der massiven Kritik an den allgemeinen „Discretionary Accruals"-Modellen ist es vermutlich erfolgversprechender, spezielle Accruals zu modellieren. Ergebnisse von Studien auf Basis der allgemeinen „Discretionary Accruals"-Methode sind aufgrund der Fehleranfälligkeit der Methode in jedem Fall sehr vorsichtig zu interpretieren. Insbesondere wenn wie im Falle schwellenwertorientierter Bilanzpolitik auch betragsmäßig geringe Beeinflussungen des ausgewiesenen Ergebnisses im Mittelpunkt des Interesses stehen, kann die relativ ungenaue „Discretionary Accruals"-Methode vermutlich nur sehr unzuverlässige Ergebnisse liefern. Vgl. McNichols (2003), S. 386.

[765] Vgl. Payne/Robb (2000), S. 387 ff. Vgl. auch den Ansatz von Matsumoto (2002), S. 502 ff., zur Bestimmung des Ausmaßes von Expectations Management.

Demnach wäre auch ohne bilanzpolitische Maßnahmen die Zahl der Unternehmen mit kleinen Gewinnen höher als die Zahl der Unternehmen mit kleinen Verlusten. Die unterschiedliche steuerliche Behandlung zeigt sich darin, dass die prozentuale steuerliche Belastung, gemessen als das Verhältnis von Income Tax Expense bzw. Income Tax Benefit zum Pretax Income, für Unternehmen mit Gewinnausweis höher ist als für Unternehmen mit Verlustausweis. Daraus entsteht in der Verteilung der Ergebnisse nach Steuern eine stärkere Konzentration der Zahl der Beobachtungen im Bereich knapp oberhalb eines Ergebnisausweises in Höhe von null als im Bereich direkt unterhalb von null. Zudem kann bei vorsichtiger Bilanzierung die Wahrscheinlichkeit für den Ausweis ungewöhnlicher oder seltener Aufwendungen, so genannter ergebnismindernder Special Items,[766] bei Unternehmen mit Verlustausweis größer sein als bei Unternehmen mit Gewinnausweis. Daraus ergibt sich ceteris paribus eine größere Varianz der ausgewiesenen Verluste als der ausgewiesenen Gewinne. Aus einer größeren Streuung der ausgewiesenen Verluste folgt eine geringere Zahl von Beobachtungen direkt unterhalb von null als direkt oberhalb von null.

Bei dieser Argumentation wird allerdings vernachlässigt, dass Manager Ermessensspielräume bei der Entscheidung über die Höhe und den Zeitpunkt des Ansatzes von Special Items haben.[767] Dementsprechend werden Special Items für bilanzpolitische Zwecke eingesetzt.[768] Höhere ergebnismindernde Special Items bei Unternehmen mit Verlustausweis als bei Unternehmen mit Gewinnausweis sind ein Zeichen für ergebnismindernde Bilanzpolitik oder sogar ein Hinweis auf ein Big Bath Accounting der Unternehmen. Allerdings zeigt die Kritik von Beaver/McNichols/Nelson, dass eine Diskontinuität in der Verteilung der Ergebnisse um den Schwellenwert „Ergebnis = 0“ herum außer durch bilanzpolitische Maßnahmen auch durch eine unterschiedliche steuerliche Behandlung von Unternehmen mit Gewinnausweis und Unternehmen mit Verlustausweis beeinflusst werden kann. Dies gilt unter der Einschränkung, dass Unternehmen die Position Income Tax Expense bzw. Income Tax Benefit auch zu bilanzpolitischen Zwecken nutzen können.[769]

---

766 Den Special Items liegen Ereignisse oder Transaktionen zugrunde, die entweder ungewöhnlich oder selten, aber nicht beides gleichzeitig sind. Davon zu unterscheiden sind Extraordinary Items, die gleichzeitig ungewöhnlich und selten sind. Special Items sind Bestandteil des Income from Continuing Operations. Vgl. Accounting Principles Board (1973), APB Opinion No. 30, Para. 26.

767 Vgl. Kinney/Trezevant (1997).

768 Manager können Ermessensspielräume bei Entscheidungen über den Zeitpunkt und die Höhe des Ansatzes von Special Items sowohl für ergebniserhöhende als auch für ergebnisverringernde Bilanzpolitik nutzen. Negative Special Items können zu einem Big Bath beitragen. Vgl. Kinney/Trezevant (1997); Myers/Skinner (1999).

769 Vgl. Dhaliwal/Gleason/Mills (2002).

4.5 Ergebnisse empirischer Studien zur kapitalmarktorientierten Bilanzpolitik: Anreize und Wirkungen auf den Ergebnisausweis

4.5.1 Ergebnisse empirischer Studien zu Anreizen für kapitalmarktorientierte Bilanzpolitik

4.5.1.1 Bewertung am Kapitalmarkt und Vermeidung des Ausweises von Verlusten und sinkenden Gewinnen

Die theoretischen Überlegungen in Abschnitt 4.3 legen den Schluss nahe, dass Kapitalmarktteilnehmer Aktien von Unternehmen besser bewerten und sich die Kurse daher günstiger entwickeln, wenn das ausgewiesene Ergebnis leicht oberhalb und nicht knapp unterhalb kapitalmarktrelevanter Schwellenwerte liegt. Empirische Untersuchungen können diese Vermutung bestätigen. Ein Ergebnisausweis auf dem Vorjahresniveau oder darüber schlägt sich vor allem dann in einem höheren Marktwert nieder, wenn das ausgewiesene Ergebnis über mehrere Perioden hinweg ohne Unterbrechung stetig steigt oder zumindest nicht sinkt. Das Vermeiden von Verlustausweisen trägt dazu bei, eine negative Kursentwicklung zu verhindern oder auf einen späteren Zeitpunkt zu verschieben.

Dechow/Richardson/Tuna (2000) untersuchen US-amerikanische Unternehmen im Zeitraum von 1988 bis 1998 und kommen zu dem Ergebnis, dass Unternehmen durch das Vermeiden von Verlustausweisen den Zeitpunkt hinauszögern, an dem eine negative Ergebnisentwicklung den Kapitalmarktteilnehmern bekannt wird. Unternehmen mit einem kleinen positiven Ergebnis[770] weisen im Folgejahr durchschnittlich ein niedrigeres Ergebnis aus. Die Ergebnisveränderung ist signifikant schlechter als bei anderen Unternehmen. Damit einher geht eine signifikant schlechtere risisikoadjustierte Rendite im Jahr nach dem vermiedenen Verlustausweis. Die schlechtere Performance kann vor allem auf solche Unternehmen innerhalb der Gruppe von Unternehmen mit kleinem positiven Gewinn zurückgeführt werden, deren Accruals im Jahr des vermiedenen Verlustausweises besonders hoch sind und die somit das ausgewiesene Ergebnis möglicherweise bilanzpolitisch beeinflusst haben. Im Folgejahr sind die Unternehmen vermutlich durch eine anhaltend schlechte Ertragslage und den bilanzpolitischen Umkehreffekt dazu gezwungen, ein niedrigeres Ergeb-

[770] Ein ausgewiesenes Ergebnis wird als kleiner positiver Gewinn klassifiziert, wenn der Quotient aus dem Ergebnis und dem Marktwert des Eigenkapitals mindestens null beträgt und kleiner als 0,005 ist.

nis auszuweisen. Die Resultate der Studie deuten nicht darauf hin, dass Unternehmen mit kleinem positiven Gewinn eine nur vorübergehend schlechte Ertragslage durch bilanzpolitische Maßnahmen kaschieren, um Kapitalmarktteilnehmern positive Ertragserwartungen für die Zukunft zu signalisieren.[771]

Konstante oder stetig steigende Gewinne werden vom Kapitalmarkt ebenfalls belohnt. Barth/Elliott/Finn (1999) zeigen anhand eines Samples US-amerikanischer Unternehmen für den Zeitraum 1982 bis 1992, dass Unternehmen mit einem mindestens fünf Jahre ohne Unterbrechung gestiegenem oder konstant gebliebenem Net Income ein signifikant höheres Kurs-Gewinn-Verhältnis (KGV) haben als andere Unternehmen, deren Risiko und deren Wachstum des Buchwertes des Eigenkapitals vergleichbar groß sind.[772] Die Prämie für nicht sinkende Ergebnisse ist umso größer, je mehr Jahre lang Unternehmen schon kontinuierlich steigende oder gleichbleibende Ergebnisse ausweisen. Der stärkste Anstieg des KGV ist nach dem fünften Ergebniszuwachs in Folge zu beobachten.

Wenn auf eine Reihe von fünf oder mehr Jahren steigender oder gleichbleibender Ergebnisse ein Jahr mit einem geringeren Ergebnis folgt, fällt das KGV deutlich. Sinkt das Ergebnis nach einer Serie steigender oder gleichbleibender Gewinne sogar zwei Jahre in Folge, fällt das KGV so stark, dass es nicht mehr signifikant größer als für andere Unternehmen mit vergleichbarem Risiko und Wachstum des Buchwertes des Eigenkapitals ist. Nach vier Folgejahren mit sinkenden Ergebnissen ist das KGV signifikant niedriger als für vergleichbare Unternehmen. Bei ununterbrochen negativem Ergebnistrend sinkt das KGV doppelt so schnell, wie es bei ununterbrochen positiver Ergebnisentwicklung zunimmt.

DeAngelo/DeAngelo/Skinner (1996) bestätigen die negative Kursreaktion auf das Ende einer Serie steigender Gewinne. Für 145 in den 80er Jahren an der New York Stock Exchange gelistete Unternehmen ergibt sich durchschnittlich eine negative kumulierte abnormale Rendite von circa -14% in dem Jahr, in dem nach mindestens neun Jahren mit ununterbrochenen Zuwächsen erstmals ein Ergebnis unterhalb des Vorjahresniveaus ausgewiesen wird. Die Stärke der Kursreaktion scheint insofern gerechtfertigt zu sein, als dass die ausgewiesenen Ergebnisse im Durchschnitt mindestens in den drei Jahren nach dem Ergeb-

---

771 Vgl. Dechow/Richardson/Tuna (2000), S. 18 f.

772 Die Ergebnisse der Studie bleiben unverändert, wenn statt des vergangenheitsorientierten Wachstums des Buchwertes des Eigenkapitals die zukunftsgerichteten Schätzungen von Analysten für den langfristigen Gewinn als Stellvertretervariable für das Unternehmenswachstum verwendet werden. Vgl. Barth/Elliott/ Finn (1999), S. 403 f. Die Resultate der Studie bleiben ebenfalls unbeeinflusst, wenn die Persistenz abnormaler Gewinne oder die Persistenz der Gewinne als zusätzliche erklärende Variable berücksichtigt werden. Vgl. Barth/Elliott/Finn (1999), S. 406 f.

nisrückgang auf dem niedrigeren Niveau bleiben. Der positive Ergebnistrend aus den Vorjahren wird also nicht nur kurzfristig unterbrochen.[773]

Ähnliche Beobachtungen wie für jährliche Ergebnisänderungen treffen auch für vierteljährliche Ergebnisänderungen US-amerikanischer börsennotierter Unternehmen zu. Das KGV und das Verhältnis von Marktwert zu Buchwert sind signifikant größer für Unternehmen, deren Earnings-per-share (EPS) before extraordinary items mindestens 17 Quartale lang ohne Unterbrechung gestiegen ist, als für eine Kontrollgruppe von Unternehmen gleicher Größe (gemessen am Buchwert des Vermögens), deren EPS-Wachstum im gleichen Zeitraum nicht kontinuierlich verläuft, im Durchschnitt aber genauso hoch ist.[774] Über einen Zeitraum von vier Jahren weisen Unternehmen mit stetigem EPS-Wachstum einen monatlich kumulierten „buy-hold market-adjusted return" von annähernd 300% auf, während diese Überrendite für die Kontrollgruppe bei nur 106% liegt.[775] Eine 27%-ige Underperformance gegenüber dem Marktportfolio ergibt sich für den Zeitraum von 11 Monaten, der mit dem ersten Quartal mit gesunkenem EPS-Ausweis endet.[776]

4.5.1.2 Bewertung am Kapitalmarkt und Gewinnüberraschungen

Ein ausgewiesenes Ergebnis in Höhe der Schätzungen von Analysten oder darüber hat ähnliche Auswirkungen auf die Bewertung am Kapitalmarkt wie der Ausweis eines gleichbleibenden oder steigenden Ergebnisses. Eine ununterbrochene Folge positiver Gewinnüberraschungen hat einen positiven Einfluss auf den Kursverlauf. Wird die Serie durch eine negative Gewinnüberraschung beendet, kann eine deutliche negative Kursreaktion beobachtet werden.

Um die Ergebnisse der empirischen Studien klarer darstellen zu können, werden in diesem Abschnitt der Arbeit die Begriffe Gewinnüberraschung und Schätzfehler der Analysten

---

773 Vgl. DeAngelo/DeAngelo/Skinner (1996), S. 347 f. u. S. 359.

774 Vgl. Myers/Skinner (1999), S. 15.

775 Vgl. ebenda, S. 19 ff. Das EPS-Wachstum der Unternehmen der Kontrollgruppe ist über die betrachteten vier Jahre insgesamt ungefähr so hoch wie für die Unternehmen der Gruppe mit stetigen EPS-Zuwächsen. Das Ergebniswachstum der Unternehmen der Kontrollgruppe liegt also ebenfalls über dem Marktdurchschnitt und rechtfertigt somit eine Überrendite.

776 Vgl. ebenda, S. 20 f. Die Underperformance tritt vermutlich deswegen schon vor dem ersten EPS-Rückgang auf, weil sich das EPS-Wachstum in den vorangehenden Quartalen bereits verlangsamt. Außerdem veröffentlichen Unternehmen einen erwarteten EPS-Rückgang gegenüber den Kapitalmarktteilnehmern häufig bereits vorher, wenn sie feststellen, dass der Ausweis eines sinkenden EPS unvermeidlich ist. Vgl. Kasznik/Lev (1995); Skinner (1994).

voneinander unterschieden.[777] Abbildung 6 soll die Bedeutung der Definitionen verdeutlichen.

Abbildung 6: Gewinnüberraschungen und Schätzfehler

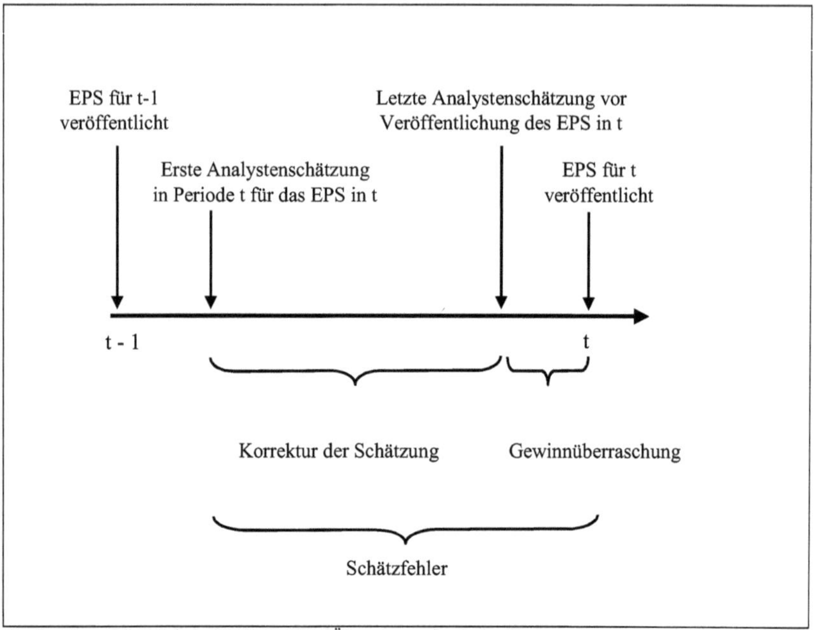

Quelle: Kasznik/McNichols (2002), S. 735. [Übersetzung durch den Verfasser]

Studie von Kasznik/McNichols (2002)

Der Schätzfehler der Analysten wird als Abweichung der ausgewiesenen Earnings per Share (EPS) von der (durchschnittlichen) EPS-Schätzung der Analysten zu Beginn der betrachteten Periode gemessen. Diese Differenz wird in den Studien auch als Informationsgehalt einer Gewinnveröffentlichung relativ zum Anfang der Periode interpretiert. Dagegen bezieht sich die Gewinnüberraschung auf die Analystenschätzungen, die kurz vor der Veröffentlichung des Gewinns abgegeben werden. Die Gewinnüberraschung entspricht also der Differenz der ausgewiesenen EPS und der (durchschnittlichen) Analystenschätzung direkt vor Veröffentlichung des Gewinns. Die Korrektur der Gewinnschätzung während der betrachteten Periode wird als Differenz der Analystenschätzungen zu Ende und zu Anfang

[777] Die Unterscheidung dient hier nur zur besseren Darstellung der Untersuchungsergebnisse. In den folgenden Abschnitten wird diese Unterscheidung nicht mehr gemacht. Die Begriffe Gewinnüberraschung und Schätzfehler von Analysten werden dort synonym verwendet.

der Periode definiert. Somit setzt sich der Schätzfehler aus der Korrektur der Analystenschätzung während der betrachteten Periode und der Gewinnüberraschung am Ende der Periode zusammen.[778]

Kasznik/McNichols (2002) zeigen anhand eines Samples US-amerikanischer Unternehmen für die Jahre 1986 bis 1993, dass Unternehmen mit positiven Gewinnüberraschungen signifikant höhere jährliche abnormale Renditen als andere Unternehmen erzielen. Dieses Resultat gilt nach Berücksichtigung des Einflusses der Höhe des Schätzfehlers der Analysten auf die Renditen. Der Schätzfehler soll den Informationsgehalt einer Gewinnveröffentlichung bezogen auf den Anfang der Periode abbilden. Die positive Wirkung positiver Gewinnüberraschungen[779] auf abnormale Renditen geht also allein von der Fähigkeit eines Unternehmens aus, ein Ergebnis in Höhe oder oberhalb der Analystenschätzungen auszuweisen, die direkt vor Veröffentlichung des Gewinns abgegeben werden.[780] Die abnormalen Renditen sind umso höher, je länger die Erwartungen der Analysten ohne Unterbrechung erfüllt werden. Allerdings nimmt der zusätzliche Anstieg der abnormalen Renditen in jedem weiteren Jahr mit positiver Gewinnüberraschung ab. Eine signifikant negative abnormale Rendite ergibt sich für Unternehmen, wenn eine negative Gewinnüberraschung auf zwei Vorjahre mit positiven Gewinnüberraschungen folgt.

Eine positive Gewinnüberraschung geht nicht nur mit höheren abnormalen Renditen, sondern auch mit höheren Ergebnisschätzungen der Analysten in der Periode danach einher. Wenn allerdings der Zusammenhang zwischen dem Schätzfehler der Analysten in der Periode mit der betrachteten Gewinnüberraschung und den Ergebnisschätzungen in der Folgeperiode berücksichtigt wird, sind die Schätzungen der Analysten im Anschluss an eine positive Gewinnüberraschung überraschenderweise signifikant niedriger als nach einer negativen Gewinnüberraschung. Diese unvermutete Reaktion der Analysten auf die Erfüllung bzw. Übererfüllung ihrer Erwartungen hängt damit zusammen, dass sich Analysten bei Erstellung neuer Ergebnisprognosen nicht deutlich genug von ihren eigenen alten Schätzungen lösen, die sie in früheren Perioden für die mittel- bis langfristige Ergebnisentwicklung

[778] Vgl. Kasznik/McNichols (2002), S. 734 f.

[779] Um die Darstellung zu vereinfachen, werden ausgewiesene Ergebnisse in Höhe der Analystenschätzungen und oberhalb der Analystenschätzungen hier nicht als zwei getrennte Fälle betrachtet und gemeinsam als positive Gewinnüberraschung bezeichnet.

[780] Die hier dargestellten Studien konzentrieren sich allein auf die Kapitalmarktreaktion darauf, dass ein ausgewiesenes Ergebnis nicht unterhalb der Schätzungen von Analysten liegt. Somit unterscheiden sich die hier dargestellten Studien von Untersuchungen zur Kapitalmarktrelevanz von Gewinnveröffentlichungen. Der Unterschied wird darin deutlich, dass die Höhe des Schätzfehlers der Analysten als Kontrollvariable berücksichtigt wird.

abgegeben haben. Des Weiteren berücksichtigen Analysten in ihren Schätzungen nicht vollständig, dass positive Gewinnüberraschungen eine Signalwirkung haben, die sich in höheren EPS in den folgenden Perioden ausdrückt.

Kasznik/McNichols (2002) untersuchen außerdem den Einfluss positiver Gewinnüberraschungen auf den Marktwert von Unternehmen. Dazu wird zunächst ein fundamentaler Unternehmenswert mit Hilfe der Residualgewinnformel berechnet. In die Formel werden für die ersten drei Zukunftsjahre Gewinnschätzungen eingesetzt, die Analysten nach Bekanntwerden einer positiven oder negativen Gewinnüberraschung abgegeben haben. Die so berechneten Fundamentalwerte reflektieren jeweils die Ertragserwartungen der Analysten für Unternehmen mit positiver Gewinnüberraschung und für Unternehmen mit negativer Gewinnüberraschung. In einer Regression des Aktienkurses auf den Fundamentalwert und eine Dummy-Variable für positive Gewinnüberraschungen ergibt sich ein signifikant positiver Koeffizient der Dummy-Variablen für Unternehmen mit positiver Gewinnüberraschung in einem oder mehreren Vorjahren. Der Wert des Koeffizienten wird größer mit der Zahl der Vorjahre, in denen es positive Gewinnüberraschungen gegeben hat. Aktienkurse sind also umso höher, je häufiger hintereinander Unternehmen die Erwartungen der Analysten nicht enttäuschen.

Außer dem auf Analystenschätzungen basierenden Fundamentalwert wird ein weiterer Fundamentalwert mit Hilfe der EPS errechnet, die Unternehmen in den Jahren nach der Gewinnüberraschung tatsächlich ausgewiesen haben. Eine vergleichende Analyse der Zusammenhänge zwischen dem Aktienkurs und den beiden Fundamentalwerten zeigt, dass Analysten die zukünftigen Gewinne von Unternehmen mit einer positiven Gewinnüberraschung im Vorjahr unterschätzen. Mit zunehmender Länge einer ununterbrochenen Serie positiver Gewinnüberraschungen in den Vorjahren werden die Schätzungen der Analysten allerdings immer besser. Außerdem wird deutlich, dass sich die Marktprämie von Unternehmen mit einer ununterbrochenen Serie positiver Gewinnüberraschungen nicht allein durch höhere zukünftige Gewinne rechtfertigen lässt. Eine mögliche zusätzliche Ursache für die Bewertungsprämie könnte darin liegen, dass Investoren Unternehmen mit positiven Gewinnüberraschungen als weniger riskant einstufen.

Studie von Bartov/Givoly/Hayn (2002)

Bartov/Givoly/Hayn (2002) kommen ebenfalls zu dem Ergebnis, dass US-amerikanische Unternehmen mit positiven Gewinnüberraschungen (im Sinne der obigen Definition) nach Berücksichtigung des Schätzfehlers der Analysten höhere abnormale Renditen erzielen als andere Unternehmen. Der Studie liegen vierteljährliche Daten für die Jahre 1983 bis 1997 zugrunde. Kumulierte abnormale Renditen werden für den Zeitraum von zwei Tagen nach der ersten Analystenschätzung zu Beginn des Quartals bis zum Tag nach der Bekanntgabe des Quartalsergebnisses berechnet. Um den Einfluss des Schätzfehlers auf die Höhe der abnormalen Renditen zu berücksichtigen, werden Quartalsergebnisse nach Maßgabe der Höhe der dazugehörigen Schätzfehler in Portfolios zusammengefasst.[781] Im Durchschnitt über alle Portfolios ist die kumulierte abnormale Rendite für positive Gewinnüberraschungen 3,2% höher als für negative Gewinnüberraschungen.

Anhand von Regressionsanalysen wird dieses Ergebnis bestätigt. Darüber hinaus zeigt sich, dass wiederum nach Berücksichtigung der Höhe des Schätzfehlers kumulierte abnormale Renditen höher ausfallen, wenn das ausgewiesene EPS oberhalb der Analystenschätzung liegt, als wenn Ergebnisausweis und Schätzung einander genau entsprechen. Außerdem ist die abnormale Kursreaktion auf eine positive Gewinnüberraschung stärker als auf eine betragsmäßig gleich große negative Gewinnüberraschung.[782] Für die Jahre 1994 bis 1997 ist die positive abnormale Kursreaktion auf positive Gewinnüberraschungen etwas stärker als im Zeitraum von 1983 bis 1993.[783] Die intensivere Kursreaktion kann möglicherweise auf eine zunehmende Beachtung der Analystenschätzungen in den Medien zurückgeführt werden. Die kumulierten abnormalen Renditen für positive Gewinnüberraschungen sind außerdem größer, wenn Unternehmen sich in finanziellen Schwierigkeiten befinden. Dann kann ein EPS in Höhe der Erwartungen oder darüber möglicherweise eine geringere Konkurswahrscheinlichkeit oder eine Trendwende signalisieren. Übereinstimmend mit den Ergebnissen von Kasznik/McNichols (2002) weisen Bartov/Givoly/Hayn (2002) nach, dass die positive abnormale Kursreaktion umso stärker ist, je länger die Serie positiver Gewinnüberraschungen in den Vorjahren ist.

Die abnormalen Renditen von Unternehmen mit positiven Gewinnüberraschungen können vermutlich nicht durch eine Überreaktion der Investoren auf positive Neuigkeiten erklärt werden. Bei einer kurzfristigen Überreaktion wäre in zukünftigen Perioden eine entgegen-

[781] Den Portfolios werden jeweils Quartalsergebnisse zugeordnet, für die das Verhältnis von Schätzfehler zu EPS innerhalb des gleichen 5%-Intervalls liegt. Bei 13 von insgesamt 18 so gebildeten Portfolios lässt sich im Vergleich zu Quartalsergebnissen mit negativer Gewinnüberraschung eine signifikant höhere kumulierte abnormale Rendite für Quartalsergebnisse nachweisen, die über der letzten Analystenschätzung liegen.

[782] Dieses Resultat widerspricht der Prospect Theorie. Aufgrund der Verlustaversion der Kapitalmarktteilnehmer wäre eigentlich das Gegenteil zu erwarten.

[783] Außerdem zeigt sich, dass die Häufigkeit positiver Gewinnüberraschungen im Zeitablauf zugenommen hat.

gerichtete, also negative, Kursreaktion zu erwarten. Diese Vermutung kann jedoch nicht bestätigt werden. Stattdessen sprechen bessere rechnungslegungsbasierte Performance-Kennzahlen[784] der Unternehmen im Anschluss an positive Gewinnüberraschungen dafür, dass die positiven abnormalen Renditen ökonomisch gerechtfertigt sind.[785]

Die Höhe der positiven abnormalen Kursreaktion wird nur wenig vermindert, wenn positive Gewinnüberraschungen durch Expectations Management herbeigeführt werden. Ein erster Hinweis auf Expectations Management zeigt sich darin, dass der Anteil negativer Gewinnüberraschungen kleiner ist als der Anteil negativer Schätzfehler. Ohne Expectations Management wäre grundsätzlich zu erwarten, dass Analysten ihre Schätzungen im Verlauf eines Quartals ebenso häufig nach oben wie nach unten korrigieren. Die Verteilungen der Gewinnüberraschungen und der Schätzfehler dürften sich also im Hinblick auf den Anteil der Beobachtungen mit positivem und mit negativem Vorzeichen nicht deutlich unterscheiden. Um den Einfluss des Expectations Management auf die Bewertungsprämie genauer zu ermitteln, werden die Fälle identifiziert, in denen mit hoher Wahrscheinlichkeit Expectations Management betrieben wurde. Im untersuchten Sample gehören zu 35% der negativen Schätzfehler eine positive Gewinnüberraschung, wohingegen nur auf 15% der Fälle mit positivem Schätzfehler eine negative Gewinnüberraschung am Quartalsende folgt. In 35% der Fälle mit anfangs zu optimistischen Prognosen verschlechtern sich also die Erwartungen der Analysten im Laufe des Quartals derart, dass die Gewinnüberraschung am Ende dennoch positiv ist. Umgekehrt verbessern sich nur für 15% der Fälle mit einer zu pessimistischen Schätzung der Analysten am Anfang der Periode die Erwartungen so deutlich, dass es hinterher doch noch zu einer negativen Gewinnüberraschung kommt. Ohne Expectations Management wäre zu erwarten, dass beide Anteile ungefähr gleich hoch sind. Daraus kann geschlossen werden, dass bei negativem Schätzfehler und gleichzeitig positiver Gewinnüberraschung eine relativ hohe Wahrscheinlichkeit für einen Einfluss durch Expectations Management besteht. Auch wenn nicht in allen Fällen Erwartungen mit dem Ziel einer positiven Gewinnüberraschung negativ beeinflusst werden, so liegt der Anteil in dieser Gruppe der Beobachtungen vermutlich doch besonders hoch. In einer Regressionsanalyse ergibt sich, dass die kumulierten abnormalen Renditen für Fälle mit negativem Schätzfehler und gleichzeitig positiver Gewinnüberraschung nur sehr geringfügig niedriger sind

[784] Die Performance wird hier mit dem Return on Assets, dem Return on Equity, dem Gewinnwachstum und weiteren Kennzahlen gemessen.

[785] Dieses Ergebnis stimmt mit den Resultaten von Kasznik/McNichols (2002) überein. Allerdings gehen Kasznik/McNichols (2002) der Frage nach der Ursache der Kapitalmarktreaktion auf positive Gewinnüberraschungen noch etwas genauer nach (s. o.).

als für andere Beobachtungen mit positiver Gewinnüberraschung. Obwohl der Verdacht besteht, dass Erwartungen im Laufe eines Quartals gezielt gedämpft wurden, lässt sich also weiterhin eine Bewertungsprämie für eine positive Gewinnüberraschung nachweisen.

Expectations Management ist allerdings nur dann eine insgesamt kurssteigernde Strategie, wenn die nach unten korrigierten Erwartungen von Analysten und Investoren den Kurs im Laufe des Quartals weniger stark negativ beeinflussen als der entgegengerichtete Effekt der positiven Gewinnüberraschung am Quartalsende. Bei Berücksichtigung der Höhe der Gewinnüberraschung und der Höhe der Korrektur der Analystenschätzungen ergibt sich durchschnittlich eine circa 1,5-mal so starke Kursreaktion auf die Gewinnüberraschung wie auf die Korrektur der Schätzungen. Investoren scheinen einer Gewinnüberraschung also eine höhere Bedeutung beizumessen als einer zwischenzeitlichen Korrektur der Ergebnisschätzungen von Analysten.

Ebenso wie beim Expectations Management wird die Intensität der positiven Kursreaktion auf positive Gewinnüberraschungen durch ergebniserhöhende Bilanzpolitik nur geringfügig verringert. Um die Wirkung der Bilanzpolitik auf die Bewertungsprämie zu untersuchen, wird sowohl mittels des Jones-Modells als auch eines weiteren Modells das ausgewiesene Ergebnis um abnormale Accruals bereinigt. Anschließend werden die Fälle ermittelt, in denen durch die Bereinigung des Ergebnisses um den bilanzpolitischen Einfluss aus einer positiven eine negative Gewinnüberraschung wird. In diesen Fällen ist die kumulierte abnormale Rendite geringfügig niedriger als für Fälle, in denen die Gewinnüberraschung auch nach der Bereinigung positiv bleibt. Trotz Bilanzpolitik bleibt die Prämie für einen Ergebnisausweis oberhalb der letzten Analystenschätzung fast vollständig bestehen.[786]

Diese Untersuchungsergebnisse lassen mehrere Deutungsmöglichkeiten zu. Entweder erkennen Kapitalmarktteilnehmer den Einfluss von Bilanzpolitik und Expectations Management in den meisten Fällen nicht oder sie betrachten positive Gewinnüberraschungen trotz der manipulativen Eingriffe der Manager als ein Zeichen für positive Ertragsaussichten.[787] Durch Manipulation erzeugte positive Gewinnüberraschungen sind trotz der Eingriffe der Manager insofern ein positives Signal, als der Return on Equity und weitere Performance-

[786] Das gilt unabhängig davon, mit welchem der beiden Modelle die abnormalen Accruals berechnet werden.

[787] Kapitalmarktteilnehmer könnten auf Bilanzpolitik und Expectations Management dann positiv reagieren, wenn sie diese Maßnahmen zwar selbst erkennen, aber annehmen, dass andere Kapitalmarktteilnehmer diese Maßnahmen nicht erkennen. Eine andere Erklärungsmöglichkeit für die Untersuchungsergebnisse könnte allerdings auch darin liegen, dass Einflüsse durch Expectations Management und Bilanzpolitik in der Studie nicht hinreichend gut identifiziert werden können.

Kennzahlen der betreffenden Unternehmen in den folgenden Perioden besser sind als für Unternehmen mit negativen Gewinnüberraschungen. Allerdings ist die zukünftige Performance schlechter als für Unternehmen mit einer positiven Gewinnüberraschung, die nicht auf Bilanzpolitik oder Expectations Management zurückzuführen ist. Diese Ergebnisse sind mit der Schlussfolgerung vereinbar, dass Bilanzpolitik und Expectations Management zumindest nicht allein der Täuschung von Kapitalmarktteilnehmern dienen. Stattdessen scheinen die Eingriffe der Manager den Informationsgehalt des ausgewiesenen Ergebnisses zu einem gewissen Grad zu erhöhen.

Studien von DeFond/Park (2001) und Baber/Kang (2001)

Anders als Bartov/Givoly/Hayn (2002) kommen allerdings die Studien von DeFond/Park (2001) und Baber/Kang (2001) zu dem Ergebnis, dass Kapitalmarktteilnehmer deutlich schwächer auf positive Gewinnüberraschungen bzw. auf „Gewinnüberraschungen" in Höhe von null reagieren, wenn Unternehmen das Ergebnis durch bilanzpolitische Maßnahmen erhöht haben. Diese beiden Studien analysieren im Gegensatz zu Bartov/Givoly/Hayn (2002) kumulierte abnormale Renditen für kurze Ereignisfenster von zwei bzw. drei Handelstagen um den Zeitpunkt der Gewinnveröffentlichung herum. In der Studie von DeFond/Park (2001) ergeben sich ceteris paribus signifikant niedrigere kumulierte abnormale Renditen bei positiven Gewinnüberraschungen, die mit ergebniserhöhenden abnormalen Accruals einhergehen, als bei positiven Gewinnüberraschungen, die zusammen mit ergebnisverringernden abnormalen Accruals auftreten.[788] Die Kurse reflektieren, dass eine positive Gewinnüberraschung eine Übertreibung der tatsächlichen Gewinnsituation darstellt, wenn das Ergebnis durch abnormale Accruals erhöht wird. Ebenso zeigt sich in den Kursen, dass ergebnisverringernde abnormale Accruals das Ausmaß einer positiven Gewinnüberraschung untertreiben. Allerdings scheinen Kapitalmarktteilnehmer den Umkehreffekt bei abnormalen Accruals und die Bedeutung abnormaler Accruals für den Wert einer Aktie nicht sofort vollständig in ihren Anlageentscheidungen zu berücksichtigen. Denn über einen Zeitraum von 80 Handelstagen nach der Gewinnveröffentlichung sind kumulierte abnormale Renditen für Unternehmen mit positiven Gewinnüberraschungen und er-

[788] Das umgekehrte Resultat zeigt sich für negative Gewinnüberraschungen. Der absolute Wert der kumulierten abnormalen Renditen ist bei ergebniserhöhenden abnormalen Accruals signifikant höher als bei ergebnisverringernden abnormalen Accruals. Die absolute Höhe einer negativen Gewinnüberraschung wird durch ergebniserhöhende abnormale Accruals untertrieben und durch ergebnisverringernde abnormale Accruals übertrieben.

gebnisverringernden abnormalen Accruals signifikant höher als für Unternehmen mit positiven Gewinnüberraschungen und ergebniserhöhenden abnormalen Accruals.[789]

Baber/Kang (2001) konzentrieren sich auf „Gewinnüberraschungen" in Höhe von null, also auf Fälle ohne Überraschung bei der Gewinnveröffentlichung.[790] In dieser Gruppe der zielgenauen Gewinnveröffentlichungen ist die Wahrscheinlichkeit für einen bilanzpolitischen Einfluss besonders groß. Kumulierte abnormale Renditen für ein dreitägiges Ereignisfenster sind niedriger bei zielgenauen Gewinnveröffentlichungen mit ergebniserhöhenden abnormalen Accruals als in Fällen mit ergebnisverringernden abnormalen Accruals. Zwischen der Höhe der abnormalen Renditen und der Höhe der diskretionären Accruals besteht eine negative Abhängigkeit.

Gemäß den Ergebnissen von DeFond/Park (2001) und Baber/Kang (2001) scheinen Kapitalmarktteilnehmer bilanzpolitische Einflüsse zu erkennen, wenngleich sie deren Intensität und Bedeutung für zukünftige Ergebnis- und Kursentwicklungen möglicherweise nicht korrekt einschätzen. Diese Interpretation steht allerdings nicht in völliger Übereinstimmung zu den Schlussfolgerungen aus Bartov/Givoly/Hayn (2002).

Die von Kasznik/McNichols (2002) und Bartov/Givoly/Hayn (2002) ermittelten Kapitalmarktreaktionen auf positive und negative Gewinnüberraschungen werden von weiteren Studien grundsätzlich bestätigt.[791] Außerdem zeigt sich, dass die Kapitalmarktreaktion auf negative Gewinnüberraschungen im Zeitablauf intensiver geworden ist.[792]

---

789 Ähnliches gilt bei negativen Gewinnüberraschungen. Nach der Gewinnveröffentlichung sind die kumulierten abnormalen Renditen über einen Zeitraum von 80 Tagen bei ergebniserhöhenden abnormalen Accruals stärker negativ als bei ergebnisverringernden abnormalen Accruals.

790 Der Vorteil dieser Beschränkung liegt darin, dass der Einfluss bilanzpolitischer Maßnahmen auf die Kursentwicklung bei Gewinnveröffentlichungen untersucht werden kann, ohne die Höhe der unerwarteten Gewinne in einer Regressionsanalyse als Kontrollvariable berücksichtigen zu müssen. Vgl. Baber/Kang (2001), S. 13 f.

791 Vgl. Kim (2002); Chevis/Das/Sivaramakrishnan (2001); Lopez/Rees (2001).

792 Vgl. Brown (2001b).

4.5.2 Ergebnisse empirischer Studien zur Wirkung kapitalmarktorientierter Bilanzpolitik auf den Ergebnisausweis

4.5.2.1 Schwellenwertorientierte Bilanzpolitik

Anreize zu kapitalmarktorientierter Bilanzpolitik werden in mehreren Studien mit Hilfe der Schwellenwertmethode untersucht. Burgstahler/Dichev (1997) analysieren die Verteilungen des Net Income und der Veränderungen des Net Income von US-amerikanischen Unternehmen für den Zeitraum von 1977 bis 1994. Beide Verteilungen weisen im Bereich um den Schwellenwert von null einen diskontinuierlichen Verlauf auf, der auf den Einsatz bilanzpolitischer Maßnahmen schließen lässt. Die Häufigkeit kleiner Verluste und kleiner negativer Veränderungen des Ergebnisausweises ist außergewöhnlich gering, während der Ausweis von kleinen Gewinnen und kleinen positiven Ergebniszuwächsen besonders hoch ist.[793] Die Höhe der standardisierten Differenzen deutet ebenfalls darauf hin, dass US-amerikanische Unternehmen durch bilanzpolitische Mittel den Ausweis von Verlusten und von sinkenden Gewinnen vermeiden. Verlustausweise werden noch häufiger als sinkende Ergebnisausweise mittels Bilanzpolitik umgangen.

Die Verteilung der Veränderungen des Net Income wird auch darauf hin untersucht, wie viele Jahre in Folge Unternehmen den Schwellenwert erreicht oder überschritten haben. Je länger das Niveau des Vorjahresergebnisses ununterbrochen nicht unterschritten wird, desto stärker sind die Anreize zu ergebniserhöhender Bilanzpolitik und desto häufiger setzen Unternehmen bilanzpolitische Maßnahmen ein, um ein gleichbleibendes oder gestiegenes Ergebnis ausweisen zu können. Eine ergänzende Analyse zeigt, dass die bilanzpolitischen Maßnahmen der Unternehmen häufig eine Veränderung der Cash Flows und des Working Capital zur Folge haben.

Degeorge/Patel/Zeckhauser (1999) bestätigen die Ergebnisse von Burgstahler/Dichev (1997). Statt jährlicher Gewinne werden allerdings Quartalszahlen US-amerikanischer Unternehmen untersucht. Die Studie bezieht sich auf den Zeitraum von 1974 bis 1996. Die Signifikanz der Resultate wird mit Hilfe einer statistischen Kennzahl überprüft, die der standardisierten Differenz von Burgstahler/Dichev ähnelt. Als zusätzlicher Schwellenwert werden die Konsensusschätzungen der Analysten für das Ergebnis je Aktie analysiert. Wie

[793] Diese Unregelmäßigkeit in der Verteilung von Gewinnen US-amerikanischer Unternehmen wurde zuerst von Hayn (1995) nachgewiesen und auf ergebniserhöhende Bilanzpolitik der Unternehmen zurückgeführt. Vgl. Hayn (1995), S. 132. Die Studie von Burgstahler/Dichev (1997) ist die erste Untersuchung, die den Einfluss bilanzpolitischer Maßnahmen auf die Verteilung von Gewinnen in aller Ausführlichkeit analysiert.

für die anderen beiden Schwellenwerte zeigt sich, dass die Zahl der Ergebnisse unterhalb des Schwellenwertes außergewöhnlich gering ist und besonders viele ausgewiesene Ergebnisse entweder dem Schwellenwert entsprechen oder knapp darüber liegen. Im untersuchten Zeitraum sind die Ergebnisschätzungen der Analysten als bilanzpolitisch relevanter Schwellenwert allerdings von geringerer Bedeutung als ein Ergebnis in Höhe von null und als ein Ergebnis auf dem Vorjahresniveau. Wenn das Sample nämlich entweder auf Verluste oder auf gesunkene Gewinne beschränkt wird, ergibt sich für die zugehörigen Schätzfehler der Analysten keine signifikante Diskontinuität in der Verteilung.[794] Analystenschätzungen spielen als bilanzpolitisch relevanter Schwellenwert für Unternehmen nur dann eine Rolle, wenn das ausgewiesene Ergebnis gleichzeitig positiv ist und gegenüber der vorangehenden Periode nicht gesunken ist. Wichtiger, als die Erwartungen der Analysten zu erfüllen, ist es für Unternehmen, schwarze Zahlen zu schreiben. Verluste werden mit bilanzpolitischen Maßnahmen unabhängig davon vermieden, ob das Ergebnis oberhalb der anderen Schwellenwerte liegt oder nicht. Ein weiteres Resultat von Degeorge/Patel/ Zeckhauser ist, dass Unternehmen „Anleihen“ beim Gewinn der Folgeperiode machen, um die Schwellenwerte nicht zu verfehlen. Der Umkehreffekt bilanzpolitischer Maßnahmen hat eine deutliche negative Wirkung auf das ausgewiesene Ergebnis, wenn in der vorangehenden Periode ergebniserhöhende Bilanzpolitik betrieben worden ist.

Brown/Caylor (2003) knüpfen in ihrer Studie an die Ergebnisse von Degeorge/Patel/ Zeckhauser an und zeigen, dass sich die Hierarchie der Schwellenwerte für US-amerikanische Unternehmen im Zeitablauf verändert hat. Anders als in den 80er Jahren und zu Beginn der 90er Jahre waren Unternehmen im Zeitraum von 1994 bis 2001 vor allem bestrebt, negative Gewinnüberraschungen zu vermeiden. In der zweiten Hälfte der 90er Jahre waren die Ergebnisschätzungen von Analysten der wichtigste bilanzpolitisch relevante Schwellenwert.[795] Die Verschiebung der Prioritäten kann vermutlich auf Veränderungen am Kapitalmarkt zurückgeführt werden. Im Gegensatz zu früheren Jahren gehen im Zeitraum von 1994 bis 2001 von der Vermeidung negativer Gewinnüberraschungen eindeutig

---

[794] In die Analyse werden Beobachtungen nur dann einbezogen, wenn es trotz Ausweis eines Verlustes bzw. eines sinkenden Gewinnes noch möglich ist, dass ein Ergebnis in Höhe der Analystenschätzung oder darüber ausgewiesen wird. Falls die Analystenschätzung aufgrund eines Verlusts bzw. eines sinkenden Gewinns ohnehin verfehlt wird, wird der zugehörige Schätzfehler ausgeschlossen. Vgl. Degeorge/Patel/ Zeckhauser (1999), S. 23.

[795] Dechow/Richardson/Tuna (2003) bestätigen, dass die Diskontinuität beim Schwellenwert der Analystenschätzungen für US-amerikanische Unternehmen ab dem Jahr 1999 ausgeprägter ist als bei den anderen beiden Schwellenwerten. In der ersten Hälfte der 90er Jahre dagegen deuten die relativen Häufigkeiten kleiner Gewinne zu kleinen Verlusten auf eine größere Diskontinuität bei einem Ergebnisausweis in Höhe von null und bei einem Ergebnisausweis in Höhe des Vorjahresergebnisses hin. Vgl. Dechow/ Richardson/Tuna (2003), S. 379 f.

stärkere positive Kurswirkungen aus als von der Vermeidung von Verlusten und von negativen Gewinnänderungen. Manager scheinen diesen Trend beobachtet zu haben und die Bilanzpolitik der Unternehmen vermutlich deshalb stärker an den Ergebnisschätzungen der Analysten ausgerichtet zu haben, um ihre kursabhängige Entlohnung zu maximieren. Die gestiegene Bedeutung von positiven Gewinnüberraschungen für die Kursentwicklung lässt sich möglicherweise dadurch erklären, dass US-amerikanische Medien in der zweiten Hälfte der 90er Jahre häufiger über Prognosen von Analysten berichtet haben als in den Jahren zuvor.

Brown (2001a) untersucht, wie sich der Median der Gewinnüberraschungen für US-amerikanische Unternehmen im Zeitraum von 1984 bis 1999 verändert. Die Gewinnüberraschung wird nicht als Abweichung des ausgewiesenen Ergebnisses je Aktie von der Konsensusschätzung der Analysten, sondern von der letzten einzelnen Gewinnschätzung eines Analysten vor der Veröffentlichung des Ergebnisses je Aktie berechnet.[796] Der Median der Gewinnüberraschungen steigt im Zeitablauf von leicht unter null für die Jahre 1984 bis 1990, auf null für den Zeitraum 1991 bis 1993 und leicht über null für die Jahre 1994 bis 1999. Bei getrennter Betrachtung von positiven und negativen Ergebnissen je Aktie zeigt sich, dass der Median der Gewinnüberraschungen für positive Ergebnisse je Aktie im Zeitablauf von null auf einen US-Cent je Aktie zunimmt. Für negative Ergebnisse je Aktie steigt der Median der Gewinnüberraschungen von einer deutlichen negativen Abweichung in Höhe von -33 US-Cent je Aktie auf null. Der Trend zu mehr und höheren positiven Gewinnüberraschungen wird mit der zunehmenden Zahl von so genannten Momentum-Investoren begründet, die bei negativen Gewinnüberraschungen Aktien schnell verkaufen. Eine weitere Rolle könnte die steigende Verbreitung der aktienbasierten Entlohnung von Managern spielen. Außerdem veröffentlichen Manager schlechte Nachrichten wie Gewinnwarnungen zunehmend zu frühen Zeitpunkten, um Rechtsstreitigkeiten zu vermeiden. Ein weiteres Ergebnis der Untersuchung von Brown (2001a) ist, dass Wachstumsunternehmen in den Jahren 1987 bis 1999 häufiger ein Ergebnis je Aktie in Höhe der letzten Analystenschätzung oder darüber ausweisen als so genannte „Value“-Unternehmen, die sich durch einen niedrigen Wert für das Verhältnis vom Marktwert zum Buchwert des Eigenkapitals

[796] Brown (2001a) nennt vor allem folgende Gründe für diese Art der Berechnung: Die letzte Ergebnisschätzung vor der Veröffentlichung des Gewinns ist zeitnäher und durchschnittlich genauer als die Konsensusschätzung. Gewinnüberraschungen auf Basis der letzten Ergebnisschätzung sind außerdem stärker mit Aktienkursen korreliert als Gewinnüberraschungen auf Grundlage der Konsensusschätzung. Vgl. Brown (2001a), S. 226.

auszeichnen.[797] Außerdem ist der Trend zu mehr positiven Gewinnüberraschungen für Wachstumsunternehmen ausgeprägter als für „Value"-Unternehmen.

Matsumoto (2002) untersucht US-amerikanische Unternehmen in den Jahren 1985 bis 1997 und kommt ebenfalls zu dem Ergebnis, dass die Häufigkeit positiver Gewinnüberraschungen[798] im Zeitablauf zunimmt. Außerdem wird analysiert, welche Faktoren zu der steigenden Häufigkeit positiver Gewinnüberraschungen beitragen. Die Wahrscheinlichkeit für eine positive Gewinnüberraschung wächst mit der Kapitalmarktrelevanz der Gewinne, dem Anteilsbesitz solcher institutioneller Anleger, die ihre Portfolios häufig umschichten und daher i. d. R. nur vorübergehend Anteile an den untersuchten Unternehmen halten, und dem Ausmaß, in dem die wirtschaftliche Lage eines Unternehmens von guten Beziehungen zu den Stakeholdern des Unternehmens abhängt. Der Einfluss der Kapitalmarktrelevanz wird damit erklärt, dass mit steigender Kapitalmarktrelevanz von Gewinngrößen eine stärkere Kursreaktion auf Gewinnüberraschungen zu erwarten ist. Die Abhängigkeit vom Anteilsbesitz institutioneller Investoren wird mit der Nachfrage institutioneller Investoren nach einem einfachen Beurteilungsmaßstab wie den Gewinnüberraschungen und der Tendenz begründet, aktuelle Gewinninformationen bei der Bewertung eines Unternehmens überzugewichten. Der Einfluss anderer Stakeholder wird ebenfalls durch den Wunsch nach einem einfach Maßstab zur Beurteilung der Performance von Unternehmen erklärt.

Auch Abarbanell/Lehavy (2003a) stellen eine direkte Verbindung her zwischen dem bilanzpolitischen Verhalten von US-amerikanischen Unternehmen und Anreizen, die von den Erwartungen der Kapitalmarktteilnehmer ausgehen. Anreize zu schwellenwertorientierter Bilanzpolitik sind am stärksten für solche Unternehmen, deren Kurse besonders deutlich auf Gewinnüberraschungen reagieren. Abarbanell/Lehavy können empirisch nachweisen, dass die Sensitivität von Kursen in Bezug auf Gewinnüberraschungen umso größer ist, je positiver die Anlageempfehlungen sind, die Analysten für ein Unternehmen abgegeben haben. Anschließend zeigen Abarbanell/Lehavy für Quartalszahlen aus dem Zeitraum von 1985 bis 1998, dass Unternehmen mit einer Kaufempfehlung häufiger als Unternehmen mit einer Verkaufsempfehlung bilanzpolitische Maßnahmen einsetzen, um ein Ergebnis in Höhe oder oberhalb der Analystenschätzungen auszuweisen. Im Falle einer Kaufempfeh-

[797] Wachstumsunternehmen werden als die 20% der Unternehmen mit dem höchsten Wert für das Verhältnis vom Marktwert zum Buchwert des Eigenkapitals definiert. „Value"-Unternehmen sind die 20% der Unternehmen mit dem niedrigsten Wert für das Verhältnis vom Marktwert zum Buchwert des Eigenkapitals. Vgl. Brown (2001a), S. 237.

[798] Anders als Brown (2001a) verwendet Matsumoto (2002) Konsensusschätzungen der Analysten, um Gewinnüberraschungen zu berechnen. Vgl. Matsumoto (2002), S. 487.

lung neigen Unternehmen außerdem seltener zu einem Earnings Bath als bei einer Verkaufsempfehlung.

Payne/Robb (2000) untersuchen ebenfalls die Verteilung der Gewinnüberraschungen für US-amerikanische Unternehmen und bestätigen, dass Unternehmen mittels bilanzpolitischer Maßnahmen einen Ergebnisausweis unterhalb der Schätzungen von Analysten vermeiden. Außerdem zeigt die Studie, dass die Wahrscheinlichkeit für ergebniserhöhende Bilanzpolitik umso größer ist, je geringer die Streuung der Ergebnisschätzungen von Analysten ist. Eine niedrige Streuung deutet darauf hin, dass sich die Analysten in der Beurteilung der Ertragslage eines Unternehmens relativ einig sind. Die Anreize zu ergebniserhöhender Bilanzpolitik sind in einem solchen Fall vermutlich größer als bei hoher Streuung der Ergebnisschätzungen. Eine relativ starke Uneinigkeit der Analysten kann für Unternehmen eine günstige Gelegenheit zu einem Big Bath darstellen.

Nur wenige Studien zu bilanzpolitisch relevanten Schwellenwerten beziehen sich auf Kapitalmärkte in Ländern außerhalb der USA. Gore/Pope/Singh (2002) untersuchen die Verteilung von Gewinnen, Gewinnänderungen und Schätzfehlern von Analysten für britische Unternehmen und kommen zu dem Ergebnis, dass auch britische Unternehmen den Ausweis von Verlusten, sinkenden Gewinnen und negativen Gewinnüberraschungen vermeiden.[799] Leuz/Nanda/Wysocki (2003) analysieren Rechnungslegungsdaten von Unternehmen aus 31 Ländern für den Zeitraum von 1990 bis 1999 und kommen zu dem Schluss, dass ein ausgeprägter Anlegerschutz mit einer verhältnismäßig geringen Intensität des Earnings Management einhergeht. Berechnungen der relativen Häufigkeit von kleinen Gewinnen zu kleinen Verlusten und drei weitere Maßzahlen deuten darauf hin, dass Unternehmen aus Deutschland und anderen kontinentaleuropäischen Ländern ausgewiesene Ergebnisse häufiger bilanzpolitisch beeinflussen als Unternehmen aus den USA und anderen angloamerikanischen Ländern. Die relativen Häufigkeiten kleiner Gewinne zu kleinen Verlusten werden in der Studie allerdings nur für eine relativ große Intervallbreite ermittelt. Wie unten genauer erörtert wird, zeigen eigene Berechnungen, dass Ergebnisse vergleichender Studien stark von der gewählten Intervallbreite abhängig sind. Wenn nicht große, sondern relativ kleine Intervalle zugrunde gelegt werden, können sich die Ergebnisse der

[799] Gore/Pope/Singh (2002) berechnen mit Hilfe des Jones-Modells außerdem die Höhe diskretionärer Working Capital Accruals und kommen zu dem Resultat, dass in der Verteilung der Gewinne vor diskretionären Accruals keine Diskontinuität nachzuweisen ist. Allerdings ist dieses Ergebnis vor dem Hintergrund der Ungenauigkeit des Jones-Modells (vgl. dazu Abschnitt 4.4.1.2) kritisch zu betrachten. Wenn die ausgewiesenen Ergebnisse nicht um die Höhe der diskretionären Accruals gemäß dem Jones-Modell, sondern stattdessen um einen Zufallswert korrigiert würden, wäre in der Verteilung der um einen Zufallswert korrigierten Gewinne mit hoher Wahrscheinlichkeit ebenfalls keine Diskontinuität mehr zu finden.

Studien deutlich ändern und im Extremfall sogar umkehren.[800] Daske/Gebhardt/McLeay (2003) bestätigen das Resultat von Leuz/Nanda/Wysocki (2003) und kommen zu dem Schluss, dass schwellenwertorientierte Bilanzpolitik in Deutschland und anderen Ländern der Europäischen Union verbreiteter ist als in den USA. Auch in dieser Studie werden jedoch nur relativ große Intervallbreiten verwendet.

Anders als bei Leuz/Nanda/Wysocki (2003) und Daske/Gebhardt/McLeay (2003) sprechen die Ergebnisse von Brown/Higgins (2001) dafür, dass US-amerikanische Unternehmen den Gewinnausweis häufiger bilanzpolitisch beeinflussen als Unternehmen aus Deutschland und elf weiteren Ländern. Brown/Higgins erklären ihre Resultate vor allem mit der starken Verbreitung aktienkursbasierter Entlohnungsformen und den verhältnismäßig weitreichenden Vorschriften zum Anlegerschutz in den USA. Die US-amerikanischen Vorschriften sind u. a. darauf gerichtet, Anleger vor unzureichenden und übertrieben optimistischen Informationen durch das Management der Unternehmen zu schützen. In Phasen sinkender Kurse ist die Wahrscheinlichkeit besonders hoch, dass Anleger Manager wegen mangelnder oder falscher Informationen verklagen. Manager sind daher in besonderem Maße bestrebt, jegliche Art von negativen Einflüssen auf die Kurse zu vermeiden, um Rechtsstreitigkeiten aus dem Wege zu gehen und Prozesskosten zu sparen. Dementsprechend ist für den Zeitraum von 1988 bis 1999 die relative Häufigkeit kleiner positiver Gewinnüberraschungen zu kleinen negativen Gewinnüberraschungen für die USA höher als für Deutschland und fast alle anderen untersuchten Länder. Außerdem ist für Unternehmen mit Verlustausweis das Verhältnis der Zahl stark negativer Gewinnüberraschungen zur Zahl sämtlicher negativer Gewinnüberraschungen in den USA kleiner als in allen anderen Ländern.[801] Folglich scheinen US-amerikanische Unternehmen häufiger als Unternehmen aus Deutschland und weiteren Ländern bilanzpolitische Mittel einzusetzen, um erstens statt einer kleinen negativen Gewinnüberraschung ein Ergebnis in Höhe der Analystenschätzung oder darüber auszuweisen und zweitens stark negative Gewinnüberraschungen in nur leicht negative Gewinnüberraschungen umzuwandeln. Ein Vergleich der frühen und der späten Jahre aus dem gesamten Untersuchungszeitraum zeigt, dass US-Unternehmen im Zeitablauf im-

[800] Vgl. dazu die Untersuchung schwellenwertorientierter Bilanzpolitik in Deutschland und den USA in Abschnitt 4.6 dieser Arbeit.

[801] Die Ergebnisse gelten nicht nur für den gesamten Zeitraum von 1988 bis 1999, sondern auch für die meisten kürzeren Teilperioden innerhalb des gesamten Zeitraumes. Gewinnüberraschungen werden als klein und positiv bzw. als klein und negativ bezeichnet, wenn der Anteil der Differenz von ausgewiesenem Ergebnis und Analystenschätzung am ausgewiesenen Ergebnis kleiner als 5% bzw. als -5% ist. Das Ergebnis für die relative Häufigkeit kleiner positiver Gewinnüberraschungen zu kleinen negativen Gewinnüberraschungen bezieht sich auf Unternehmen mit positivem Ergebnisausweis. Vgl. Brown/Higgins (2001), S. 380 ff.

mer häufiger zu bilanzpolitischen Maßnahmen greifen, um die Ergebniserwartungen der Analysten nicht zu enttäuschen.

Für die unterschiedlichen Ergebnisse von Leuz/Nanda/Wysocki (2003) und Brown/Higgins (2001) könnten mehrere Ursachen verantwortlich sein. Zum einen berechnen Leuz/Nanda/ Wysocki relative Häufigkeiten kleiner Gewinne zu kleinen Verlusten, während Brown/ Higgins relative Häufigkeiten kleiner positiver Gewinnüberraschungen zu kleinen negativen Gewinnüberraschungen betrachten. Möglicherweise spielen Analystenschätzungen in den USA eine besonders wichtige Rolle für die Bilanzpolitik der Unternehmen. Ursachen dafür könnten die vergleichsweise hohe Bedeutung der Wertpapiermärkte für die Finanzierung der Unternehmen und die starke Verbreitung aktienkursbasierter Entlohnungsformen in den USA sein. Zum anderen definieren die beiden Studien die Intervallbreite für die Berechnung relativer Häufigkeiten auf unterschiedliche Weise. Wie stark der Einfluss der Intervallbreite auf die Ergebnisse einer Untersuchung sein kann, wird in Abschnitt 4.6 dieser Arbeit noch genauer analysiert.

4.5.2.2 Ergebnisglättung

Ergebnisglättung ist neben der Orientierung des Ergebnisausweises an bewertungsrelevanten Schwellenwerten eine weitere allgemeine Form der kapitalmarktmotivierten Bilanzpolitik, die nicht an spezifische Ereignisse oder Umstände, sondern an weit verbreitete Erwartungen von Kapitalmarktteilnehmern und auch anderen Interessengruppen der Unternehmen gebunden ist. Ergebnisglättung und das wiederholte Vermeiden von Ergebnisausweisen unterhalb des Niveaus der vorangehenden Periode können identische bilanzpolitische Verhaltensmuster von Unternehmen sein, wenn das Ziel der Ergebnisglättung im Ausweis eines gleichbleibenden und nicht eines stetig steigenden Ergebnisses liegt.

Die Ergebnisse empirischer Studien zur Ergebnisglättung bzw. zum Income Smoothing hängen davon ab, mit Hilfe welcher Kennzahlen Income Smoothing gemessen wird und welche Werte die verwendeten Kennzahlen über- oder unterschreiten müssen, damit ein geglätteter Ergebnisausweis konstatiert wird. Das zeigt sich besonders deutlich bei den Untersuchungen von Barnea/Ronen/Sadan (1976), Imhoff (1977) und Eckel (1981). Die drei Studien verwenden die gleiche Stichprobe, definieren und messen Income Smoothing aber auf unterschiedliche Weise und kommen zu entgegengesetzten Aussagen dazu, wie viele Unternehmen den Ergebnisausweis glätten.[802] Die meisten Untersuchungen bestäti-

[802] Vgl. genauer dazu Fischer/Haller (1993), S. 44 f.

gen grundsätzlich die Hypothese, dass Unternehmen Schwankungen des ausgewiesenen Gewinns durch bilanzpolitische Maßnahmen verringern.

Myers/Skinner (1999) analysieren Quartalsdaten US-amerikanischer Unternehmen und untersuchen die Korrelation der Änderung der Accruals mit der Änderung des Cash Flows aus der gewöhnlichen Geschäftstätigkeit, um Income Smoothing nachzuweisen.[803] Änderungen von Accruals und Cash Flows sind auch ohne bilanzpolitische Einflüsse i. d. R. negativ korreliert.[804] Erst eine ungewöhnlich starke negative Korrelation ist ein Anzeichen dafür, dass die Höhe der Accruals bilanzpolitisch beeinflusst wird, um Schwankungen der Cash Flows auszugleichen. Ohne bilanzpolitische Eingriffe würden sich die Änderungen der Cash Flows in einer höheren Volatilität des ausgewiesenen Gewinns niederschlagen. Myers/Skinner (1999) untersuchen Unternehmen, deren Ergebnis je Aktie mindestens siebzehn Quartale in Folge nicht gesunken ist. Für diese Gruppe von Unternehmen liegt die Korrelation der Änderungen von Accruals und Cash Flows fast bei -1 und ist signifikant stärker negativ als für eine Kontrollgruppe von Unternehmen mit insgesamt ähnlich hohem Gewinnwachstum, das aber nicht ohne zwischenzeitliche Unterbrechungen verläuft. Die ununterbrochen steigenden Gewinne der ersten Gruppe von Unternehmen können also vermutlich auf bilanzpolitische Maßnahmen zur Ergebnisglättung zurückgeführt werden. Die Ergebnisse weiterer Tests deuten darauf hin, dass Unternehmen u. a. die Höhe der Special Items[805] bilanzpolitisch beeinflussen, um den Gewinnausweis zu glätten und um den drohenden Ausweis eines sinkenden Gewinns je Aktie zeitlich hinauszuschieben. Außerdem scheinen stetig steigende Gewinne es Analysten zu erleichtern, das Ergebnis je Aktie zu prognostizieren. Im Vergleich zu der Kontrollgruppe ergeben sich für die Unternehmen mit stetig steigendem Gewinnausweis kleinere und seltener negative Schätzfehler der Ana-

---

803 Accruals und Cash Flows aus der gewöhnlichen Geschäftstätigkeit werden mit dem Buchwert sämtlicher Aktiva skaliert. Um saisonale Schwankungen zu berücksichtigen, beziehen sich die Änderungen der Accruals und der Cash Flows auf Abweichungen gegenüber dem gleichen Quartal des Vorjahres. Vgl. Myers/Skinner (1999), S. 23.

804 Vgl. Dechow (1994), S. 17 ff.

805 Zur Definition von Special Items vgl. Abschnitt 4.4.2.2 dieser Arbeit. Positive Special Items lassen sich für ergebniserhöhende Bilanzpolitik nutzen und umgekehrt kann das ausgewiesene Ergebnis mit Hilfe negativer Special Items verringert werden. Negative Special Items können für ein Big Bath eingesetzt werden. Mit Hilfe von Special Items lässt sich das Income from Continuing Operations, also eine Gewinngröße vor Extraordinary Items, beeinflussen. Vgl. Kinney/Trezevant (1997); Myers/Skinner (1999), S. 23 ff.

lysten, eine geringere Streuung der Ergebnisschätzungen und seltenere Anpassungen der Ergebnisschätzungen im Zeitablauf.[806]

Myers/Skinner (1999) legen für die Korrelation der Änderungen von Accruals und Cash Flows keinen Grenzwert fest, der Unternehmen in Smoother und Non-Smoother trennt. Stattdessen werden signifikante Abweichungen von einem durchschnittlichen Niveau bzw. dem Niveau in der Kontrollgruppe als Nachweis von Income Smoothing angesehen. Bei dieser Vorgehensweise muss die Kontrollgruppe besonders sorgfältig zusammengestellt werden, um ausschließen zu können, dass eine hohe Korrelation der Änderungen von Accruals und Cash Flows nicht auf andere Faktoren zurückzuführen ist und die Hypothese des Income Smoothing darum nicht fälschlicherweise angenommen wird.

Für einen internationalen Vergleich verwenden Leuz/Nanda/Wysocki (2003) wie Myers/ Skinner (1999) die Korrelation der Änderung von Accruals mit der Änderung der Cash Flows aus laufender Geschäftstätigkeit, um Income Smoothing zu messen. Außerdem wird das Verhältnis der Standardabweichungen des Betriebsergebnisses (Operating Income) und des Cash Flow aus laufender Geschäftstätigkeit ermittelt.[807] Ein geringer Wert dieser Kennzahl wird als Zeichen für eine ergebnisglättende Bilanzpolitik interpretiert. Indem die Standardabweichung des Betriebsergebnisses zur Standardabweichung des Cash Flows ins Verhältnis gesetzt wird, werden Unterschiede im ökonomischen Umfeld der Unternehmen berücksichtigt, die unabhängig von bilanzpolitischen Einflüssen zu mehr oder weniger starken Schwankungen des Betriebsergebnisses führen können.[808] Die Berechnungen deuten darauf hin, dass der Ergebnisausweis in Deutschland und anderen kontinentaleuropäischen Ländern tendenziell stärker geglättet wird als in den USA und anderen angloamerikanischen Ländern.

---

806 Myers/Skinner (1999) finden weitere Anzeichen für Earnings Management. Unternehmen mit stetig steigendem Ergebnis je Aktie scheinen die Zahl ausstehender Aktien durch Rückkaufprogramme so zu beeinflussen, dass die Wahrscheinlichkeit eines steigenden Ergebnisses je Aktie zunimmt. Außerdem verringen diese Unternehmen ihre Tax Provisions künstlich, um den Ausweis eines sinkenden Ergebnisses je Aktie abzuwenden.

807 Um Income Smoothing zu messen, verwendet Zarowin (2002) ebenfalls die Korrelation der Änderungen von Accruals mit den Änderungen von Cash Flows und das Verhältnis der Standardabweichungen des Gewinns und des Cash Flow from Operations. Als Gewinngröße wird aber der Jahresüberschuss (Net Income) statt des Betriebsergebnisses (Operating Income) verwendet.

808 Geht vom ökonomischen Umfeld eine dämpfende Wirkung auf Schwankungen des Ergebnisausweises aus, wird ein solcher Einfluss als natürliche Glättung (natural smoothing) bezeichnet. Vgl. Eckel (1981), S. 28. Ausgeklammert aus der Betrachtung werden bilanzpolitische Sachverhaltsgestaltungen, die die Höhe der Cash Flows beeinflussen.

Mehrere Untersuchungen verwenden wie Eckel (1981) den Variationskoeffizienten[809] zur Messung von Income Smoothing. Michelson/Jordan-Wagner/Wootton (1995) berechnen mit Daten aus den Jahren 1980 bis 1991 das Verhältnis der Variationskoeffizienten des Gewinns und der Umsatzerlöse für Unternehmen des Standard and Poor's 500 Indexes (S&P 500). Durch den Variationskoeffizienten der Umsatzerlöse im Nenner der Kennzahl werden Unterschiede im ökonomischen Umfeld von Unternehmen berücksichtigt, die unabhängig von bilanzpolitischen Maßnahmen mehr oder weniger stark schwankende Gewinnausweise hervorrufen können.[810] Liegt die errechnete Kennzahl zwischen 0 und 1 bzw. bei engerer Definition zwischen 0 und 0,9, werden Unternehmen als Smoother klassifiziert. Die Kennzahl wird für vier verschiedene Gewinngrößen ermittelt: Operating Income, Pretax Income, Income before Extraordinary Items und Net Income. Bei etwas weniger als 25% der untersuchten Unternehmen liegt das Verhältnis der Variationskoeffizienten für mindestens drei der vier Gewinngrößen in einer Bandbreite zwischen 0 und 0,9. Durch die unterschiedlichen Gewinngrößen wird berücksichtigt, dass nicht von vornherein feststeht, ob das Net Income oder eine Zwischensumme aus der GuV von Unternehmen bilanzpolitisch geglättet wird.[811] Albrecht/Richardson (1990) verwenden ebenfalls das Verhältnis der Variationskoeffizienten von Gewinngrößen und der Umsatzerlöse und untersuchen, wie die Häufigkeit ergebnisglättender Bilanzpolitik von der Branchenzugehörigkeit und der Größe von Unternehmen abhängt.

Die oben aufgeführten Studien messen Income Smoothing, indem das Verhältnis der Variabilität einer Gewinngröße zur Variabilität von Cash Flows oder von Umsatzerlösen analysiert wird. Ältere Untersuchungen verfolgen einen anderen Ansatz. In den älteren Studien wird ein Sollgewinn ermittelt, den Unternehmen gerne ausweisen würden. Der Sollgewinn entspricht beispielsweise dem Ergebnis der Vorperiode, das gemäß einer unternehmens- oder branchenspezifischen Wachstumsrate des Gewinns erhöht wird. Außer dem Sollgewinn wird ein Gewinn vor Bilanzpolitik errechnet, indem die Ergebniswirkung eines untersuchten bilanzpolitischen Instrumentes rückgängig gemacht wird. Anschließend werden die Differenz zwischen dem Gewinn vor Bilanzpolitik und dem Zielgewinn und die Diffe-

809 Der Variationskoeffizient ist als Quotient von Standardabweichung und arithmetischem Mittel definiert. Vgl. Bleymüller/Gehlert (1992), S. 14.

810 Damit bleiben ähnlich wie bei dem Quotienten der Standardabweichungen des Gewinns und der Cash Flows in Leuz/Nanda/Wysocki (2003) und Zarowin (2002) bilanzpolitische Sachverhaltsgestaltungen unberücksichtigt, durch die die Höhe der Umsatzerlöse beeinflusst werden kann.

811 Eine Untersuchung der Eigenschaften von Smoothern zeigt, dass Aktienrenditen und Betafaktoren für Smoother signifikant niedriger als für Non-Smoother sind. Außerdem ist die Marktkapitalisierung von Smoothern höher als von Non-Smoothern. Dieser Unterschied ist allerdings nicht signifikant.

renz zwischen dem Gewinn nach Bilanzpolitik und dem Zielgewinn miteinander verglichen. Nimmt der Abstand zum Zielgewinn durch die untersuchte bilanzpolitische Maßnahme ab, gilt dies als Nachweis für Income Smoothing.[812] Der wichtigste Vorteil der neueren gegenüber den älteren Ansätzen liegt darin, dass weder Sollgewinne noch Gewinne vor Bilanzpolitik ermittelt werden müssen. Somit werden die Ergebnisse neuerer Studien nicht durch subjektive Annahmen über die Höhe des Sollgewinns beeinflusst.[813]

Dem älteren Ansatz folgt auch die Studie von Coenenberg/Schmidt/Werhand (1983) für deutsche Unternehmen. Coenenberg/Schmidt/Werhand untersuchen anhand von großen Aktiengesellschaften für den Zeitraum von 1967 bis 1978, ob managerkontrollierte Unternehmen den Ergebnisausweis stärker glätten als eigentümerkontrollierte Unternehmen.[814] Der Gewinn vor Bilanzpolitik wird als Differenz von Jahresüberschuss und dem so genannten Änderungsbetrag berechnet, der angibt, wie stark der ausgewiesene Jahresüberschuss durch Änderungen von Bewertungs- und Abschreibungsmethoden gestiegen oder gesunken ist. Nach § 160 Abs. 2 Satz 5 AktG alter Fassung muss der Änderungsbetrag angegeben werden, wenn der ausgewiesene Jahresüberschuss durch die Methodenänderungen um mehr als 10% beeinflusst wird und der Änderungsbetrag größer als 0,5% des Grundkapitals ist. Der Sollgewinn wird auf insgesamt sieben unterschiedliche Arten definiert. Entweder wird der Sollgewinn dem Gewinn der Vorperiode gleichgesetzt oder der Gewinn der Vorperiode wird um unternehmens- oder branchenspezifische Wachstumsfaktoren angepasst. Für fünf der sieben Versionen des Sollgewinns wird die Hypothese signifikant bestätigt, dass managerkontrollierte Unternehmen den Ergebnisausweis durch Änderungen von Bewertungs- und Abschreibungsmethoden häufiger glätten als eigentümerkontrollierte Unternehmen. Eine mögliche Erklärung für dieses Ergebnis könnte darin liegen, dass die Geschäftsführung von managerkontrollierten Unternehmen sich in besonders starkem Maße gegenüber Anteilseignern rechtfertigen muss und daher positive Signale in Form eines geglätteten Ergebnisausweises aussendet.

Coenenberg (1985) untersucht 83 deutsche börsennotierte Aktiengesellschaften im Zeitraum von 1961 bis 1975 und befasst sich mit der Frage, welche bilanzpolitischen Instrumente von diesen Unternehmen eingesetzt werden. Mit dem Ziel der Ergebnisglättung

812 Vgl. Fischer/Haller (1993), S. 41 f.; Coenenberg/Schmidt/Werhand (1983), S. 326 ff.

813 Vgl. Albrecht/Richardson (1990), S. 716 f.

814 Unternehmen werden als eigentümerkontrolliert eingeordnet, wenn mindestens 25% des Grundkapitals von einer Person oder Personengruppe kontrolliert werden und gleichzeitig kein Unternehmen Anteile von mehr als 25% hält. Wenn mindestens 75% des Grundkapitals gestreut sind, wird ein Unternehmen als managerkontrolliert klassifiziert. Vgl. Coenenberg/Schmidt/Werhand (1983), S. 330.

werden ermessensabhängige Erträge aus der Auflösung von Sonderposten mit Rücklageanteil und aus der Auflösung von Rückstellungen verwendet, wenn das ausgewiesene Ergebnis ohne bilanzpolitische Maßnahmen unterhalb des gewünschten Niveaus liegen würde. Erhöhungen der sonstigen Rückstellungen und Einstellungen in den Sonderposten mit Rücklageanteil werden zum Zweck der Ergebnisglättung benutzt, falls das ausgewiesene Ergebnis ohne bilanzpolitische Maßnahmen unerwünscht hoch wäre. Überraschenderweise ergeben sich keine Hinweise darauf, dass weitere ergebnismindernde Maßnahmen der Bilanzpolitik zum Income Smoothing eingesetzt werden. Außer für die genannten sachverhaltsdarstellenden Maßnahmen kann eine ergebnisglättende Wirkung auch für Sachverhaltsgestaltungen in Form einer Beeinflussung der Ausschüttungspolitik von Tochtergesellschaften und in Form von Verkäufen nicht mehr benötigter Anlagegüter nachgewiesen werden.

4.5.2.3 Weitere empirische Ergebnisse zur Bilanzpolitik

Neben den beiden dargestellten Studien von Coenenberg/Schmidt/Werhand (1983) und Coenenberg (1985) gibt es weitere empirische Studien zur Bilanzpolitik deutscher Unternehmen. Diese Untersuchungen befassen sich allerdings nicht mit einer speziellen Form der kapitalmarktorientierten Bilanzpolitik wie der Ergebnisglättung. Die Ergebnisse der Studien beziehen sich auch nicht immer vornehmlich auf die kapitalmarktorientierte Beeinflussung des ausgewiesenen Ergebnisses, sondern liefern zum Teil eher allgemeine Aussagen zum bilanzpolitischen Verhalten deutscher Unternehmen.

Küting (1999) benutzt das typische Bilanzierungsverhalten deutscher Unternehmen als Benchmark, um abweichende Bilanzierungsweisen als progressive, ergebniserhöhende Bilanzpolitik oder als konservative, reservenbildende Bilanzpolitik zu klassifizieren.[815] Anhand der Jahresabschlüsse für das Geschäftsjahr 1995 wurde die Bilanzpolitik von 31% (1994: 24%, 1993: 20%) der 200 untersuchten Industrie- und Handelskonzerne als progressiv eingeordnet. 41% (1994: 50%, 1993: 50%) der Konzerne verfolgten eine konservative Bilanzpolitik.[816]

Greth (1996) untersucht Wahlrechtsentscheidungen im Konzernabschluss und analysiert den Zusammenhang zwischen konzernbilanzpolitischem Verhalten und der Ertragslage von Unternehmen. Mehr als die Hälfte der untersuchten Konzerne bilanziert konservativ. Zwi-

---

[815] Vgl. Küting/Weber (1999), S. 424 f.

[816] Hier zitiert nach Blochwitz/Eigermann (2000), S. 63; vgl. auch o. V. (1996), o. V. (1995).

schen dem konzernbilanzpolitischem Verhalten und der Ertragslage der Unternehmen besteht allenfalls ein schwacher Zusammenhang.[817]

Gontcharov/Schütte/Zimmermann (2002) untersuchen deutsche Unternehmen aus dem Dax 30, dem MDax und dem Nemax 50 und berechnen mit Hilfe des modifizierten Jones-Modells die Höhe der diskretionären Accruals für das Geschäftsjahr 2000. Es zeigt sich, dass US-GAAP-Bilanzierer das ausgewiesene Ergebnis signifikant weniger stark beeinflussen als Unternehmen, die nach HGB oder IAS bilanzieren.

Hillebrandt/Sellhorn (2002) analysieren die in den Geschäftsberichten des Jahres 2000 veröffentlichten Pro Forma Earnings von Industrieunternehmen aus dem Dax 100 und dem Nemax 50. In vielen Fällen sind die veröffentlichten Rechnungslegungsinformationen nicht sehr umfangreich, so dass Investoren und andere externe Interessenten nicht nachvollziehen können, wie die Höhe der veröffentlichten Pro Forma Earnings berechnet wurde. In einigen Fällen erscheinen veröffentlichte EBITDA als übertrieben hoch.

Die bisher dargestellten Untersuchungen beziehen sich auf bilanzpolitische Anreize, die auf eine große Zahl von Unternehmen gleichzeitig wirken. Daneben gibt es ereignisbezogene Studien zur kapitalmarktorientierten Bilanzpolitik US-amerikanischer Unternehmen. Diese Studien beziehen sich jeweils auf eine relativ geringe Zahl von Unternehmen. In mehreren Studien wird mit Hilfe der „Discretionary Accruals"-Methode untersucht, ob Unternehmen vor Aktienemissionen gewinnerhöhende Bilanzpolitik einsetzen, um den Kurs nach oben zu treiben und die Einnahmen aus der Emission zu erhöhen.[818] Die Studien kommen zu dem Ergebnis, dass die diskretionären Accruals der Unternehmen vor Emissionen im Durchschnitt signifikant positiv sind.[819] Die Resultate der Studien bestätigen also die Hypothese ergebniserhöhender Bilanzpolitik vor Aktienemissionen. Wenn Investoren die bilanzpolitische Ergebnisbeeinflussung erst nach der Emission erkennen, könnte dies die durchschnittlich zu beobachtende schlechte Kursperformance nach Aktienemissio-

---

817 Vgl. Greth (1996), S. 201 ff.

818 Als Begründung für ergebniserhöhende Bilanzpolitik vor Aktienemissionen und Unternehmensakquisitionen werden auch spieltheoretische Argumente angeführt. Demnach befinden sich Unternehmen vor Aktienemissionen und Unternehmensakquisitionen in einer dem Gefangenendilemma ähnlichen Situation. Anleger vermuten, dass Unternehmen vor Aktienemissionen und Unternehmensakquisitionen ihr ausgewiesenes Ergebnis bilanzpolitisch erhöhen und rechnen einen entsprechenden Abschlag auf den Aktienkurs ein. Unternehmen antizipieren das Verhalten der Investoren. Da Unternehmen nicht glaubhaft signalisieren können, dass der Ergebnisausweis frei von bilanzpolitischen Einflüssen ist, erhöhen Unternehmen das ausgewiesene Ergebnis mit Hilfe bilanzpolitischer Maßnahmen, um nicht benachteiligt zu werden. Vgl. Shivakumar (2000), S. 342 f.; Erickson/Wang (1999), S. 154.

819 Vgl. Rangan (1998); Teoh/Wong/Rao (1998); Teoh/Welch/Wong (1998a); Teoh/Welch/Wong (1998b); Beneish (1998); Shivakumar (2000).

nen erklären. Entsprechend dieser Vermutung stellen die Studien mit Ausnahme von Shivakumar (2000) fest, dass Unternehmen mit positiven diskretionären Accruals vor einer Emission eine schlechtere abnormale Kursperformance als andere Unternehmen nach der Emission aufweisen.[820]

Die Untersuchung von Erickson/Wang (1999) gehört ebenfalls zu den ereignisbezogenen Studien zur kapitalmarktorientierten Bilanzpolitik. Die Studie befasst sich mit der Frage, ob Käuferunternehmen vor Unternehmensakquisitionen gewinnerhöhende Bilanzpolitik betreiben, um den Kurs der eigenen Aktien positiv zu beeinflussen und damit Aktien als Akquisitionswährung wertvoller zu machen. In den Quartalen vor der Bekanntmachung einer Akquisition sind die diskretionären Accruals von Käuferunternehmen signifikant positiv. Dieses Resultat gilt nur für Akquisitionen, bei denen Aktien als Akquisitionswährung eingesetzt werden. Anreize zu ergebniserhöhender Bilanzpolitik sind umso stärker, je größer das gekaufte Unternehmen ist. Dementsprechend lässt sich ein positiver Zusammenhang zwischen der Höhe der diskretionären Accruals vor der Akquisition und der Deal Ratio, dem Verhältnis des Kaufpreises für das übernommene Unternehmen zum Marktwert des übernehmenden Unternehmens, feststellen. Grundsätzlich bestehen auch für die übernommenen Unternehmen Anreize zu ergebniserhöhender Bilanzpolitik vor der Bekanntmachung der Akquisition. Allerdings ergeben sich keine signifikant positiven diskretionären Accruals für die übernommenen Unternehmen. Die unterschiedlichen Resultate für kaufende und gekaufte Unternehmen lassen sich möglicherweise dadurch erklären, dass die Zielunternehmen erst relativ spät von der Übernahmeabsicht der Käuferunternehmen erfahren. Somit haben die Zielunternehmen weniger Zeit mit ergebniserhöhender Bilanzpolitik auf die Übernahmepläne der Käuferunternehmen zu reagieren.

Die Ergebnisse der Studien zur Bilanzpolitik im zeitlichen Umfeld von Aktienemissionen und Unternehmensakquisitionen müssen jedoch angezweifelt werden, da „Discretionary Accruals"-Modelle verwendet werden, um den bilanzpolitischen Einfluss zu messen. Wie zuvor in Abschnitt 4.4.1.2 erläutert, liefern „Discretionary Accruals"-Modelle verzerrte oder sogar falsche Ergebnisse, wenn der untersuchte bilanzpolitische Anreiz im Zusammenhang mit Unternehmensübernahmen oder mit Ereignissen wie Aktienemissionen steht, deren Auftreten mit dem von Übernahmen korreliert ist. Insbesondere kann es zu falschen oder stark verzerrten Ergebnissen kommen, wenn Accruals wie in den angeführten Studien

[820] Vgl. Rangan (1998); Teoh/Wong/Rao (1998); Teoh/Welch/Wong (1998a); Teoh/Welch/Wong (1998b).

anhand von Daten aus der Bilanz und nicht aus der Kapitalflussrechnung ermittelt werden.[821]

4.6 Schwellenwertorientierte Bilanzpolitik in Deutschland und den USA

4.6.1 Ableitung der zu untersuchenden Hypothesen

Wie mehrere Studien zeigen, betreiben US-amerikanische Unternehmen schwellenwertorientierte Bilanzpolitik.[822] Ein wesentliches Motiv für diese Form der Bilanzpolitik ist es, die Erwartungen von Kapitalmarktteilnehmern zu erfüllen.[823] Außer vom Kapitalmarkt gehen Anreize zur Bilanzpolitik in den USA auch von einer aktienkursgebundenen Entlohnung von Managern, Verträgen mit Fremdkapitalgebern sowie staatlicher Regulierung aus, die sich auf Rechnungslegungsdaten bezieht.[824] Während zum bilanzpolitischen Verhalten von US-amerikanischen Unternehmen verhältnismäßig viele Studien vorliegen, ist die Bilanzpolitik deutscher Unternehmen bisher nur selten empirisch analysiert worden.[825] Zudem machen internationale Vergleichsstudien keine einheitlichen Aussagen darüber, ob deutsche oder US-amerikanische Unternehmen mehr kapitalmarktorientierte Bilanzpolitik betreiben.[826]

Die folgende Untersuchung beschäftigt sich mit der Frage, ob es unter deutschen oder US-amerikanischen Unternehmen verbreiteter ist, mittels Bilanzpolitik einen Ergebnisausweis unterhalb markanter Schwellenwerte zu vermeiden. Wie in anderen Studien[827] werden drei Schwellenwerte betrachtet: Ein Ergebnisausweis in Höhe von null, ein Ergebnisausweis auf dem Vorjahresniveau und ein Ergebnisausweis in Höhe der Konsensusschätzung der Analysten.

Deutsche und US-amerikanische Unternehmen operieren in unterschiedlichen institutionellen Umfeldern und sind daher nicht den gleichen bilanzpolitischen Anreizen ausgesetzt. Das institutionelle Umfeld in den USA ist typisch für Länder mit angloamerikanischer

[821] Vgl. Hribar/Collins (2002), S. 126 ff., die sich direkt auf die Untersuchungen von Teoh/Welch/Wong (1998) und Rangan (1998) beziehen. Vgl. auch Abschnitt 4.4.1.2 der vorliegenden Arbeit.
[822] Vgl. dazu die in Abschnitt 4.5.2.1 dargestellten Ergebnisse empirischer Studien.
[823] Vgl. dazu die theoretischen Überlegungen in Abschnitt 4.3.2 und die in Abschnitt 4.5.1 dargestellten empirischen Ergebnisse.
[824] Vgl. Healy/Wahlen (1999).
[825] Vgl. dazu Abschnitt 4.5.2.
[826] Vgl. dazu Leuz/Nanda/Wysocki (2003) und Brown/Higgins (2001).
[827] Vgl. Degeorge/Patel/Zeckhauser (1999); Burgstahler/Dichev (1997); Payne/Robb (2000).

Rechnungslegung.[828] Der Kapitalmarkt spielt eine zentrale Rolle für die Unternehmensfinanzierung[829] und der Aktienbesitz ist weit gestreut. Informationen sind zwischen Unternehmen und Investoren relativ stark asymmetrisch verteilt und Rechnungslegungsinformationen haben eine hohe Bedeutung für die Kommunikation der Unternehmen mit Investoren. Erwartungen der Kapitalmarktteilnehmer sind daher eine wichtige Determinante der Bilanzpolitik. Dagegen gilt Deutschland als typisch für Länder mit kontinentaleuropäischem Rechnungslegungssystem. Der Aktienbesitz ist stärker konzentriert.[830] Unternehmen und Banken sind bedeutende Aktionäre und haben einen verhältnismäßig guten Einblick in die Unternehmen in ihrem Anteilsbesitz. Das deutsche System der Corporate Governance kann als Insider-System mit verhältnismäßig geringer Informationsasymmetrie zwischen Managern in den Unternehmen und institutionellen Investoren charakterisiert werden.[831] Auch die geringere Verbreitung von Aktienoptionsprogrammen und ähnlichen Formen der Entlohnung von Managern in Deutschland spricht dafür, dass der Kapitalmarkt die Bilanzpolitik deutscher Unternehmen weniger stark beeinflusst. Steuerliche und auch dividendenpolitische Ziele der Bilanzpolitik dagegen sind für deutsche Unternehmen vermutlich von höherer Relevanz als für US-amerikanische Unternehmen.[832]

Zudem gehen sowohl in Deutschland als auch in den USA Anreize zu schwellenwertorientierter Bilanzpolitik außer von den Erwartungen der Kapitalmarktteilnehmer auch von den Erwartungen anderer Stakeholder aus.[833] Während der Schwellenwert der Konsensusschätzung von Analysten vor allem für Kapitalmarktteilnehmer von Bedeutung ist, wird die Wahrnehmung von anderen Stakeholdern wie z. B. Kunden, Zulieferern und Angestellten vermutlich stärker dadurch beeinflusst, ob ein Unternehmen rote oder schwarze Zahlen schreibt. Degeorge/Patel/Zeckhauser (1999) finden Anzeichen dafür, dass die Vermeidung von Verlustausweisen für US-amerikanische Unternehmen höhere Priorität hat als die Vermeidung sinkender Ergebnisse. Am wenigsten wichtig für US-amerikanische Unternehmen ist es, negative Gewinnüberraschungen abzuwenden. Allerdings zeigen Brown/Calyor (2003), dass die Konsensusprognose der Analysten im Zeitablauf an Bedeutung gewonnen

---

828 Zu angloamerikanischen und kontinentaleuropäischen Rechnungslegungssystemen vgl. Glaum (2001).

829 Die Bedeutung des Kapitalmarktes als Finanzierungsquelle für Unternehmen in unterschiedlichen Ländern kann nach Meinung von LaPorta/Lopez-de-Silanes/Shleifer/Vishny (2000) durch das Ausmaß erklärt werden, in dem Gesetze eine Benachteiligung kleiner Aktionäre durch Manager oder Aktionäre mit kontrollierendem Einfluss verhindern. Vgl. auch LaPorta/Lopez-de-Silanes/Shleifer/Vishny (1997).

830 Vgl. Schmidt (1999); LaPorta/Lopez-de-Silanes/Shleifer (1998); Europäische Zentralbank (2001).

831 Vgl. Franks/Mayer (1995); Leuz/Nanda/Wysocki (2003); LaPorta/Lopez-de-Silanes/Shleifer/Vishny (1997).

832 Vgl. dazu Abschnitt 4.1.2 dieser Arbeit.

833 Vgl. Bowen/DuCharme/Shores (1995).

hat und seit Mitte der 90er Jahre zum wichtigsten Schwellenwert für US-amerikanische Unternehmen geworden ist. Möglicherweise unterscheidet sich die hierarchische Ordnung der Schwellenwerte in den USA und in Deutschland. Der Schwellenwert eines Jahresüberschusses in Höhe von null könnte in Deutschland relativ zu den anderen Schwellenwerten wichtiger sein als in den USA. Dafür spricht jedenfalls, dass in Deutschland Unternehmen traditionell als Instrumente gesehen werden, mit deren Hilfe die Interessen aller Gruppen von Stakeholdern erfüllt werden sollen. In den USA stehen dagegen die Interessen der Anteilseigner eindeutig im Vordergrund.

Das Ausmaß schwellenwertorientierter Bilanzpolitik wird aber nicht nur durch Anreize aus dem institutionellen Umfeld der Unternehmen, sondern auch durch Beschränkungen bestimmt, die das Rechnungslegungssystem und Aufsichtsbehörden den Bilanzerstellern auferlegen. In Deutschland hat es anders als in den USA bisher keine Aufsichtsbehörden gegeben, die die Einhaltung von Rechnungslegungsvorschriften überwachen und durchsetzen.[834] Zudem bietet die prinzipienbasierte traditionelle deutsche Rechnungslegung nach HGB vermutlich mehr bilanzpolitische Gestaltungsmöglichkeiten als die detaillierten Vorschriften der US-GAAP.[835] Allerdings hat das Fair Value Accounting in den US-GAAP in den letzten Jahren an Bedeutung gewonnen. Dadurch können sich Managern bilanzpolitische Freiräume bei der Bestimmung von Fair Values eröffnen.[836]

Sowohl deutsche als auch US-amerikanische Unternehmen haben Anreize und Möglichkeiten zu schwellenwertorientierter Bilanzpolitik. Die erste zu untersuchende Hypothese lautet demgemäß, dass deutsche und US-amerikanische Unternehmen bilanzpolitische Maßnahmen einsetzen, um einen Ergebnisausweis unterhalb von Schwellenwerten zu vermeiden. Allerdings unterscheiden sich die relative Bedeutung der Anreize und die Möglichkeiten zu schwellenwertorientierter Bilanzpolitik in Deutschland und den USA. Die zweite Hypothese lautet folglich, dass das Ausmaß schwellenwertorientierter Bilanzpolitik in Deutschland und den USA unterschiedlich hoch ist. Da sich bilanzpolitische Anreize und Möglichkeiten in vielerlei Hinsicht unterscheiden, soll an dieser Stelle keine Vermutung darüber angestellt werden, in welchem Land schwellenwertorientierte Bilanzpolitik verbreiteter ist.

---

834 Vgl. Glaum/Street (2003), S. 95 f.; d'Arcy (2001), S. 172. Im Oktober 2004 hat der Deutsche Bundestag allerdings das Bilanzkontrollgesetz verabschiedet, mit dem ein zweistufiges Enforcement-Verfahren in Deutschland eingeführt wird, um die Rechtmäßigkeit von Unternehmensabschlüssen zu kontrollieren.

835 Die deutsche Rechnungslegung nach HGB bietet mehr explizite Wahlrechte als US-GAAP. Vgl. dazu d'Arcy (2000); Cooke/Wallace (1990). Zu internationalen Unterschieden im Umfang bilanzpolitischer Spielräume vgl. Simmonds/Azières (1989), hier zitiert nach Pellens (2001), S. 2 f.

836 Vgl. Müller/Wulf (2001), S. 2206.

4.6.2 Beschreibung des Samples und Methode der Untersuchung

Die Daten für die Untersuchung stammen aus den Datenbanken Osiris und Worldscope. Zur Untersuchung der Schwellenwerte „Vermeidung von Verlusten“ und „Vermeidung sinkender Gewinne“ wird die Datenbank Osiris für deutsche Unternehmen und die Datenbank Worldscope für US-amerikanische Unternehmen verwendet.[837] Für den Schwellenwert „Vermeidung negativer Gewinnüberraschungen“ wird die Datenbank Worldscope herangezogen, die regelmäßig mit I/B/E/S-Daten aktualisiert wird. Sämtliche Daten für deutsche Unternehmen beziehen sich auf die Konzernabschlüsse börsennotierter Unternehmen. Daten aus Einzelabschlüssen werden nicht berücksichtigt, um Einflüsse steuerlich motivierter Bilanzpolitik auf die Untersuchungsergebnisse zur schwellenwertorientierten Bilanzpolitik möglichst weitgehend auszuschließen. Für US-amerikanische Unternehmen werden soweit vorhanden ebenfalls Daten aus Konzernabschlüssen verwendet. Daten aus Einzelabschlüssen werden dann herangezogen, wenn Unternehmen keine Konzernabschlüsse aufstellen.[838] Banken, Versicherungsunternehmen und andere Finanzdienstleister werden aus dem Untersuchungssample ausgeschlossen. Als Variable für den Gewinn wird der im Jahresabschluss ausgewiesene Jahresüberschuss bzw. das Net Income gewählt. Es werden also keine Korrekturen des Jahresüberschusses beispielsweise um außerordentliche Aufwendungen und Erträge vorgenommen.[839] Die Daten für die Schwellenwerte „Vermeidung von Verlusten“ und „Vermeidung sinkender Gewinne“ beziehen sich auf den Zeitraum von 1991 bis

---

837 Für deutsche Unternehmen ist Osiris eine zuverlässigere Datenquelle als Worldscope. Die Daten in Osiris stimmen mit den Angaben in den Abschlüssen der deutschen Unternehmen überein. Umgekehrt enthält Worldscope für US-amerikanische Unternehmen Daten, die den Angaben in den Jahresabschlüssen der Unternehmen genauer entsprechen als die Daten aus Osiris. In der verwendeten Version von Osiris werden Net Income US-amerikanischer Unternehmen in manchen Fällen nur gerundet angegeben.

838 Handels- und Steuerbilanz US-amerikanischer Unternehmen sind nicht so eng miteinander verbunden wie bei deutschen Unternehmen. Daher kann davon ausgegangen werden, dass die Daten aus den Einzelabschlüssen US-amerikanischer Unternehmen höchstens geringfügig durch steuerlich motivierte Bilanzpolitik beeinflusst werden.

839 Damit wird wie bei Burgstahler/Dichev (1997) von der Annahme ausgegangen, dass sich Analysten und Investoren vornehmlich am ausgewiesenen Ergebnis orientieren. Eine mögliche Alternative dazu wäre die Betrachtung eines um außerordentliche Aufwendungen und Erträge bereinigten Jahresüberschusses. Damit bliebe allerdings unberücksichtigt, dass in den Fällen, in denen Kapitalmarktteilnehmer ausgewiesene Ergebnisse anpassen, diese Korrekturen oft auf individuell sehr unterschiedliche Art und Weise vorgenommen werden. Es ist also kaum möglich, einen Wert für das bereinigte Ergebnis zu berechnen, an dem sich alle Kapitalmarktteilnehmer orientieren. Der ausgewiesene Jahresüberschuss dagegen ist eine Größe, die von allen Kapitalmarktteilnehmern beobachtet werden kann. Zeitdruck und Kosten der Informationsverarbeitung sprechen dafür, dass Kapitalmarktteilnehmer das ausgewiesene Ergebnis in vielen Fällen nicht bereinigen. Nehmen Investoren zudem an, dass sich zumindest ein größerer Teil der anderen Kapitalmarktteilnehmer bei Anlageentscheidungen am ausgewiesenen Jahresüberschuss orientiert und die Höhe des ausgewiesenen Ergebnisses darum den Kursverlauf beeinflusst, bleibt aufgrund des Kurseffektes eine Berücksichtigung des ausgewiesenen Ergebnisses auch für solche Investoren sinnvoll, die das ausgewiesene Ergebnis zur Beurteilung der Ertragslage bereinigen.

2000. Für den Schwellenwert „Vermeidung negativer Gewinnüberraschungen“ werden Daten aus dem Zeitraum von September 1997 bis Dezember 2000 untersucht.

Worldscope enthält Daten für 9.032 börsennotierte US-amerikanische Unternehmen. Aus Osiris können Daten für 823 börsennotierte deutsche Unternehmen entnommen werden. Damit wird der Großteil der börsennotierten Unternehmen in den USA und Deutschland abgedeckt. Im Jahr 1999 waren 2.620 US-amerikanische Unternehmen an der NYSE, 4.400 an der NASDAQ und 589 an der Amex gelistet. 838 deutsche Unternehmen waren an deutschen Börsen notiert.[840] Nach Ausschluss von Banken, Versicherungen und anderen Finanzdienstleistern sind noch 7.208 US-amerikanische und 718 deutsche Unternehmen im Untersuchungssample. Aus der Stichprobe werden außerdem deutsche Unternehmen entfernt, für die keine konsolidierten Abschlussdaten vorliegen. Schließlich verbleiben 7.208 US-amerikanische und 675 deutsche Unternehmen.

Für den Schwellenwert „Vermeidung von Verlusten“ umfasst das Sample 38.714 Beobachtungswerte für US-amerikanische Unternehmen und 3.524 Beobachtungswerte für deutsche Unternehmen. Das Sample für den Schwellenwert „Vermeidung von sinkenden Gewinnen“ enthält 31.697 Beobachtungswerte für US-amerikanische Unternehmen und 2.874 Beobachtungswerte für deutsche Unternehmen. Für den Schwellenwert „Vermeidung negativer Gewinnüberraschungen“ liegen 6.022 Beobachtungswerte für US-amerikanische Unternehmen und 1.168 Beobachtungswerte für deutsche Unternehmen im Zeitraum von September 1997 bis Dezember 2000 vor. Die Gewinnüberraschung (bzw. der Schätzfehler)[841] wird definiert als die Differenz zwischen dem tatsächlichen Ergebnis je Aktie und der Konsensusschätzung[842] der Analysten. Die Konsensusschätzung vom dritten Freitag im Dezember wird für Unternehmen verwendet, deren Geschäftsjahr am 31. Dezember endet; für Unternehmen mit Geschäftsjahresende am 30. September wird die Konsensusschätzung vom dritten Freitag im September zugrunde gelegt. Bei der Untersuchung der Gewinnüberraschungen werden Unternehmen nicht berücksichtigt, wenn ihr Geschäftsjahr nicht am 31. Dezember oder am 30. September endet. Aus der Berechnung der Konsensusschätzung werden Ergebnisprognosen ausgeschlossen, die älter als sechs Wochen sind. Für die folgende deskriptive Statistik werden Beobachtungswerte als Ausreißer behandelt und aus

---

840 Vgl DAI (2002), S. 02-1. In dieser Zahl nicht enthalten sind 93 Aktien aus dem Freiverkehr. Dieses Segment zieht nur wenig Interesse von Investoren auf sich. Der Umsatz von Aktien im Freiverkehr ist niedrig.

841 Die Begriffe Gewinnüberraschung und Schätzfehler werden hier synonym verwendet.

842 Es werden „mean consensus forecasts“, also die arithmetischen Mittel der Analystenschätzungen, verwendet.

dem Untersuchungssample ausgeschlossen, wenn das Verhältnis von Jahresüberschuss zu Umsatzerlösen (Nettoumsatzrendite) größer als 0,3 oder kleiner als -0,3 ist. Gewinnüberraschungen mit absoluten Werten oberhalb von 1,0 werden ebenfalls nicht einbezogen.

Bei einem Vergleich der Intensität schwellenwertorientierter Bilanzpolitik in Deutschland und den USA muss berücksichtigt werden, dass viele große deutsche Unternehmen in den letzten Jahren ihr externes Rechnungswesen von deutschen HGB-Vorschriften auf IAS oder US-GAAP umgestellt haben. Daher werden zwei Samples mit Beobachtungswerten für deutsche Unternehmen gebildet: Daten von Unternehmen, die nach HGB-Vorschriften bilanzieren, und Daten von Unternehmen, die entweder HGB-Vorschriften, IAS oder US-GAAP anwenden.[843] Beide Samples werden getrennt untersucht.

Tabelle 4 zeigt, wie die Beobachtungswerte für den Jahresüberschuss und für die Gewinnüberraschungen im Zeitablauf verteilt sind. Für die letzten Jahre sind mehr Daten verfügbar als für weiter zurückliegende Jahre.

Tabelle 4: Verteilung der Beobachtungen im Zeitablauf

	Teilsample	N	2000	1999	1998	1997	1996	1995	1994	1993	1992	1991
JÜ	**USA**	38.714	5.388	6.529	6.591	4.914	3.992	3.280	2.860	1.983	1.644	1.533
	Deutschland	3.524	137	566	585	478	382	318	296	287	266	209
	Deutschland (HGB)	2.544	41	321	368	307	287	275	261	255	238	191
GÜ	**USA**	6.022	1.925	1.673	1.589	835	-	-	-	-	-	-
	Deutschland	1.168	312	347	282	227	-	-	-	-	-	-

Die Daten für die umsatzskalierten Jahresüberschüsse (JÜ) deutscher Unternehmen stammen aus der Datenbank Osiris (Version vom Mai 2001). Für US-amerikanische Unternehmen wurden die Daten für die umsatzskalierten Net Income (JÜ) aus der Datenbank Worldscope entnommen. GÜ ist die umsatzskalierte Gewinnüberraschung und wird als Differenz von tatsächlichem Ergebnis je Aktie und Konsensusschätzung der Analysten dividiert durch den Umsatz je Aktie definiert. Die Daten für die Gewinnüberraschungen stammen aus der Datenbank Worldscope, die regelmäßig mit Gewinnschätzungen der Analysten von I/B/E/S aktualisiert wird. Daten sind für den Zeitraum September 1997 bis Dezember 2000 verfügbar. Banken, Versicherungsunternehmen und andere Finanzdienstleister wurden aus dem Untersuchungssample ausgeschlossen. In den mit Deutschland bezeichneten Zeilen werden Werte für deutsche Unternehmen ausgewiesen, die ihre Abschlüsse gemäß deutschen HGB-Vorschriften, IAS oder US-GAAP erstellen. In den mit Deutschland (HGB) bezeichneten Zeilen sind Werte für deutsche Unternehmen aufgeführt, die gemäß den Vorschriften des HGB bilanzieren. In der Spalte N wird die Gesamtzahl der Beobachtungswerte angegeben.

[843] Es wurde keine Gruppe deutscher Unternehmen gebildet, die IAS oder US-GAAP benutzen, da diese Gruppe zu klein gewesen wäre, um klare Aussagen über die Bilanzpolitik dieser Unternehmen abzuleiten. Weiterhin wurden bei der Bildung der Gruppe deutscher HGB-Bilanzierer sämtliche Beobachtungswerte der Unternehmen aus dem Sample entfernt, die in den letzten Jahren zu IAS oder US-GAAP übergegangen sind. Es wurden also auch Beobachtungswerte dieser Unternehmen aus früheren Jahren eliminiert, in denen die Unternehmen ihre Abschlüsse noch nach HGB-Vorschriften erstellt haben. Dies war notwendig, da deutsche Unternehmen häufig bereits in den Jahren vor einer Umstellung Wahlrechte und Spielräume nach HGB-Vorschriften so weit wie möglich im Sinne von IAS oder US-GAAP ausgenutzt haben, damit Veränderungen zum Zeitpunkt der Umstellung möglichst gering ausfallen. Zudem fehlten in der Datenbank genaue Angaben zum Zeitpunkt der Umstellung auf IAS oder US-GAAP.

Tabelle 5 enthält deskriptive statistische Informationen zu deutschen und US-amerikanischen Unternehmen.

Tabelle 5: Deskriptive Statistik für deutsche und US-amerikanische Unternehmen

Umsatz und Jahresüberschuss (in Tsd. US-$)			
Teilsample	**N**	**Median (Mittelwert) Umsatz**	**Median (Mittelwert) Jahresüberschuss**
US-amerikanische Unternehmen	31.205	187.544 (1.506.942)	4.701 (68.733)
Deutsche Unternehmen	3.307	233.130 (2.116.140)	4.167 (50.378)
Deutsche Unternehmen (HGB)	2.414	304.683 (1.604.445)	5.136 (23.647)

Skalierte Daten für die Verteilungen von Gewinnen, Gewinnänderungen und Gewinnüberraschungen							
Teilsample	**Variable**	**N**	**Mittelwert**	**Std. abw.**	**25%**	**50% (Median)**	**75%**
US-amerikanische Unternehmen	**JÜ**	31.205	0,028	0,092	0,000	0,035	0,075
	∆JÜ	25.978	0,071	4,149	-0,020	0,009	0,042
	GÜ	5.794	0,043	0,166	-0,001	0,006	0,051
Deutsche Unternehmen	**JÜ**	3.307	0,020	0,063	0,003	0,020	0,043
	∆JÜ	2.708	0,039	2,410	-0,008	0,003	0,019
	GÜ	1.131	0,061	0,154	-0,005	0,008	0,071
Deutsche Unternehmen (HGB)	**JÜ**	2.414	0,020	0,055	0,004	0,018	0,038
	∆JÜ	2.060	0,047	2,751	-0,007	0,002	0,015

In den mit deutsche Unternehmen bezeichneten Zeilen werden Werte für deutsche Unternehmen ausgewiesen, die ihre Abschlüsse gemäß deutschen HGB-Vorschriften, IAS oder US-GAAP erstellen. In den mit deutsche Unternehmen (HGB) bezeichneten Zeilen sind Werte für deutsche Unternehmen aufgeführt, die gemäß den Vorschriften des HGB bilanzieren. Umsatzerlöse und Jahresüberschüsse wurden ohne Anpassungen aus den Jahresabschlüssen der Unternehmen übernommen. Zur Umrechnung der Umsatzerlöse und Jahresüberschüsse für deutsche Unternehmen wurden der durchschnittliche $-Euro-Referenzkurs der EZB für das Jahr 2001 in Höhe von 0,8956 und der DM-Euro Wechselkurs in Höhe von 1,95583 verwendet. JÜ ist der umsatzskalierte Jahresüberschuss (bzw. das umsatzskalierte Net Income). ∆JÜ bezeichnet die umsatzskalierte Veränderung des Jahresüberschusses (bzw. des Net Income) gegenüber dem Vorjahr. GÜ ist die umsatzskalierte Gewinnüberraschung und wird als Differenz von tatsächlichem Ergebnis je Aktie und Konsensusschätzung der Analysten dividiert durch den Umsatz je Aktie definiert. Die Daten für die Jahresüberschüsse und Veränderungen der Jahresüberschüsse beziehen sich auf die Jahre 1991 bis 2000. Für deutsche Unternehmen wurden die Daten aus der Datenbank Osiris (Version vom Mai 2001) entnommen. Daten für US-amerikanische Unternehmen stammen aus der Datenbank Worldscope. Für die deskriptive Statistik wurden Beobachtungswerte ausgeschlossen, für die das Verhältnis von Jahresüberschuss zu Umsatzerlösen (Nettoumsatzrendite) größer als 0,3 oder kleiner als –0,3 ist. Die Daten für die Gewinnüberraschungen stammen aus der Datenbank Worldscope, die regelmäßig mit Gewinnschätzungen der Analysten von I/B/E/S aktualisiert wird. Das Sample besteht aus Beobachtungswerten für den Zeitraum September 1997 bis Dezember 2000. Für die deskriptiven statistischen Angaben werden Gewinnüberraschungen mit absoluten Werten oberhalb von 1,0 ausgeschlossen. Banken, Versicherungsunternehmen und andere Finanzdienstleister wurden aus dem Untersuchungssample ausgeschlossen.

Der Mittelwert und der Median der Umsatzerlöse sind für deutsche Unternehmen größer als für US-amerikanische Unternehmen. Die Ursache dafür liegt vermutlich darin, dass nur börsennotierte Unternehmen in die Untersuchung einbezogen werden und Wertpapiermärkte in den USA für die Finanzierung von Unternehmen eine wichtigere Rolle spielen als in

Deutschland. Folglich sind in den USA mehr kleine und mittelgroße Unternehmen an einer Börse notiert als in Deutschland. Einen Eindruck von der Bedeutung des Kapitalmarktes vermittelt das Verhältnis der Marktkapitalisierung börsennotierter Unternehmen zum Bruttoinlandsprodukt eines Landes. Im Jahr 2000 lag diese Kennzahl bei 153,3% für die USA, aber nur bei 67,6% für Deutschland.[844] In Tabelle 5 sind auch deskriptive Informationen zu den umsatzskalierten Gewinnen, Gewinnänderungen und Gewinnüberraschungen für deutsche und US-amerikanische Unternehmen aufgeführt. Gewinne, Gewinnänderungen und Gewinnüberraschungen werden mit dem Umsatz skaliert, um Unterschiede in der Größe der untersuchten Unternehmen zu berücksichtigen. Umsatzerlöse sind für einen internationalen Vergleich besonders gut als Skalierungsgröße geeignet, da sie vermutlich weniger stark als andere Rechnungslegungsdaten durch unterschiedliche nationale Rechnungslegungsvorschriften beeinflusst werden.[845] Für den Schwellenwert „Vermeidung von Verlusten" wird die Verteilung der skalierten Jahresüberschüsse analysiert; für den Schwellenwert „Vermeidung von sinkenden Gewinnen" wird die Verteilung der skalierten Gewinnänderungen gegenüber dem Vorjahr verwendet. Schließlich wird für den Schwellenwert „Vermeidung negativer Gewinnüberraschungen" die Verteilung der skalierten Abweichungen des tatsächlichen Ergebnisses je Aktie von den Konsensusschätzungen der Analysten zugrunde gelegt. Die vorliegende Untersuchung konzentriert sich auf die Zahl der Beobachtungen in der Nähe der Schwellenwerte. Bei der Berechnung der deskriptiven statistischen Informationen können daher solche Fälle ausgeschlossen werden, in denen das Verhältnis von Jahresüberschuss (bzw. Net Income) zu Umsatzerlösen, also die Nettoumsatzrendite, größer als 0,3 oder kleiner als -0,3 ist. Außerdem werden umsatzskalierte Gewinnüberraschungen mit einem absoluten Wert oberhalb von 1,0 nicht berücksichtigt.

Wie in Burgstahler/Dichev (1997) werden in der vorliegenden Untersuchung standardisierte Differenzen[846] berechnet, um zu überprüfen, ob Diskontinuitäten in den Verteilungen der Rechnungslegungsdaten um die Schwellenwerte herum signifikant sind. Standardisierte Differenzen dienen also dazu, die Signifikanz bilanzpolitischer Einflüsse auf das ausgewiesene Ergebnis zu beurteilen. Das Ausmaß schwellenwertorientierter Bilanzpolitik wird

---

[844] Vgl. DAI (2001), S. 05-3-a.

[845] Zur Kontrolle werden außer den Umsatzerlösen auch andere Skalierungsvariablen verwendet. Außer mit dem Umsatz werden Gewinne und Gewinnänderungen alternativ auch mit den Buchwerten der Aktiva und den Buchwerten des Eigenkapitals skaliert. Für die Gewinnüberraschungen werden Buchwerte der Aktiva und Gewinne als alternative Skalierungsvariablen verwendet. Bei einer Skalierung mit diesen Variablen ergeben sich sehr ähnliche Resultate wie bei einer Skalierung mit Umsatzerlösen. Zu den Ergebnissen der alternativen Berechnungen vgl. Anhang III.

[846] Vgl. dazu und zu den Asymmetriemaßen Abschnitt 4.4.2.1 dieser Arbeit.

anhand von Asymmetriemaßen untersucht. Es werden sowohl zentrierte Asymmetriemaße als auch relative Häufigkeiten berechnet. Der deutsch-amerikanische Vergleich stützt sich im Wesentlichen auf das zentrierte Asymmetriemaß. Diese Kennzahl hat gegenüber relativen Häufigkeiten konzeptionelle Vorteile.[847] Wie die folgenden Berechnungen zeigen, ergeben sich für das Sample der deutschen HGB-Bilanzierer und das Sample der deutschen HGB-, IAS- und US-GAAP-Bilanzierer sehr ähnliche Werte der standardisierten Differenzen und der Asymmetriemaße. Der Ländervergleich kann sich daher darauf beschränken, den US-amerikanischen Unternehmen das Sample der deutschen HGB-, IAS- und US-GAAP-Bilanzierer gegenüberzustellen.

Standardisierte Differenzen und Asymmetriemaße werden für verschiedene Intervallbreiten berechnet. Die geeignetste Intervallbreite wird auf pragmatische Weise im nachhinein bestimmt. Die Vorgehensweise wird im nächsten Abschnitt am Beispiel des Schwellenwertes „Vermeidung von Verlusten" für US-amerikanische Unternehmen verdeutlicht (siehe Tabelle 6). Die Ergebnisse der Untersuchung werden durch die Wahl einer adäquaten Intervallbreite entscheidend beeinflusst.

4.6.3 Ergebnisse der Untersuchung

4.6.3.1 Vermeidung von Verlustausweisen

Abbildung 7, Abbildung 8 und Abbildung 9 enthalten die Verteilungen der umsatzskalierten Jahresüberschüsse für US-amerikanische und für deutsche Unternehmen. Die Gesamtzahl der Beobachtungswerte beträgt 38.714 für US-amerikanische Unternehmen, 3.524 für deutsche Unternehmen (HGB-, IAS- und US-GAAP-Bilanzierer) und 2.544 für deutsche HGB-Bilanzierer. Die Intervallbreite für die Histogramme beträgt 0,0025. Direkt an den Schwellenwert angrenzende Intervalle sind schwarz markiert.

Die Ergebnisse der Histogramme bestätigen die Vermutung, dass sowohl deutsche als auch US-amerikanische Unternehmen bilanzpolitische Maßnahmen einsetzen, um den Ausweis eines Jahresfehlbetrages in der Gewinn- und Verlustrechnung zu vermeiden. Das Resultat für US-amerikanische Unternehmen befindet sich in Übereinstimmung mit den Ergebnissen von Burgstahler/Dichev (1997) und Degeorge/Patel/Zeckhauser (1999).

[847] Vgl. dazu Abschnitt 4.4.2.1 dieser Arbeit.

Abbildung 7

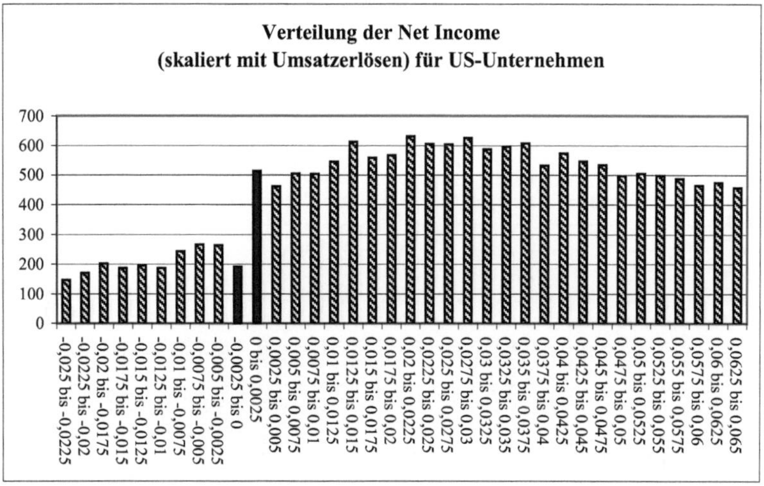

Die Daten beziehen sich auf die Jahre 1991 bis 2000 und stammen aus der Datenbank Worldscope. Banken, Versicherungsunternehmen und andere Finanzdienstleister wurden aus dem Untersuchungssample ausgeschlossen. Die gesamte Zahl der Beobachtungswerte beträgt 38.714. Die Intervallbreite ist 0,0025. Direkt an den Schwellenwert angrenzende Intervalle sind schwarz markiert.

Abbildung 8

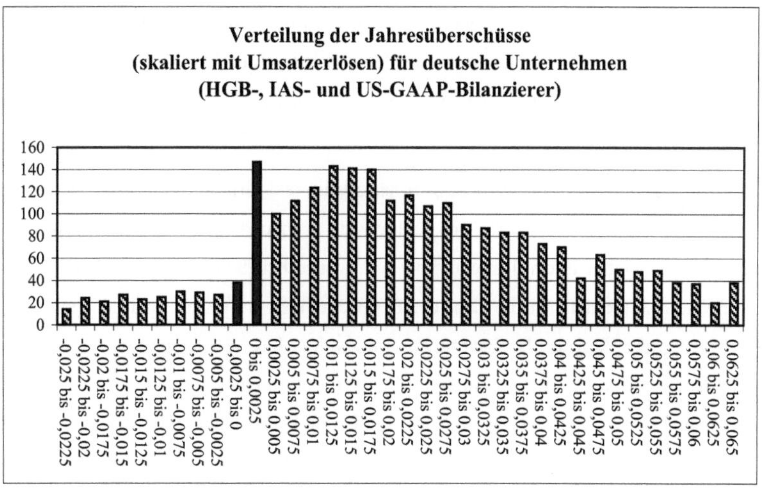

Die Daten beziehen sich auf die Jahre 1991 bis 2000 und stammen aus der Datenbank Osiris (Version vom Mai 2001). Banken, Versicherungsunternehmen und andere Finanzdienstleister wurden aus dem Untersuchungssample ausgeschlossen. Die gesamte Zahl der Beobachtungswerte beträgt 3.524. Die Intervallbreite ist 0,0025. Direkt an den Schwellenwert angrenzende Intervalle sind schwarz markiert.

Abbildung 9

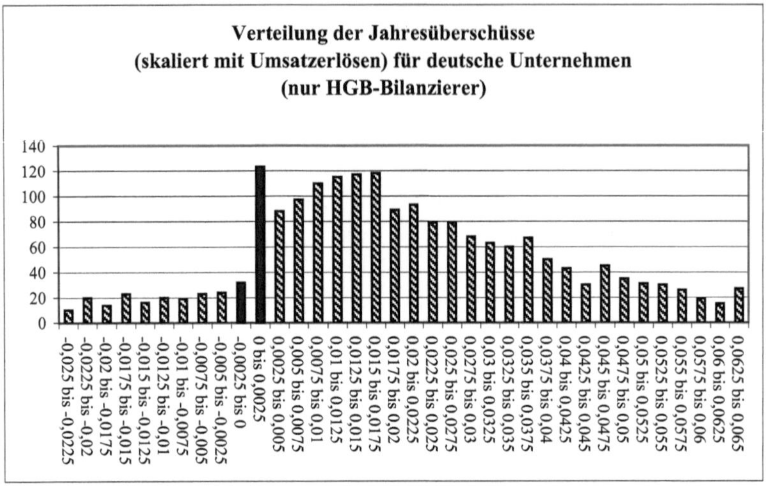

Die Daten beziehen sich auf die Jahre 1991 bis 2000 und stammen aus der Datenbank Osiris (Version vom Mai 2001). Banken, Versicherungsunternehmen und andere Finanzdienstleister wurden aus dem Untersuchungssample ausgeschlossen. Die gesamte Zahl der Beobachtungswerte beträgt 2.544. Die Intervallbreite ist 0,0025. Direkt an den Schwellenwert angrenzende Intervalle sind schwarz markiert.

Bevor standardisierte Differenzen und Asymmetriemaße berechnet werden, muss eine geeignete Intervallbreite festgelegt werden. Dazu wird die Anzahl der Beobachtungen in den Intervallen rechts und links vom Schwellenwert betrachtet. Die Vorgehensweise wird für den ersten Schwellenwert am Beispiel US-amerikanischer Unternehmen mit Hilfe von Tabelle 6 veranschaulicht.

Aus Tabelle 6 kann abgelesen werden, dass der erwartete s-förmige Verlauf der Verteilung für eine Intervallbreite von 0,0025 am deutlichsten zu beobachten ist. Die Zahl der Beobachtungen im ersten Intervall rechts von null ist deutlich höher als im ersten Intervall links von null. Außerdem ist die Zahl der Beobachtungen im ersten Intervall rechts von null größer als die Zahl der Beobachtungen im zweiten Intervall rechts von null und die Zahl der Beobachtungen im ersten Intervall links von null liegt unterhalb der Zahl der Beobachtungen im zweiten Intervall links von null. Für kleine Intervallbreiten von 0,0005 und 0,0010 lässt sich die erwartete Wirkung der Bilanzpolitik auf die Verteilung umsatzskalierter Gewinne ebenfalls recht deutlich erkennen. In das erste Intervall rechts von null fallen circa dreimal so viele Beobachtungen wie in das erste Intervall links von null. Die Zahl der Beobachtungen im zweiten Intervall rechts und im zweiten Intervall links von null ist jeweils ungefähr so hoch wie in den beiden Intervallen, die rechts bzw. links direkt an den Schwellenwert angrenzen. Für breite Intervalle ist der Einfluss der schwellenwertorientierten Bilanzpolitik weniger augenfällig als für engere Intervalle. Werden große Intervallbreiten von 0,0075 oder 0,0100 gewählt, liefert allein der sprunghafte Anstieg der Zahl der Beobachtungen beim Übergang vom ersten Intervall links von null zum ersten Intervall rechts von null einen klar erkennbaren Hinweis auf die schwellenwertorientierte Bilanzpolitik der Unternehmen. Die erwartete „s-förmige" Unregelmäßigkeit lässt sich nicht beobachten. Daher scheint eine kleine Intervallbreite am besten geeignet, um die Wirkungen schwellenwertorientierter Bilanzpolitik auf die Verteilung umsatzskalierter Jahresüberschüsse zu untersuchen. Den Histogrammen wurde eine Intervallbreite von 0,0025 zugrunde gelegt. Dieser Wert entspricht einer Umsatzrendite von 0,25%.

Tabelle 6: Zahl der Beobachtungen für unterschiedliche Intervallbreiten

Intervallbreite	**Zahl der Beobachtungen**			
	Zweites Intervall links von null	*Erstes Intervall links von null*	*Erstes Intervall rechts von null*	*Zweites Intervall rechts von null*
0,0005	36	34	102	97
0,0010	69	70	199	202
0,0025	264	191	513	461
0,0050	509	455	974	1009
0,0075	625	721	1479	1662
0,0100	771	964	1983	2284

Beobachtungswerte sind ausgewiesene Net Income skaliert mit Umsatzerlösen für US-amerikanische Unternehmen. Die Daten beziehen sich auf die Jahre 1991 bis 2000 und stammen aus der Datenbank Worldscope. Banken, Versicherungsunternehmen und andere Finanzdienstleister wurden aus dem Untersuchungssample ausgeschlossen. Die gesamte Zahl der Beobachtungswerte beträgt 38.714.

Die Ergebnisse der Histogramme werden durch die Berechnungen für die zentrierten Asymmetriemaße bestätigt. Die zentrierten Asymmetriemaße liegen für die gewählte Intervallbreite von 0,0025 sowohl für US-amerikanische als auch für deutsche Unternehmen um mehr als zwei Standardabweichungen oberhalb von null (siehe Tabelle 7). Diese Ergebnisse sprechen dafür, dass deutsche und US-amerikanische Unternehmen Bilanzpolitik betreiben, um den Ausweis von Verlusten zu vermeiden. Der Wert für die Differenz der zentrierten Asymmetriemaße liegt um etwas weniger als zwei Standardabweichungen unterhalb von null (siehe Tabelle 7). Dieses Resultat gibt nur einen schwachen, nicht signifikanten Hinweis darauf, dass deutsche Unternehmen den Ausweis eines Verlustes häufiger als US-amerikanische Unternehmen mittels bilanzpolitischer Maßnahmen abwenden. Die zweite

Hypothese kann also nicht ohne weiteres bestätigt werden. Zwischen Deutschland und den USA scheinen keine ausgeprägten Unterschiede in der Häufigkeit zu bestehen, mit der Unternehmen Verlustausweise durch Bilanzpolitik vermeiden.

Tabelle 7: Vermeidung von Verlusten - Hauptergebnis

	USA	Deutschland	Differenz USA – Dtschld.
Zentrierte Asymmetrie für Intervall 0,0025	0,457 ± 0,034	0,589 ± 0,059	-0,132 ± 0,068

Zu den Daten und der Definition der zentrierten Asymmetrie siehe die Angaben unterhalb von Tabelle 8.

Tabelle 8 enthält detaillierte Ergebnisse für unterschiedliche Intervallbreiten und zeigt auch Resultate für standardisierte Differenzen und relative Häufigkeiten. Bei deutschen Unternehmen wird zwischen einem Sample von HGB-Bilanzierern und einem Sample sämtlicher Unternehmen unterschieden.

Für alle Intervallbreiten sind die standardisierten Differenzen sowohl für US-amerikanische Unternehmen als auch für beide Gruppen deutscher Unternehmen für Intervalle links von null signifikant negativ und für Intervalle rechts von null signifikant positiv (siehe Tabelle 8). Die Ergebnisse sind signifikant auf einem Niveau von 1% unter der Annahme, dass standardisierte Differenzen annähernd standardnormalverteilt sind. Die Resultate für das zentrierte Asymmetriemaß und die relativen Häufigkeiten stimmen damit überein (siehe Tabelle 8). Für alle relevanten Intervallbreiten sind die Unregelmäßigkeiten um den Schwellenwert herum hochsignifikant. Die Ergebnisse für alle deutschen Unternehmen und für die Gruppe der deutschen HGB-Bilanzierer weisen nur geringe Unterschiede auf (siehe Tabelle 8).

Unabhängig von der Intervallbreite ist das zentrierte Asymmetriemaß für deutsche Unternehmen etwas größer als für US-amerikanische Unternehmen. Die Differenz zwischen den zentrierten Asymmetriemaßen kann für die Intervallbreite von 0,0025 zwar fast als signifikant bezeichnet werden. Jedoch liegt die Differenz schon für die geringfügig kleinere Intervallbreite von 0,0020 um deutlich weniger als zwei Standardabweichungen von null entfernt. Für noch kleinere Intervallbreiten ist die Differenz zwischen den zentrierten Asymmetriemaßen für deutsche und US-amerikanische Unternehmen ebenfalls nicht signifikant von null verschieden. Die Differenz ist für Intervallbreiten von 0,0050 und darüber signifikant negativ. Allerdings kann aus Werten für große Intervallbreiten nicht eindeutig auf das Ausmaß schwellenwertorientierter Bilanzpolitik geschlossen werden.

Tabelle 8: Vermeidung von Verlusten - standardisierte Differenzen und Asymmetriemaße

Standardisierte Differenzen (Intervalle links und rechts von null)								
Intervallbreite	**0,0005**	**0,0010**	**0,0015**	**0,0020**	**0,0025**	**0,0050**	**0,0075**	**0,0100**
USA	-4,234/ 3,149	-5,480/ 3,866	-8,849/ 4,411	-9,898/ 5,829	-10,126/ 7,244	-10,090/ 6,708	-9,535/ 6,459	-10,392/ 7,007
Deutschland	-2,534/ 3,128	-4,563/ 3,242	-5,053/ 3,650	-5,075/ 4,623	-5,515/ 5,913	-7,612/ 5,585	-9,100/ 5,208	-10,670/ 6,519
Dtschld. (HGB)	-2,843/ 3,927	-4,232/ 2,918	-5,288/ 3,277	-4,792/ 3,818	-5,100/ 5,220	-6,670/ 5,004	-8,250/ 5,149	-10,609/ 7,007
Zentrierte Asymmetriemaße								
Intervallbreite	**0,0005**	**0,0010**	**0,0015**	**0,0020**	**0,0025**	**0,0050**	**0,0075**	**0,0100**
USA	0,500 ± 0,074	0,480 ± 0,054	0,511 ± 0,043	0,485 ± 0,038	0,457 ± 0,034	0,363 ± 0,025	0,345 ± 0,020	0,346 ± 0,017
Deutschland	0,592 ± 0,115	0,641 ± 0,087	0,618 ± 0,075	0,589 ± 0,066	0,589 ± 0,059	0,583 ± 0,046	0,585 ± 0,038	0,591 ± 0,033
Dtschld. (HGB)	0,644 ± 0,114	0,651 ± 0,096	0,663 ± 0,079	0,593 ± 0,073	0,587 ± 0,065	0,581 ± 0,050	0,592 ± 0,041	0,620 ± 0,035
Differenzen zwischen zentrierten Asymmetrien für US-amerikanische und deutsche Unternehmen								
Intervallbreite	**0,0005**	**0,0010**	**0,0015**	**0,0020**	**0,0025**	**0,0050**	**0,0075**	**0,0100**
Differenz USA – Dtschld.	-0,092 ± 0,137	-0,161 ± 0,102	-0,107 ± 0,087	-0,104 ± 0,076	-0,132 ± 0,068	-0,220 ± 0,052	-0,240 ± 0,043	-0,246 ±0,037
Relative Häufigkeiten								
Intervallbreite	**0,0005**	**0,0010**	**0,0015**	**0,0020**	**0,0025**	**0,0050**	**0,0075**	**0,0100**
USA	3,000 ± 0,594	2,843 ± 0,395	3,094 ± 0,363	2,885 ± 0,284	2,686 ± 0,228	2,141 ± 0,121	2,051 ± 0,093	2,057 ± 0,081
Deutschland	3,900 ± 1,382	4,571 ± 1,349	4,238 ± 1,028	3,871 ± 0,780	3,868 ± 0,704	3,800 ± 0,530	3,819 ± 0,442	3,895 ± 0,392
Dtschld, (HGB)	4,625 ± 1,803	4,727 ± 1,569	4,933 ± 1,397	3,920 ± 0,878	3,844 ± 0,763	3,768 ± 0,566	3,899 ± 0,492	4,265 ± 0,479

Die Daten beziehen sich auf die Jahre 1991 bis 2000. Für deutsche Unternehmen wurden die Daten aus der Datenbank Osiris (Version vom Mai 2001) entnommen. Daten für US-amerikanische Unternehmen stammen aus der Datenbank Worldscope. Banken, Versicherungsunternehmen und andere Finanzdienstleister wurden aus dem Untersuchungssample ausgeschlossen. In der mit Deutschland bezeichneten Zeile werden Werte für deutsche Unternehmen ausgewiesen, die ihre Abschlüsse gemäß deutschen HGB-Vorschriften, IAS oder US-GAAP erstellen. In der mit Dtschld. (HGB) bezeichneten Zeile befinden sich die Resultate für deutsche Unternehmen, die gemäß den Vorschriften des HGB bilanzieren. Die gesamte Zahl der Beobachtungswerte beträgt 38.714 für US-Unternehmen, 3.524 für deutsche Unternehmen (HGB-, IAS- und US-GAAP-Bilanzierer) und 2.544 für deutsche HGB-Bilanzierer.

Die standardisierte Differenz für Intervall i wird gemäß Burgstahler/Dichev (1997) berechnet als Differenz zwischen der tatsächlichen und der erwarteten Anzahl von Beobachtungen in Intervall i dividiert durch die Standardabweichung der Differenz. Mit N als der gesamten Zahl der Beobachtungswerte, obs_i als der Zahl der Beobachtungen in Intervall i und p_i als der Wahrscheinlichkeit dafür, dass eine Beobachtung in Intervall i fällt, ergibt sich für die standardisierte Differenz für Intervall i:

$$d_i = \frac{obs_i - (obs_{i+1} + obs_{i-1}) / 2}{\left(N\, p_i\, (1 - p_i) + 0.25\, N\, (p_{i-1} + p_{i+1})\, (1 - p_{i-1} - p_{i+1})\right)^{0.5}}$$

Mit n_r als der Zahl der Beobachtungen im Intervall direkt rechts von null, n_l als der Zahl der Beobachtungen im Intervall direkt links von null und n_{rl} als der Zahl der Beobachtungen in beiden Intervallen neben null kann das Maß für die zentrierte Asysmmetrie folgendermaßen geschrieben werden:

$$A = \frac{n_r - n_l}{n_{rl}}$$

Zur Berechnung der relativen Häufigkeiten wird die Zahl der Beobachtungen im Intervall direkt rechts von null durch die Zahl der Beobachtungen im Intervall direkt links von null dividiert.

Wie die zentrierten Asymmetriemaße sind auch die relativen Häufigkeiten für deutsche Unternehmen für alle Intervallbreiten größer als für US-amerikanische Unternehmen. Für die relevanten Intervallbreiten von 0,0025 und darunter ist dieser Unterschied jedoch nicht signifikant. Die relativen Häufigkeiten für US-amerikanische Unternehmen liegen nämlich innerhalb des Bereichs von zwei Standardabweichungen[848] unterhalb bis zwei Standardabweichungen oberhalb der relativen Häufigkeiten für deutsche Unternehmen.

Abbildung 10

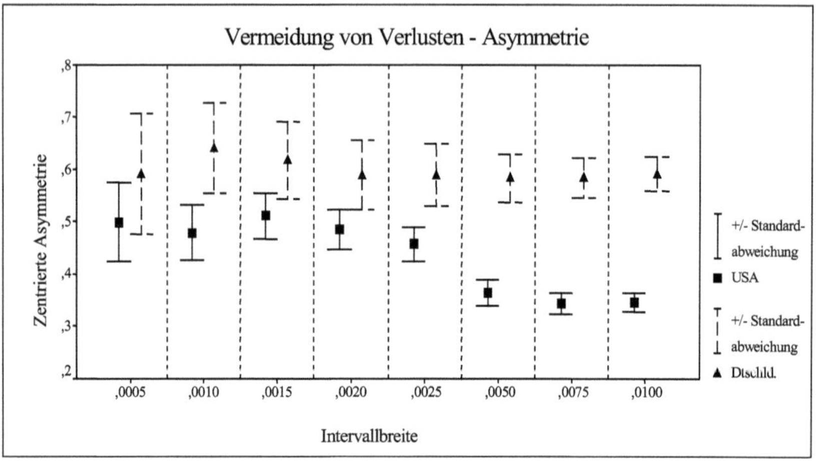

Abbildung 10 zeigt, dass die zentrierten Asymmetriemaße für US-amerikanische Unternehmen mit zunehmender Intervallbreite etwas kleiner werden, während die Werte für deutsche Unternehmen annähernd konstant bei 0,6 liegen. Diese Beobachtung könnte möglicherweise ein Zeichen dafür sein, dass US-amerikanische Unternehmen zwar starke Anreize zu schwellenwertorientierter Bilanzpolitik haben, aber in ihren bilanzpolitischen Möglichkeiten durch stark regulierte Rechnungslegungsvorschriften und durch Aufsichtsbehörden eingeschränkter sind als deutsche Unternehmen. Für US-amerikanische Unternehmen könnte es daher schwieriger als für deutsche Unternehmen sein, das ausgewiesene Ergeb-

[848] Zur Berechnung der Standardabweichungen vgl. Anhang VI.

nis stark zu beeinflussen. Zudem macht Abbildung 10 deutlich, dass Schlussfolgerungen aus den Berechnungen von der gewählten Intervallbreite abhängen.[849]

4.6.3.2 Vermeidung des Ausweises sinkender Gewinne

In Abbildung 11 und Abbildung 12 sind die Verteilungen der umsatzskalierten jährlichen Änderungen der Jahresüberschüsse für US-amerikanische Unternehmen und für deutsche Unternehmen (HGB-, IAS- und US-GAAP-Bilanzierer) dargestellt.[850] Die Gesamtzahl der Beobachtungen beträgt 31.697 für US-amerikanische Unternehmen und 2.874 für deutsche Unternehmen. Die Intervallbreite für die Histogramme ist 0,0005 und wurde in der gleichen Weise wie für den Schwellenwert „Vermeidung von Verlusten" gewählt. Intervalle direkt rechts und links vom Schwellenwert sind schwarz markiert.

In beiden Histogrammen ist die Zahl der Beobachtungen im Intervall rechts von null deutlich höher als im Intervall links von null. Für US-amerikanische Unternehmen ist außerdem die Zahl von Beobachtungen im ersten Intervall links von null niedriger als im zweiten Intervall links von null. Die Zahl der Beobachtungen in den anderen Intervallen der beiden Abbildungen scheint relativ gleichmäßig verteilt zu sein. Die Unregelmäßigkeiten um den Schwellenwert herum deuten darauf hin, dass sowohl deutsche als auch US-amerikanische Unternehmen bilanzpolitische Maßnahmen einsetzen, um den Ausweis eines Ergebnisses unterhalb des Vorjahresniveaus zu vermeiden. Somit können die Resultate aus Burgstahler/Dichev (1997) und Degeorge/Patel/Zeckhauser (1999) bestätigt werden.

849 Diese Beobachtung erklärt auch, warum Leuz/Nanda/Wysocki (2003) zu dem Ergebnis kommen, dass die relative Häufigkeit kleiner Gewinne zu kleinen Verlusten für deutsche Unternehmen größer als für US-amerikanische Unternehmen ist. In der Studie werden Jahresüberschüsse mit den Buchwerten der Aktiva der Vorperiode skaliert. Die Intervallbreite wird auf 0,01 festgelegt. Es kann gezeigt werden, dass das Ergebnis von Leuz/Nanda/Wysocki (2003) bei Wahl einer kleineren Intervallbreite nicht mehr gültig ist. Wenn wie in Leuz/Nanda/Wysocki (2003) die Datenbank Worldscope verwendet wird und Jahresüberschüsse mit dem Buchwert der Aktiva des Vorjahres skaliert werden, ergeben sich für Intervallbreiten von 0,0025 (0,25% des Buchwertes der Aktiva des Vorjahres) und darunter keine signifikanten Unterschiede zwischen relativen Häufigkeiten kleiner Gewinne zu kleinen Verlusten für US-amerikanische und deutsche Unternehmen. Allerdings muss darauf hingewiesen werden, dass der Umfang des Samples US-amerikanischer Unternehmen in der vorliegenden Untersuchung deutlich größer als in Leuz/Nanda/Wysocki (2003) ist, da die Untersuchung hier nicht auf Unternehmen des S&P 500 beschränkt wird. Vgl. Anhang IV.

850 Die Verteilung für deutsche HGB-Bilanzierer ähnelt der Verteilung für sämtliche deutsche Unternehmen sehr stark und wird daher hier nicht abgebildet.

Abbildung 11

Verteilung der jährlichen Änderungen des Net Income (skaliert mit Umsatzerlösen) für US-Unternehmen

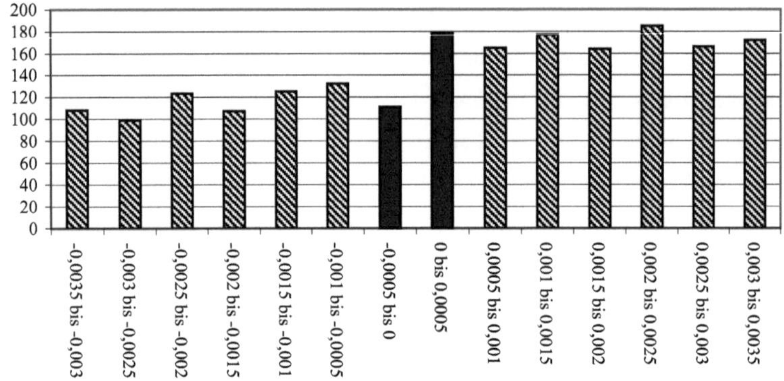

Die Daten beziehen sich auf die Jahre 1991 bis 2000 und stammen aus der Datenbank Worldscope. Banken, Versicherungsunternehmen und andere Finanzdienstleister wurden aus dem Untersuchungssample ausgeschlossen. Die gesamte Zahl der Beobachtungswerte beträgt 31.697. Die Intervallbreite ist 0,0005. Direkt an den Schwellenwert angrenzende Intervalle sind schwarz markiert.

Abbildung 12

Verteilung der jährlichen Änderungen der Jahresüberschüsse (skaliert mit Umsatzerlösen) für deutsche Unternehmen (HGB-, IAS- und US-GAAP-Bilanzierer)

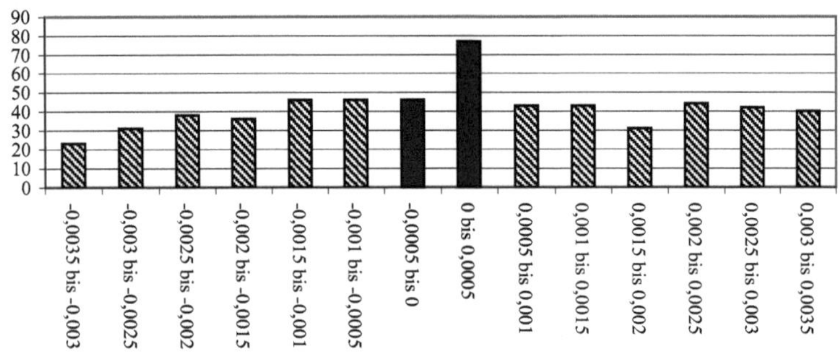

Die Daten beziehen sich auf die Jahre 1991 bis 2000 und stammen aus der Datenbank Osiris (Version vom Mai 2001). Banken, Versicherungsunternehmen und andere Finanzdienstleister wurden aus dem Untersuchungssample ausgeschlossen. Die gesamte Zahl der Beobachtungswerte beträgt 2.874. Die Intervallbreite ist 0,0005. Direkt an den Schwellenwert angrenzende Intervalle sind schwarz markiert.

Die Ergebnisse der Histogramme werden wiederum durch die Werte für die zentrierten Asymmetriemaße bestätigt (siehe Tabelle 9). Die zentrierten Asymmetriemaße für deutsche und für US-amerikanische Unternehmen sind für eine Intervallbreite von 0,0005 signifikant größer als null und liegen annähernd auf dem gleichen Niveau. Die Differenz der zentrierten Asymmetriemaße ist nicht signifikant von null verschieden (siehe Tabelle 9). Deutsche und US-amerikanische Unternehmen scheinen den Ausweis sinkender Gewinne ähnlich häufig mittels Bilanzpolitik zu vermeiden. Die zweite Hypothese kann also auch für den Schwellenwert „Ergebnisausweis auf dem Vorjahresniveau" nicht bestätigt werden. Deutliche Unterschiede in der Verbreitung schwellenwertorientierter Bilanzpolitik sind nicht erkennbar.

Tabelle 9: Vermeidung von sinkenden Gewinnen - Hauptergebnis

	USA	**Deutschland**	**Differenz USA – Dtschld.**
Zentrierte Asymmetrie für Intervall 0,0005	0,234 ± 0,057	0,252 ± 0,087	-0,018 ± 0,104

Zu den Daten siehe die Angaben unterhalb von Tabelle 10. Zur Definition der zentrierten Asymmetrie siehe die Angaben unterhalb von Tabelle 8.

Detaillierte Resultate für den Schwellenwert eines Ergebnisausweises in Höhe des Vorjahres sind in Tabelle 10 enthalten. Für die relevante Intervallbreite von 0,0005 ist die standardisierte Differenz für US-amerikanische Unternehmen für das Intervall direkt links vom Schwellenwert auf einem Niveau von 1% signifikant negativ und für das Intervall rechts vom Schwellenwert auf einem Niveau von 1% signifikant positiv.[851] Dieses Resultat spricht wie die Werte für die zentrierten Asymmetriemaße dafür, dass US-amerikanische Unternehmen den Ausweis sinkender Gewinne mittels Bilanzpolitik verhindern. Für beide Gruppen deutscher Unternehmen sind die standardisierten Differenzen für das Intervall rechts vom Schwellenwert auf einem Niveau von 1% signifikant positiv. Die Werte für das Intervall links vom Schwellenwert sind bei einer Intervallbreite von 0,0005 jedoch nicht mehr hochsignifikant. Unter der Annahme annähernd standardnormalverteilter standardisierter Differenzen sind die Werte für alle deutschen Unternehmen auf einem Niveau von 10% und für die HGB-Bilanzierer auf einem Niveau von 5% signifikant. Dieses Ergebnis steht ebenfalls in Übereinstimmung mit der Vermutung, dass deutsche Unternehmen den Ausweis sinkender Gewinne mittels Bilanzpolitik vermeiden. Für Intervallbreiten oberhalb von 0,0005 sind die standardisierten Differenzen für das Intervall links von null nicht mehr

[851] Dies gilt unter der Annahme, dass die standardisierte Differenz annähernd standardnormalverteilt ist.

signifikant negativ. Die Werte für die relativen Häufigkeiten bestätigen die Ergebnisse für die zentrierten Asymmetriemaße (siehe Tabelle 10).

Tabelle 10: Vermeidung sinkender Gewinne - standardisierte Differenzen und Asymmetriemaße

Standardisierte Differenzen (Intervalle links und rechts von null)							
Intervallbreite	**0,0005**	**0,0010**	**0,0015**	**0,0020**	**0,0025**	**0,0050**	**0,0100**
USA	-3,249/ 2,612	-2,301/ 2,365	-2,386/ 2,948	-3,039/ 2,515	-3,216/ 3,548	-5,749/ 6,413	-7,535/ 18,067
Deutschland	-1,793/ 3,308	-0,772/ 2,981	0,289/ 2,439	1,614/ 1,756	2,363/ 2,413	1,880/ 5,719	1,460/ 12,311
Dtschld. (HGB)	-2,146/ 3,421	-0,498/ 3,295	0,309/ 2,371	1,732/ 1,532	2,377/ 2,160	2,630/ 5,125	2,027/ 11,481
Zentrierte Asymmetriemaße							
Intervallbreite	**0,0005**	**0,0010**	**0,0015**	**0,0020**	**0,0025**	**0,0050**	**0,0100**
USA	0,234 ± 0,057	0,172 ± 0,041	0,172 ± 0,033	0,181 ± 0,029	0,185 ± 0,026	0,224 ± 0,018	0,266 ± 0,013
Deutschland	0,252 ± 0,087	0,132 ± 0,068	0,083 ± 0,057	0,054 ± 0,052	0,058 ± 0,047	0,133 ± 0,036	0,189 ± 0,029
Dtschld. (HGB)	0,279 ± 0,091	0,129 ± 0,071	0,076 ± 0,061	0,038 ± 0,056	0,041 ± 0,051	0,107 ± 0,039	0,170 ± 0,032
Differenzen zwischen zentrierten Asymmetrien für US-amerikanische und deutsche Unternehmen							
Intervallbreite	**0,0005**	**0,0010**	**0,0015**	**0,0020**	**0,0025**	**0,0050**	**0,0100**
Differenz USA – Dtschld.	-0,018 ± 0,104	0,040 ± 0,079	0,089 ± 0,066	0,127 ± 0,060	0,128 ± 0,054	0,091 ± 0,041	0,077 ± 0,032
Relative Häufigkeiten							
Intervallbreite	**0,0005**	**0,0010**	**0,0015**	**0,0020**	**0,0025**	**0,0050**	**0,0100**
USA	1,613 ± 0,195	1,416 ± 0,119	1,416 ± 0,096	1,442 ± 0,086	1,455 ± 0,077	1,578 ± 0,060	1,724 ± 0,048
Deutschland	1,674 ± 0,312	1,304 ± 0,181	1,181 ± 0,137	1,115 ± 0,116	1,123 ± 0,106	1,306 ± 0,097	1,467 ± 0,088
Dtschld. (HGB)	1,775 ± 0,351	1,298 ± 0,188	1,164 ± 0,144	1,078 ± 0,121	1,086 ± 0,110	1,239 ± 0,099	1,410 ± 0,092

Standardisierte Differenzen und Asymmetriemaße wurden wie unterhalb von Tabelle 8 angegeben berechnet. Die Daten beziehen sich auf die Jahre 1991 bis 2000. Für deutsche Unternehmen wurden die Daten aus der Datenbank Osiris (Version vom Mai 2001) entnommen. Daten für US-amerikanische Unternehmen stammen aus der Datenbank Worldscope. Banken, Versicherungsunternehmen und andere Finanzdienstleister wurden aus dem Untersuchungssample ausgeschlossen. In der mit Deutschland bezeichneten Zeile werden Werte für deutsche Unternehmen ausgewiesen, die ihre Abschlüsse gemäß deutschen HGB-Vorschriften, IAS oder US-GAAP erstellen. In der mit Dtschld. (HGB) bezeichneten Zeile befinden sich die Resultate für deutsche Unternehmen, die gemäß den Vorschriften des HGB bilanzieren. Die gesamte Zahl der Beobachtungswerte beträgt 31.697 für US Unternehmen, 2.874 für deutsche Unternehmen (HGB-, IAS- und US-GAAP-Bilanzierer) und 2.170 für deutsche HGB-Bilanzierer.

Wenn große Intervallbreiten betrachtet werden, sind die zentrierten Asymmetriemaße für deutsche Unternehmen im Gegensatz zu den Werten für US-amerikanische Unternehmen nicht in allen Fällen signifikant von null verschieden. Für Intervallbreiten von 0,0020 und darüber sind die zentrierten Asymmetriemaße für US-amerikanischen Unternehmen signifikant größer als für deutsche Unternehmen (siehe Tabelle 10 und Abbildung 13). Allerdings ermöglichen Resultate für große Intervallbreiten keine eindeutigen Schlussfolgerungen über die Verbreitung schwellenwertorientierter Bilanzpolitik in Deutschland und den USA. Mit zunehmender Intervallbreite verringern sich die Werte des Asymmetriemaßes für

US-amerikanische Unternehmen nicht deutlich und verändern sich weniger stark als für deutsche Unternehmen. Diese Beobachtung spricht anders als die Resultate für den Schwellenwert „Jahresüberschuss in Höhe von null" nicht dafür, dass stark regulierte US-GAAP und Aufsichtsbehörden die bilanzpolitischen Möglichkeiten US-amerikanischer Unternehmen deutlich beschränken. Die Ergebnisse in Tabelle 10 und Abbildung 13 zeigen wie schon die Resultate für den ersten Schwellenwert, dass Schlussfolgerungen über das Ausmaß schwellenwertorientierter Bilanzpolitik in Deutschland und den USA entscheidend von der gewählten Intervallbreite abhängen.

Abbildung 13

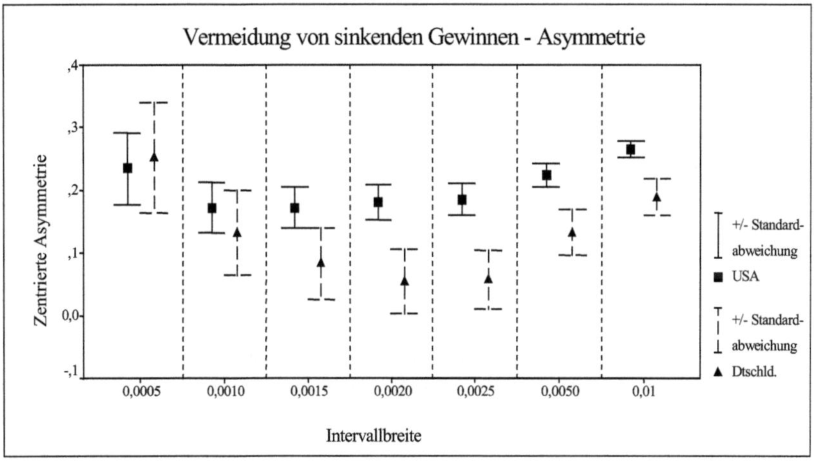

4.6.3.3 Vermeidung negativer Gewinnüberraschungen

Abbildung 14 und Abbildung 15 zeigen die Verteilungen der umsatzskalierten Gewinnüberraschungen für US-amerikanische und für deutsche Unternehmen. Die Gesamtzahl der Beobachtungswerte beträgt 6.022 für US-amerikanische Unternehmen und 1.168 für deutsche Unternehmen (HGB-, IAS- und US-GAAP-Bilanzierer). Wegen der kleinen Samplegröße müssen die Ergebnisse für deutsche Unternehmen mit Vorsicht interpretiert werden. Die Intervallbreite beträgt 0,0005 und wird auf die gleiche Weise wie für die anderen Schwellenwerte bestimmt. Intervalle direkt rechts und links vom Schwellenwert sind schwarz markiert.

Abbildung 14

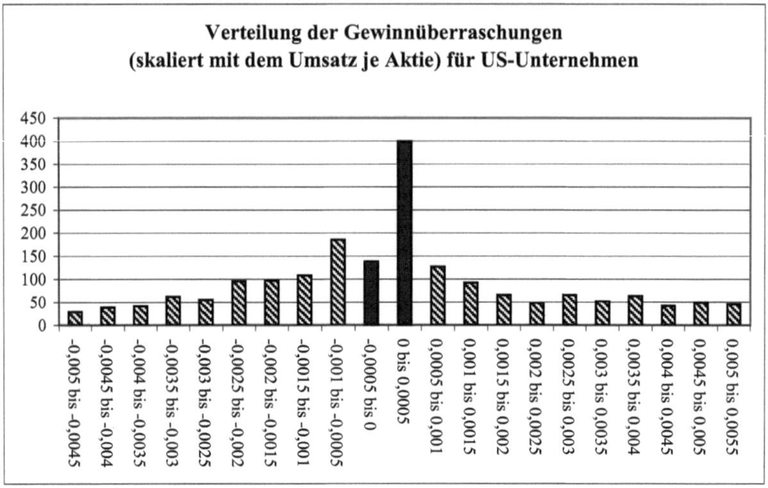

Die Daten beziehen sich auf den Zeitraum von September 1997 bis Dezember 2000 und stammen aus der Datenbank Worldscope. Banken, Versicherungsunternehmen und andere Finanzdienstleister wurden aus dem Untersuchungssample ausgeschlossen. Die gesamte Zahl der Beobachtungswerte beträgt 6.022. Die Intervallbreite ist 0,0005. Direkt an den Schwellenwert angrenzende Intervalle sind schwarz markiert.

Abbildung 15

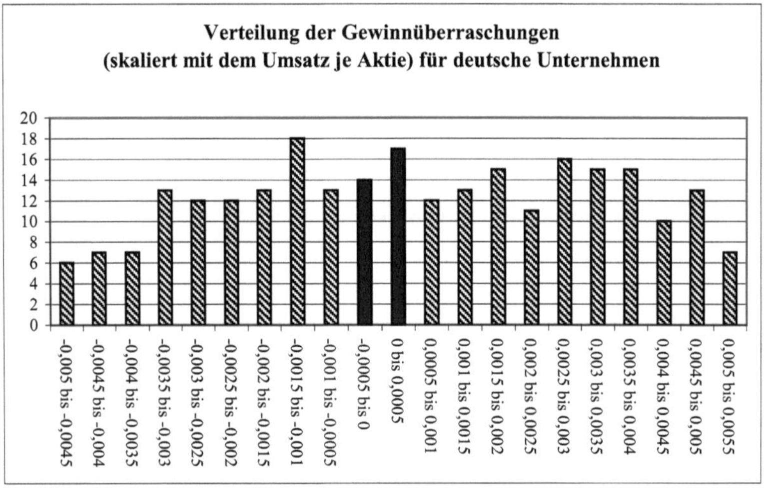

Die Daten beziehen sich auf den Zeitraum von September 1997 bis Dezember 2000 und stammen aus der Datenbank Worldscope. Banken, Versicherungsunternehmen und andere Finanzdienstleister wurden aus dem Untersuchungssample ausgeschlossen. Die gesamte Zahl der Beobachtungswerte beträgt 1.168. Die Intervallbreite ist 0,0005. Direkt an den Schwellenwert angrenzende Intervalle sind schwarz markiert.

In der Verteilung der Schätzfehler für deutsche Unternehmen sind keine Unregelmäßigkeiten um den Schwellenwert herum zu erkennen. Hinweise auf die Vermeidung negativer Gewinnüberraschungen mit Hilfe von Bilanzpolitik sind in Abbildung 15 nicht zu finden. Im Gegensatz dazu ist in der Verteilung der Schätzfehler für US-amerikanische Unternehmen eine deutliche Sprungstelle zu erkennen. Die Zahl der Beobachtungen im Intervall rechts von null ist ungewöhnlich hoch und die Zahl der Beobachtungen im Intervall links von null ist niedriger als in den beiden angrenzenden Intervallen. Der Rest der Verteilung weist einen relativ regelmäßigen Verlauf auf.

Zentrierte Asymmetriemaße können die Resultate aus den Histogrammen bestätigen (siehe Tabelle 11). Während sich für deutsche Unternehmen keine Hinweise auf schwellenwertorientierte Bilanzpolitik finden, deuten die Werte für US-amerikanische Unternehmen darauf hin, dass negative Gewinnüberraschungen durch bilanzpolitische Ergebnisbeeinflussung vermieden werden. Die Differenz der zentrierten Asymmetriemaße für die USA und Deutschland liegt für die Intervallbreite von 0,0005 um mehr als zwei Standardabweichungen oberhalb von null. Es bestehen also Anzeichen dafür, dass US-Unternehmen negative Gewinnüberraschungen häufiger als deutsche Unternehmen mit Hilfe bilanzpolitischer Maßnahmen vermeiden. Zu diesem Schluss gelangen auch Brown/Higgins (2001).[852]

Tabelle 11: Vermeidung negativer Gewinnüberraschungen - Hauptergebnis

	USA	**Deutschland**	**Differenz USA – Dtschld.**
Zentrierte Asymmetrie für Intervall 0,0005	0,486 ± 0,038	0,097 ± 0,179	0,389 ± 0,183

Zu den Daten siehe die Angaben unterhalb von Tabelle 12. Zur Definition der zentrierten Asymmetrie siehe die Angaben unterhalb von Tabelle 8.

Tabelle 12 zeigt die detaillierten Ergebnisse für den Schwellenwert der Ergebnisschätzungen von Analysten. Für die relevante Intervallbreite von 0,0005 ist die standardisierte Differenz für US-amerikanische Unternehmen für das Intervall links von null auf einem Niveau von 1% signifikant negativ und für das Intervall rechts von null auf einem Niveau von 1% signifikant positiv. Für US-Unternehmen ist die relative Häufigkeit kleiner positiver zu kleinen negativen Gewinnüberraschungen signifikant größer als eins. Die Resultate für US-Unternehmen stehen im Einklang mit den Ergebnissen der Studie von Degeorge/Patel/Zeckhauser (1999). Die Ergebnisse für deutsche Unternehmen werden möglicherweise durch die geringe Zahl der Beobachtungswerte beeinflusst. Aufgrund des geringen Um-

852 Vgl. Brown/Higgins (2001), S. 382.

fangs des Samples sind die Konfidenzintervalle der zentrierten Asymmetriemaße für deutsche Unternehmen verhältnismäßig groß (siehe Abbildung 16).

Tabelle 12: Vermeidung negativer Gewinnüberraschungen - standardisierte Differenzen und Asymmetriemaße

Standardisierte Differenzen (Intervalle links und rechts von null)						
Intervallbreite	**0,0005**	**0,0010**	**0,0020**	**0,0025**	**0,0050**	**0,0100**
USA	-9,430/ 12,765	-1,968/ 11,747	2,283/ 10,978	5,224/ 9,836	7,018/ 11,601	9,050/ 16,867
Deutschland	-0,217/ 0,832	-0,471/ 0,223	0,848/ -0,056	1,413/ -0,154	1,035/ 3,853	3,020/ 4,451
Zentrierte Asymmetriemaße						
Intervallbreite	**0,0005**	**0,0010**	**0,0020**	**0,0025**	**0,0050**	**0,0100**
USA	0,486 ± 0,038	0,239 ± 0,033	0,129 ± 0,028	0,080 ± 0,027	0,084 ± 0,023	0,119 ± 0,020
Deutschland	0,097 ± 0,179	0,036 ± 0,134	-0,009 ± 0,093	-0,014 ± 0,085	0,087 ± 0,063	0,042 ± 0,051
Differenzen zwischen zentrierten Asymmetrien für US-amerikanische und deutsche Unternehmen						
Intervallbreite	**0,0005**	**0,0010**	**0,0020**	**0,0025**	**0,0050**	**0,0100**
Differenz USA – Dtschld.	0,389 ± 0,183	0,203 ± 0,138	0,137 ± 0,098	0,095 ± 0,089	-0,003 ± 0,067	0,077 ± 0,054
Relative Häufigkeiten						
Intervallbreite	**0,0005**	**0,0010**	**0,0020**	**0,0025**	**0,0050**	**0,0100**
USA	2,891 ± 0,286	1,628 ± 0,115	1,295 ± 0,075	1,175 ± 0,064	1,184 ± 0,055	1,271 ± 0,051
Deutschland	1,214 ± 0,438	1,074 ± 0,287	0,983 ± 0,183	0,971 ± 0,165	1,191 ± 0,151	1,087 ± 0,111

Standardisierte Differenzen and Asymmetriemaße sind wie unterhalb von Tabelle 8 beschrieben definiert. Die Daten beziehen sich auf den Zeitraum September 1997 bis Dezember 2000 und stammen aus der Datenbank Worldscope, die regelmäßig mit I/B/E/S-Daten aktualisiert wird. Banken, Versicherungsunternehmen und andere Finanzdienstleister wurden aus dem Untersuchungssample ausgeschlossen. In der mit Deutschland bezeichneten Zeile werden Werte für deutsche Unternehmen ausgewiesen, die ihre Abschlüsse gemäß deutschen HGB-Vorschriften, IAS oder US-GAAP erstellen. Die gesamte Zahl der Beobachtungswerte beträgt 6.022 für US-amerikanische Unternehmen und 1.168 für deutsche Unternehmen (HGB-, IAS- und US-GAAP-Bilanzierer).

Abbildung 16

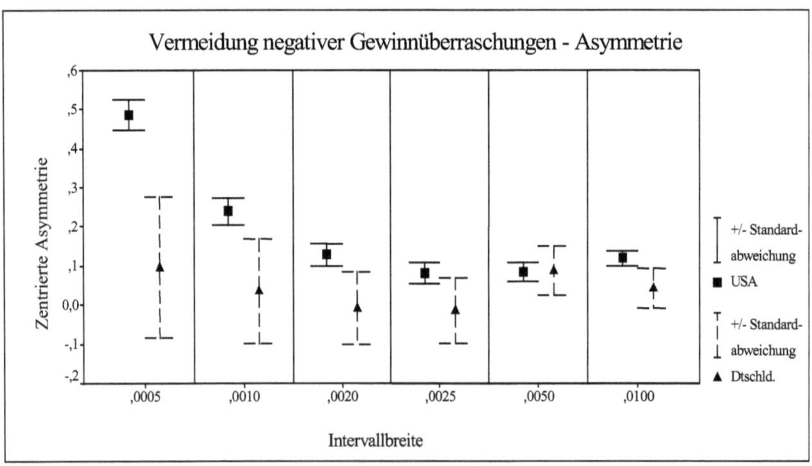

4.6.3.4 Schwellenwertorientierte Bilanzpolitik und Eigenschaften von Unternehmen

Schwellenwertorientierte Bilanzpolitik ist möglicherweise unter Unternehmen mit bestimmten Eigenschaften besonders stark verbreitet. Im Folgenden soll untersucht werden, ob Unterschiede in der Neigung zu schwellenwertorientierter Bilanzpolitik eher auf Unternehmenseigenschaften wie Größe, Verschuldungsgrad und Wachstumsaussichten als auf nationale Unternehmensumfelder zurückgeführt werden können. Zu diesem Zweck werden US-amerikanische und deutsche Unternehmen im Hinblick auf Größe, Verschuldungsgrad und Wachstumsaussichten jeweils den zwei Kategorien „hoch" und „niedrig" zugeordnet. Für jede der Eigenschaften Größe, Verschuldung und Wachstumsaussichten werden Unternehmen und die dazugehörigen Beobachtungswerte für umsatzskalierte Gewinne und Gewinnänderungen in der Kategorie „hoch" erfasst, wenn der Wert für die Größe, den Verschuldungsgrad oder die Wachstumsaussichten oberhalb des Medianwertes für die jeweilige Eigenschaft liegt. Entsprechend werden Unternehmen und dazugehörige Beobachtungswerte für umsatzskalierte Gewinne und Gewinnänderungen der Kategorie „niedrig" zugeordnet, wenn Werte für die genannten Eigenschaften kleiner als der Median sind. Anschließend werden für jede Kategorie zentrierte Asymmetriemaße für die Schwellenwerte „Vermeidung von Verlustausweisen" und „Vermeidung sinkender Gewinne" berechnet (siehe Tabelle 13 und Tabelle 14).[853]

Zwei Fragen sollen untersucht werden. Zunächst wird für jede Unternehmenseigenschaft in jedem Land ermittelt, ob zwischen den Kategorien „niedrig" und „hoch" Unterschiede in den zentrierten Asymmetriemaßen bestehen. Beispielsweise wird berechnet, ob zentrierte Asymmetriemaße von US-amerikanischen Unternehmen mit niedrigen und mit hohen Umsätzen unterschiedlich groß sind. Weiterhin wird untersucht, ob zentrierte Asymmetriemaße für deutsche und für US-amerikanische Unternehmen unterschiedlich hoch sind, wenn jeweils zusammengehörige Teilsamples betrachtet werden. Beispielsweise wird analysiert, ob sich zentrierte Asymmetriemaße für US-amerikanische und für deutsche Unternehmen mit niedrigen Umsätzen unterscheiden.

[853] Für den Schwellenwert „Vermeidung negativer Gewinnüberraschungen" werden keine zentrierten Asymmetriemaße berechnet, da die Zahl der Beobachtungswerte für deutsche Unternehmen relativ niedrig ist. Bei einer weiteren Unterteilung der Stichprobe deutscher Unternehmen wäre es schwierig, statistisch zuverlässige Aussagen über das Ausmaß schwellenwertorientierter Bilanzpolitik für die kleineren Teilsamples abzuleiten.

Die Größe eines Unternehmens ist positiv korreliert mit dem Umfang, in dem Unternehmen Informationen offen legen,[854] und mit der Zahl der Analysten, die ein Unternehmen in ihrer Coverage führen.[855] Es kann also vermutet werden, dass Kapitalmarktteilnehmer große Unternehmen genauer beobachten und folglich bilanzpolitische Einflüsse bei großen Unternehmen eher erkennen als bei kleinen Unternehmen. Daher könnten große Unternehmen tendenziell weniger geneigt sein, schwellenwertorientierte Bilanzpolitik zu betreiben. Weiterhin haben große Unternehmen im Allgemeinen bessere Möglichkeiten als kleine Unternehmen, neues Kapital aufzunehmen. Somit könnten kleinere Unternehmen stärkere Anreize haben, bilanzpolitische Maßnahmen einzusetzen, um die Erwartungen von Kapitalgebern zu erfüllen. Andererseits können große internationale Unternehmen aber auch mehr Möglichkeiten zur Bilanzpolitik haben als kleine nationale Unternehmen. Zusätzliche Möglichkeiten ergeben sich z. B. bei der Umrechnung von Fremdwährungsabschlüssen. Darüber hinaus besteht auch eine Beziehung zwischen der Größe eines Unternehmens und den so genannten politischen Kosten. Große Unternehmen werden in der Öffentlichkeit relativ genau beobachtet. Weisen große Unternehmen hohe Gewinne aus, werden dahinter häufig marktbeherrschende Stellungen oder sogar Monopolmacht vermutet. Gemäß der Hypothese der politischen Kosten muss ein Unternehmen umso eher mit ungünstiger staatlicher Reglementierung und Einflussnahme rechnen, je größer das Unternehmen ist. Daher können große Unternehmen Anreize haben, den Ergebnisausweis nach unten zu beeinflussen.[856] Um die Größe von Unternehmen zu messen, werden die Variablen Umsatz und Marktkapitalisierung verwendet. Wie aus Tabelle 5 ersichtlich, sind die Mediane des Umsatzes und der Marktkapitalisierung für deutsche Unternehmen etwas größer als für US-amerikanische Unternehmen.

Der Verschuldungsgrad kann als Stellvertretervariable für das finanzielle Risiko eines Unternehmens betrachtet werden. Stark verschuldete Unternehmen können bestrebt sein, positive und nicht sinkende Ergebnisse auszuweisen, um ihr hohes Risiko zu kompensieren und Kreditgeber davon abzuhalten, ihnen den Zugang zu weiterem Fremdkapital zu verwehren. Je stärker ein Unternehmen verschuldet ist, desto größer ist die Wahrscheinlichkeit, dass das Unternehmen das ausgewiesene Ergebnis bilanzpolitisch erhöht.[857] Dieser Zusammenhang könnte vor allem in Ländern bestehen, in denen Transaktionen zwischen Unterneh-

854 Vgl. z. B. Chow/Wong-Boren (1987); Cooke (1989, 1991); Meek/Roberts/Gray (1995).
855 Vgl. z. B. Bhushan (1989); Lang/Lundholm (1996).
856 Vgl. Watts/Zimmerman (1986, 1990).
857 Vgl. ebenda.

men und Kreditgebern „at arm's length" stattfinden. In solchen Ländern müssen sich Kreditgeber verhältnismäßig stark auf die Berichterstattung der Unternehmen verlassen, da keine besonders engen Beziehungen zwischen Unternehmen und Kreditgebern bestehen. In der vorliegenden Untersuchung wird der Verschuldungsgrad als das Verhältnis vom Buchwert der Verbindlichkeiten zur Summe des Buchwertes der Verbindlichkeiten und des Marktwertes des Eigenkapitals errechnet. Mit einem Wert von 0,532 liegt der Median des Verschuldungsgrades für deutsche Unternehmen oberhalb des Wertes von 0,320 für US-amerikanische Unternehmen.

Das Verhältnis vom Marktwert zum Buchwert des Eigenkapitals ist eine Stellvertretervariable für die Erwartungen von Investoren über das zukünftige Wachstum eines Unternehmens. In Wachstumsbranchen wie der Informationstechnologie, der Telekommunikation, der Pharmazie und der Biotechnologie haben Unternehmen einen überdurchschnittlichen Bedarf an externen Finanzierungsmitteln. Die unternehmensintern erwirtschafteten Mittel reichen häufig nicht aus, um alle profitablen Investitionsprojekte eines Unternehmens finanzieren zu können. Daher können Manager von Wachstumsunternehmen besonders starke Anreize haben, Erwartungen von Investoren notfalls auch mit Hilfe bilanzpolitischer Mittel zu erfüllen. Außerdem könnten Investoren für Unternehmen aus Wachstumsbranchen andere Ergebniserwartungen als für Unternehmen aus traditionellen Branchen haben. Insbesondere zur Zeit des internationalen „High-Tech-Booms" in der zweiten Hälfte der 90er Jahre haben Investoren zum Teil ein hohes Gewinnwachstum für Unternehmen aus Wachstumsbranchen erwartet und waren daher vermutlich bereit, verhältnismäßig lange Phasen mit Verlustausweisen zu tolerieren. Der Median des Verhältnisses vom Marktwert zum Buchwert des Eigenkapitals liegt für das Sample der deutschen Unternehmen bei 2,200 und ist damit fast identisch mit dem Medianwert von 2,026 für US-amerikanische Unternehmen.

Tabelle 13 und Tabelle 14 zeigen zentrierte Asymmetriemaße für alle acht Teilsamples. Tabelle 13 bezieht sich auf die Vermeidung von Verlustausweisen und Tabelle 14 auf die Vermeidung sinkender Gewinne. Die zentrierten Asymmetriemaße wurden für die Intervallbreiten berechnet, die für die Untersuchung schwellenwertorientierter Bilanzpolitik am besten geeignet erscheinen (0,0025 für die Vermeidung von Verlusten und 0,0005 für die Vermeidung sinkender Gewinne).

Tabelle 13: Vermeidung von Verlusten - Einfluss von Größe, Verschuldung und Wachstumsaussichten auf zentrierte Asymmetriemaße

		US-Unternehmen	**Deutsche Unternehmen**	**Differenz USA – Deutschland**
Umsatz	*niedrig*	0,597* ± 0,051	0,547* ± 0,097	0,050 ± 0,109
	hoch	0,382* ± 0,043	0,618* ± 0,075	-0,237* ± 0,087
	Differenz	0,215* ± 0,067	-0,072 ± 0,122	-
Markt-kapitalisierung	*niedrig*	0,501* ± 0,043	0,576* ± 0,101	-0,075 ± 0,110
	hoch	0,416* ± 0,060	0,714* ± 0,010	-0,298* ± 0,117
	Differenz	0,085 ± 0,074	-0,139 ± 0,142	-
Verschuldung	*niedrig*	0,517* ± 0,078	0,583* ± 0,166	-0,067 ± 0,183
	hoch	0,466* ± 0,040	0,648* ± 0,080	-0,182* ± 0,089
	Differenz	0,051 ± 0,088	-0,065 ± 0,184	-
Marktwert/ Buchwert	*niedrig*	0,522* ± 0,041	0,644* ± 0,090	-0,122 ± 0,098
	hoch	0,371* ± 0,074	0,644* ± 0,114	-0,273* ± 0,136
	Differenz	0,151 ± 0,084	-0,001 ± 0,145	-

Werte für zentrierte Asymmetriemaße und deren Differenzen, die mehr als zwei Standardabweichungen oberhalb oder unterhalb von null liegen, sind mit * markiert. Daten wurden aus den Datenbanken Worldscope und Osiris entnommen. Zentrierte Asymmetriemaße werden gemäß der Definition unterhalb von Tabelle 8 ermittelt. Der Verschuldungsgrad wird als Verhältnis vom Buchwert der Verbindlichkeiten zu der Summe von Marktkapitalisierung und Buchwert der Verbindlichkeiten berechnet. Marktwert/Buchwert ist das Verhältnis vom Marktwert zum Buchwert des Eigenkapitals. Für jede der Variablen Umsatz, Marktkapitalisierung, Verschuldung und Marktwert/Buchwert, werden Beobachtungswerte der Kategorie "niedrig" zugeordnet, wenn der Wert der Variable unterhalb des Medians der Variable liegt. Sind die Werte der Variablen größer als der Median, werden die Beobachtungswerte in der Kategorie "hoch" erfasst.

Die Ergebnisse für die zentrierten Asymmetriemaße in Tabelle 13 bestätigen, dass US-amerikanische und deutsche Unternehmen bilanzpolitische Mittel einsetzen, um den Ausweis von Verlusten zu vermeiden. Für jedes der acht Teilsample liegen die zentrierten Asymmetriemaße mehr als zwei Standardabweichungen oberhalb von null und können daher als statistisch signifikante Anzeichen für schwellenwertorientierte Bilanzpolitik angesehen werden. Für den zweiten Schwellenwert, „Vermeidung sinkender Gewinne“, liefern die Werte der zentrierten Asymmetriemaße im Allgemeinen ebenfalls statistisch signifikante Hinweise auf schwellenwertorientierte Bilanzpolitik. Allerdings gibt es Ausnahmen. So scheinen US-amerikanische Unternehmen mit hoher Marktkapitalisierung und deutsche Unternehmen mit niedrigem Verschuldungsgrad den Ausweis fallender Gewinne weniger häufig mit Hilfe bilanzpolitischer Maßnahmen abzuwenden (siehe Tabelle 14).

Tabelle 14: Vermeidung sinkender Gewinne - Einfluss von Größe, Verschuldung und Wachstumsaussichten auf zentrierte Asymmetriemaße

		US-Unternehmen	Deutsche Unternehmen	Differenz USA – Deutschland
Umsatz	*niedrig*	0,565* ± 0,010	0,227 ± 0,147	0,338 ± 0,177
	hoch	0,131 ± 0,067	0,266* ± 0,108	-0,135 ± 0,127
	Differenz	0,434* ± 0,120	-0,039 ± 0,183	-
Markt-kapitalisierung	*niedrig*	0,438* ± 0,082	0,333* ± 0,141	0,105 ± 0,163
	hoch	0,074 ± 0,082	0,277 ± 0,140	-0,203 ± 0,162
	Differenz	0,364* ± 0,116	0,057 ± 0,198	-
Verschuldung	*niedrig*	0,205 ± 0,107	0,158 ± 0,160	0,047 ± 0,193
	hoch	0,246* ± 0,072	0,407* ± 0,124	-0,162 ± 0,143
	Differenz	-0,041 ± 0,129	-0,250 ± 0,203	-
Marktwert/ Buchwert	*niedrig*	0,234* ± 0,075	0,233 ± 0,126	0,000 ± 0,146
	hoch	0,208* ± 0,100	0,300 ± 0,151	-0,092 ± 0,181
	Differenz	0,025 ± 0,125	-0,067 ± 0,200	-

Werte für zentrierte Asymmetriemaße und deren Differenzen, die mehr als zwei Standardabweichungen oberhalb oder unterhalb von null liegen, sind mit * markiert. Daten wurden aus den Datenbanken Worldscope und Osiris entnommen. Zentrierte Asymmetriemaße werden gemäß der Definition unterhalb von Tabelle 8 ermittelt. Der Verschuldungsgrad wird als Verhältnis vom Buchwert der Verbindlichkeiten zu der Summe von Marktkapitalisierung und Buchwert der Verbindlichkeiten berechnet. Marktwert/Buchwert ist das Verhältnis vom Marktwert zum Buchwert des Eigenkapitals. Für jede der Variablen Umsatz, Marktkapitalisierung, Verschuldung und Marktwert/Buchwert, werden Beobachtungswerte der Kategorie "niedrig" zugeordnet, wenn der Wert der Variable unterhalb des Medians der Variable liegt. Sind die Werte der Variablen größer als der Median, werden die Beobachtungswerte in der Kategorie "hoch" erfasst.

Die Ergebnisse in Tabelle 13 zeigen außerdem, dass sowohl nationale institutionelle Unternehmensumfelder als auch Eigenschaften der Unternehmen einen Einfluss auf deren Neigung zu schwellenwertorientierter Bilanzpolitik haben. Statistisch signifikante Unterschiede zwischen deutschen und US-amerikanischen Unternehmen bestehen für mehrere der untersuchten Teilsamples. Bilanzpolitik zur Vermeidung von Verlustausweisen ist unter deutschen Unternehmen mit hohem Umsatz, hoher Marktkapitalisierung, hoher Verschuldung und hohem Marktwert-Buchwert-Verhältnis weiter verbreitet als unter US-amerikanischen Unternehmen der jeweiligen Vergleichsgruppe. Für die anderen Teilsamples deutet das Vorzeichen der Differenzen der zentrierten Asymmetriemaße in den meisten Fällen ebenfalls auf eine stärkere Verbreitung dieser Form bilanzpolitischer Ergebnisbeeinflussung unter deutschen Unternehmen hin. Allerdings sind die Differenzen der zentrierten

Asymmetriemaße für diese anderen Teilsamples nicht signifikant von null verschieden. Anders als für den internationalen Vergleich ergeben sich bei intranationaler Betrachtungsweise i. d. R. keine statistisch signifikanten Unterschiede, wenn die zentrierten Asymmetriemaße für die Kategorien „niedrig“ und „hoch“ einander gegenübergestellt werden. Eine Ausnahme sind US-amerikanische Unternehmen mit niedrigem Umsatz, die bilanzpolitisch aktiver sind als US-amerikanischen Unternehmen mit hohem Umsatz.

Die zentrierten Asymmetriemaße für den Schwellenwert „Vermeidung sinkender Gewinne“ in Tabelle 14 weisen für keines der Teilsamples statistisch signifikante Unterschiede zwischen deutschen und US-amerikanischen Unternehmen auf. Allerdings liegt die Differenz zwischen den zentrierten Asymmetriemaßen für US-amerikanische und deutsche Unternehmen mit niedrigem Umsatz nur etwas weniger als zwei Standardabweichungen oberhalb von null. Somit ist Bilanzpolitik zur Vermeidung sinkender Gewinne unter US-amerikanischen Unternehmen mit niedrigem Umsatz annähernd signifikant stärker verbreitet als unter deutschen Unternehmen mit niedrigem Umsatz. Unterschiede zwischen den beiden Kategorien „hoch“ und „niedrig“ innerhalb eines der beiden Länder sind i. d. R. statistisch nicht signifikant. Eine Ausnahme bilden wiederum kleine US-amerikanische Unternehmen, die häufiger schwellenwertorientierte Bilanzpolitik betreiben als große US-amerikanische Unternehmen.

Die Ergebnisse in Tabelle 13 und Tabelle 14 zeigen, dass schwellenwertorientierte Bilanzpolitik ein komplexes und weit verbreitetes Phänomen ist, dessen Intensität nicht nur durch institutionelle Unternehmensumfelder, sondern auch durch Eigenschaften der Unternehmen beeinflusst wird. Wie gezeigt, scheint die Neigung zu schwellenwertorientierter Bilanzpolitik unter US-amerikanischen Unternehmen von der Unternehmensgröße abzuhängen. Kleine US-amerikanische Unternehmen betreiben signifikant häufiger schwellenwertorientierte Bilanzpolitik als große US-amerikanische Unternehmen. Dieses Resultat lässt sich möglicherweise dadurch erklären, dass großen Unternehmen die bilanzpolitische Beeinflussung des Ergebnisausweises durch ein vergleichsweise intensives Monitoring erschwert wird. Eine weitere Ursache könnte darin liegen, dass kleinere Unternehmen am Kapitalmarkt ungünstigere Bedingungen vorfinden, um sich finanzielle Mittel zu beschaffen. Für deutsche Unternehmen bestehen Zusammenhänge in dieser Form möglicherweise deshalb nicht, weil im deutschen System der Corporate Governance Banken traditionell eine besonders wichtige Rolle spielen und nur verhältnismäßig geringe Informationsasymmetrien zwischen Kapitalgebern und dem Management der Unternehmen bestehen.

4.6.4 Zusammenfassung und Ausblick

Sowohl deutsche als auch US-amerikanische Unternehmen setzen bilanzpolitische Maßnahmen ein, um den Ausweis von Verlusten und von Ergebnissen unterhalb des Vorjahresniveaus zu vermeiden. Außerdem verhindern US-amerikanische Unternehmen negative Gewinnüberraschungen mittels Bilanzpolitik. Die vorliegende Untersuchung liefert jedoch keinen Hinweis darauf, dass deutsche Unternehmen ebenfalls einen Ergebnisausweis unterhalb der Konsensusschätzung der Analysten mit Hilfe bilanzpolitischer Maßnahmen verhindern.

Insgesamt betrachtet ist das Ausmaß schwellenwertorientierter Bilanzpolitik in den USA ähnlich hoch wie in Deutschland. Allerdings liegen schwache Anzeichen dafür vor, dass deutsche Unternehmen den Ausweis von Verlusten etwas häufiger als US-amerikanische Unternehmen mit Hilfe bilanzpolitischer Maßnahmen vermeiden. Signifikante Unterschiede lassen sich jedoch nur für einige Teilsamples ausmachen. Deutsche Unternehmen mit hohem Umsatz, hoher Marktkapitalisierung, hoher Verschuldung und hohem Marktwert-Buchwert-Verhältnis verhindern Verlustausweise signifikant häufiger durch bilanzpolitische Eingriffe als US-amerikanische Unternehmen der jeweiligen Vergleichsgruppen.

Ergebnisausweise unterhalb des Vorjahresniveaus mit Hilfe bilanzpolitischer Maßnahmen abzuwenden, ist unter US-amerikanischen und unter deutschen Unternehmen ungefähr gleich weit verbreitet. Negative Gewinnüberraschungen dagegen scheinen von US-Unternehmen häufiger als von deutschen Unternehmen durch Bilanzpolitik verhindert zu werden.

Die Ursachen dafür könnten in der höheren Bedeutung der Wertpapiermärkte für die Finanzierung US-amerikanischer Unternehmen und in der starken Verbreitung aktienkursgebundener Entlohnungsformen in den USA liegen. Demgemäß bestehen für Manager US-amerikanischer Unternehmen besonders starke Anreize, Gewinnerwartungen von Kapitalmarktteilnehmern mittels bilanzpolitischer Maßnahmen zu erfüllen. Auch die verhältnismäßig stark regulierten US-amerikanischen Rechnungslegungsvorschriften und die relativ strikte Aufsicht durch Behörden wie die SEC können nicht verhindern, dass Unternehmen das ausgewiesene Ergebnis bilanzpolitisch beeinflussen.

Manager von deutschen Unternehmen dagegen sind verhältnismäßig stark bestrebt, den Ausweis eines Jahresfehlbetrages zu vermeiden. Darin kommt vermutlich zum Ausdruck, dass sich das deutsche System der Corporate Governance stärker an den Informationsbedürfnissen unterschiedlicher Gruppen von Stakeholdern ausrichtet und Investoren traditionell keine deutliche Sonderstellung einräumt.

Aufgrund der fortschreitenden Integration der globalen Finanzmärkte nimmt die Bedeutung der Kapitalmärkte auch für deutsche Unternehmen zu. Die wachsende Nachfrage ausländischer Investoren nach deutschen Aktien und die Anstrengungen deutscher Unternehmen, ihre Eigenkapitalbasis zu internationalisieren,[858] werden voraussichtlich dazu führen, dass für deutsche Unternehmen die Anreize stärker werden, Erwartungen von Kapitalmarktteilnehmern mittels Bilanzpolitik zu erfüllen. Die Tendenz zu mehr schwellenwertorientierter Bilanzpolitik würde weiter an Dynamik gewinnen, wenn Manager deutscher Unternehmen in Zukunft häufiger abhängig vom Aktienkurs entlohnt werden. Die Untersuchungsergebnisse für die USA sprechen dafür, dass schwellenwertorientierte Bilanzpolitik durch stärker regulierte Rechnungslegungsvorschriften und durch striktere Kontrollen von Unternehmen nicht verhindert werden kann.

Ein aus methodischer Sicht wichtiges Resultat der vorliegenden Untersuchung besteht in der Erkenntnis, dass Ergebnisse empirischer Studien zur schwellenwertorientierten Bilanzpolitik entscheidend von der gewählten Intervallbreite abhängen. Insbesondere wenn das Ausmaß schwellenwertorientierter Bilanzpolitik in verschiedenen Ländern untersucht wird, können Ergebnisse von Studien stark von der gewählten Intervallbreite beeinflusst werden. Im Extremfall ergeben sich für kleine und für große Intervallbreiten sogar direkt entgegengesetzte Schlussfolgerungen.

[858] Vgl. Glaum (2001), S. 127 f.

5 Ergebnisschätzungen von Analysten und Rechnungslegung

5.1 Ergebnisschätzungen von Analysten

Die Untersuchung in Kapitel 4 hat gezeigt, dass sowohl in deutschen als auch in US-amerikanischen Unternehmen intensive Anstrengungen unternommen werden, um einen Gewinnausweis unterhalb besonders markanter Schwellenwerte zu vermeiden. Dieses Ergebnis unterstreicht die zentrale Bedeutung, die der Gewinn als zusammenfassende Performance-Kennzahl für die Adressaten von Rechnungslegungsinformationen hat. Das Interesse am Gewinn erklärt sich auch durch seine Kapitalmarktrelevanz, die sich, wie in Kapitel 3 beschrieben, durch zahlreiche Studien belegen lässt.

Erwartungen der Kapitalmarktteilnehmer über zukünftige Gewinne sind ausschlaggebend für aktuelle Bewertungen von Unternehmen. So werden Gewinnprognosen häufig genutzt, um anhand von Kurs-Gewinn-Verhältnissen Fundamentalwerte von Aktien zu bestimmen.[859] Beobachtbar sind Erwartungen über zukünftige Gewinne allerdings nur in Form von Prognosen der Analysten. Wenn Analysten ihre alten Gewinnschätzungen verändern und neue Gewinnprognosen veröffentlichen, können deutliche Kursreaktionen beobachtet werden.[860] Je angesehener ein Analyst ist und je genauer ein Analyst Gewinne bereits in der Vergangenheit prognostiziert hat, desto stärker reagieren die Kurse, wenn der Analyst eine neue Prognose für das Ergebnis eines Unternehmens bekannt gibt.[861]

Indem Ergebnisprognosen von Analysten zur Bewertung von Unternehmen herangezogen werden und Kursreaktionen auslösen, wird die Allokation von Kapital beeinflusst. Eine hohe Genauigkeit der Prognosen von Analysten kann die Effizienz der Kapitalmärkte vermutlich fördern. Genaue Prognosen sind ein Hinweis darauf, dass Analysten objektive Research-Arbeit leisten und somit eine Monitoringfunktion ausüben können. Daher ist die Frage interessant, wie gut die Prognosen der Analysten sind. Genauigkeit und Verzerrung der Gewinnschätzungen sind in zahlreichen Studien untersucht worden. Es herrscht zwar keine Einigkeit über die Qualität der Prognosen. Dennoch lässt sich sagen, dass viele Studien auf systematische Mängel der Prognosen hindeuten.

---

[859] Vgl. dazu auch Abschnitt 3.2 und insbesondere Abschnitt 3.2.4 dieser Arbeit.

[860] Vgl. Givoly/Lakonishok (1979); Lys/Sohn (1990); Stickel (1991); Capstaff/Paudyal/Rees (2001b).

[861] Vgl. Stickel (1992); Park/Stice (2000).

Um die Qualität der Prognosen einschätzen oder sogar verbessern zu können, ist es hilfreich, die Faktoren zu kennen, die die Genauigkeit und die Verzerrung der Prognosen beeinflussen. Beispielsweise bestehen für einen Analysten Anreize zu übertrieben optimistischen Schätzungen, wenn die Bezahlung des Analysten an Umsätze gebunden ist, die die Bank des Analysten im Bereich Corporate Finance erwirtschaftet. Denn optimistische Prognosen des Analysten erhöhen die Wahrscheinlichkeit, dass seine Bank Aufträge des Unternehmens im Investment Banking erhält. In den USA wird dieser Anreiz zu optimistischen Prognosen möglicherweise durch die neu eingeführten rechtlichen Vorschriften[862] ausgeschaltet, die unter anderem eine Bezahlung von Analysten in Abhängigkeit vom Umsatz des Corporate-Finance-Bereichs untersagen. In den folgenden Abschnitten dieses Kapitels wird ausführlich auf mögliche Ursachen für ungenaue und verzerrte Prognosen von Analysten eingegangen.

Neben rechtlichen Vorschriften für das Verhalten von Analysten bietet auch die Rechnungslegung einen Ansatzpunkt dafür, die Qualität von Gewinnprognosen zu verbessern. Rechnungslegungsinformationen sind ein wichtiger Input für die Arbeit der Analysten. Bessere Informationen sollten daher zu besseren Prognosen führen. Am Ende dieses Kapitels wird der Einfluss der Rechnungslegung auf die Qualität von Gewinnprognosen am Beispiel von Unternehmen des Neuen Markts näher beleuchtet. Es wird die Frage untersucht, ob Analysten Gewinne genauer prognostizieren, wenn Unternehmen die Offenlegungsanforderungen nach IAS und US-GAAP einhalten.

5.1.1 Genauigkeit der Ergebnisschätzungen von Analysten

5.1.1.1 Schätzungen von Analysten versus naive Prognosemodelle

Die Genauigkeit der Ergebnisschätzungen von Analysten wird i. d. R. durch den Prognosefehler gemessen, der als Differenz von geschätztem (S_{ith}) und tatsächlichem Ergebnis je Aktie (EPS_{it}) für das Unternehmen i und die Periode t berechnet wird. Um die Höhe der Schätzfehler für verschiedene Unternehmen vergleichbar zu machen, wird der Schätzfehler meistens auf das tatsächliche Ergebnis je Aktie oder den Aktienkurs bezogen.[863] Der prozentuale Schätzfehler der Analysten (ASF_{ith}) für Unternehmen i, Periode t und Prognosehorizont h kann folgendermaßen definiert werden:

---

862 Vgl. dazu auch Abschnitt 2.2.2.3 dieser Arbeit.

863 Alternativ kann der Schätzfehler auch durch andere Größen wie den prognostizierten Gewinn je Aktie, einen Durchschnittswert für den Gewinn je Aktie aus vorherigen Perioden oder die Standardabweichung des Gewinns je Aktie dividiert werden. Vgl. Brown/Hagerman/Griffin/Zmijewski (1987), S. 66.

$$ASF_{ith} = \left| \frac{S_{ith} - EPS_{it}}{EPS_{it}} \right|$$

So berechnete Schätzfehler sind für sich genommen jedoch nicht sehr aussagekräftig. Häufig werden Vergleichsmaßstäbe in Form so genannter naiver Prognosemodelle herangezogen, um ein Urteil über die Qualität der Schätzungen von Analysten zu fällen. Gemäß dem einfachsten naiven Modell wird das Ergebnis je Aktie aus dem Vorjahr als Schätzer für das Ergebnis je Aktie des betrachteten Jahres verwendet. Bei Quartalszahlen ist das Ergebnis je Aktie des gleichen Quartals des Vorjahres der Schätzer. Um branchenspezifische oder gesamtwirtschaftliche Wachstumstrends zu berücksichtigen, kann die naive Schätzung (S^{n}_{ith}) um eine entsprechende durchschnittliche Wachstumsrate angepasst werden. Solche einfachen naiven Modelle unterstellen also, dass sich Ergebnisse je Aktie im Zeitablauf gemäß einem Random Walk oder einem Random Walk mit Drift entwickeln. Naiven Schätzungen können aber auch kompliziertere Annahmen über das Zeitreihenverhalten von Gewinnen zugrunde gelegt werden.[864] Der prozentuale naive Schätzfehler (NSF_{ith}) kann analog zur Vorgehensweise bei den Schätzungen der Analysten berechnet werden:

$$NSF_{ith} = \left| \frac{S^{n}_{ith} - EPS_{it}}{EPS_{it}} \right|$$

Analysten haben gegenüber naiven Modellen einen „contemporaneous information advantage“ und einen „timing advantage“ und sollten daher zumindest im Durchschnitt genauer als die mechanischen Prognosen sein. Der „contemporaneous information advantage“ der Analysten besteht darin, dass Analysten für ihre Schätzungen zu jeder Zeit eine größere Informationsmenge nutzen können als naive Modelle. Während in naive Modelle nur Informationen über die Höhe der Gewinne vergangener Perioden eingehen, können Analysten auch weitere unternehmensbezogene Informationen sowie branchenspezifische und gesamtwirtschaftliche Trends berücksichtigen. Analysten können diese Informationen nutzen, um bloße Extrapolationen vergangener Gewinnentwicklungen zu korrigieren. Bei jeder Gewinnveröffentlichung wird das naive Modell aktualisiert. Zu diesem Zeitpunkt beschränkt sich der Vorteil der Analysten gegenüber den naiven Modellen auf den „contemporaneous information advantage“. Danach bleibt die naive Schätzung aber erst einmal so

[864] Vgl. zu weiteren in der Literatur verwendeten Zeitreihenmodellen Brown (1993), S. 297 ff.

lange konstant, bis das Ergebnis je Aktie für die nächste Periode bekannt gegeben wird. Im Zeitraum zwischen zwei Gewinnveröffentlichungen haben Analysten also zusätzlich noch einen „timing advantage“, da sie ihren Prognosen aktuellere Informationen zugrunde legen können. Aufgrund des „timing advantage“ nimmt die Überlegenheit der Analysten gegenüber naiven Modellen im Anschluss an eine Gewinnveröffentlichung so lange stetig zu, bis das nächste Ergebnis je Aktie bekannt gegeben wird.[865]

Empirische Studien für den US-amerikanischen Aktienmarkt kommen mit Ausnahme einiger älterer Untersuchungen[866] zu dem Ergebnis, dass die Schätzungen der Analysten durchschnittlich genauer sind als die mechanischen Prognosen der naiven Modelle. Je kürzer der Prognosehorizont ist, desto genauer sind die Schätzungen der Analysten.[867] Langfristige Prognosen für das Gewinnwachstum über einen Zeitraum von fünf Jahren sind dagegen im Durchschnitt ungenauer als ein einfaches naives Modell, das Nullwachstum unterstellt.[868]

Ähnliche Aussagen gelten für den britischen und den deutschen Aktienmarkt. Auch in Großbritannien und Deutschland nimmt die Genauigkeit der Analystenschätzungen mit abnehmendem Prognosehorizont zu. Für Großbritannien kommen Capstaff/Paudyal/Rees (1995) zu dem Ergebnis, dass Analysten ab 18 Monaten vor dem Geschäftsjahresende genauer sind als das einfachste naive Modell, das das Vorjahresergebnis als Prognose verwendet. Ebenfalls für britische Unternehmen stellt Patz (1989) eine Überlegenheit der Analysten gegenüber naiven Modellen allerdings erst ab 12 Monaten vor dem Ende des Geschäftsjahres fest. Der deutsch-britische Vergleich von Capstaff/Paudyal/Rees (1998) zeigt, dass Ergebnisschätzungen für deutsche Unternehmen weniger genau sind als für britische Unternehmen. Dieser Unterschied kann für sämtliche Prognosehorizonte beobachtet werden. Für deutsche Unternehmen sind Analystenschätzungen für Prognosehorizonte von sieben Monaten und darüber ungenauer als das einfachste naive Modell. Eine Ursache der geringeren Genauigkeit von Analystenschätzungen für deutsche Unternehmen liegt mögli-

---

[865] Vgl. Brown/Hagerman/Griffin/Zmijewski (1987), S. 74 ff.; Fried/Givoly (1982), S. 99 ff.; Brown (1993), S. 299. Brown/Hagerman/Griffin/Zmijewski (1987) und Fried/Givoly (1982) kommen zu dem Ergebnis, dass sowohl der Beitrag des „contemporaneous information advantage“ als auch des „timing advantage“ zur Überlegenheit von Analysten gegenüber naiven Modellen empirisch nachgewiesen werden kann.

[866] Vgl. z. B. Cragg/Malkiel (1968). Das abweichende Resultat dieser Studie kann möglicherweise auf methodische Schwächen der Untersuchung zurückgeführt werden. Die Studie verwendet Analystenschätzungen aus nur zwei Jahren. Die Über- oder Unterlegenheit von Analystenschätzungen gegenüber naiven Modellen ist jedoch nicht in allen Jahren gleich ausgeprägt. Daher werden längere Untersuchungszeiträume benötigt, um zuverlässige Ergebnisse abzuleiten. Vgl. hierzu und zu weiteren kritischen Anmerkungen Givoly/Lakonishok (1984), S. 125 f.

[867] Vgl. Crichfield/Dyckman/Lakonishok (1978); Brown/Rozeff (1978); Collins/Hopwood (1980); Fried/ Givoly (1982); Givoly/Lakonishok (1984); Brown/Griffin/Hagerman/Zmijewski (1987); Conroy/ Harris (1987).

[868] Vgl. Harris (1999), S. 736 ff.

cherweise in der weniger ausgeprägten Investororientierung und im geringeren Offenlegungsumfang der traditionellen deutschen Rechnungslegung.

Capstaff/Paudyal/Rees (2001a) vergleichen Analystenschätzungen aus neun europäischen Ländern und finden deutliche Unterschiede in der Genauigkeit der Gewinnprognosen. Am genauesten sind die Schätzungen in den Niederlanden und Großbritannien. Die ungenauesten Prognosen werden für italienische, schweizerische und spanische Unternehmen abgegeben. Eine Gesamtbetrachtung der neun untersuchten europäischen Länder[869] zeigt eine Überlegenheit der Analystenschätzungen gegenüber naiven Modellen für Prognosehorizonte unter zehn Monaten.

Capstaff/Paudyal/Rees vermuten, dass internationale Unterschiede in der Prognosegenauigkeit auf mehrere Einflüsse zurückgeführt werden können. Eine niedrige Volatilität der Ergebnisse je Aktie und ein hoher Offenlegungsumfang von Rechnungslegungsinformationen scheinen Analysten die Prognose von Gewinnen zu erleichtern. Außerdem sind die Prognosen in Ländern mit einer hohen Kapitalmarktrelevanz von Gewinnen tendenziell genauer als in anderen Ländern. Der Einfluss der Kapitalmarktrelevanz von Gewinnen lässt sich folgendermaßen erklären. Ein stark ausgeprägter Zusammenhang zwischen Gewinninformationen und Kursen deutet darauf hin, dass Ergebnisprognosen für Investoren besonders nützlich sind, um Erwartungen über zukünftige Kursänderungen zu bilden. Daher betreiben Analysten vermutlich einen vergleichsweise hohen Aufwand bei der Schätzung von Ergebnissen, so dass die Prognosen relativ genau ausfallen. Einflüsse auf die Prognosegenauigkeit werden von Capstaff/Paudyal/Rees allerdings nicht im Rahmen einer multivariaten Analyse auf ihre Signifikanz hin überprüft. Es werden also lediglich Tendenzaussagen über die Wirkung der Offenlegung von Rechnungslegungsinformationen sowie der Volatilität und Kapitalmarktrelevanz von Gewinnen gemacht.[870]

---

[869] Capstaff/Paudyal/Rees (2001a) untersuchen Ergebnisprognosen für Unternehmen aus Belgien, Frankreich, Deutschland, Irland, Italien, den Niederlanden, Spanien, Schweiz und Großbritannien.

[870] Ergebnisse empirischer Studien zu Einflussfaktoren auf die Prognosegenauigkeit werden im Folgenden dargestellt.

5.1.1.2 Verbesserung der Prognosegenauigkeit durch öffentlich verfügbare Informationen

Die eben vorgestellten Untersuchungen kommen zu dem Schluss, dass Analysten Gewinne über begrenzte Prognosehorizonte genauer schätzen können als naive Modelle. Dieses Ergebnis ist mit der Rationalität der Ergebnisschätzungen von Analysten im Sinne von Muth (1961) vereinbar. Demnach entspricht eine rationale Ergebnisschätzung dem mathematischen Erwartungswert des Ergebnisses, der auf die Informationsmenge bedingt ist, die dem Analysten zum Zeitpunkt der Prognose zur Verfügung steht.[871] Rationalität verlangt also, dass Analysten alle zugänglichen Informationen in angemessener Weise in die Schätzungen einfließen lassen.

Die Frage der Rationalität von Analystenschätzungen ist eng mit der Frage der Informationseffizienz von Kapitalmärkten verbunden. Irrationale Ergebnisprognosen sind mit der Informationseffizienz von Kapitalmärkten nur schwer vereinbar, wenn die Schätzungen der Analysten als repräsentativ für die Gewinnerwartungen des gesamten Kapitalmarktes angesehen werden können. Es wäre nämlich unklar, wie Kurse informationseffizient sein können, wenn gleichzeitig Kapitalmarktteilnehmer irrationale Prognosen beispielsweise in Kurs-Gewinn-Verhältnissen zur Aktienbewertung heranziehen.[872]

Für empirische Tests werden aus der Hypothese rationaler Erwartungen häufig folgende Schlussfolgerungen abgeleitet, die anhand entsprechender Daten überprüft werden können:

1. Ergebnisschätzungen sind effizient; d. h. Prognosen können nicht mit Hilfe von Informationen verbessert werden, die zum Zeitpunkt der Prognose bekannt waren.
2. Ergebnisschätzungen sind nicht systematisch verzerrt.

Die Verzerrung von Ergebnisprognosen ist Thema des Abschnitts 5.1.2 dieser Arbeit. Zur Effizienz von Analystenschätzungen werden im Folgenden einige Ergebnisse empirischer Studien dargestellt.[873] Grundsätzlich lassen sich zwar schon aus einem Vergleich von Prognosen der Analysten mit naiven Benchmarks[874] Erkenntnisse zur Effizienz gewinnen. Eine Unterlegenheit der Analysten gegenüber naiven Benchmarks würde nämlich zeigen,

---

[871] Vgl. Keane/Runkle (1998), S. 773.

[872] Vgl. Givoly/Lakonishok (1984), S. 127.

[873] Aus einer systematischen Verzerrung von Prognosen folgt deren Ineffizienz, wenn die Ursachen der Verzerrung sowie die Richtung und Stärke des verzerrenden Einflusses auf die Prognosen zum Zeitpunkt der Prognose bekannt sind.

[874] Vgl. dazu den vorangehenden Abschnitt dieser Arbeit.

dass Analysten öffentlich verfügbare Informationen nicht effizient verarbeiten. I. d. R. wird die Effizienz von Ergebnisprognosen aber anhand anspruchsvollerer Tests beurteilt.

Oft wird untersucht, ob die Genauigkeit der Ergebnisschätzungen anhand bestimmter öffentlich verfügbarer Informationen verbessert werden kann. Die Ergebnisse der Studien von Capstaff/Paudyal/Rees (1995, 1998, 2001a) sprechen dafür, dass Schätzungen europäischer Analysten im Hinblick auf Aktienkurse ineffizient sind. Aktienkurse sind annähernd kostenlos verfügbar und scheinen trotzdem Informationen zu enthalten, die von Analysten nicht oder zumindest nicht adäquat genutzt werden. Am stärksten ausgeprägt ist die Ineffizienz bei Prognosen für italienische, spanische und deutsche Unternehmen. Weniger ineffizient sind die Schätzungen für britische und niederländische Unternehmen.[875]

Für den Effizienztest errechnen Capstaff/Paudyal/Rees zunächst einfache aktienkursbasierte Ergebnisschätzungen aus der Multiplikation des durchschnittlichen Gewinn-Kurs-Verhältnisses für den gesamten Aktienmarkt mit dem Kurs des Unternehmens, dessen Ergebnis je Aktie geschätzt werden soll. Gemäß dieser Prognose verändert sich der Gewinn eines Unternehmens so, dass sich das Kurs-Gewinn-Verhältnis des Unternehmens dem durchschnittlichen Kurs-Gewinn-Verhältnis des gesamten Aktienmarktes angleicht.[876] Die kursbasierten Gewinnprognosen leisten in einer Regressionsanalyse zusätzlich zu den Ergebnisschätzungen der Analysten einen signifikanten Beitrag zur Erklärung des zu schätzenden Ergebnisses je Aktie.[877] Folglich kann die Genauigkeit von Prognosen durch eine Kombination von Schätzungen der Analysten und kursbasierten Schätzungen verbessert werden. Schätzungen der Analysten spiegeln nicht sämtliche relevanten Informationen aus der Vergangenheit korrekt wider.

US-Studien kommen zu vergleichbaren Ergebnissen. Analysten beziehen Informationen aus vorangehenden Kursänderungen nicht vollständig in ihre Prognosen ein. Die Genauigkeit der Schätzungen von US-Analysten könnte durch die Berücksichtigung von Kursände-

875 Vgl. Capstaff/Paudyal/Rees (2001a), S. 551 ff.

876 Die Prognose entspricht dem Gewinn, den ein Unternehmen ausweisen müsste, damit das KGV des Unternehmens dem durchschnittlichen KGV des gesamten Aktienmarktes entspricht.

877 In der Regression werden die prozentuale Abweichung der Analystenschätzung vom Ergebnis der Vorperiode und die prozentuale Abweichung der kursbasierten Schätzung vom Ergebnis der Vorperiode als erklärende Variablen verwendet. Die zu erklärende Variable ist die prozentuale Abweichung des tatsächlich ausgewiesenen Ergebnisses vom Ergebnis der Vorperiode. Vgl. Capstaff/Paudyal/Rees (2001a), S. 544. Indem in ähnlichen Regressionsanalysen statt der Abweichung der kursbasierten Schätzung vom Ergebnis der Vorperiode andere Informationsvariablen verwendet werden, kann überprüft werden, inwieweit diese Informationsvariablen von Analysten bei der Schätzung von Ergebnissen berücksichtigt oder vernachlässigt werden. Vgl. zur Vorgehensweise solcher Tests z. B. Keane/Runkle (1998), S. 773 ff.

rungen vor der Veröffentlichung der Schätzungen verbessert werden.[878] Harris (1999) verwendet die Methode von Capstaff/Paudyal/Rees und kommt zu dem Schluss, dass die Genauigkeit von langfristigen Prognosen für das Gewinnwachstum über fünf Jahre mit Hilfe der einfachen kursbasierten Schätzungen verbessert werden kann.

Aus der Irrationalität der Prognosen kann nicht auf die Irrationalität der Analysten geschlossen werden. Die Resultate der Studien können auch auf Anreize für Analysten hindeuten, die einer hohen Genauigkeit von Ergebnisschätzungen entgegenstehen.[879] Ein Anreiz zu übertrieben hohen, optimistischen Prognosen könnte beispielsweise in solchen Fällen bestehen, in denen Analysten in Abhängigkeit vom Umsatz des Corporate-Finance-Bereichs ihres Analyseinstituts bezahlt werden und daher an guten Geschäftsbeziehungen zum analysierten Unternehmen interessiert sind.[880] Auch wenn der Arbeitgeber eines Analysten nicht direkt in einer Geschäftsbeziehung zu einem analysierten Unternehmen steht, können Anreize zu optimistischen Prognosen bestehen, da wohlwollendes Research die Aussichten auf zukünftige Aufträge von dem analysierten Unternehmen vermutlich verbessert.[881]

Gemäß Lim (2001) wäre es auch denkbar, dass optimistische Ergebnisschätzungen die genauest möglichen Prognosen darstellen. Optimistische Prognosen können Analysten dabei helfen, eine gute Beziehung zum Management der analysierten Unternehmen aufzubauen, um in der Folge vom Management besser mit Informationen versorgt zu werden. Die bessere Informationsversorgung könnte den Analysten genauere Ergebnisprognosen ermöglichen. Der Nettoeffekt aus dem vorsätzlichen Optimismus und der besseren Informationsversorgung kann unter Umständen zu einer höheren Genauigkeit der Prognosen führen.[882] Diese Erklärung geht davon aus, dass Analysten grundsätzlich das Ziel verfolgen, Ergebnisse möglichst genau zu schätzen.[883] Eine solche Annahme erscheint plausibel, da unge-

---

878 Vgl. Abarbanell (1991), S. 161 ff.; Lys/Sohn (1990), S. 351 f.; auch Brown (1993), S. 301 f. Im Gegensatz zu Lys/Sohn (1990) und Abarbanell (1991) weisen Keane/Runkle (1998) die Rationalität der Prognosen von Analysten nicht zurück.

879 Vgl. Capstaff/Paudyal/Rees (2001a), S. 557 f.

880 Zu Anreizen für optimistische Schätzungen vgl. ausführlicher Abschnitt 5.1.2 dieser Arbeit.

881 Vgl. Bradshaw/Richardson/Sloan (2003), S. 2.

882 Für eine ähnliche Argumentation vgl. Francis/Philbrick (1993) und Das/Levine/Sivaramakrishnan (1998).

883 Vgl. Lim (2001).

naue Prognosen dem Ansehen, der Karriere und dem Einkommen eines Analysten i. d. R. langfristig nicht förderlich sind.[884]

Allerdings gilt diese Argumentation nicht für alle Analysten gleichermaßen. Lim kommt zu dem Ergebnis, dass Analysten von Finanzinstituten mit kleineren, schlechter ausgestatteten Analyseabteilungen optimistischere Schätzungen abgeben als ihre Kollegen aus anderen Häusern.[885] Die Ursache dafür könnte darin liegen, dass solche Analysten besonders stark auf Informationen vom Management der Unternehmen angewiesen sind. Große Brokerage-Häuser und deren Analysten haben häufig eine relativ gute Reputation. Analysten mit hoher Reputation werden vermutlich schon aufgrund ihres Ansehens und ihres Einflusses vom Management gut mit Informationen versorgt. Solche Analysten können sich bei Prognosen daher eher einen hohen Grad an Unabhängigkeit und Objektivität erlauben. Unbekanntere Analysten sind dagegen wahrscheinlich stärker von einem guten Verhältnis zum Management eines Unternehmens abhängig.

Außer den genannten Erklärungsversuchen gibt es noch eine Reihe weiterer möglicher Gründe dafür, dass Analysten nur eine zufriedenstellende Genauigkeit ihrer Prognosen anstreben. Kosten der Informationsverarbeitung tragen vermutlich dazu bei, dass Analysten einige Informationen vernachlässigen. Eine weitere Erklärung könnte in Informationsasymmetrien zwischen Analysten und ihren Arbeitgebern liegen. Banken, Investmentfonds, Broker und andere Institutionen, die Analysten beschäftigen, können nur ungenau beobachten, mit welcher Sorgfalt und welchem Arbeitseinsatz Analysten ihrer Arbeit nachgehen. Nutzen maximierende und Arbeitsleid minimierende Analysten könnten also ebenfalls eine Ursache ungenauer Schätzungen sein.[886]

Teilweise wird sogar argumentiert, dass die Vernachlässigung öffentlich verfügbarer Informationen im Interesse der Investoren sein könnte. Wenn Analysten ausschließlich oder hauptsächlich ihre privaten Informationen in die Ergebnisschätzungen einfließen lassen, können Investoren aus den Schätzungen möglicherweise einfacher auf diese privaten Informationen schließen, als wenn eine Mischung aus öffentlich verfügbaren und privaten Infor-

---

[884] Im Ranking des *Institutional Investor* platzierte Analysten prognostizieren Gewinne genauer als andere Analysten. Rankings des *Institutional Investor*, von *Reuters* und anderen haben einen starken Einfluss auf Karriere und Einkommen von Analysten. Vgl. Leone/Wu (2002).

[885] Darüber hinaus findet Lim Anzeichen dafür, dass unerfahrene Analysten optimistischere Ergebnisprognosen abgeben als ihre erfahreneren Kollegen. Dieser Effekt ist allerdings nur für die zweite Hälfte des untersuchten Zeitraums und für große Unternehmen signifikant. Vgl. Lim (2001), S. 382 f. Zum Einfluss der Erfahrung von Analysten und der Größe des Brokerage-Hauses auf die Prognosegenauigkeit vgl. genauer den folgenden Abschnitt.

[886] Vgl. Löffler (1998a), S. 37.

mationen in die Prognosen eingeht. Analysten würden nur dann neue Prognosen veröffentlichen, wenn ihnen neue private Informationen zugehen.[887] Bei dieser Argumentation wird allerdings übersehen, dass öffentlich verfügbare Informationen wie Kursänderungen auch den Investoren bekannt sind. Investoren müssten daher grundsätzlich in der Lage sein, Informationen in private und öffentlich verfügbare Bestandteile zu zerlegen.[888] Außerdem erscheint es unrealistisch, dass Analysten bewusst einen Großteil der öffentlichen Informationen bei der Erstellung von Prognosen vernachlässigen und dadurch nur sehr ungenaue Schätzungen liefern, die ihrer Reputation und ihrer Karriere schaden können.

5.1.1.3 Individuelle Unterschiede in der Genauigkeit der Prognosen von Analysten

Die bisher angesprochenen Erklärungsversuche für Ungenauigkeiten von Ergebnisschätzungen beziehen sich weitgehend auf allgemeine, für viele Analysten gültige Einflüsse. Es bestehen aber auch systematische Unterschiede in der Prognosegenauigkeit einzelner Analysten.[889] Gründe für solche Unterschiede können in der Person des Analysten oder in seinem Arbeitsumfeld liegen.

Mögliche Ursachen für individuelle Unterschiede in der Prognosegenauigkeit

Analysten unterscheiden sich in Bezug auf ihre Erfahrung, ihre Eignung für komplizierte analytische Tätigkeiten und die Art, wie sie umfangreiches Informationsmaterial sichten und auswerten. Erfahrungen sammeln Analysten im Laufe ihres Berufslebens in vielerlei Hinsicht. Die allgemeine Erfahrung lässt sich als die Zahl der Quartale messen, in denen ein Analyst seinem Beruf schon nachgeht. Branchen- und unternehmensspezifische Erfahrung lassen sich entsprechend durch die Zahl der Quartale abbilden, in denen ein Analyst Unternehmen einer Branche bzw. ein bestimmtes Unternehmen beobachtet. Daneben macht ein Analyst Erfahrungen mit einem bestimmten Arbeitsumfeld in der Zeit, in der er seinen Arbeitgeber nicht wechselt. Die allgemeine Erfahrung eines Analysten nimmt in

---

[887] Vgl. Abarbanell (1991), S. 164.

[888] Vgl. Löffler (1998a), S. 40.

[889] Stickel (1992); Sinha/Brown/Das (1997); Leone/Wu (2002). Allerdings können in einigen älteren US-Studien keine systematischen Unterschiede in der Prognosegenauigkeit einzelner Analysten nachgewiesen werden. Vgl. Brown/Rozeff (1980); O'Brien (1987, 1990); Butler/Lang (1991). Sinha/Brown/Das (1997) und Brown (1999) führen die abweichenden Ergebnisse der älteren Studien unter anderem darauf zurück, dass der Zeithorizont einer Prognose nicht als Kontrollvariable berücksichtigt wird, obwohl diese Variable die Schätzgenauigkeit wesentlich beeinflusst. Zu weiteren Kritikpunkten an den älteren Studien vgl. Sinha/Brown/Das (1997); Brown (1999), S. 3 f. Für Großbritannien kommen Capstaff/Paudyal/Rees (1999) zu dem Ergebnis, dass systematische Unterschiede in der Prognosegenauigkeit einzelner britischer Broker bestehen.

dem Maße zu, in dem der Analyst die Prognosetätigkeit wiederholt und durch Feedback in Form des tatsächlich realisierten Ergebnisses grundsätzlich die Gelegenheit erhält, aus seinen Fehlern zu lernen. Branchen- und unternehmensspezifische Erfahrungen erhöhen das Wissen eines Analysten über eine Branche bzw. ein Unternehmen. Außerdem können sich Kontakte zum Management der Unternehmen im Laufe der Zeit so verbessern, dass ein Analyst schneller, genauer und umfassender informiert wird. Weiterhin können Analysten möglicherweise lernen, zwischen zuverlässigen und weniger vertrauenswürdigen Informationsquellen zu unterscheiden. Erfahrungen innerhalb eines bestimmten Arbeitsumfelds können zu einem intensiveren Informations- und Meinungsaustausch mit Kollegen und zu einem effizienteren Umgang mit Ressourcen wie Informationsdiensten u. ä. führen, die ein Arbeitgeber zur Verfügung stellt.[890]

Wenn es Analysten gelingt, aus ihren Erfahrungen zu lernen, können sie also vermutlich im Laufe der Zeit immer genauere Prognosen abgeben. Besonders deutliche Lernfortschritte eines Analysten könnten dann möglich sein, wenn ein Analyst am Anfang seiner Laufbahn steht, ein neues Unternehmen in seine Coverage aufnimmt oder den Arbeitgeber wechselt. Allerdings gibt es einige Faktoren, die den Analysten das Lernen erschweren. Zwar erhalten Analysten Feedback über ihre Prognoseleistungen, wenn Unternehmen das tatsächliche Ergebnis bekannt geben. Trotzdem dürfte es für einen Analysten aber schwierig sein zu erkennen, wodurch ein Schätzfehler entstanden ist und inwieweit er bestimmte Einflüsse vernachlässigt hat. Darüber hinaus stellt jede Ergebnisprognose eine neue Aufgabe unter veränderten Bedingungen dar, so dass Erfahrungen aus der Vergangenheit nur bedingt auf andere Quartale und andere Unternehmen übertragbar sind. Es erscheint also grundsätzlich fraglich, ob Analysten aus ihren Erfahrungen lernen können.[891]

Von „Learning by doing“ und Erfahrung sind die natürlichen Fähigkeiten eines Menschen zur Analyse und Prognose zu trennen. Unterschiede in solchen Fähigkeiten können dazu führen, dass nicht alle Menschen den Beruf des Analysten gleich schnell erlernen. Unterschiede in den natürlichen Fähigkeiten sprechen außerdem dafür, dass nicht alle Analysten durch Erfahrung ein gleich hohes Niveau an Prognosegenauigkeit erreichen können und somit zumindest ein Teil des Vorsprungs besonders guter Analysten für weniger fähige Analysten uneinholbar bleibt. Sofern natürliche Unterschiede in analytischen Fähigkeiten bestehen und die Prognosegenauigkeit nicht allein mit der Erfahrung eines Analysten zu-

---

890 Vgl. Jacob/Lys/Neale (1999), S. 54 ff.; Mikhail/Walther/Willis (1997), S. 133 f.; Clement (1999), S. 288 f.; Bolliger (2001), S. 9 f.

891 Vgl. Jacob/Lys/Neale (1999), S. 56 u. S. 80.

nimmt, lässt sich überhaupt erst erklären, warum relativ unerfahrene Analysten in Konkurrenz zu erfahreneren Analysten treten können.[892]

Außer Erfahrungen und analytischen Fähigkeiten könnte auch die Arbeitsmethodik eines Analysten die Prognosegenauigkeit beeinflussen. Analysten müssen Strategien entwickeln, wie sie aus der Flut verfügbarer Daten relevante Informationen herausfiltern. Dabei sind Analysten aufgrund von Erfahrungen und Fähigkeiten vermutlich unterschiedlich erfolgreich. Analysten könnten sämtliche Informationen in der Reihenfolge aufnehmen und verarbeiten, in der ihnen die Informationen vorliegen oder zugehen. Dieses Verfahren beansprucht viel Zeit und macht zudem keinen Unterschied zwischen wichtigen und vernachlässigbaren Informationen. Daher erscheint es günstiger, wichtige Informationen gezielt zu suchen. Je gezielter ein Analyst Informationen sucht, desto schneller kann er sich vermutlich ein Bild von der Lage eines Unternehmens machen und desto genauer weiß er wahrscheinlich, wovon die zukünftige Ergebnissituation eines Unternehmens abhängt. Wenn ein Analyst Informationen gezielt sucht und verarbeitet, ist demnach zu erwarten, dass Ergebnisprognosen genauer ausfallen.[893]

Ursachen für unterschiedlich genaue Prognosen einzelner Analysten können außer in Erfahrung, Fähigkeiten und Arbeitsmethodik auch im Arbeitsumfeld eines Analysten liegen. Große Finanzinstitute bieten Analysten der Sell-Side i. d. R. ein besonders günstiges Arbeitsumfeld. Analysten haben dort guten Zugang zu Datenbanken und weiteren Informationsquellen und werden von anderen Mitarbeitern bei ihrer Researchtätigkeit besser unterstützt als in kleineren Finanzinstituten. Möglichkeiten zur Aus- und Weiterbildung sind in ausreichendem Maße vorhanden und Informationen können mit anderen qualifizierten Analysten ausgetauscht werden. Außerdem ist es für Analysten großer und angesehener Finanzinstitute vermutlich verhältnismäßig einfach, gute Kontakte zum Management eines Unternehmens zu knüpfen. Das Ansehen eines großen Finanzinstituts macht es für einen Analysten zudem weniger problematisch, nötigenfalls auch niedrige Gewinne für ein Unternehmen zu prognostizieren und damit das Management des Unternehmens möglicher-

[892] Vgl. Jacob/Lys/Neale (1999), S. 53 f.
[893] Vgl. Hunton/McEwen (1997), S. 499 f.

weise zu verärgern.[894] Schließlich ist auch zu berücksichtigen, dass die gute Bezahlung und das Image großer Finanzinstitute besonders qualifizierte Analysten anzieht.[895]

Neben der Größe des Finanzinstituts wird das Arbeitsumfeld eines Analysten auch durch den Grad der Spezialisierung auf Branchen und Länder bestimmt. Je spezialisierter ein Analyseinstitut ist, desto stärker sind ceteris paribus die Größenvorteile bei der Analyse von Unternehmen, desto geringer ist der Zeitaufwand pro Unternehmensanalyse und desto besser funktioniert der Informationsaustausch zwischen den Analysten des Hauses. Ähnlich wie für die Spezialisierung des Analyseinstituts ist auch zu erwarten, dass von der Spezialisierung eines Analysten eine positive Wirkung auf die Schätzgenauigkeit ausgeht. Je weniger Unternehmen zu beobachten sind, desto mehr Zeit steht für jede Unternehmensanalyse und Ergebnisschätzung zur Verfügung. Eine Spezialisierung auf ähnliche Unternehmen einer Branche kann ebenfalls Zeit sparen und den Vergleich von Unternehmen einfacher machen.[896] Besonders relevant für Analysten und Finanzinstitute in Europa ist die Frage einer Spezialisierung auf Unternehmen aus bestimmten Ländern. Je weniger integriert nationale Kapitalmärkte sind und je unterschiedlicher nationale Rahmenbedingungen wie das Rechnungslegungssystem sind, desto eher ist es angeraten, sich auf einzelne Länder zu spezialisieren.[897]

Außer an der Größe und am Grad der Spezialisierung von Analyseabteilungen der Finanzinstitute lassen sich Einflüsse des Arbeitsumfelds auf die Prognosegenauigkeit auch an der Zahl neu eingestellter Analysten und an der Zahl der Analysten messen, die ein Unternehmen verlassen. Langfristig könnte sich die Prognosegenauigkeit durch neu eingestellte Analysten verbessern, wenn neue Mitarbeiter auch neues Wissen mitbringen. Kurzfristig ist aber ein negativer Effekt durch die zeitraubende Integration neuer Mitarbeiter wahrscheinlicher. Umgekehrt kann einem Finanzinstitut Wissen verloren gehen, wenn viele

[894] Phillips/Zuckerman (2001) zeigen, dass Analysten von Banken mit sehr hohem Ansehen häufiger als andere Analysten Verkaufsempfehlungen bekannt geben. Allerdings neigen auch Analysten von Banken mit sehr niedrigem Ansehen häufiger zu Verkaufsempfehlungen als Analysten von Banken mit mittlerem Status. Phillips/Zuckerman erklären ihr Ergebnis damit, dass Individuen mit mittlerem Status zur Konformität neigen. Ein höherer Status hingegen verleiht genügend Sicherheit dafür, sich unkonventionell zu verhalten. Weniger anerkannte Individuen sind ebenfalls einem geringeren Anpassungsdruck ausgesetzt. Vgl. Phillips/Zuckerman (2001), S. 36 u. Figure 6. Vgl. dazu auch den vorangehenden Abschnitt 5.1.1.2 und die dort zitierte Studie von Lim (2001).

[895] Vgl. Clement (1999), S. 289 f.; Jacob/Lys/Neale (1999), S. 65; Bolliger (2001), S. 12.

[896] Clement (1999), S. 289; Mikhail/Walther/Willis (1997), S. 134; Jacob/Lys/Neale (1999), S. 57; Bolliger (2001), S. 11. Allerdings ist es auch denkbar, dass bessere Analysten mehr Unternehmen gleichzeitig beobachten als nicht so gute Analysten. Der Zusammenhang zwischen der Zahl der beobachteten Unternehmen und der Prognosegenauigkeit muss also nicht unbedingt negativ sein. Vgl. Clement (1999), S. 290.

[897] Vgl. Bolliger (2001), S. 11 f.

Analysten das Finanzinstitut verlassen und beispielsweise zu angeseheneren Brokerage-Häusern abwandern. Wenn allerdings nicht gute Analysten abwandern, sondern schlechte Analysten infolge schlechter Leistungen entlassen werden, könnte dadurch die durchschnittliche Prognosegenauigkeit der verbleibenden Analysten steigen.[898]

Ergebnisse empirischer Studien zu individuellen Unterschieden in der Prognosegenauigkeit

Die US-amerikanischen Studien von Mikhail/Walther/Willis (1997), Clement (1999) und Jacob/Lys/Neale (1999) beziehen sich auf die 80er und die erste Hälfte der 90er Jahre. Die Untersuchungen kommen zu dem Ergebnis, dass Analysten Gewinne umso genauer prognostizieren, je weniger Unternehmen und je weniger Branchen sie gleichzeitig beobachten müssen. Außerdem schätzen Analysten aus den größten Brokerage-Häusern[899] Ergebnisse genauer als ihre Kollegen aus anderen Häusern. Weiterhin sinkt die Prognosegenauigkeit mit der Zahl der Analysten, die ein Brokerage-Haus verlassen.[900]

Während Einigkeit darüber besteht, wie das Arbeitsumfeld eines Analysten die Genauigkeit der Prognosen beeinflussen kann, ist es strittig, ob erfahrenere Analysten Gewinne genauer schätzen können. Mikhail/Walther/Willis (1997) und Clement (1999) kommen zu dem Ergebnis, dass Prognosen umso genauer sind, in je mehr vorangehenden Quartalen ein Analyst bereits Prognosen für ein Unternehmen abgegeben hat und je größer seine unternehmensspezifische Erfahrung demnach ist.[901] Clement findet darüber hinaus Anzeichen für einen positiven Einfluss der allgemeinen, nicht unternehmensspezifischen Berufserfahrung als Analyst. Mikhail/Walther/Willis (2003) führen den Einfluss der unternehmensspezifischen Erfahrung auf die Prognosegenauigkeit zum Teil darauf zurück, dass unerfahrene Analysten öffentlich verfügbare Informationen stärker vernachlässigen als Analysten mit mehr Erfahrung. Insbesondere unterreagieren Analysten auf die Information über den Gewinn der vorangehenden Periode umso stärker, je weniger unternehmensspezifische Erfahrung sie besitzen. Unternehmensspezifische Erfahrung scheint demnach also dazu bei-

---

898 Vgl. Jacob/Lys/Neale (1999), S. 57 f.

899 Die Größe der Brokerage-Häuser wird in den Studien an der Zahl der Analysten gemessen, die für ein Brokerage-Haus arbeiten.

900 Für die Zahl neu eingestellter Analysten ergibt sich hingegen kein signifikanter Einfluss auf die Genauigkeit von Ergebnisschätzungen. Vgl. Jacob/Lys/Neale (1999), S. 67.

901 Mikhail/Walther/Willis kommen außerdem zu dem Ergebnis, dass Kapitalmarktteilnehmer sich stärker an den Ergebnisschätzungen von Analysten mit viel unternehmensspezifischer Erfahrung orientieren als an den Prognosen weniger erfahrener Analysten. Allerdings geben Analysten mit größerer unternehmensspezifischer Erfahrung keine profitableren Anlageempfehlungen ab als weniger erfahrene Analysten. Vgl. Mikhail/Walther/Willis (1997), S. 148 ff.

zutragen, dass Analysten öffentlich verfügbare Informationen besser in Ergebnisprognosen für ein Unternehmen umsetzen.

Im Gegensatz zu Mikhail/Walther/Willis und Clement kommen Jacob/Lys/Neale (1999) zu dem Schluss, dass die Erfahrung von Analysten die Prognosegenauigkeit nicht signifikant beeinflusst. Jacob/Lys/Neale stellen fest, dass die Fähigkeiten eines Analysten eine positive Wirkung auf die Prognosegenauigkeit haben. Zwar ergibt sich auch bei Jacob/Lys/Neale zunächst ein signifikant positiver Einfluss der firmenspezifischen Erfahrung auf die Prognosegenauigkeit von Analysten. Dieser Einfluss kann jedoch teilweise auf einen „survival bias" zurückgeführt werden. Analysten mit guten Prognosefähigkeiten geben ihren Beruf seltener auf und sammeln daher auch mehr firmenspezifische Erfahrung als weniger fähige Analysten. Außerdem scheinen bestimmte Analysten und bestimmte Unternehmen besonders gut zusammenzupassen. Die nötigen Fähigkeiten zur Gewinnprognose können sich von Unternehmen zu Unternehmen etwas unterscheiden. Wenn sich die Fähigkeiten eines Analysten mit den Anforderungen an die Aufgabe der Prognose von Gewinnen für ein Unternehmen decken, ergibt sich eine besonders günstige Kombination von Analyst und Unternehmen. Bei guten Kombinationen steigt die Wahrscheinlichkeit dafür, dass ein Analyst seinen Beruf lange ausübt. Daher messen Mikhail/Walther/Willis und Clement mit der Zahl der Quartale, in denen ein Analyst bereits Prognosen für ein Unternehmen abgegeben hat, möglicherweise nicht die firmenspezifische Erfahrung, sondern die natürlichen Fähigkeiten eines Analysten. Jacob/Lys/Neale kommen zu dem Ergebnis, dass ein Einfluss der firmenspezifischen Erfahrung eines Analysten auf die Genauigkeit seiner Ergebnisprognosen nicht mehr feststellbar ist, wenn ein möglicher „survival bias" und die Wirkung der Kombination bestimmter Analysten mit bestimmten Unternehmen berücksichtigt werden.[902]

Gemäß Jacob/Lys/Neale hängt die Prognosegenauigkeit eines Analysten also nicht von seiner Erfahrung ab,[903] sondern neben seinem Arbeitsumfeld vor allem davon, wie gut seine natürlichen Fähigkeiten zu den speziellen Anforderungen passen, die die Aufgabe der

[902] Jacob/Lys/Neale führen eine ergänzende Analyse für ein Teilsample von Unternehmen durch, bei denen die Coverage durch einen Analysten gewechselt hat. Für dieses Teilsample kann die firmenspezifische Erfahrung eines Analysten besonders zuverlässig gemessen werden. Aber auch für dieses Teilsample lässt sich kein signifikant positiver Zusammenhang von Erfahrung und Prognosegenauigkeit feststellen. Vgl. Jacob/Lys/Neale (1999), S. 74 ff.

[903] Allerdings glauben Analysten, dass die Qualität ihrer Gewinnprognosen mit zunehmender Erfahrung besser wird. Diese Einschätzung kann jedoch möglicherweise auf eine stärker werdende Kontrollillusion und eine damit einhergehende Selbstüberschätzung der Analysten zurückgeführt werden. Vgl. Stotz/von Nitzsch (2002), S. 18.

Ergebnisprognose für die beobachteten Unternehmen an den Analysten stellt.[904] Allerdings schließen die Ergebnisse von Jacob/Lys/Neale nicht aus, dass die Prognosegenauigkeit eines Analysten positiv durch Erfahrungen beeinflusst wird, die der Analyst vor seiner Laufbahn als Analyst gemacht hat. Wenn Analysten vorher bereits als Manager oder in einem anderen Beruf in einer bestimmten Branche gearbeitet haben, können Erfahrungen aus dieser Zeit einem Analysten vermutlich helfen, eine Branche besser zu verstehen und Ergebnisse genauer zu prognostizieren.

Die experimentelle Studie von Hunton/McEwen (1997) kommt ähnlich wie Jacob/Lys/ Neale zu dem Ergebnis, dass die Berufserfahrung als Analyst keine entscheidende Determinante der Prognosegenauigkeit ist. Hunton/McEwen berücksichtigen die Arbeitsmethodik eines Analysten als weiteren Einflussfaktor für die Genauigkeit von Ergebnisschätzungen. Dazu legen Hunton/McEwen 60 Analysten eines Brokerage-Hauses Informationen über ein Unternehmen vor. Während die Analysten die Unterlagen sichten, werden ihre Augenbewegungen aufgezeichnet. Hunton/McEwen errechnen eine Kenngröße, die wiedergibt, zu welchem Grad Analysten gezielt bestimmte Informationen aus den Unterlagen heraussuchen oder die Unterlagen sequentiell von Anfang bis Ende durcharbeiten. Im Experiment geben Analysten umso genauere Ergebnisprognosen ab, je zielgerichteter sie vorher die angebotenen Informationen verarbeitet haben. Nach Berücksichtigung der Informationsverarbeitungsstrategie ist kein signifikanter Einfluss der Erfahrung eines Analysten auf die Genauigkeit seiner Prognosen mehr feststellbar.

Außerdem teilen Hunton/McEwen Analysten zum einen anhand der im Experiment beobachteten Informationsverarbeitungsstrategien und zum anderen anhand der Genauigkeit ihrer Ergebnisprognosen in der Zeit vor dem Experiment jeweils in zwei Gruppen ein. In 88,33% der Fälle gehören Analysten mit zielgerichteter Informationsverarbeitungsstrategie zu der Gruppe der genaueren Analysten und Analysten mit sequentieller Informationsverarbeitungsstrategie zu der Gruppe der ungenaueren Analysten.

Allerdings berücksichtigen Hunton/McEwen in ihrem Experiment nicht, wie sich Analysten in ihren natürlichen Fähigkeiten unterscheiden. Es lässt sich also keine Aussage darüber machen, ob der Einfluss der Arbeitsmethodik auf die Prognosegenauigkeit auch dann noch bestehen bleibt, wenn die Wirkung unterschiedlicher natürlicher Fähigkeiten von Analysten in die Betrachtung einbezogen wird. Im Unterschied zu naturgegebenen Fähig-

[904] Leone/Wu (2002) finden ebenfalls Hinweise darauf, dass natürliche Fähigkeiten eines Analysten die Prognosegenauigkeit positiv beeinflussen.

keiten können Arbeitsmethoden gelehrt und erlernt werden. Möglicherweise wäre es also sinnvoll, wenn Analysten in ihrer Ausbildung mehr über Methoden der Informationsverarbeitung lernen würden.

Die Ergebnisse der US-amerikanischen Studien lassen sich nicht ohne weiteres auf Prognosen für europäische Unternehmen übertragen. Bolliger (2001) untersucht für den Zeitraum von 1990 bis 1999, von welchen Faktoren Unterschiede in der Genauigkeit von Ergebnisprognosen für europäische Unternehmen[905] abhängen. Die Studie liefert einige überraschende Ergebnisse, die deutlich von den Resultaten für US-amerikanische Analysten abweichen. So beeinflussen die allgemeine Berufserfahrung und die Zugehörigkeit zu den 5% größten Analyseinstituten die Prognosegenauigkeit europäischer Analysten signifikant negativ.[906] Dass die Berufserfahrung nicht wie erwartet mit genaueren Prognosen einhergeht, kann gemäß Bolliger vermutlich durch zu geringe Anreize zu genaueren Ergebnisprognosen erklärt werden.[907] Auf dem europäischen Arbeitsmarkt für Analysten gehen zwar einerseits sehr ungenaue Schätzungen mit einer steigenden Wahrscheinlichkeit dafür einher, dass ein Analyst seinen Beruf aufgibt. Andererseits aber hat die Genauigkeit der Ergebnisschätzungen keinen signifikanten Einfluss auf die Wahrscheinlichkeit, von einem der größten und angesehensten Brokerage-Häuser eingestellt und entsprechend gut bezahlt zu werden. Europäische Analysten können ihre Karriereaussichten durch besonders genaue Ergebnisschätzungen also nicht verbessern.[908] Der unerwartet negative Einfluss der Größe des Brokerage-Hauses kann möglicherweise zum Teil darauf zurückgeführt werden, dass große europäische Finanzinstitute ihre Researchabteilungen in den letzten Jahren an einem Standort zusammengefasst haben. Kleinere, hauptsächlich national organisierte Brokerage-

[905] Folgende vierzehn europäische Länder werden in die Untersuchung einbezogen: Frankreich, Großbritannien, Niederlande, Deutschland, Schweden, Spanien, Schweiz, Italien, Norwegen, Dänemark, Finnland, Belgien, Irland und Österreich. Vgl. Bolliger (2001), S. 17 f.

[906] Bolliger kommt außerdem zu dem erwarteten Ergebnis, dass die firmenspezifische Erfahrung die Prognosegenauigkeit eines Analysten positiv beeinflusst. Dieses Ergebnis steht allerdings unter dem Vorbehalt, dass Bolliger anders als Jacob/Lys/Neale nicht klar zwischen Erfahrung und Fähigkeiten eines Analysten unterscheidet. Möglicherweise könnte sich also ein anderes Resultat ergeben, wenn der Einfluss der natürlichen Fähigkeiten eines Analysten berücksichtigt würde.

[907] Für den signifikant negativen Einfluss der Berufserfahrung fehlt jedoch eine schlüssige Erklärung.

[908] Im Gegensatz dazu zeigen Hong/Kubik/Solomon (2000) und Hong/Kubik (2003), dass in den USA die Chancen, von einem relativ unbekannten Brokerage-Haus zu einem der angeseheneren Brokerage-Häuser zu wechseln, für einen Analysten umso größer sind, je genauer seine Ergebnisschätzungen sind. Das gilt in besonders starkem Maße für Analysten mit relativ wenig Berufserfahrung. Vgl. Hong/Kubik/Solomon (2000), S. 131; Hong/Kubik (2003), S. 324 u. S. 336 f.

Häuser könnten daher möglicherweise von besseren landesspezifischen Kenntnissen profitieren und den großen zentral organisierten Häusern dadurch überlegen sein.[909]

Ein weiteres Ergebnis von Bolliger ist speziell für Europa interessant. Wenn Analysten Ergebnisse von Unternehmen aus unterschiedlichen Ländern prognostizieren, nimmt die Genauigkeit der Schätzungen ab. Verantwortlich dafür sind möglicherweise noch nicht vollständig integrierte Kapitalmärkte in Europa und Unterschiede in der Rechnungslegung und der institutionellen Umgebung zwischen europäischen Ländern. Analysten haben darum Vorteile, wenn sie sich auf ein Land konzentrieren können und sich nicht mit den Besonderheiten unterschiedlicher nationaler Rechnungslegungssysteme und institutioneller Umgebungen auskennen müssen.

5.1.2 Verzerrung der Ergebnisschätzungen von Analysten

5.1.2.1 Definition und Ursachen der Verzerrung von Ergebnisschätzungen

Die Verzerrung von Analystenschätzungen (VAS_{ith}) kann als der durchschnittliche Prognosefehler gemessen werden, also als Differenz von prognostiziertem und tatsächlichem Ergebnis,[910] die mit einer geeigneten Größe wie dem Gewinn pro Aktie oder dem Kurs skaliert wird. Anders als bei der Messung der Prognosegenauigkeit wird aber nur der Deflator in Betragstriche gesetzt. So wird ersichtlich, ob die Schätzung eines Analysten ober- oder unterhalb des ausgewiesenen Ergebnisses liegt. Ein signifikant positiver Schätzfehler entspricht einer positiven Verzerrung bzw. zu optimistischen Prognosen[911] und ein signifikant

909 Eine andere Erklärung könnte gemäß Bolliger darin liegen, dass Analysten aus kleineren Brokerage-Häusern für eigene Schätzungen häufig auch die Research-Berichte größerer Konkurrenzhäuser heranziehen und dort die besten Informationen herausfiltern können. Allerdings vernachlässigt diese Erklärung, dass auch Analysten aus großen Brokerage-Häusern vermutlich die Research-Berichte ihrer großen Konkurrenten lesen, um weitere interessante Informationen zu finden.

910 In einigen Studien wird der Prognosefehler auch umgekehrt als tatsächlicher minus prognostizierter Gewinn definiert, so dass ein positiver Schätzfehler „good news" bzw. zu pessimistischen Prognosen entspricht. Im Folgenden wird bei der Darstellung der Studien jedoch immer von der hier im Text genannten Definition ausgegangen. Diese Festlegung ist wichtig für die Interpretation von positiven oder negativen Korrelationen der Prognosefehler mit anderen Variablen.

911 Der Begriff des Optimismus wird hier in der Bedeutung einer ex post beobachteten positiven Verzerrung gebraucht. Dagegen besteht Optimismus ex ante, wenn die Prognose eines Analysten vor der Bekanntgabe des tatsächlichen Gewinns als hoch angesehen werden kann. Das ist der Fall, wenn die Prognose oberhalb einer ex ante Benchmark wie z. B. der Durchschnittsprognose der anderen Analysten liegt. Entsprechendes gilt für ex post und ex ante Pessimismus. Vgl. McNichols/O'Brien (1997), S. 172 f.

negativer Schätzfehler ist ein Zeichen für eine negative Verzerrung bzw. für zu pessimistische Prognosen.[912]

$$VAS_{ith} = \frac{S_{ith} - EPS_{it}}{\left| EPS_{it} \right|}$$

Für systematische Verzerrungen von Ergebnisprognosen kann es mehrere Ursachen geben. Häufig werden Verzerrungen entweder auf psychologische Einflüsse oder auf Anreize für Analysten zurückgeführt. Analysten neigen vermutlich wie andere Menschen auch zu Verhaltensweisen, die nicht vollkommen rational sind. In Experimenten zeigen Menschen Überreaktionen auf neue Informationen. Überreaktionen von Analysten könnten demgemäß eine Ursache für verzerrte Ergebnisprognosen sein.[913] Messen Analysten Informationen über Ergebnisänderungen und Kursentwicklungen in Perioden der nahen Vergangenheit eine zu hohe Bedeutung bei, entstehen zu optimistische Prognosen, falls Gewinne und Kurse in den vorangehenden Perioden gestiegen sind. Umgekehrt sind die Prognosen zu niedrig, wenn Gewinne und Kurse vorher gesunken sind. Sollten Analysten nicht überreagieren, sondern im Gegenteil zu zögerlich auf neue Informationen reagieren, wären Ergebnisschätzungen in Abhängigkeit von vorangehenden Gewinn- und Kursänderungen in die jeweils entgegengesetzte Richtung verzerrt. Für solche Unterreaktionen sprechen der so genannte „Anchoring and Adjustment"-Effekt und die „Gambler's Fallacy".[914] Gemäß dem „Anchoring and Adjustment"-Effekt neigen Menschen dazu, bestehende Einschätzungen weitgehend beizubehalten und nur unzureichend an neue Informationen anzupassen.[915] Gemäß der „Gambler's Fallacy" erwarten Menschen, dass eine Abweichung von einem langfristigen Durchschnitt bereits kurzfristig wieder korrigiert wird. Nach mehreren Münzwürfen mit Ergebnis Zahl würde also beim nächsten Wurf das Ergebnis Kopf erwartet werden.[916] Die genannten menschlichen Verhaltensweisen können zu optimistisch oder zu pessimistisch verzerrten Ergebnisschätzungen führen. Welcher psychologische Effekt bei Analysten tatsächlich wirksam ist oder überwiegt, kann allenfalls anhand empirischer Studien überprüft werden.

---

912 Vgl. beispielsweise Capstaff/Paudyal/Rees (1998), S. 92. Die Verzerrung der Analystenschätzungen wird in der Literatur teilweise auch mit der Verzerrung von naiven Schätzungen verglichen. Die Verzerrung der naiven Schätzungen kann in der gleichen Weise wie die Verzerrung von Analystenschätzungen bestimmt werden. In der Formel sind die Prognosen der Analysten durch naive Schätzungen zu ersetzen. Vgl. Capstaff/Paudyal/Rees (1998, 2001a); Keilhauer/Hassink (2000).

913 Vgl. De Bondt/Thaler (1990), S. 53.

914 Vgl. z. B. Stevens/Williams (2003), S. 20.

915 Vgl. Tversky/Kahneman (1974), S. 1128 ff.; Slovic/Lichtenstein (1971).

916 Vgl. Kahneman/Tversky (1972), S. 432.

Neben kognitiven Fehlern stellen Anreize und Interessenkonflikte eine weitere mögliche Ursache verzerrter Schätzungen von Analysten dar.[917] Das Einkommen eines Analysten hängt vor allem von seiner Reputation und seinem Beitrag zu Umsatz und Gewinn in anderen Geschäftsfeldern seines Finanzinstituts ab.[918] Für eine gute Reputation muss ein Analyst möglichst genaue Ergebnisschätzungen abgeben.[919] Für den Umsatz einer Investmentbank im Bereich Corporate Finance dagegen sind optimistische Prognosen besonders förderlich.[920] Für hohe Kommissionseinnahmen der Banken sollten die Ergebnisschätzungen eher optimistisch, aber auch nicht zu ungenau sein.[921]

Weitere Anreize zu verzerrten Prognosen lassen sich direkt auf Informationsasymmetrien zurückführen. Asymmetrisch verteilt sind Informationen einerseits zwischen Analysten und dem Management der beobachteten Unternehmen und andererseits zwischen Analysten und Fondsmanagern sowie anderen Kunden der Analysten. Optimistische Prognosen können Analysten helfen, gute Kontakte zum Management eines Unternehmens aufzubauen und so möglichst zuvorkommend mit Informationen versorgt zu werden. Wie zuvor bereits erläutert, lohnen sich positiv verzerrte Schätzungen für einen Analysten, wenn er trotz Verzerrung aufgrund der besseren Informationen Gewinne insgesamt genauer schätzen kann oder aber seine Informationen in anderen Bereichen einsetzen kann, um beispielsweise bessere Researchberichte zu schreiben oder seine Kunden auf dem Laufenden zu halten.[922]

Der Optimismus der Analysten kann also bis zu einem gewissen Grad vom Management der Unternehmen erzwungen werden, da Analysten keine völlig unabhängigen Beobachter sind. Allerdings gibt es auch Situationen, in denen Manager die Gewinnerwartungen von Analysten eher dämpfen. Je näher die Veröffentlichung des Gewinns rückt, desto stärker werden Manager bemüht sein, Prognosen der Analysten niedrig genug zu halten, um negative Gewinnüberraschungen mit entsprechenden Folgen für den Aktienkurs zu vermei-

917 Zu Anreizen und Interessenkonflikten der Analysten vgl. auch Abschnitt 2.2.2.3 dieser Arbeit.

918 Vgl. Dugar/Nathan (1995), S. 134; Michaely/Womack (1999), S. 654; Achleitner/Bassen/Pietzsch (2001), S. 52. Neue US-amerikanische Vorschriften sehen allerdings eine strikte Trennung von Investment Banking und Research vor. Anreize zu optimistischen Prognosen werden für Analysten in Zukunft also möglicherweise schwächer sein. In Deutschland wird über ähnliche Regelungen diskutiert. Vgl. dazu genauer Abschnitt 2.2.2.3 dieser Arbeit.

919 Vgl. Stickel (1992), S. 1811 f.; Hong/Kubik/Solomon (2000), S. 122; Leone/Wu (2002), S. 1 f. Die Genauigkeit von Ergebnisprognosen beeinflusst die Karriereaussichten US-amerikanischer Analysten positiv. Nach Berücksichtigung der Genauigkeit wirken sich allerdings auch optimistische Ergebnisprognosen positiv auf die Karriereaussichten von Analysten aus. Vgl. Hong/Kubik (2003).

920 Vgl. Michaely/Womack (1999), S. 653 ff.; Dugar/Nathan (1995), S. 132 ff.; Lin/McNichols (1998), S. 105 f. Optimistische Prognosen beeinflussen die Karriereaussichten der Analysten von Underwriter-Banken in den USA in besonders starkem Maße positiv. Vgl. Hong/Kubik (2003), S. 326 u. S. 341.

921 Vgl. Lin/McNichols (1998), S. 106; De Bondt/Thaler (1990), S. 55.

922 Vgl. Lim (2001); Francis/Philbrick (1993); Das/Levine/Sivaramakrishnan (1998).

den.[923] Reicht das Expectations Management nicht aus, um negative Gewinnüberraschungen zu vermeiden, können Manager ihr Ziel möglicherweise noch durch Earnings Management erreichen.[924]

Da Kunden von Analysten unsicher über die Qualität von Analysten sind, bestehen für weniger fähige Analysten Anreize, das Prognoseverhalten besserer Analysten nachzuahmen. Den Kunden der Analysten fällt es dann schwerer, die Fähigkeiten eines Analysten korrekt einzuschätzen. Wenn gute Analysten besser informiert sind und ihre Prognosen daher im Zeitablauf nur relativ geringfügig an neue Informationen anpassen müssen, hat ein weniger fähiger Analyst einen Anreiz, seine Prognosen im Zeitablauf ebenfalls nur leicht zu verändern. Dabei vernachlässigt ein weniger fähiger Analyst einen Teil seiner neuen Informationen und nimmt so höhere Schätzfehler in Kauf.[925] Ein weniger fähiger Analyst muss also den Nutzen aus den geringeren Prognoseänderungen gegen den Schaden durch die höheren Prognosefehler abwägen. Umgekehrt sind auch Situationen denkbar, in denen gute Analysten ihre Prognosen im Zeitablauf vergleichsweise stark verändern. Weniger gute Analysten würden das Verhalten der besseren Analysten dann durch Prognoseänderungen nachahmen, die im Hinblick auf ihren eigenen Informationsstand überzogen sind. Für die weniger guten Analysten ergibt sich ein ähnlicher Trade-off zwischen Imitation der Prognoseänderungen und Höhe der Schätzfehler wie im ersten Fall. Eine weitere denkbare Verhaltensweise von weniger fähigen Analysten könnte darin bestehen, mit ihrer Prognose übertrieben stark von alten Konsensusschätzungen abzuweichen, um Kunden den überlegenen Informationsstand eines guten Analysten zu signalisieren. In allen drei Fällen verstellen sich weniger fähige Analysten, um in den Augen ihrer Kunden besser zu erscheinen, als sie es eigentlich sind. Wie die Versuche zur Hochstapelei konkret aussehen, hängt davon ab, wie Fondsmanager und andere Kunden die Qualität eines Analysten und seiner Prognosen vor Veröffentlichung des tatsächlichen Gewinns beurteilen – oder zumindest davon, was Analysten darüber glauben, wie sie von ihren Kunden ex ante beurteilt werden.[926]

---

[923] Vgl. Richardson/Teoh/Wysocki (1999); auch Matsumoto (2002), S. 484; Payne/Robb (2000), S. 387 ff.

[924] Vgl. dazu Kapitel 4 dieser Arbeit. Auch wenn Analysten i. d. R. um Sondereinflüsse bereinigte Gewinne schätzen, können bilanzpolitische Maßnahmen der Unternehmen es Analysten schwerer machen, Gewinne genau zu schätzen. Vgl. dazu auch Abarbanell/Lehavy (2003a); Abarbanell/Lehavy (2003b).

[925] Die Qualität eines Analysten direkt an den Prognosefehlern zu messen, ist problematisch. Auch bei guten Analysten kann es Phasen geben, in denen die Ergebnisschätzungen verhältnismäßig ungenau sind. Daher werden Fondsmanager und andere Kunden Analysten zumindest über begrenzte Zeiträume nicht allein an der Genauigkeit ihrer Prognosen messen, sondern vermutlich auch andere Maßstäbe wie z. B. die Streuung der Prognoserevisionen zur Beurteilung verwenden. Vgl. Löffler/Weber (1999), S. 5.

[926] Vgl. Ehrbeck/Waldmann (1996), S. 23 ff. Vgl. zu dem Modell von Ehrbeck/Waldmann auch Löffler (1998a), S. 53 ff.

Die beschriebenen imitierenden Verhaltensweisen können als spezielle Formen des so genannten Herdenverhaltens aufgefasst werden. Herdenverhalten liegt dann vor, wenn Individuen eigene Informationen nicht oder nur in geringem Ausmaß berücksichtigen und stattdessen das Verhalten anderer nachahmen.[927] Bei Analysten wird von Herdenverhalten meistens dann gesprochen, wenn die Prognosen eines Analysten nur relativ wenig von der Konsensschätzung abweichen. Analysten orientieren sich dann an der „Herde" oder an einigen wenigen Meinungsführern, den „Stars" der Analystenszene. Außerdem geben Analysten mit Herdenverhalten ihre Prognosen verhältnismäßig spät nach anderen Analysten ab, wenn sich eine allgemein akzeptierte Meinung bereits gebildet hat. Weiterhin kann sich Herdenverhalten darin zeigen, dass Analysten ihre Prognosen häufig verändern, um sich an die durchschnittliche Schätzung anzupassen.[928] Herdenverhalten kann unter Umständen dazu führen, dass sich der durchschnittliche Schätzfehler nicht verringert, wenn mehrere Analysten miteinander konkurrieren. Im Gegenteil könnten sich durchschnittliche Schätzfehler sogar erhöhen und Verzerrungen der Prognosen verstärken.[929] Sofern Investoren dies nicht erkennen und sich bei Anlageentscheidungen trotzdem an den Schätzungen der Analysten orientieren, könnte es zu Fehlallokationen von Kapital kommen.

Das Motiv für Herdenverhalten wird oft darin gesehen, dass Analysten ihren Ruf und ihre Karriere nicht gefährden wollen.[930] Dahinter steckt die Überlegung, dass eine ungenaue Prognose weniger schädlich für Ansehen und Karriere eines Analysten ist, wenn die meisten anderen Analysten auch nicht besser liegen. Dagegen wirft eine ungenaue Schätzung ein besonders ungünstiges Licht auf einen Analysten, wenn seine Kollegen deutlich präzisere Schätzungen abgegeben haben.

Herdenverhalten wird nicht nur als rationale Reaktion auf Anreize bei asymmetrisch verteilter Information angesehen. Andere Ansätze sehen die Ursache für Herdenverhalten in der begrenzten Rationalität von Individuen, die möglichst geringe Kosten für die Verarbeitung von Informationen aufwenden möchten, oder betrachten Herdenverhalten als irrational. Im Extremfall würden Analysten demnach wie die Lemminge einander blind folgen, ohne rationale Analysen anzustellen.[931] Die psychologisch orientierte Literatur geht ebenso wie wirtschaftswissenschaftliche Studien davon aus, dass es rationale und irrationale Moti-

---

927 Vgl. Hirth/Walter (2001), S. 17.

928 Vgl. Hong/Kubik/Solomon (2000); auch Cooper/Day/Lewis (2001), S. 386 f.

929 Vgl. De Bondt/Forbes (1999), S. 143.

930 Vgl. Hong/Kubik/Solomon (2000). Reputation ist auch in dem häufig zitierten Modell von Scharfstein/ Stein (1990) die Motivation für das Herdenverhalten. Für eine Diskussion weiterer möglicher Motive vgl. Graham (1999).

931 Vgl. Devenow/Welch (1996), S. 604.

ve für Herdenverhalten geben kann. Herdenverhalten wird als Konformismus gesehen, der durch tatsächlichen oder bloß vermuteten Druck seitens einer anderen Person oder einer Personengruppe entsteht. Begünstigt wird Herdenverhalten in Situationen, in denen Individuen fürchten, bei nicht konformem Verhalten als Abweichler zu gelten.[932]

Die Unsicherheit über die Qualität eines Analysten könnte noch über einen anderen Weg als über Herdenverhalten zu verzerrten Prognosen führen. Die Kunden der Analysten wissen nicht, wie präzise die Schätzungen einzelner Analysten sind, und Analysten können ihre eigene Einschätzung über die Genauigkeit ihrer Prognosen nicht glaubwürdig an ihre Kunden übermitteln. Die vermutete Präzision einer Prognose bestimmt das Gewicht, mit dem die Schätzung eines Analysten in die Erwartungen von Investoren über zukünftige Gewinn- oder Kursentwicklungen eingeht. Über- oder unterschätzt ein Investor die Präzision von Analystenprognosen, wird er vermutlich nicht in angemessener Weise auf neue Prognosen reagieren. Ist ein Analyst um seine Reputation besorgt, hat er ein Interesse daran, dass Investoren seine Informationen nicht fehlerhaft verarbeiten. Darum können Analysten einen Anreiz haben, ihre Prognosen vorsätzlich so zu verzerren, dass die Über- oder Untergewichtung der Prognosen in der Erwartungsbildung der Investoren ausgeglichen wird und Investoren die Prognosen trotz Fehleinschätzungen über deren Genauigkeit im Durchschnitt richtig verwenden. Voraussetzung dafür ist allerdings, dass Analysten eine Vorstellung davon haben, wie stark Investoren die Präzision von Ergebnisprognosen über- oder unterschätzen. Dieser Erklärungsansatz geht davon aus, dass die Interessen von Analysten und ihren Kunden übereinstimmen. Mögliche Interessenkonflikte der Analysten werden ausgeblendet.[933]

Schließlich könnten positive Verzerrungen von Ergebnisprognosen auch dadurch entstehen, dass Analysten nach Absprache mit Kollegen oder Vorgesetzten darüber entscheiden können, welche Aktien sie in die Coverage aufnehmen. Einerseits tendieren Analysten dazu, die Coverage von solchen Aktien einzustellen, für die sie eine ungünstige Performance erwarten. Andererseits nehmen Analysten Aktien vorzugsweise dann in ihre Coverage auf, wenn sie eine besonders gute Kurs- und Ergebnisentwicklung erwarten. Veröffentlichte Prognosen stammen also besonders häufig von optimistisch gestimmten Analysten und sind daher durchschnittlich günstiger als der Mittelwert der nicht beobachtbaren Erwartungen sämtlicher Analysten und anderer Kapitalmarktteilnehmer. Dieser Erklärungsversuch

932 Vgl. De Bondt/Forbes (1999), S. 146; vgl. auch Kim/Pantzalis (2000), S. 1.
933 Vgl. Löffler (1998a), S. 40 ff.; Löffler (1998b), S. 264.

führt positive Verzerrungen also allein auf die Coverage-Entscheidung von Analysten zurück.[934]

Einige der dargestellten Ansätze erklären verzerrte Ergebnisprognosen durch Anreize für Analysten und gehen dabei von einem rationalen Verhalten der Analysten aus. Insofern stehen diese Ansätze im Widerspruch zu dem Teil der psychologisch orientierten Literatur, der kognitive Unzulänglichkeiten der Analysten unterstellt. Dennoch können vermutlich beide Ansätze dazu beitragen, das Verhalten von Analysten und Verzerrungen von Prognosen zu erklären. Kognitive Fehler der Analysten schließen nicht aus, dass sich Analysten entsprechend ihrer Anreize strategisch verhalten – auch wenn das strategische Verhalten dann nicht so perfekt rational ist, wie von den theoretischen Modellen unterstellt.

5.1.2.2 Empirische Untersuchungen zur Verzerrung von Ergebnisschätzungen

Ob Ergebnisschätzungen systematisch verzerrt sind, kann durch empirische Untersuchungen überprüft werden. Beispielsweise kann die tatsächliche Gewinnänderung auf die prognostizierte Gewinnänderung regressiert werden:

$$\frac{EPS_{it} - EPS_{it-1}}{EPS_{it-1}} = \alpha + \beta \frac{S_{ith} - EPS_{it-1}}{EPS_{it-1}} + \varepsilon$$

Die Nullhypothese lautet, dass $\alpha = 0$ und $\beta = 1$. Wird die Nullhypothese nicht zurückgewiesen, befindet sich das Ergebnis der Regressionsanalyse in Übereinstimmung mit der Unverzerrtheit der Gewinnprognosen von Analysten. Systematischer Optimismus der Analysten würde sich in $\alpha < 0$ äußern und eine pessimistische Verzerrung entsprechend in $\alpha > 0$. $\beta < 1$ würde anzeigen, dass Analysten zu starke Änderungen von Gewinnen prognostizieren. Die Ursache dafür könnte darin liegen, dass Analysten auf verfügbare Informationen überreagieren. Dagegen würde $\beta > 1$ bedeuten, dass Analysten zu geringe Gewinnänderungen vorhersagen. Als Ursache kommt eine Unterreaktion der Analysten auf verfügbare Informationen in Frage.[935] So ermittelte Über- oder Unterreaktionen entstehen jedoch

---

[934] Vgl. McNichols/O'Brien (1997).

[935] Vgl. beispielsweise De Bondt/Thaler (1990), S. 54 f.; Capstaff/Paudyal/Rees (1995), S. 72 f.; Givoly/Lakonishok (1984), S. 128; Crichfield/Dyckman/Lakonishok (1978), S. 657; ähnlich Keane/Runkle (1998), S. 773.

nicht zwangsläufig durch kognitive Fehler der Analysten, sondern können genauso durch Anreize und strategisches Verhalten der Analysten bedingt sein.[936]

Systematische Unter- oder Überreaktionen auf bestimmte Informationen zeigen sich darin, dass Prognosefehler oder Prognoserevisionen[937] positiv oder negativ mit Variablen korreliert sind, die Informationen aus vorangehenden Perioden abbilden. Als Informationsvariablen werden in empirischen Studien Aktienrenditen, Gewinnänderungen, Prognosefehler und Prognoserevisionen aus vorangehenden Perioden verwendet.[938]

Ergebnisse empirischer Studien zum Optimismus sowie zu Unter- und Überreaktionen von Analysten

Die Mehrzahl der empirischen Studien kommt zu dem Ergebnis, dass Analysten zu optimistisch sind und auf Informationen aus vorherigen Perioden unterreagieren. Optimistische Verzerrungen von Ergebnisprognosen zeigen sich unter anderem in den Studien von Butler/ Lang (1991), Francis/Philbrick (1993), Das/Levine/Sivaramakrishnan (1998), Chopra (1998), Easterwood/Nutt (1999), Lim (2001), Darrough/Russell (2002) für die USA, Capstaff/Paudyal/Rees (2001a) für Europa und Hüfner/Möller (1997) für Deutschland. De Bondt/Forbes (1999) zeigen, dass der Optimismus der Ergebnisschätzungen für britische Unternehmen ein solches Ausmaß annimmt, dass die pessimistischste Prognose durchschnittlich genauer ist als der Konsensus. Die Ergebnisse von Francis/Philbrick (1993), Das/Levine/Sivaramakrishnan (1998) und Lim (2001) sprechen dafür, dass Analysten optimistische Prognosen abgeben, um gute Beziehungen zum Management der Unternehmen aufzubauen und in der Folge möglichst gut informiert zu werden.[939] McNichols/O'Brien (1997) kommen zu dem Resultat, dass der Optimismus von Ergebnisprognosen zum Teil durch die Coverage-Entscheidungen von Analysten erklärt werden kann. Unternehmen mit günstigen Aussichten werden in die Coverage aufgenommen und Unternehmen mit negativen Aussichten werden nicht weiter beobachtet.

---

936 Vgl. Capstaff/Paudyal/Rees (2001a), S. 543 f.

937 Prognoserevisionen werden im Folgenden als Differenz zwischen den Prognosen zum Zeitpunkt t_1 und t_0 definiert. Die Differenz wird wie die Werte für Genauigkeit und Verzerrung von Prognosen mit einer geeigneten Variable skaliert.

938 Vgl. Mikhail/Walther/Willis (2003), S. 103.

939 Allerdings wird diese Argumentation von Eames/Glover/Kennedy (2002) in Frage gestellt, die zu dem Ergebnis kommen, dass Kaufempfehlungen mit optimistischen Ergebnisprognosen und Verkaufsempfehlungen mit pessimistischen Prognosen einhergehen. Demnach kombinieren Analysten Verkaufsempfehlungen also nicht mit optimistischen Ergebnisprognosen, um die Beziehung zum Management der Unternehmen nicht zu sehr zu belasten. Eine Ursache dafür könnte in dem Bestreben der Analysten bestehen, Anlageempfehlungen durch entsprechende Ergebnisprognosen zu rechtfertigen.

Researchberichte von US-Analysten sind optimistischer, wenn Analysten für Investment-Häuser arbeiten, die Aktienemissionen des analysierten Unternehmens begleiten oder andere Dienstleistungen im Bereich Corporate Finance für das analysierte Unternehmen erbringen. Der Optimismus zeigt sich in günstigeren Anlageempfehlungen und in höheren Schätzungen für das langfristige Gewinnwachstum[940] sowie auch darin, dass Analysten etwaige ungünstige Neuigkeiten länger zurückhalten und ihr Anlageurteil dementsprechend erst später nach unten korrigieren.[941] Bradshaw/Richardson/Sloan (2003) kommen außerdem zu dem Ergebnis, dass sich der übertriebene Optimismus nicht allein auf solche Analysten beschränkt, die für Finanzdienstleister mit Geschäftsbeziehungen zum analysierten Unternehmen arbeiten. Auch Analysten anderer Finanzinstitute veröffentlichen optimistischere kurz- und langfristige Gewinnprognosen, Anlageempfehlungen und Kursziele für Unternehmen, die Eigen- oder Fremdkapitaltitel emittieren. Ein Anreiz für den Optimismus dieser anderen Finanzinstitute könnte darin bestehen, dass positive Researchberichte die Chancen verbessern, zukünftig Aufträge im Investment Banking von den betreffenden Unternehmen zu erhalten. Außerdem hat es Fälle gegeben, in denen Emissionsbanken Analysten anderer Häuser für optimistisches Research bezahlt haben.[942]

In US-amerikanischen Studien sind Unterreaktionen von Analysten auf unterschiedliche Informationsmengen gemessen worden. Lys/Sohn (1990) und Abarbanell (1991) ermitteln signifikant negative Korrelationen von Prognosefehlern mit Kursänderungen in der vorangehenden Periode. Die Ergebnisse der Studien deuten also darauf hin, dass Analysten auf Informationen in vorangehenden Kursänderungen unterreagieren. Elgers/Lo (1994) zeigen, dass Unterreaktionen nach unterdurchschnittlicher Performance wahrscheinlicher sind als nach überdurchschnittlicher Kursentwicklung. Eine mögliche Ursache dafür könnte sein, dass Analysten bei schlechter Kursentwicklung bemüht sind, eine gute Beziehung zum Management der Unternehmen aufrechtzuerhalten.

Mendenhall (1991), Abarbanell/Bernard (1992) und Ali/Klein/Rosenfeld (1992) kommen zu dem Ergebnis, dass Analysten auf Informationen über den Gewinn der Vorperiode unterreagieren. Als Erklärung führen Ali/Klein/Rosenfeld an, dass Analysten nicht korrekt

940 Vgl. Lin/McNichols (1998); Dechow/Hutton/Sloan (2000); Dugar/Nathan (1995); Michaely/Womack (1999).

941 Vgl. Lin/McNichols/O'Brien (2003).

942 Bradshaw/Richardson/Sloan (2003) nennen eine weitere mögliche Erklärung für ihre Ergebnisse. Unternehmen könnten den Zeitpunkt von Emissionen in solche Phasen legen, in denen Analysten besonders optimistisch sind. Allerdings geht diese Erklärung davon aus, dass sich Analysten dessen nicht bewusst sind und daher von der Ankündigung einer Emission nicht auf übertriebenen Optimismus der eigenen Prognosen rückschließen. Vgl. Bradshaw/Richardson/Sloan (2003), S. 24 f.

erkennen, welche Komponenten des Vorjahresgewinns nachhaltig sind und welche Komponenten nur temporären Charakter haben. Elliott/Philbrick/Wiedman (1995) ermitteln eine negative Korrelation von Prognosefehlern mit vorherigen Prognoserevisionen, die ebenfalls auf Unterreaktionen der Analysten hindeutet.

Anders als die meisten US-Studien kommen De Bondt/Thaler (1990) zu dem Schluss, dass Analysten nicht unter-, sondern überreagieren. Anhand des oben dargestellten Regressionsansatzes errechnen De Bondt/Thaler, dass Analysten übertrieben starke Gewinnänderungen prognostizieren. Außerdem sind zu Anfang des Jahres prognostizierte Gewinnänderungen negativ mit den darauf folgenden Prognoserevisionen korreliert. Die untersuchten Zusammenhänge sind für Prognosen mit einem Horizont von zwei Jahren stärker ausgeprägt als für Prognosen mit einem Horizont von einem Jahr. Übereinstimmend damit kommt Harris (1999) zu dem Ergebnis, dass Analysten über einen Horizont von fünf Jahren noch stärker übertriebene Gewinnänderungen als über kürzere Horizonte vorhersagen. Allerdings sind Abarbanell/Bernard (1992) der Meinung, dass die Ergebnisse von De Bondt/Thaler nicht als Überreaktion von Analysten interpretiert werden können. Abarbanell/Bernard kommen zu dem Ergebnis, dass Prognosen extrem starker Gewinnänderungen keine gleichgerichteten Gewinnänderungen im Vorjahr vorausgehen, was bei Überreaktionen auf Gewinninformationen eigentlich zu erwarten wäre. Im Gegenteil zeigen Abarbanell/Bernard, dass Analysten im Durchschnitt unterschätzen, welche Bedeutung gesunkene Gewinne im Vorjahr für den Gewinn des Folgejahres haben. Die Prognosen übertrieben starker Gewinnänderungen in De Bondt/Thaler können nach Meinung von Abarbanell/Bernard also nicht als Überreaktion auf Gewinnänderungen des Vorjahres, sondern höchstens als Überreaktion auf andere Informationen erklärt werden.[943] Allerdings berücksichtigt die Argumentation von Abarbanell/Bernard nicht, dass in einer Gewinnänderung zumindest in einigen Fällen auch die Information enthalten sein könnte, dass sich der Gewinn im Folgejahr in die entgegengesetzte Richtung verändert und sich dem Durchschnittsniveau annähert („mean reversion“).[944] In diesem Fall würde eine Überreaktion der Analysten auf die Information in

943 Abarbanell/Bernard führen noch weitere Kritikpunkte an. Prognostizierte Gewinnänderungen sind nur dann übertrieben stark, wenn wie in De Bondt/Thaler Prognosen für den jährlichen Gewinn betrachtet werden, die vor Veröffentlichung des Gewinns des ersten Quartals abgegeben wurden. Danach sind die prognostizierten Gewinnänderungen nicht mehr übertrieben hoch. Weiterhin sind bei Prognosen starker Gewinnzuwächse vorher keine positiven kumulierten abnormalen Renditen zu beobachten, wie bei einer Überreaktion auf Informationen in Aktienkursen der vorangehenden Periode zu erwarten wäre. Allerdings sind übereinstimmend mit Überreaktionen auf Kursinformationen hohe negative abnormale Renditen vor Prognosen stark sinkender Gewinne zu beobachten. Vgl. Abarbanell/Bernard (1992), S. 1198 ff.

944 Vgl. Constantinou/Forbes/Skerratt (2003), S. 95 f.

der Gewinnänderung des Vorjahres bedeuten, dass Prognosen übertrieben starker Gewinnänderungen und Gewinnänderungen im Vorjahr einander entgegengerichtet sind.

Easterwood/Nutt (1999) kommen zu dem Ergebnis, dass Analysten auf positive und negative Informationen unterschiedlich reagieren. Analysten unterreagieren auf deutlich unterdurchschnittliche Gewinnänderungen im Vorjahr und überreagieren auf deutlich überdurchschnittliche Gewinnänderungen im Vorjahr.[945] Zusammen genommen können diese Resultate als systematischer Optimismus der Ergebnisprognosen von Analysten interpretiert werden[946] und darüber hinaus möglicherweise die Widersprüchlichkeit der Ergebnisse von De Bondt/Thaler (1990) und Abarbanell/Bernard (1992) erklären.[947] Allerdings kritisieren Ahmed/Lobo/Zhang (2000), dass die Ergebnisse von Easterwood/Nutt (1999) von der Definition der Ausreißer abhängen. Wenn mehr Daten als Ausreißer behandelt werden, sprechen die Ergebnisse der Berechnungen zum Teil eher dafür, dass Analysten auf Gewinninformationen vorheriger Perioden allgemein unterreagieren anstatt systematisch optimistisch zu reagieren. Die Ergebnisse deuten noch stärker auf eine allgemeine Unterreaktion hin, wenn Reaktionen auf Kurs- statt auf Gewinninformationen der vorangehenden Periode untersucht werden. Darüber hinaus kommt die experimentelle Studie von Stevens/ Williams (2003) zu dem Ergebnis, dass Analysten sowohl auf positive als auch auf negative Informationen unterreagieren. Da Analysten in der experimentellen Situation keinen Interessenkonflikten und darauf beruhenden Anreizen ausgesetzt sind, scheinen Fehler in der menschlichen Informationsverarbeitung die Ursache der Unterreaktionen zu sein.

Im Gegensatz zu den vorher angeführten Studien kommen Keane/Runkle (1998) zu dem Schluss, dass Ergebnisprognosen unverzerrt und rational sind.[948] Keane/Runkle vermuten, dass die Ursache für die abweichenden Resultate der anderen Studien in einigen Fällen darin besteht, dass dort zwei Faktoren nicht korrekt berücksichtigt werden. Wenn in der Zeit zwischen Prognose und Ergebnisbekanntgabe unerwartete Ereignisse eintreten, die Gewin-

[945] In einem zweiten Ansatz kommen Easterwood/Nutt (1999) zu dem Schluss, dass Analysten nicht nur auf positive und negative Gewinninformationen, sondern auch allgemein auf positive und negative Informationen anderer Art in der gleichen Weise über- bzw. unterreagieren. Vgl. Easterwood/Nutt (1999), S. 1790 ff.

[946] Vgl. auch die dazu passenden Ergebnisse von Nutt/Easterwood/Easterwood (1999) zur seriellen Korrelation von Schätzfehlern.

[947] Amir/Ganzach (1998) versuchen, die widersprüchlichen Ergebnisse empirischer Studien anhand der gemeinsamen Einflüsse mehrerer psychologisch bedingter Urteilsverzerrungen zu erklären, die unter bestimmten Umständen zu Überreaktionen und unter anderen Umständen zu Unterreaktionen führen können. Entscheidend ist demnach, wie fest bestehende Einschätzungen von Analysten über zukünftige Gewinne eines Unternehmens verankert sind.

[948] Eine weitere Ausnahme stellt die Studie von Basu/Markov (2003) dar, die ebenfalls keine Anzeichen für eine Irrationalität der Prognosen von Analysten finden.

ne mehrerer oder sogar aller Unternehmen in ähnlicher Weise beeinflussen, können dadurch Korrelationen der Prognosefehler entstehen, die Ergebnisse empirischer Tests beeinträchtigen können. Außerdem schätzen Analysten um Sondereinflüsse bereinigte Gewinne. Daher müssen die Prognosen der Analysten auch mit bereinigten Gewinnen verglichen werden. Keane/Runkle zeigen, dass Ergebnisprognosen als verzerrt und irrational erscheinen, wenn diese beiden Einflüsse vernachlässigt werden.

Für Großbritannien kommen Capstaff/Paudyal/Rees (1995) und De Bondt/Forbes (1999) übereinstimmend zu Ergebnissen, die auf Überreaktionen von Analysten hindeuten. Beide Studien zeigen, dass Analysten übertrieben starke Gewinnänderungen prognostizieren. Weiterhin kommen Capstaff/Paudyal/Rees (1995) zu dem Resultat, dass anfangs prognostizierte Gewinnänderungen negativ mit darauf folgenden Prognoserevisionen korreliert sind. De Bondt/Forbes (1999) zeigen außerdem, dass prognostizierte Gewinnänderungen und anschließend beobachtbare Schätzfehler von Analysten positiv korreliert sind. Im Gegensatz zu diesen beiden Studien kommen O'Hanlon/Whiddett (1991) nicht zu dem Ergebnis, dass Analysten übertrieben starke Gewinnänderungen prognostizieren. In der Untersuchung von O'Hanlon/Whiddett (1991) ergeben sich sogar Anzeichen für Unterreaktionen der Analysten. Für Portfolios von Unternehmen mit den günstigsten Prognoserevisionen ergeben sich auch in nachfolgenden Quartalen durchschnittlich günstigere Prognoserevisionen als für Portfolios von Unternehmen mit den ungünstigsten Prognoserevisionen. Constantinou/Forbes/Skerratt (2003) finden in Gewinnprognosen für britische Unternehmen deutliche Anzeichen für Unterreaktionen auf Gewinnänderungen im Vorjahr. Anders als ältere Studien wie beispielsweise Abarbanell/Bernard (1992) unterscheiden Constantinou/Forbes/Skerratt, ob auf Gewinnänderungen im Vorjahr eine gleichgerichtete oder eine entgegengerichtete Gewinnänderung in dem Jahr folgt, für das die Gewinnprognosen abgegeben werden. Im ersten Fall zeigt die Gewinnänderung des Vorjahres einen fortdauernden Trend an und negative Korrelationen von Prognosefehlern und Gewinnänderungen deuten auf Unterreaktionen der Analysten hin. Im zweiten Fall zeigt die Gewinnänderung des Vorjahres die Umkehr eines kurzfristigen Trends im Sinne einer „mean reversion" an und positive Korrelationen von Prognosefehlern und Gewinnänderungen sprechen für Unterreaktionen der Analysten.[949] Wenn diese beiden Fälle unterschieden werden,[950] er-

[949] Wäre dieser zweite Fall die Regel, müssten Ergebnisse einiger älterer Studien uminterpretiert werden. Vgl. Constantinou/Forbes/Skerratt (2003), S. 95 f.

[950] Diese Argumentation setzt allerdings voraus, dass in der Gewinnänderung einer Periode tatsächlich Informationen darüber enthalten sind, ob sich die Gewinnänderung in der Folgeperiode in der gleichen Richtung fortsetzt oder aber umkehrt.

geben die empirischen Tests ein höheres Ausmaß an Unterreaktionen als in älteren Studien, die keine differenzierten Annahmen darüber treffen, welche Informationen in der Gewinnänderung des Vorjahres enthalten sind. Zusammenfassend lässt sich feststellen, dass die Studien für Großbritannien nicht zu einheitlichen Ergebnissen führen. Es ist unklar, ob Analysten in Großbritannien unter- oder überreagieren.

Capstaff/Paudyal/Rees (1998) untersuchen Analystenschätzungen für deutsche Unternehmen für die Jahre 1987 bis 1995 und kommen zu ähnlichen Ergebnissen wie in ihrer Studie für Großbritannien. Auch für deutsche Unternehmen prognostizieren Analysten übertrieben starke Gewinnänderungen. Das Ausmaß der mutmaßlichen Überreaktion nimmt mit der Länge des Prognosehorizonts zu. Prognostizierte Gewinnänderungen sind wie in Großbritannien negativ mit späteren Prognoserevisionen korreliert. Die Ergebnisse der Berechnungen für deutsche Unternehmen weichen noch etwas stärker von dem Standard rationaler Prognosen im oben definierten Sinne ab als die Ergebnisse für britische Unternehmen. Capstaff/Paudyal/Rees (2001a) finden für eine Reihe weiterer europäischer Länder[951] vergleichbare Hinweise auf Überreaktionen wie für Großbritannien und Deutschland.

Anders als Capstaff/Paudyal/Rees (1998, 2001a) ergibt die Studie von Löffler (1998a, b) nicht, dass Analysten bei Prognosen für deutsche Unternehmen überreagieren. Löffler untersucht Analystenschätzungen für deutsche Unternehmen für die Jahre 1988 bis 1993. Negative Korrelationen zwischen Prognosefehlern und vorangehenden Prognoserevisionen sowie positive Korrelationen zwischen aufeinander folgenden Prognoserevisionen sprechen dafür, dass Analysten auf neue Informationen unterreagieren.[952] Ebenso wie für andere Länder vermitteln die Ergebnisse empirischer Studien somit auch für Deutschland kein einheitliches Bild.

Ergebnisse empirischer Studien zum Herdenverhalten von Analysten

Anzeichen für Herdenverhalten von Analysten werden sowohl in den Ergebnisschätzungen für US-amerikanische als auch für britische Unternehmen gefunden. In den USA beeinflussen Eigenschaften der Analysten und der analysierten Unternehmen die Intensität des Herdenverhaltens. Am stärksten ausgeprägt ist das Herdenverhalten bei unerfahrenen Analysten. Das Herdenverhalten zeigt sich vor allem darin, dass unerfahrene Analysten weniger

[951] Außer Großbritannien und Deutschland wurden Belgien, Frankreich, Irland, Italien, die Niederlande, Spanien und die Schweiz untersucht. Vgl. Capstaff/Paudyal/Rees (2001a), S. 550 u. 554.

[952] Darüber hinaus kommt Löffler (1998a) zu dem Ergebnis, dass Analysten auf Informationen in vorangehenden Kursänderungen unterreagieren. Vgl. Löffler (1998a), S. 77 ff.

stark von der Konsensusschätzung abweichen. In den USA ist für Analysten mit wenig Erfahrung die Gefahr besonders hoch, den Arbeitsplatz zu verlieren, wenn die eigenen Schätzungen im Vergleich zu den Prognosen anderer Analysten ungenau sind oder stark vom Konsensus abweichen.[953] Herdenverhalten ist außerdem verbreiteter bei Prognosen für Unternehmen, die über Branchen oder geographisch diversifiziert sind, als bei Schätzungen für nationale Unternehmen, die auf eine Branche fokussiert sind. Mit dem Grad der Diversifikation eines Unternehmens wird es für Analysten tendenziell schwieriger, Gewinne zu prognostizieren, und es wäre eigentlich ein verhältnismäßig großes Ausmaß an Uneinigkeit unter den Analysten zu erwarten. Stattdessen scheint die größere Unsicherheit der Analysten die Tendenz zum Herdenverhalten zu verstärken.[954]

De Bondt/Forbes (1999) finden in den Gewinnprognosen für britische Unternehmen ebenfalls Hinweise auf das Herdenverhalten von Analysten. Mit zunehmendem Prognosehorizont wird es für Analysten schwieriger, Gewinne zu schätzen, und der durchschnittliche Prognosefehler wird größer. Ohne Einflüsse durch Herdenverhalten von Analysten wäre zu erwarten, dass auch die Uneinigkeit unter den Analysten mit zunehmendem Prognosehorizont ansteigt. Allerdings zeigt sich, dass übereinstimmend mit Herdenverhalten der Analysten die Streuung der Analystenschätzungen für unterschiedliche Prognosehorizonte nahezu unverändert bleibt. Ein weiterer Hinweis auf Herdenverhalten ergibt sich daraus, dass vor allem für lange Prognosehorizonte ein unerwartet hoher Anteil der tatsächlich ausgewiesenen Ergebnisse um mehr als zwei Standardabweichungen der Analystenschätzungen ober- oder unterhalb der Konsensusprognosen liegt. Dieses letztgenannte Ergebnis deutet auch darauf hin, dass Herdenverhalten Verzerrungen von Analystenschätzungen hervorrufen oder verstärken kann. Anders als die Studien für die USA und Großbritannien findet

---

953 Vgl. Hong/Kubik/Solomon (2000); ähnlich auch Mikhail/Walther/Willis (1999).

954 Vgl. Kim/Pantzalis (2000). Außerdem sprechen die Ergebnisse der Studie dafür, dass Herdenverhalten von Analysten eine negative Wirkung auf den Marktwert eines Unternehmens hat. Das könnte daran liegen, dass Herdenverhalten ein Zeichen dafür ist, dass Analysten nicht effizient arbeiten, Unternehmen nicht besonders sorgfältig beobachten und die Aktionen der Manager nicht intensiv genug überwachen. Die Ergebnisse von Duru/Reeb (2002) bestätigen, dass es schwieriger ist, Gewinne für geographisch diversifizierte Unternehmen zu prognostizieren. Ergebnisschätzungen für international diversifizierte Unternehmen sind vergleichsweise optimistisch und ungenau.

Löffler (1998a) in den Gewinnprognosen für deutsche Unternehmen keine deutlichen Hinweise auf Herdenverhalten von Analysten.[955]

Eine spezielle Form des Herdenverhaltens könnte wie oben beschrieben darin bestehen, dass weniger fähige Analysten das Prognoseverhalten besserer Analysten nachahmen, damit Investoren die Qualität eines Analysten nicht mehr ohne weiteres erkennen können. Ein solches Verhalten konnte für Deutschland empirisch nicht bestätigt werden.[956] Allerdings sind die empirischen Ergebnisse für Deutschland damit vereinbar, dass Analysten Prognosen absichtlich verzerren, um vermutete Fehlgewichtungen der Prognoseinformationen in der Entscheidungsfindung von Investoren auszugleichen. Diese Erklärung geht jedoch von der bestreitbaren Annahme aus, dass Analysten ein Interesse an einer fehlerfreien Verarbeitung von Informationen durch Investoren haben.[957]

5.1.3 Einfluss der Rechnungslegung auf Ergebnisschätzungen von Analysten

Gewinn- und Verlustrechnungen und andere Rechnungslegungsdaten aus vorangehenden Perioden dienen Analysten häufig als Ausgangspunkt für ihre Prognosen. Analysten schätzen, wie sich neue Informationen in der Gewinn- und Verlustrechnung niederschlagen, um daraus die zukünftige Entwicklung des Gewinns abzuleiten. Daher ist zu vermuten, dass Umfang und Qualität von Rechnungslegungsinformationen Ergebnisprognosen von Analysten beeinflussen können.

Es lassen sich zwei Arten von empirischen Studien unterscheiden, die den Einfluss von Rechnungslegungsinformationen auf Ergebnisschätzungen der Analysten untersuchen. Ein Teil der Studien verwendet Indizes, die ein mehr oder weniger umfassendes Urteil darüber erlauben sollen, wie viele Informationen Unternehmen offen legen und wie nützlich diese Informationen für Analysten und Investoren sind. Der andere Teil der Studien bezieht sich

---

955 Allerdings verwendet Löffler (1998a) einen anderen Untersuchungsansatz als die Studien für die USA und Großbritannien und bezieht empirische Tests speziell auf das Modell von Scharfstein/Stein (1990) zum rationalen Herdenverhalten. Vgl. genauer Löffler (1998a), S. 97 ff. Das Ergebnis von Löffler (1998a) ist insofern eher überraschend, als dass Bolliger (2001) zu dem Schluss kommt, dass europäische Analysten vom Arbeitsmarkt zwar für im Vergleich zu anderen Analysten sehr ungenaue Prognosen bestraft werden, nicht aber für vergleichsweise genaue Prognosen belohnt werden. Demnach dürften für europäische Analysten starke Anreize zum Herdenverhalten bestehen. Vom Arbeitsmarkt dürften in Europa sogar stärker Anreize ausgehen als in den USA, wo Analysten ihre Aufstiegschancen durch vergleichsweise genaue Prognosen verbessern können. Vgl. dazu Hong/Kubik/Solomon (2000); Hong/Kubik (2003).

956 Ehrbeck/Waldman (1996) untersuchen Zinsprognosen in den USA und können ebenfalls keine empirische Bestätigung für die beschriebenen Verhaltensweisen finden.

957 Vgl. Löffler (1998a), S. 85 ff.; Löffler (1998b); S. 271 f. Vgl. dazu auch die Ausführungen am Ende von Abschnitt 5.1.2.1.

auf einzelne Kategorien von Rechnungslegungsinformationen. Vor allem wird der Einfluss der Segmentberichterstattung auf die Schätzgenauigkeit von Analysten untersucht.

5.1.3.1 Indexbasierte Studien

Die indexbasierten Studien lassen sich weiter unterteilen in nationale und internationale Studien. In nationalen Studien beziehen sich die Maßzahlen für Quantität und Qualität der Offenlegung von Rechnungslegungsinformationen auf einzelne Unternehmen. Dagegen werden in einigen internationalen Studien nur Durchschnittsgrößen gebildet, die Quantität und Qualität der Offenlegung von Rechnungslegungsinformationen oder Eigenschaften von Rechnungslegungssystemen jeweils für einzelne Länder beschreiben sollen. Sowohl in den nationalen als auch in den internationalen Studien wird der Zusammenhang zwischen Offenlegung durch die Unternehmen und Ergebnisschätzungen der Analysten mittels Regressionsanalysen untersucht. Genauigkeit, Streuung oder Anzahl der Ergebnisschätzungen sind die zu erklärenden Variablen. Als erklärende Variable dient der Index für die Offenlegung von Rechnungslegungsinformationen. Neben dem Index werden noch einige weitere erklärende Variablen in die Regressionsanalyse aufgenommen. Mit Hilfe dieser so genannten Kontrollvariablen wird berücksichtigt, dass außer der Offenlegung von Rechnungslegungsinformationen auch andere Faktoren Genauigkeit, Streuung und Anzahl der Analystenschätzungen wesentlich beeinflussen können.

Wie die meisten nationalen Studien beziehen sich auch Lang/Lundholm (1996) auf US-Unternehmen. Lang/Lundholm untersuchen, welchen Einfluss die Offenlegungspolitik von Unternehmen auf die Genauigkeit und die Streuung der Ergebnisschätzungen von Analysten sowie auf die Anzahl der Analysten hat, die ein Unternehmen „covern". Quantität und Qualität der Offenlegung von Informationen werden anhand von Daten aus dem Report of the Financial Analysts Federation Corporate Information Committee (FAF Report 1985-89) gemessen. Aus den Daten ist ersichtlich, wie Analysten die Offenlegung von Informationen durch Unternehmen in den drei Kategorien „annual published information", „quarterly and other published information" sowie „investor relations and related aspects" bewertet haben. Für jedes Unternehmen werden ein zusammenfassender Index für die gesamte Offenlegung von Informationen sowie Teilindizes für jede Kategorie errechnet. Die Prognosegenauigkeit der Analysten ist signifikant positiv mit dem Gesamtindex und den Teilindizes für die Quartalsberichterstattung und die Investor Relations korreliert. Zwischen der Prognosegenauigkeit und dem Teilindex für die jährliche Berichterstattung besteht allerdings kein signifikanter Zusammenhang, wenn der Einfluss der beiden anderen Teilindizes berücksichtigt wird.

Ein weiteres Ergebnis von Lang/Lundholm ist, dass die Unsicherheit der Analysten über die künftige Gewinnentwicklung umso geringer ist, je besser die Berichterstattung der Unternehmen in den Augen der Analysten abschneidet. Als stellvertretende Variable für die Unsicherheit der Analysten wird die Standardabweichung der Analystenschätzungen gewählt. Eine breite Streuung der Prognosen ist ein Zeichen für eine ausgeprägte Uneinigkeit der Analysten untereinander, die als Unsicherheit über die Zukunft interpretiert werden kann.[958] Die Standardabweichung der Schätzungen ist signifikant negativ mit dem Gesamtindex sowie den Teilindizes für die jährliche Berichterstattung und für die Investor Relations korreliert. Ebenso wie für die Standardabweichung der Prognosen besteht auch für die Volatilität der Prognoseänderungen während einer Periode eine negative Abhängigkeit vom Gesamtindex für die Offenlegung von Informationen. Dieses Ergebnis deutet darauf hin, dass sich die Erwartungen der Analysten weniger sprunghaft verändern, wenn Unternehmen Informationen so offen legen, dass neue Entwicklungen frühzeitig zu erkennen sind.

Schließlich zeigen die Ergebnisse von Lang/Lundholm auch, dass Quantität und Qualität der Offenlegung von Informationen einen signifikant positiven Einfluss auf die Anzahl der Analysten haben, die ein Unternehmen auf ihrer Coverage-Liste führen.[959] Dieses Resultat spricht dafür, dass eine verbesserte Informationsversorgung durch Unternehmen Analysten hilft, aussagekräftigere und wertvollere Research-Berichte zu erstellen. Anleger scheinen die Berichte der Analysten also nicht als redundant zu erachten, wenn gute Informationen auch von Unternehmen direkt zu bekommen sind.[960]

Hope (2003, 2002) führt zwei internationale Studien durch, in denen im Gegensatz zu anderen internationalen Untersuchungen auf Bewertungen der Offenlegung von Informationen für einzelne Unternehmen und nicht auf Durchschnittswerte für einzelne Länder zurückgegriffen wird. In den Untersuchungen werden Daten vom Center for International

958 Alternativ könnte nach Lang/Lundholm eine verbesserte Informationsversorgung der Analysten aber auch eine stärkere Streuung der Ergebnisschätzungen zur Folge haben, wenn Analysten über die gleichen öffentlichen und privaten Informationen verfügen, diese Informationen bei der Erstellung von Prognosen aber unterschiedlich gewichten. Vgl. Lang/Lundholm (1996), S. 471 f.

959 Das Ergebnis von Lang/Lundholm wird durch die Studie von Healy/Hutton/Palepu (1999) gestützt. Healy/Hutton/Palepu zeigen, dass die Coverage durch Analysten nach einer Verbesserung der Offenlegung von Informationen zunimmt.

960 Zu der Frage, ob die Berichterstattung der Unternehmen und Research-Berichte der Analysten Substitute sind oder sich komplementär zueinander verhalten, vgl. auch Bushman/Smith (2001), S. 307 f.

Financial Analysis and Research (CIFAR) verwendet. Die Daten basieren auf einer Checkliste, die Anforderungen an die Offenlegung von Informationen in den Bereichen „income statement", „balance sheet", „funds/cash flow statement", „general information", „accounting policies", „stockholders' information" und „supplementary information" enthält. Der CIFAR-Index misst, wie viele der geforderten Informationen von Unternehmen tatsächlich offen gelegt werden. Im Unterschied zur Disclosure-Kennzahl in Lang/ Lundholm erfasst der CIFAR-Index nur die Quantität und nicht die Qualität der Offenlegung von Informationen. Außerdem erfasst die Kennzahl in Lang/Lundholm auch nicht ausschließlich an Rechnungslegungsinformationen gebundene Informationskategorien, sondern bezieht auch die Investor-Relations-Arbeit von Unternehmen mit ein. Während Hope (2003) den Gesamtindex von CIFAR verwendet, konzentriert sich Hope (2002) auf den Teilindex für Angaben zu den Bilanzierungsmethoden der Unternehmen. Die anderen Teilindizes werden von Hope (2002) zu einem Restindex zusammengefasst und als Kontrollvariable in die Regressionsanalyse aufgenommen. Sowohl der CIFAR-Gesamtindex als auch der Teilindex für Angaben zu den Bilanzierungsmethoden sind signifikant positiv mit der Genauigkeit der Ergebnisschätzungen von Analysten korreliert. Außerdem hat der Umfang der Angaben zu den Bilanzierungsmethoden einen signifikant negativen Einfluss auf die Standardabweichung der Analystenschätzungen. Damit bestätigt Hope die Ergebnisse von Lang/Lundholm. Je mehr Informationen Unternehmen offen legen, desto genauer schätzen Analysten das Ergebnis pro Aktie und desto geringer ist die Uneinigkeit der Analysten über die zukünftige Ergebnisentwicklung.

Weiterhin ist der positive Einfluss der Offenlegung von Rechnungslegungsinformationen auf die Prognosegenauigkeit der Analysten dann geringer, wenn sehr viele Analysten Research-Berichte über ein Unternehmen veröffentlichen. Dieses Resultat deutet darauf hin, dass bei Unternehmen mit hoher Analysten-Coverage der Wettbewerb unter den Analysten dazu führt, dass neben Rechnungslegungsinformationen verstärkt andere Informationsquellen herangezogen werden. Folglich wird Rechnungslegungsinformationen im Prozess der Erstellung von Ergebnisprognosen ein geringeres Gewicht beigemessen, wenn die Analysten-Coverage eines Unternehmens hoch ist. Besonders hilfreich für die Arbeit der Analysten scheinen Angaben zu den Bilanzierungsmethoden von Unternehmen zu sein. Allerdings kann die Vermutung nicht signifikant bestätigt werden, dass Angaben zu den Bilanzierungsmethoden in solchen Ländern nützlicher sind, in denen das Rechnungslegungssystem den Bilanzierenden die Wahl zwischen besonders vielen Rechnungslegungsmethoden erlaubt. Hope (2003) kommt außerdem zu dem Ergebnis, dass ein signifikant positiver Einfluss auf die Prognosegenauigkeit der Analysten von der Intensität ausgeht, mit der die Einhaltung von Rechnungslegungsvorschriften in einem Land überprüft und durchgesetzt wird. Die Intensität dieses so genannten Enforcement ist für Analysten besonders nützlich in Ländern, in denen zwischen einer hohen Zahl von Bilanzierungsmethoden gewählt werden kann. Je intensiver das Enforcement der Rechnungslegungsvorschriften ist, desto geringer ist vermutlich die Unsicherheit der Analysten über die Verlässlichkeit der Rechnungslegungsinformationen. Als Folge davon scheint den Analysten die Prognose von Ergebnissen je Aktie leichter zu fallen.

Der CIFAR-Index für die Offenlegung von Informationen wird ebenfalls in den internationalen Studien von Chang/Khanna/Palepu (2000) und Ang/Ciccone (2001) verwendet. Allerdings wird in diesen Untersuchungen an Stelle von unternehmensspezifischen Werten nur ein durchschnittlicher Wert des Indexes für jedes Land berechnet. Chang/Khanna/Palpu kommen zu dem Ergebnis, dass der Schätzfehler der Analysten umso größer ist, je niedriger der CIFAR-Index ist. Außerdem nimmt die Analysten-Coverage mit dem Umfang der veröffentlichten Informationen zu. Als Alternative zum CIFAR-Index verwenden Chang/Khanna/Palepu auch eine Dummy-Variable, die anzeigt, ob sich die Rechnungslegungsstandards eines Landes im Einklang mit den IAS-Vorschriften zur Segmentberichterstattung befinden. Die Ergebnisse zeigen, dass Analysten Ergebnisse genauer schätzen, wenn sich die Rechnungslegungsvorschriften in Übereinstimmung mit IAS befinden. Die Berechnungen von Ang/Ciccone bestätigen die Ergebnisse von Chang/Khanna/Palepu. Es besteht ein signifikant negativer Zusammenhang zwischen den Schätzfehlern der Analysten und dem CIFAR-Index.

Basu/Hwang/Jan (1998) untersuchen, wie Eigenschaften von nationalen Rechnungslegungssystemen die Genauigkeit und Verzerrung der Schätzungen von Analysten beeinflussen. Die Vorschriften nationaler Rechnungslegungssysteme werden anhand von drei Kriterien charakterisiert:[961] 1. Umfang, in dem Aufwendungen und Erträge periodengerecht abgegrenzt werden, 2. Umfang, in dem Bilanzpositionen zu Fair Values und nicht zu historischen Kosten bewertet werden, 3. Möglichkeiten, zwischen Bilanzierungsmethoden zu wählen. Als weitere erklärende Variable wird ein Dummy verwendet, der eine Maßgeblich-

961 Basu/Hwang/Jan listen wichtige Bereiche der Bilanzierung auf wie z. B. die Behandlung des Goodwill oder die Behandlung von Forschungs- und Entwicklungskosten. Die Vorschriften der untersuchten nationalen Rechnungslegungssysteme werden in den aufgelisteten Bereichen im Hinblick auf die drei im Text genannten Kriterien durch die Vergabe von Punkten beurteilt. Aus den Wertungen für die einzelnen Bereiche der Bilanzierung werden für jedes der drei Kriterien zusammenfassende Gesamtwertungen gebildet. Danach werden Rangfolgen der nationalen Rechnungslegungssysteme für jedes der drei Kriterien aufgestellt. Vgl. Basu/Hwang/Jan (1998), S. 1220 ff.

keit der Handelsbilanz für die Steuerbilanz anzeigt. Schätzfehler der Analysten sind umso geringer, je schwächer das Prinzip der periodengerechten Erfolgsermittlung ausgeprägt ist, je mehr zu historischen Kosten bewertet wird und je mehr unterschiedliche Bilanzierungsmethoden dem Bilanzersteller zur Wahl stehen. Außerdem geht vom Maßgeblichkeitsprinzip ein positiver Einfluss auf die Schätzgenauigkeit der Analysten aus. Die Resultate lassen sich folgendermaßen interpretieren: Bei steuerlichen Einflüssen auf die Bilanzierung in der Handelsbilanz bestehen für Unternehmen Anreize zur Ergebnisglättung.[962] Dadurch wird Analysten die Prognose von Gewinnen erleichtert. Außerdem kann der Ergebnisausweis umso einfacher geglättet werden, je mehr Bilanzierungsmethoden dem Bilanzersteller zur Auswahl stehen. Umso häufiger zu historischen Kosten bewertet wird, umso weniger wird der Ergebnisausweis durch schwer vorhersehbare Schwankungen von Marktpreisen beeinflusst. Der negative Einfluss der periodengerechten Erfolgsermittlung auf die Schätzgenauigkeit der Analysten ist allerdings überraschend, da das Ziel einer periodengerechten Abgrenzung von Aufwendungen und Erträgen darin besteht, den Informationsgehalt des ausgewiesenen Ergebnisses zu erhöhen. Möglicherweise entsteht der unerwartete negative Zusammenhang dadurch, dass die Bedeutung einer periodengerechten Erfolgsermittlung mit der Unsicherheit und der Volatilität des ökonomischen Unternehmensumfeldes zunimmt und die Eigenschaften des Unternehmensumfeldes in der Regressionsanalyse nicht mit Hilfe einer geeigneten Kontrollvariablen berücksichtigt werden. Außerdem müssen Bilanzersteller zum Zwecke der periodengerechten Erfolgsermittlung häufig Schätzungen vornehmen, die zu einer höheren Unsicherheit der Analysten beitragen könnten.

Ashbaugh/Pincus (2001) untersuchen den Einfluss der Rechnungslegung nach IAS auf die Schätzgenauigkeit von Analysten. Mit Hilfe von Indizes wird erfasst, wie stark Offenlegungsanforderungen und Bewertungsvorschriften nationaler Rechnungslegungsstandards von IAS abweichen. Ashbaugh/Pincus kommen zu dem Ergebnis, dass die Schätzgenauigkeit der Analysten umso geringer ist, je stärker sich nationale Rechnungslegungsvorschriften von IAS unterscheiden.[963] Außerdem verbessert sich die Genauigkeit der Ergebnisprognosen, nachdem Unternehmen ihre Rechnungslegung von nationalen Standards auf IAS umgestellt haben. Die Resultate der Studie können möglicherweise darauf zurückgeführt werden, dass für Unternehmen in den meisten der untersuchten Länder ein Übergang zu

---

[962] Dies gilt bei progressivem Steuertarif. Allerdings können Anreize zur Ergebnisglättung nicht nur vom Steuersystem, sondern auch vom Kapitalmarkt ausgehen. Vgl. dazu die Abschnitte 4.1 und 4.3.1.

[963] Untersucht werden Australien, Kanada, Dänemark, Finnland, Frankreich, Hong Kong, Japan, Malaysia, Norwegen, Singapur, Spanien, Schweden und die Schweiz.

einer Bilanzierung nach IAS mit erhöhten Anforderungen an die Offenlegung von Informationen oder mit einer Einschränkung der Wahlmöglichkeiten bei den Bewertungsmethoden einhergeht. Weniger Wahlmöglichkeiten könnten die Komplexität der Arbeit von Analysten unter Umständen reduzieren. Das letztgenannte Argument steht allerdings im Widerspruch zur Interpretation der Ergebnisse von Basu/Hwang/Jan. Umfangreichere Wahlmöglichkeiten könnten von Unternehmen zur Glättung des ausgewiesenen Ergebnisses genutzt werden, so dass den Analysten die Prognose von Gewinnen erleichtert würde.

Eine weitere internationale Studie zum Zusammenhang zwischen der Offenlegung von Informationen und Ergebnisschätzungen von Analysten stammt von Higgins (1998). In der Untersuchung wird der Disclosure Index von Saudagaran/Biddle (1992) als erklärende Variable für die Genauigkeit und die Verzerrung der Schätzungen von Analysten verwendet. Der Index von Saudagaran/Biddle basiert auf einer Befragung von Experten und beschreibt Qualität und Quantität sowohl der vorgeschriebenen als auch der freiwilligen Offenlegung von Informationen in unterschiedlichen Ländern. Higgins kommt zu dem Ergebnis, dass Schätzungen genauer und weniger verzerrt sind, wenn Umfang und Qualität der Offenlegung von Informationen in einem Land als hoch einzustufen sind. Ein gewichtiger Nachteil der Studie besteht allerdings darin, dass in der Regressionsanalyse keine Kontrollvariablen für weitere Einflüsse auf die Genauigkeit und die Verzerrung der Schätzungen von Analysten verwendet werden.

Zusammenfassend lässt sich sagen, dass die Ergebnisschätzungen von Analysten umso genauer sind, je höher Quantität und Qualität der Offenlegung von Informationen sind. Umfangreiche und nützliche Informationen schaffen günstige Voraussetzungen für genaue Ergebnisschätzungen.

5.1.3.2 Weitere Studien

Neben den indexbasierten Studien gibt es mehrere Untersuchungen, die sich mit dem Einfluss der Segmentberichterstattung auf die Prognosegenauigkeit der Analysten befassen. Die Segmentberichterstattung gehört zu den Rechnungslegungsinformationen, die von Analysten besonders intensiv genutzt werden.[964] Informationen über einzelne Segmente erlauben differenziertere Urteile über Entwicklungen in einzelnen Geschäftsfeldern oder geographischen Regionen als aggregierte Zahlen.

[964] Vgl. Schulz (1999), S. 200.

Hussain (1997) kommt in einer Untersuchung britischer Unternehmen zu dem Ergebnis, dass die Genauigkeit der Ergebnisschätzungen umso größer ist, je feiner Unternehmen Segmente geographisch und nach Geschäftsfeldern definieren. Weniger hilfreich für Analysten ist eine Berichterstattung auf Grundlage einer groben Segmentierung, die nur wenig detaillierte Informationen enthält und Kategorien wie beispielsweise Rest der Welt oder Ähnliches verwendet. Der Einfluss der Segmentberichterstattung auf die Schätzgenauigkeit der Analysten hängt von der Veränderung des ausgewiesenen Ergebnisses gegenüber den Vorjahren ab. Je stärker sich das ausgewiesene Ergebnis verändert, desto schwerer fällt Analysten eine exakte Prognose und desto hilfreicher ist eine detaillierte Segmentberichterstattung der Unternehmen.

Ausgangspunkt mehrerer Studien ist die Einführung oder Änderung von Vorschriften zur Segmentberichterstattung. Baldwin (1984) und Swaminathan (1991) untersuchen, welche Wirkung die ab 1971 gültigen Vorschriften der SEC zur Segmentberichterstattung auf die Genauigkeit und Streuung der Ergebnisschätzungen von Analysten in den USA haben. Die Studien kommen zu dem Ergebnis, dass die Prognosen der Analysten nach Einführung der Vorschriften genauer sind und weniger stark streuen.

Behn/Nichols/Street (2002) untersuchen, wie die Einführung von SFAS No. 131 die Prognosetauglichkeit der Segmentinformationen von US-amerikanischen Unternehmen in den Jahren 1996 und 1997 beeinflusst. SFAS No. 131 verlangt von Unternehmen, stärker disaggregierte Informationen über geographische Segmente als unter dem vorher gültigen SFAS No. 14 offen zu legen. Im Unterschied zu den Studien von Baldwin und Swaminathan verwenden Behn/Nichols/Street allerdings keine Schätzungen, die von Analysten tatsächlich abgegeben wurden, sondern generieren mit Hilfe mechanischer Modelle Ergebnis- und Umsatzprognosen auf Grundlage der Segmentinformationen nach SFAS No. 131 und nach SFAS No. 14. Es werden verschiedene mechanische Prognosemodelle verwendet, denen unterschiedliche Annahmen über Wachstumsraten und Wechselkurse zugrunde liegen. Mit den Modellen werden keine tatsächlichen, sondern potentielle Änderungen der Prognosegenauigkeit untersucht. In der Praxis können andere Einflüsse wie Anreize der Analysten zu optimistischen Schätzungen eine höhere Prognosegenauigkeit aufgrund veränderter Offenlegungsanforderungen in manchen Fällen möglicherweise überlagern. Behn/Nichols/Street kommen zu dem Ergebnis, dass Segmentinformationen nach SFAS No. 131 signifikant genauere Umsatzprognosen als unter der alten Regelung gemäß SFAS No. 14 ermöglichen. Bei den Ergebnisschätzungen lässt sich eine geringfügig größere Genauigkeit nur dann feststellen, wenn Unternehmen von der Möglichkeit Gebrauch machen, freiwilllige Zusatzangaben zu den Ergebnissen nach geographischen Segmenten gemäß SFAS No. 131 zu veröffentlichen.

5.2 Bedeutung der Einhaltung von Offenlegungspflichten für die Genauigkeit der Ergebnisschätzungen von Analysten am Neuen Markt

5.2.1 Ableitung der zu untersuchenden Hypothese

Die im vorangehenden Abschnitt dargestellten Studien kommen zu dem Ergebnis, dass Quantität und Qualität von Rechnungslegungsinformationen einen positiven Einfluss auf die Genauigkeit der Ergebnisprognosen von Analysten haben. Die vorliegende Untersuchung beschäftigt sich mit einem speziellen Aspekt der Quantität und Qualität von Rechnungslegungsinformationen, nämlich mit der Einhaltung von Vorschriften zur Offenlegung nach IAS und US-GAAP. Rechnungslegungsinformationen sind für Analysten verhältnismäßig verlässlich und relativ einfach zu interpretieren, wenn Unternehmen die Vorschriften zur Offenlegung befolgen. Andernfalls wird die Analyse der Informationen erschwert. Fehlende oder nicht regelkonform veröffentlichte Informationen können die Unsicherheit von Analysten erhöhen.[965] Eine mögliche Folge sind durchschnittlich ungenauere Ergebnisprognosen.

Der Einfluss der Einhaltung von Offenlegungspflichten („compliance with disclosure requirements“) auf die Prognosegenauigkeit von Analysten wird hier am Beispiel von Unternehmen untersucht, die im Jahr 2001 am Neuen Markt gelistet waren. Der Neue Markt war ein Börsensegment für junge und innovative Wachstumsunternehmen. Unternehmen am Neuen Markt mussten nach IAS oder US-GAAP bilanzieren. Ziel dieser Vorschrift war es, die Transparenz für Anleger zu fördern. Der Handel am Neuen Markt begann im März 1997 und endete im Jahr 2003 mit der Einführung neuer Börsensegmente. Ergebnisprognosen für junge Wachstumsunternehmen können als besonders schwierig angesehen werden, da die Entwicklung des Geschäftsverlaufs und der Erfolg von Geschäftsmodellen in den frühen Lebensphasen eines Unternehmens meistens von besonders vielen, schwer einschätzbaren Faktoren abhängig sind. Risiken für die Unternehmen können beispielsweise von einer nicht ausreichenden Qualität des Managements und anderer Mitarbeiter, einem

[965] Die Unsicherheit von Analysten kann auch zunehmen, wenn lediglich Unklarheit darüber besteht, ob Unternehmen gegen Rechnungslegungsvorschriften verstoßen oder sich regelgerecht verhalten.

ungenügend ausgebauten Rechnungswesen, dem Markteintritt neuer Wettbewerber, einer kleinen Produktpalette und unerwarteten technologischen Veränderungen ausgehen.[966] Viele Unsicherheiten sind an die große Bedeutung des Produktionsfaktors Know-how geknüpft, die an den verhältnismäßig hohen Werten für die Relation von immateriellem Vermögen zum Eigenkapital aus den Bilanzen der Unternehmen am Neuen Markt abgelesen werden kann.[967]

Am Neuen Markt hatten sich die Kurse der meisten Unternehmen bis zum Frühjahr des Jahres 2000 sehr positiv entwickelt, wie sich am Index Nemax 50 ablesen lässt (vgl. Abbildung 17), der die nach Börsenumsatz und Marktkapitalisierung 50 größten Unternehmen des Neuen Marktes umfasste.

Abbildung 17: Entwicklung des Nemax 50 von 1999 bis 2002

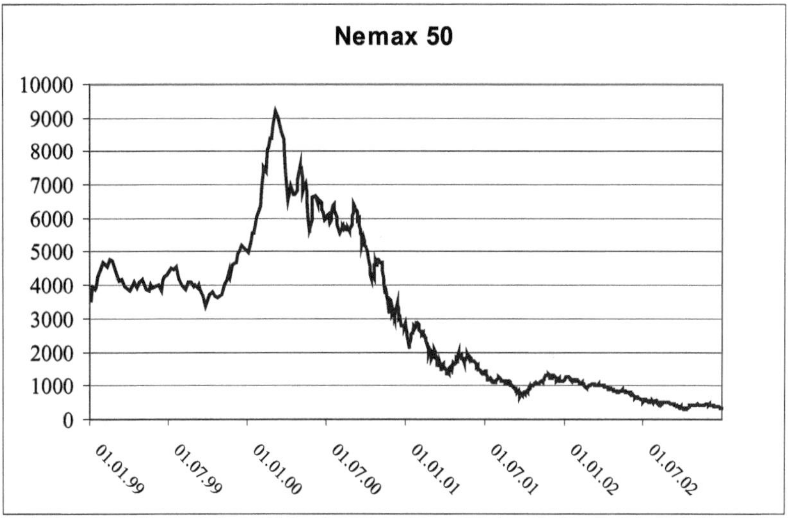

Quelle: Effecten Spiegel.

Den Zeitpunkt des danach einsetzenden Kursverfalls haben viele Anleger nicht vorausgesehen. Auch Analysten haben die negative Entwicklung am Neuen Markt in ihren Research-Berichten i. d. R. nicht korrekt antizipiert. In der Folge wurden Analysten in der Presse scharf kritisiert. Die Vorwürfe bezogen sich unter anderem auf zu optimistische und ungenaue Ergebnisprognosen. Analysten haben zum Teil zwar eingeräumt, dass ihre Prognosen nicht sehr genau waren. Zugleich haben sie sich aber auch gegen die Kritik verteidigt. Ein

966 Vgl. Küting (2001b), S. 507 ff.
967 Vgl. ebenda, S. 25 f.

Argument lautete, dass viele Unternehmen am Neuen Markt Offenlegungsvorschriften nach IAS und US-GAAP nicht eingehalten hätten. Die Analysten behaupteten, dass die Missachtung der Offenlegungsvorschriften nach IAS und US-GAAP eine Ursache für die ungenauen Ergebnisprognosen gewesen sei.[968] Dass viele Unternehmen in der Tat Offenlegungsvorschriften nach IAS und US-GAAP nicht korrekt befolgt haben, ist in der Studie von Glaum/Street (2002, 2003) gezeigt worden.[969] In der vorliegenden Arbeit soll nun untersucht werden, ob das Argument der Analysten zutreffend ist, die Missachtung der Offenlegungsvorschriften also tatsächlich als eine Ursache für ungenaue Ergebnisprognosen angesehen werden kann. Es soll überprüft werden, ob Analysten Ergebnisse je Aktie umso genauer prognostizieren, je korrekter die Unternehmen die Offenlegungsvorschriften nach IAS bzw. US-GAAP befolgen.

Die Einhaltung von Offenlegungsvorschriften kann die Genauigkeit der Prognosen von Analysten vermutlich nicht unter allen Umständen gleichermaßen positiv beeinflussen. Mehrere Faktoren können die Wirkung einer regelkonformen Berichterstattung auf die Prognosegenauigkeit fördern oder behindern. Eine besondere Bedeutung kommt dem Schwierigkeitsgrad einer Ergebnisprognose zu.[970] Je schwieriger die Ergebnisprognose ist, desto hilfreicher kann es für Analysten sein, wenn Unternehmen die Offenlegungsvorschriften gemäß IAS bzw. US-GAAP einhalten. Ergebnisprognosen gelten empirischen Studien zufolge als besonders schwierig, wenn das ausgewiesene Ergebnis deutlich vom Vorjahresniveau abweicht.[971]

Darüber hinaus könnte die Beziehung zwischen der Einhaltung von Offenlegungsvorschriften und der Prognosegenauigkeit von Analysten auch von der Branchenzugehörigkeit eines Unternehmens und von Anreizen der Analysten zu optimistischen Prognosen abhängen. Die Branchenzugehörigkeit steht zum Teil auch stellvertretend für den Schwierigkeitsgrad einer Prognose. Wenn technische und wirtschaftliche Entwicklungen in bestimmten Branchen besonders schwer vorhersehbar sind, kann die Unsicherheit der Analysten besonders groß sein. Außerdem können Rechnungslegungsinformationen die wirtschaftliche Lage von Unternehmen in bestimmten Branchen möglicherweise nicht besonders gut widerspiegeln. Beispielsweise werden immaterielle Werte von Unternehmen aus Know-how-intensi-

[968] Vgl. o. V. (2001a), S. 27.
[969] Zur relativ schlechten Qualität der Berichterstattung von Unternehmen am Neuen Markt vgl. auch d'Arcy/Grabensberger (2003); Küting (2001b), S. 32 – 36.
[970] Vgl. Hussain (1997), S. 150; Lang/Lundholm (1996), S. 478 u. 487; Hope (2003), S. 249 u. 257.
[971] Vgl. ebenda.

ven Branchen nur unzureichend in der externen Rechnungslegung abgebildet.[972] Anreize von Analysten zu optimistischen Prognosen könnten den Einfluss einer regelkonformen Berichterstattung auf die Prognosegenauigkeit überlagern. Insbesondere in Phasen einer als vorübergehend angenommenen Ertragsschwäche könnten Analysten wider besseres Wissen optimistische Prognosen abgeben. In solchen Phasen könnte die Einhaltung von Offenlegungspflichten dazu beitragen, Analysten gut zu informieren, ohne dass sich die Informationen in genaueren Ergebnisschätzungen widerspiegeln. Anreize zu optimistischen Prognosen haben Analysten vor allem, um eine gute Beziehung zum Management der Unternehmen aufzubauen und um die Geschäfte im Investment Banking und mit Kommissionseinnahmen zu fördern.

In der vorliegenden Arbeit soll folgende Hypothese überprüft werden:

> Analysten prognostizieren das Ergebnis je Aktie eines Unternehmens umso genauer, je mehr Offenlegungsvorschriften nach IAS bzw. US-GAAP das Unternehmen befolgt. Der Einfluss der Einhaltung von Offenlegungsvorschriften auf die Prognosegenauigkeit hängt ab vom Schwierigkeitsgrad der Prognose, der Branchenzugehörigkeit des Unternehmens und Anreizen von Analysten zu optimistischen Prognosen.

Diese Hypothese wird in der vorliegenden Arbeit für eine Sondersituation getestet. Zum einen werden junge und innovative Wachstumsunternehmen untersucht und zum anderen wird mit dem Jahr 2001 eine Phase eines starken Kursverfalls betrachtet. Tendenziell tragen beide Umstände eher dazu bei, Analysten die Ergebnisprognose zu erschweren. Deutlich leichter dürfte Analysten die Ergebnisprognose für Unternehmen fallen, die Branchen der Old Economy mit verhältnismäßig stabiler wirtschaftlicher Entwicklung angehören.

5.2.2 Beschreibung des Samples und Methode der Untersuchung

Die Untersuchung basiert auf einer Stichprobe von 200 Unternehmen, für die Glaum/Street (2002, 2003) einen Disclosure Compliance Index ermittelt haben. Dieser Index erfasst, in welchem Maße Unternehmen Offenlegungsvorschriften nach IAS und US-GAAP befolgen. Alle 200 Unternehmen waren im Juni 2001 am Neuen Markt notiert.[973] Von den 200

972 Vgl. dazu auch Abschnitt 3.4.2.1 dieser Arbeit.

973 Die Unternehmen gehören nicht den Branchen Finanzdienstleistungen und Media & Entertainment an. Unternehmen dieser Branchen müssen spezielle Anforderungen an Rechnungslegung und Publizität erfüllen und wurden daher aus der Untersuchung ausgeschlossen. Vgl. Glaum/Street (2002), S. 27; Glaum/Street (2003), S. 74.

Unternehmen bilanzieren 100 nach IAS und 100 nach US-GAAP. Für 115 der 200 Unternehmen mit Disclosure Compliance Index liegen Gewinnschätzungen der Analysten für das Geschäftsjahr 2001 und Angaben für die EPS der Jahre 2000 und 2001 vor. Die Daten für Gewinnschätzungen und EPS stammen aus der IBES-Datenbank.[974] In vier Fällen endet das Geschäftsjahr der Unternehmen nicht zwischen dem 31.8. und dem 31.12. Diese Unternehmen werden aus dem Sample ausgeschlossen, um deutliche Unterschiede im Prognosehorizont zu vermeiden. Das Untersuchungssample umfasst somit insgesamt 111 Unternehmen (vgl. Tabelle 15).

Tabelle 15: Auswahl des Untersuchungssamples

Unternehmen am Neuen Markt im Juni 2001 mit Disclosure Compliance Index	**200**
abzüglich Unternehmen ohne Gewinnschätzungen oder ohne EPS für die Jahre 2000 und 2001 aus IBES	85
Unternehmen mit Disclosure Compliance Index, Gewinnschätzung und EPS	**115**
abzüglich Unternehmen, deren Geschäftsjahr nicht zwischen dem 31.8. und dem 31.12. endet	4
Unternehmen im Untersuchungssample	**111**

Beschreibung der verwendeten Variablen

Für die Unternehmen im Untersuchungssample werden eine Reihe von Daten benötigt. Tabelle 16 enthält eine Aufstellung der Variablen, die in dieser Untersuchung verwendet werden. Das Hauptaugenmerk gilt den Variablen Prognosegenauigkeit der Analysten (PG) und dem Disclosure Compliance Index (DIS). Die anderen Variablen sind Kontrollgrößen. Diese Variablen können die Prognosegenauigkeit der Analysten ebenfalls beeinflussen, stehen hier aber nicht im Mittelpunkt des Interesses.

974 Die IBES-Daten wurden zum Teil von der DZ Bank zur Verfügung gestellt und zum Teil aus der Datenbank Worldscope entnommen.

Tabelle 16: Verwendete Variablen

Variable	Erläuterung	Quelle
PG	Prognosegenauigkeit der Analysten: Absoluter Wert der Abweichung des EPS vom Median der Analystenschätzungen skaliert mit dem Aktienkurs vom Beginn des Jahres 2001	IBES
DIS	Disclosure Compliance Index zur Messung der Einhaltung von Offenlegungspflichten nach IAS und US-GAAP für Unternehmen am Neuen Markt	Glaum/Street (2002, 2003)
Δ EPS	Absoluter Wert der Veränderung des EPS gegenüber dem Vorjahr skaliert mit dem Aktienkurs vom Beginn des Jahres 2001	IBES
POS Δ	Indikatorvariable für Unternehmen mit konstantem oder wachsendem EPS gegenüber dem Vorjahr	IBES
GRÖSSE	Marktwert (logarithmiert)[975]	Worldscope
ZS	Zahl der Analystenschätzungen für das EPS von 2001 zum Zeitpunkt Ende Juni 2001	IBES
INFO	Zahl der Artikel zu den untersuchten Unternehmen in der *Börsen-Zeitung* im Zeitraum von Juli 2000 bis Juni 2001	*Börsen-Zeitung*

Die Prognosegenauigkeit der Analysten (PG) für Unternehmen i und Jahr t wird hier wie in Lang/Lundholm (1996) definiert:

$$PG_{i,t} = -\frac{\left|EPS_{i,t} - S_{i,t}\right|}{P_{i,t-1}}$$

mit P als dem Aktienkurs, EPS als dem Ergebnis je Aktie und S als der Konsensusschätzung der Analysten, die hier als Median der einzelnen Schätzungen der Analysten definiert ist.[976] Die Differenz zwischen dem Ergebnis je Aktie und der Schätzung der Analysten wird durch den Kurs zu Beginn des Jahres dividiert, um Unterschiede in der Größe der Unternehmen zu berücksichtigen. In anderen Studien ist neben dem Kurs auch das Ergebnis je Aktie eine übliche Skalierungsgröße. Für Unternehmen des Neuen Marktes liegt das Ergebnis je Aktie allerdings häufig nahe bei null. Dadurch würden sich schon bei nur ge-

[975] Die Marktwerte werden für die Regressionsrechnung logarithmiert, da die Verteilung der Marktwerte linksschief ist. Vgl. Glaum/Street (2002), S. 26.

[976] Um die Robustheit der Untersuchungsergebnisse zu überprüfen, wird alternativ auch das arithmetische Mittel als Konsensusschätzung verwendet. Die Untersuchungsergebnisse ändern sich dadurch nicht. Vgl. dazu auch Abschnitt 5.2.4 dieser Arbeit.

ringen Abweichungen der Prognosen vom tatsächlichen EPS unangemessen stark negative Werte für die Prognosegenauigkeit ergeben. Die Streuung der Werte für die Prognosegenauigkeit wäre sehr hoch.[977] Das Ergebnis je Aktie ist folglich für die vorliegende Untersuchung als Deflator ungeeignet. Daher wird der Aktienkurs als Deflator verwendet und auf Kontrollrechnungen mit EPS als Deflator verzichtet.

Die obige Definition der Prognosegenauigkeit hat den Vorteil, dass die Variable PG höhere Werte annimmt, wenn die Prognosen näher beim tatsächlichen EPS liegen. Der Vorteil zeigt sich in der folgenden Regressionsanalyse mit PG als der abhängigen Variable. Positive Vorzeichen der Regressionskoeffizienten für die untersuchten Determinanten der Prognosegenauigkeit zeigen bei obiger Definition von PG positive Einflüsse auf die Prognosegenauigkeit an.[978] Für einige Unternehmen des Neuen Marktes weicht die Konsensusprognose der Analysten stark vom tatsächlich ausgewiesenen EPS ab, so dass die Variable PG sehr niedrige Werte annimmt. Für Unternehmen, für die PG unterhalb von –1 liegt, wird der Wert von PG auf –1 gesetzt. Dieses Verfahren zum Umgang mit Ausreißern wird im Englischen als „Winsorizing" bezeichnet und beispielsweise auch in der Studie von Hope (2003) zur Korrektur der Variable für die Prognosegenauigkeit von Analysten eingesetzt.[979]

Werte für den Disclosure Compliance Index (DIS) wurden aus Glaum/Street (2002, 2003) entnommen.[980] Der Index misst, welchen Anteil der nach IAS bzw. US-GAAP zu publizierenden Einzelangaben ein Unternehmen tatsächlich offen legt. Die Berechnung des Indexes basiert auf zwei detaillierten Checklisten mit Offenlegungsanforderungen nach IAS und US-GAAP. Glaum/Street erstellen die Checklisten auf Grundlage des von Ernst & Young (2000) herausgegebenen Werkes *IAS/US-GAAP Comparison*. Die Listen für IAS und US-GAAP sind nicht völlig identisch, aber sehr ähnlich. Tabelle 17 zeigt, auf welche Bereiche sich die Ausweispflichten beziehen, die vom Index erfasst werden.

Der Index entspricht für jedes untersuchte Unternehmen dem Verhältnis der Zahl der tatsächlich veröffentlichten Angaben zur Gesamtzahl der offen zu legenden Angaben. Für die 200 von Glaum/Street untersuchten Unternehmen des Neuen Marktes ergibt sich ein durchschnittlicher Disclosure Compliance Index von 83,7%. Die Werte liegen in einem Bereich zwischen 41,6% und 100%. Der Disclosure Compliance Index bezieht sich auf die Einhal-

---

977 Vgl. Patz (1989), S. 269.
978 Vgl. Lang/Lundholm (1996), S. 476.
979 Zum Einfluss von Ausreißern auf die Ergebnisse der Untersuchung vgl. im Folgenden genauer.
980 Zum Disclosure Compliance Index vgl. Glaum/Street (2002), S. 32 ff.; Glaum/Street (2003), S. 74 u. 79.

tung von Offenlegungspflichten. Die Bereiche Bilanzierung und Bewertung werden von dem Index nicht erfasst.

Tabelle 17: Ausweispflichten nach IAS und US-GAAP

Ausweispflichten – Themenbereiche
Gewinnrealisierung
Konzernabschlüsse / Bilanzierung von Anteilen an Tochterunternehmen
Bilanzierung von Anteilen an assoziierten Unternehmen
Unternehmenszusammenschlüsse Interessenzusammenführung / Pooling of Interest Akquisitionen / Erwerbsmethode
Goodwill-Bilanzierung
Währungsumrechnung
Immaterielle Vermögensgegenstände
Sachanlagevermögen
Wertminderungen
Fremdkapitalkosten
Forschung und Entwicklung
Finanzinstrumente
Vorräte
Leasing
Steuern
Rückstellungen und Eventualverbindlichkeiten
Eigenkapital
Mitarbeiteraktienprogramme
Bilanzierung von Pensionskosten und anderen Altersversorgungsleistungen
Erfolgsrechnung / Reporting financial performance Einstellung von Bereichen Außerordentliches Ergebnis Eigenkapitalveränderungsrechnung / Comprehensive income
Ergebnis je Aktie
Kapitalflussrechnung
Segmentberichterstattung
Ereignisse nach dem Bilanzstichtag

Quelle: Glaum/Street (2002), S. 33.

Die anderen in Tabelle 16 aufgeführten Variablen dienen der Kontrolle weiterer Einflüsse auf die Genauigkeit von Ergebnisprognosen. ΔEPS gibt den absoluten Wert der Veränderung des EPS gegenüber dem Vorjahr an. Die Variable wird mit dem Aktienkurs skaliert. ΔEPS kann als Stellvertreter für die Menge an neuen Informationen betrachtet werden, die einen Einfluss auf das ausgewiesene Ergebnis haben. Beispielsweise könnte die Einführung eines neuen Produkts eine wichtige Information sein, die eine deutliche Wirkung auf das ausgewiesene Ergebnis hat. Je mehr solche Informationen vorliegen, desto schwieriger dürfte die Ergebnisprognose für Analysten sein. ΔEPS stellt ein Maß für den Schwierigkeitsgrad einer Ergebnisprognose dar.[981] Daher ist ein negativer Einfluss von ΔEPS auf die Prognosegenauigkeit zu erwarten. Wie die Variable PG nimmt auch ΔEPS für einige Unternehmen extreme Werte an. Analog zur Vorgehensweise bei PG wird der Variable ΔEPS für Unternehmen mit einer kursskalierten Ergebnisänderung oberhalb von 1 der Wert 1 zugewiesen.

POSΔ ist eine Dummy-Variable, die den Wert eins annimmt, wenn das EPS eines Unternehmens gegenüber dem Vorjahr nicht gesunken ist. Die Prognosegenauigkeit der Analysten ist vermutlich geringer für Unternehmen mit sinkendem Gewinn als für Unternehmen mit steigendem Gewinn, da Analysten Anreize zu optimistischen Prognosen haben. Diese Anreize könnten Analysten dazu bewegen, übertrieben positive Gewinnschätzungen insbesondere dann abzugeben, wenn es noch sehr unsicher ist, wie stark ein Unternehmen tatsächlich in eine wirtschaftlich schwierige Lage gerät.[982] Außerdem ist es möglich, dass Analysten generell Schwierigkeiten haben, Ergebnisse von Unternehmen mit negativer Gewinnänderung zu prognostizieren.[983] Gerade für Wachstumsunternehmen dürften Analysten vermutlich in der überwiegenden Zahl der Fälle steigende Gewinne erwarten. In jedem Fall ist davon auszugehen, dass die Prognosegenauigkeit für Unternehmen mit positiver Ergebnisänderung größer ist.

Die Variable GRÖSSE entspricht dem Marktwert der Unternehmen. Die Unternehmensgröße wird in sehr vielen Studien zur Erklärung der Prognosegenauigkeit von Analysten verwendet. In den meisten Studien ergibt sich ein positiver Zusammenhang zwischen Unternehmensgröße und Prognosegenauigkeit. Mit der Größe der Unternehmen steigt vermutlich die durchschnittlich verfügbare Menge an Informationen über die Unternehmen.[984] Je mehr Informationen verfügbar sind, desto einfacher dürfte Analysten die Ergebnisprognose fallen. Die Variable GRÖSSE steht allerdings nicht nur stellvertretend für die Menge verfügbarer Informationen, sondern kann vermutlich auch eine Reihe weiterer Einflussfaktoren auf die Prognosegenauigkeit der Analysten abbilden. So ergibt sich in der Studie von Hope (2003) ein signifikant negativer Einfluss der Unternehmensgröße auf die Prognosegenauigkeit der Analysten.[985] In der vorliegenden Untersuchung soll keine Aussage über das erwartete Vorzeichen des Zusammenhangs zwischen der Unternehmensgröße und der Prognosegenauigkeit getroffen werden.

---

981 Vgl. Lang/Lundholm (1996), S. 478; auch Hope (2003), S. 249; Hussain (1997), S. 147.
982 Vgl. Hussain (1997), S. 153.
983 Vgl. ebenda.
984 Vgl. Lang/Lundholm (1993).
985 Vgl. Hope (2003), S. 250 u. S. 256 ff.

Die Zahl der Analystenschätzungen ZS ist wie die Unternehmensgröße eine häufig gebrauchte Kontrollvariable. Je mehr Analysten ein Unternehmen beobachten, desto intensiver ist i. d. R. die Konkurrenz unter den Analysten. Aus der Konkurrenz ergeben sich für Analysten Anreize zu größeren Anstrengungen bei der Unternehmensanalyse und bei der Ergebnisprognose.[986] Es ist also eine positive Beziehung zwischen der Zahl der Analystenschätzungen und der Prognosegenauigkeit zu erwarten.

Die Variable INFO gibt die Zahl der Artikel an, die in der *Börsen-Zeitung* im Zeitraum von Juli 2000 bis Juni 2001 zu den Unternehmen erschienen sind. INFO stellt ein Maß für die Verfügbarkeit von Informationen zu den untersuchten Unternehmen dar. Je stärker das Interesse an einem Unternehmen, desto mehr Informationen werden zu einem Unternehmen publiziert. Die Menge der verfügbaren Informationen zu einem Unternehmen spiegelt sich unter anderem in der Zahl der Artikel zu dem Unternehmen in einer Publikation wie der *Börsen-Zeitung* wider. Je mehr Informationen zu einem Unternehmen verfügbar sind, desto umfangreicher und sicherer ist das Wissen, auf dessen Grundlage Analysten Ergebnisprognosen abgeben. Es lässt sich also ein positiver Zusammenhang zwischen INFO und der Prognosegenauigkeit der Analysten erwarten. Die Kontrollvariable INFO berücksichtigt, dass Analysten prognoserelevante Informationen auch über andere Wege als die Rechnungslegung der Unternehmen erhalten. Ohne die Kontrollvariable INFO bestünde die Gefahr, dass die Untersuchungsergebnisse aufgrund einer möglichen Korrelation zwischen dem Disclosure Compliance Index und der Verfügbarkeit weiterer Informationen verzerrt werden.

Neben den bereits genannten Variablen werden Dummies für die Zugehörigkeit zu unterschiedlichen Branchen als weitere Kontrollgrößen in den Regressionsrechnungen berücksichtigt.[987] Die verwendete Branchenklassifikation stammt von der Deutsche Börse AG. Die Unternehmen werden den folgenden sieben Branchen zugeordnet: Biotechnologie und Medizintechnik, Industrie und industrielle Dienstleistungen, Internet, IT-Dienstleistungen, Software, Technologie, Telekommunikation.

Abbildung 18 zeigt, wie die Veröffentlichung der Geschäftsberichte, die Prognosen der Analysten und die Bekanntgabe der Ergebnisse je Aktie zeitlich aufeinander folgen.

[986] Vgl. Lys/Soo (1995).

[987] Zur Branchenzugehörigkeit der am Neuen Markt notierten Unternehmen vgl. beispielsweise DZ Bank (2001).

Abbildung 18: Zeitliche Abfolge der untersuchten Ereignisse

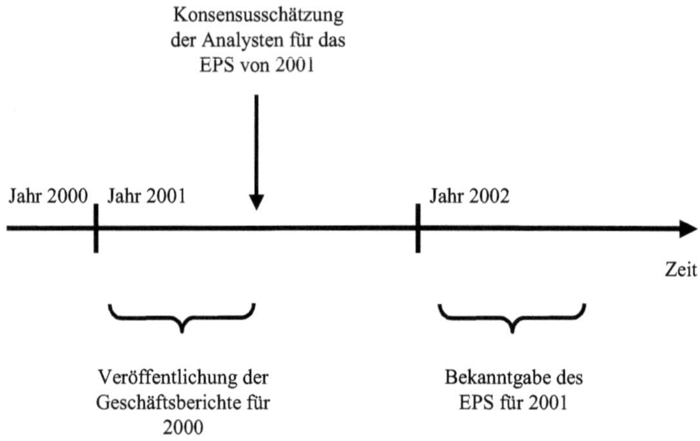

Der Zeitstrahl verdeutlicht, dass die untersuchten Ergebnisprognosen abgegeben wurden, nachdem die Geschäftsberichte für das Jahr 2000 in der ersten Hälfte des Jahres 2001 veröffentlicht waren. Die Ergebnisse je Aktie für das Jahr 2001 wurden zu Beginn des Jahres 2002 bekannt gegeben. Der Prognosehorizont ist also i. d. R. etwas länger als sechs Monate.

Deskriptive statistische Informationen

Tabelle 18 enthält deskriptive statistische Informationen zu den Variablen, die in dieser Studie verwendet werden. Der Median der Prognosegenauigkeit liegt bei -0,0437. Der deutlich höhere Wert für das arithmetische Mittel der Prognosegenauigkeit ist auf einige sehr ungenaue Ergebnisschätzungen zurückzuführen. Der durchschnittliche Disclosure Compliance Index für die untersuchten Unternehmen liegt bei 83,66%. Das Minimum beträgt 48,33% und das Maximum 98,90%. In der *Börsen-Zeitung* sind durchschnittlich 8,5 Artikel im Zeitraum von Juli 2000 bis Juni 2001 zu den Unternehmen des Untersuchungssamples erschienen. Der Median der kursskalierten Veränderung des EPS gegenüber dem Vorjahr liegt bei 0,0573. Wie für die Variable PG zeigt der wesentlich höhere Wert für das arithmetische Mittel, dass sich bei einigen Unternehmen das EPS gegenüber dem Vorjahr sehr stark verändert hat. Mittelwert und Median der logarithmierten Marktwerte liegen bei 3,952 Mio. Euro und 3,877 Mio. Euro. Für die nicht logarithmierten Marktwerte ergeben sich ein Mittelwert von 109 Mio. Euro und ein Median von 48 Mio. Euro. Die durchschnittliche Zahl der Ergebnisprognosen beträgt 5,14 pro Unternehmen. Mit 69 von 111 liegt der Anteil der Unternehmen mit einer negativen Veränderung des EPS gegenüber dem Vorjahr in der untersuchten Stichprobe verhältnismäßig hoch. Nur für 42 Unternehmen ist das EPS des Jahres 2001 nicht niedriger als das EPS des Jahres 2000.

Tabelle 18: Deskriptive Statistik

Variable	N	Mittelwert	Std.abw.	25%	50%	75%
PG	111	-0,1213	0,1870	-0,1501	-0,0437	-0,0142
DIS	111	0,8366	0,1112	0,7625	0,8493	0,9286
INFO	111	8,50	5,39	5	7	11
Δ EPS	111	0,1492	0,2376	0,0103	0,0573	0,1628
GRÖSSE	111	3,9524	1,2188	3,0478	3,8774	4,8367
ZS	111	5,14	4,83	2	4	6
Dummy-Variable						
Variable	**N**	**POS Δ = 0 bzw. Δ EPS < 0**			**POS Δ = 1 bzw. Δ EPS ≥ 0**	
POS Δ	111	69			42	

Tabelle 19 zeigt die Korrelationsmatrix für die verwendeten Variablen. Die Korrelation zwischen der Prognosegenauigkeit und dem Disclosure Compliance Index ist nicht signifikant und liegt nahe bei null. Der Disclosure Compliance Index ist signifikant positiv mit der Zahl der vorliegenden Analystenschätzungen korreliert. Dieser Zusammenhang deutet darauf hin, dass Analysten bevorzugt Unternehmen mit korrekter Berichterstattung in ihre Coverage aufnehmen.[988]

---

[988] Wird die Zahl der Ergebnisprognosen auf die Variablen GRÖSSE, INFO und DIS regressiert, ergibt sich für DIS ein positiver Regressionskoeffizient, der auf einem Niveau von 10% signifikant ist. Der Zusammenhang zwischen der Zahl der Ergebnisprognosen und dem Disclosure Compliance Index besteht also auch nach Berücksichtigung der Einflüsse durch die Unternehmensgröße und die Verfügbarkeit von Informationen.

Die Variablen ΔEPS, GRÖSSE und ZS sind signifikant mit der Schätzgenauigkeit korreliert. Die Korrelationskoeffizienten besitzen das jeweils erwartete Vorzeichen. Für INFO ist der Korrelationskoeffizient entgegen den Erwartungen nicht signifikant positiv.

Tabelle 19 zeigt außerdem, dass die Variablen GRÖSSE, ZS, INFO und ΔEPS signifikant miteinander korreliert sind. Aufgrund der Größenordnung der Korrelationskoeffizienten kann nicht ausgeschlossen werden, dass das Ergebnis einer Regressionsanalyse durch die Kollinearität der Regressoren beeinträchtigt werden könnte. Um das Problem der Multikollinearität so weit wie möglich zu vermeiden, werden im Folgenden auch Regressionsrechnungen ohne die Variablen GRÖSSE, ZS und INFO durchgeführt.[989] Dabei zeigt sich, dass sich die Ergebnisse für den Einfluss der Einhaltung von Offenlegungspflichten auf die Genauigkeit der Ergebnisprognosen qualitativ nicht verändern, wenn die genannten Variablen aus der Regressionsanalyse ausgeschlossen werden.

Tabelle 19: Korrelationsmatrix

	PG	DIS	INFO	Δ EPS	POS Δ	GRÖSSE
DIS	0,001					
INFO	0,054	0,155				
Δ EPS	-0,818**	0,043	-0,095			
POS Δ	-0,078	-0,087	-0,089	0,247**		
GRÖSSE	0,459**	0,077	0,435**	-0,578**	-0,168	
ZS	0,264**	0,208*	0,555**	-0,274**	-0,091	0,682**

** Korrelation ist auf dem Niveau von 0,01 signifikant (zweiseitig).
* Korrelation ist auf dem Niveau von 0,05 signifikant (zweiseitig).

Da die Branchenzugehörigkeit den Zusammenhang zwischen der Einhaltung von Offenlegungsanforderungen und der Prognosegenauigkeit möglicherweise beeinflussen kann, sollen Branchenunterschiede in der Genauigkeit der Prognosen genauer betrachtet werden. Die untersuchten Unternehmen stammen aus sieben verschiedenen Branchen. Tabelle 20 zeigt, dass deutliche Branchenunterschiede bezüglich Standardabweichung, Median und Mittelwert der Prognosegenauigkeiten bestehen.

[989] Vgl. dazu auch Gujarati (1995), S. 341 ff.

Tabelle 20: Branchenunterschiede in der Prognosegenauigkeit [990]

Branche	N	Std.abw.	Median	Mittelwert
Bio & Med Tech	14	0,053	-0,038	-0,058
Industrie	7	0,075	-0,034	-0,058
Technologie	24	0,056	-0,021	-0,048
Telekommunikation	10	0,088	-0,050	-0,082
Internet	20	0,144	-0,056	-0,136
IT-Dienstleistungen	18	0,141	-0,092	-0,137
Software	18	1,140	-0,129	-0,613

Für die Branchen Internet, IT-Dienstleistungen und Software ist die Standardabweichung der Prognosegenauigkeit erheblich höher als für die anderen Branchen. Dieses Ergebnis deutet auf eine höhere Unsicherheit der Analysten bei Ergebnisprognosen für Unternehmen der Branchen Internet, IT-Dienstleistungen und Software hin. Außerdem zeigen die Werte für den Median und den arithmetischen Mittelwert, dass die Prognosegenauigkeit der Analysten in diesen Branchen durchschnittlich niedriger ist. Die Branchen Internet, IT-Dienstleistungen und Software sind miteinander verwandt und können unter dem Oberbegriff IT-Branche zusammengefasst werden. Die Unsicherheit der Analysten bezüglich der IT-Branche kann möglicherweise darauf zurückzuführen sein, dass schwer vorhersehbare technische und wirtschaftliche Entwicklungen die Ergebnisse der Unternehmen stärker beeinflussen als in anderen Branchen. Solche Entwicklungen könnten den Einfluss der Einhaltung von Offenlegungspflichten auf die Prognosegenauigkeit überlagern. Der Einfluss der Einhaltung von Offenlegungsanforderungen auf die Prognosegenauigkeit soll daher im Folgenden nicht nur für das Gesamtsample, sondern – unter Ausschluss der „IT-Unternehmen" – auch für das Teilsample der Unternehmen aus den Branchen Biotechnologie und Medizintechnik, Industrie und industrielle Dienstleistungen, Technologie und Telekommunikation untersucht werden.

Tabelle 21 enthält deskriptive statistische Informationen zu diesem Teilsample. Im Vergleich zum Gesamtsample (vgl.Tabelle 18) zeigt sich noch einmal die durchschnittlich bessere Prognosegenauigkeit für die ausgewählten Branchen. Die Ergebnisveränderung gegenüber dem Vorjahr ist im Durchschnitt ebenfalls deutlich geringer.

[990] Für den Branchenvergleich der Prognosegenauigkeit in Tabelle 20 wird auf Werte unterhalb von –1 das Verfahren des „Winsorizing" nicht angewandt.

Tabelle 21: Deskriptive Statistik (ohne IT-Branche)

Variable	N	Mittelwert	Std.abw.	25%	50%	75%
PG	55	-0,0580	0,0640	-0,0873	-0,0340	-0,0129
DIS	55	0,8371	0,1114	0,7765	0,8361	0,9423
INFO	55	9,45	6,03	5	9	12
Δ EPS	55	0,0530	0,0722	0,0083	0,0167	0,0736
GRÖSSE	55	4,4165	1,1593	3,7641	4,2801	5,1832
ZS	55	6,15	5,45	3	4	8
Dummy-Variable						
Variable	**N**	**POS Δ = 0 bzw. Δ EPS < 0**		**POS Δ = 1 bzw. Δ EPS ≥ 0**		
POS Δ	55	37		18		

5.2.3 Ergebnisse

Regressionen für das Gesamtsample

Tabelle 22 zeigt Ergebnisse von Regressionsrechnungen für das Gesamtsample. In den Regressionen wird berücksichtigt, dass die Beziehung zwischen dem Disclosure Compliance Index und der Prognosegenauigkeit vom Schwierigkeitsgrad der Prognose abhängt. Zunächst wird also vernachlässigt, dass auch die Branchenzugehörigkeit eines Unternehmens und Anreize für Analysten den Zusammenhang zwischen Disclosure Compliance Index und Prognosegenauigkeit beeinflussen können.

Folgende Regressionsgleichung wird gemäß der Kleinst-Quadrate-Methode für das Gesamtsample geschätzt:[991]

$$PG = \beta_0 + \beta_1 (DIS * \Delta EPS) + \beta_2 INFO + \beta_3 \Delta EPS + \beta_4 POS\Delta + \beta_5 GRÖSSE + \beta_6 ZS + \varepsilon$$

991 In die Regressionsgleichung werden außerdem Branchen-Dummies als weitere Regressoren aufgenommen.

Die Regressionsgleichung enthält den Interaktionsterm DIS * ΔEPS.[992] Dadurch wird berücksichtigt, dass der Einfluss der Einhaltung von Offenlegungsvorschriften vom Schwierigkeitsgrad der Prognose abhängt. Bei hohem ΔEPS kann ein größerer Beitrag von DIS zu einer hohen Prognosegenauigkeit als bei niedrigem ΔEPS erwartet werden. Die Ergebnisse der Berechnungen sind in der mit Modell 1 überschriebenen Spalte von Tabelle 22 zusammengefasst.

Tabelle 22: Prognosegenauigkeit und Disclosure Compliance Index

Variablen	Modell 1	Modell 2
Konstante	0,003 (0,039) (0,047)	-0,042 (-1,039) (-1,394)
DIS * Δ EPS	0,580 (1,377) (0,722)	0,557 (1,336) (0,678)
INFO	-0,002 (-0,943) (-1,566)	
Δ EPS	-1,149 (-3,181)*** (-1,754)*	-1,124 (-3,133)*** (-1,664)*
POS Δ	0,052 (2,381)** (3,278)***	0,054 (2,471)** (3,376)***
GRÖSSE	-0,010 (-0,645) (-0,820)	
ZS	0,004 (1,246) (1,601)	
N	111	111
R^2 (adj.)	0,670	0,674
F-Wert	19,607	26,218
Sig (F-Wert)	0,000	0,000

Unterhalb der Schätzwerte für die Regressionskoeffizienten sind die t-Werte in Klammern angegeben. Zuerst wird der nicht korrigierte Wert aufgeführt. Dahinter wird der nach White korrigierte Wert angegeben.
* = signifikant auf einem Niveau von 10 % (zweiseitig)
** = signifikant auf einem Niveau von 5 % (zweiseitig)
*** = signifikant auf einem Niveau von 1 % (zweiseitig)

Da sowohl der Test nach Glejser als auch der Test nach White darauf hindeuten, dass die Residuen der Regression heteroskedastisch sind, werden in Tabelle 22 nicht nur die üblichen t-Werte für Kleinst-Quadrate-Schätzungen, sondern dahinter auch t-Werte angegeben,

[992] Interaktionsterme in Regressionsrechnungen werden verwendet, wenn der Zusammenhang zwischen dem Regressanden und den Regressoren von einer oder mehreren anderen Variablen abhängt. In solchen Fällen sind einfache additive Formen von Regressionsgleichungen nicht geeignet, um den Zusammenhang zwischen abhängiger und erklärenden Variablen abzubilden. Zu Interaktionstermen vgl. beispielsweise Pindyck/Rubinfeld (1998), S. 119 f.

die nach dem Verfahren von White (1980) korrigiert worden sind. Die korrigierten Werte sind robust gegenüber heteroskedastischen Residuen.

Der Regressionskoeffizient für den Interaktionsterm von Disclosure Compliance Index und Ergebnisänderung ist zwar gemäß den Erwartungen positiv, aber nicht signifikant. Der nach White korrigierte t-Wert liegt noch deutlich unter dem nicht korrigierten t-Wert (siehe Tabelle 22). Auf Grundlage dieses Resultats kann die zu untersuchende Hypothese nicht angenommen werden. Übereinstimmend mit der Unkorreliertheit von PG und DIS (siehe Tabelle 19) lässt sich kein Zusammenhang zwischen der Einhaltung von Offenlegungsvorschriften und der Prognosegenauigkeit von Analysten erkennen.

Tabelle 22 zeigt auch die Ergebnisse für die anderen Einflussgrößen. Die Änderung des EPS gegenüber dem Vorjahr beeinflusst die Prognosegenauigkeit erwartungsgemäß negativ. Die korrigierten t-Werte zeigen allerdings, dass der Einfluss der Ergebnisänderung nur auf einem Niveau von 10% signifikant ist. Außerdem sind ebenfalls gemäß den Erwartungen Ergebnisprognosen für Unternehmen mit positiver Änderung des EPS signifikant genauer als für Unternehmen mit sinkendem EPS. Die Resultate für die Variablen ΔEPS und POSΔ stimmen mit den Aussagen anderer Studien überein.[993] Die Ergebnisse für die Zahl der Zeitungsartikel, die Unternehmensgröße und die Zahl der Ergebnisprognosen sind nicht signifikant. Andere Studien stellen teilweise signifikante Einflüsse der Unternehmensgröße und der Zahl der Analysten auf die Prognosegenauigkeit fest. Diese Resultate beziehen sich i. d. R. auf Unternehmen der so genannten Old Economy und lassen sich offenbar nicht ohne weiteres auf die am Neuen Markt gelisteten Wachstumsunternehmen aus innovativen Branchen übertragen.

Die Zahl der Zeitungsartikel, die Unternehmensgröße und die Zahl der Ergebnisprognosen haben keinen signifikanten Einfluss auf die Prognosegenauigkeit. Diese relativ stark miteinander korrelierten Variablen (vgl. Tabelle 19) werden in Modell 2 aus der Regressionsgleichung entfernt. Die Ergebnisse für Regressionsmodell 2 sind gegenüber den Resultaten für Modell 1 nahezu unverändert (vgl. Tabelle 22). Der Koeffizient für den Interaktionsterm DIS * ΔEPS ist positiv, aber nicht signifikant. ΔEPS und POSΔ behalten ihren signifikannten Einfluss.

Um zu überprüfen, ob Analysten Ergebnisse je Aktie von IAS-Bilanzierern und US-GAAP-Bilanzierern unterschiedlich genau schätzen, wurde zusätzlich eine entsprechende

---

[993] Vgl. beispielsweise Lang/Lundholm (1996); Hope (2003); Hussain (1997).

Dummy-Variable als Regressor in die Untersuchung aufgenommen. Daraus ergeben sich allerdings keine Anzeichen dafür, dass die Prognosegenauigkeit von der Wahl der Unternehmen zwischen IAS und US-GAAP abhängt.

Die Ergebnisse in Tabelle 22 können die untersuchte Hypothese nicht bestätigen. Die Ursache dafür könnte darin liegen, dass nicht berücksichtigt wurde, wie Branchenunterschiede und Anreize für Analysten den Zusammenhang zwischen Disclosure Compliance Index und Prognosegenauigkeit beeinflussen.

Regressionen für das Teilsample ohne IT-Branche

Im Folgenden wird der Brancheneinfluss berücksichtigt, indem die Regressionsanalyse auf das Teilsample der Unternehmen aus den Branchen Biotechnologie und Medizintechnik, Industrie und industrielle Dienstleistungen, Technologie und Telekommunikation beschränkt wird. Um den Einfluss von Anreizen für Analysten auf den Zusammenhang zwischen Disclosure Compliance Index und Prognosegenauigkeit abzubilden, wird die ursprünglich verwendete Regressionsgleichung leicht modifiziert.

Die Variablen INFO, GRÖSSE und ZS haben wie schon für das Gesamtsample keinen signifikanten Einfluss auf die Prognosegenauigkeit. Die Darstellung beschränkt sich daher im Folgenden auf die anderen Einflussfaktoren DIS, ΔEPS und POSΔ. Tabelle 23 zeigt zunächst die Korrelationsmatrix für das Teilsample.

Tabelle 23: Korrelationsmatrix (Teilsample)

	PG	**DIS**	**Δ EPS**
DIS	0,263*		
Δ EPS	-0,779**	-0,156	
POS Δ	0,003	-0,151	0,075

** Korrelation ist auf dem Niveau von 0,01 signifikant (zweiseitig).
* Korrelation ist auf dem Niveau von 0,05 signifikant (zweiseitig).

Anders als für das Gesamtsample ist der Disclosure Compliance Index mit der Prognosegenauigkeit auf einem Niveau von 5% signifikant positiv korreliert. Die Korrelation zwischen Prognosegenauigkeit und Ergebnisänderung ist wie schon für das Gesamtsample hochsignifikant und stark negativ.

Tabelle 24 führt in der mit Modell 1 bezeichneten Spalte die Ergebnisse der Regressionsanalyse auf, die zuvor für das Gesamtsample durchgeführt wurde. Die Resultate zeigen den Einfluss der Einhaltung von Offenlegungsanforderungen auf die Prognosegenauigkeit für das Teilsample der Unternehmen aus den ausgewählten Branchen. Der Koeffizient für den Interaktionsterm DIS * ΔEPS ist zwar positiv, erscheint allerdings nur auf Basis des nicht korrigierten t-Wertes als signifikant. Auf Grundlage des korrigierten t-Wertes kann der Koeffizient des Interaktionsterms hingegen nicht als signifikant angesehen werden. Darüber hinaus zeigt Modell 1 in Tabelle 24, dass der Regressionskoeffizient für die Ergebnisänderung gegenüber dem Vorjahr erwartungsgemäß signifikant negativ ist. Der Einfluss von POSΔ ist nicht mehr signifikant.

Modell 2 ist eine leicht veränderte Version von Modell 1. Anhand von Regressionsmodell 2 soll untersucht werden, ob Anreize der Analysten den Einfluss der Einhaltung von Offenlegungsvorschriften auf die Prognosegenauigkeit beeinträchtigen. Wenn das Ergebnis je Aktie eines Unternehmens gegenüber dem Vorjahr gesunken ist, ist die Wahrscheinlichkeit besonders groß, dass sich Anreize der Analysten zu optimistischen Schätzungen negativ auf die Prognosegenauigkeit auswirken. In diesen Fällen kann die Einhaltung von Offenlegungsvorschriften die Genauigkeit der Ergebnisprognosen vermutlich in geringerem Maße als bei steigenden Gewinnen beeinflussen. Bei Unternehmen mit Ergebniszuwächsen gegenüber dem Vorjahr ist es wahrscheinlicher, dass die Einhaltung von Offenlegungsvorschriften eine positive Wirkung auf die Prognosegenauigkeit hat. Um zu überprüfen, ob sich die Determinanten der Prognosegenauigkeit für Unternehmen mit positiver Ergebnisänderung und für Unternehmen mit negativer Ergebnisänderung unterscheiden, werden zusätzliche Interaktionsterme in die Regressionsgleichung eingefügt. Die neuen Interaktionsterme ergeben sich aus der Multiplikation der Regressoren aus Modell 1 mit POSΔ. Modell 2 berücksichtigt also, dass der Einfluss von DIS auf die Prognosegenauigkeit von ΔEPS und POSΔ abhängen kann. Folgende Regressionsrechnung wird durchgeführt:[994]

$$PG = \beta_0 + \beta_1 (DIS * \Delta EPS) + \beta_2 \Delta EPS + \beta_3 POS\Delta + \beta_4 (\Delta EPS * POS\Delta) \\ + \beta_5 (DIS * \Delta EPS * POS\Delta) + \varepsilon$$

An dem Koeffizienten β_1 lässt sich der Einfluss der Einhaltung von Offenlegungspflichten auf die Prognosegenauigkeit für Unternehmen mit negativer Ergebnisänderung ablesen.

[994] Dies entspricht der Vorgehensweise in Hussain (1997). Zu der Regressionsgleichung vgl. „Regression Model 2" in Hussain (1997), S. 151 f.

Für Unternehmen mit positiver Ergebnisänderung ergibt sich der Einfluss der Einhaltung von Offenlegungspflichten auf die Prognosegenauigkeit aus $\beta_1 + \beta_5$. Die Ergebnisse der Regressionsrechnung sind in Tabelle 24 unter Modell 2 aufgeführt.

Tabelle 24: Prognosegenauigkeit und Disclosure Compliance Index (ohne IT-Branche)

Variablen	**Modell 1**	**Modell 2**
Konstante	-0,032 (-1,987)** (-1,330)	-0,028 (-2,416)** (-1,943)*
DIS * Δ EPS	1,741 (1,843)* (1,410)	0,730 (0,895) (1,756)*
Δ EPS	-2,062 (-2,750)***(-2,157)**	-1,615 (-2,403)** (-4,839)***
POS Δ	0,014 (1,120) (0,994)	-0,024 (-2,220)** (-2,047)**
Δ EPS * POS Δ		-5,130 (-4,009)*** (-2,751)***
DIS * Δ EPS * POS Δ		7,440 (4,535)*** (3,038)***
N	55	55
R^2 (adj.)	0,597	0,797
F-Wert	14,339	27,471
Sig (F-Wert)	0,000	0,000

Unterhalb der Schätzwerte für die Regressionskoeffizienten sind die t-Werte in Klammern angegeben. Zuerst wird der nicht korrigierte Wert aufgeführt. Dahinter wird der nach White korrigierte Wert angegeben.
* = signifikant auf einem Niveau von 10 % (zweiseitig)
** = signifikant auf einem Niveau von 5 % (zweiseitig)
*** = signifikant auf einem Niveau von 1 % (zweiseitig)

Der Koeffizient β_1 für den Interaktionsterm DIS * Δ EPS ist positiv und auf einem Niveau von 10% signifikant. Allerdings ist dieses Ergebnis von der Definition von Ausreißern abhängig. Der Koeffizient ist nicht mehr signifikant, wenn statt „Winsorizing" bei –1 und 1 solche Beobachtungen als Ausreißer ausgeschlossen werden, für die die Prognosegenauigkeit PG kleiner als -0,2 und die Ergebnisänderung ΔEPS größer als 0,2 ist. Für Unternehmen mit negativer Ergebnisänderung kann die zu untersuchende Hypothese also nicht bestätigt werden. Der Koeffizient β_5 ist positiv und hochsignifikant. Um den Einfluss der Einhaltung von Offenlegungspflichten auf die Prognosegenauigkeit für Unternehmen mit positiver Ergebnisänderung zu beurteilen, muss allerdings ermittelt werden, ob $\beta_1 + \beta_5$ signifikant positiv ist. Der korrigierte t-Wert für die Summe der Koeffizienten beträgt 3,351.[995] Damit kann die Hypothese für Unternehmen mit positiver Ergebnisänderung auf einem Signifikanzniveau von 1% angenommen werden. Die Einhaltung von Offenlegungspflichten hat einen positiven Einfluss auf die Prognosegenauigkeit von Analysten für Unternehmen, die nicht der IT-Branche angehören und deren Ergebnis je Aktie gegenüber dem Vorjahr nicht gesunken ist.

5.2.4 Robustheit der Ergebnisse

Um die Verlässlichkeit der Untersuchungsergebnisse einschätzen zu können, werden mehrere so genannte Robustheitstests durchgeführt. Anhand dieser Tests wird überprüft, ob sich die Ergebnisse der Untersuchung ändern, wenn die Regressionsanalyse in anderer Art und Weise spezifiziert wird.

Wie auch in anderen Studien zur Prognosegenauigkeit von Analysten üblich,[996] wird zunächst der Einfluss von Ausreißern auf die Ergebnisse untersucht. Der Einfluss extremer Ausreißer wurde bereits durch das "Winsorizing" der Variablen für die Prognosegenauigkeit und die Ergebnisänderung berücksichtigt. Den Robustheitstests liegen „engere" Definitionen von Ausreißern zu Grunde. Ausreißer werden auf zwei unterschiedliche Weisen definiert. Eine Möglichkeit besteht darin, Beobachtungen als Ausreißer aus der Analyse auszuschließen, wenn der absolute Wert der studentisierten Residuen größer als drei ist.[997] Das andere Verfahren sieht vor, Beobachtungen als Ausreißer auszuschließen, wenn der Wert der Variablen für die Prognosegenauigkeit oder für die Ergebnisänderung gegenüber dem Vorjahr unterhalb oder oberhalb eines bestimmten Schwellenwertes liegt.[998] Als Schwellen für die Prognosegenauigkeit und die Ergebnisänderung werden Werte von –1, -0,5, -0,3 und -0,2 bzw. Werte von 1, 0,5, 0,3 und 0,2 verwendet. Das wichtigste Resultat der vorliegenden Untersuchung ist, dass bei Ausschluss der IT-Branche für Unternehmen mit positiver Ergebnisänderung ein signifikant positiver Einfluss der Einhaltung von Of-

---

[995] Der t-Wert für die Summe zweier Koeffizienten $b_1 + b_2$ lässt sich folgendermaßen errechnen:
$t = b_1 + b_2 / (Var(b_1) + Var(b_2) + 2\,Cov(b_1, b_2))^{0,5}$
Vgl. beispielsweise Hardy (1993), S. 40. Der Berechnung wird die nach White korrigierte Kovarianzmatrix zugrunde gelegt. Ohne Korrektur würde sich ein t-Wert von 5,853 ergeben.

[996] Der Einfluss von Ausreißern auf Regressionsergebnisse wird in der Studie von Ahmed/Lobo/Zhang (2000) besonders deutlich. Zur Bedeutung von Ausreißern in Studien zur Prognosegenauigkeit von Analysten vgl. auch Capstaff/Paudyal/Rees (1995), S. 68.

[997] Vgl. Hope (2003), S. 264.

[998] Vgl. dazu beispielsweise Capstaff/Paudyal/Rees (2001a), S. 552.

fenlegungspflichten auf die Prognosegenauigkeit der Analysten besteht. Dieses Ergebnis bleibt unabhängig von der verwendeten Definition von Ausreißern bestehen.

Ein weiterer Spezifikationstest bezieht sich auf die Definition der abhängigen Variablen in der Regressionsanalyse. Wird in der Definition der Prognosegenauigkeit nicht der Median, sondern das arithmetische Mittel der Ergebnisschätzungen als Konsensusprognose verwendet, ergeben sich nahezu unveränderte Untersuchungsergebnisse. Auch mit dem arithmetischen Mittel als Konsensusprognose kann die untersuchte Hypothese nach Ausschluss der IT-Branche für Unternehmen mit positiver Ergebnisänderung bestätigt werden.[999]

Für 6 der 111 untersuchten Unternehmen endet das Geschäftsjahr 2001 vor dem 31.12. Daraus ergibt sich ein kürzerer Prognosehorizont für die Analysten. Die Untersuchungsergebnisse ändern sich nicht, wenn diese 6 Unternehmen aus der Analyse ausgeschlossen werden.

Die Untersuchungsergebnisse könnten weiterhin dadurch beeinträchtigt werden, dass in die Berechnung der Konsensusschätzung vom Juni 2001 auch alte Prognosen eingehen, die von den Analysten als aktuelle Schätzung ausgegeben werden, tatsächlich aber nicht auf Basis einer neuerlichen Analyse aktualisiert wurden. Solche alten Prognosen wurden von den Analysten möglicherweise ohne Kenntnis der Geschäftsberichte für das Jahr 2000 abgegeben und sind daher nicht dafür geeignet, den Einfluss der Einhaltung von Offenlegungspflichten auf die Prognosegenauigkeit der Analysten zu untersuchen. In die Berechnung der Konsensusschätzung gehen Prognosen ein, die von Ende Juni 2001 aus gesehen nicht weiter als sechs Wochen zurückliegen. Unter diesen Prognosen gibt es einige, die gegenüber den vorangehenden Monaten unverändert sind. Im Nachhinein lässt sich nicht feststellen, ob die unveränderten Prognosen auf neuerlichen Analysen beruhen, die die alten Schätzungen bestätigen, oder ob die unveränderten Prognosen unreflektiert übernommen wurden. Um diese letztere Möglichkeit zu berücksichtigen, wird der Prozentsatz unveränderter Ergebnisprognosen als weiterer Regressor in die Analyse einbezogen.[1000] Für den Prozentsatz unveränderter Ergebnisprognosen ergibt sich ein negativer Regressionskoeffizient, der auf einem Niveau von 5% signifikant ist. Die Ergebnisse für die anderen Regressoren bleiben bei Berücksichtigung des Anteils unveränderter Ergebnisprognosen aber

[999] Die Robustheit der Untersuchungsergebnisse im Hinblick auf eine Skalierung der Prognosegenauigkeit mit dem Ergebnis je Aktie wird nicht untersucht. Da die Ergebnisse je Aktie für Unternehmen am Neuen Markt in vielen Fällen negativ sind oder nahe bei null liegen, kommen Ergebnisse je Aktie als Skalierungsvariable in der vorliegenden Untersuchung nicht in Frage. Vgl. dazu auch Abschnitt 5.2.2 dieser Arbeit.

[1000] Vgl. dazu auch Lang/Lundholm (1996), S. 478.

nahezu unverändert. Es ist also nicht davon auszugehen, dass die Untersuchungsergebnisse durch unangepasste alte Prognosen beeinträchtigt werden.

Außerdem könnte DIS möglicherweise nicht als exogene, sondern als endogene Variablen anzusehen sein. Wenn die Einhaltung von Offenlegungspflichten von der Nachfrage nach der Offenlegung von Rechnungslegungsinformationen abhängt, die möglicherweise wiederum von der Prognosegenauigkeit abhängig ist, wäre DIS als endogene Variable anzusehen. In diesem Fall müsste statt nur einer Regressionsgleichung ein System von Gleichungen geschätzt werden. Die Exogenität der Variablen DIS kann mit dem Hausman-Test überprüft werden.[1001] Aus dem Test ergeben sich keine Anzeichen für eine Endogenität von DIS. Die Variable kann als exogen betrachtet werden.

Als weiterer Robustheitstest wird eine Rangregression durchgeführt.[1002] Lang/Lundholm (1996) verwenden dieses Verfahren, um den Einfluss der Quantität und Qualität von Rechnungslegungsinformationen auf die Prognosegenauigkeit von Analysten zu untersuchen.[1003] Hope (2003) verwendet Rangregressionen ebenfalls für einen Robustheitstest. In der vorliegenden Untersuchung beschränkt sich die Rangregressionsrechnung auf das Teilsample von Unternehmen, die nicht der IT-Branche zuzurechnen sind und deren Ergebnis je Aktie sich im Vergleich zum Vorjahr erhöht hat. Gemäß Lang/Lundholm werden sowohl die abhängige Variable als auch die unabhängigen Variablen zunächst in eine Rangfolge gebracht und anschließend folgendermaßen umgeformt:[1004]

(*Rang* - 1) / (*Zahl der Beobachtungen* - 1)

Dadurch wird für die einzelnen Variablen jeweils der Beobachtung mit dem niedrigsten Rang der Wert null und der Beobachtung mit dem höchsten Rang der Wert eins zugewiesen. Für mittlere Ränge ergeben sich entsprechend der Formel Werte zwischen null und eins. Der Index für die Einhaltung von Offenlegungspflichten wird in die Rangregression nicht als Interaktionsterm, sondern als gewöhnlicher Regressor wie die anderen Variablen auch aufgenommen. Anhand der Rangregression kann das Ergebnis der Untersuchung bestätigt werden. Für das untersuchte Teilsample wird die Prognosegenauigkeit der Analys-

[1001] Zum Hausman-Test vgl. beispielsweise Maddala (2001), S. 494 ff.; Pindyck/Rubinfeld (1998), S. 353 ff.

[1002] Zu Rangregressionen vgl. Iman/Conover (1979).

[1003] Lang/Lundholm führen als Argument für Rangregressionen an, dass die funktionale Form des Zusammenhangs zwischen Indizes für die Qualität von Rechnungslegungsinformationen und der Prognosegenauigkeit von Analysten nicht bekannt ist. Vgl. Lang/Lundholm (1996), S. 479.

[1004] Vgl. Lang/Lundholm (1996), S. 479.

ten auf einem Niveau von 1% signifikant positiv durch das Ausmaß beeinflusst, in dem Unternehmen die Offenlegungspflichten gemäß IAS bzw. US-GAAP einhalten.

Abschließend sei noch auf ein Problem bei Querschnittsregressionen hingewiesen. Statistisch werden die untersuchten Ergebnisprognosen als Zufallsauswahl aus der Gesamtmenge der Ergebnisschätzungen angesehen. Tatsächlich besteht aber eine Querschnittsabhängigkeit der Prognosefehler bzw. der Prognosegenauigkeiten, da das Gewinnwachstum der Unternehmen mit der Konjunktur und anderen Faktoren korreliert ist, die den gesamten Markt betreffen.[1005] Eine Lösungsmöglichkeit für dieses Problem besteht darin, Regressionskoeffizienten als jährliche Durchschnitte zu schätzen.[1006] Dieser Weg kann hier jedoch nicht gewählt werden, da Daten zur Einhaltung von Offenlegungspflichten nur für das Jahr 2000 vorliegen. Es besteht also grundsätzlich die Möglichkeit, dass die Ergebnisse der vorliegenden Untersuchung nur die spezielle Situation im untersuchten Jahr widerspiegeln und nicht ohne weiteres auf andere Jahre übertragbar sind. Die Ergebnisse der Untersuchung sind also mit einer gewissen Vorsicht zu interpretieren. Als Bestätigung der Ergebnisse der vorliegenden Untersuchung kann allerdings gewertet werden, dass auch andere, in Abschnitt 5.1.3 dargestellte Studien für einen positiven Einfluss der Quantität und Qualität von Rechnungslegungsinformationen auf die Prognosegenauigkeit von Analysten sprechen.

5.2.5 Zusammenfassung

Die Untersuchung hat gezeigt, dass sich die Einhaltung von Offenlegungspflichten nach IAS und US-GAAP positiv auf die Genauigkeit der Prognosen von Analysten für das Ergebnis je Aktie auswirken kann. Allerdings hängt der Beitrag der Einhaltung von Offenlegungspflichten zu einer höheren Prognosegenauigkeit vom Schwierigkeitsgrad der Prognosen, der Branchenzugehörigkeit der Unternehmen und Anreizen der Analysten zu optimistischen Prognosen ab. Die Einhaltung von Offenlegungspflichten verbessert die Genauigkeit von Prognosen für Unternehmen mit positiver Ergebnisänderung aus den Branchen Biotechnologie und Medizintechnik, Industrie und industrielle Dienstleistungen, Technologie und Telekommunikation.

Analysten haben darüber geklagt, dass Unternehmen am Neuen Markt Rechnungslegungsinformationen nicht regelgerecht offen legen und dadurch genaue Ergebnisprognosen er-

---

[1005] Beispielsweise könnten makroökonomische Schocks eine starke Querschnittsabhängigkeit von Prognosefehlern zur Folge haben. Vgl. dazu und zu Lösungsansätzen auch Keane/Runkle (1998), S. 71 ff.

[1006] Vgl. Givoly/Lakonishok (1984), S. 129.

schweren. Die Ergebnisse der vorliegenden Untersuchung zeigen, dass eine nicht regelkonforme Offenlegung von Rechnungslegungsinformationen die Prognosegenauigkeit der Analysten tatsächlich beeinträchtigt. Allerdings ist die fehlerhafte Berichterstattung der Unternehmen nur eine von mehreren Ursachen für die Ungenauigkeit der Prognosen. Die geringere Genauigkeit der Ergebnisprognosen für Unternehmen mit ungünstiger Entwicklung des Ergebnisses ist ein Anzeichen dafür, dass auch Anreize der Analysten zu optimistischen Schätzungen die Genauigkeit der Prognosen negativ beeinflussen. Der Hinweis der Analysten auf eine regelwidrige Berichterstattung der Unternehmen allein vermag als Erklärung für die geringe Genauigkeit von Ergebnisprognosen also nicht zu befriedigen.

Bei der Interpretation der Untersuchungsergebnisse ist zu berücksichtigen, dass sich der Disclosure Compliance Index lediglich auf die Einhaltung von Offenlegungsvorschriften bezieht und keine Aussage zur Bilanzierung und Bewertung der Unternehmen zulässt. Außerdem wurden Unternehmen des Neuen Marktes untersucht, für die Ergebnisprognosen mit besonders großen Unsicherheiten behaftet sind. Weiterhin sind die Kurse der Unternehmen am Neuen Markt in dem betrachteten Jahr 2001 im Durchschnitt deutlich gefallen. Möglicherweise lässt sich ein stärker ausgeprägter Zusammenhang zwischen Rechnungslegungsinformationen und der Prognosegenauigkeit von Analysten nachweisen, wenn Unternehmen der Old Economy über einen längeren Zeitraum untersucht werden und ein Index verwendet wird, der die Quantität und Qualität von Rechnungslegungsinformationen umfassender beschreibt. Hierin könnte ein viel verspechender Ansatz zukünftiger Forschungsarbeiten bestehen.

Die vorliegende Studie gibt somit Hinweise darauf, dass die Einhaltung von Offenlegungsvorschriften positive Auswirkungen auf die Prognosegenauigkeit von Analysten und damit vermutlich auch auf die Informationsverarbeitung am Kapitalmarkt haben kann. Das Enforcement von Rechnungslegungsvorschriften kann also möglicherweise einen Beitrag zur Funktionsfähigkeit der Kapitalmärkte leisten.

6 Zusammenfassung und Ausblick

Die vorliegende Arbeit befasst sich mit der Beziehung zwischen der Rechnungslegung der Unternehmen und dem Kapitalmarkt. Anlass zur Auseinandersetzung mit diesem Thema bieten aktuelle Entwicklungen in der Praxis und in der wissenschaftlichen Literatur. So ruft die Globalisierung der Kapitalmärkte bei den Anlegern ein Bedürfnis nach international vergleichbaren Rechnungslegungsinformationen hervor. Zugleich führen die zunehmende Bedeutung von Dienstleistungen und immateriellem Vermögen zu veränderten Anforderungen an die Rechnungslegung. Diese Entwicklungen werfen die Frage auf, welches Rechnungslegungssystem Investoren in der gegenwärtigen Situation am besten informiert. Dabei ist auch zu berücksichtigen, dass von den Kapitalmärkten ein zunehmender Erwartungsdruck ausgeht, der Unternehmen zu bilanzpolitischen Maßnahmen greifen lässt. Neben möglicherweise unzeitgemäßen Rechnungslegungsvorschriften und bilanzpolitischen Einflüssen kann die Verarbeitung von Rechnungslegungsinformationen auch durch das Fehlverhalten von Analysten beeinträchtigt werden, die in den letzten Jahren zunehmend in Verruf gekommen sind. Diese aktuellen Tendenzen sind in zahlreichen wissenschaftlichen Studien aufgegriffen worden. In der wissenschaftlichen Literatur der letzten Jahre wurden vor allem zur empirischen Untersuchung der Bilanzpolitik neue Methoden entwickelt. Die vorliegende Arbeit stellt Vorgehensweise und Ergebnisse von Studien vor, die sich mit der Beziehung zwischen Rechnungslegung und Kapitalmarkt befassen. Außerdem enthält die vorliegende Arbeit zwei empirische Untersuchungen zur Bilanzpolitik in Deutschland und den USA sowie zum Einfluss von Rechnungslegungsinformationen auf Ergebnisprognosen von Analysten.

In Abschnitt 2.1 wurde zunächst das theoretische Konzept der Informationseffizienz erläutert. Ein Kapitalmarkt ist informationseffizient, wenn Kurse zu jeder Zeit alle verfügbaren Informationen korrekt und vollständig widerspiegeln. Nicht alle empirischen Untersuchungen stützen die Hypothese der Informationseffizienz. Allerdings scheinen die Abweichungen vom Idealbild informationseffizienter Kapitalmärkte in der Praxis auch nicht so stark zu sein, dass sich Anlagestrategien umsetzen lassen, mit denen auch nach Berücksichtigung von Transaktionskosten Überrenditen erzielt werden können. In Abschnitt 2.2 wurden die wichtigsten Teilnehmer am Kapitalmarkt und deren Umgang mit Informationen charakterisiert. Vor allem die Rolle der Analysten bei der Informationsverarbeitung erscheint interessant. Analysten sind Informationsintermediäre, die Informationen von den Unternehmen sowie aus weiteren Quellen sammeln, verarbeiten und anschließend als Research-

Berichte, Anlageempfehlungen und Prognosen an Investoren weitergeben. Interessenkonflikte können die Objektivität der Analysten beeinträchtigen. Optimistisches Research kann den Banken der Analysten bei der Akquise von Aufträgen im Investment Banking helfen und außerdem die Informationsbereitschaft des Managements der Unternehmen gegenüber den Analysten erhöhen. Daher ist es nicht verwunderlich, dass sich institutionelle Investoren nicht vollständig auf das Urteil von Analysten der Sell-Side verlassen. Stattdessen stellen Investoren oftmals auch eigene Analysen an und vergleichen ihre Einschätzungen mit den Berichten der Sell-Side-Analysten.

In Kapitel 3 wurden die Themengebiete Fundamentalanalyse und Kapitalmarktrelevanz von Rechnungslegungsinformationen behandelt. Zu den Bewertungsverfahren auf Basis von Rechnungslegungsdaten gehören die Residualgewinnformel und ein großer Teil der Multiplikatoren. Gemäß der Residualgewinnformel kann der Wert des Eigenkapitals eines Unternehmens als Summe aus dem Buchwert des Eigenkapitals und dem Barwert zukünftiger abnormaler Gewinne ausgedrückt werden. Die Residualgewinnformel und verwandte Bewertungskonzepte wie der Economic Value Added (EVA) haben in den letzten Jahren in der Praxis an Bedeutung gewonnen. Multiplikatoren setzen den Marktwert des Eigenkapitals oder des Gesamtkapitals ins Verhältnis zum Jahresüberschuss, zum EBIT oder zu anderen Kenngrößen, die in möglichst enger Beziehung zum Wert des Eigenkapitals bzw. des Gesamtkapitals der Unternehmen stehen sollten. Der Wert eines Unternehmens wird aus der Höhe des gewählten Multiplikators für möglichst vergleichbare Unternehmen abgeleitet.

Gegenstand der Abschnitte 3.3 und 3.4 war die Kapitalmarktrelevanz von Rechnungslegungsinformationen. Wenn ein empirisch messbarer Zusammenhang zwischen Rechnungslegungs- und Kapitalmarktdaten besteht, kann von Kapitalmarktrelevanz der betreffenden Rechnungslegungsdaten gesprochen werden. Untersuchungen der Kapitalmarktrelevanz können als Test der Relevanz und der Zuverlässigkeit von Rechnungslegungsinformationen betrachtet werden. In den letzten Jahren ist der Untersuchungsansatz des Ohlson-Modells zu besonderer Popularität gelangt. Das Ohlson-Modell basiert auf der Residualgewinnformel und verlangt dementsprechend, den Marktwert des Eigenkapitals mit Hilfe des Buchwertes des Eigenkapitals und abnormaler Gewinne zu erklären. Auf Grundlage zusätzlicher Annahmen über die Entwicklung abnormaler Gewinne im Zeitablauf und über die Verzögerung, mit der wertrelevante Informationen in die Rechnungslegung eingehen, können Erwartungen darüber formuliert werden, welche funktionale Form der Zusammenhang zwischen dem Marktwert des Eigenkapitals und dem Buchwert des Eigenkapitals sowie dem abnormalen Gewinn einer betrachteten Periode hat. Studien auf Grundlage des Ohlson-Modells oder ähnlicher theoretischer Überlegungen gehören zu den so genannten Association Studies. Diese Studien verwenden Gewinne und andere Größen der Rechnungslegung, um Aktienrenditen oder den Marktwert des Eigenkapitals zu erklären. Im Unterschied zu Association Studies konzentrieren sich so genannte Ereignisstudien auf den Zeitpunkt der Veröffentlichung von Rechnungslegungsinformationen und untersuchen Kursreaktionen in einem relativ engen Zeitfenster um die Bekanntgabe der Rechnungslegungsinformationen herum.

Empirische Untersuchungen bestätigen, dass Rechnungslegungsinformationen für den Kapitalmarkt relevant sind. Die Entwicklung der Kapitalmarktrelevanz von Rechnungslegungsinformationen im Zeitablauf wird in empirischen Studien allerdings nicht einheitlich beurteilt. Insgesamt betrachtet sprechen die Ergebnisse der Studien jedoch dafür, dass Rechnungslegungsdaten in Kursen enthaltene Informationen vor einigen Jahrzehnten besser als heutzutage widergespiegelt haben. Eine mögliche Ursache dafür ist die zunehmende Zahl von Dienstleitungsunternehmen und Unternehmen aus Know-how-intensiven Branchen. Die Rechnungslegung ist vermutlich nicht besonders gut geeignet, den Wert solcher Unternehmen mit hohem immateriellem Vermögen abzubilden. International vergleichende Untersuchungen zur Kapitalmarktrelevanz sprechen überwiegend dafür, dass die Kapitalmarktrelevanz von Rechnungslegungsinformationen in Ländern mit angloamerikanischem Rechnungslegungssystem höher ist als in Ländern mit kontinentaleuropäischem Rechnungslegungssystem. In angloamerikanischen Ländern mit fallspezifischem „Common-Law"-System scheinen Jahresüberschüsse die in Kursänderungen enthaltenen Informationen schneller widerzuspiegeln als in kontinentaleuropäischen Ländern mit einem systematischen „Code-Law"-System.

In Kapitel 4 wurde die Beziehung zwischen der Bilanzpolitik von Unternehmen und dem Kapitalmarkt diskutiert. Bilanzpolitik kann als „die bewusste und im Hinblick auf die Unternehmensziele zweckorientierte Beeinflussung des Jahresabschlusses im Rahmen des rechtlich Zulässigen"[1007] definiert werden. Das informationspolitische Ziel der Bilanzpolitik besteht darin, Wahrnehmung und Verhalten von Kapitalgebern und anderen Interessengruppen von Unternehmen zu beeinflussen. Daneben verfolgen Unternehmen mittels bilanzpolitischer Maßnahmen auch ausschüttungspolitische und steuerliche Ziele. Bilanzpolitik wird von Managern vor allem dann für eigennützige Ziele eingesetzt, wenn die Ent-

[1007] Pfleger (1991), S. 21.

lohnung der Manager von Rechnungslegungsdaten oder Aktienkursen abhängig ist. Aus theoretischer Sicht wird Bilanzpolitik nicht a priori als schädlich für den Kapitalmarkt eingestuft. Demnach dienen bilanzpolitisch beeinflusste Rechnungslegungsinformationen nicht zwangsläufig dazu, Kapitalmarktteilnehmer in die Irre zu führen, sondern können im Gegenteil dazu beitragen, dass Kapitalmarktteilnehmer zukünftige Ergebnisentwicklungen unter Umständen besser antizipieren können. Solche positiven Wirkungen werden vor allem der bilanzpolitischen Glättung des Ergebnisausweises im Zeitablauf zugeschrieben.

Die empirische Forschung zur Bilanzpolitik wurde in den Abschnitten 4.4 und 4.5 behandelt. Die am weitesten verbreiteten Untersuchungsansätze sind die „Discretionary Accruals"-Methode und die Schwellenwertmethode. Anhand der „Discretionary Accruals"-Methode werden Aussagen darüber gewonnen, wie stark Accruals bilanzpolitisch beeinflusst werden. Accruals entsprechen der Differenz von Jahresüberschuss und Cash Flow aus laufender Geschäftstätigkeit. „Discretionary Accruals"-Modelle dienen dazu, Accruals in einen bilanzpolitisch beeinflussten, diskretionären Teil und in einen bilanzpolitisch unbeeinflussten, nicht-diskretionären Teil aufzuspalten. Empirische Studien konzentrieren sich i. d. R. auf einen bilanzpolitischen Anreiz und überprüfen, ob die Höhe der diskretionären Accruals von dem bilanzpolitischen Anreiz abhängig ist. Die „Discretionary Accruals"-Methode wird allerdings scharf kritisiert, da sich die Höhe der diskretionären Accruals nur sehr ungenau ermitteln lässt.

Die Schwellenwertmethode dient dazu, die Verteilung von Jahresüberschüssen auf Diskontinuitäten im Bereich um besonders markante Schwellenwerte wie einen Jahresüberschuss in Höhe von null, das Ergebnis des Vorjahres und die Konsensusschätzung der Analysten herum zu untersuchen. Aus einer außergewöhnlich niedrigen Zahl von Beobachtungen unterhalb eines Schwellenwertes und einer besonders hohen Zahl von Beobachtungen oberhalb eines Schwellenwertes wird geschlossen, dass Unternehmen durch ergebniserhöhende Bilanzpolitik einen Ergebnisausweis unterhalb des Schwellenwertes vermeiden. Ein starker Anreiz zu schwellenwertorientierter Bilanzpolitik geht von den Erwartungen der Kapitalmarktteilnehmer aus. Empirische Untersuchungen zeigen, dass Unternehmen einen höheren Marktwert haben, wenn sie in mehreren Perioden ohne Unterbrechung Ergebnisse in Höhe oder oberhalb des Vorjahresergebnisses bzw. der Konsensusprognose der Analysten ausweisen können. Kursabschläge folgen, wenn Unternehmen die Schwellenwerte verfehlen.

Empirische Untersuchungen bestätigen, dass Unternehmen sowohl schwellenwertorientierte Bilanzpolitik betreiben als auch das ausgewiesene Ergebnis im Zeitablauf bilanzpolitisch glätten. Außerdem sprechen die Ergebnisse der Studien dafür, dass Unternehmen den Ergebnisausweis vor Aktienemissionen bilanzpolitisch erhöhen, um die Höhe der Einzahlungen aus der Emission positiv zu beeinflussen. International vergleichende Studien zur Bilanzpolitik sind bislang rar und gelangen zu unterschiedlichen Ergebnissen. In Abschnitt 4.6 der vorliegenden Arbeit wurde das Ausmaß schwellenwertorientierter Bilanzpolitik deutscher und US-amerikanischer Unternehmen verglichen. Die Untersuchung hat gezeigt, dass sowohl deutsche als auch US-amerikanische Unternehmen schwellenwertorientierte Bilanzpolitik betreiben. Insgesamt gesehen ist schwellenwertorientierte Bilanzpolitik unter deutschen Unternehmen ähnlich stark verbreitet wie unter US-amerikanischen Unternehmen. Allerdings gibt es schwache, nicht signifikante Anzeichen dafür, dass deutsche Unternehmen einen Ausweis von Verlusten etwas häufiger als US-amerikanische Unternehmen mit Hilfe bilanzpolitischer Maßnahmen vermeiden. Weiterhin setzen US-amerikanische Unternehmen bilanzpolitische Maßnahmen ein, um negative Gewinnüberraschungen abzuwenden. Dagegen liefern die Untersuchungsresultate keinen Hinweis darauf, dass sich auch die Bilanzpolitik deutscher Unternehmen an den Konsensusschätzungen von Analysten orientiert. Diese Ergebnisse lassen sich vermutlich dadurch erklären, dass in den USA vom Kapitalmarkt stärkere Anreize zu schwellenwertorientierter Bilanzpolitik ausgehen als in Deutschland. Zudem ist in den USA die aktienkursabhängige Entlohnung von Managern weiter verbreitet als in Deutschland. Deutsche Unternehmen sind wohl deswegen besonders stark bestrebt, den Ausweis von Verlusten zu vermeiden, weil im deutschen System der Corporate Governance neben den Investoren auch weitere Interessengruppen der Unternehmen eine relativ wichtige Rolle spielen. Diese Interessengruppen orientieren sich stärker am Schwellenwert eines Jahresüberschusses in Höhe von null als an den anderen Schwellenwerten.

Thema des fünften Kapitels waren Ergebnisschätzungen von Analysten und die Bedeutung der Rechnungslegung für die Prognosearbeit der Analysten. Die Genauigkeit der Ergebnisprognosen von Analysten wird häufig durch einen Vergleich mit naiven Prognosen beurteilt, die meistens dem Ergebnis der vorangehenden Periode gleichgesetzt werden. Zumindest über kurze Prognosehorizonte sind die Schätzungen der Analysten für das Ergebnis je Aktie genauer als die naiven Prognosen. Allerdings spricht die Mehrzahl der Studien dafür, dass Ergebnisprognosen von Analysten mittels öffentlich verfügbarer Informationen verbessert werden könnten. Demnach scheinen Analysten nicht alle verfügbaren Informationen vollständig und korrekt in die Ergebnisprognosen einfließen zu lassen. Ob bzw. auf welche Weise Prognosen von Analysten systematisch verzerrt sind, ist eine besonders umstrittene Frage. Eine Reihe von Studien kommt zu dem Ergebnis, dass Analysten auf neue Informationen unterreagieren. Andere Resultate empirischer Studien sprechen für Überreaktionen, systematischen Optimismus oder aber für die Unverzerrtheit der Schätzungen. Mehr Klarheit besteht in der Frage, wie die Rechnungslegung die Genauigkeit von Ergebnisprognosen beeinflusst. Studien zu diesem Thema sprechen übereinstimmend für einen positiven Einfluss der Quantität und der Qualität von Rechnungslegungsinformationen auf die Prognosegenauigkeit. Für Deutschland liegen allerdings bisher keine Studien zu dieser Frage vor.

In Abschnitt 5.2 wurde untersucht, ob Analysten Ergebnisse je Aktie genauer prognostizieren können, wenn Unternehmen die Offenlegungspflichten nach IAS und US-GAAP einhalten. Dieser Frage wurde für Unternehmen des Neuen Marktes nachgegangen. Für die meisten Branchen kann die untersuchte Frage bejaht werden. Analysten schätzen das Ergebnis je Aktie für Unternehmen der Branchen Biotechnologie und Medizintechnik, Industrie und industrielle Dienstleistungen, Technologie und Telekommunikation umso genauer, je mehr Vorschriften zur Offenlegung nach IAS und US-GAAP die Unternehmen einhalten. Der Einfluss der Einhaltung von Offenlegungspflichten auf die Prognosegenauigkeit ist umso stärker, je höher der Schwierigkeitsgrad der Prognosen ist. Für Unternehmen der IT-Branche kann allerdings kein Zusammenhang zwischen der Einhaltung von Offenlegungspflichten und der Genauigkeit von Ergebnisschätzungen festgestellt werden. In den anderen Branchen ist der Zusammenhang nur für Unternehmen mit positiver Ergebnisänderung nachweisbar. Bei Unternehmen mit negativer Ergebnisänderung verhindern möglicherweise Anreize zu optimistischem Research, dass Analysten bessere und umfangreichere Rechnungslegungsinformationen nutzen, um genauere Prognosen abzugeben. Die Ergebnisse der Untersuchung unterstreichen, dass es notwendig ist zu kontrollieren, ob Unternehmen Vorschriften zur Offenlegung von Rechnungslegungsinformationen nach IAS und US-GAAP einhalten. Eine regelkonforme Berichterstattung der Unternehmen führt zu einer höheren Genauigkeit von Ergebnisprognosen und kann somit vermutlich zu einer besseren Verarbeitung von Informationen am Kapitalmarkt und zu einer effizienteren Allokation von Kapital beitragen.

Das Thema Rechnungslegung und Kapitalmarkt wird voraussichtlich auch in Zukunft intensiv erforscht werden. Auch aus deutscher Sicht bleibt dieses Gebiet spannend. Neue Fragen werden durch aktuelle und anhaltende Entwicklungen wie die Internationalisierung der Rechnungslegung, die fortschreitende globale Integration der Kapitalmärkte und auch die zunehmende Bedeutung des Produktionsfaktors Know-how aufgeworfen. Vor dem Hintergrund dieser Veränderungen ist die Frage von besonderem Interesse, wie das deutsche Rechnungslegungssystem ausgestaltet sein sollte, damit die Informationsbedürfnisse von Investoren befriedigt werden und der Kapitalmarkt möglichst effizient funktioniert. Eine bloße Übertragung US-amerikanischer Regelungen verbietet sich aufgrund der Besonderheiten des institutionellen Unternehmensumfeldes in Deutschland und auch der Schwächen des US-amerikanischen Systems. Möglicherweise lässt sich aber aus praktischen Erfahrungen und Ergebnissen der Forschung in den USA lernen, um negative Auswüchse eines zunehmenden Einflusses der Kapitalmärkte wie Bilanzskandale und Fehlverhalten von Analysten einzudämmen.

Anhang

Anhang I: Herleitung der Bewertungsformel aus Ohlson (1995)

Der Beweis wird bei Ohlson (1995) nur sehr kurz in wenigen Zeilen dargestellt. Für ein besseres Verständnis soll die Formel hier ausführlich abgeleitet werden. Für die einzelnen Umformungen vergleiche z. B. Oberhofer (1978), Lineare Algebra für Wirtschaftswissenschaftler, insbesondere Kapitel 8.

Definition der 2x2-Matrix $Z \equiv q^{-1}\begin{bmatrix} w & 1 \\ 0 & y \end{bmatrix}$

Damit kann die Informationsdynamik geschrieben werden als:

$$\begin{bmatrix} \tilde{x}^a_{t+1} \\ \tilde{v}_{t+1} \end{bmatrix} = qZ\begin{bmatrix} x^a_t \\ v_t \end{bmatrix} + \begin{bmatrix} \tilde{\varepsilon}_{1t+1} \\ \tilde{\varepsilon}_{2t+1} \end{bmatrix}$$

und für die zukünftig erwarteten Gewinne gilt:

$$q^{-T} E_t(\tilde{x}^a_{t+T}) = (1,0)Z^T\begin{pmatrix} x^a_t \\ v_t \end{pmatrix} \Leftrightarrow E_t(\tilde{x}^a_{t+T}) = q^T (1,0)Z^T\begin{pmatrix} x^a_t \\ v_t \end{pmatrix}$$

Bei Gültigkeit von Dividendenbarwertformel und Kongruenzprinzip der Vermögens- und Erfolgsermittlung kann der oben aufgestellte Ausdruck für den Barwert der für die Zukunft erwarteten Dividenden in die Residualgewinnformel eingesetzt werden. Zur Vereinfachung wird hier ein konstanter Zinsfuß unterstellt:

$$P_t - V_t = \sum_{T=1}^{\infty} q^{-T} E_t(\tilde{x}^a_{t+T}) = (1,0)[Z + Z^2 + Z^3 + ...]\begin{pmatrix} x^a_t \\ v_t \end{pmatrix} \equiv (a,b)\begin{pmatrix} x^a_t \\ v_t \end{pmatrix}$$

Sind alle Eigenwerte einer Matrix wie hier für Z absolut kleiner als 1, so konvergiert Z^T für T gegen ∞ gegen null. Beweis für die hier untersuchte Matrix Z wie folgt:

Berechnung der Eigenwerte für $Z = \begin{bmatrix} \frac{w}{q} & \frac{1}{q} \\ 0 & \frac{y}{q} \end{bmatrix}$:

$$\det(Z - \lambda\, I) = 0$$

$$\det(Z-\lambda I)=\det\begin{bmatrix}\frac{w}{q}-\lambda & \frac{1}{q}\\ 0 & \frac{y}{q}-\lambda\end{bmatrix}=(\frac{w}{q}-\lambda)(\frac{y}{q}-\lambda)=\lambda^2-(\frac{w+y}{q})\lambda+\frac{wy}{q^2}=0$$

$$\lambda=\frac{w+y}{2q}\pm\sqrt{\frac{(w+y)^2}{4q^2}-\frac{wy}{q^2}}=\frac{w+y}{2q}\pm\frac{\sqrt{(w+y)^2-4wy}}{2q}=\frac{w+y}{2q}\pm\frac{\sqrt{w^2+y^2+2wy-4wy}}{2q}$$
$$=\frac{w+y}{2q}\pm\frac{\sqrt{(w-y)^2}}{2q}\Leftrightarrow\quad\lambda_1=\frac{w}{q}\quad\wedge\quad\lambda_2=\frac{y}{q}$$

Die Eigenwerte (λ_1, λ_2) der Matrix Z sind beide kleiner als 1, da definitionsgemäß gilt:

$0\le w, y<1$ und $q>1$.

Beide Eigenwerte sind einfache charakteristische Wurzeln, haben also die Vielfachheit 1. Es sei:

$$\mu_1=\lambda_1=\frac{w}{q}\text{ und }\mu_2=\lambda_2=\frac{y}{q}$$

Die Eigenvektoren (f) von Z ergeben sich als:

$$(Z-\mu_1 I)f=0\Leftrightarrow\begin{bmatrix}0 & \frac{1}{q}\\ 0 & \frac{y-w}{q}\end{bmatrix}\begin{pmatrix}f_1\\ f_2\end{pmatrix}=0\Leftrightarrow\left|\begin{matrix}\frac{1}{q}f_2=0\\ \frac{y-w}{q}f_2=0\end{matrix}\right|\Leftrightarrow\left|\begin{matrix}f_2=0\ \textit{für}\ y\neq w\\ f_1\ \textit{beliebig}\end{matrix}\right|$$

Der erste Eigenvektor wird auf die Länge 1 normiert: $\begin{pmatrix}1\\ 0\end{pmatrix}$.

$$(Z-\mu_2 I)f=0\Leftrightarrow\begin{bmatrix}\frac{w-y}{q} & \frac{1}{q}\\ 0 & 0\end{bmatrix}\begin{pmatrix}f_1\\ f_2\end{pmatrix}=0\Leftrightarrow\left|\begin{matrix}\frac{w-y}{q}f_1+\frac{1}{q}f_2=0\\ 0=0\end{matrix}\right|\Leftrightarrow\frac{w-y}{q}f_1=-\frac{1}{q}f_2$$
$$\Leftrightarrow f_2=(y-w)f_1$$

Der zweite Eigenvektor wird ebenfalls auf die Länge 1 normiert:

$$f_1^2+(y-w)^2f_1^2=1\Leftrightarrow f_1^2=1-(y-w)^2f_1^2\Leftrightarrow f_1^2[1+(y-w)^2]=1$$
$$\Leftrightarrow f_1=\sqrt{\frac{1}{1+(y-w)^2}}\quad\vee\quad f_2=\sqrt{\frac{(y-w)^2}{1+(y-w)^2}}$$

Der zweite Eigenvektor ist also: $\begin{pmatrix} \sqrt{\dfrac{1}{1+(y-w)^2}} \\ \sqrt{\dfrac{(y-w)^2}{1+(y-w)^2}} \end{pmatrix} \equiv \begin{pmatrix} c \\ d \end{pmatrix}$

Für F als Matrix der Eigenvektoren $\begin{pmatrix} 1 & c \\ 0 & d \end{pmatrix}$ und Λ als Diagonalmatrix der Eigenwerte $\begin{bmatrix} \frac{w}{q} & 0 \\ 0 & \frac{y}{q} \end{bmatrix}$ lässt sich also schreiben:

$$Z = F\Lambda F^{-1} = \begin{bmatrix} 1 & c \\ 0 & d \end{bmatrix} \begin{bmatrix} \frac{w}{q} & 0 \\ 0 & \frac{y}{q} \end{bmatrix} \begin{bmatrix} 1 & -\frac{c}{d} \\ 0 & \frac{1}{d} \end{bmatrix} = \begin{bmatrix} \frac{w}{q} & \frac{c(y-w)}{dq} \\ 0 & \frac{y}{q} \end{bmatrix} = \begin{bmatrix} \frac{w}{q} & \frac{1}{q} \\ 0 & \frac{y}{q} \end{bmatrix}$$

[da c/d=1/(y-w)]

$$Z^2 = F\Lambda F^{-1} F\Lambda F^{-1} = F\Lambda I \Lambda F^{-1} = F\Lambda^2 F^{-1}$$
$$Z^3 = Z^2 Z = F\Lambda^2 F^{-1} F\Lambda F^{-1} = F\Lambda^3 F^{-1}$$

und allgemein:

$$Z^T = F\Lambda^T Z^{-1}$$

Da beide Eigenwerte absolut kleiner als 1 sind (siehe oben), konvergieren die λ_i^T für T gegen ∞ gegen null; und damit konvergiert auch Λ^T für T gegen ∞ gegen die Nullmatrix.

Im Folgenden wird gezeigt, dass die Summe der Sequenz gegen $Z[I-Z]^{-1}$ konvergiert.

Es sei $A_T = \sum_{T=0}^{k} Z^T$.

$$A_T(I-Z) = I - Z^{T+1}$$

Wird A_T von rechts mit (I – Z) multipliziert, ergibt sich: $I - Z^{T+1}$

Wenn alle Eigenwerte von Z absolut kleiner als 1 sind, geht wie eben gezeigt Z^T mit wachsendem T geometrisch gegen die Nullmatrix; die rechte Seite der obigen Gleichung geht mit wachsendem T also gegen I.

Wenn demgemäß die Elemente von Z^T mit wachsendem T gegen null gehen, approximiert A_T so immer genauer die Inverse von $(I - Z)$.

$$A_\infty (I-Z)(I-Z)^{-1} = I(I-Z)^{-1} \Leftrightarrow A_\infty = (I-Z)^{-1}$$

$$(I-Z)^{-1} = \sum_{T=0}^{\infty} Z^T \qquad \text{(Neumannsche Reihe)}$$

Daraus folgt:

$$Z[I-Z]^{-1} = \sum_{T=1}^{\infty} Z^T$$

Man erhält:

$$(a,b) = (1,0)Z[I-Z]^{-1}$$

Daraus ergibt sich:

$$(1,0)Z = q^{-1}(w,1)$$

$$I - Z = \begin{bmatrix} 1-q^{-1}w & -q^{-1} \\ 0 & 1-q^{-1}y \end{bmatrix} = \begin{bmatrix} \frac{q-w}{q} & -\frac{1}{q} \\ 0 & \frac{q-y}{q} \end{bmatrix}$$

$$\det[I-Z] = \frac{(q-w)(q-y)}{q^2}$$

$$\det[I-Z]_{11} = \frac{q-y}{q} \quad \rightarrow \quad \alpha_{11} = -1^{(1+1)} \frac{q-y}{q} = \frac{q-y}{q}$$

$$\det[I-Z]_{12} = 0 \quad \rightarrow \quad \alpha_{12} = -1^{(1+2)} 0 = 0$$

$$\det[I-Z]_{21} = -\frac{1}{q} \quad \rightarrow \quad \alpha_{21} = -1^{(2+1)} (-\frac{1}{q}) = \frac{1}{q}$$

$$\det[I-Z]_{22} = \frac{q-w}{q} \quad \rightarrow \quad \alpha_{22} = -1^{(2+2)} \frac{q-w}{q} = \frac{q-w}{q}$$

$$[I-Z]_{adjungiert} = [\alpha_{ij}]^{transponiert} = \begin{bmatrix} \frac{q-y}{q} & \frac{1}{q} \\ 0 & \frac{q-w}{q} \end{bmatrix}$$

$$[I-Z]^{-1} = \frac{1}{\det[I-Z]}[I-Z]_{adjungiert} = \frac{q^2}{(q-w)(q-y)} \begin{bmatrix} \frac{q-y}{q} & \frac{1}{q} \\ 0 & \frac{q-w}{q} \end{bmatrix}$$

$$= \begin{bmatrix} \frac{q}{q-w} & \frac{q}{(q-w)(q-y)} \\ 0 & \frac{q}{q-y} \end{bmatrix}$$

$$(1,0)Z = \left(\frac{w}{q}, \frac{1}{q}\right)$$

$$(1,0)Z[I-Z]^{-1} = \left(\frac{q}{q-w}, \frac{w}{(q-w)(q-y)} + \frac{1}{(q-y)}\right) = \left(\frac{q}{q-w}, \frac{q}{(q-w)(q-y)}\right) = (a, b)$$

$$a = \frac{w}{q-w}$$

$$b = \frac{q}{(q-w)(q-y)}$$

q. e. d.

Anhang II: Abhängigkeit der Aktienrendite von unvorhergesehenen Gewinnen und unvorhergesehenen Informationen im Ohlson-Modell

$$P_{t+1} + D_{t+1} - qP_t = V_{t+1} + D_{t+1} + ax_{t+1}^a + bv_{t+1} - q(V_t + ax_t^a + bv_t)$$
$$= V_{t+1} - V_t + D_{t+1} - iV_t + ax_{t+1}^a + bv_{t+1} - qax_t^a - qbv_t$$
$$= x_{t+1} - iV_t + ax_{t+1}^a + bv_{t+1} - qax_t^a - qbv_t$$
$$= (1+a)x_{t+1}^a + bv_{t+1} - qax_t^a - qbv_t$$

In diesen Ausdruck werden $x_{t+1}^a = wx_t^a + v_t + \varepsilon_{1t+1}$ und $v_{t+1} = \; yv_t + \varepsilon_{2t+1}$ eingesetzt.

$$P_{t+1} + D_{t+1} - qP_t = (1+a)(wx_t^a + v_t + \varepsilon_{1t+1}) + b(yv_t + \varepsilon_{2t+1}) - qax_t^a - qbv_t$$
$$= (1+a)\varepsilon_{1t+1} + b\varepsilon_{2t+1} + gx_t^a + hv_t$$

mit $g = (1+a)w - qa$ und $h = (1+a) + by - qb$

Da $a = \dfrac{w}{q-w}$ und $b = \dfrac{q}{(q-w)(q-y)}$, gilt $g = h = 0$.

Daraus folgt:

$$P_{t+1} + D_{t+1} - qP_t = (1+a)\varepsilon_{1t+1} + b\varepsilon_{2t+1} \Leftrightarrow \frac{P_{t+1} + D_{t+1}}{P_t} = q + (1+a)\frac{\varepsilon_{1t+1}}{P_t} + b\frac{\varepsilon_{2t+1}}{P_t}$$

Anhang III: Ergebnisse für andere Skalierungsvariablen

Zentrierte Asymmetriemaße für andere Skalierungsvariablen

Vermeidung von Verlusten			
Skalierungsvariable	**USA**	**Deutschland**	**Differenz USA – Dtschld.**
Aktiva (Buchwert) [a]	0,532 ± 0,062	0,621 ± 0,103	-0,089 ± 0,120
Eigenkapital (Buchwert) [b]	0,527 ± 0,059	0,667 ± 0,115	-0,140 ± 0,129
Vermeidung sinkender Gewinne			
Skalierungsvariable	**USA**	**Deutschland**	**Differenz USA – Dtschld.**
Aktiva (Buchwert) [c]	0,227 ± 0,061	0,171 ± 0,094	0,056 ± 0,112
Eigenkapital (Buchwert) [c]	0,355 ± 0,085	0,184 ± 0,140	0,172 ± 0,164
Vermeidung negativer Gewinnüberraschungen			
Skalierungsvariable	**USA**	**Deutschland**	**Differenz USA – Dtschld.**
Aktiva je Aktie [c]	0,527 ± 0,038	0,176 ± 0,239	0,351 ± 0,242
Ergebnis je Aktie [d]	0,473 ± 0,036	0,040 ± 0,200	0,433 ± 0,203

Die Ergebnisse für die Vermeidung von Verlusten und die Vermeidung sinkender Gewinne beziehen sich auf die Jahre 1991 bis 2000. Resultate für die Vermeidung negativer Gewinnüberraschungen beziehen sich auf den Zeitraum September 1997 bis Dezember 2000. Die Daten für die Jahresüberschüsse deutscher Unternehmen stammen aus der Datenbank Osiris (Version vom Mai 2001). Die Daten für die Net Income US-amerikanischer Unternehmen und für die Skalierungsvariablen sowie die Daten für die Vermeidung negativer Gewinnüberraschungen wurden aus der Datenbank Worldscope entnommen. Die Skalierungsvariable Aktiva entspricht dem Buchwert der Aktiva des Vorjahres (lagged total assets). Die Variable Eigenkapital ist der Buchwert des Eigenkapitals des Vorjahres (lagged book value of equity). Banken, Versicherungsunternehmen und andere Finanzdienstleister wurden aus dem Untersuchungssample ausgeschlossen. In der mit Deutschland bezeichneten Spalte werden Werte für deutsche Unternehmen ausgewiesen, die ihre Abschlüsse gemäß deutschen HGB-Vorschriften, IAS oder US-GAAP erstellen. Resultate für HGB-Bilanzierer unterscheiden sich kaum von den Ergebnissen für alle deutschen Unternehmen und werden daher hier nicht aufgeführt. Ergebnisse werden jeweils für geeignete Intervallbreiten angegeben.

[a] Intervallbreite 0,001.

[b] Intervallbreite 0,0025.

[c] Intervallbreite 0,0005.

[d] Intervallbreite 0,01.

Relative Häufigkeiten für andere Skalierungsvariablen

Vermeidung von Verlusten			
Skalierungsvariable	**USA**	**Deutschland**	**Deutschland (HGB)**
Aktiva (Buchwert) [a]	3,273 ± 0,564	4,273 ± 1,431	5,000 ± 1,826
Eigenkapital (Buchwert) [b]	3,224 ± 0,527	5,000 ± 2,070	6,600 ± 3,167
Vermeidung sinkender Gewinne			
Skalierungsvariable	**USA**	**Deutschland**	**Deutschland (HGB)**
Aktiva (Buchwert) [c]	1,588 ± 0,206	1,413 ± 0,272	1,311 ± 0,259
Eigenkapital (Buchwert) [c]	2,103 ± 0,409	1,450 ± 0,421	1,421 ± 0,426
Vermeidung negativer Gewinnüberraschungen			
Skalierungsvariable	**USA**	**Deutschland**	
Aktiva je Aktie [c]	3,232 ± 0,343	1,429 ± 0,704	
Ergebnis je Aktie [d]	2,795 ± 0,261	1,083 ± 0,434	

Die Ergebnisse für die Vermeidung von Verlusten und die Vermeidung sinkender Gewinne beziehen sich auf die Jahre 1991 bis 2000. Resultate für die Vermeidung negativer Gewinnüberraschungen beziehen sich auf den Zeitraum September 1997 bis Dezember 2000. Die Daten für die Jahresüberschüsse deutscher Unternehmen stammen aus der Datenbank Osiris (Version vom Mai 2001). Die Daten für die Net Income US-amerikanischer Unternehmen und für die Skalierungsvariablen sowie die Daten für die Vermeidung negativer Gewinnüberraschungen wurden aus der Datenbank Worldscope entnommen. Banken, Versicherungsunternehmen und andere Finanzdienstleister wurden aus dem Untersuchungssample ausgeschlossen. In der mit Deutschland bezeichneten Spalte werden Werte für deutsche Unternehmen ausgewiesen, die ihre Abschlüsse gemäß deutschen HGB-Vorschriften, IAS oder US-GAAP erstellen. In der mit Deutschland (HGB) bezeichneten Spalte werden die Resultate für deutsche Unternehmen aufgelistet, die gemäß den Vorschriften des HGB bilanzieren. Die Skalierungsvariable Aktiva entspricht dem Buchwert der Aktiva des Vorjahres (lagged total assets). Die Variable Eigenkapital ist der Buchwert des Eigenkapitals des Vorjahres (lagged book value of equity). Ergebnisse werden jeweils für geeignete Intervallbreiten angegeben.

[a] Intervallbreite 0,001.

[b] Intervallbreite 0,0025.

[c] Intervallbreite 0,0005.

[d] Intervallbreite 0,01.

Standardisierte Differenzen (Intervalle links und rechts von null) für andere Skalierungsvariablen

Vermeidung von Verlusten			
Skalierungsvariable	**USA**	**Deutschland**	**Deutschland (HGB)**
Aktiva (Buchwert) [a]	-6,136 / 4,688	-3,078 / 3,828	-3,475 / 4,258
Eigenkapital (Buchwert) [b]	-5,994 / 4,368	-3,166 / 2,999	-3,698 / 3,114
Vermeidung sinkender Gewinne			
Skalierungsvariable	**USA**	**Deutschland**	**Deutschland (HGB)**
Aktiva (Buchwert) [c]	-3,117 / 1,906	-0,182 / 3,463	0,437 / 3,162
Eigenkapital (Buchwert) [c]	-3,186 / 2,432	-0,182 / 1,970	-2,279 / 1,964
Vermeidung negativer Gewinnüberraschungen			
Skalierungsvariable	**USA**	**Deutschland**	
Aktiva je Aktie [c]	-9,840 / 13,144	-0,734 / 1,116	
Ergebnis je Aktie [d]	-10,293 / 13,398	0,614 / 0,711	

Die Ergebnisse für die Vermeidung von Verlusten und die Vermeidung sinkender Gewinne beziehen sich auf die Jahre 1991 bis 2000. Resultate für die Vermeidung negativer Gewinnüberraschungen beziehen sich auf den Zeitraum September 1997 bis Dezember 2000. Die Daten für die Jahresüberschüsse deutscher Unternehmen stammen aus der Datenbank Osiris (Version vom Mai 2001). Die Daten für die Net Income US-amerikanischer Unternehmen und für die Skalierungsvariablen sowie die Daten für die Vermeidung negativer Gewinnüberraschungen wurden aus der Datenbank Worldscope entnommen. Banken, Versicherungsunternehmen und andere Finanzdienstleister wurden aus dem Untersuchungssample ausgeschlossen. In der mit Deutschland bezeichneten Spalte werden Werte für deutsche Unternehmen ausgewiesen, die ihre Abschlüsse gemäß deutschen HGB-Vorschriften, IAS oder US-GAAP erstellen. In der mit Deutschland (HGB) bezeichneten Spalte werden die Resultate für deutsche Unternehmen aufgelistet, die gemäß den Vorschriften des HGB bilanzieren. Die Skalierungsvariable Aktiva entspricht dem Buchwert der Aktiva des Vorjahres (lagged total assets). Die Variable Eigenkapital ist der Buchwert des Eigenkapitals des Vorjahres (lagged book value of equity). Ergebnisse werden jeweils für geeignete Intervallbreiten angegeben.

[a] Intervallbreite 0,001.

[b] Intervallbreite 0,0025.

[c] Intervallbreite 0,0005.

[d] Intervallbreite 0,01.

Anhang IV: Relative Häufigkeiten kleiner Gewinne zu kleinen Verlusten bei Skalierung mit dem Buchwert der Aktiva

Relative Häufigkeiten für den Schwellenwert "Vermeidung von Verlusten"

	Intervallbreite			
	0,0005	**0,001**	**0,0025**	**0,01 (wie in LNW)**
USA	4,294 ± 1,156	3,225 ± 0,584	2,313 ± 0,242	1,887 ± 0,095
Deutschland	3,214 ± 0,984	2,522 ± 0,621	2,689 ± 0,469	3,046 ± 0,286

Wie in Leuz/Nanda/Wysocki (2003) (= LNW) stammen die Daten aus der Datenbank Worldscope (Version November 2000). Banken, Versicherungsunternehmen und andere Finanzdienstleister wurden aus dem Untersuchungssample ausgeschlossen. Das Sample besteht aus 30.424 Beobachtungen für US-amerikanische Unternehmen sowie 4.209 Beobachtungen für deutsche Unternehmen und bezieht sich auf die Jahre 1990 bis 1999. Wie in LNW werden der Berechnung relativer Häufigkeiten die unbereinigten Jahresüberschüsse zugrunde gelegt, die mit dem Buchwert der Aktiva des Vorjahres skaliert werden. Relative Häufigkeiten sind die Zahl der Beobachtungen im Intervall direkt rechts von null dividiert durch die Zahl der Beobachtungen im Intervall direkt links von null. Die Kennzahl wird wie in LNW für eine Intervallbreite von 0,01, außerdem aber auch für kleinere Intervallbreiten berechnet. Allerdings ist der Umfang des Samples US-amerikanischer Unternehmen deutlich größer als in LNW. Die Untersuchung wird anders als in LNW nicht auf Unternehmen des S&P 500 beschränkt.

Anhang V: Abhängigkeit der standardisierten Differenz von der Samplegröße

Die ausführliche Formel für die standardisierte Differenz lautet:

$$d_i = \frac{obs_i - (obs_{i+1} + obs_{i-1}) \,/\, 2}{\left(N\, p_i\, (1 - p_i) + 0.25\, N\, (p_{i-1} + p_{i+1})\, (1 - p_{i-1} - p_{i+1})\right)^{0.5}}$$

Im Zähler des Ausdrucks für die standardisierte Differenz sind die Werte für die Zahl der Beobachtungen in einem Intervall *obs* abhängig von der Größe des Samples *N*, die im Nenner der standardisierten Differenz steht. Um abzuschätzen, wie hoch eine standardisierte Differenz wäre, wenn das Sample nicht die Größe *N* sondern N_2 hätte, könnte eine angepasste standardisierte Differenz $d_{i,adj}$ berechnet werden. Die *obs* im Zähler müssen durch die Erwartungswarte der *obs* für die Samplegröße N_2 ersetzt werden. Die Erwartungswerte ergeben sich durch Multiplikation mit dem Faktor $f = N_2 \,/\, N$. Im Nenner muss *N* durch N_2 ausgetauscht werden. Für $d_{i,adj}$ ergibt sich:

$$d_{i,adj} = \frac{f \cdot obs_i - f \cdot (obs_{i+1} + obs_{i-1}) \,/\, 2}{\left(f \cdot N\, p_i\, (1 - p_i) + f \cdot 0.25\, N\, (p_{i-1} + p_{i+1})\, (1 - p_{i-1} - p_{i+1})\right)^{0.5}}$$

$$= \frac{f}{f^{0,5}}\, d_i = f^{0,5}\, d_i = \sqrt{\frac{N_2}{N}}\, d_i$$

Anhang VI: Standardabweichungen der Asymmetriemaße

a) Standardabweichung des zentrierten Asymmetriemaßes

Das zentrierte Asymmetriemaß bezieht sich auf die obs_{rl} Beobachtungen in einem Intervall $[-\delta, +\delta[$ um einen Schwellenwert herum. obs_r Beobachtungen liegen oberhalb des Schwellenwertes und obs_l = obs_{rl} - obs_r Beobachtungen befinden sich unterhalb des Schwellenwertes. Somit kann obs_r als eine binomialverteilte Zufallsvariable betrachtet werden. Die besten Schätzer für den Mittelwert und die Varianz von obs_r sind:

$$\overline{obs}_r = obs_{rl} \frac{obs_r}{obs_{rl}} \text{ und } \Delta obs_r^2 = obs_{rl} \frac{obs_r}{obs_{rl}} \frac{obs_{rl} - obs_r}{obs_{rl}}.$$

Die Gleichung für das zentrierte Asymmetriemaß (vgl. auch Abschnitt 4.4.2.1) kann folgendermaßen umgeformt werden:

$$A = \frac{obs_r - obs_l}{obs_{rl}} = \frac{obs_r - (obs_{rl} - obs_r)}{obs_{rl}} = \frac{2\,obs_r - obs_{rl}}{obs_{rl}}.$$

ΔA lässt sich mittels Fehlerfortpflanzung nach dem Standardverfahren[1008] bestimmen:

$$\Delta A^2 = \left(\frac{\partial A}{\partial obs_r} \Delta obs_r \right)^2 \Leftrightarrow \Delta A = \frac{2}{obs_{rl}} \Delta obs_r$$

Nach Einsetzen des Schätzers für die Standardabweichung von obs_r ergibt sich:

$$\Delta A = \frac{2}{obs_{rl}} \sqrt{\frac{obs_r (obs_{rl} - obs_r)}{obs_{rl}}}$$

[1008] Vgl. dazu beispielsweise Kotz/Johnson (1982), Vol. 1, S. 434.

b) Standardabweichung der Differenz der zentrierten Asymmetriemaße

Für die Standardabweichung der Differenz der zentrierten Asymmetriemaße A_{Diff} (vgl. auch Abschnitt 4.4.2.1) ergibt sich mittels Fehlerfortpflanzung nach dem Standardverfahren:

$$\Delta A_{Diff}^2 = \left(\frac{\partial A_{Diff}}{\partial obs_{r,G}} \Delta obs_{r,G} \right)^2 + \left(\frac{\partial A_{Diff}}{\partial obs_{r,US}} \Delta obs_{r,US} \right)^2$$

$$= \left(\frac{2}{obs_{rl,G}} \cdot \Delta obs_{r,G} \right)^2 + \left(\frac{2}{obs_{rl,US}} \cdot \Delta obs_{r,US} \right)^2$$

mit den Indizes G und US für Deutschland und die USA.

c) Standardabweichung der relativen Häufigkeit

Die relative Häufigkeit f ist folgendermaßen definiert: $f = obs_r / obs_l$ (vgl. auch Abschnitt 4.4.2.1). Die besten Schätzer für die Standardabweichungen von obs_r und obs_l sind $\Delta obs_r = \sqrt{obs_r}$ und $\Delta obs_l = \sqrt{obs_l}$. Dies gilt unter der Annahme, dass die Zahl der Beobachtungen in einem Intervall annähernd normalverteilt ist. Für die Standardabweichung der relativen Häufigkeit f ergibt sich gemäß Fehlerfortpflanzung:

$$\Delta f = f \cdot \sqrt{1/obs_r + 1/obs_l}\,.$$

Literaturverzeichnis

Abarbanell, J. S. (1991): Do analysts' earnings forecasts incorporate information in prior stock price changes?, in: Journal of Accounting and Economics, Vol. 14, S. 147 – 165.

Abarbanell, J. S./Bernard, V. L. (1992): Tests of analysts' overreaction/underreaction to earnings information as an explanation for anomalous stock price behavior, in: Journal of Finance, Vol. 47, No. 3, S. 1181 – 1207.

Abarbanell, J. S./Lehavy, R. (2003a): Can stock recommendations predict earnings management and analysts' earnings forecast errors?, in: Journal of Accounting Research, Vol. 41, S. 1 – 31.

Abarbanell, J. S./Lehavy, R. (2003b): Biased forecasts or biased earnings: the role of earnings management in explaining apparent optimism and inefficiency in analysts' forecast errors, Working Paper, University of North Carolina und University of Michigan.

Accounting Principles Board (1973): APB Opinion No. 30.

Achleitner, A.-K./Bassen, A. (2001): Konzeptionelle Einführung in die Investor Relations am Neuen Markt, in: Achleitner, A.-K./Bassen, A. (Hrsg.): Investor Relations am Neuen Markt, Stuttgart, S. 3 – 20.

Achleitner, A.-K./Bassen, A./Pietzsch, L. (2001): Kapitalmarktkommunikation von Wachstumsunternehmen, Stuttgart.

Achleitner, A.-K./Bassen, A./Pietzsch, L./Wichels, D. (2002): Effiziente Kapitalmarktkommunikation mit Finanzanalysten – Gestaltungsempfehlungen für Wachstumsunternehmen, in: Finanzbetrieb, 4. Jg., Nr. 1, S. 29 – 44.

Ackert, L. F./Smith, B. F. (1993): Stock price volatility, ordinary dividends, and other cash flows to shareholders, in: Journal of Finance, Vol. 48, No. 4, S. 1147 – 1160.

Aders, C./Galli, A./Wiedemann, F. (2000): Unternehmenswerte auf Basis der Multiplikatormethode?, in: Finanzbetrieb, 2. Jg., Nr. 4, S. 197.

Ahmed, A. S. (1994): Accounting earnings and future economic rents, in: Journal of Accounting and Economics, Vol. 17, S. 377 – 400.

Ahmed, A. S./Lobo, G. J./Zhang, X.-h. (2000): Do analysts underreact to bad news and overreact to good news?, Working Paper, Syracuse University und University of Chicago.

AIMR (2003): Research Objectivity Standards, Draft, unter: http://www.aimr.com/standards.

Akerlof, G. A. (1970): The market for "lemons": quality uncertainty and the market mechanism, in: Quarterly Journal of Economics, Vol. 84, No. 3, S. 488 – 500.

Albrecht, W. D./Richardson, F. M. (1990): Income smoothing by economy sector, in: Journal of Business, Finance & Accounting, Vol. 17, No. 5, S. 713 – 730.

Alexander, S. S. (1961): Price movements in speculative markets: trends or random walks, in: Industrial Management Review, Vol. 2, No. 2, S. 7 – 26.

Alexander, S. S. (1964): Price movements in speculative markets: trends or random walks. No. 2, in: Cootner, P. (Hrsg.): The random character of stock market prices, Cambridge.

Alford, A./Jones, J./Leftwich, R./Zmijewski, M. (1993): The relative informativeness of accounting disclosures in different countries, in: Journal of Accounting Research, Vol. 31, Supplement, S. 183 – 223.

Ali, A. (1994): The incremental information content of earnings, working capital from operations, and cash flows, in: Journal of Accounting Research, Vol.32, S. 61 – 74.

Ali, A./Hwang, L.-S. (2000): Country-specific factors related to financial reporting and the value relevance of accounting data, in: Journal of Accounting Research, Vol. 38, S. 1 – 21.

Ali, A./Klein, A./Rosenfeld, J. (1992): Analysts' use of information about permanent and transitory earnings components in forecasting annual EPS, in: Accounting Review, Vol. 67, No. 1, S. 183 – 198.

Amano, R. A./Wirjanto, T. S. (1998): Re-examining variance-bounds tests for asset prices, in: Review of Quantitative Finance and Accounting, Vol. 10, No. 2, S. 155 – 172.

Amihud, Y./Murgia, M. (1997): Dividends, taxes and signaling: evidence from Gemany, in: Journal of Finance, Vol. 52, No. 1, S. 397 – 408.

Amir, E./Ganzach, Y. (1998): Overreaction and underreaction in analysts' forecasts, in: Journal of Economic Behavior & Organization, Vol. 37, No. 3, S. 333 – 347.

Amir, E./Lev, B. (1996): Value-relevance of nonfinancial information: the wireless communications industry, in: Journal of Accounting and Economics, Vol. 22, S. 3 – 30.

Ang, J. S./Ciccone, S. J. (2001): International differences in analyst forecast properties, Working Paper, Florida State University and University of New Hampshire.

Arbeitskreis Externe Unternehmensrechnung der Schmalenbach-Gesellschaft für Betriebswirtschaft (2004): Stellungnahme zum Referentenentwurf eines Bilanzkontrollgesetzes, in: Der Betrieb, 57. Jg., Nr. 7, S. 329 – 332.

Arnswald, T. (2001): Investment behaviour of German equity fund managers: an exploratory analysis of survey data, Discussion Paper 08/01, Economic Research Centre of the Deutsche Bundesbank, Frankfurt a. M.

Arrow, K. J. (1962): Economic welfare and the allocation of resources for invention, in: Nelson, R. R. (Hrsg.): The rate and direction of inventive ability: economic and social factors, National Bureau of Economic Research, Conference Series, S. 609 – 625.

Arrow, K. J. (1963): Social choice and individual values, 2. Aufl., New York et al.

Arrow, K. J. (1969): The organization of economic activity: issues pertinent to the choice of market versus nonmarket allocation, in: The analysis and evaluation of public expenditures: The PBB-System, Joint Economic Committee, 91. Congress, 1. Session, Vol. 1, Washington.

Arya, A./Glover, J./Sunder, S. (1998): Earnings management and the revelation principle, in: Review of Accounting Studies, Vol. 3, S. 7 – 34.

Ashbaugh, H./Olsson, P. (2002): An exploratory study of the valuation properties of cross-listed firms' IAS and US-GAAP earnings and book values, in: Accounting Review, Vol. 77, No. 1, S. 107 – 126.

Ashbaugh, H./Pincus, M. (2001): Domestic accounting standards, international accounting standards, and the predictability of earnings, in: Journal of Accounting Research, Vol. 39, S. 417 – 434.

Auer, K. V. (1999): International harmonisierte Rechnungslegungsstandards aus Sicht der Aktionäre, 2. Aufl., Wiesbaden.

Aumann, R. J. (1976): Agreeing to disagree, in: The Annals of Statistics, Vol. 4, No. 6, S. 1236 – 1239.

Baber, W./Kang, S.-H. (2001): Stock price reactions to on-target earnings announcements, Working Paper, George Washington University.

Baccardax, M. (2001): The end of the whispers, in: Corporate Finance, No. 196, S. 16 – 20.

Baetge, J./ Kirsch, H.-J./ Thiele, S. (2003): Bilanzen, 7. Aufl., Düsseldorf.

BaFin (2003): Bekanntmachung der Bundesanstalt für Finanzdienstleistungsaufsicht zur Auslegung einzelner Begriffe in § 34b Wertpapierhandelsgesetz (WpHG), in: Zeitschrift für Bankrecht und Bankwirtschaft, 15. Jg., Nr. 2, S. 134 – 136.

Bagehot, W. (Pseudonym für Treynor, J.)(1971): The only game in town, in: Financial Analysts Journal, Vol. 27, No. 2, S. 12 – 14, 22.

Bagnoli, M./Watts, S. G. (2000): The effect of relative performance evaluation on earnings management: a game-theoretic approach, in: Journal of Accounting and Public Policy, Vol. 19, No. 4/5, S. 377 – 397.

Baker, H. K./Powell, G. E./Veit, E. T. (2002): Revisiting managerial perspectives on dividend policy, in: Journal of Economics and Finance, Vol. 26, No. 3, S. 267 – 283.

Baldwin, B. A. (1984): Segment earnings disclosure and the ability of security analysts to forecast earnings per share, in: Accounting Review, Vol. 54, No. 3, S. 376 – 389.

Ball, R. (1990): What do we know about market efficiency?, Working Paper, University of Rochester.

Ball, R. (1992): The earnings-price anomaly, in: Journal of Accounting and Economics, Vol. 15, S. 319 – 345.

Ball, R./ Brown, P. (1968): An empirical evaluation of accounting income numbers, in: Journal of Accounting Research, Vol. 6, S. 159 – 178.

Ball, R./Bartov, E. (1996): How naïve is the stock market's use of earnings information?, in: Journal of Accounting and Economics, Vol. 21, S. 319 – 337.

Ball, R./Kothari, S. P./Robin, A. (2000): The effect of international institutional factors on properties of accounting earnings, in: Journal of Accounting and Economics, Vol. 29, S. 1 – 51.

Ball, R./Robin, A./Wu, J. S. (2002): Incentives versus standards: properties of accounting income in four East Asian countries, Working Paper, University of Chicago und University of Rochester, December 2002.

Bank for International Settlements (1999): 73rd Annual Report, Basel.

Barber, B./Lehavy, R./McNichols, M./Trueman, B. (2001): Can investors profit from the prophets? Security analyst recommendations and stock returns, in: Journal of Finance, Vol. 56, No. 2, S. 531 – 563.

Barber, B./Lehavy, R./McNichols, M./Trueman, B. (2003): Reassessing the returns to analysts' stock recommendations, in: Financial Analysts Journal, Vol. 59, No. 2, S. 88 – 96.

Barberis, N./Shleifer, A./Vishny, R. (1998): A model of investor sentiment, in: Journal of Financial Economics, Vol. 49, S. 307 – 343.

Barker, R. G. (1998): The market for information – evidence from finance directors, analysts and fund managers, in: Accounting and Business Research, Vol. 29, No. 1, S. 3 – 20.

Barker, R. G. (1999): The role of dividends in valuation models used by analysts and fund managers, in: European Accounting Review, Vol. 8, No. 2, S. 195 – 218.

Barker, R. G. (2001): Determining value. Valuation models and financial statements, Harlow et al.

Barnea, A./Ronen, J./Sadan, S. (1976): Classificatory smoothing of income with extraordinary items, in: Accounting Review, Vol. 51, No. 1, S. 110 - 122.

Barth, M. E. (2000): Valuation-based accounting research: implications for financial reporting and opportunities for future research, in: Accounting and Finance, Vol. 40, No. 1, S. 7 – 31.

Barth, M. E./Beaver, W. H./Hand, J. R. M./Landsman, W. R. (1999): Accruals, cash flows, and equity values, in: Review of Accounting Studies, Vol. 4, S. 205 – 229.

Barth, M. E./Beaver, W. H./Landsman, W. R. (1996): Value relevance of banks' fair value disclosures under SFAS 107, in: Accounting Review, Vol. 71, No. 4, S. 513 – 538.

Barth, M. E./Beaver, W. H./Landsman, W. R. (1998): Relative valuation roles of equity book value and net income as a function of financial health, in: Journal of Accounting and Economics, Vol. 25, S. 1 – 34.

Barth, M. E./Beaver, W. H./Landsman, W. R. (2001): The relevance of the value relevance literature for financial accounting standard setting: another view, in: Journal of Accounting and Economics, Vol. 31, S. 77 – 104.

Barth, M. E./Clinch, G. (1996): International accounting differences and their relation to share prices: Evidence from U.K., Australian, and Canadian firms, in: Contemporary Accounting Research, Vol. 13, No. 1, S. 135 – 170.

Barth, M. E./Elliot, J. A./Finn, M. W. (1997): Market rewards associated with patterns of increasing earnings, in: Journal of Accounting Research, Vol. 37, S. 387 - 413.

Barth, M. E./Kasznik, R./McNichols, M. F. (2001): Analyst coverage and intangible assets, in: Journal of Accounting Research, Vol. 39, S. 1 – 34.

Bartov, E./Givoly, D./Hayn, C. (2002): The rewards to meeting or beating earnings expectations, in: Journal of Accounting and Economics, Vol. 33, S. 173 – 204.

Bartov, E./Goldberg, S. R./Kim, M.-S. (2001): The valuation relevance of earnings and cash flows: an international perspective, in: Journal of International Financial Management and Accounting, Vol. 12, No. 2, S. 103 – 132.

Bartov, E./Goldberg, S. R./Kim, M.-S. (2002): Comparative value relevance among German, U.S. and International Accounting Standards: a German stock market perspective, Working Paper, New York University.

Bartov, E./Radhakrishnan, S./Krinsky, I. (2000): Investor sophistication and patterns in stock returns after earnings announcements, in: Accounting Review, Vol. 75, No. 1, S. 43 – 63.

Bar-Yosef, S./Callen, J. L./Livnat, J. (1996): Modeling dividends, earnings, and book value equity: an empirical investigation of the Ohlson valuation dynamics, in: Review of Accounting Studies, Vol. 2, S. 207 – 224.

Basu, S. (1997): The conservatism principle and the asymmetric timeliness of earnings, in: Journal of Accounting and Economics, Vol. 24, S. 3 – 37.

Basu, S./Hwang, L./Jan, C.-L. (1998): International variation in accounting measurement rules and analysts' earnings forecast errors, in: Journal of Business, Finance and Accounting, Vol. 25, No. 9/10, S. 1207 – 1247.

Basu, S./Markov, S. (2003): Loss function assumptions in rationality tests on financial analysts' earnings forecasts, Working Paper, Emory University.

Bauer, J. (1981): Grundlagen einer handels- und steuerrechtlichen Rechnungslegungspolitik, Wiesbaden.

Bauman, M. P. (1996): A review of fundamental analysis research in accounting, in: Journal of Accounting Literature, Vol. 16, S. 1 – 33.

Baums, T. (1996): Aktienoptionen für Vorstandsmitglieder, Arbeitspapier, Universität Osnabrück.

Baums, T. (2000): Corporate Governance in Germany – System and Recent Developments, Arbeitspapier, Universität Osnabrück.

Bausch, A. (2000): Die Multiplikator-Methode, in: Finanzbetrieb, 2. Jg., Nr. 7/8, S. 448 – 459.

Beams, F. A./Brozovsky, J. A./Shoulders, C. D. (1999): Advanced accounting, 7. Aufl., Upper Saddle River.

Beatty, A. L./Ke, B./Petroni, K. R. (2002): Earnings management to avoid earnings declines across publicly and privately held banks, in: Accounting Review, Vol. 77, No. 3, S. 547 – 570.

Beaver, W. H. (1968): The information content of annual earnings announcements, in: Journal of Accounting Research, Vol. 6, Supplement, S. 67 – 92.

Beaver, W. H. (1998): Financial reporting: an accounting revolution, 3. Aufl., Upper Saddle River.

Beaver, W. H. (2002): Perspectives on recent capital market research, in: Accounting Review, Vol. 77, No. 2, S. 453 – 474.

Beaver, W. H./McNichols, M. F. (1998): The characteristics and valuation of loss reserves of property casualty insurers, in: Review of Accounting Studies, Vol. 3, S. 73 – 95.

Beaver, W. H./McNichols, M. F./Nelson, K. K. (2003a): An alternative interpretation of the discontinuity in earnings distributions, Working paper, Stanford University.

Beaver, W. H./McNichols, M. F./Nelson, K. K. (2003b): Management of the loss reserve accrual and the distribution of earnings in the property-casualty insurance industry, in: Journal of Accounting and Economics, Vol. 35, S. 347 – 376.

Beaver, W./Lambert, R./Morse, D. (1980): The information content of security prices, in: Journal of Accounting and Economics, Vol. 2, S. 3 – 28.

Behn, B. K./Nichols, N. B./Street, D. L. (2002): The predictive ability of geographic segment disclosures by U.S. companies: SFAS No. 131 vs. SFAS No. 14, in: Journal of International Accounting Research, Vol. 1, No. 1, S. 31 – 44.

Behrenwaldt, U. (2001): Wertschöpfung auf dem Prüfstand: Der Anspruch der institutionellen Investoren an die Investor-Relations-Arbeit, in: Achleitner, A.-K./Bassen, A. (Hrsg.): Investor Relations am Neuen Markt, Stuttgart, S. 421 – 434.

Beneish, M. D. (1997): Detecting GAAP violation: implications for assessing earnings management among firms with extreme financial performance, in: Journal of Accounting and Public Policy, Vol. 16, No. 3, S. 271 – 309.

Beneish, M. D. (1998): Discussion of "Are accruals during initial public offerings opportunistic?", in: Review of Accounting Studies, Vol. 3, S. 209 – 221.

Beneish, M. D. (2001): Earnings management: a perspective, Working Paper, Indiana University, April.

Berens, W./Hoffjan, A. (1999): Jahresabschlusspolitische Sachverhaltsgestaltungen, in: Das Wirtschaftsstudium, 28. Jg., Heft 10, S. 1282 – 1294.

Bernard, V. L. (1995): The Feltham-Ohlson framework: implications for empiricists, in: Contemporary Accounting Research, Vol. 11, No. 2, S. 733 – 747.

Bernard, V. L./Thomas, J. K. (1989): Post-earnings-announcemen drift: delayed price response or risk premium?, in: Journal of Accounting Research, Vol. 27, Supplement, S. 1 – 36.

Bernard, V. L./Thomas, J. K. (1990): Evidence that stock prices do not fully reflect the implications of current earnings for future earnings, in: Journal of Accounting and Economics, Vol. 13, S. 305 – 340.

Bhattacharya, S. (1979): Imperfect information, dividend policy, and the 'bird in the hand' fallacy, in: Bell Journal of Economics, Vol. 10, No. 1, S. 259 – 270.

Bhushan, R. (1989): Firm characteristics and analyst following, in: Journal of Accounting and Economics, Vol. 11, S. 255 – 274.

Bhushan, R. (1994): An informational efficiency perspective on the post-earnings-announcement drift, in: Journal of Accounting and Economics, Vol. 18, S. 45 – 65.

Bhushan, R./Lessard, D. R. (1992): Coping with international accounting diversity: fund managers' views on disclosure, reconciliation, and harmonization, in: Journal of International Financial Management and Accounting, Vol. 4, No. 2, S. 149 – 164.

Biddle, G. C./Chen, P./Zhang, G. (2000): When capital follows profitability: non-linear residual income dynamics, Working Paper, Hong Kong University of Science and Technology.

Biddle, G. C./Seow, G. S. (1991): The estimation and determinants of associations between returns and earnings: evidence from cross-industry comparisons, in: Journal of Accounting, Auditing and Finance, Vol. 6, No. 2, S. 183 – 232.

Bieg, H. (1993): Ziele der Jahresabschlusspolitik, in: Der Steuerberater, 44. Jg., Nr. 3, März, S. 96 – 103.

Bienert, H. (1996): Der Marktprozess an Aktienbörsen, Wiesbaden.

Billings, B. K. (1999): Revisiting the relation between the default risk of debt and the earnings response coefficient, in: Accounting Review, Vol. 74, No. 4, S. 509 – 522.

Bittlingmayer, G. (1998): The market for corporate control (including takeovers), Working Paper, University of California.

Bittner, T. (1996): Die Wirkungen von Investor-Relations-Maßnahmen auf Finanzanalysten, Lohmar.

Black, F. (1986): Noise, in: Journal of Finance, Vol. 41, No. 3, S. 529 – 543.

Bleymüller, J./Gehlert, G. (1992): Statistische Formeln, Tabellen und Programme, 6. Aufl., München.

Bleymüller, J./Gehlert, G./Gülicher, H. (1998): Statistik für Wirtschaftswissenschaftler, 11. Aufl., München.

Blochwitz, S./Eigermann, J. (2000): Unternehmensbeurteilung durch Diskriminanzanalyse mit qualitativen Merkmalen, in: Zeitschrift für betriebswirtschaftliche Forschung, 52. Jg., Nr. 1, S. 58 – 73.

Böcking, H.-J. (2003): Audit und Enforcement, in: Zeitschrift für betriebswirtschaftliche Forschung, 55. Jg., Nr. 7, S. 683 – 706.

Böcking, H.-J./Nowak, K. (1999): Marktorientierte Unternehmensbewertung, in: Finanzbetrieb, 1. Jg., Nr. 8, S. 169 – 176.

Bolliger, G. (2001): The characteristics of individual analysts' forecasts in Europe, Working Paper, University of Neuchâtel.

Boni, L./Giorgio, L. A./Masci, P. (2002): Conflicts of interest facing securities research analysts: implications for capital markets, in: Infrastructure and Financial Markets Review, Vol. 8, No. 1, S. 5 – 10.

Boni, L./Womack, K. L. (2002a): Solving the sell-side research problem: insights from buy-side professionals, Working Paper, University of New Mexico und Tuck School of Business.

Boni, L./Womack, K. L. (2002b): Wall Street's credibilty problem: misaligned incentives and dubious fixes?, Brookings-Wharton Papers on Financial Services.

Boni, L./Womack, K. L. (2003): Wall Street research: will new rules change its usefulness, in: Financial Analysts Journal, Vol. 59, No. 3, S. 25 – 29.

Bowen, R. M./DuCharme, L./Shores, D. (1995): Stakeholders' implicit claims and accounting method choice, in: Journal of Accounting and Economics, Vol. 20, S. 255 – 295.

Bradshaw, M. T./Richardson, S. A./Sloan, R. G. (2003): Pump and dump: an empirical analysis of the relation between corporate financing activities and sell-side analyst research, Working Paper, Harvard University, University of Pennsylvania und University of Michigan.

Brealy, R. A./Myers, S. C. (2000): Principles of Corporate Finance, 6. Aufl., Boston u. a.

Brown, L. D. (1993): Earnings forecasting research: its implications for capital markets research, in: International Journal of Forecasting, Vol. 9, Nr. 3, S. 295 – 320.

Brown, L. D. (1997): Earnings surprise research: synthesis and perspectives, in: Financial Analysts Journal, Vol. 53, No. 2, S. 13 – 19.

Brown, L. D. (1999): Predicting individual analyst earnings forecast accuracy, Working Paper, Georgia State University.

Brown, L. D. (2001a): A temporal analysis of earnings surprises: profits versus losses, in: Journal of Accounting Research, Vol. 39, S. 221 – 241.

Brown, L. D. (2001b): Small negative surprises: frequency and consequence, Working Paper, Georgia State University.

Brown, L. D./Caylor, M. L. (2003): A temporal analysis of earnings management thresholds, Working Paper, Georgia State University.

Brown, L. D./Griffin, P./Hagerman, R./Zmijewski, M. (1987): Security analyst superiority relative to univariate time-series models in forecasting quarterly earnings, in: Journal of Accounting and Economics, Vol. 9, S. 61 – 87.

Brown, L. D./Higgins, H. N. (2001): Managing earnings surprises in the US versus 12 other countries, in: Journal of Accounting and Public Policy, Vol. 20, No. 4/5, S. 373 –398.

Brown, L. D./Rozeff, M. (1978): The superiority of analyst forecasts as measures of expectations: evidence from earnings, in: Journal of Finance, Vol. 33, No. 1, S. 1 – 16.

Brown, L. D./Rozeff, M. (1979): Univariate time-series models of quarterly accounting earnings per share: a proposed model, in: Journal of Accounting Research, Vol. 17, S. 179 – 189.

Brown, L. D./Rozeff, M. (1980): Analysts can forecast accurately!, in: Journal of Portfolio Management, Vol. 6, S. 31 –34.

Brown, S./Lo, K./Lys, T. (1999): Use of R^2 in accounting research: measuring changes in value relevance over the last four decades, in: Journal of Accounting and Economics, Vol. 28, S. 83 – 115.

Bruns, C. (1994): Bubbles und Excess Volatility auf dem deutschen Aktienmarkt, Wiesbaden.

Bundesfinanzministerium (2003): Entwurf einer Verordnung zur Konkretisierung des Verbotes der Kurs- und Marktpreismanipulation, Stand: Juni 2003.

Bundesregierung (2003): Maßnahmenkatalog der Bundesregierung zur Stärkung von Anlegerschutz und Unternehmensintegrität.

Burger, A./Buchhart, A. (2002): Der Residualgewinn als kapitalmarktrelevante Information, in: Kapitalmarktorientierte Rechnungslegung, 2. Jg., Nr. 2, S. 82 – 87.

Burgstahler, D./Dichev, I. (1997): Earnings management to avoid earnings decreases and losses, in: Journal of Accounting and Economics, Vol. 24, S. 99 –126.

Burgstahler, D./Eames, M. (1999): Management of earnings and analyst forecasts, Working Paper, University of Washington.

Bushman, R. M./Smith, A. J. (2001): Financial accounting information and corporate governance, in: Journal of Accounting and Economics, Vol. 32, S. 237 – 333.

Busse von Colbe, W./Becker, W./Berndt, H./Geiger, K. M./Haase, H./Schellmoser, F./Schmitt, G./Seeberg, T./von Wysocki, K. (Hrsg.) (2000): Ergebnis je Aktie nach DVFA/SG, 3. Aufl., Stuttgart.

Busse von Colbe, W./Ordelheide, D./Gebhardt, G./Pellens, B. (2003): Konzernabschlüsse, 7. Aufl., Wiesbaden.

Butler, K. C./Lang, L. H. (1991): The forecast accuracy of individual analysts: evidence of systematic optimism and pessimism, in: Journal of Accounting Research, Vol. 29, S. 150 – 156.

Campbell, J. Y./Lo, A. W./MacKinlay, A. C. (1997): The econmetrics of financial markets, Princeton.

Capstaff, J/Paudyal, K./Rees, W. (1995): The accuracy and rationality of earnings forecasts by UK analysts, in: Journal of Business, Finance and Accounting, Vol. 22, No. 1, S. 67 – 85.

Capstaff, J/Paudyal, K./Rees, W. (1998): Analysts' forecasts of German firms' earnings: a comparative analysis, in: Journal of International Financial Management and Accounting, Vol. 9, No. 2, S. 83 – 116.

Capstaff, J/Paudyal, K./Rees, W. (1999): The relative forecast accuracy of UK brokers, in: Accounting and Business Research, Vol. 30, No. 1, S. 3 – 16.

Capstaff, J/Paudyal, K./Rees, W. (2001a): A comparative analysis of earnings forecasts in Europe, in: Journal of Business, Finance and Accounting, Vol. 28, No. 5/6, S. 531 – 562.

Capstaff, J/Paudyal, K./Rees, W. (2001b): Revisions of earnings forecasts and security returns: evidence from three countries, Working Paper, University of Glasgow.

Chambers, D. J./Freeman, R. N./Koch, A. S. (1999): The role of risk in price-earnings relations, Working Paper, University of Texas at Austin, March 1999.

Chaney, P. K./Jeter, D. C./Lewis, C. M. (1998): The use of accruals in income smoothing: a permanent earnings hypothesis, in: Advances in Quantitative Analysis of Finance and Accounting, Vol. 6, S. 103 – 135.

Chaney, P. K./Lewis, C. M. (1995): Earnings management and firm valuation under asymmetric information, in: Journal of Corporate Finance, Vol. 1, S. 319 – 345.

Chang, J. J./Khanna, T./Palepu, K. (2000): Analyst activity around the world, Working Paper, University of Pennsylvania and Harvard Business School.

Cheredito, Y./Hadewicz, T. (2001): Marktorientierte Unternehmensbewertung, in: Der Schweizer Treuhänder, 75. Jg., Nr. 4, S. 321 – 330.

Chevis, G./Das, S./Sivaramakrishnan, K. (2001): An empirical analysis of firms that meet or exceed analysts' earnings forecasts, Working Paper, Texas A&M University und University of Illinois at Chicago.

Choi, F. D. S./Frost, C. A./Meek, G. K. (1999): International accounting, 3. Aufl., Upper Saddle River.

Choi, F. D. S./Levich, R. M. (1990): The capital markets effect of international accounting diversity, New York.

Chopra, V. K. (1998): Why so much error in analysts' earnings forecasts?, in: Financial Analysts Journal, Vol. 54, No. 6, S. 35 – 42.

Chow, C. W./Wong-Boren, A. (1987): Voluntary financial disclosure by Mexican corporations, in: Accounting Review, Vol. 62, No. 3, S. 533 – 541.

Christensen, T. E./Hoyt, R. E./Paterson, J. S. (1999): Ex ante incentives for earnings management and the informativeness of earnings, in: Journal of Business, Finance and Accounting, Vol. 26, No. 7/8, S. 807 – 832.

Christie, A. A. (1987): On cross-sectional analysis in accounting research, in: Journal of Accounting and Economics, Vol. 9, S. 231 – 258.

Chung, K. H. (2000): Marketing of stocks by brokerage firms: the role of financial analysts, in: Financial Management, Vol. 29, No. 1, S. 35 – 44.

Chung, K. H./Jo, H. (1996): The impact of security analysts' monitoring and marketing functions on the market value of firms, in: Journal of Financial and Quantitative Analysis, Vol. 31, No. 4, S. 493 – 512.

Clement, M. B. (1999): Analyst forecast accuracy: do ability, resources, and portfolio complexity matter?, in: Journal of Accounting and Economics, Vol. 27, S. 285 – 303.

Clubb, C. (2002): On the equivalence of cash flow and residual income approaches to equity valuation, Working Paper, Imperial College of Science, Technology and Medicine, London.

Cochrane, J. H. (1992): Explaining the variance of price-dividend ratios, in: Review of Financial Studies, Vol. 5, No. 2, S. 243 – 280.

Coenenberg, A. G. (1985): Instrumente der Gewinnregulierungspolitik deutscher Aktiengesellschaften – eine empirische Untersuchung, in: Gross, G. (Hrsg.): Der Wirtschaftsprüfer im Schnittpunkt nationaler und internationaler Interessen, Düsseldorf, S. 111 – 128.

Coenenberg, A. G. (2000): Jahresabschluss und Jahresabschlussanalyse, 17. Aufl., Landsberg/Lech.

Coenenberg, A. G./Alvarez, M./Meyer, M. A. (2001): Cashflow, in: Gerke, W./Steiner, M. (Hrsg.): Handwörterbuch des Bank- und Finanzwesens (HWF), Enzyklopädie der Betriebswirtschaftslehre (EdBWL), Band VI, 3. Aufl., Stuttgart, Sp. 479 – 496.

Coenenberg, A. G./Federspieler, C. (1999): Zwischenberichtspublizität in Europa – Der Informationsgehalt der Zwischenberichterstattung deutscher, britischer und französischer Unternehmen, in: Zeitschrift für betriebswirtschaftliche Forschung, 51. Jg., Sonderheft 41, S. 167 – 198.

Coenenberg, A. G./Haller, A. (1993): Externe Rechnungslegung, in: Hauschildt, J./Grün, O. (Hrsg.): Ergebnisse empirischer betriebswirtschaftlicher Forschung, S. 557 – 599.

Coenenberg, A. G./Schmidt, F./Werhand, M. (1983): Bilanzpolitische Entscheidungen und Entscheidungswirkungen in manager- und eigentümerkontrollierten Unternehmen, in: Betriebswirtschaftliche Forschung und Praxis, 35. Jg., Nr. 4, S. 321 – 343.

Coenenberg, A. G./Schultze, W. (2002a): Unternehmensbewertung: Konzeptionen und Perspektiven, in: Die Betriebswirtschaft, 62. Jg., Nr. 6, S. 597 – 621.

Coenenberg, A. G./Schultze, W. (2002b): Das Multiplikator-Verfahren in der Unternehmensbewertung: Konzeption und Kritik, in: Finanzbetrieb, 4. Jg., Nr. 12, S. 697 – 703.

Collingwood, H. (2001): The earnings game, in. Harvard Business Review, Vol. 79, No. 6, S. 65 – 72.

Collins, D. W. /Hribar, P. (2000): Earnigs-based and accrual-based market anomalies: one effect or two?, in: Journal of Accounting and Economics, Vol. 29, S. 101 – 123.

Collins, D. W. /Hribar, P. (2002): Errors in estimating accruals: implications for empirical research, in: Journal of Accounting Research, Vol. 40, S. 105 – 134.

Collins, D. W./Kothari, S. P. (1989): An analysis of intertemporal and cross-sectional determinants of earnings response coefficients, in: Journal of Accounting and Economics, Vol. 11, S. 143 – 181.

Collins, D. W./Maydew, E. L./Weiss, I. S. (1997): Changes in the value relevance of earnings and book values over the past forty years, in: Journal of Accounting and Economics, Vol. 24, S. 39 – 67.

Collins, W. A./Hopwood, W. S. (1980): A multivariate analysis of annual earnings generated from quarterly forecasts of financial analysts and univariate time-series methods, in: Journal of Accounting Research, Vol. 18, S. 390 – 406.

Conlisk, J. (1996): Why bounded rationality?, in: Journal of Economic Literature, Vol. 34, No. 2, S. 669 – 700.

Conrad, J. S./Johnson, K. M./Wahal, S. (2001): Institutional trading and soft dollars, in: Journal of Finance, Vol. 56, No. 1, S. 397 – 416.

Conroy, R./Harris, R. (1987): Consensus forecats of corporate earnings: analysts' forecats and time series methods, in: Management Science, Vol. 33, S. 725 – 738.

Constantinou, C. P./Forbes, W. P./Skerrat, L. (2003) : Analyst underreaction in the United Kingdom, in: Financial Management, Vol. 32, S. 93 – 106.

Cooke, T. (1989): Disclosure in the corporate annual reports of Swedish companies, in: Accounting and Business Research, Vol. 19, S. 113 – 124.

Cooke, T. (1991): An assessment of voluntary disclosure in annual reports of Japanese corporations, in: International Journal of Accounting, Vol. 26, No. 3, S. 174 – 189.

Cooke, T. E./Wallace, R. S. O. (1990): Financial disclosure regulation and its environment: a review and further analysis, in: Journal of Accounting and Public Policy, Vol. 9, No. 2, S. 79 – 110.

Cooper, R. A./Day, T. E./Lewis, C. M. (2001): Following the leader: a study of individual analysts' earnings forecasts, in: Journal of Financial Economics, Vol. 61, S. 383 – 416.

Cote, J. (2000): Analyst credibility: the investor's perspective, in: Journal of Managerial Issues, Vol. 12, No. 3, S. 352 – 362.

Courteau, L./Kao, J./Richardson, G. D. (2001): The equivalence of dividend, cash flows and residual earnings approaches to equity valuation employing ideal terminal value expressions, in: Contemporary Accounting Research, Vol. 18, No. 4, S. 625 – 642.

Cragg, J. G./Malkiel, B. G. (1968): The consensus and accuracy of some predictions of the growth of corporate earnings, in: Journal of Finance, Vol. 23, No. 1, S. 67 –84.

Cready, W. M./Hurtt, D. N./Seida, J. A. (2001): Applying reverse regression techniques in earnings-return analyses, in: Journal of Accounting and Economics, Vol. 30, S. 227 – 240.

Crichfield, T./Dyckman, T./Lakonishok, J. (1978): An evaluation of security analysts' forecasts, in: Accounting Review, Vol. 53, No. 3, S. 651 – 668.

Cuthbertson, K. (1996): Quantitative financial economics, Chichester et al.

d'Arcy, A. (2000): The degree of determination of national accounting systems – an empirical investigation, in: Schmalenbach Business Review, Vol. 52., No. 1, S. 45 – 67.

d'Arcy, A. (2001): Hat sich die internationale Rechnungslegung für den Neuen Markt bewährt?, in: Coenenberg, A G./Pohle, K. (Hrsg.): Internationale Rechnungslegung, Stuttgart, S. 165 – 177.

d'Arcy, A./Grabensberger, S. (2003): The quality of Neuer Markt quarterly reports – an empirical investigation, in: International Journal of Accounting, Vol. 38, S. 329 – 346.

DAI (1999): Privater Aktienbesitz in Deutschland: Aufwärtstrend setzt sich fort, DAI-Kurzstudie 1/1999, Frankfurt a. M.

DAI (2001): DAI-Factbook 2001, Frankfurt a. M.

DAI (2002): DAI-Factbook 2002, Frankfurt a. M.

DAI (2003): Stabilisierung der Aktionärszahlen – aber keine Entwarnung, DAI-Kurzstudie 1/2003, Frankfurt a. M.

Damodaran, A. (1996): Investment valuation. New York et al.

Daniel, K./Hirshleifer, D./Subramanyam (1998): Investor psychology and security market under- and overreactions, in: Journal of Finance, Vol. 53, No. 6, S. 1839 – 1885.

Darby, M. R./Karni, E. (1973): Free competition and the optimal amount of fraud, in: The Journal of Law and Economics, Vol. 16, No. 1, S. 67 – 88.

Darrough, M. N./Russell, T. (2002): A positive model of earnings forecasts: top down versus bottom up, in: Journal of Business, Vol. 75, No. 1, S. 127 – 152.

Das, S./Levine, C. B./Sivaramakrishnan, K. (1998): Earnings predictability and bias in analysts' earnings forecasts, in: Accounting Review, Vol. 73, No. 2, S. 277 – 294.

Das, S./Shroff, P. K. (2002): Fourth quarter reversals in earnings changes and earnings management, Working Paper, University of Minnesota.

Das, S./Zhang, H. (2003): Rounding-up in reported EPS, behavioral thresholds, and earnings management, in: Journal of Accounting and Economics, Vol. 35, S. 31 - 50.

Daske, H./Gebhardt, G./McLeay, S. (2003): A comparative analysis of the distribution of earnings relative to targets in the European Union, Working Paper, Universität Frankfurt a. M.

De Bondt, W. F. M./Forbes, W. P. (1999) : Herding in analyst earnings forecasts : evidence from the united Kingdom, in : European Financial Management, Vol. 5, No. 2, S. 143 – 163.

De Bondt, W. F. M./Thaler, R. H. (1985): Does the stock market overreact ?, in : Journal of Finance, Vol. 40, No. 3, S. 793 – 805,

De Bondt, W. F. M./Thaler, R. H. (1990): Do security analysts overreact?, in: American Economic Review, Vol. 80, No. 2, S. 52 – 57.

De Long, J. B./Shleifer, A./Summers, L. H./Waldmann, R. J. (1990): Positive feedback investment strategies and destabilizing rational speculation, in: Journal of Finance, Vol. 45, No. 2, S. 379 – 395.

DeAngelo, H./DeAngelo, L./Skinner, D. J. (1996): Reversal of fortune. Dividend signaling and the disappearance of sustained earnings growth, in: Journal of Financial Economics, Vol. 40, S. 341 – 371.

DeAngelo, H./DeAngelo, L./Skinner, D. J. (1996): Reversal of fortune. Dividend signaling and the disappearance of sustained earnings growth, in: Journal of Financial Economics, Vol. 40, S. 341 – 371.

DeAngelo, L. (1986): Accounting numbers as market valuation substitutes: a study of management buyouts of public stockholders, in: Accounting Review, Vol. 61, No. 3, S. 400 – 420.

Dechow, P. M. (1994): Accounting earnings and cash flows as measures of firm performance: the role of accounting accruals, in: Journal of Accounting and Economics, Vol. 18, S. 3 – 42.

Dechow, P. M./Hutton, A. P./Sloan, R. G. (1999): An empirical assessment of the residual income valuation model, in: Journal of Accounting and Economics, Vol. 26, S. 1 – 34.

Dechow, P. M./Hutton, A. P./Sloan, R. G. (2000): The relation between analysts' forecasts of long-term earnings growth and stock price performance following equity offerings, in: Contemporary Accounting Research, Vol. 17, No. 1, S. 1 – 32.

Dechow, P. M./Kothari, S. P./Watts, R. L. (1998): The relation between earnings and cash flows, in: Journal of Accounting and Economics, Vol. 25, S. 133 – 168.

Dechow, P. M./Richardson, S. A./Tuna, I. (2000): Are benchmark beaters doing anything wrong?, Working Paper, University of Michigan und University of Pennsylvania.

Dechow, P. M./Richardson, S. A./Tuna, I. (2003): Why are earnings kinky? An examination of the earnings management explanation, in: Review of Accounting Studies, Vol. 8, S. 355 – 384.

Dechow, P. M./Skinner, D. J. (2000): Earnings management: reconciling the views of accounting academics, practitioners, and regulators, in: Accounting Horizons, Vol. 14, No. 2, June, S. 235 – 250.

Dechow, P. M./Sloan, R. G./Sweeney, A. P. (1995): Detecting earnings management, in: Accounting Review, Vol. 70, No. 2, S. 193 – 225.

DeFond, M. L./Park, C. W. (2001): The reversal of abnormal accruals and the market valuation of earnings surprises, in: Accounting Review, Vol. 76, No. 3, S. 375 – 404.

Degeorge, F./Patel, J./Zeckhauser, R. (1999): Earnings management to exceed thresholds, in: Journal of Business, Vol. 72, No.1, S. 1 - 33 .

Delaney, P. R./Adler, J. R./Epstein, B. J./Foran, M. F. (2000): GAAP 2000, New York et al.

Demski, J. S./Frimor, H. (1999): Performance measure garbling under renegotiation in multi-period agencies, in: Journal of Accounting Research, Vol. 37, Supplement, S. 187 – 214.

Desai, H./Liang, B./Singh, A. K. (2000): Do all-stars shine? Evaluation of analyst recommendations, in: Financial Analysts Journal, Vol. 56, No. 3, S. 20 – 29.

Dette, G. (1998): Kursbildung am deutschen Aktienmarkt, Wiesbaden.

Deutsche Bundesbank (2002): Ergebnisse der gesamtwirtschaftlichen Finanzierungsrechnung für Deutschland 1991 bis 2001, Statistische Sonderveröffentlichung 4, September, Frankfurt a. M.

Devenow, A./Welch, I. (1996): Rational herding in financial economics, in: European Economic Review, Vol. 40, No. 3 – 5, S. 603 – 615.

Dhaliwal, D. S./Lee, K./Fargher, N. (1991): The association between unexpected earnings and abnormal security returns in the presence of financial leverage, in: Contemporary Accounting Research, Vol. 8, No. 1, S. 20 – 41.

Dhaliwal, D. S./Reynolds, S. S. (1994): The effect of default risk of debt on the earnings response coefficient, in: Accounting Review, Vol. 69, No. 2, S. 412 – 419.

Dhaliwal, D./Gleason, C. A./Mills, L. F. (2002): Last chance earnings management: using the tax expense to achieve earnings targets, Working Paper, University of Arizona.

Dichev, I. D./Skinner, D. J. (2001): Large-sample evidence on the debt covenant hypothesis, Working Paper, University of Michigan Business School.

Diehl, U. (2001): Investmentanalysten, in: Achleitner, A.-K./Bassen, A. (Hrsg.): Investor Relations am Neuen Markt, Stuttgart, S. 397 - 420.

Diehl, U./Loistl, O./Rehkugler, H. (1998): Effiziente Kapitalmarktkommunikation, Stuttgart.

Dimson, E./Mussavian, M. (1998): Professional forum. A brief history of market efficiency, in: European Financial Management, Vol. 4, No. 1, S. 91 – 103.

DIRK (2003): Kurzporträt, http://www.dirk.org/sw91.asp.

Doukas, J. A./Kim, C./Pantzalis, C. (2000): Security analysis, agency costs, and company characteristics, in: Financial Analysts Journal, Vol. 56, No. 6, S. 54 – 63.

Dow, J./Gorton, G. (1997): Stock market efficiency and economic efficiency: is there a connection?, in: Journal of Finance, Vol. 52, No. 3, S. 1087 – 1129.

Dreyling, G. (2001): Ge- und Missbrauch der Ad hoc-Publizität, in: Achleitner, A.-K./Bassen, A. (Hrsg.): Investor Relations am Neuen Markt, Stuttgart, S. 365 – 379.

DRSC (1999): Deutscher Rechnungslegungs Standard Nr. 3 (DRS 3), Berlin.

DRSC (2002a): Entwurf: Grundsätze ordnungsmäßiger Buchführung (Rahmenkonzept), Berlin.

DRSC (2003): Deutscher Rechnungslegungs Standard Nr. 14 (DRS 14), Berlin.

Dugar, A./Nathan, S. (1995): The effect of investment banking relationships on financial analysts' earnings forecasts and investment recommendations, in: Contemporary Accounting Research, Vol. 12, No. 1, S. 131 – 160.

Dumontier, P./Raffournier, B. (2002): Accounting and capital markets: a survey of the European evidence, in: European Accounting Review, Vol. 11, No. 1, S. 119 – 151.

Duru, A./Reeb, D. M. (2002): International diversification and analysts' forecast accuracy and bias, in: Accounting Review, Vol. 77, No. 2, S. 415 – 433.

DVFA (2003): DVFA-Kodex für Finanzanalyse, http://www.dvfa.de.

Dye, R. A. (1988) : Earnings management in an overlapping generations model, in: Journal of Accounting Research, Vol. 26, S. 195 – 235.

DZ Bank (2001): Nemax 50. Equity Research Report. Frankfurt.

Eames, M./Glover, S. M./Kennedy, J. (2002): The association between trading recommendations and broker-analysts' earnings forecasts, in: Journal of Accounting Research, Vol. 40, S. 85 – 104.

Easterwood, J. C./Nutt, S. R. (1999): Inefficiency in analysts' earnings forecasts: systematic misreaction or systematic optimism?, in: Journal of Finance, Vol. 54, No. 5, S. 1777 – 1797.

Easton, P. D./Harris, T. S. (1991): Earnings as an explanatory variable for returns, in: Journal of Accounting Research, No. 1, S. 19 – 36.

Easton, P. D./Shroff, P./Taylor, G. (2000): Permanent and transitory earnings, accounting recording lag, and the earnings coefficient, in: Review of Accounting Studies, Vol. 5, S. 281 – 300.

Easton, P. D./Zmijewski, M. E. (1989): Cross-sectional variation in the stock market response to accounting earnings announcements, in: Journal of Accounting and Economics, Vol. 11, S. 117 – 141.

Eccher, E. A./Ramesh, K./Thiagarajan, S. R. (1996): Fair value disclosures by bank holding companies, in: Journal of Accounting and Economics, Vol. 22, S. 79 – 117.

Eckel, N. (1981): The income smoothing hypothesis revisited, in: Abacus, Vol. 17, No. 1, S. 28 - 40.

Ehrbeck, T./Waldmann, R. (1996): Why are professional forecasters biased? Agency versus behavioral explanations, in: Quarterly Journal of Economics, Vol. 111, No. 1, S. 21 – 40.

Elgers, P. T./Lo, M. H. (1994): Reductions in analysts' annual earnings forecast errors using information in prior earnings and security returns, in: Journal of Accounting Research, Vol. 32, S. 290 – 303.

Elgers, P. T./Lo, M. H./Pfeiffer, R. J. (2001): Delayed security price adjustments to financial analysts' forecasts of annual earnings, in: Accounting Review, Vol. 76, No. 4, S. 613 – 632.

Elliott, J. A./Philbrick, D./Wiedman, C. (1995): Evidence from archival data on the relation between security analysts' forecast errors and prior forecast revisions, in: Contemporary Accounting Research, Vol. 11, No. 2, S. 919 – 938.

Ely, K./Waymire, G. (1999): Accounting standard-setting organizations and earnings relevance: longitudinal evidence from NYSE common stocks, 1927-93, in: Journal of Accounting Research, Vol. 37, S. 293 – 317.

Epstein, M. J./Palepu, K. G. (1999): What financial analysts want, in: Strategic Finance, Vol. 80, No. 10, S. 48 – 52.

Erickson, M./Wang, S. (1999): Earnings management by acquiring firms in stock for stock mergers, in: Journal of Accounting and Economics, Vol. 27, S. 149 – 176.

Ernst & Young (2000): IAS/US-GAAP comparison, IASC: United Kingdom.

Europäische Zentralbank (2001): Characteristics of corporate finance in the euro area, in: European Central Bank Monthly Bulletin, February 2001, S. 37 – 50.

Ewert, R./Wagenhofer, A. (2000): Interne Unternehmensrechnung, 4. Aufl., Berlin et al.

Fairfield, P. M. (1994): P/E, P/B and the present value of future dividends, in: Financial Analysts Journal, Vol. 50, No. 4, S. 23 – 31.

Fama, E. F. (1965): The behavior of stock market prices, in: Journal of Business, Vol. 38, No. 1, S. 34 – 105.

Fama, E. F. (1970): Efficient capital markets: a review of theory and empirical work, in: Journal of Finance, Vol. 25, No. 2, S. 383 – 417.

Fama, E. F. (1991): Efficient capital markets II, in: Journal of Finance, Vol. 46, No. 5, S. 1575 – 1617.

Fama, E. F. (1998): Market efficiency, long-term returns, and behavioral finance, in: Journal of Financial Economics, Vol. 49, S. 283 - 306.

Fama, E. F./Blume, M. E. (1966): Filter-rules and stock-market trading, in: Journal of Business, Vol. 39, No. 1, S. 226 –241.

Fama, E. F./Miller, M. H. (1972): The theory of finance, New York et al.

Fama, E./Fisher, L./Jensen, M./Roll, R. (1969): The adjustment of stock prices to new information, in: International Economic Review, Vol. 10, No. 1, S. 1 –21.

FASB (1978): Statement of Financial Accounting Concepts No. 1: Objectives of financial reporting by business enterprises, Norwalk, Connecticut.

FASB (1980): Statement of Financial Accounting Concepts No. 2: Qualitative characteristics of accounting information, Norwalk, Connecticut.

FASB (1981): Statement of Financial Accounting Standards No. 52: Foreign currency translation, Norwalk, Connecticut.

FASB (1984): Statement of Financial Accounting Concepts No. 5: Recognition and measurement in financial statements of business enterprises, Norwalk, Connecticut.

Feldkämper, U. (2003): Empirische Untersuchung der Segmentberichterstattung am deutschen Kapitalmarkt, in: Der Betrieb, 56. Jg., Nr. 27/28, S. 1453 – 1457.

Feltham, G. A./Ohlson, J. A. (1995): Valuation and clean surplus accounting for operating and financial activities, in: Contemporary Accounting Research, Vol. 11, No. 2, S. 689 – 731.

Feltham, G. A./Ohlson, J. A. (1996): Uncertainty resolution and the theory of depreciation measurement, in: Journal of Accounting Research, Vol. 34, S. 209 – 234.

Fey, G. (2000): Prüfung kapitalmarktorientierter Unternehmensberichte, in: Die Wirtschaftsprüfung, 53. Jg., Nr. 22, S. 1097 – 1108.

Fields, T. D./Lys, T. Z./Vincent, L. (2001): Empirical choice on accounting choice, in: Journal of Accounting and Economics, Vol. 31, S. 255 – 307.

Fischer, A./Haller, A. (1993): Bilanzpolitik zum Zwecke der Gewinnglättung, in: Zeitschrift für Betriebswirtschaft, 63. Jg., Nr. 1, S. 35 -59.

Foster, G. (1977): Quarterly accounting data: time series properties and predictive-ability results, in: Accounting Review, Vol. 52, No. 1, S. 1 - 21.

Francis, J./Olsson, P./Oswald, D. (2000): Comparing the accuracy and explainability of dividend, free cash flow, and abnormal earnings equity value estimates, in: Journal of Accounting Research, Vol. 38, S. 45 – 70.

Francis, J./Philbrick, D. (1993): Analysts' decisions as products of a multi-task environment, in: Journal of Accounting Research, Vol. 31, S. 216 – 230.

Francis, J./Schipper, K. (1999): Have financial statements lost their relevance?, in: Journal of Accounting Research, Vol. 37, S. 319 - 352.

Francis, J./Schipper, K./Vincent, L. (2002a): Earnings announcements and competing information, in: Journal of Accounting and Economics, Vol. 33, S. 313 – 342.

Francis, J./Schipper, K./Vincent, L. (2002b): Expanded disclosures and the increased usefulness of Earnings Announcements, in: Accounting Review, Vol. 77, No. 3, S. 515 – 546.

Franke, G./Hax, H. (1999): Finanzwirtschaft des Unternehmens und Kapitalmarkt, 4. Aufl., Berlin et al.

Frankel, R./Lee, C. M. C. (1998a): Accounting diversity and international valuation, Working Paper, University of Michigan und Cornell University.

Frankel, R./Lee, C. M. C. (1998b): Accounting valuation, market expectation, and cross-sectional stock returns, in: Journal of Accounting and Economics, Vol. 25, S. 283 – 319.

Franks, J./Mayer, C. (1995): Ownership and control, in: Siebert, H. (Hrsg.): Trends in business organization: do Participation and cooperation increase competitiveness?, Tübingen, S. 171 – 195.

Fried, D./Givoly, D. (1982): Financial analysts' forecasts of earnings: a better surrogate for market expectations, in: Journal of Accounting and Economics, Vol. 4, S. 85 – 107.

Fritsch, M./Wein, T./Ewers, H.-J. (1996): Marktversagen und Wirtschaftspolitik, 2. Aufl., München.

FWB (2001): Regelwerk Neuer Markt, Stand 21.5.2001, unter: http://deutsche-boerse.com.

Gerke, W. (2001): Agency-Theorie, in: Gerke, W./Steiner, M. (Hrsg.): Handwörterbuch des Bank- und Finanzwesens, 3. Aufl., Stuttgart, Sp. 24 – 36.

Gerke, W./Oerke, M. (1998): Marktbeeinflussung durch Analystenempfehlungen, in: Zeitschrift für Betriebswirtschaft, 68. Jg., Ergänzungsheft 2, S. 187 – 200.

Gierl, H./Helm, R./Stumpp, S. (2001): Wertfunktion der Prospect-Theorie, Produktpräferenzen und Folgerungen für das Marketing, in: Zeitschrift für betriebswirtschaftliche Forschung, 53. Jg., Nr. 6, S. 559 – 588.

Givoly, D./Lakonishok, J. (1979): The information content of financial analysts' forecasts of earnings, in: Journal of Accounting and Economics, Vol. 1, S. 165 – 185.

Givoly, D./Lakonishok, J. (1984): Properties of analysts' forecasts of earnings: a review and analysis, in: Journal of Accounting Literature, Vol. 3, S. 117 – 152.

Glaum, M. (1994): Informationseffizienz der Devisenmärkte und unternehmerisches Wechselkursrisiko-Management, in: Kredit und Kapital, 27. Jg., Nr. 1, S. 67 – 99.

Glaum, M. (1996): Internationalisierung und Unternehmenserfolg, Wiesbaden.

Glaum, M. (1998): Kapitalmarktorientierung deutscher Unternehmungen, Frankfurt am Main.

Glaum, M. (2001): Die Internationalisierung der deutschen Rechnungslegung, in: Zeitschrift für kapitalmarktorientierte Rechnungslegung, 1. Jg., Nr. 3, S. 124 – 134.

Glaum, M./Lindemann, J. (2002): Externes Wachstum: Theoretische Überlegungen und empirische Befunde, in: Glaum, M./Hommel, U./Thomaschewski, D. (Hrsg.): Wachstumsstrategien internationaler Unternehmungen. Internes vs. externes Unternehmenswachstum, Stuttgart, S. 269 – 299.

Glaum, M./Mandler, U. (1996): Rechnungslegung auf globalen Kapitalmärkten, Wiesbaden.

Glaum, M./Street, D. (2002): Rechnungslegung der Unternehmen am Neuen Markt. Die Einhaltung der Ausweispflichten nach IAS und US-GAAP. Studien des Deutschen Aktieninstituts, Heft 17.

Glaum, M./Street, D. L. (2003): Compliance with the disclosure requirements of Germany's New Market: IAS versus US GAAP, in: Journal of International Financial Management and Accounting, Vol. 14, No. 1, S. 64 – 100.

Gonedes, N. J. (1976): The capital market, the market for information, and external accounting, in: Journal of Finance, Vol. 31, No. 2, S. 611 – 630.

Gontcharov, I./Schütte, J./Zimmermann, J. (2002): Quality of earnings under different accounting regimes in Germany, Working Paper, Universität Bremen.

Gore, P./Pope, P. F./Singh, A. K. (2002): Earnings management and the distribution of earnings relative to targets: U.K. evidence, Working Paper, Lancaster University.

Graham, B./Dodd, D. L. (2002): Security analysis, Nachdruck der 2. Aufl., Boston et al.

Graham, J. R. (1999): Herding among investment newsletters: theory and evidence, in: Journal of Finance, Vol. 54, No. 1, S. 237 – 268.

Greth, M. (1996) : Konzernbilanzpolitik, Wiesbaden.

Grimm, D. (2001): Reporting value in the new economy, in: Certified Management Accountants (CMA) Management, July/August, S. 10 – 11.

Grossman, S. J. (1976): On the efficiency of competitive stock markets where traders have diverse information, in: Journal of Finance, Vol. 31, No. 2, S. 573 – 585.

Grossman, S. J. (1981): An introduction to the theory of rational expectations under asymmetric information, in: Review of Economic Studies, Vol. 48, No. 154, S. 541 – 559.

Grossman, S. J./Stiglitz, J. E. (1976): Information and competitive price systems, in: American Economic Review, Papers and Proceedings, Vol. 66, No. 2, S. 246 – 253.

Grossman, S. J./Stiglitz, J. E. (1980): On the impossibility of informationally efficient markets, in: American Economic Review, Vol. 70, No. 3, S. 393 – 408.

Guay, W. R./Kothari, S. F./Watts, R. L. (1996): A market-based evaluation of discretionary accrual models, in: Journal of Accounting Research, Vol. 34, Supplement, S. 83 – 105.

Guidry, F./Leone, A. J./Rock, S. (1999): Earnings-based bonus plans and earnings management by business-unit managers, in: Journal of Accounting and Economics, Vol. 26, S. 113 – 142.

Gujarati, D. N. (1995): Basic econometrics, 3. Aufl., New York et al.

Günkel, M. (1996) : Die Prüfung der steuerlichen Verrechnungspreise durch den Abschlussprüfer, in : Die Wirtschaftsprüfung, 49. Jg., Nr. 23/24, S. 839 – 857.

Günther, T./Otterbein, S. (1996): Die Gestaltung der Investor Relations am Beispiel führender deutscher Aktiengesellschaften, in: Zeitschrift für Betriebswirtschaft, 66. Jg., Nr. 4, S. 389 – 417.

Haas, M. (2000): Bilanzpolitik in dynamischen Modellen der ökonomischen Agency-Theorie, Stuttgart.

Hall, B. J./Liebman, J. B. (1998): Are CEOs really paid like bureaucrats?, in: Quarterly Journal of Economics, Vol. 113, No. 3, S. 653 – 691.

Haller, A. (1994): Positive Accounting Theory, in: Die Betriebswirtschaft, 54. Jg., Nr. 5, S. 597 – 612.

Halsey, R. F. (2000): Using the residual-income stock price valuation model to teach and learn ratio analysis, Working Paper, Babson College.

Halzen, F./Martin, A. D. (1984): Quarks and leptons: an introductory course in modern particle physics, New York.

Hand, J. (1990): A test of the extended functional fixation hypothesis, in: Accounting Review, Vol. 65, No. 4, S. 740 – 763.

Hansen, G. A. (1999): Bias and measurement error in discretionary accrual models, Working Paper, Penn State University.

Hardy, M. A. (1993): Regression with dummy variables. Quantitative applications in the social sciences No. 93, Newbury Park.

Harenberg, R. (2000): Berufsgrundsätze von Investor Relations, in: Deutscher Investor Relations Kreis e. V. (Hrsg.): Investor Relations, Wiesbaden.

Harris, M. S./ Muller III, K. A. (1999): The market valuation of IAS versus US-GAAP accounting measures using Form 20-F reconciliations, in: Journal of Accounting and Economics, Vol. 26, S. 285 – 312.

Harris, R. D. F. (1999): The accuracy, bias and efficiency of analysts' long run earnings growth forecasts, in: Journal of Business, Finance and Accounting, Vol. 26, No. 5/6, S. 725 – 755.

Harris, T./Lang, M./Möller, H. P. (1994): The value-relevance of German accounting measures, in: Journal of Accounting Research, Vol. 32, S. 187 – 209.

Hartmann-Wendels, T. (1991): Rechnungslegung der Unternehmen und Kapitalmarkt aus informationsökonomischer Sicht, Heidelberg.

Haugen, R. A. (1997): Modern investment theory, 4. Aufl., New Jersey.

Haugen, R. A. (1999): The new finance: the case against efficient markets, 2. Aufl., New Jersey.

Hax, G. (1998): Informationsintermediation durch Finanzanalysten, Frankfurt a. M. et al.

Hayn, C. (1995): The information content of losses, in: Journal of Accounting and Economics, Vol. 20, S. 125 – 153.

Healy, P. M. (1985): The effect of bonus schemes on accounting decisions, in: Journal of Accounting and Economics, Vol. 7, S. 85 – 107.

Healy, P. M./Hutton, A./Palepu, K. (1999): Stock performance and intermediation changes surrounding sustained increases in disclosure, in: Contemporary Accounting Research, Vol. 16, No. 3, S. 485 – 520.

Healy, P. M./Myers, S. C./Howe, C. D. (2002): R&D accounting and the tradeoff between relevance and objectivity, in: Journal of Accounting Research, Vol. 40, S. 677 – 710.

Healy, P. M./Palepu, K. G. (1993): The effect of firms' financial disclosure strategies on stock prices, in: Accounting Horizons, Vol. 7, No. 1, S. 1 – 11.

Healy, P. M./Palepu, K. G. (2003): How the quest for efficiency corroded the market, in: Harvard Business Review, Vol. 81, No. 7, S. 76 – 85.

Healy, P. M./Wahlen, J. M. (1999): A review of the earnings management literature and its implications for standard setting, in: Accounting Horizons, Vol. 13, No. 4, S. 365 – 383.

Heemann, M. (2003): Bank- und Kapitalmarktrecht, http://www.der-syndikus.de/briefings/bk/bk_002.htm.

Heintges, S. (1997): Bilanzkultur und Bilanzpolitik in den USA und in Deutschland, 2. Aufl., Sternenfels, Berlin.

Heintges, S. (2003): Best Practice bei der Umstellung auf internationale Rechnungslegung, in: Der Betrieb, 56. Jg., Nr. 12, S. 621 – 627.

Hetzer, J./Palan, D. (2003): Die Zunft der Blindgänger, unter: http://www.manager-magazin.de/geld/rente/0,2828,druck-201146,00.html.

Hetzer, J./Palan, D./Seeger, C. (2001a): Perfekte Marionetten, in: Manager-Magazin, 16.7.2001, http://www.manager-magazin.de/geld/artikel/0,2828,144402,00.html.

Hetzer, J./Palan, D./Seeger, C. (2001b): Helfer der Fusionsberater, in: Manager-Magazin, 12.7.2001, http://www.manager-magazin.de/geld/artikel/ 0,2828,144404,00.html.

Hetzer, J./Seeger, C. (2000): Die besten Analysten, in: Manager-Magazin, Nr. 7, S. 176 – 186.

Heyl, D. C. von (1995): Geräuschvolle Kulisse an der Börse, Hemsbach.

Hielscher, U. (1999): Investmentanalyse, 3. Aufl., München.

Higgins, H. N. (1998): Analyst forecasting performance in seven countries, in: Financial Analysts Journal, Vol. 54, No. 3, S. 58 – 62.

Hillebrandt, F./Sellhorn, T. (2002): „Earnings before bad stuff" – pro forma earnings disclosures in German annual reports, Working Paper, Ruhr-Universität Bochum.

Hinz, M. (1994): Sachverhaltsgestaltungen im Rahmen der Jahresabschlusspolitik, Düsseldorf.

Hirn, W. (2001): Die Story von Henry und Mary, in: Manager-Magazin, http://www.manager-magazin.de/geld/artikel/0,2828,144410,00.html.

Hirschey, M./Richardson, V. J./Scholz, S. (2000): How "foolish" are internet investors?, in: Financial Analysts Journal, Vol. 56, No. 1, S. 62 – 69.

Hirshleifer, D./Myers, J. N./Myers, L. A./Teoh, S. H. (2002): Do individual investors drive post-earnings-announcement drift?, Working Paper, Ohio State University und University of Illinois.

Hirth, H./Walter, A. (2001): Rationales Herdenverhalten, in: Wirtschaftswissenschaftliches Studium, 30. Jg., Nr. 1, S. 17 – 22.

Ho, M. J./Harris, R. (1998): Market Reactions to Messages from Brokerage Ratings Systems, in: Financial Analysts Journal, Vol. 54, No. 1,S. 49 – 57.

Hocker, U. (2001): Investor Relations aus Sicht der Privatanleger, in: Achleitner, A.-K./Bassen, A. (Hrsg.): Investor Relations am Neuen Markt, Stuttgart, S. 453 – 462.

Hodgson, A./Stevenson-Clarke, P. (2000): Earnings, cashflows and returns: Functional relations and the impact of firm size, in: Accounting and Finance, Vol. 40, No. 1, S. 51 – 73.

Hoffmann, M. K. (1996): Einsatz von Sachverhaltsgestaltungen zur Ausschöpfung des jahresabschlusspolitischen Potentials sachverhaltsabbildender Aktionsparameter, in: Der Betrieb, 49. Jg., Nr. 25, S. 1245 – 1251.

Holland, D./Ramsay, A. (2003): Do Australian companies manage earnings to meet simple earnings benchmarks?, in: Accounting and Finance, Vol. 43, No. 1, S. 41 – 62.

Holthausen, R. W./Larcker, D./Sloan, R. (1995): Annual bonus schemes and the manipulation of earnings, in: Journal of Accounting and Economics, Vol. 19, S. 29 – 74.

Holthausen, R. W./Watts, R. L. (2001): The relevance of the value-relevance literature for financial accounting standard setting, in: Journal of Accounting and Economics, Vol. 31, S. 3 – 75.

Hommel, U. (1998): Regulating the market for corporate control: lessons from Germany, in: International Journal of Business, Vol. 3, No. 1, S. 101 – 121.

Hong, H./Kubik, J. D. (2003): Analyzing the analysts: career concerns and biased earnings forecasts, in: Journal of Finance, Vol. 58, No. 1, S. 313 – 351.

Hong, H./Kubik, J. D./Solomon, A. (2000): Security analysts' career concerns and herding of earnings forecasts, in: RAND Journal of Economics, Vol. 31, No. 1, S. 121 – 144.

Hong, H./Lim, T./Stein, J. C. (2000): Bad news travels slowly: size, analyst coverage, and the profitability of momentum strategies, in: Journal of Finance, Vol. 55, No. 1, S. 265 – 295.

Hong, H./Stein, J. (1999): A unified theory of underreaction, momentum trading, and overreaction in asset markets, in: Journal of Finance, Vol. 54, No. 6, S. 2143 – 2184.

Hope, O.-K. (2002): Accounting policy disclosures and analysts' forecasts, Working Paper, University of Toronto.

Hope, O.-K. (2003): Disclosure practices, enforcement of accounting standards, and analysts' forecast accuracy: an international study, in: Journal of Accounting Research, Vol. 41, S. 235 - 272.

Hribar, P./Collins, D. W. (2002): Errors in estimating accruals: implications for empirical research, in: Journal of Accounting Research, Vol. 40, S. 105 – 134.

Hüfner, B. (2000): Fundamentale Aktienbewertung und Rechnungslegung, Diss., Technische Hochschule Aachen.

Hüfner, B./Möller, H. P. (1997): Erfolge börsennotierter Unternehmen aus der Sicht von Finanzanalysten: Zur Verlässlichkeit von DVFA-Ergebnissen und deren Prognosen, in: Zeitschrift für Bankrecht und Bankwirtschaft, 9. Jg., Nr. 1, S. 1 – 14.

Hüfner, B./Möller, H. P. (2002): Valuation of German stocks: are DVFA/SG earnings superior to GAAP earnings?, Working Paper, Rheinisch-Westfälische Technische Hochschule Aachen.

Hung, M. (2001): Accounting standards and value relevance of financial statements: an international analysis, in: Journal of Accounting and Economics, Vol. 30, S. 401 – 420.

Hunt, A./Moyer, S. E./Shevlin, T. (1997) : Earnings volatility, earnings management and equity value, Working Paper, University of Washington, January 1997.

Hunton, J. E./McEwen, R. A. (1997): An assessment of the relation between analysts' earnings forecast accuracy, motivational incentives and cognitive information search strategy, in: Accounting Review, Vol. 72, No. 4, S. 497 – 515.

Hussain, S. (1997): The impact of segment definition on the accuracy of analysts' earnings forecasts, in: Accounting and Business Research, Vol. 27, No. 2, S. 145 – 156.

IASB (2001): Framework for the Preparation and Presentation of Financial Statements, London.

Iman, R. L./Conover, W. J. (1979): The use of the rank transform in regression, in: Technometrics, Vol. 21, No. 4, S. 499 – 509.

Imhoff, E. A. (1977): Income smoothing - a case for doubt, in: Accounting Journal, Spring, S. 85 - 100.

IRC (2002): Internal Revenue Code, verfügbar unter: http://tax.cchgroup.com/freecode-regs/InternalRevenueCode/default.asp oder http://www.fourmilab.ch/ustax/ustax.html.

Irvine, P. J. A. (2001): Do analysts generate trade for their firms? Evidence from the Toronto stock exchange, in: Journal of Accounting and Economics, Vol. 30, S. 209 – 226.

Jacob, J./Lys, T. Z./Neale, M. A. (1999): Expertise in forecasting performance of security analysts, in: Journal of Accounting and Economics, Vol. 28, S. 51 – 82.

Jacob, J./Lys, T./Sabino, J. (2000) : Autocorrelation structure of forecast errors from time-series models: alternative assessments of the causes of post-earnings announcement drift, in : Journal of Accounting and Economics, Vol. 28, S. 329 – 358.

Janßen, M. (2001): Bedeutung von persönlichen Kontakten zu Investoren und Analysten bei der Ausgestaltung einer erfolgreichen Investor-Relations-Arbeit, in: Achleitner, A.-K./Bassen, A. (Hrsg.): Investor Relations am Neuen Markt, Stuttgart, S. 565 – 575.

Jegadeesh, N./Titman, S. (1993): Returns to buying winners and selling loosers: implications for stock market efficiency, in: Journal of Finance, Vol. 48, No. 1, S. 65 – 91.

Jensen, M. C. (1978): Some anomalous evidence regarding market efficiency, in: Journal of Financial Economics, Vol. 6, S. 95 – 101.

Jensen, M. C. (1986): Agency costs of free cash flow, corporate finance, and takeovers, in: American Economic Review, Vol. 76, No. 2, S. 323 – 329.

Jensen, M. C. (1991): Corporate control and the politics of finance, in: Journal of Applied Corporate Finance, Vol. 4, No. 2, S. 13 – 33.

Jensen, M. C./Meckling, W. H. (1976): Theory of the firm: managerial behavior, agency costs and ownership structure, in: Journal of Financial Economics, Vol. 3, S. 305 – 360.

Jensen, M. C./Ruback, R. S. (1983): The market for corporate control, in: Journal of Financial Economics, Vol. 11, S. 5 – 50.

Jeter, D. C./Shivakumar, L. (1999): Cross-sectional estimation of abnormal accruals using quarterly and annual data: effectiveness in detecting event-specific earnings management, in: Accounting and Business Research, Vol. 29, No. 4, S. 299 – 319.

Jones, J. J. (1991): Earnings management during import relief investigations, in: Journal of Accounting Research, Vol. 29, S. 193 – 228.

Jüttner-Nauroth, B. (2002a): Is the fair value of financial derivatives according to IAS 'value-relevant'?, Februar 2002, Working Paper, Deutsche Bundesbank.

Jüttner-Nauroth, B. (2002b): Clean Surplus-Relation, in: Das Wirtschaftsstudium, 31. Jg., Nr. 2, S. 207.

Kahneman, D./Tversky, A. (1972): Subjective probability: a judgement of representativeness, in: Cognitive Psychology, Vol. 3, S. 430 – 454.

Kahneman, D./Tversky, A. (1979): Prospect theory: an analysis of decision under risk, in: Econometrica, Vol. 47, No. 2, March, S. 263 - 291.

Kames, C. (2000): Unternehmensbewertung durch Finanzanalysten als Ausgangspunkt eines Value Based Measurement, Frankfurt a. M. et al.

Kang, S.-H. (1999): A conceptual and empirical evaluation of accrual prediction models, Working Paper Yale School of Management, February 1999.

Kang, S.-H./Sivaramakrishnan (1995): Issues in testing earnings management and an instrumental variable approach, in: Journal of Accounting Research, Vol. 33, S. 353 – 367.

Kasanen, E./Kinnunen, J./Niskanen, J. (1996): Dividend-based earnings management: empirical evidence from Finland, in: Journal of accounting and Economics, Vol. 22, S. 283 – 312.

Kasznik, R./Lev, B. (1995): To warn or not to warn: management disclosures in the face of an earnings surprise, in: Accounting Review, Vol. 70, No. 1, S. 113 – 134.

Kasznik, R./McNichols, M. F. (2002): Does meeting expectations matter? Evidence from analyst forecast revisions and share prices, in: Journal of Accounting Research, Vol. 40, S. 727 - 759.

Keane, M. P./Runkle, D. E. (1998): Are financial analysts' forecasts of corporate profits rational?, in: Journal of Political Economy, Vol. 106, No. 4, S. 768 – 805.

Keilhauer, O./Hassink, H. (2000): The quality of analysts' earnings per share forecasts for Dutch companies, Working Paper, Maastricht University.

Kieso, D. E./Weygandt, J. J./Warfield, T. D. (2001): Intermediate accounting, 10. Aufl., New York et al.

Kim, C. F./Pantzalis, C. (2000): Analyst herding behavior and firm diversification: evidence from panel data, Working Paper, City University of New York und University of South Florida.

Kim, I. Y. (2002): An analysis of the market reward and torpedo effect of firms that consistently meet expectations, Working Paper, University of Michigan.

Kim, Y. H./Willett, R. J./Jang, J. I. (2002): Default risk as a factor affecting the earnings response coefficient, Working Paper, Queensland University of Technology, February 2002.

Kinney, M./Trezevant, R. (1997): The use of special items to manage earnings and perceptions, in: Journal of Financial Statement Analysis, Vol. 3, No. 1, S. 45 – 53.

Kinnunen, J./Koskela, M. (2001): Who is Miss World in cosmetic earnings management?, Working Paper, Helsinki School of Economics and University of Helsinki.

Kirchhoff, K. R. (2001): Grundlagen der Investor Relations, in: Kirchhoff, K. R./Piwinger, M. (Hrsg.): Die Praxis der Investor Relations, 2. Aufl., Neuwied, S. 25 - 55.

Klein, S. (1999): Aktien-Analysemethoden versus Effizienzmarkttheorie, Lohmar/Köln.

Klophaus, R. (1997): Prospect-Theorie, in: Wirtschaftswissenschaftliches Studium, 26. Jg., Nr. 4, April, S. 195 - 198.

Knirsch, D./Schiller, U. (2000): Management-Kompensation zwischen Theorie und Praxis, Arbeitspapier, Universität Tübingen.

Kormendi, R./Lipe, R. (1987): Earnings innovations, earnings persistence, and stock returns, in: Journal of Business, Vol. 60, No. 3, S. 323 – 345.

Kothari, S. P. (1992): Price-earnings regressions in the presence of prices leading earnings, in: Journal of Accounting and Economics, Vol. 15, S . 173 – 202.

Kothari, S. P. (2001): Capital markets research in accounting, in: Journal of Accounting and Economics, Vol. 31, S. 105 – 231.

Kotz, S./ Johnson, N. (1982): Encyclopedia of statistical sciences, Vol. 1, New York et al.

Krag, J./Kasperzak, R. (2000): Grundzüge der Unternehmensbewertung, München.

Krämer, W. (1998): Short-term predictability of German stock returns, in: Empirical Economics, Vol. 23, S. 635 – 639.

Krämer, W. (1999): Kointegration von Aktienkursen, in: Zeitschrift für betriebswirtschaftliche Forschung, 51. Jg., Nr. 10, S. 915 – 936.

Krämer, W. (2001): Kapitalmarkteffizienz, in: Gerke, W./Steiner, M. (Hrsg.): Handwörterbuch des Bank- und Finanzwesens, 3. Aufl., Stuttgart, Sp. 1267 – 1274.

Kreps, D. M. (1988): In honor of Sandy Grossman, winner of the John Bates Clark medal, in: Journal of Economic Perspectives, Vol. 2, No. 2, S. 111 – 135.

Kross, W./Kim, M. (1999): Differences between market responses to earnings announcements in the 1990s vs.1960s, Working Paper, Purdue University.

Kußmaul, H./Lutz, R. (1993a): Instrumente der Bilanzpolitik, in: Wirtschaftswissenschaftliches Studium, 22. Jg., Nr. 8, S. 399 – 403.

Kußmaul, H./Lutz, R. (1993b): Grundlagen der Bilanzpolitik, in: Wirtschaftswissenschaftliches Studium, 22. Jg., Nr. 7, S. 342 – 347.

Küting, K. (1997): Der Wahrheitsgehalt deutscher Bilanzen, in: Deutsches Steuerrecht, 7. Jg., Nr. 3, S. 84 – 91.

Küting, K. (2001a): Bilanzpolitik, in: Gerke, W./Steiner, M. (Hrsg.): Handwörterbuch des Bank- und Finanzwesens (HWF), Enzyklopädie der Betriebswirtschaftslehre (EdBWL), Band VI, 3. Aufl., Stuttgart, Sp. 333 – 345.

Küting, K. (2001b): Bilanzierung und Bilanzanalyse am Neuen Markt, Stuttgart.

Küting, K./Weber, C.-P. (1999): Die Bilanzanalyse, 4. Aufl., Stuttgart.

Küting, K./Weber, C.-P. (2001): Der Konzernabschluss, 7. Aufl., Stuttgart.

Kyle, A. (1985): Continuous auctions and insider trading, in: Econometrica, Vol. 47, No. 6, S. 1315 – 1335.

La Porta, R./Lopez-de-Silanes, F./Shleifer, A./Vishny, R. W. (1997): Legal determinants of external finance, in: Journal of Finance, Vol. 52, No. 3, S. 1131 – 1150.

La Porta, R./Lopez-de-Silanes, F./Shleifer, A./Vishny, R. W. (1998): Law and finance, in: Journal of Political Economy, Vol. 106, No. 6, S. 1113 – 1155.

La Porta, R./Lopez-de-Silanes, F./Shleifer, A./Vishny, R. W. (2000): Investor protection and corporate governance, in: Journal of Financial Economics, Vol. 58, S. 3 – 27.

La Porta, R./Lopez-de-Silanes, F./Shleifer, A./Vishny, R. W. (2002): Investor protection and corporate valuation, in: Journal of Finance, Vol. 57, No. 3, S. 1147 – 1170.

Labhart, P. A. (1999): Value reporting, Zürich.

Landsman, W. R. / Maydew, E. L. (2002): Has the information content of quarterly earnings announcements declined in the past three decades?, in: Journal of Accounting Research, Vol. 40, S. 797 - 808.

Lang, M. H./Lundholm, R. J. (1993): Cross-sectional determinants of analyst ratings of corporate disclosures, in: Journal of Accounting Research, Vol. 31, S. 246 – 271.

Lang, M. H./Lundholm, R. J. (1996): Corporate disclosure policy and analyst behavior, in: Accounting Review, Vol. 71, No. 4, S. 467 – 492.

Lange, K. (2002): "Effiziente Manipulatoren", in: Manager-Magazin, http://www.manager-magazin.de/juliusbaer/0,2828,162941,00.html.

Lee, C. (1992): Earnings news and small trades: an intraday analysis, in: Journal of Accounting and Economics, Vol. 15, S. 265 – 302.

Lee, C. (1999): Accounting-based valuation: impact on business practices and research, in: Accounting Horizons, Vol. 13, No. 4, December, S. 413 – 425.

Lee, C. (2001): Market efficiency and accounting research: a discussion of 'capital market research in accounting' by S. P. Kothari, in: Journal of Accounting and Economics, Vol. 31, S. 233 – 253.

Lehar, A./Randl, O. (2001): Chinese walls in German banks, Working Paper, Universität Wien.

Leis, J. (2001): Grundsätze ordnungsmäßiger Ad hoc-Publizität, in: Kirchhoff, K. R./Piwinger, M. (Hrsg.): Die Praxis der Investor Relations, 2. Aufl., Neuwied, S. 332 - 346.

Lenz, H./Bauer, M. (2002): Die Durchsetzung von Rechnungslegungsnormen bei kapitalmarktorientierten Unternehmen, in: Betriebswirtschaftliche Forschung und Praxis, 54. Jg., Nr. 3, S. 246 – 262.

Leone, A./Wu, J. S. (2002): What does it take to become a superstar? Evidence from institutional investor rankings of financial analysts, Working Paper, University of Rochester.

LeRoy, S. F. (1989): Efficient capital markets and martingales, in: Journal of Economic Literature, Vol. 27, No. 4, S. 1583 – 1621.

LeRoy, S. F./Porter, R. D. (1981): The present value relation: tests based on implied variance bounds, in: Econometrica, Vol. 49, No. 3, S. 555 – 574.

Leuz, C. (2003): IAS versus US-GAAP: information-asymmetry based evidence from Germany's New Market, in: Journal of Accounting Research, Vol. 41, S. 445 - 472.

Leuz, D./Deller, D./Stubenrath, M. (1998): An international comparison of accounting-based payout restrictions in the United States, United Kingdom and Germany, in: Accounting and Business Research, Vol. 28, No. 2, S. 111 – 129.

Leuz, C./Nanda, D./Wysocki, P. D. (2003): Earnings Management and investor protection: an international comparison, in: Journal of Financial Economics, Vol. 69, S. 505 – 527.

Leuz, C./Verrecchia, R. E. (2000): The economic consequences of increased disclosure, in: Journal of Accounting Research, Vol. 38, Supplement, S. 91 – 124.

Lev, B. (1989): On the usefulness of earnings and earnings research: lessons and directions from two decades of empirical research, in: Journal of Accounting Research, Vol. 27, Supplement, S. 153 – 192.

Lev, B. (1999): R&D and capital markets, in: Journal of Applied Corporate Finance, Vol. 11, No. 4, S. 21 – 35.

Lev, B./Sougiannis, T. (1996): The capitalization, amortization, and value-relevance of R&D, in: Journal of Accounting and Economics, Vol. 21, S. 107 – 138.

Lev, B./Zarowin, P. (1999): The boundaries of financial reporting and how to extend them, in: Journal of Accounting Research, Vol. 37, S. 353 – 385.

Lewis, D. (1969): Convention: a philosophical study, Harvard University Press, Cambridge, Massachusetts.

Lim, T. (2001): Rationality and analysts' forecast bias, in: Journal of Finance, Vol. 56, No. 1, S. 369 – 385.

Lin, H.-w./McNichols, M. F. (1998): Underwriting relationships, analysts' earnings forecasts and investment recommendations, in: Journal of Accounting and Economics, Vol. 25, S. 101 – 127.

Lin, H.-w./McNichols, M. F./O'Brien, P. C. (2003): Analyst impartiality and investment banking relationships, Working Paper, National Taiwan University, Stanford University und University of Waterloo.

Link, R. (1991): Aktienmarketing in deutschen Publikumsgesellschaften, Wiesbaden.

Link, R. (1993): Investor Relations im Rahmen des Aktienmarketings von Publikumsgesellschaften, in: Betriebswirtschaftliche Forschung und Praxis, 45. Jg., Nr. 2, S. 105 – 132.

Liu, J./Thomas, J. (2000): Stock returns and accounting earnings, in: Journal of Accounting Research, Vol. 38, S. 71 – 101.

Liu, W./Strong, N./Xu, X. (2003): Post-earnings-announcement drift in the UK, in: European Financial Management, Vol. 9, S. 89 – 116.

Lo, K./Lys, T. Z. (2000a): Bridging the gap between value relevance and information content, Working Paper, University of British Columbia und Northwestern University.

Lo, K./Lys, T. Z. (2000b): The Ohlson model: contribution to valuation theory, limitations, and empirical applications, Working Paper, University of British Columbia und Northwestern University.

Löffler, G. (1998a): Der Beitrag von Finanzanalysten zur Informationsverarbeitung, Wiesbaden.

Löffler, G. (1998b): Biases in analyst forecasts: cognitive, strategic or second-best?, in: International Journal of Forecasting, Vol. 14, S. 261 – 275.

Löffler, G./Weber, M. (1999): Über- und Unterreaktion von Finanzanalysten, Arbeitspapier Nr. 7, Reihe „Forschung für die Praxis", Universität Mannheim.

Loistl, O. (1991): Kapitalmarkttheorie, München u. a.

Lopez, T. J./Rees, L. (2001): The Effect of meeting analysts' forecasts and systematic positive forecast errors on the information content of unexpected earnings, Working Paper, Texas A&M University.

Lücke, W. (1955): Investitionsrechnung auf der Basis von Ausgaben oder Kosten?, in: Zeitschrift für handelswissenschaftliche Forschung, 17. Jg., S. 310 – 324.

Lücke, W. (1965): Die kalkulatorischen Zinsen im betrieblichen Rechnungswesen, in: Zeitschrift für Betriebswirtschaft, 17. Jg., S. 3 – 28.

Lundholm, R. J. (1995): A tutorial on the Ohlson and Feltham/Ohlson models: answers to some frequently asked questions, in: Contemporary Accounting Research, Vol. 11, No. 2, S. 749 – 761.

Lundholm, R./O'Keefe, T. (2001): On comparing residual income and discounted cash flow models of equity valuation: a response to Penman 2001, Working Paper University of British Columbia and Northwestern University.

Lundholm, R./O'Keefe, T. (2000): Reconciling value estimates from the discounted cash flow model and the residual income model, Working Paper University of Michigan.

Lys, T. (1996): Abandoning the transactions-based accounting model: weighing the evidence, in: Journal of Accounting and Economics, Vol. 22, No. 1 – 3, S. 155 – 175.

Lys, T./Sohn, S. (1990): The association between revisions of financial analysts' earnings forecasts and security-price changes, in: Journal of Accounting and Economics, Vol. 13, S. 341 – 363.

Lys, T./Soo, L. G. (1995): Analysts' forecast precision as a response to competition, in: Journal of Accounting, Auditing and Finance, Vol. 10, No. 4, S. 751 – 765.

Mackaay, E. (1990): Economic incentives in markets for information and innovation, in: Harvard Journal of Law and Public Policy, Vol. 13, No. 3, S. 867 – 909.

MacKinlay, A. C. (1997): Event studies in economics and finance, in: Journal of Economic Literature, Vol. 35, No. 1, S. 13 – 39.

Maddala, G. S. (2001): Introduction to econometrics, 3. Aufl., Chichester.

Manne, H. (1965): Mergers and the market for corporate control, in: Journal of Political Economy, Vol. 73, No. 2, S. 110 – 120.

Matsumoto, D. (2002): Management's incentives to avoid negative earnings surprises, in: Accounting Review, Vol. 77, No. 3, S. 483 – 514.

May, A. (1991): Zum Stand der empirischen Forschung über Informationsverarbeitung am Kapitalmarkt – ein Überblick, in: Zeitschrift für betriebswirtschaftliche Forschung, 43. Jg., Nr. 4, S. 313 – 335.

McNichols, M. F. (2000): Research design issues in earnings management studies, in: Journal of Accounting and Public Policy, Vol. 19, No. 4/5, S. 313 – 345.

McNichols, M. F. (2003): Discussion of "Why are earnings kinky? An examination of the earnings management explanation", in: Review of Accounting Studies, Vol. 8, S. 385 – 391.

McNichols, M./O'Brien, P. C. (1997): Self-selection and analyst coverage, in: Journal of Accounting Research, Vol. 35, Supplement, S. 167 – 199.

McNichols, M./Wilson, G. P. (1988): Evidence of earnings management from the provision for bad debts, in: Journal of Accounting Research, Vol. 26, Supplement, S. 1 – 40.

Meek, G. K. (1983): U. S. Securities market responses to alternative earnings disclosures of non-U.S. multinational corporations, in: Accounting Review, Vol. 58, No. 2, S. 394 – 402.

Meek, G. K./Roberts, C. B./Gray, S. J. (1995): Factors influencing voluntary annual report disclosures by U.S., U.K. and continental European multinational corporations, in: Journal of International Business Studies, Vol. 26, No. 3, S. 555 – 572.

Mendenhall, R. R. (1991): Evidence on the possible underweighting of earnings-related information, in: Journal of Accounting Research, Vol. 29, S. 170 – 179.

Michaely, R./Womack, K. L. (1999): Conflict of interest and the credibility of underwriter analyst recommendations, in: Review of Financial Studies, Vol. 12, No. 4, S. 653 – 686.

Michelson, S. E./Jordan-Wagner, J./Wootton, C. W. (1995): A market based analysis of income smoothing, in: Journal of Business, Finance and Accounting, Vol. 22, No. 8, S. 1179 - 1193.

Mikhail, M. B./Walther, B. R./Willis, R. H. (1997): Do security analysts improve their performance with experience?, in: Journal of Accounting Research, Vol. 35, Supplement, S. 131 – 157.

Mikhail, M. B./Walther, B. R./Willis, R. H. (1999): Does forecast accuracy matter to security analysts?, in: Accounting Review, Vol. 74, No. 2, S. 185 – 200.

Mikhail, M. B./Walther, B. R./Willis, R. H. (2003): The effect of experience on security analyst underreaction, in: Journal of Accounting and Economics, Vol. 35, S. 101 – 116.

Mikkelsen, H./Jorgensen, B. (2002): Value relevance of momentum: theory and evidence, Working Paper, University of Southern California.

Milde, H. (1988): Die Theorie der adversen Selektion, in: Wirtschaftswissenschaftliches Studium, 17. Jg., Nr. 1, S. 1 – 6.

Mildenberger, M. (2002): Krise der Börsen bedroht Aktienkultur, in: Handlesblatt vom 4.7.2002, http://www.handelsblatt.com.

Miles, S./Nobes, C. (1998): The use of foreign accounting data in UK financial institutions, in: Journal of Business, Finance and Accounting, Vol. 25, No. 3/4, S. 309 – 328.

Milgrom, P. (1981): An axiomatic characterization of common knowledge, in: Econometrica, Vol. 49, No. 1, S. 219 – 222.

Milgrom, P./Stokey, N. (1982): Information, trade and common knowledge, in: Journal of Economic Theory, Vol. 26, S. 17 – 27.

Miller, M. H./Modigliani, F. (1961): Dividend policy, growth and the valuation of shares, in: Journal of Business, Vol. 34, No. 4, S. 411 – 433.

Mishan, E. J. (1973): Welfare criteria: resolution of a paradox, in: Economic Journal, Vol. 83, S. 747 – 767.

Möller, H. P. (1985): Die Informationseffizienz des deutschen Aktienmarktes – eine Zusammenfassung und Analyse empirischer Untersuchungen, in: Zeitschrift für betriebswirtschaftliche Forschung, 37. Jg., Nr. 6, S. 500 – 518.

Moyer, R. C./Chatfield, R. E./Sisneros, P. M. (1989): Security analyst monitoring activity: agency costs and information demands, in: Journal of Financial and Quantitative Analysis, Vol. 24, No. 4, S. 503 – 512.

Mueller, G. G./Gernon, H./Meek, G. (1994): Accounting: an international perspective, New York.

Müller, S./Wulf, I. (2001): Jahresabschlusspolitik nach HGB, IAS und US-GAAP, in: Betriebs-Berater, 56. Jg., Nr. 43, S. 2206 – 2213.

Muth, J. F. (1961): Rational expectations and the theory of price movements, in: Econometrica, Vol. 29, No. 3, S. 315 – 335.

Myers, J. N. (1999): Implementing residual income valuation with linear information dynamics, in: Accounting Review, Vol. 74, No. 1, S. 1 – 28.

Myers, L. A./Skinner, D. J. (1999): Earnings momentum and earnings management, Working Paper, University of Michigan.

Myerson, R. (1979): Incentive compatibility and the bargaining problem, in: Econometrica, Vol. 47, No. 1, S. 61 – 73.

NASD (2002): Rule 2711, abrufbar unter http://www.nasd.com.

Nelson, K. K. (1996): Fair value accounting for commercial banks: an empirical analysis of SFAS No. 107, in: Accounting Review, Vol. 71, No. 2, S. 161 – 182.

Nelson, P. (1970): Information and consumer behavior, in: Journal of Political Economy, Vol. 78, No. 2, S. 311 – 329.

Neumann, M. J. M./Klein, M. (1982): Probleme der Theorie effizienter Märkte und ihrer empirischen Überprüfung, in: Kredit und Kapital, 15. Jg., Nr. 2, S. 165 – 187.

Newman, D. P. (1980): Prospect theory: implications for information evaluation, in: Accounting, Organization and Society, Vol. 5, No. 2, S. 217 - 230.

Newman, P. (1988): Discussion of an explanation for accounting income smoothing, in: Journal of Accounting Research, Vol. 26, Supplement, S. 140 – 143.

Niskanen/Kinnunen/Kasanen (2000): The value relevance of IAS reconciliation components: empirical evidence from Finland, in: Journal of Accounting and Public Policy, Vol. 19, No. 2, S. 119 – 137.

Nissim, D./Penman, S. H. (2001): Ratio analysis and equity valuation: from research to practice, in: Review of Accounting Studies, Vol. 6, S. 109 – 154.

Nitzsch, R. von (1998): Prospect Theory und Käuferverhalten, in: Die Betriebswirtschaft, 58. Jg., Nr. 5, S. 622 - 634.

Nix, P. (2000): Die Zielgruppe von Investor Relations, in: DIRK (Hrsg.): Investor Relations, Wiesbaden, S. 35 – 43.

Nutt, S. R./Easterwood, J. C./Easterwood, C. M. (1999): New evidence on serial correlation in analyst forecast errors, in: Financial Management, Vol. 28, No. 4, S. 106 – 117.

NYSE (2002): Rule 472, abrufbar unter http://www.nyse.com.

o. V. (1995): Capital-Unternehmenstest, in: Capital, Nr. 9, S.65 –75.

o. V. (1996): Wie Capital Unternehmen bewertet, in: Capital, Nr. 10, S. 64 – 70.

o. V. (2000a): Verwirrende Vielfalt, in: Manager-Magazin, Nr. 7, S. 186.

o. V. (2000b): Wenn der Vorstand mit dem Analysten über das Wetter redet, in: FAZ vom 12.8.2000, S. 19.

o. V. (2001a): Analysten setzen sich gegen Vorwürfe der Anleger zur Wehr, in: FAZ vom 2.8.2001, S. 27.

o. V. (2001b): Wenn Analysten an ihr Portfolio denken, in: FAZ vom 2.8.2001, S. 25.

o. V. (2001c): Stoxx 50: Salomon Smith Barney, in: Manager-Magazin, 10.7.2001, http://www.manager-magazin.de/geld/artikel/0,2828,144413,00.html.

o. V. (2001d): Nemax 50: Keine Top-Researcher, in: Manager-Magazin, 18.7.2001, http://www.manager-magazin.de/geld/artikel/0,2828,144416,00.html.

o. V. (2001e): Dax 30: Trinkaus & Burkhardt und BHF, in: Manager-Magazin, 18.7.2001, http://www.manager-magazin.de/geld/artikel/0,2828,144414,00.html.

o. V. (2002a): Mängel bei Investor-Relations, in: FAZ vom 7.1.2002, S. 22.

o. V. (2002b): Analysten-Sprache, schwere Sprache, in: FAZ vom 2.3.2002, S. 25 –26.

o. V. (2002c): „Piece of Shit“ zum Kauf empfohlen, in: Spiegel-Online, 11.4.2002, http://www.spiegel.de/wirtschaft/0,1518,191273,00.html.

o. V. (2002d): Abtrennung der Unternehmensanalyse vom Bankgeschäft wird vorbereitet, in: Handelsblatt vom 2.10.2002, S. 26.

o. V. (2003a): Investmentbanking, in: Handelsblatt vom 10.3.2003, S. 23.

o. V. (2003b): Knapp einen Penny, in: Wirtschaftswoche vom 7.8.2003, S. 90 – 93.

o. V. (2003c): Wall-Street-Banken kaufen sich für 1,4 Milliarden von Anklage frei, in: Spiegel-Online, http://www.spiegel.de/wirtschaft/0,1518,246604,00.html.

O’Brien, P. (1987): Individual forecasting ability, in: Managerial Finance, Vol. 13, S. 3 – 9.

O’Brien, P. (1990): Forecast accuracy of individual analysts in nine industries, in: Journal of Accounting Research, Vol. 28, S. 286 – 304.

O’Hanlon, J./Whiddett, R. (1989): Do UK security analysts over-react?, in: Accounting and Business Research, Vol. 22, No. 85, S. 63 – 74.

Oberhofer, W. (1978): Lineare Algebra für Wirtschaftswissenschaftler, München.

Oehler, A. (1995): Die Erklärung des Verhaltens privater Anleger, Stuttgart.

Ohlson, J. A. (1987): The theory of financial markets and information, New York.

Ohlson, J. A. (1995): Earnings, book values, and dividends in equity valuation, in: Contemporary Accounting Research, Vol. 11, No. 2, S. 661 – 687.

Ohlson, J. A. (1999): On transitory earnings, in: Review of Accounting Studies, Vol. 4, S. 145 –162.

Ordelheide, D. (1998): Rechnungslegung und internationale Aktienanalyse, in: Möller, H. P. (Hrsg.): Rechnungswesen als Instrument für Führungsentscheidungen, Stuttgart, S. 505 – 524.

Ou, J./Penman, S. (1989a): Financial statement analysis and the prediction of stock returns, in: Journal of Accounting and Economics, Vol. 11, S. 295 – 329.

Ou, J./Penman, S. (1989b): Accounting measurement, price-earnings ratios, and the information content of security prices, in: Journal of Accounting Research, Vol. 27, S. 111 – 152.

Palepu, K. G./Healy, P. M./Bernard, V. L. (2000): Business analysis & valuation, 2. Aufl., Cincinnati.

Park, C. W./Stice, E. K. (2000): Analyst forecasting ability and the stock price reaction to forecast revisions, in: Review of Accounting Studies, Vol. 5, S. 259 – 272.

Patell, J. M. / Wolfson, M. A. (1982): Good news, bad news, and the intraday timing of corporate disclosures, in: Accounting Review, Vol. 57, No. 3, S. 509 – 527.

Patz, D. H. (1989): UK analysts' earnings forecasts, in: Accounting and Business Research, Vol. 19, S. 267 – 275.

Paul, J. (1992): On the efficiency of stock-based compensation, in: Review of Financial Studies, Vol. 5, No. 3, S. 471 – 502.

Pausenberger, E. (1982): Die internationale Unternehmung: Begriff, Bedeutung und Entstehungsgründe (Teil I), in: Das Wirtschaftsstudium, 11. Jg., Nr. 3, S. 118 – 123.

Pausenberger, E. (1992): Konzerninterner Leistungsaustausch und Transferpreispolitik in internationalen Unternehmungen, in: Kumar, B. N./Haussmann, H. (Hrsg.): Handbuch der internationalen Unternehmenstätigkeit, München, S. 769-786.

Payne, J. L./Robb, S. W. G. (2000) : Earnings management : the effect of ex ante earnings expectations, in : Journal of Accounting, Auditing and Finance, Vol. 15, No. 4, S. 371 – 392.

Peasnell, K. V. (1982): Some formal connections between economic values and yields and accounting numbers, in: Journal of Business, Finance and Accounting, Vol. 9, No. 3, S. 361 – 381.

Peemöller, V. H. (2001): Bilanzanalyse und Bilanzpolitik, 2. Aufl., Wiesbaden.

Peemöller, V. H./Meister, J. M./Beckmann, C. (2002): Der Multiplikatoransatz als eigenständiges Verfahren in der Unternehmensbewertung, in: Finanzbetrieb, 4. Jg., Nr. 4, S. 197 – 209.

Pellens, B. (2001): Internationale Rechnungslegung, 4. Aufl., Stuttgart.

Pellens, B./Gassen, J./Richard, M. (2003): Ausschüttungspolitik börsennotierter Unternehmen in Deutschland, in: Die Betriebswirtschaft, 63. Jg., Nr. 3, S. 309 – 332.

Pellens, B./Tomaszewski, C. (1999) : Kapitalmarktreaktionen auf den Rechnungslegungswechsel zu IAS bzw. US-GAAP, in: Zeitschrift für betriebswirtschaftliche Forschung, 51. Jg., Sonderheft 41, S. 199 – 228.

Penman, S. H. (1991): An evaluation of accounting rate-of-return, in: Journal of Accounting, Auditing and Finance, Vol. 6, No. 2, S. 233 – 256.

Penman, S. H. (1992): Return to fundamentals, in: Journal of Accounting, Auditing and Finance, Vol. 7, No. 4, S. 465 – 483.

Penman, S. H. (1996): The articulation of price-earnings ratios and market-to-book ratios and the evaluation of growth, in: Journal of Accounting Research, Vol. 34, S. 235 – 259.

Penman, S. H. (2001): On comparing cash flow and accrual accounting models for use in equity valuation, Working Paper, Columbia University.

Penman, S. H./Sougiannis, T. (1998): A comparison of dividend, cash flow, and earnings approaches to equity valuation, in: Contemporary Accounting Research, Vol. 15, No. 3, S. 343 – 383.

Perridon, L./Steiner, M. (2002): Finanzwirtschaft der Unternehmung, 11. Aufl., München.

Petroni, K. (1992): Optimistic reporting in the property-casualty insurance industry, in: Journal of Accounting and Economics, Vol. 15, S. 485 – 508.

Pfleger, G. (1991): Die neue Praxis der Bilanzpolitik, 4. Aufl., Freiburg i. Br.

Phillips, D. J./Zuckerman, E. W. (2001): Middle-status conformity: theoretical restatement and empirical demonstartion in two markets, Working Paper, Stanford University.

Pike, R./ Meerjanssen, J./ Chadwick, L. (1993): The appraisal of ordinary shares by investment analysts in the UK and Germany, in: Accounting and Business Research, Vol. 23, No. 92, S. 489 – 499.

Pindyck, R. S./Rubinfeld, D. L. (1998): Econometric models and economic forecasts, 4. Aufl., Boston et al.

Pope, P. F./Walker, M. (1999): International differences in the timeliness, conservatism, and classification of earnings, in: Journal of Accounting Research, Vol. 37, Supplement, S. 53 – 87.

Poterba, J. M./Summers, L. H. (1988): Mean reversion in stock prices, in: Journal of Financial Economics, Vol. 22, S. 27 – 59.

Preinreich, G. A. D. (1938): Annual survey of economic theory: the theory of depreciation, in: Econometrica, Vol. 6, July, S. 219 – 241.

Rangan, S. (1998): Earnings management and the performance of seasoned equity offerings, in: Journal of Financial Economics, Vol. 50, S. 101 – 122.

Rapp, H.-W. (1995): Der Markt für Aktien-Neuemissionen, Mannheim.

Rappaport (1986): The affordable dividend approach to equity valuation, in: Financial Analysts Journal, Vol. 42, No. 4, S. 52 – 58.

Raupach, A. (Hrsg.)(1999): Verrechnungspreissysteme multinationaler Unternehmen, Herne/Berlin.

Reents, H. (2003): Finanzministerium konkretisiert Regeln zum Anlegerschutz, http://www.ftd.de/bm/ga/1058101425900.html.

Rees, L./Gill, S./Gore, R. (1996): An investigation of asset write-downs and concurrent abnormal accruals, in: Journal of Accounting Research, Vol. 34, Supplement, S. 157 – 169.

Reuter, H. (1980): Aktienmarkt und Aktieninformationsmarkt, Göttingen.

Richardson, S./Teoh, S. H./Wysocki, P. (1999): Tracking analysts' forecasts over the annual earnings horizon: Are analysts' forecasts optimistic or pessimistic?, Working Paper, University of Michigan.

Richter, R. (1994): Institutionen ökonomisch analysiert, Tübingen.

Rinne, H. (1995): Taschenbuch der Statistik, Thun u. Frankfurt a. M.

Röckemann, C. (1994): Anlageempfehlungen von Börseninformationsdiensten und Anlegerverhalten, in: Zeitschrift für betriebswirtschaftliche Forschung, 46. Jg., Nr. 10, S. 819 – 851.

Roeder, K. (1999): Kurswirkungen von Meldungen deutscher Aktiengesellschaften, Lohmar/Köln.

Roll, R. (1994): What every CFO should know about scientific progress in financial economics: what is known and what remains to be resolved, in: Financial Management, Vol. 23, No. 2, S. 69 – 75.

Rosen, R. von (2001): Die Bundesregierung muss die Aktienkultur stärker fördern, in: Die Welt vom 27.8.2001, http://www.dai.de.

Rosen, R. von/Gerke, W. (2001): Kodex für anlegergerechte Kapitalmarktkommunikation, Frankfurt a. M./Nürnberg, http://www.dai.de.

Rubinstein, M. (2001): Rational markets: yes or no? The affirmative case, in: Financial Analysts Journal, Vol. 57, No. 3, S. 15 – 29.

Ruffer, R. D./Turcon, E. (1994): Grundlagen des US-amerikanischen Steuerrechts, in: Turcon, R./Zimmer, D. (Hrsg.): Grundlagen des US-amerikanischen Gesellschafts-, Wirtschafts-, Steuer- und Fremdenrechts, München, S. 393 - 430.

Sanfleber-Decher, M. (1992): Unternehmensbewertung in den USA, in: Die Wirtschaftsprüfung, 45. Jg., Nr. 20, S. 597 – 603.

Sapusek, A. (1998): Informationseffizienz auf Kapitalmärkten, Wiesbaden.

Sarbanes-Oxley Act of 2002, abrufbar unter http://thomas.loc.gov.

Sattler, R. R. (1999): Aktienkursprognose, München.

Saudagaran, S./Biddle, G. (1992): Financial disclosure levels and foreign stock exchange listing decisions, in: Journal of International Financial Management and Accounting, Vol. 4, No. 2, S. 106 – 148.

Sawyer, K. R./Gygax, A. (2001): How eventful are event studies?, Working Paper, University of Melbourne.

Scharfstein, D. S./Stein, J. C. (1990): Herd behavior and investment, in: American Economic Review, Vol. 80, No. 3, S. 465 – 479.

Scheren, M. (1998): Möglichkeiten und Grenzen der Konzernbilanzpolitik, in: Küting, K./Weber, C.-P. (Hrsg.): Handbuch der Konzernrechnungslegung, Band II, 2. Aufl., Stuttgart, S. 153 – 250.

Schiereck, D./Weber, M. (1995): Zyklische und antizyklische Handelsstrategien am deutschen Aktienmarkt, in: Zeitschrift für betriebswirtschaftliche Forschung, 47. Jg., Nr. 1, S. 3 – 24.

Schildbach (2000): US-GAAP, München.

Schildbach, T. (1986): Jahresabschluss und Markt, Berlin et al.

Schiller, B./Tytko, D./Marek, M. (2001): Börsenkursbildung und Börsenkursprognose, in: Das Wirtschaftsstudium, 30. Jg, Nr. 4, S. 506 – 516.

Schipper, K. (1989): Commentary on earnings management, in: Accounting Horizons, Vol. 3, No. 4, S. 91 –102.

Schipper, K. (1991): Commentary on analysts' forecasts, in: Accounting Horizons, Vol. 5, No. 4, S. 105 – 121.

Schmidt, H. (1983): Marktorganisationsbestimmte Kosten und Transaktionskosten als börsenpolitische Kategorien, in: Kredit und Kapital, 16. Jg., S. 184 – 204.

Schmidt, H. (2000): Die IR-Instrumente, in: DIRK (Hrsg.): Investor Relations, Wiesbaden, S. 45 – 58.

Schmidt, R. H. (1982): Rechnungslegung als Informationsproduktion auf nahezu effizienten Kapitalmärkten, in: Zeitschrift für betriebswirtschaftliche Forschung, 34. Jg., S. 728 – 748.

Schmidt, R. H. (1999): Differences between financial systems in European countries: consequences for EMU, Working Paper, University of Frankfurt.

Schmidt, R. H. (2001): Fundamentalanalyse, in: Gerke, W./Steiner, M. (Hrsg.): Handwörterbuch des Bank- und Finanzwesens (HWF), Enzyklopädie der Betriebswirtschaftslehre (EdBWL), Band VI, 3. Aufl., Stuttgart, Sp. 915 – 927.

Schmidt, R. H./Terberger, E. (1996): Grundzüge der Investitions- und Finanzierungstheorie, 3. Aufl., Wiesbaden.

Schmidt, R. H./Wulff, S. (1993): Zur Entdeckung von Insider-Aktivitäten am deutschen Aktienmarkt, in: Zeitschrift für Bankrecht und Bankwirtschaft, 5. Jg., S. 57 – 132.

Schneider, I. (2003): Strategisches Aktienmarketing noch in den Kinderschuhen, in: Finance, Juli/August, S. 113.

Schneider, U. H./Burgard, U. (2001): Investor Relations als Insiderproblem, in: Achleitner, A.-K./Bassen, A. (Hrsg.): Investor Relations am Neuen Markt, Stuttgart, S. 353 – 364.

Schreiber, U. (2000): Die Bedeutung der US-amerikanischen Rechnungslegung für die Besteuerung von Gewinnen und Ausschüttungen, in: Ballwieser, W. (Hrsg.): US-amerikanische Rechnungslegung, 4. Aufl., Stuttgart, S. 49 – 98.

Schremper, R. (2002): Informationseffizienz des Kapitalmarkts, in: Wirtschaftswissenschaftliches Studium, 31. Jg. Nr. 12, S. 687 – 692.

Schremper, R./Pälchen, O. (2001): Wertrelevanz rechnungswesenbasierter Erfolgskennzahlen, in: Die Betriebswirtschaft, 61. Jg., Nr. 5, S. 542 – 559.

Schulz, M. (1999): Aktienmarketing, Sternenfels.

Schumann, J./Meyer, U./Ströbele, W. (1999): Grundzüge der mikroökonomischen Theorie, 7. Aufl., Berlin et al.

Schwetzler, B. (2001): Bewertung von Wachstumsunternehmen, in: Achleitner, A.-K./Bassen, A. (Hrsg.): Investor Relations am Neuen Markt, Stuttgart, S. 61 – 96.

SEC (2003a): SEC Release No. 34-48252; File No. SR-NASD-2002-154; SR-NYSE-2002-49, abrufbar unter http://www.sec.gov.

SEC (2003b): SEC Release Nos. 33-8193; 34-47384; File No. S7-30-02, abrufbar unter http://www.sec.gov.

Seibert, U. (2003): Das 10-Punkte-Programm „Unternehmensintegration und Anlegerschutz“, in: Betriebs-Berater, 58. Jg., Nr. 14, S. 693 – 698.

Selchert, F. W./Erhardt, M. (1999): Internationale Rechnungslegung, 2. Aufl., München u. Wien.

Selchert, F. W./Karsten, J. (1989): Konzernabschlusspolitik und Konzerneinheitlichkeit, in: Der Betrieb, 42. Jg., Nr. 17, S. 837 – 843.

Serfling, K./Großkopff, A./Röder, M. (1998): Investor Relations in der Unternehmenspraxis, in: Die Aktiengesellschaft, 33. Jg., Nr. 6, S. 272 – 280.

Shiller, R. J. (1981a): The use of volatility measures in assessing market efficiency, in: Journal of Finance, Vol. 36, No. 2, S. 291 – 304.

Shiller, R. J. (1981b): Do stock prices move too much to be justified by subsequent changes in dividends?, in: American Economic Review, Vol. 71, No. 3, S. 421 – 436.

Shivakumar, L. (2000): Do firms mislead investors by overstating earnings before seasoned equity offerings?, in: Journal of Accounting and Economics, Vol. 29, S. 339 – 371.

Shleifer, A. (2000): Inefficient markets, Oxford et al.

Shleifer, A./Summers, L. H. (1990): The noise trader approach to finance, in: Journal of Economic Perspectives, Vol. 4, No. 2, S. 19 – 33.

Simmonds, A./Azières, O. (1989) : Accounting for Europe – success by 2000 AD, London.

Simon, H. A. (1961): Administrative behavior, 2. Aufl., New York.

Sinha, P./Brown, L. D./Das, S. (1997): A re-examination of financial analysts' differential earnings forecast accuracy, in: Contemporary Accounting Research, Vol. 14, No. 1, S. 1 – 42.

Sirota Consulting (Hrsg.)(1998): Investment community interest in reporting the fair values of financial instruments in financial statements. A Focus Group summary. Final report, o. O.

Skinner, D. J. (1994): Why firms voluntarily disclose bad news, in: Journal of Accounting Research, Vol. 32, S. 38 – 60.

Skinner, D. J. (1996): Are disclosures about bank derivatives and employee stock options 'value-rlevant'?, in: Journal of Accounting and Economics, Vol. 22, S. 393 – 405.

Sloan, R. G. (1996): Do stock prices fully reflect information in accruals and cash flows about future earnings, in: Accounting Review, Vol. 71, No. 3, S. 289 – 315.

Slovic, P./Lichtenstein, S. (1971): Comparison between baeysian and regression approaches to the study of information processing in judgement, in: Organizational Behavior and Human Decision Processes, Vol. 6, No. 6, S. 649 – 744.

Steiner, M./Bruns, C. (2000): Wertpapiermanagement, 7. Aufl., Stuttgart.

Steiner, M./Hesselmann, C. (2001): Messung des Erfolgs von Investor Relations, in: Achleitner, A.-K./Bassen, A. (Hrsg.): Investor Relations am Neuen Markt, Stuttgart, S. 97 – 118.

Stephan, U. (1998): Informationseffizienz von Aktienindexoptionen, Wiesbaden.

Stevens, D. E./Williams, A. W. (2003): Inefficiency in earnings forecasts: experimental evidence of reactions to positive versus negative information, Working Paper, Syracuse University und Indiana University.

Stickel, S. E. (1991): Common stock returns surrounding earnings forecast revisions: more puzzling evidence, in: Accounting Review, Vol. 66, No. 2, S. 402 – 416.

Stickel, S. E. (1992): Reputation and performance among security analysts, in: Journal of Finance, Vol. 47, No. 5, S. 1811 – 1836.

Stickel, S. E. (1995): The anatomy of the performance of buy and sell recommendations, in: Financial Analysts Journal, Vol. 51, No. 5, S. 25 – 37.

Stickney, C. P./Brown, P. R. (1999): Financial reporting and statement analysis, 4. Aufl., Fort Worth et al.

Stotz, O./von Nitzsch, R. (2002): Warum sich Analysten überschätzen, Forschungsbericht 02/02v1, RWTH Aachen.

Stromann, H. (2003): Wertrelevanz deutscher und US-amerikanischer Rechnungslegungsinformationen, Wiesbaden.

Stubenrath, M. (2001): Kommunikation auf internationalen Kapitalmärkten, Lohmar/Köln.

Stüfe, K. (1999): Das Informationsverhalten deutscher Privatanleger, Wiesbaden.

Subramanyam, K. R. (1996): The pricing of discretionary accruals, in: Journal of Accounting and Economics, Vol. 22, S. 249 – 281.

Sunder, S. (2001): Knowing what others know: common knowledge, accounting, and capital markets, Working Paper, Yale University.

Swaminathan, S. (1991): The impact of SEC mandated segment data on price variability and divergence of beliefs, in: Accounting Review, Vol. 66, No. 1, S. 23 – 41.

Teo, M. (2000): Strategic interactions between sell-side analysts and the firms they cover, Working Paper, Harvard University.

Teoh, S. H./Welch, I./Wong, T. J. (1998a): Earnings management and the underperformance of seasoned equity offerings, in: Journal of Financial Economics, Vol. 50, S. 63 –99.

Teoh, S. H./Welch, I./Wong, T. J. (1998b): Earnings management and the long-run market performance of initial public offerings, in: Journal of Finance, Vol. 53, No. 6, S. 1935 – 1974.

Teoh, S. H./Wong, T. J./Rao, G. R. (1998): Are accruals during initial public offerings opportunistic?, in: Review of Accouting Studies, Vol. 3, S. 175 – 208.

Thaler, R. (1980): Toward a positive theory of consumer choice, in: Journal of Economic Behavior and Organization, Vol. 1, S. 39 - 60.

Theile, C. (2003): Erstmalige Anwendung der IAS/IFRS – einfach unvergleichlich komplex, in: Der Betrieb, 56. Jg., Nr. 33, S. 1745 – 1752.

Thomas, J./Zhang, X.-j. (2000): Identifying unexpected accruals: a comparison of current approaches, in: Journal of Accounting and Public Policy, Vol. 19, No. 4/5, S. 347 – 376.

Timmermann, A./Granger, C. W. J. (2004): Efficient market hypothesis and forecasting, in: International Journal of Forecasting, Vol. 20, S. 15 – 27.

Tobin, J. (1984): On the efficiency of the financial system, in: Lloyd's Bank Review, Vol. 152, S. 1 – 15.

Towers Perrin (Hrsg.)(2001): 2001-2002 worldwide total remuneration, New York et al.

Trautwein, A./Vorstius, S. (2001): Stock prices of German internet companies in 2000, Forschungspapier Nr. 80, Wissenschaftliche Hochschule für Unternehmensführung Vallendar/Koblenz.

Trueman, B./Titman, S. (1988): An explanation for accounting income smoothing, in: Journal of Accounting Research, Vol. 26, Supplement, S. 127 – 139.

Tversky, A./Kahneman, D. (1974): Judgement under uncertainty: heuristics and biases, in: Science, Vol. 185, S. 1124 – 1131.

Tversky, A./Kahneman, D. (1991): Loss aversion in riskless choice: a reference-dependent model, in: Quarterly Journal of Economics, Vol. 107, No. 4, S. 1039 - 1061.

Tversky, A./Kahneman, D. (1992): Advances in prospect theory: cumulative representation of uncertainty, in: Journal of Risk and Uncertainty, Vol. 5, No. 4, S. 297 - 323.

Van Caneghem, T. (2002): Earnings management induced by cognitive reference points, Working Paper, Universität von Antwerpen.

Van Uytbergen, S. (2003): Empirical research on market efficiency with respect to accounting information: a critical survey of the literature, Working Paper, Universität von Antwerpen.

Vanderschraaf, P. (2001): Common knowledge, in: Stanford Encyclopedia of Philosophy, http://plato.stanford.edu/entries/common-knowledge/.

Venkatachalam, M. (1996): Value-relevance of banks' derivatives disclosures, in: Journal of Accounting and Economics, Vol. 22, S. 327 – 355.

Verordnung (EG) Nr. 1606/2002 des Europäischen Parlaments und des Rates vom 19. Juli 2002, in: Amtsblatt der Europäischen Union, L 243, 45. Jg., 11. September 2002.

Verordnung (EG) Nr. 1725/2003 der Kommission vom 29. September 2003 betreffend die Übernahme bestimmter internationaler Rechnungslegungsstandards in Übereinstimmung mit der Verordnung (EG) Nr. 1606/2002 des Europäischen Parlaments und des Rates, in: Amtsblatt der Europäischen Union, L 261, 46. Jg., 13. Oktober 2003.

Vodrazka, K. (1974): Bilanzpolitik, in: Grochla, E./Wittmann, W. (Hrsg.): Handwörterbuch der Betriebswirtschaftslehre, 4. Aufl., Stuttgart, Sp. 909 – 927.

Volkery, C. (2002): Der Rächer der Geprellten, in: Spiegel-Online, http://www.spiegel.de/wirtschaft/0,1518,202407,00.html.

Vorwold, G. (1999): Gewinn-Management in den USA, in: Der Betrieb, 52. Jg., Nr. 46, S. 2322.

Wagenhofer, A./Ewert, R. (2003): Externe Unternehmensrechnung, Berlin et al.

Wallmeier, M. (2001): Renditeanomalien, in: Gerke, W./Steiner, M. (Hrsg.): Handwörterbuch des Bank- und Finanzwesens, 3. Aufl., Stuttgart, Sp. 1793 – 1804.

Warfield, T. D./Wild, J. J./Wild, K. L. (1995): Managerial ownership, accounting choices, and informativeness of earnings, in: Journal of Accounting and Economics, Vol. 20, S. 61 - 91.

Waschbusch, G. (1994): Die Instrumente der handelsrechtlichen Jahresabschlusspolitik: Ein Systematisierungsansatz (I) + (II), in: Das Wirtschaftsstudium, 23. Jg., Nr. 10, S. 807 – 816 u. Nr. 11, S. 919 – 924.

Watts, R. L./Zimmerman, J. L. (1986): Towards a positive theory of the determination of accounting standards, in: Accounting Review, Vol. 53, No. 1, S. 112 – 134.

Watts, R. L./Zimmerman, J. L. (1990): Positive accounting theory: a ten year perspective, in: Accounting Review, Vol. 65, No. 1, S. 131 – 156.

Weißenberger, B. E./Stahl, A. B./Vorstius, S. (2004): Die Umstellung auf internationale Rechnungslegungsgrundsätze, in: Zeitschrift für kapitalmarktorientierte Rechnungslegung, 4. Jg., Nr. 1, S. 5 – 16.

White, H. (1980): A heteroscedastic-consistent covariance matrix estimator and a direct test for heteroscedasticity, in: Econometrica, Vol. 48, No. 4, S. 817 – 828.

Wöhe, G. (1997): Bilanzierung und Bilanzpolitik, 9. Aufl., München.

Wüstemann, J. (1999): Generally Accepted Accounting Principles, Berlin.

Young, S. (1999): Systematic measurement error in the estimation of discretionary accruals: an evaluation of alternative modelling procedures, in: Journal of Business, Finance and Accounting, Vol. 26, No. 7/ 8, S. 833 – 862.

Zarowin, P. (2002): Does income smoothing make stock prices more informative?, Working Paper, New York University.

Zeise, L. (2003): Kolumne: Wer bezahlt den Analysten?, in: Financial Times Deutschland vom 14.5.2003, http://www.ftd.de/bm/an/1052558369383.html.

Zhang, X.-J. (2000): Conservative accounting and equity valuation, in: Journal of Accounting and Economics, Vol. 29, S. 125 – 149.

Zitzmann, A./Taubert, H. (2001): Rechtsfragen der Investor Relations, in: Kirchhoff, K. R./Piwinger, M. (Hrsg.): Die Praxis der Investor Relations, 2. Aufl., Neuwied, S. 56 – 95.

Band 243
Lutz Gierse
Die Abschlussmöglichkeiten des Erb- und Pflichtteilsverzichts nach dem Tode des Erblassers
Lohmar – Köln 2004 • 230 S. • € 45,- (D) • ISBN 3-89936-227-6

Band 244
Oliver M. H. Köppen
Das Grundrecht der Informationsfreiheit unter besonderer Berücksichtigung der neuen Medien
Lohmar – Köln 2004 • 296 S. • € 48,- (D) • ISBN 3-89936-234-9

Band 245
Alexander Henrici
Rechnungslegung und Unternehmensberichterstattung ab 2005 – Quo vadis Deutschland?
Lohmar – Köln 2004 • 278 S. • € 47,- (D) • ISBN 3-89936-242-X

Band 246
Olaf Gierke
Die Wirtschaftstätigkeit nichtwirtschaftlicher Organisationen
Lohmar – Köln 2004 • 468 S. • € 59,- (D) • ISBN 3-89936-244-6

Band 247
Ralf Paetsch
Grenzüberschreitende Verlustberücksichtigung im Europäischen Binnenmarkt
Lohmar – Köln 2004 • 176 S. • € 43,- (D) • ISBN 3-89936-246-2

Band 248
Christian Hick
Die steuerliche Behandlung von Arbeitnehmerentsendungen ins Ausland
Lohmar – Köln 2004 • 516 S. • € 64,- (D) • ISBN 3-89936-252-7

Band 249
Sibylle Seiferlein
Die Rechtsfähigkeit der BGB-Außengesellschaft unter Betrachtung ausgewählter Folgeprobleme
Lohmar – Köln 2004 • 272 S. • € 48,- (D) • ISBN 3-89936-288-8

Band 250
Britta Bartelheim
Die rechtsgeschäftliche Mittelsurrogation von Gesellschaftsbeteiligungen nach § 2111 Abs. 1 S. 1, 3. Fall BGB
Lohmar – Köln 2004 • 212 S. • € 45,- (D) • ISBN 3-89936-305-1

EINZELSCHRIFTEN

Jörn-Axel Meyer (Hrsg.)
Kooperationen von kleinen und mittleren Unternehmen in Europa – Jahrbuch der KMU-Forschung und -Praxis 2004
Lohmar – Köln 2004 • 424 S. • € 59,- (D) • ISBN 3-89936-206-3

Bernd Schlossorsch
Fachschule für die Solinger Stahlwaren-Industrie – Region und Projekt selbstständige Schule
Lohmar – Köln 2004 • 428 S. • € 57,- (D) • ISBN 3-89936-213-6

Michael Weber
Innovationsnetzwerke – Typologie und Management
Lohmar – Köln 2004 • 162 S. • € 42,- (D) • ISBN 3-89936-220-9

Dieter Thomaschewski
Synergien im Akquisitionsmanagement
Lohmar – Köln 2004 • 290 S. • € 39,- (D) • ISBN 3-89936-223-3

Fred G. Becker (Hrsg.)
Personal-Management – Organisation – Unternehmungsführung – Festschrift zu Ehren von Prof. Dr. Jürgen Berthel
Lohmar – Köln 2004 • 366 S. • € 54,- (D) • ISBN 3-89936-226-8

Jörg H. Ottersbach
Simultane Planung von Investition, Finanzierung und Besteuerung – Eine theoretische Untersuchung am Beispiel von Windkraftanlagen
Lohmar – Köln 2004 • 392 S. • € 55,- (D) • ISBN 3-89936-228-4

BearingPoint (Hrsg.)
Jahrbuch der Beschaffung 2003/2004 – Beschaffung gestalten, Erfolge messen
Lohmar – Köln 2004 • 276 S. • € 39,- (D) • ISBN 3-89936-231-4

Margret Bochert (Hrsg.)
Wissensmanagement in wissensintensiven Dienstleistungsprozessen
Lohmar – Köln 2004 • 206 S. • € 44,- (D) • ISBN 3-89936-233-0

Fred G. Becker
Anleitung zum wissenschaftlichen Arbeiten – Wegweiser zur Anfertigung von Haus- und Diplomarbeiten
3., ergänzte u. überarbeitete Auflage
Lohmar – Köln 2004 • 110 S. • € 10,- (D) • ISBN 3-89936-235-7

Christian Dahlheim
Wertorientierte Ausgestaltung der Kompensationsstruktur von Forschungskooperationen – Eine Untersuchung am Beispiel der biopharmazeutischen Industrie
Lohmar – Köln 2004 • 326 S. • € 52,- (D) • ISBN 3-89936-241-1

Thilo Hartmann
Ein Rechnungswesen-Informationssystem auf Basis der Tensorbuchhaltung
Lohmar – Köln 2004 • 314 S. • € 52,- (D) • ISBN 3-89936-245-4

Klaus Rauch
Betriebswirtschaftliche Beurteilungsmaßstäbe im Abhängigkeitsbericht gemäß §§ 311 ff. AktG
Lohmar – Köln 2004 • 434 S. • € 58,- (D) • ISBN 3-89936-248-9

Olaf Laska-Levonen
Politische Steuerung in einer modernen Kommune – Dargestellt am Beispiel des Landkreises Hildesheim
Lohmar – Köln 2004 • 126 S. • € 36,- (D) • ISBN 3-89936-250-0

Marcus Ulbrich
Potentialanalyse und Entwicklungsprognose – Eine empirische Untersuchung zur sozialen Kompetenz
Lohmar – Köln 2004 • 238 S. • € 46,- (D) • ISBN 3-89936-251-9

Wolfgang Chr. Fischer (Ed.)
Street Markets – Small Business & Farmers' Perceptions in Australia & New Zealand
Lohmar – Köln 2004 • 178 S. • € 42,- (D) • ISBN 3-89936-253-5

Bärbel Reuter
Flexible Kooperationen steuern – Ein Controllingsystem für Netzwerke
Lohmar – Köln 2004 • 328 S. • € 52,- (D) • ISBN 3-89936-258-6

Anne Fenge
Niedriglohn- und Hochlohnanbieter im Bausektor – Dargestellt am Beispiel der Bundesrepublik Deutschland und der Republik Ungarn
Lohmar – Köln 2004 • 346 S. • € 53,- (D) • ISBN 3-89936-264-0

Claudia Senft
Basel II und die nationale Entwicklung von Kreditderivaten
Lohmar – Köln 2004 • 314 S. • € 52,- (D) • ISBN 3-89936-266-7

Reinhold Decker und Frank Wartenberg (Hrsg.)
Vertriebs- und Kundenmanagement – Marketingmethoden im Einsatz
Lohmar – Köln 2004 • 280 S. • € 48,- (D) • ISBN 3-89936-267-5

Oliver Grieble
Modellgestütztes Dienstleistungsbenchmarking
Lohmar – Köln 2004 • 322 S. • € 52,- (D) • ISBN 3-89936-268-3

Julia Gerhard
Die Hochschulmarke – Ein Konzept für deutsche Universitäten
Lohmar – Köln 2004 • 322 S. • € 52,- (D) • ISBN 3-89936-270-5

Ulf Bennet Rieg
Analyse der Bewertung junger innovativer Unternehmen
Lohmar – Köln 2004 • 380 S. • € 55,- (D) • ISBN 3-89936-278-0

Harald F. O. von Kortzfleisch
Organisatorische Balancierung von Informations- und Kommunikationstechnologien
Lohmar – Köln 2004 • 510 S. • € 64,- (D) • ISBN 3-89936-279-9

Michael Kunkel
Planung und Controlling im Retail-Loop – Pro-aktives Sortiments- und Bestandsmanagement in traditionellen und vertikalen Wertschöpfungsketten des saisonabhängigen Filialhandels
Lohmar – Köln 2004 • 358 S. • € 54,- (D) • ISBN 3-89936-284-5

BearingPoint (Hrsg.)
Financial Excellence
Lohmar – Köln 2004 • 320 S. • € 45,- (D) • ISBN 3-89936-285-3

Fred G. Becker
Anleitung zum wissenschaftlichen Arbeiten – Wegweiser zur Anfertigung von Haus- und Diplomarbeiten
4., durchgesehene Auflage
Lohmar – Köln 2004 • 110 S. • € 11,- (D) • ISBN 3-89936-286-1

Helmut M. Dietl, Mario Rese, Alexander Krebs und Björn Franke
Virtuelle Informationsbörsen zur Prognose *und* Investitionsabsicherung
Lohmar – Köln 2004 • 232 S. • € 45,- (D) • ISBN 3-89936-290-X

Matthias Hühn und Christian Kuhlmann (Hrsg.)
Betriebswirtschaftslehre und Management-Lehre – Die ungleichen Schwestern?
Lohmar – Köln 2004 • 204 S. • € 44,- (D) • ISBN 3-89936-291-8

Ralf Henning
Individualisierte Verfügbarkeitsleistungen in der Ersatzteilversorgung
Lohmar – Köln 2004 • 322 S. • € 52,- (D) • ISBN 3-89936-295-0

Jörn-Axel Meyer
Kunstförderung durch Unternehmen – Wege, Nutzen und Leitfaden für Freiberufler und Unternehmen
Lohmar – Köln 2004 • 214 S. • € 54,- (D) • ISBN 3-89936-297-7

Andreas Guldan
Optimale Unternehmensnachfolge bei Familienunternehmen als steuerliches Gestaltungsproblem
Lohmar – Köln 2004 • 368 S. • € 54,- (D) • ISBN 3-89936-299-3

Holger Wellmann
Gemeinsame Servicestellen in der Rehabilitation
Lohmar – Köln 2004 • 366 S. • € 39,- (D) • ISBN 3-89936-307-8